精通 AutoCAD 工程设计视频讲堂

AutoCAD 2014 建筑水暖电设计技巧精选

李 波 等编著

電子工業出版社
Publishing House of Electronics Industry
北京 • BEIJING

内 容 简 介

本书以 AutoCAD 2014 中文版软件为平台，通过 289 个技巧实例来全面讲解 AutoCAD 软件在建筑水暖电施工图方面的绘制方法，使读者能够精确找到所需要的答案。

本书共 11 章，内容包括 AutoCAD 2014 基础入门技巧，建筑给水排水基础及图例的绘制技巧，建筑给水施工图的绘制技巧，建筑排水施工图的绘制技巧，建筑消防施工图的绘制技巧，建筑暖通基础及图例的绘制技巧，建筑暖通施工图的绘制技巧，建筑空调施工图的绘制技巧，建筑电气基础及图例的绘制技巧，建筑电气照明施工图的绘制技巧，建筑电气弱电施工图的绘制技巧。

本书图文并茂，内容全面，通俗易懂，图解详细。以初中级读者为对象，面向 AutoCAD 在相关行业的应用。在附赠的 DVD 光盘中，包括所有技巧的视频讲解教程及素材。另外，开通 QQ 高级群（15310023）和网络服务，进行互动学习和技术交流，以解决读者所遇到的问题，并可获得丰富的共享资料。

本书可作为相关专业工程技术人员的参考书，也可作为大中专院校相关专业的教学用书。

图书在版编目（CIP）数据

AutoCAD 2014 建筑水暖电设计技巧精选 / 李波等编著. —北京：电子工业出版社，2015.1
（精通 AutoCAD 工程设计视频讲堂）
ISBN 978-7-121-24505-3

Ⅰ. ①A… Ⅱ. ①李… Ⅲ. ①房屋建筑设备—给水设备—计算机辅助设计—AutoCAD 软件②房屋建筑设备—采暖设备—计算机辅助设计—AutoCAD 软件③房屋建筑设备—电气设备—计算机辅助设计－AutoCAD 软件 Ⅳ. ①TU8-39

中国版本图书馆 CIP 数据核字（2014）第 235435 号

策划编辑：许存权
责任编辑：许存权　　特约编辑：王　燕　　刘海霞
印　　刷：三河市双峰印刷装订有限公司
装　　订：三河市双峰印刷装订有限公司
出版发行：电子工业出版社
北京市海淀区万寿路 173 信箱　邮编　100036
开　　本：787×1 092　1/16　印张：24.5　字数：610 千字
版　　次：2015 年 1 月第 1 版
印　　次：2015 年 1 月第 1 次印刷
印　　数：3 000 册　　定价：65.00 元（含 DVD 光盘 1 张）

凡所购买电子工业出版社图书有缺损问题，请向购买书店调换。若书店售缺，请与本社发行部联系，联系及邮购电话：（010）88254888。

质量投诉请发邮件至 zlts@phei.com.cn，盗版侵权举报请发邮件至 dbqq@phei.com.cn。

服务热线：（010）88258888。

前 言

随着科学技术的不断发展，计算机辅助设计（CAD）也得到了飞速发展，而最为出色的CAD设计软件之一就是美国的Autodesk公司的AutoCAD。在二十多年的发展中，AutoCAD相继进行了二十多次升级，每次升级都带来了功能的大幅提升，目前的AutoCAD 2014简体中文版于2013年3月正式面世。

一、主要内容

本书以AutoCAD 2014中文版软件为基础平台，通过289个技巧来全面讲解AutoCAD软件在建筑水暖电施工图方面的绘制方法，这样编排能使读者精确找到所需要的技巧知识（本书案例的默认尺寸单位为mm）。

章节名称	实例编号	章节名称	实例编号
第1章　AutoCAD 2014基础入门技巧	技巧001～057	第7章　建筑暖通施工图的绘制技巧	技巧165～175
第2章　建筑给水排水基础及图例的绘制技巧	技巧058～087	第8章　建筑空调施工图的绘制技巧	技巧176～187
第3章　建筑给水施工图的绘制技巧	技巧088～101	第9章　建筑电气基础及图例的绘制技巧	技巧188～247
第4章　建筑排水施工图的绘制技巧	技巧102～114	第10章　建筑电气照明施工图的绘制技巧	技巧248～263
第5章　建筑消防施工图的绘制技巧	技巧115～124	第11章　建筑电气弱电施工图的绘制技巧	技巧264～289
第6章　建筑暖通基础及图例的绘制技巧	技巧125～164		

二、本书特色

经过调查，以及长时间与读者的多次沟通，本套书的写作方式、编排方式采用全新模式，突出技巧主题，做到知识点的独立性和可操作性，每个知识点尽量配有多媒体视频，是AutoCAD用户不可多得的一套精品工具书，本书主要有以下特色：

（1）**版本最新，内容丰富**。采用AutoCAD 2014版，知识结构完善，内容丰富，技巧、方法归纳系统，信息量大，本书共计289个技巧。

（2）**实用性强，针对性强**。由于AutoCAD软件功能强，应用领域广泛，使得更多的从业人员需要学习和应用其软件，通过收集更多的实际应用技巧和针对用户所反映的问题进行讲解，使读者可以更加有针对性地来选择学习。

（3）**结构清晰，目标明确**。对于读者而言，最重要的是掌握方法。因此，作者有目的地把每章内容所含的技巧、方法进行了罗列，对每个技巧首先进行"技巧概述"，以便用户更清晰地了解其中的要点和精髓。

（4）**关键步骤，介绍透彻**。讲解过程中，通过添加"技巧提示"的方式突出重要知识点，通过"专业技能"和"软件技能"的方式突出重要技能，以加深读者对关键技术知识的理解。

（5）**版式新颖，美观大方**。图书版式新颖，图注编号清晰明确，图片、文字的占用空间比例合理，通过简洁明了的风格，并添加特别提示的标注文字，提高读者的阅读兴趣。

（6）**全程视频，网络互动**。本书全程多媒体视频讲解，做到视频与图书同步配套学习；开通QQ高级群（15310023）和网络服务，进行互动学习和技术交流，以解决读者所遇到的问题，并可提供大量的共享资料。

三、读者对象

（1）各高校相关专业教师和学生。

（2）各类计算机培训班及工程培训人员。

（3）相关专业的工程师和设计人员。

（4）对 AutoCAD 设计软件感兴趣的读者。

四、光盘内容

附赠 DVD 光盘 1 张，针对所有技巧进行全程视频讲解，并将涉及的所有素材、图块、案例等附于光盘中。

在光盘插入 DVD 光驱时，将自动进入到多媒体光盘的操作界面，如下图所示。

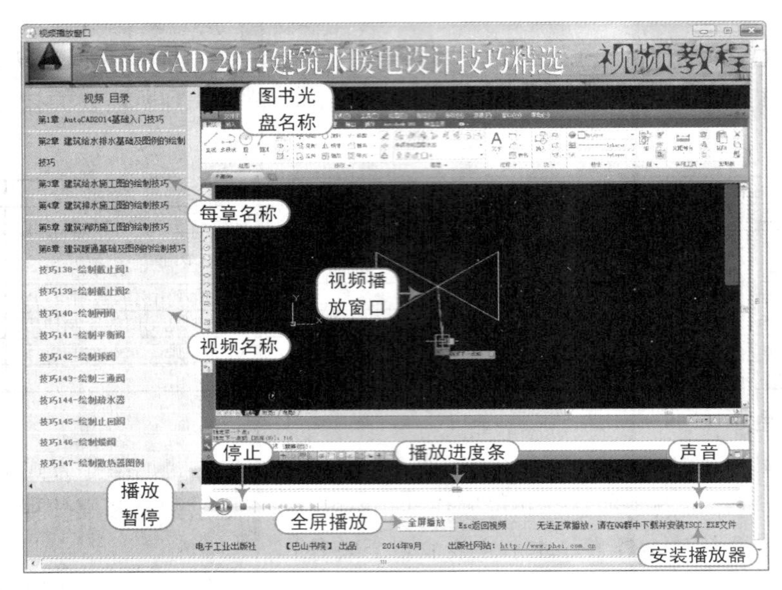

五、学习方法

AutoCAD 辅助设计软件很好学，可通过多种方法执行某个工具或命令，如工具栏、命令行、菜单栏、面板等。但是，学习任何一门软件技术，需要的是动力、坚持和自我思考，如果只有三分钟热度、遇见问题就求助别人、对学习无所谓等，是学不好、学不精的。

对此，作者推荐给读者以下 6 点方法，希望读者严格要求自己进行学习。

①制定目标、克服盲目；②循序渐进、不断积累；③提高认识、加强应用；④熟能生巧、自学成才；⑤巧用 AutoCAD 帮助文件；⑥活用网络解决问题。

六、写作团队

本书由“巴山书院”集体创作，由资深作者李波主持编写，参与编写的人员还有冯燕、荆月鹏、王利、汪琴、刘冰、牛姜、王洪令、李友、黄妍、徐作华、郝德全、李松林、雷芳等。

感谢您选择本书，希望我们的努力对您的工作和学习有所帮助，也希望把您对本书的意见和建议告诉我们（邮箱：helpkj@163.com；QQ 高级群：15310023）。

书中难免有疏漏与不足之处，敬请读者批评指正。

目 录

第1章 AutoCAD 2014基础入门技巧

第2章 建筑给水排水基础及图例的绘制技巧

第 3 章 建筑给水施工图的绘制技巧

第 4 章 建筑排水施工图的绘制技巧

第 5 章 建筑消防施工图的绘制技巧

第 6 章 建筑暖通基础及图例的绘制技巧

第 10 章　建筑电气照明施工图的绘制技巧

第 11 章　建筑电气弱电施工图的绘制技巧

第 1 章　AutoCAD 2014 基础入门技巧

● **本章导读**

本章主要学习 AutoCAD 2014 的基础入门，包括 AutoCAD 的系统需求、操作界面、文件的管理、不同模式的设置方法、图形的选择、对象的缩放、外部参照的使用等，为后面复杂图形的绘制打下坚实的基础。

● **本章内容**

AutoCAD 2014 的系统需求
AutoCAD 2014 的启动方法
AutoCAD 2014 的标题栏
AutoCAD 2014 标签与面板
AutoCAD 2014 文件选项卡
AutoCAD 2014 的菜单与工具栏
AutoCAD 2014 的绘图区
AutoCAD 2014 的命令行
AutoCAD 2014 的状态栏
AutoCAD 2014 的快捷菜单
AutoCAD 2014 的退出方法
将命令行设置为浮动模式
绘图窗口的调整
自定义“快速访问”工具栏
工作空间的切换
设置 ViewCube 工具的大小
AutoCAD 命令的 5 种执行方法
AutoCAD 命令的重复方法
AutoCAD 命令的撤销方法
AutoCAD 命令的重做方法
AutoCAD 命令的动态输入
AutoCAD 命令行的使用技巧
AutoCAD 透明命令的使用方法
AutoCAD 新建文件的几种方法
AutoCAD 打开文件的几种方法
AutoCAD 文件局部打开的方法
AutoCAD 保存文件的几种方法
AutoCAD 文件的加密方法
AutoCAD 文件的修复方法
AutoCAD 文件的清理方法
正交模式的设置方法
捕捉与栅格的设置方法
捕捉模式的设置方法
极轴追踪的设置方法
对象捕捉追踪的使用方法
临时追踪的使用方法
“捕捉自”功能的使用方法
点选图形对象
矩形框选图形对象
交叉框选图形对象
栏选图形对象
圈围图形对象
圈交图形对象
构造选择集的方法
快速选择图形对象
类似对象的选择方法
实时平移的方法
实时缩放的方法
平铺视口的创建方法
视口合并的方法
图形的重画方法
图形对象的重生成方法
设计中心的使用方法
通过设计中心创建样板文件
外部参照的使用方法
工具选项板的打开方法
通过工具选项板填充图案

技巧：001　AutoCAD 2014的系统需求

视频：技巧001-AutoCAD 2014的系统需求.avi
案例：无

技巧概述：不是随便一台计算机都可以安装 AutoCAD 2014 软件，计算机的硬件和软件系统都满足要求才能够正确安装，如操作系统、浏览器、处理器、内存、显示器分辨率、硬盘存储空间等。

目前大多用户的计算机系统以 32 位和 64 位为主，下面分别以这两种系统对计算机硬件和软件的需求进行列表介绍。

1．32 位 AutoCAD 2014 系统需求

对于 32 位计算机的用户来讲，其安装 AutoCAD 2014 的系统需求如表 1-1 所示。

表 1-1　32 位 AutoCAD 2014 系统需求

说　明	需　求
操作系统	以下操作系统的 Service Pack 3 (SP3) 或更高版本： ● Microsoft® Windows® XP Professional； ● Microsoft® Windows® XP Home。 以下操作系统： ● Microsoft Windows 7 Enterprise； ● Microsoft Windows 7 Ultimate； ● Microsoft Windows 7 Professional ； ● Microsoft Windows 7 Home Premium
浏览器	Internet Explorer ® 7.0 或更高版本　特别注意
处理器	Windows XP： Intel ® Pentium ® 4 或 AMD Athlon™ 双核，1.6 GHz 或更高，采用 SSE2 技术 Windows 7： Intel Pentium 4 或 AMD Athlon 双核，3.0 GHz 或更高，采用 SSE2 技术
内存	2 GB RAM（建议使用 4 GB）
显示器分辨率	1024 × 768（建议使用 1600 × 1050 或更高）真彩色
磁盘空间	安装 6.0 GB
定点设备	MS-Mouse 兼容
介质 (DVD)	从 DVD 下载并安装
.NET Framework	.NET Framework 版本 4.0
三维建模的其他需求	Intel Pentium 4 处理器或 AMD Athlon，3.0 GHz 或更高，或者 Intel 或 AMD 双核处理器，2.0 GHz 或更高； 4 GB RAM； 6 GB 可用硬盘空间（不包括安装需要的空间）； 1280 × 1024 真彩色视频显示适配器 128 MB 或更高，Pixel Shader 3.0 或更高版本，支持 Direct3D® 功能的工作站级图形卡

2. 64 位 AutoCAD 2014 系统需求

对于 64 位计算机的用户来讲，其安装 AutoCAD 2014 的系统需求如表 1-2 所示。

表 1-2　64 位 AutoCAD 2014 系统需求

说　明	需　求
操作系统	以下操作系统的 Service Pack 2 (SP2) 或更高版本： ● Microsoft® Windows® XP Professional。 以下操作系统： ● Microsoft Windows 7 Enterprise； ● Microsoft Windows 7 Ultimate； ● Microsoft Windows 7 Professional； ● Microsoft Windows 7 Home Premium
浏览器	Internet Explorer ® 7.0 或更高版本　特别注意
处理器	AMD Athlon 64，采用 SSE2 技术； AMD Opteron™，采用 SSE2 技术； Intel Xeon ®，具有 Intel EM64T 支持并采用 SSE2 技术； Intel Pentium 4，具有 Intel EM 64T 支持并采用 SSE2 技术
内存	2 GB RAM（建议使用 4 GB）
显示器分辨率	1024 × 768（建议使用 1600 × 1050 或更高）真彩色
磁盘空间	安装 6.0 GB
定点设备	MS-Mouse 兼容
介质 (DVD)	从 DVD 下载并安装
.NET Framework	.NET Framework 版本 4.0
三维建模的其他需求	4 GB RAM 或更大； 6 GB 可用硬盘空间（不包括安装需要的空间）； 1280 × 1024 真彩色视频显示适配器 128 MB 或更高，Pixel Shader 3.0 或更高版本，支持 Direct3D® 功能的工作站级图形卡

技巧提示 ★★★★☆

在安装 AutoCAD 2014 软件的时候，最值得大家注意的一点就是其 IE 浏览器，一般要安装 IE 7.0 及以上版本，否则将无法安装。

技巧：002 AutoCAD 2014的启动方法

视频：技巧002-AutoCAD 2014的启动方法.avi
案例：无

技巧概述： 当用户的计算机上已经成功安装并注册好 AutoCAD 2014 软件后，用户即可以开始启动并运行该软件。与大多数应用软件一样，要启动 AutoCAD 2014 软件，用户可通过以下任意四种方法来启动。

方法 01 双击桌面上的“AutoCAD 2014”快捷图标。

方法 02 右击桌面上的“AutoCAD 2014”快捷图标，从弹出的快捷菜单中选择“打开”选项。

方法 03 单击桌面左下角的“开始”|“程序”|“Autodesk | AutoCAD 2014-Simplified Chinese”命令。

方法 04 在 AutoCAD 2014 软件的安装位置，找到其运行文件“acad.exe”，然后双击即可。

第一次启动 AutoCAD 2014 后，会弹出“Autodesk Exchange”对话框，单击该对话框右上角的“关闭”按钮，将进入 AutoCAD 2014 工作界面，默认情况下，系统会直接进入如图 1-1 所示的“草图与注释”空间界面。

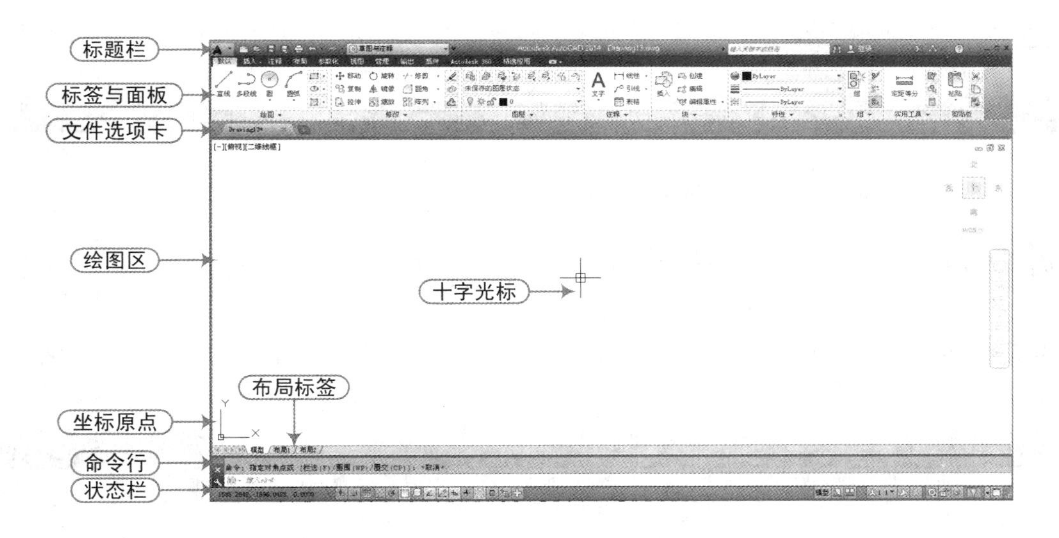

图 1-1　AutoCAD 2014“草图与注释”空间界面

软件技能 ★★★☆☆

用户双击 AutoCAD 图形文件对象，即扩展名为.dwg 的文件，也可启动 AutoCAD 2014 软件。当然，同时也会打开该文件。界面如图 1-2 所示。

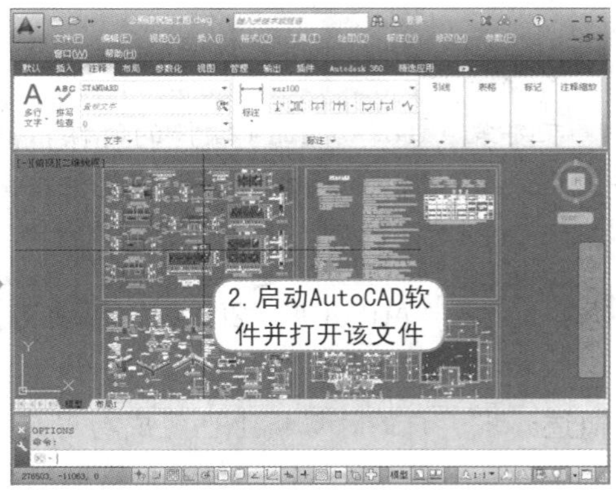

图 1-2　AutoCAD 2014 启动并打开文件

技巧：003　AutoCAD 2014的标题栏

视频：技巧 003-AutoCAD 的标题栏.avi
案例：无

技巧概述：AutoCAD 2014 标题栏包括“菜单浏览器”按钮、“快速访问”工具栏（包括“新建”、“打开”、“保存”、“另存为”、“打印”、“放弃”、“重做”等按钮）、软件名称、标题名称、“搜索”框、“登录”按钮、窗口控制区（“最小化”按钮、“最大化”按钮、“关闭”按钮）等，如图 1-3 所示。这里是以“草图与注释”工作空间进行讲解的。

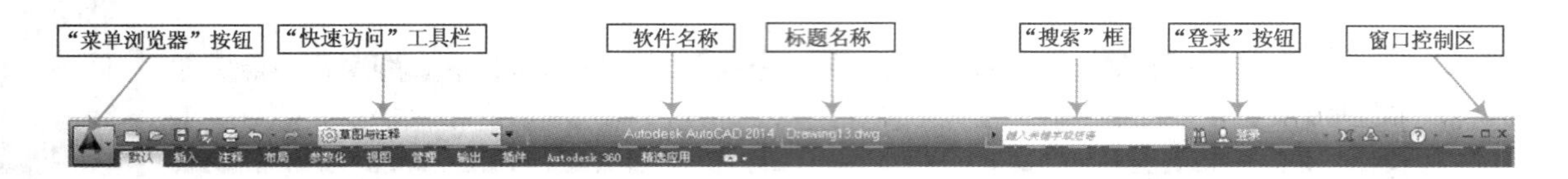

图 1-3　AutoCAD 2014 的标题栏

技巧：004　AutoCAD 2014标签与面板

视频：技巧004-AutoCAD 2014标签与面板.avi
案例：无

技巧概述：标签在标题栏下侧，每个标签下包括许多面板。例如，“默认”标签中包括绘图、修改、图层、注释、块、特性、组、实用工具、剪贴板等面板，如图 1-4 所示。

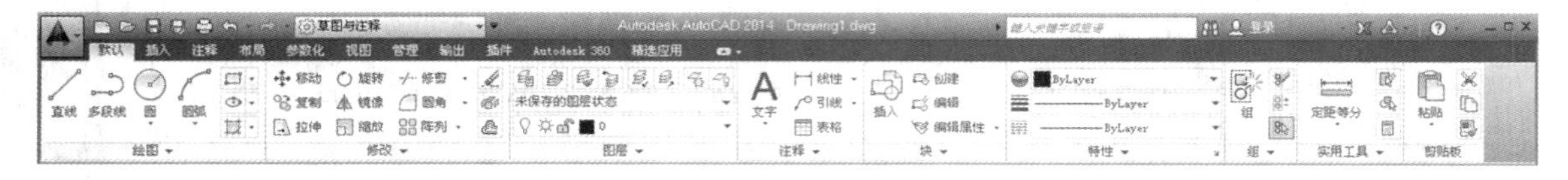

图 1-4　标签与面板 1

软件技能　★★★★☆

在标签栏的名称最右侧显示了一个倒三角，用户单击此按钮，将弹出一快捷菜单，可以进行相应的单项选择，如图 1-5 所示。

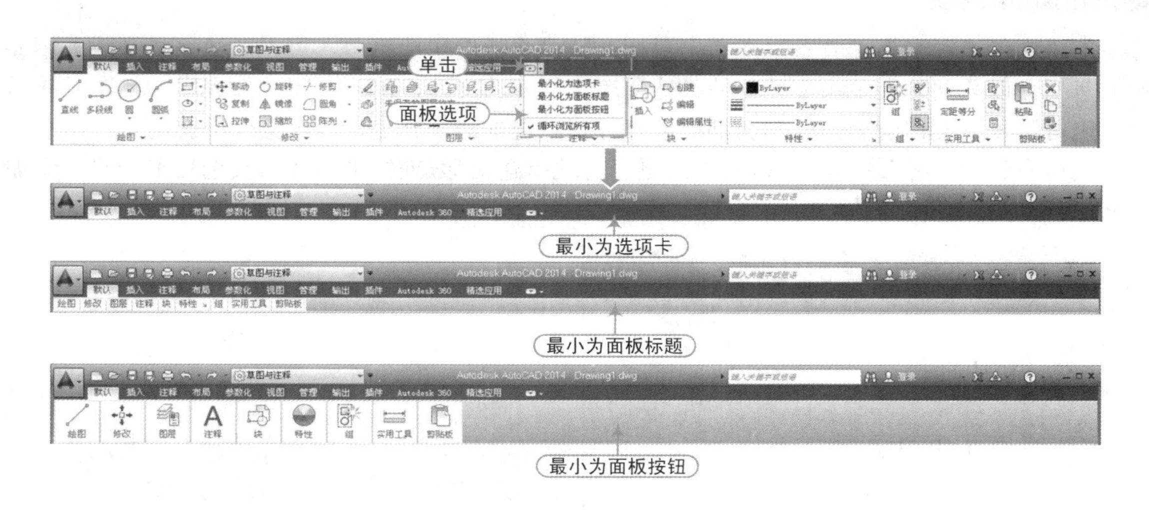

图 1-5　标签与面板 2

技巧：005　AutoCAD 2014文件选项卡

视频：技巧005-AutoCAD 2014文件选项卡.avi
案例：无

技巧概述： AutoCAD 2014 版本提供了文件选项卡，在打开的图形间切换或创建新图形时非常方便。

使用“视图”选项卡中的“文件选项卡”控件来打开或关闭“文件选项卡”工具条，当“文件选项卡”打开后，在图形区域上方会显示所有已经打开图形的选项卡，如图 1-6 所示。

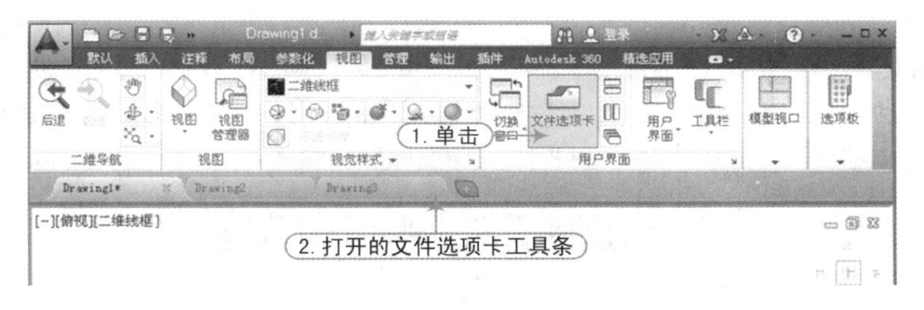

图 1-6　启用“文件选项卡”工具条

“文件选项卡”工具条是以文件打开的顺序来显示的，可以拖动选项卡来更改图形的位置，图 1-7 所示为拖动图形 1 到中间位置效果。

图 1-7　拖动图形 1

如果打开的图形过多，已经没有足够的空间来显示所有的文件选项，此时会在其右端出现一个浮动菜单来访问更多打开的文件，如图 1-8 所示。

如果选项卡有一个锁定的图标，则表明该文件是以只读方式打开的，如果有个冒号则表明自上一次保存后此文件被修改过，当把光标移动到文件标签上时，可以预览该图形的模型和布局。如果把光标移到预览图形上时，则相对应的模型或布局就会在图形区域临时显示出来，并且打印和发布工具在预览图中也是可用的。

在“文件选项卡”工具条上，单击鼠标右键，将弹出快捷菜单，可以新建、打开或关闭文件，包括可以关闭除所单击文件外的其他所有已打开的文件，但不关闭软件程序，如图 1-9 所示。也可以复制文件的全路径到剪贴板或打开资源管理器，并定位到该文件所在的目录。

图形右边的加号图标可以使用户更容易地新建图形，在图形新建后其选项卡会自动添加进来。

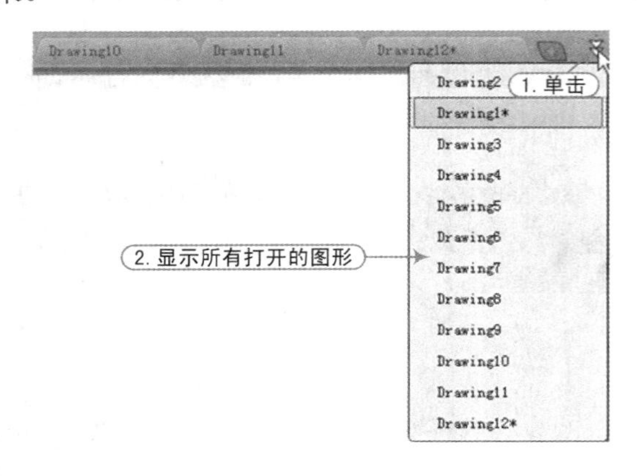

图 1-8　访问隐藏的图形

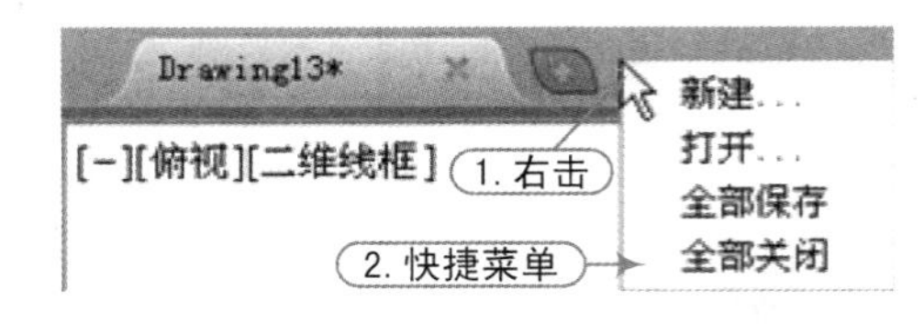

图 1-9　右键快捷菜单

技巧：006　AutoCAD 2014菜单与工具栏

视频：技巧 006-AutoCAD 2014 菜单与工具栏.avi
案例：无

技巧概述：在 AutoCAD 2014 的“草图与注释”工作空间状态下，其菜单栏和工具栏处于隐藏状态。

如果要显示其菜单栏，可在标题栏的“工作空间”右侧单击其倒三角按钮（ “自定义快速访问工具栏”列表），从弹出的列表框中选择“显示菜单栏”，即可显示 AutoCAD 的常规菜单栏，如图 1-10 所示。

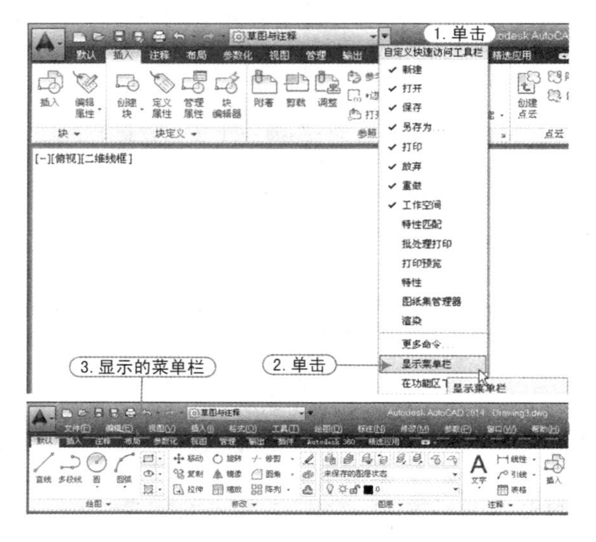

图 1-10　显示菜单栏

如果要将 AutoCAD 的常规工具栏显示出来，执行“工具 | 工具栏”菜单命令，从弹出的下级菜单中选择相应的工具栏即可，如图 1-11 所示。

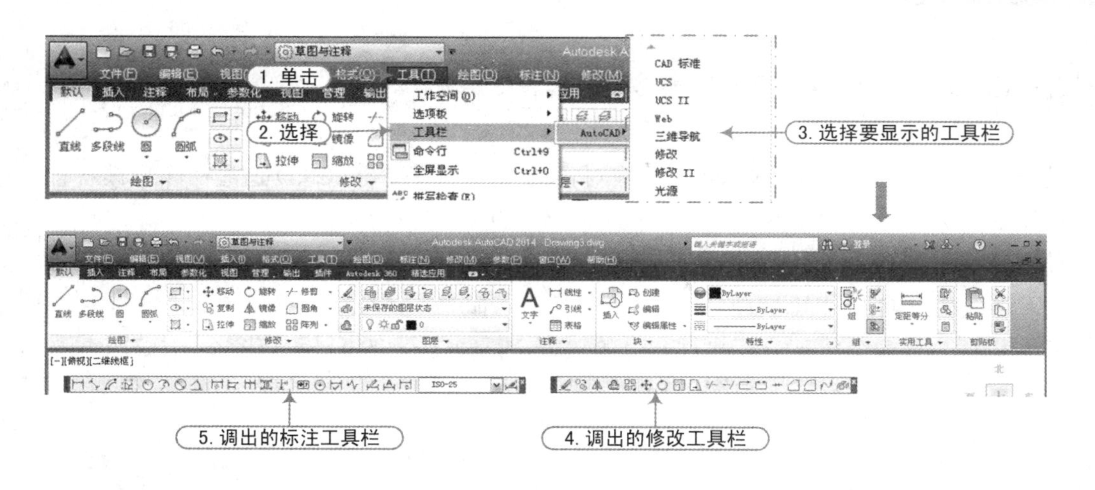

图 1-11　显示工具栏

技巧提示　★★★☆☆

如果用户忘记了某个按钮的名称，只需要将鼠标光标移动到该按钮上面停留几秒钟，就会在其下方出现该按钮所代表的命令名称，通过名称就可快速确定其功能。

技巧：007　AutoCAD 2014的绘图区

视频：技巧 007-AutoCAD 2014 的绘图区 avi
案例：无

技巧概述： 绘图区又称为视图窗口，即屏幕中央空白区域，是进行绘图操作的主要工作区域，所有的绘图结果都反映在这个窗口中。用户可以根据需要关闭一些“工具栏”，以扩大绘图的空间。如果图纸比较大，需要查看未显示的部分时，可以单击窗口右边与下边滚动条上的箭头，或拖动滚条上的滑块来移动图纸。在绘图窗口中除了显示当前的绘图结果外，还显示了当前使用的坐标系类型及坐标原点、*X* 轴、*Y* 轴、*Z* 轴的方向等。

默认情况下，坐标系为世界坐标系(WCS)，绘图窗口的下方有“模型”和“布局”选项卡，单击其选项卡可以在模型空间或图纸空间之间来回切换，如图 1-12 所示。

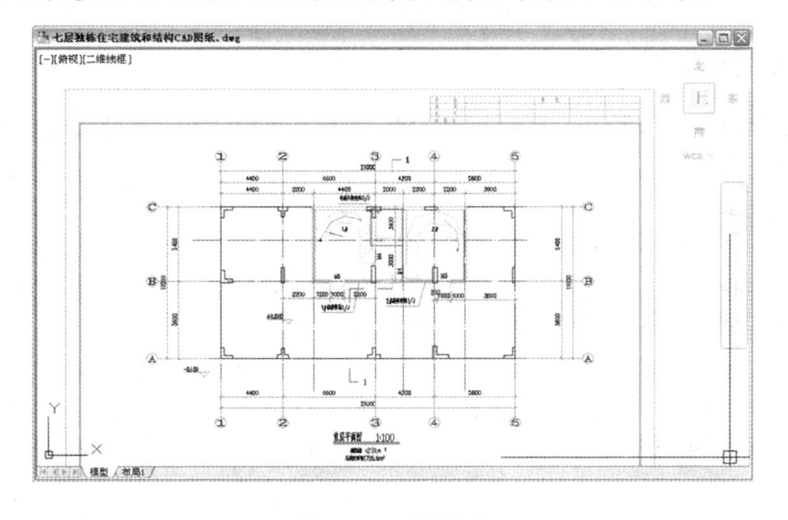

图 1-12　绘图区域

技巧：008 AutoCAD 2014的命令行

视频：技巧 008-AutoCAD 2014 的命令行 avi
案例：无

技巧概述：命令行是 AutoCAD 与用户对话的一个平台，AutoCAD 通过命令反馈各种信息，用户应密切关注命令行中出现的信息，按信息提示进行相应的操作。

使用 AutoCAD 绘图时，命令行一般有以下两种显示状态。

（1）等待命令输入状态：表示系统等待用户输入命令，以绘制或编辑图形，如图 1-13 所示。

（2）正在执行命令状态：在执行命令的过程中，命令行中将显示该命令的操作提示，以方便用户快速确定下一步操作，如图 1-14 所示。

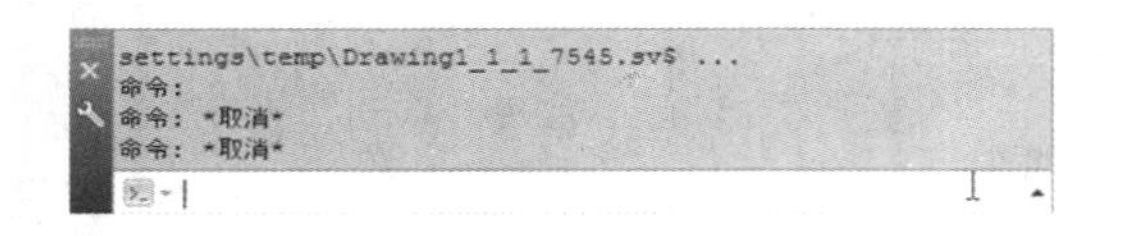

图 1-13　等待命令输入状态

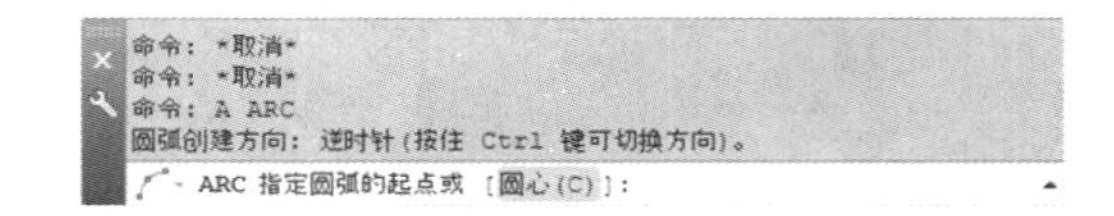

图 1-14　命令执行状态

技巧：009 AutoCAD 2014的状态栏

视频：技巧 009-AutoCAD 2014 的状态栏 avi
案例：无

技巧概述：状态栏位于 AutoCAD 2014 窗口的最下方，主要由当前光标的坐标值、辅助工具按钮、布局空间、注释比例、“切换工作空间”按钮、“锁定”按钮、状态栏菜单、“全屏”按钮等各个部分组成，如图 1-15 所示。

图 1-15　状态栏的组成

1. 当前光标的坐标值

状态栏的最左方有一组数字，跟随鼠标光标的移动发生变化，通过它用户可快速查看当前光标的位置及对应的坐标值。

2. 辅助工具按钮

辅助工具按钮属于开关型按钮，即单击某个按钮，使其呈凹陷状态时表示启用该功能，再次单击该按钮使其呈凸起状态时则表示关闭该功能。

辅助工具组中包括“推断约束”、“捕捉模式”、“栅格显示”、“正交模式”、“极轴追踪”、“对象捕捉”、“三维对象捕捉”、“对象捕捉追踪”、“允许/禁止动态 UCS”、“动态输入”、“显示/隐藏线宽”、“显示/隐藏透明度”、“快捷特性”、“选择循环”等按钮。

软件技能　★★★★☆

在绘图的过程中，常常会用到这些辅助工具，如绘制直线时开启“正交模式”，只需要将鼠标移动到正交按钮上且单击，即可打开正交模式来绘图，鼠标在该按钮上面停留几秒钟时，就会出现“正交模式（F8）”名称，即代表该功能还可以用键盘上的【F8】键作为快捷键进行启动，使操作起来更为方便。

辅助工具按钮中，对应的按钮快捷键如下：推断约束=Ctrl+Shift+I、捕捉模式=F9、栅格显示=F7、正交模式=F8、极轴追踪=F10、对象捕捉=F3、三维对象捕捉=F4、对象捕捉追踪=F11、允许/禁止动态 UCS=F6、动态输入=F12、快捷特性= Ctrl+Shift+P、选择循环=Ctrl+W，掌握了这些快捷键可以大大加快绘图的速度。

当启用了“快捷特性”功能时，选择图形则会弹出“快捷特性”面板，可以通过该面板来修改图形的颜色、图层、线型、坐标值、大小等，如图 1-16 所示。

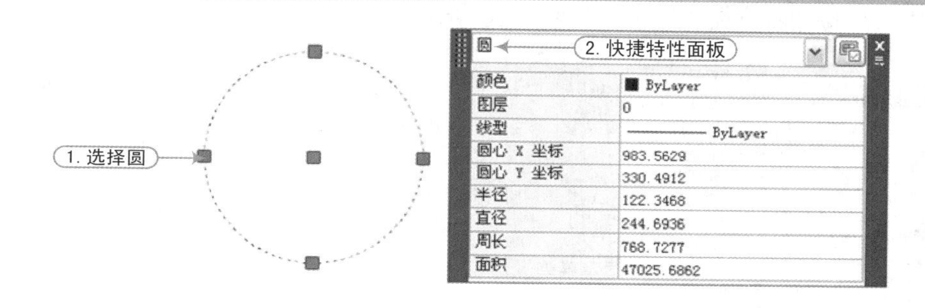

图 1-16　快捷特性功能

3. 布局空间

启动“图纸”按钮或者“模型”按钮，可以在图纸和模型空间中进行切换。

启动“快速查看布局”按钮，在状态栏处将弹出“快速查看布局”工具栏，以及模型和布局的效果预览图，可以选择性地查看当前图形的布局空间，如图 1-17 所示。

启动“快速查看图形”按钮，在状态栏处将弹出“快速查看图形”工具栏，以及 AutoCAD 软件中打开的所有图形的预览图，例如，图 1-18 打开的图形“Drawing1、Drawing 2、Drawing 3”，鼠标移动至某个图形，在上方则继续显示该图形模型和布局的效果，即可在各个图形中进行选择性地查看。

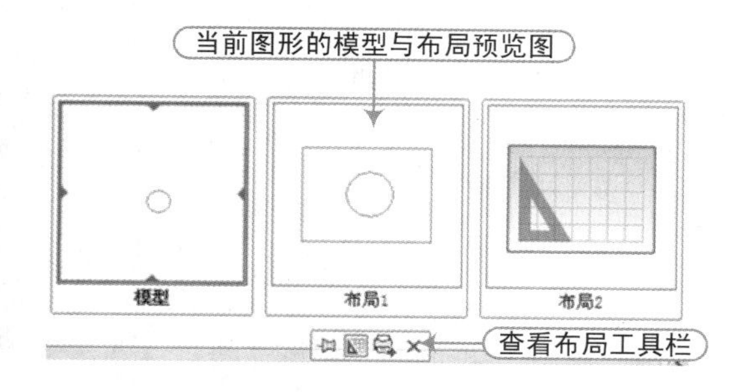

图 1-17　快速查看布局

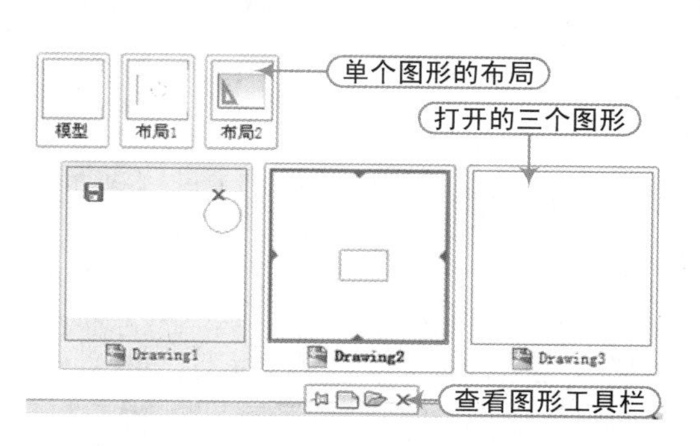

图 1-18　快速查看图形

4. 注释比例

注释比例默认状态下是 1:1，根据用户需要的不同可以自行调整注释比例，方法是单击右侧的按钮▾，在弹出的下拉菜单中选择需要的比例即可。

5. “切换工作空间”按钮

AutoCAD 默认的工作空间为“草图与注释”，用户可以根据需要单击“切换工作空间”按钮⚙，来对工作空间进行切换与设置。

6. “锁定”按钮

默认情况下“锁定”按钮为解锁状态，单击该按钮，在弹出的菜单中可以选择对浮动或固定的工具栏、窗口进行锁定，使其不会被用户不小心移到其他地方。

7. 状态栏菜单

单击“隔离对象”右侧的▾按钮，将弹出如图 1-19 所示的下拉菜单，选择不同的命令，可改变状态栏的相应组成部分。例如，取消“图纸/模型（M）”前面的✔标记，将隐藏状态栏中的“图纸/模型”按钮模型 图纸的显示，如图 1-20 所示。

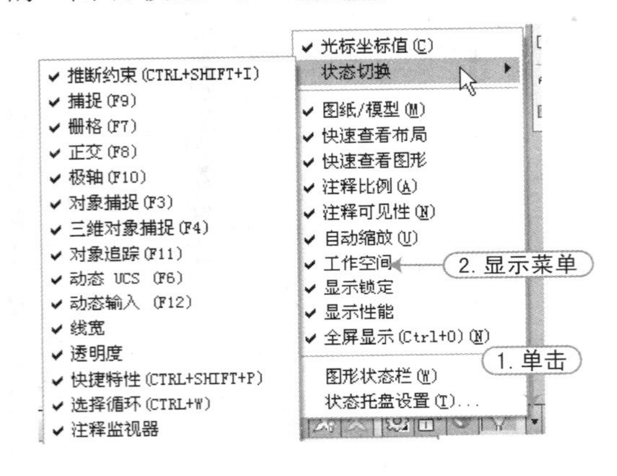

图 1-19 状态栏菜单

图 1-20 取消“图纸/模型”按钮显示

8. “全屏”按钮

在 AutoCAD 绘图界面中，若想要最大化地在绘图区域中绘制或者编辑图形，可单击“全屏显示（Ctrl+O）”按钮□，使整个界面只剩下标题栏、命令行和状态栏，将多余面板隐藏，使图形区域能够最大化显示，如图 1-21 所示。

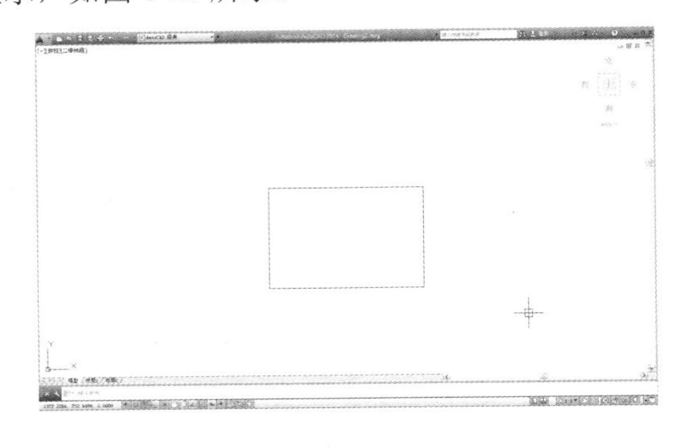

图 1-21 最大化效果

技巧：010 AutoCAD 2014的快捷菜单

视频：技巧 010-AutoCAD 2014 的快捷菜单 avi
案例：无

技巧概述：在窗口的最左上角大“A”按钮为“菜单浏览器”按钮，单击该按钮会出现下拉菜单，如“新建”、“打开”、“保存”、“另存为”、“输出”、“打印”、“发布”等，另外还新增加了很多新的项目，如“最近使用的文档”、“打开文档”、“选项”和“退出 AutoCAD”按钮，如图 1-22 所示。

AutoCAD 2014 的快捷菜单通常会出现在绘图区、状态栏、工具栏、“模型”或“布局”选项卡上的右击时，该菜单中显示的命令与右击对象及当前状态相关，会根据不同的情况出现不同的快捷菜单命令，如图 1-23 所示。

图 1-22 菜单浏览器

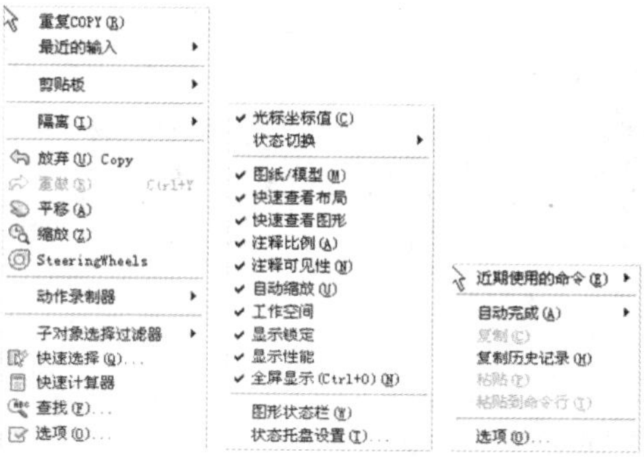

图 1-23 快捷菜单

技巧：011 AutoCAD 2014的退出方法

视频：技巧 011-AutoCAD2014 的退出方法 avi
案例：无

技巧概述：在 AutoCAD 2014 中绘制完图形文件后，用户可通过以下任意四种方法来退出。

方法 01 在 AutoCAD 2014 软件环境中单击右上角的“关闭”按钮。

方法 02 在键盘上按【Alt+F4】或【Alt+Q】组合键。

方法 03 单击 AutoCAD 界面标题栏左端的图标，在弹出的下拉菜单中单击“关闭”按钮。

方法 04 在命令行输入“Quit”或“Exit”并按 Enter 键。

图 1-24 “AutoCAD 警告”对话框

通过以上任意一种方法，将可对当前图形文件进行关闭操作。如果当前图形有所修改而没有存盘，系统将打开“AutoCAD 警告”对话框，询问是否保存图形文件，如图 1-24 所示。

技巧提示 ★★☆☆☆

在“警告”对话框中，单击“是（Y）”按钮或直接按 Enter 键，可以保存当前图形文件并将其关闭；单击“否（N）”按钮，可以关闭当前图形文件但不存盘；单击“取消”按钮，取消关闭当前图形文件操作，既不保存也不关闭。如果当前所编辑的图形文件没命名，那么单击“是（Y）”按钮后，AutoCAD 会打开“图形另存为”对话框，要求用户确定图形文件存放的位置和名称。

技巧：012 将命令行设置为浮动模式

视频：技巧012-将命令行设置为浮动模式.avi
案例：无

技巧概述：命令窗口是用于记录在窗口中操作的所有命令，如单击按钮和选择菜单选项等。在此窗口中输入命令，按下 Enter 键可以执行相应的命令。用户可以根据需要改变其窗口的大小，也可以将其拖动为浮动窗口，如图 1-25 所示，可以在其中输入命令，命令行将跟随变化。若要恢复默认的命令行位置，只需将浮动窗口按照同样的方法拖动至起始位置即可。

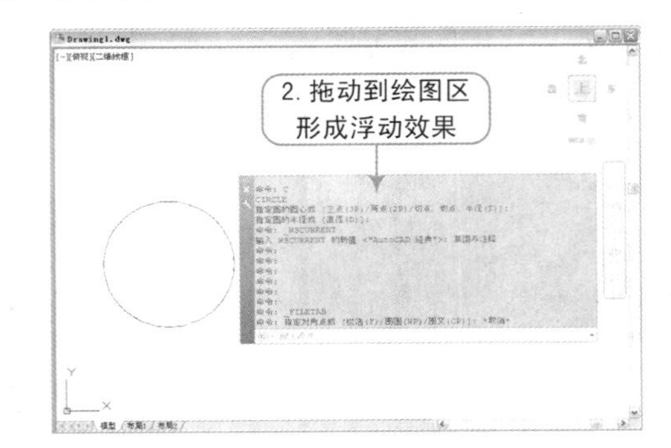

图 1-25 拖动命令行形成浮动窗口

软件技能 ★★☆☆☆

在绘图过程中，如果需要查看多行命令，可按【F2】键将 AutoCAD 文本窗口打开，该窗口中显示了对文件执行过的所有命令，如图 1-26 所示，同样可以在其中输入命令，命令行将跟随变化。

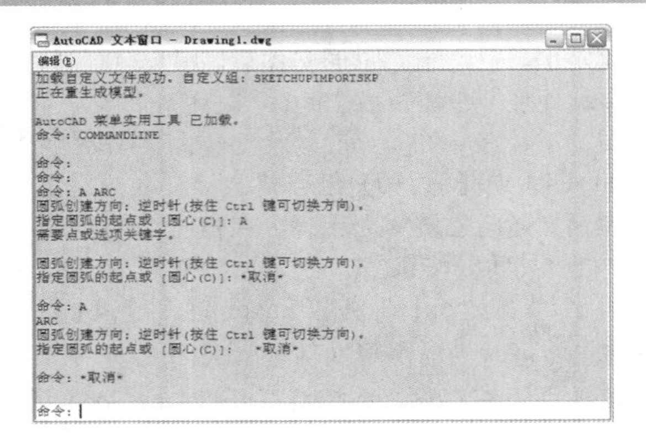

图 1-26 文本窗口

技巧：013 绘图窗口的调整

视频：技巧013-绘图窗口的调整.avi
案例：无

技巧概述：当需要切换多个文件来进行绘制或编辑时，可以将这些文件都显示在一个工作平面，这样就可随意地在图形中进行切换与编辑，如图形之间的复制操作。

在 AutoCAD 2014 软件中，提供了多种窗口的排列功能。可以通过窗口“最小化”和“最大化”控制按钮和鼠标控件↔ ↘来调整绘图窗口的大小，还可以在菜单栏处于显示状态时，选择“窗口”菜单项，从弹出的下级菜单中即可看到“层叠”、“水平平铺”、“垂直平铺”、“排列图形”等选项，还可以看到当前打开的图形文件，如图 1-27 所示。

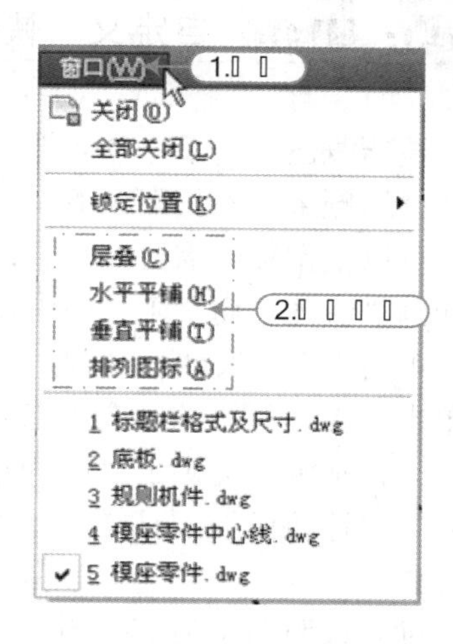

图 1-27　“窗口”菜单命令

1．层叠

当图形过多时，可以通过层叠窗口来整理大量窗口，以便于访问，如图 1-28 所示。

2．水平平铺

打开多个图形时，可以按行查看这些图形，如图 1-29 所示，只有在空间不足时才添加其他列。

3．垂直平铺

打开多个图形时，可以按列查看这些图形，如图 1-30 所示，只有在空间不足时才添加其他行。

4．排列图标

图形最小化时，将图形在工作空间底部排成一排来排列多个打开的图形，如图 1-31 所示。

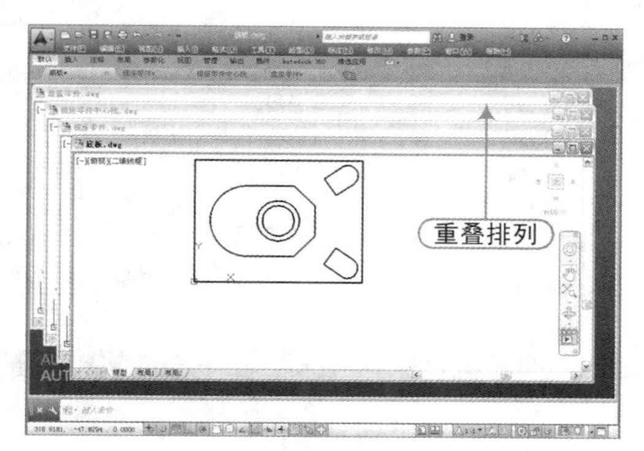

图 1-28　层叠

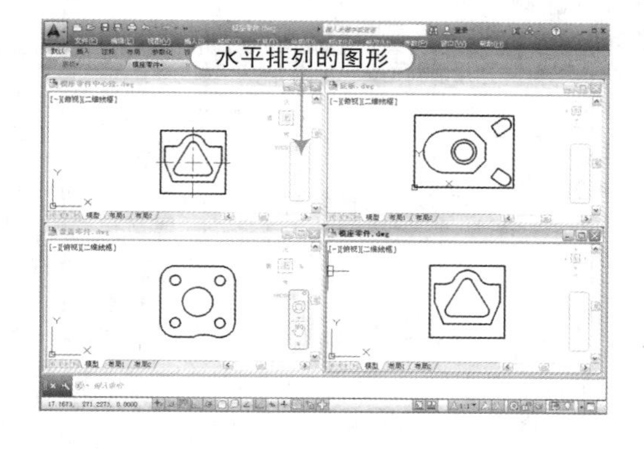

图 1-29　水平平铺

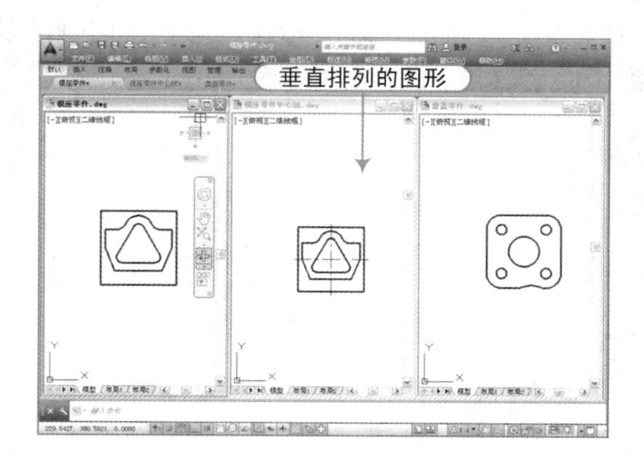

图 1-30　垂直平铺

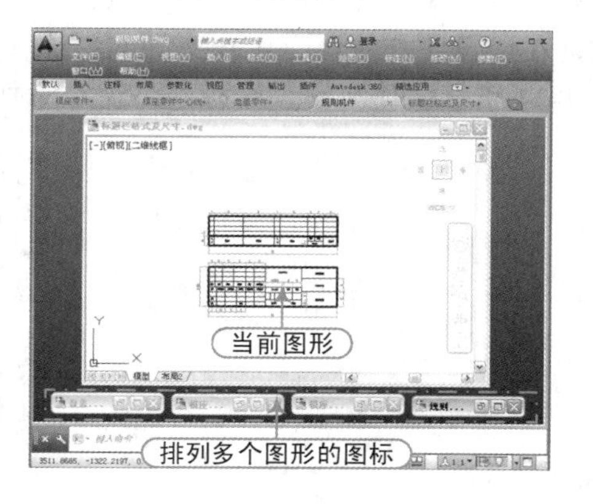

图 1-31　排列图标

技巧：014 自定义“快速访问”工具栏

视频：技巧014-自定义快速访问工具栏.avi
案例：无

技巧概述： 由于工作的性质和关注领域不同，每个 AutoCAD 软件使用者对软件中各种命令的使用频率大不相同。所以，AutoCAD 2014 提供了自定义“快速访问”工具栏的功能，让用户可以根据实际需要添加、调整、删除该工具栏上的工具。一般可以将使用频率最高的命令添加到“快速访问”工具栏中，以达到快速访问的目的。

单击“自定义快速访问工具栏”按钮▾，将会展开如图 1-32 所示的自定义快捷菜单，在该菜单中，带✔标记的命令为已向工具栏添加的命令，可以取消选中该命令在快速访问工具栏的显示。在下侧还提供了“特性匹配”、“特性”、“图纸集管理器”、“渲染”等命令，可以选中添加到“快速访问”工具栏上；还可以通过“在功能区下方显示”选项来改变“快速访问”工具栏的位置。

读者按照图 1-33 所示步骤操作，可以向“快速访问”工具栏添加已有的命令图标。

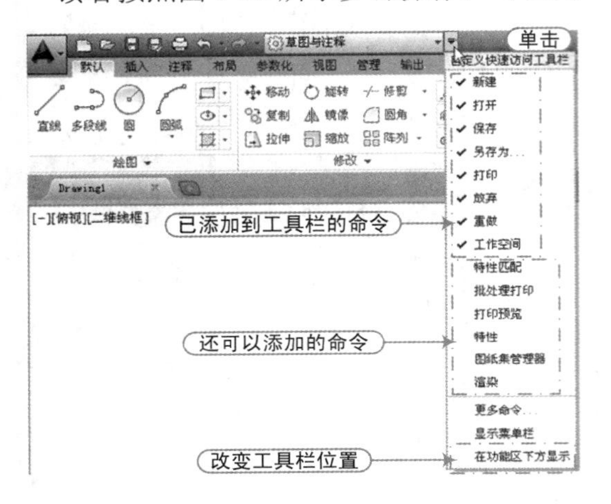

图 1-32　自定义快速访问工具栏

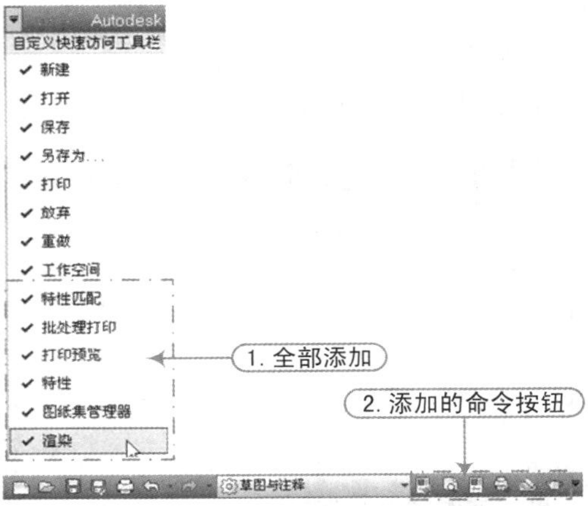

图 1-33　添加已有命令

如果这些命令还不足以满足使用者的需求，可以选择“更多命令”选项来添加相应的命令。例如，在“草图与注释”工作空间的“注释”面板中，找不到“连续标注”命令，这时可以根据图 1-34 所示操作将“连续标注”命令添加到“快速访问”工具栏中。

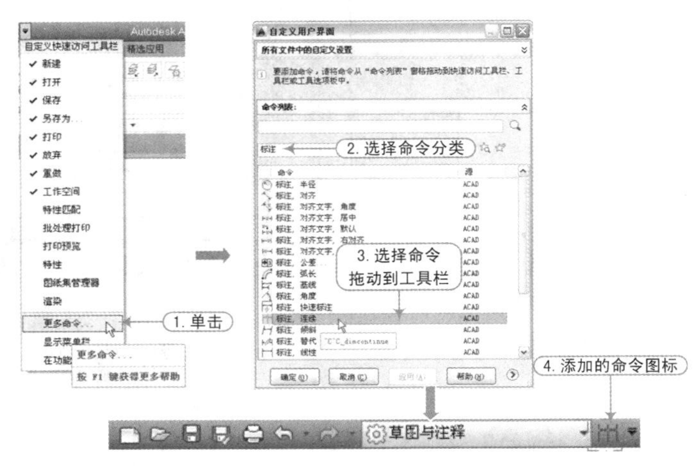

图 1-34　添加更多命令操作

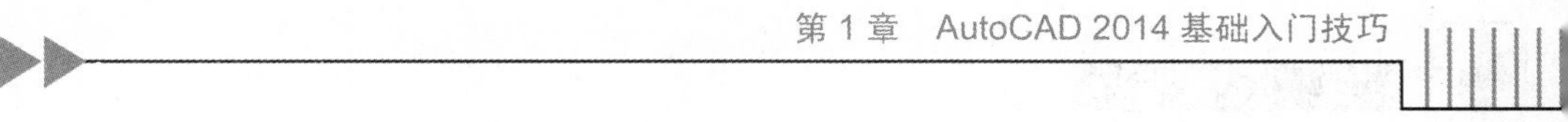

若需要删除“快速访问”工具栏上的命令图标，直接在该图标上右击，在弹出的快捷菜单中，选择从“快速访问”工具栏中“删除（R）”选项即可，如图 1-35 所示。

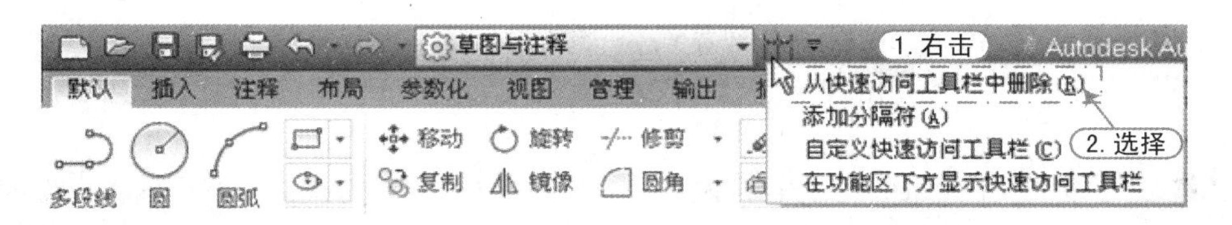

图 1-35　删除工具栏命令的方法

技巧：015　工作空间的切换

视频：技巧015-工作空间的切换.avi
案例：无

技巧概述：AutoCAD 的工作界面是 AutoCAD 显示及编辑图形的区域，第一次启动 AutoCAD 2014 是采用默认的“草图与注释”工作空间打开的，常用的是“AutoCAD 经典”工作空间。

步骤 01 正常启动 AutoCAD 2014 软件，系统自动创建一个空白文件。

步骤 02 在“快速访问”工具栏中，单击“草图与注释”下拉列表，在其中选择“AutoCAD 经典”选项，即可完成 AutoCAD 2014 工作界面的切换，如图 1-36 所示。

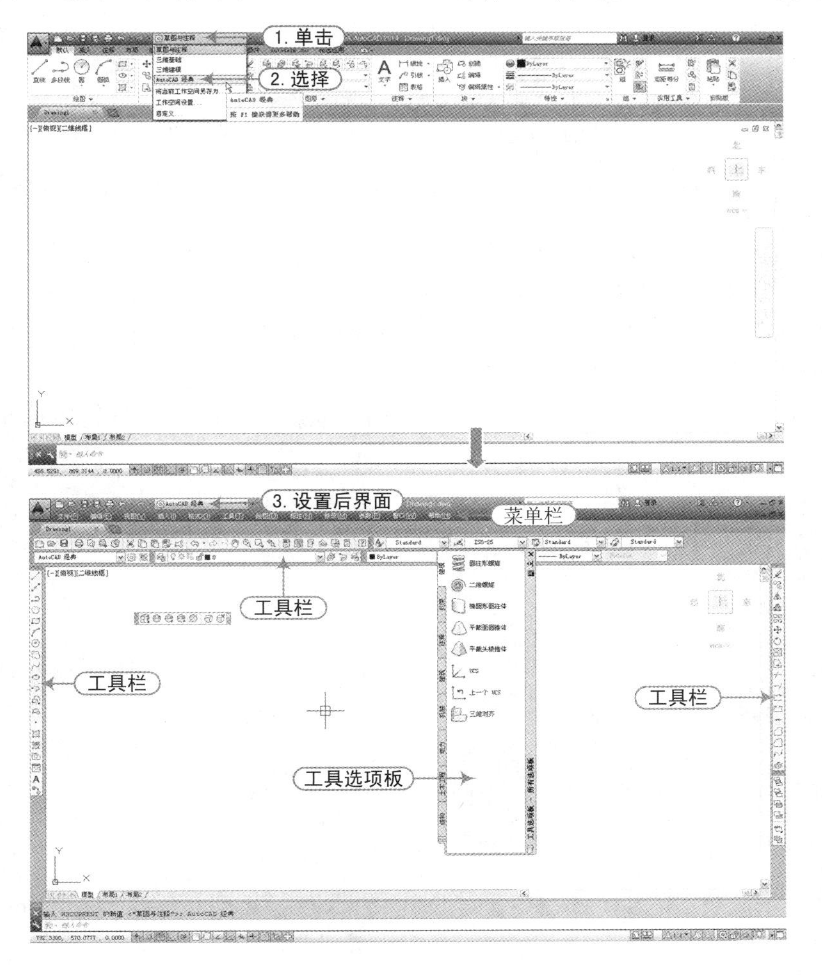

图 1-36　工作界面的切换

专业技能 ★★★★☆

在状态栏中单击“切换工作空间”按钮⚙，即可弹出如图 1-37 所示的快捷菜单，在此菜单中同样提供了 AutoCAD 各种工作界面供用户选择。

技巧：016 设置ViewCube工具的大小

视频：技巧016-设置ViewCube工具的大小.avi
案例：无

技巧概述：在 AutoCAD 2014 软件中，ViewCube 工具就是绘图区右上方显示的东西南北控键，如图 1-38 所示。在绘图过程中该控制键的大小，会直接影响绘图区的大小，用户可以根据需要来调整该控键的大小。

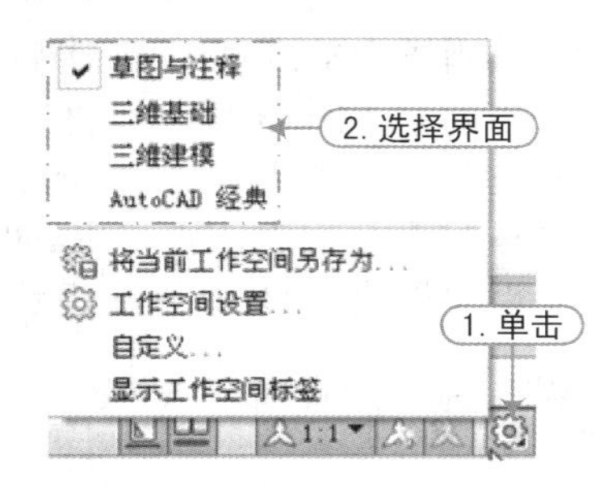

图 1-37　通过状态栏切换工作空间

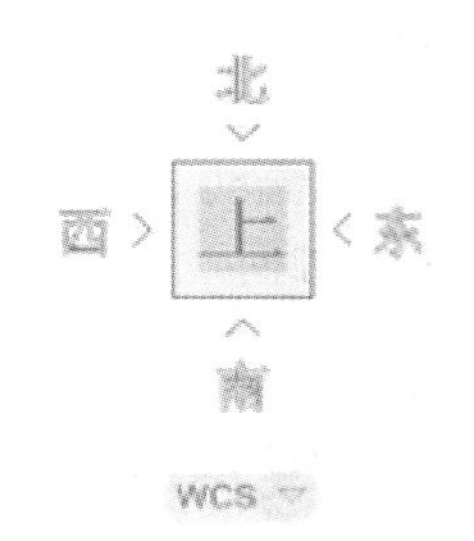

图 1-38　东西南北控键

步骤 01 在 AutoCAD 2014 环境中，在 ViewCube 工具上右击，即会弹出快捷菜单，再选择“ViewCube 设置”选项。

步骤 02 随后会弹出“ViewCube 设置”对话框，在“ViewCube 大小”栏中，取消勾选“自动(A)”复选框，则激活“ViewCube 大小”的滑动条，其默认的大小为“普通”，可以根据需要在滑动条位置上单击，来设置 ViewCube 的大小，后面的图形预览将随着鼠标的移动而变化，如图 1-39 所示。

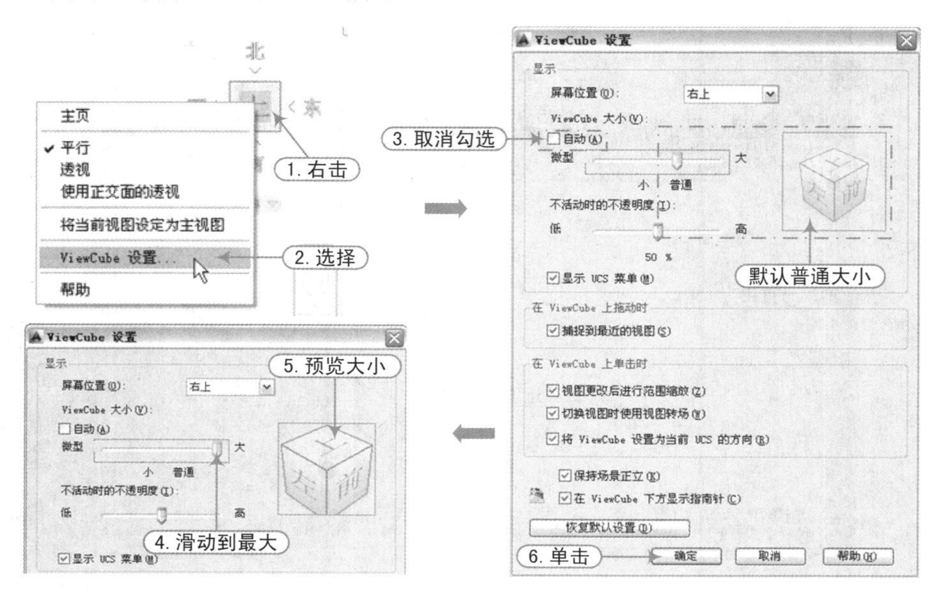

图 1-39　调整 ViewCube 工具大小

在“ViewCube 设置”对话框中，可以通过“屏幕位置（O）”选项，来设置该工具浮动在屏幕左上/左下/右上/右下位置；可以通过“不活动时的不透明度（I）”滑动条对其透明度进行设置；还可以设置“ViewCube 工具”下侧的 WCS 图标的显示与否。

软件技能 ★★★☆☆

在 AutoCAD 2014 软件里，控制显示 ViewCube（显示东西南北的按键）状态，可以用系统变量“NAVVCUBEDISPLAY”来控制，可控制 ViewCube 工具在当前视觉样式和当前视口中的显示。

（1）当“NAVVCUBEDISPLAY”变量为 0 时，ViewCube 工具不在二维和三维视觉样式中显示。

（2）当“NAVVCUBEDISPLAY”变量为 1 时，ViewCube 工具在三维视觉样式中显示但不在二维视觉样式中显示。

（3）当“NAVVCUBEDISPLAY”变量为 2 时，ViewCube 工具在二维视觉样式中显示但不在三维视觉样式中显示。

（4）当“NAVVCUBEDISPLAY”变量为 3 时，ViewCube 工具在二维和三维视觉样式中显示。

NAVVCUBEDISPLAY 默认变量值为 3，读者可以根据需要进行调整。

技巧：017 AutoCAD 命令的 5 种执行方法

视频：技巧 017-AutoCAD 命令的 5 种执行方法 avi
案例：无

技巧概述：要使用 AutoCAD 绘图，必须先学会在该软件中使用命令执行操作的方法，包括通过在命令行输入命令、使用工具栏或面板，以及使用菜单命令绘图。不管采用哪种方式执行命令，命令行中都将显示相应的提示信息。

1. 通过“命令行”执行命令

在命令行输入命令绘图是很多熟悉并牢记了绘图命令的用户比较青睐的方式，因为它可以有效地提高绘图速度，是最快捷的绘图方式。其输入方法是在命令行单击鼠标左键，看到闪烁的鼠标光标后输入命令快捷键，按 Enter 键或者空格键确认命令输入，然后按照提示信息一步一步地进行绘制即可。

在执行命令的过程中，系统经常会提示用户进行下一步的操作，其命令行提示的各种特殊符号的含义如下。

（1）在命令提示行有带[ ]符号的内容：表示该命令下可执行以“/”符号隔开的各个选项，若要选择某个选项，只需输入方括号中的字母即可，该字母既可以是大写形式也可以是小写形式。例如，在图形中绘制一个圆，可以在命令行输入圆命令 C，则命令行按图 1-40 所示进行提示，再输入 t，则选择了以“切点、切点、半径”方式来绘制圆。

图 1-40 命令执行方式

（2）在命令提示中有带< >符号的内容：在尖括号内的值是当前的默认值或者是上次操作时使用过的值，若在这类提示下直接按 Enter 键，则采用系统默认值或上次操作时使用的值并执行命令，如图 1-41 所示。

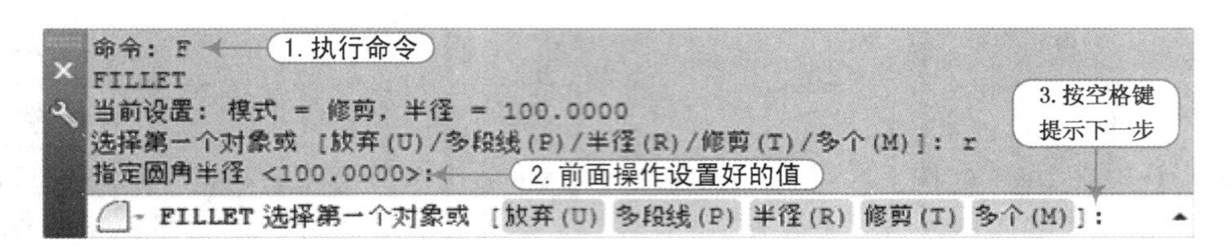

图 1-41　命令执行方式

技巧提示 ★★★★☆

用户可以按【F12】快捷键来开启“动态输入”模式，此时无须用鼠标在命令行中单击，即可直接在键盘上输入命令的快捷键，则会在十字光标处提示以相同字母开头的其他命令，按空格键确定首选命令后，根据下一步提示进行操作，使绘图更为简便，如图 1-42 所示。

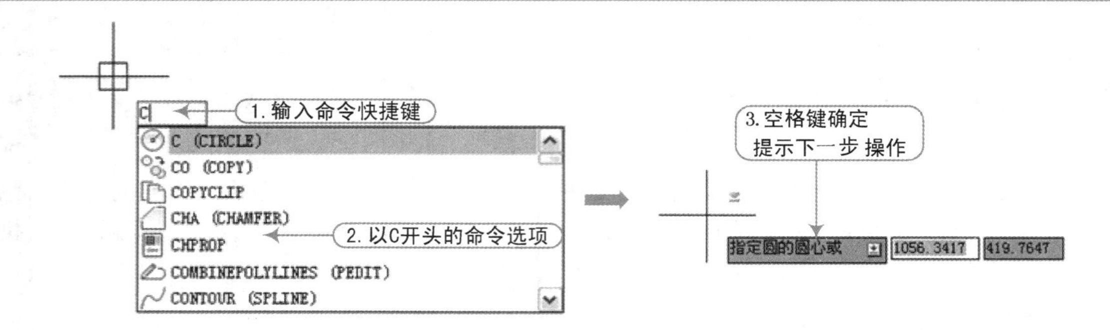

图 1-42　动态输入命令

2. 使用“工具栏”或“面板”执行命令

若当前处于“草图与注释”模式下，可以通过选择面板上的按钮来执行命令，还可以将工具栏调出来，工具栏中集合了几乎所有的操作按钮，所以使用工具栏绘图比较常用。下面以使用这两种方法执行命令绘制一个圆为例，具体操作如下。

步骤 01 在 AutoCAD 2014 环境中，在“绘图”面板中单击“圆”按钮⊙，或者在调出的“绘图”工具栏中单击“圆”按钮⊙，如图 1-43 所示。

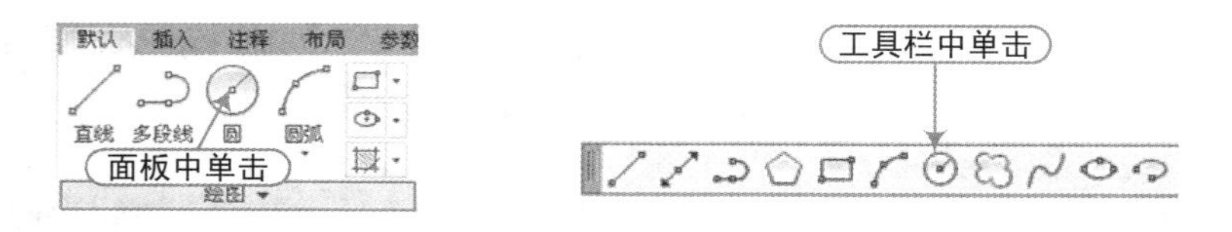

图 1-43　单击按钮执行的两种方式

步骤 02 执行上步任意操作，其命令行同样会按图 1-44 所示进行提示，根据步骤进行操作即可绘制出一个圆。

图 1-44　命令行提示

3. 使用“菜单栏”执行命令

用户在既不知道命令的快捷键，又不知道该命令的工具按钮属于哪个工具栏，或者工具栏中没有该命令的工具按钮形式时，可以以菜单方式来进行绘图操作。其命令的执行结果与输入命令方式相同，这些菜单命令又有某种共性，所以操作起来非常方便。

例如，执行“绘图/圆弧”菜单中的“起点、端点、半径”命令来绘制一段圆弧；然后需要对图形进行镜像，此时可执行“修改/镜像”菜单命令来完成图形的编辑，如图 1-45 所示。

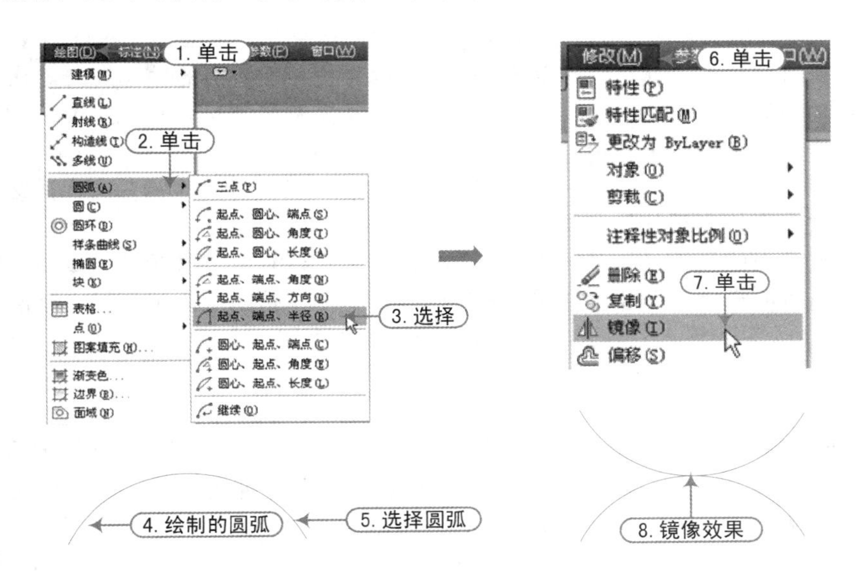

图 1-45　使用“菜单栏”执行命令

4. 使用鼠标执行命令

在绘图窗口，光标通常显示为“+”字线形式。当光标移至菜单选项、工具对话框内会变成一个箭头。无论光标是“+”字线形式还是箭头形式，当单击或者按动鼠标键时，都会执行相应的命令或动作。在 AutoCAD 中，鼠标键是按照下述规定定义的。

（1）**拾取键**：通常指鼠标左键，用于指定屏幕上的点，也可以用来选择 Windows 对象、AutoCAD 对象、工具栏按钮和菜单命令等。

（2）**回车键**：通常指鼠标右键，相当于 Enter 键，用于结束当前使用命令，此时系统会根据当前绘图状态而弹出不同的快捷菜单。

（3）**弹出菜单**：当使用 Shift 键和鼠标右键组合时，系统将弹出一个快捷菜单，用于设置捕捉点的方法。对于 3 键鼠标，弹出按钮通常是鼠标的中间按钮。

5. 终止已执行的命令

在执行命令过程中，如果用户不准备执行正在进行的命令，可以随时按【Esc】键终止执行的任何命令；或者右击鼠标，从弹出的快捷菜单中选择“取消”选项。

技巧：018　AutoCAD 命令的重复方法

视频：技巧 018-AutoCAD 命令的重复方法 avi
案例：无

技巧概述： 当执行完一个命令后，如果还要继续执行该命令，可以通过以下方法来进行。

方法 01 只需在命令行为“命令：”提示状态时，直接按 Enter 键或空格键，这时系统将自动执行前一次操作的命令。

方法 02 如果用户需执行以前执行过的相同命令，可按【↑】键，这时将在命令行依次显示前面输入过的命令或参数，当上翻到需要执行的命令时，按 Enter 键或空格键即可执行。

技巧：019　AutoCAD 命令的撤销方法

视频：技巧 019-AutoCAD 命令的撤销方法 avi
案例：无

技巧概述： 在绘图过程中，执行了错误的操作或放弃最近一个或多个操作有多种方法。

方法 01 单击工具栏中的“撤销”按钮，可撤销至前一次执行的操作后的效果，单击该按钮后的按钮，可在弹出的下拉菜单中选择需要撤销的最后一步操作，并且该操作后的所有操作将同时被撤销。

方法 02 在命令行中执行 U 或 UNDO 命令可撤销前一次命令的执行结果，多次执行该命令可撤销前几次命令的执行结果。

方法 03 在某些命令的执行过程中，命令行中提供了“放弃（U）”选项，选择该选项可撤销上一步执行的操作，连续选择“放弃”选项可以连续撤销前几步执行的操作。

方法 04 按 Ctrl+Z 组合键进行撤销最近一次的操作。

专业技能 ★★★☆☆

许多命令包含自身的 U（放弃）选项，无须退出此命令即可更正错误。例如，使用 LINE（直线）命令创建直线或多段线时，输入 U 即可放弃上一个线段。

```
命令：LINE
指定第一个点：
指定下一点或 [放弃(U)]：
```

技巧：020　AutoCAD 命令的重做方法

视频：技巧 020-AutoCAD 命令的重做方法 avi
案例：无

技巧概述： 与撤销命令相反的是恢复命令，通过恢复命令，可以恢复前一次或前几次已取消执行的操作。执行重做命令有以下几种方法。

方法 01 在使用了 U 或 UNDO 放弃命令后，紧接着使用 REDO 命令。

方法 02 单击“快速访问”工具栏中的“恢复”按钮。

方法 03 按【Ctrl+Y】组合键进行恢复最近一次操作。

专业技能 ★★★☆☆

REDO（重做）命令必须在 UNDO（放弃）命令后立即执行。

 AutoCAD 的动态输入方法

视频：技巧 021-AutoCAD 的动态输入方法.avi
案例：无

技巧概述：状态栏上的“动态输入”按钮或者快捷键【F12】，用于打开或关闭动态输入功能。打开动态输入功能，在输入文字时就能看到鼠标光标附着的工具栏提示，即可直接在键盘上输入命令的快捷键，则会在十字光标处提示以相同字母开头的其他命令，按空格键确定首选命令后，根据下一步提示进行操作，使绘图更为简便，如图 1-46 所示。

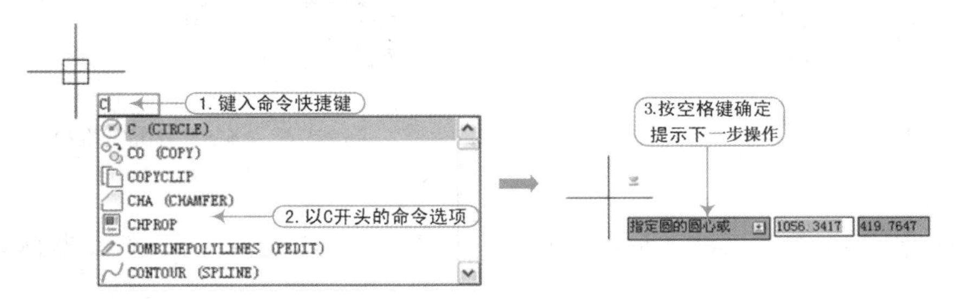

图 1-46　动态输入命令

技巧：022 AutoCAD 命令行的使用技巧

视频：技巧 022-AutoCAD 命令行的使用技巧.avi
案例：无

技巧概述：在 AutoCAD 中执行命令的过程中，有时会根据命令行的提示来输入特殊符号，这就要求用户需要掌握特殊符号的输入技巧；另外，在选择图形的过程中，用户可以通过按不同次数的空格键来达到特定的功能。

1. 输入特殊符号技巧

在实际绘图中，往往需要标注一些特殊的字符。例如，在文字上方或下方添加划线、标注度（°）、±等特殊符号。这些特殊符号不能从键盘上直接输入，因此 AutoCAD 提供了相应的控制符，以实现这些标注要求。AutoCAD 常用的控制符如表 1-3 所示。

表 1-3　常用控制符

控 制 符 号	功 能
%%O	打开或关闭文字上划线
%%U	打开或关闭文字下划线
%%D	标注度（°）符号
%%P	标注正负公差（±）
%%C	标注直径（¢）
\U+00b3	标注立米（m^3）
\U+00b2	标注平米（m^2）

技巧提示　★★★★☆

在 AutoCAD 输入文字时，可以通过“文字格式”对话框中的“堆叠”按钮创建堆叠文字（堆叠文字是一种垂直对齐的文字或分文字）。在使用时，需要分别输入分子和分母，其间使用/、#或^分隔，然后选择这一部分文字，单击按钮，例如，输入“2011/2012”，然后选中该文字并单击按钮，即可形成图 1-47 所示效果，如输入“M2^”，选择“2^”，然后单击按钮，即可形成上标平方米效果，若输入“M^2”，单击按钮即可形成下标效果，如图 1-48 所示。

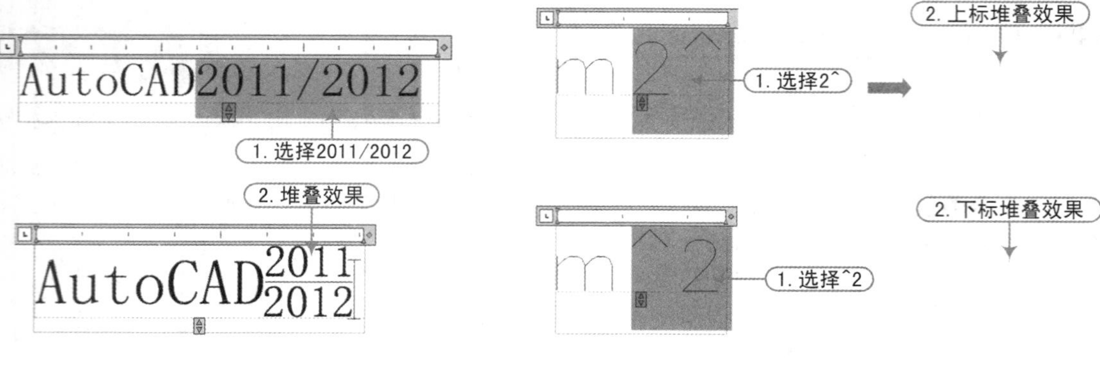

图 1-47　输入/分隔符堆叠　　　　图 1-48　输入^分隔符堆叠

2. 空格键妙用技巧

在未执行的命令状态下选择图形，选择的图形呈蓝色夹点状态，单击任意蓝色夹点，将以红色显示，则此夹点作为基点。

- 按空格键一次，自动转换为移动命令。
- 按空格键两次，自动转换为旋转命令。
- 按空格键三次，自动转换为缩放命令。
- 按空格键四次，自动转换为镜像命令。
- 按空格键五次，自动转换为拉伸命令。

技巧：023 AutoCAD 透明命令的使用方法

视频：技巧 023-AutoCAD 透明命令的使用方法.avi
案例：无

技巧概述：在 AutoCAD 中，透明命令是指在执行其他命令的过程中可以执行的命令。通常使用的透明命令多为修改图形设置的命令、绘图辅助工具命令，如 Snap、Grid、Zoom 等命令。

要以透明方式使用命令，应在输入命令之前输入单引号（'）。在命令行中，透明命令行的提示有一个双折符号（>>），完成透明命令后将继续执行原命令。图 1-49 所示为在执行直线命令中，使用透明命令开启正交模式的操作步骤。

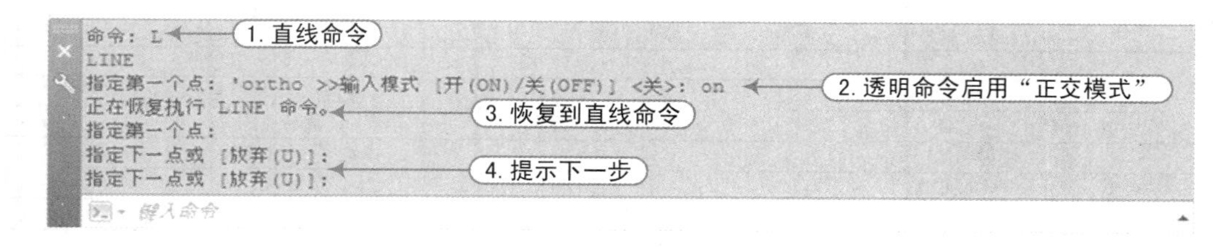

图 1-49　透明命令的使用

技巧：024 AutoCAD 新建文件的几种方法

视频：技巧 024-AutoCAD 新建文件的几种方法.avi
案例：无

技巧概述：启动 AutoCAD 后，将自动新建一个名为 Drawing 的图形文件，用户也可以通过 AutoCAD 中的样板来新建一个含有绘图环境的文件，以完成更多、更复杂的绘图操作。新建图形文件的方法如下。

方法 01 执行“文件 | 新建（New）”菜单命令。

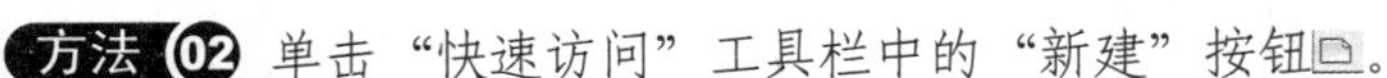

方法 02　单击“快速访问”工具栏中的“新建”按钮。

方法 03　按【Ctrl+N】组合键。

方法 04　在命令行输入 New 并按 Enter 键。

执行上述操作后，将弹出“选择样板”对话框，在对话框中可选择新文件所要使用的样板文件，默认样板文件是 acad.dwt，用户可以从中选择相应的样板文件，此时在右侧的“预览框”中将显示出该样板的预览图像，然后单击 打开(O) 按钮，即可基于选定样板新建一个文件，如图 1-50 所示。

利用样板来创建新图形，可以避免每次绘制新图时需要进行的有关绘图设置的重复操作，不仅提高了绘图效率，而且保证了图形的一致性。样板文件中通常含有与绘图相关的一些通用设置，如图层、线型、文字样式、尺寸标注样式、标题栏、图幅框等。

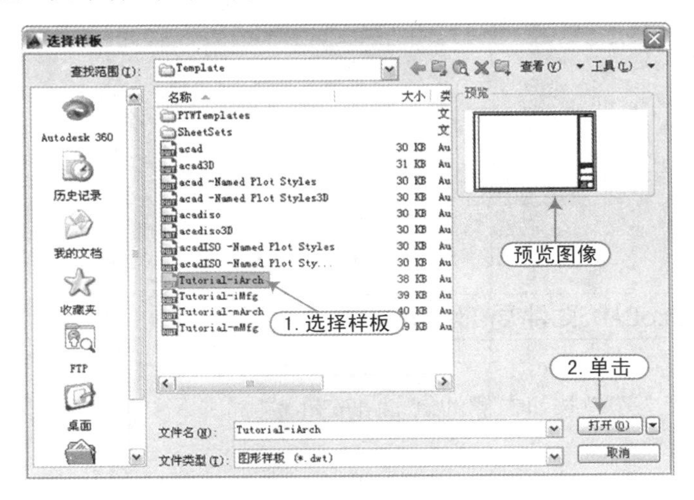

图 1-50　“选择样板”对话框

软件技能　★★★☆☆

在弹出的“选择样板”对话框中，单击“打开”按钮后面的按钮，在弹出的菜单中，可选择“无样板打开—英制”或“无样板打开—公制”选项，如果用户未进行选择，默认情况下将以“无样板打开—公制”方式打开图形文件。

公制（The Metric System），基本单位为千克和米。为欧洲大陆及世界大多数国家所采用。

英制（The British System），基本单位为磅和码。为英联邦国家所采用，而英国因加入欧盟，在一体化进程中已宣布放弃英制，采用公制。

技巧：025　AutoCAD 打开文件的几种方法

视频：技巧 025-AutoCAD 打开文件的几种方法.avi
案例：无

技巧概述：想要对计算机中存在的 AutoCAD 文件进行编辑，必须先打开该文件，其方法如下。

方法 01　执行“文件 | 打开（Open）”菜单命令。

方法 02　单击“快速访问”工具栏中的“打开”按钮。

方法 03　按【Ctrl+O】组合键。

方法 04 在命令行输入 Open 并按 Enter 键。

以上任意一种方法都可打开已存在的图形文件，在弹出的“选择文件”对话框中，选择指定路径下的指定文件，则在右侧的“预览”栏中显出该文件的预览图像，然后单击“打开”按钮，将所选择的图形文件打开，如图 1-51 所示。

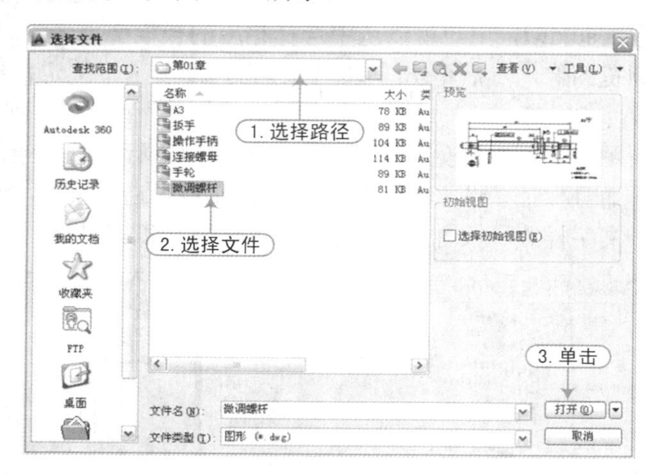

图 1-51 “选择文件”对话框

技巧：026 AutoCAD 文件局部打开的方法

视频：技巧 026-AutoCAD 文件局部打开的方法.avi
案例：无

技巧概述：单击“打开”按钮右侧的倒三角按钮[▼]，将显示打开文件的四种方式，如图 1-52 所示。

在 AutoCAD 2014 中，可以以“打开”、“以只读方式打开”、“局部打开”和“以只读方式局部打开”四种方式打开文件。当以“打开”、“局部打开”方式打开图形时，可以对打开图形进行编辑；当以“以只读方式打开”、“以只读方式局部打开”打开图形时，则无法对图形进行编辑。

如果选择“局部打开”、“以只读方式局部打开”方式打开图形，这时将打开“局部打开”对话框，如图 1-53 所示，可以在“要加载几何图形的视图”选项区域选择要打开的视图，在“要加载几何图形的图层”选项区域中选择要选择的图层，然后单击“打开”按钮，即可在选定区域视图中打开选择的图层上的对象。使用局部打开功能，便于用户有选择地打开自己所需要的图形内容，来加快文件装载的速度。特别是针对大型工程项目中，一个工程师通常只负责一小部分的设计，使用局部打开功能，能够减少屏幕上显示的实体数量，从而大大提高工作效率。

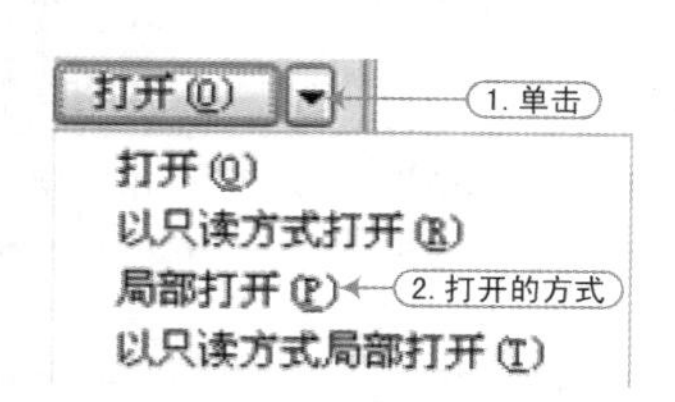

图 1-52 打开文件的方式

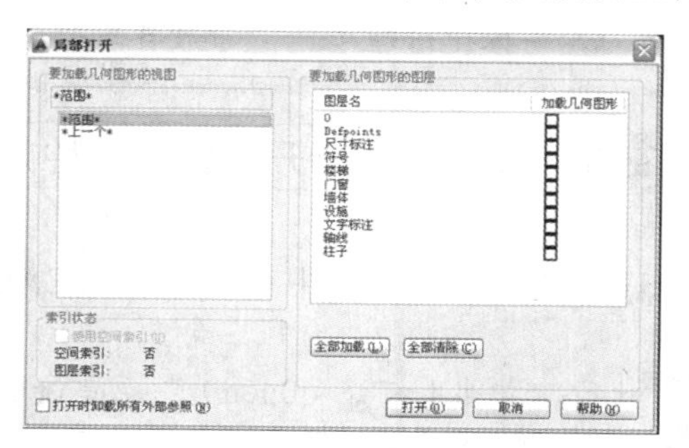

图 1-53 “局部打开”对话框

AutoCAD 保存文件的几种方法

视频：技巧 027-AutoCAD 保存文件的几种方法 avi
案例：无

技巧概述：图形绘制完毕后应保存至相应的位置，而在绘图过程中也随时需要保存图形，以免死机、停电等意外事故使图形丢失。下面讲解不同情况下保存图形文件的方法。

1．保存新文件

新文件指还未进行保存操作的文件，保存新文件的方法如下.

方法 01 执行“文件 | 保存（Save）”或“文件 | 另存为（Save As）”菜单命令。

方法 02 单击“快速访问”工具栏中的“保存”按钮。

方法 03 按【Ctrl+S】或【Shift+Ctrl+S】组合键。

方法 04 在命令行输入 Save 并按 Enter 键。

通过以上任意一种方法，将弹出“图形另存为”对话框，按照图 1-54 所示操作提示进行保存即可。

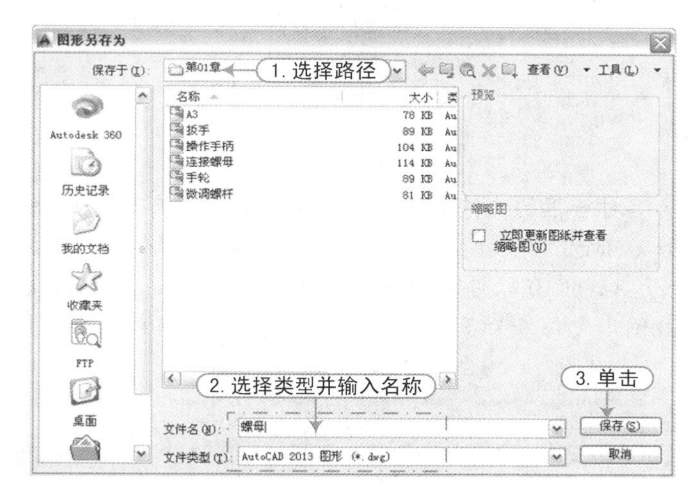

图 1-54　“图形另存为”对话框

2．保存正在绘制或编辑后的文件

在绘图或者编辑操作过程中，同样需要对图形进行保存，以免丢失当前的操作。

方法 01 单击“快速访问”工具栏中的“保存”按钮。

方法 02 在命令行中输入 QSAVE 命令。

方法 03 按【Ctrl+S】组合键。

如果图形从未被保存过，将弹出“图形另存为”对话框，要求用户将当前图形文件进行存盘；如果图形已被保存过，就会按原文件名和文件路径存盘，且不会出现任何提示。

3．保存样板文件

保存样板文件可以避免每次绘制新图时需要进行的有关绘图设置的重复操作，不仅提高了绘图效率，而且保证了图形的一致性。

在执行了“保存”或者“另存为”命令后，弹出“图形另存为”对话框，在“保存于”下拉列表中找到指定样板文件保存的路径，在“文件类型”下拉列表中选择“AutoCAD 图形样板（*.dwt）”选项，然后输入样板文件名称，最后单击 保存(S) 按钮即可创建新的样板文件，

如图 1-55 所示。

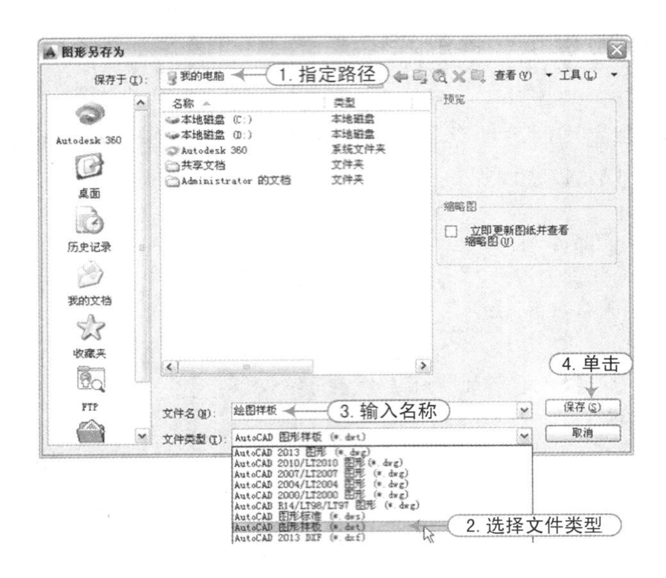

图 1-55 保存为样板文件

技巧提示 ★★☆☆☆

在“图形另存为”对话框的文件类型下面还可以看到低版本的 AutoCAD 软件类型，如“AutoCAD 2000 图形(*.dwg)”等格式，而 AutoCAD 2014 默认保存文件格式是“AutoCAD 2013 图形（*.dwg)”，由于 AutoCAD 软件的向下兼容程序，低版本 AutoCAD 软件无法打开由高版本创建的 AutoCAD 图形文件，为了方便打开保存的文件，可以将图形保存为其他低版本的 AutoCAD 类型文件。

技巧：028 AutoCAD 文件的加密方法

视频：技巧 028-AutoCAD 文件的加密方法 avi
案例：无

技巧概述： 在 AutoCAD 2014 中保存文件可以使用密码保护功能对文件进行加密保存，以提高资料的安全性。具体操作如下.

步骤 01 执行“文件 | 保存”或者“文件 | 另存为”菜单命令，弹出“图形另存为”对话框，单击 工具(L) 按钮，在弹出的快捷菜单中选择“安全选项”选项，如图 1-56 所示。

步骤 02 打开“安全选项”对话框，在“密码”选项卡的“用于打开此图形的密码或短语”文本框中输入密码，然后单击 确定 按钮，如图 1-57 所示。

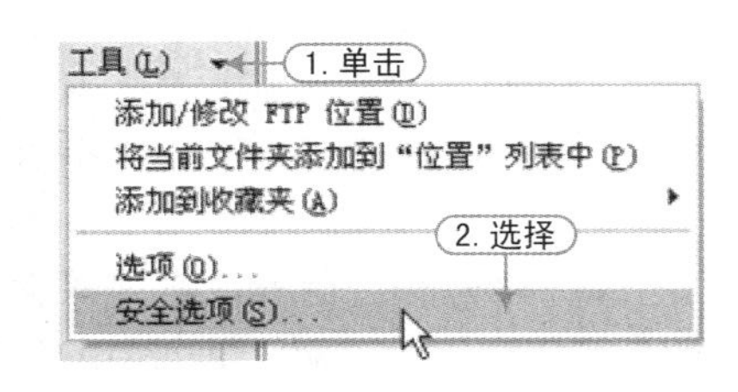

图 1-56 选择选项

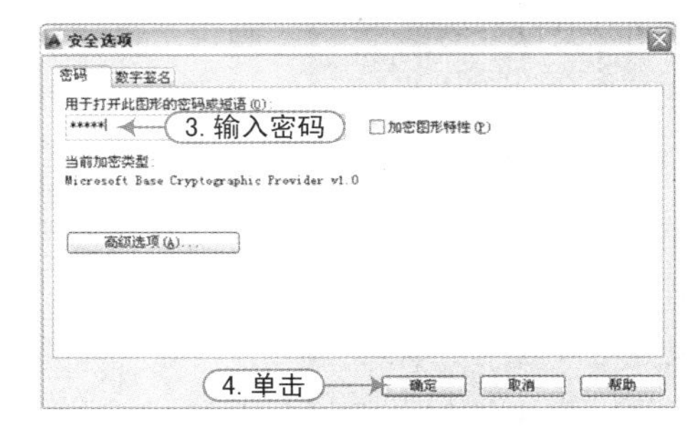

图 1-57 “安全选项”对话框

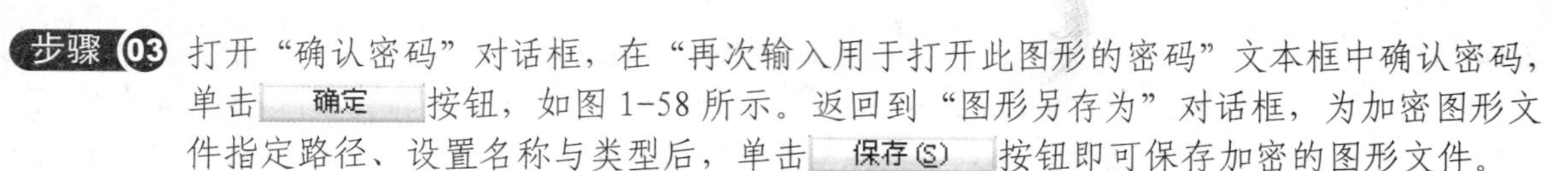

步骤 03 打开“确认密码”对话框，在“再次输入用于打开此图形的密码”文本框中确认密码，单击 确定 按钮，如图 1-58 所示。返回到“图形另存为”对话框，为加密图形文件指定路径、设置名称与类型后，单击 保存(S) 按钮即可保存加密的图形文件。

步骤 04 当用户再次打开加密图形文件时，系统将打开“密码”对话框，如图 1-59 所示。在对话框中输入正确密码才能将此加密文件打开，否则将无法打开此图形。

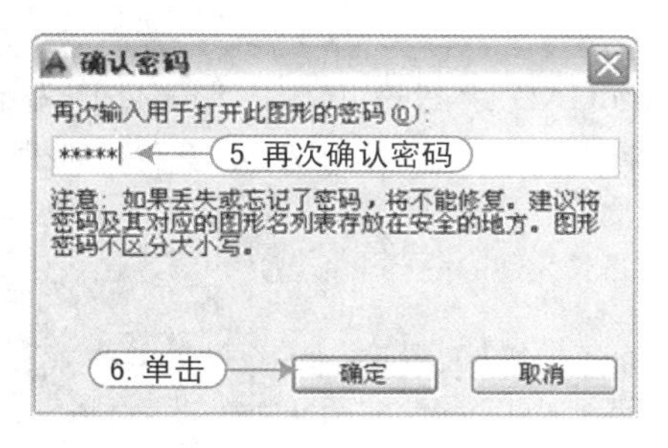

图 1-58 “确认密码”对话框

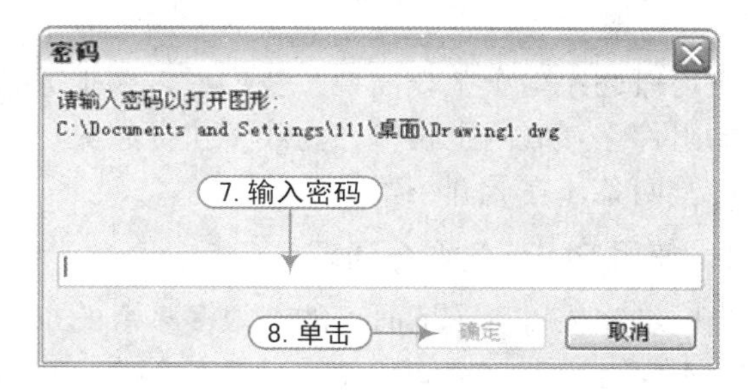

图 1-59 输入密码打开文件

技巧：029 AutoCAD 文件的修复方法

视频：技巧 029-AutoCAD 文件的修复方法.avi
案例：无

技巧概述： 在使用 AutoCAD 工作中，意外的死机、停电或者文件出错都会给人们的工作带来诸多的困扰与不便，下面来讲述在出现这种情况下，如何对 CAP 文件进行修复的方法。

（1）在出现死机、停电或者文件出错自动退出并无提示等意外情况后，打开 CAP 文件出现错误，此时，可以用 AutoCAD 软件里的“文件/图形实用工具（U）”下面的“修复（R）”命令，进行 CAD 文件的修复。大多数情况是可以修复的。

（2）文件出错时，一般会出现一个提示是否保存的对话框，此时应选择不保存，如果选择保存，再打开文件时则已丢失，选不保存可能只丢失一部分。

（3）如果用“修复（R）”命令修复以后无用，可用插块方式，新建一个 CAP 文件把原来的文件用插块方式插进来，可能可行。

（4）在出现死机、停电等意外情况后，打开 AutoCAD 文件出现错误并用修复功能无效时，可到文件夹下找到备份文件（bak 文件），将其后缀名改为“dwg”，以代替原文件或改为另一文件名。打开后一般损失的工作量很小。有少数情况死机后再打开文件时虽然能打开，但没有了内容，或只有很少的几个图元，这时千万不能保存文件，按上述方法改备份文件（bak 文件）是最好的方法，如果保存了原文件，备份文件就被更新了，无法恢复到死机前的状态。

（5）如果没注意上面说的，备份文件也已更新到没实际内容的文件，或者在选项中取消了创建备份文件（以节省磁盘空间），那就得去找自动保存的文件了。自动保存的位置如果没自己更改的话，一般在系统文件所自动定义的临时文件夹下，也就是 c:winnttemp 下。自动保存的文件名后缀为“sv$”（当然也可自己定），根据时间、文件名，能找到自动保存的文件。例如，你受损的文件名是“换热器.dwg”，自动保存的文件名很可能是“换热器_?_?_????.sv$”，其中“？”号是一些不确定的数字。为 AutoCAD 建立专门的临时文件夹是一个好的方法，便于清理和寻找文件，能减少系统盘的碎片文件。方法是在资源管理器建立文件夹后，在 AutoCAD 的选项中指定临时文件和自动保存文件的位置。

（6）作图习惯要注意，不大好的机子就不要将太多图纸放在一个文件中，容易出错。另一个是养成随时保存的习惯，还养成文件备份的习惯。可以在 AutoCAD 软件里的“工具（T）|

选项（N）”里面的“打开和保存”按钮下面，设置为“自动保存”。

总之，发生意外情况千万不能慌神，要沉着冷静，一般都能把损失减少到最小。如果紧张，总是不断打开文件、保存文件，那只会给恢复带来困难。

技巧：030 AutoCAD 文件的清理方法

视频：技巧 030-AutoCAD 文件的清理方法 avi
案例：无

技巧概述： 由于工作需要，我们经常要把大量的 AutoCAD 绘制的 dwg 图形文件作为电子邮件的附件在互联网上传输，为经济快捷起见，笔者近来特意琢磨如何为 dwg 文件“减肥”，得到经验两条，在此介绍给大家。

1. 使用 PUREG 命令清理

当图纸完成以后，里面可能有很多多余的东西，如图层、线型、标注样式、文字样式、块、形等，不仅占用存储空间还使 swg 文件偏大，所以要进行清理。按照如下步骤进行操作，会将文件内部所有不需要的垃圾对象全部删除。

步骤 01 在命令行输入“清理”命令（PUREG），将弹出“清理”对话框，即会看到该图形中所有项目，分别显示各种类型的对象。

步骤 02 选中“查看能清理的项目”单选按钮，再单击 全部清理(A) 按钮就可以了，如图 1-60 所示。

还可以选择性地清理不需要的类型，如需要清理多余的图层，则在“清理”对话框中选择“图层”选项，再单击 清理(P) 按钮，即可将未使用的垃圾图层删除掉，如图 1-61 所示。

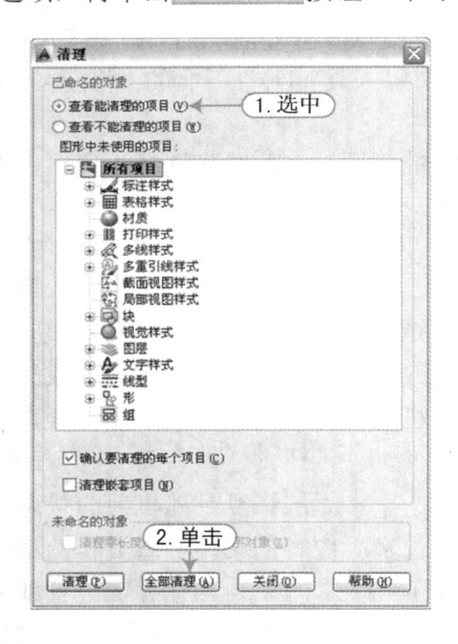

图 1-60 清理所有垃圾文件

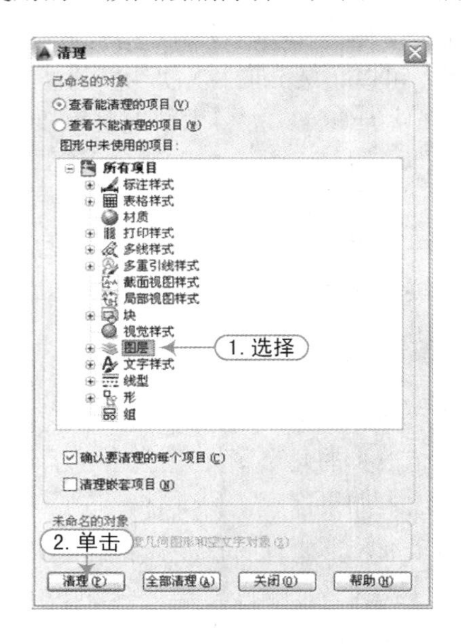

图 1-61 清理未使用的图层

用 PURGE 命令把图形中没有使用过的块、图层、线型等全部删除，可以达到减小文件的目的。如果文件仅用于传送给对方看看或是永久性存档，在使用 PURGE 命令前还可以做如下工作：

- 把图形中插入的块炸开，使图形中根本不含有块；
- 把线型相同的图层上的元素全部放置在一个图层上，减少图层数量。

这样一来就能使更多的图块、图层成为没有使用的，从而可以被 PURGE 删除，更加精减文件尺寸。连续多次使用 PURGE 命令，就可以将文件“减肥”到极点了。

2. 使用 WBLOCK 命令清理

把需要传送的图形用 WBLOCK 命令以写块的方式产生新的图形文件，把新生成的图形文件作为传送或存档用。到目前为止，这是笔者发现的最有效的“减肥”方法。这样就在指定的文件夹中生成了一个新的图形文件。具体操作如下。

步骤 01 在命令行输入“写块”命令（WBLOCK），将弹出“写块”对话框。

步骤 02 单击“选择对象”按钮，在图形区域选择需要列出的图形，并指定相应基点，按照图 1-62 所示步骤进行操作，将需要的图形进行写块处理。

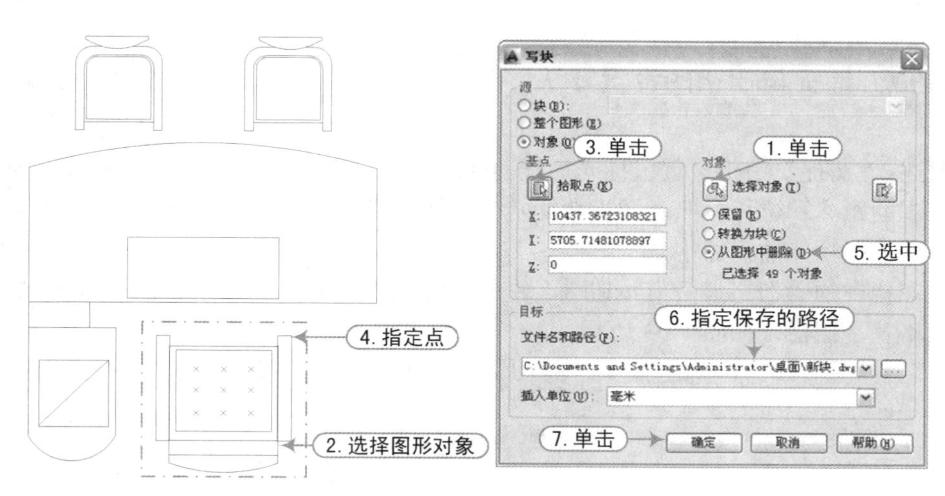

图 1-62 写块操作

> **技巧提示** ★★★☆☆
>
> 比较以上两种方法，各有长短：用 PURGE 命令操作简便，但“减肥”效果稍差；用 WBLOCK 命令的最大优点就是“减肥”效果好。最大的缺点就是不能对新生成的图形进行修改（甚至不做任何修改）存盘，否则文件又变大了。笔者对自己的 dwg 文件用两种方法精简并对比效果发现，精简后的文件大小相差几乎在 5KB 以内。读者可根据自己的情况确定使用何种方法。
>
> 在传送 dwg 文件前，应用 WINZIP（笔者推荐）压缩，效果特好，几乎只有原来的 40% 左右。

技巧：031 正交模式的设置方法

视频：技巧031-正交模式的设置方法.avi
案例：无

技巧概述：用正交模式的打开和关闭状态来确定是否在正交模式下作图。当正交模式处于打开状态时，鼠标所拖出的所有线条都是平行于坐标轴的，可迅速准确地绘制出与坐标轴平行的线段。打开与关闭正交的操作方法如下。

方法 01 鼠标在状态栏处单击“正交模式”按钮即可打开，若关闭正交模式用鼠标再次单击该按钮即可关闭。

方法 02 “正交模式”功能键即是【F8】键，可以通过按键盘上的【F8】键来开启或者关闭正交模式。

在正交模式下，移动鼠标拖出的线条均为平行于坐标轴的线段，平行于哪一个坐标轴取决于拖出线的起点到坐标轴的距离。只能在垂直或水平方向画线或指定距离，而不管光标在屏幕上的位置。其线的方向取决于光标在 *X* 轴、*Y* 轴方向上的移动距离变化。

技巧提示 ★★★☆☆

正交方式只控制光标，影响用光标输入的点，而对以数据方式输入的点无任何影响。

技巧：032 捕捉与栅格的设置方法

视频：技巧032-捕捉与栅格的设置方法.avi
案例：无

技巧概述：“捕捉”用于设置鼠标光标移动间距，“栅格”是一些标定位置的小点，使用它可以提供直观的距离和位移参照。捕捉功能常与栅格功能联合使用，一般情况下，先启动栅格功能，再启动捕捉功能捕捉栅格点。

单击状态栏中的“栅格显示”按钮▦，使该按钮呈凹下状态，这时在绘图区域中将显示网格，这些网格就是栅格，如图 1-63 所示。

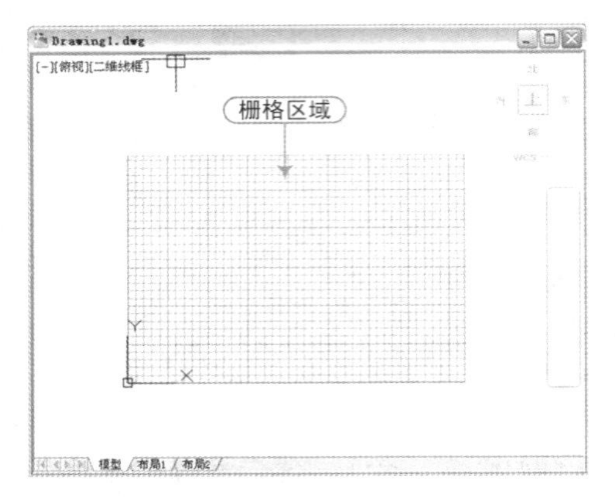

图 1-63 启动栅格

如用户需将鼠标光标快速定位到某个栅格点，就必须启动捕捉功能。单击状态栏中的“对象捕捉”按钮□即可启用捕捉功能。此时在绘图区中移动十字光标，就会发现光标将按一定间距移动。为方便用户更好地捕捉图形中的栅格点，可以将光标的移动间距与栅格的间距设置为相同，这样光标就会自动捕捉到相应的栅格点，具体操作如下。

步骤 01 执行“工具丨绘图设置”菜单命令，或者在命令行输入“草图设置”命令（SE），在弹出的“草图设置”对话框中选择“捕捉和栅格”选项卡，如图 1-64 所示。

步骤 02 如用户还未启用捕捉功能，可在该对话框勾选“启用捕捉（F9）”和“启用栅格（F7）”复选框，则启用栅格捕捉功能。

步骤 03 在“捕捉间距”选项组中，设置“捕捉 X 轴间距”为 10，“捕捉 Y 轴间距”同样为 10，以此来设置十字光标水平移动的间距值。

步骤 04 在“栅格样式”选项组中，可以设置在不同空间下显示点栅格，若选择在“二维模型空间”下来显示点栅格，则在默认的二维绘图区域显示点栅格状态，如图 1-65 所示。

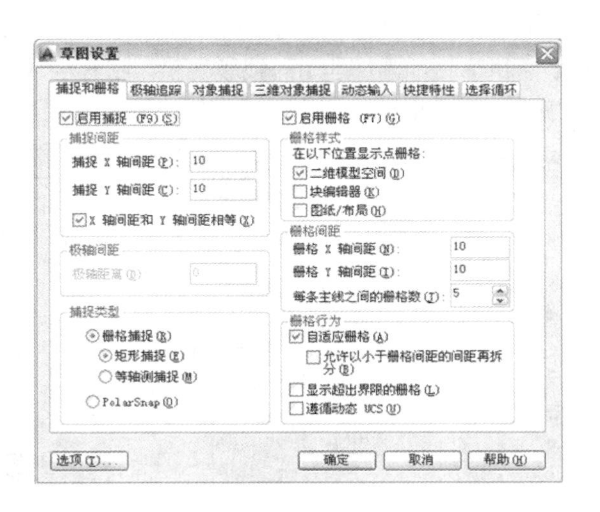

图 1-64　“草图设置”对话框

步骤 05 在右侧的“栅格间距”选项组中，设置“栅格 X 轴间距”与“栅格 Y 轴间距”均为 10。

步骤 06 最后单击 确定 按钮完成栅格设置，此时绘图区中的光标将自动捕捉栅格点。

在“捕捉和栅格“选项卡中，各主选项的含义如下。

- “启用捕捉”复选框：用于打开或者关闭捕捉方式，可以按【F9】键进行切换，也可以在状态栏中单击按钮进行切换。
- “捕捉间距”设置区：用于设置 *X* 轴和 *Y* 轴的捕捉间距。
- “启用栅格”复选框：用于打开或关闭栅格显示，也可以按【F7】键进行切换，也可以在状态栏中单击按钮进行切换。当打开栅格状态时，用户可以将栅格显示为点矩阵或线矩阵。
- “栅格捕捉”单选按钮：可以设置捕捉类型为“捕捉和栅格”，移动十字光标时，它将沿着显示的栅格点进行捕捉，是 AutoCAD 默认的捕捉方式。
- “矩形捕捉”单选按钮：将捕捉样式设置为“标准矩形捕捉”，十字光标将捕捉到一个矩形栅格，即一个平面上的捕捉，也是 AutoCAD 默认的捕捉方式。
- “等轴测捕捉”单选按钮：将捕捉样式设置为“等轴测捕捉”，十字光标将捕捉到一个等轴测栅格，即在三个平面上进行捕捉，鼠标也会跟着变化，如图 1-66 所示。

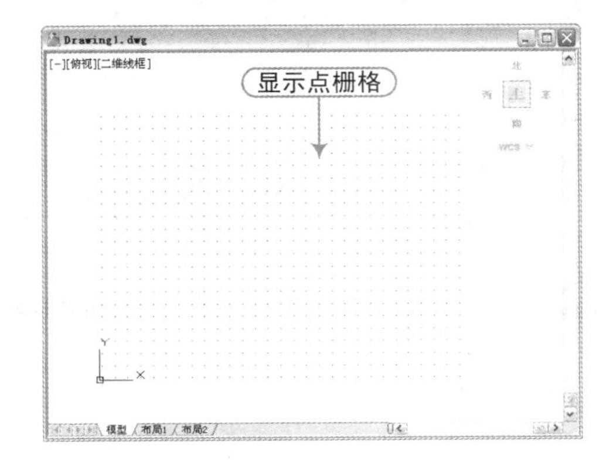

图 1-65　点栅格显示

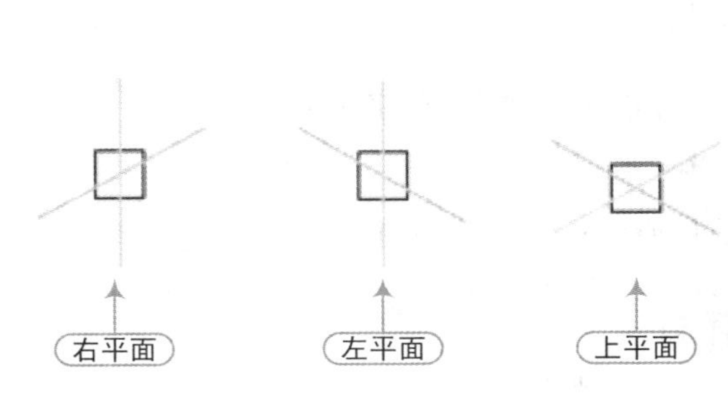

图 1-66　等轴测中的鼠标显示

- “栅格间距”设置区：用于设置 X 轴和 Y 轴的栅格间距，并且可以设置每条主轴的栅格数。若栅格的 X 轴和 Y 轴的间距为 0，则栅格采用捕捉的 X 轴和 Y 轴的值。图 1-67 所示为设置不同的栅格间距效果。

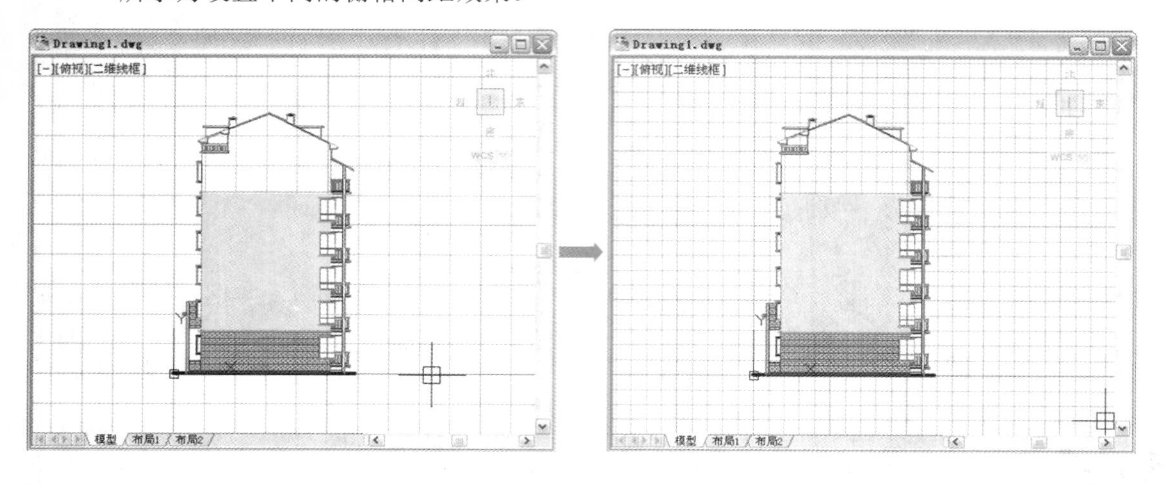

图 1-67　设置不同的栅格间距效果

- “PolarSnap”单选按钮：可以设置捕捉样式为极轴捕捉，并且可以设置极轴间距，此时光标沿极轴转角或对象追踪角度进行捕捉。
- “自适应栅格”复选框：用于界限缩放时栅格的密度。
- “显示超出界限的栅格”复选框：用于确定是否显示图像界限之外的栅格。
- “遵循动态 UCS”复选框：跟随动态 UCS 和 XY 平面而改变栅格平面。

技巧提示　★★★★☆

栅格在绘图区中只起辅助作用，并不会打印输出在图纸上，用户也可以通过命令行的方式来设置捕捉与栅格，其中，捕捉的命令为 SNAP，栅格的命令为 GRID，其命令行将会按图 1-68 所示进行提示，根据提示选项来设置栅格间距、打开与关闭、捕捉、界限等。

```
命令: GRID
指定栅格间距(X) 或 [开(ON)/关(OFF)/捕捉(S)/主(M)/自适应(D)/界限(L)/跟随(F)/纵横向间距(A)] <50.0000>: *取消*
键入命令
```

图 1-68　栅格命令

技巧：033　捕捉模式的设置方法

视频：技巧033-捕捉模式的设置方法.avi
案例：无

技巧概述： 对象自动捕捉（简称自动捕捉）又称为隐含对象捕捉，利用此捕捉模式可以使 AutoCAD 自动捕捉到某些特殊点。启动“自动捕捉”功能的方法如下。

方法 01 执行“工具 | 绘图设置”菜单命令，从弹出的“草图设置”对话框中选择“对象捕捉”选项卡，如图 1-69 所示。

方法 02 在状态栏上的“对象捕捉”按钮上右击，从快捷菜单中选择“设置”选项，也可以打开此对话框，如图 1-70 所示。

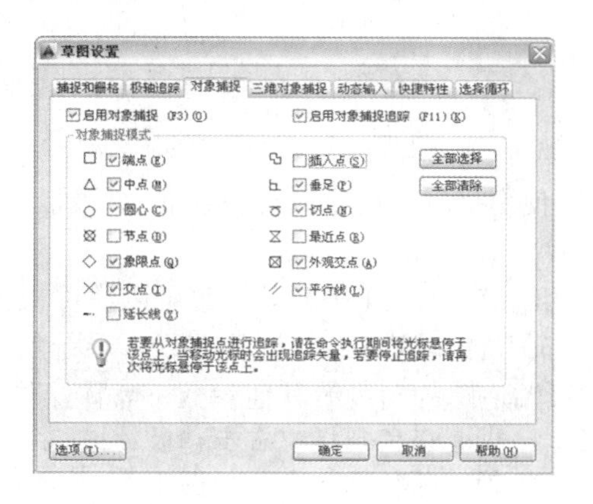

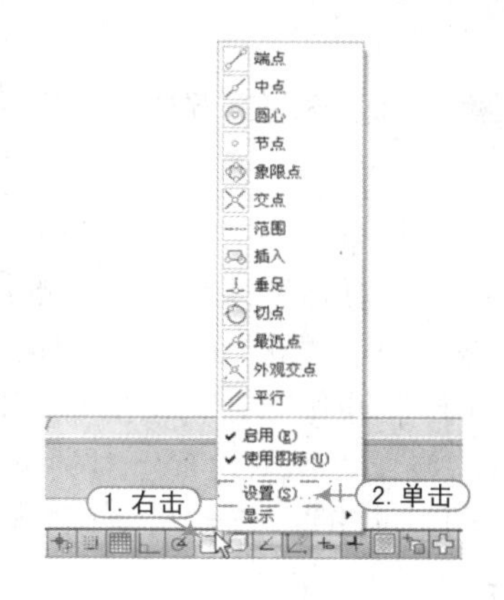

图 1-69　“草图设置”对话框

图 1-70　设置捕捉

在“对象捕捉”选项卡中，可以通过“对象捕捉模式”选项组中的各复选框确定自动捕捉模式，即确定使 AutoCAD 将自动捕捉到哪些点。

在“对象捕捉”选项卡中，各主选项的含义如下。

- “启用对象捕捉（F3）”复选框：用于确定是否启用自动捕捉功能；同样可以在状态栏单击“对象捕捉”按钮□来激活，或按“F3”键，或者按“Ctrl+F”组合键，即可在绘图过程中启用捕捉选项。
- “启用对象捕捉追踪（F11）”复选框：用于确定是否启用对象捕捉追踪功能。
- “对象捕捉模式”选项组：在实际绘图过程中，有时经常需要找到已知图形的特殊点，如圆形点、切点、直线中点等，只要在该特征点前面的复选框□处单击，即可勾选☑此复选框，则设置为该点的捕捉。

利用“对象捕捉”选项卡设置默认捕捉模式并启用对象自动捕捉功能后，在绘图过程中每当 AutoCAD 提示用户确定点时，如果使光标位于对象上在自动捕捉模式中设置的对应点的附近，AutoCAD 会自动捕捉到这些点，并显示出捕捉到相应点的小标签，如图 1-71 所示。

软件技能　★★★★★

在 AutoCAD 2014 中，也可以右击状态栏中的“对象捕捉”按钮□，在弹出的快捷菜单中选择捕捉的特征点，如图 1-70 所示。另外，在捕捉时按住 Ctrl 键或 Shift 键，并单击鼠标右键，将弹出对象捕捉快捷菜单，如图 1-72 所示，通过快捷菜单上的特征点选项来设置捕捉。

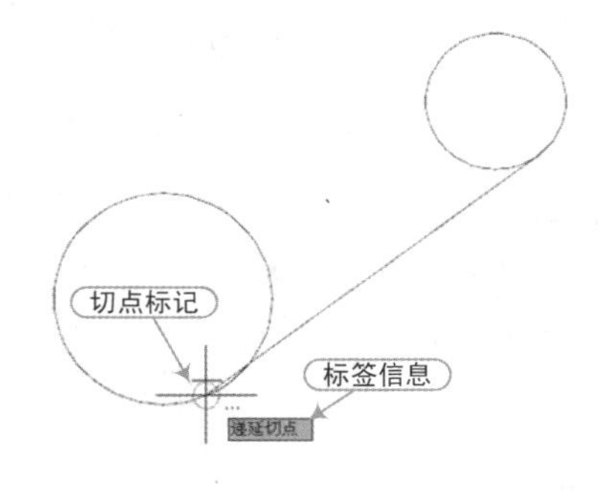

图 1-71　捕捉切点

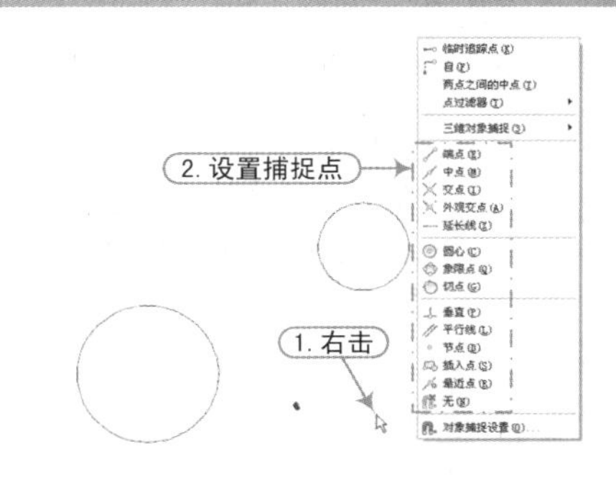

图 1-72　右击选择特性点

技巧：034 极轴追踪的设置方法

视频：技巧034-极轴追踪的设置方法.avi
案例：无

技巧概述： 与正交功能相对的是极轴功能，使用极轴功能不仅可以绘制水平线、垂直线，还可以快速绘制任意角度或设定角度的线段。

单击状态栏中的“极轴追踪（F10）”按钮，或者按【F10】键，都可以启用极轴功能，启用后用户在绘图操作时，将在屏幕上显示由极轴角度定义的临时对齐路径，系统默认的极轴角度为90°，通过“草图设置”对话框可设置极轴追踪的角度等其他参数，具体操作如下。

步骤01 在命令行输入“草图设置”命令（SE），或者在状态栏中右击“极轴追踪”按钮，在弹出的“草图设置”对话框中选择“极轴追踪”选项卡，如图1-73所示。

步骤02 在“增量角”下拉列表中指定极轴追踪的角度。若选择增量角为30，则光标移动到相对于前一点的0、30、60、90、120、150等角度上时，会自动显示出一条极轴追踪虚线，如图1-74所示。

步骤03 勾选“附加角”复选框，然后单击 新建(N) 按钮，可新增一个附加角。附加角是指当十字光标移动到设定的附加角度位置时，也会自动捕捉到该极轴线，以辅助用户绘图。如图1-75所示的新建的附加角19，在绘图时即可捕捉到19°的极轴。

步骤04 在“极轴角测量”选项组中还可更改极轴的角度类型，系统默认选中“绝对（A）”单选按钮，即以当前用户坐标系确定极轴追踪的角度。若选中“相对上一段”单选按钮，则根据上一个绘制的线段确定极轴追踪的角度。

步骤05 最后单击 确定 按钮，完成极轴追踪功能的设置。

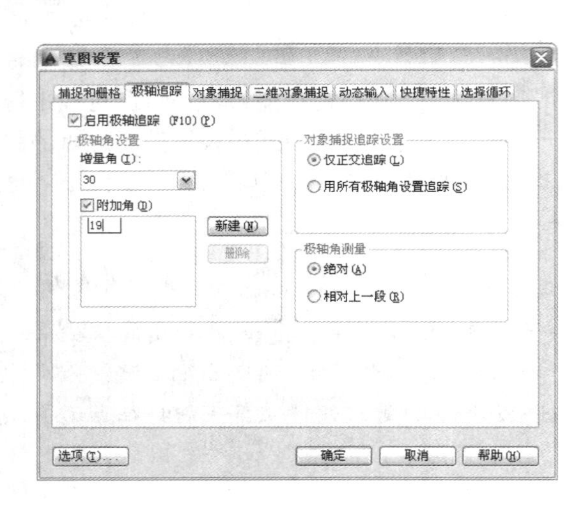

图1-73 极轴追踪设置

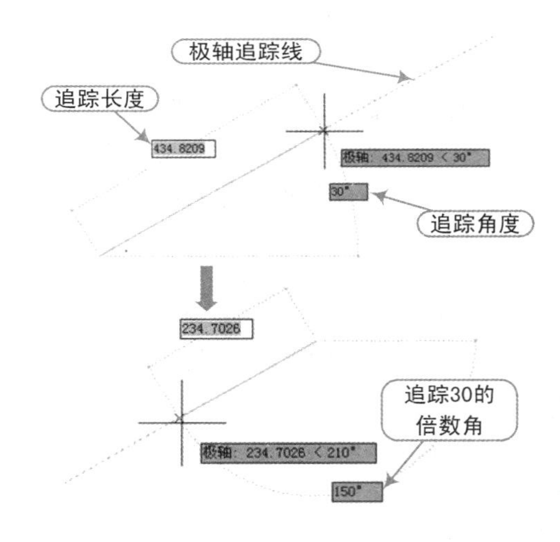

图1-74 捕捉增量角

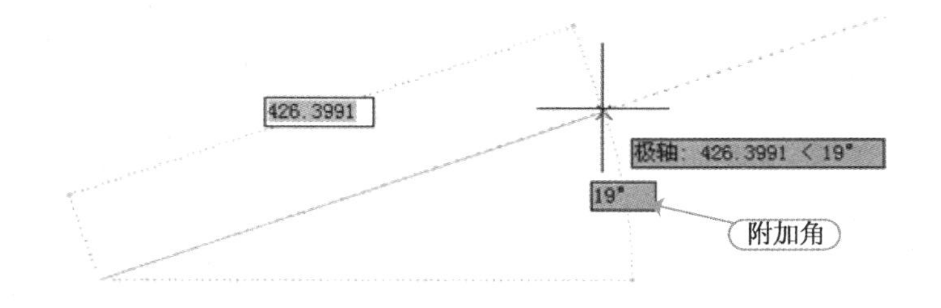

图1-75 捕捉附加角

软件技能 ★★★★☆

在设置不同角度的极轴时，一般只设置附加角，可以在附加角一栏中进行“新建”和“删除”附加角，而增量角为默认捕捉角，很少改变。

增量角和附加角的区别在于：附加角不能倍量递增，如设置附加角为 19，则只能捕捉到 19° 的极轴，与之倍增的角度：38°、57° 等则捕捉不了。

注意其中若设置“极轴角测量”为“相对上一段”，在上一条线基础上附加角和增量角都可以捕捉得到增量的角度。

技巧：035 对象捕捉追踪的使用方法

视频：技巧035-对象捕捉追踪的使用方法.avi
案例：无

技巧概述：对象捕捉应与对象捕捉追踪配合使用，在使用对象捕捉追踪时必须同时启动一个或多个对象捕捉，同时应用对象捕捉功能。

首先按【F3】键启用“对象捕捉”功能，再单击状态栏中的“对象捕捉追踪（F11）”按钮∠，或者按【F11】键，都可以启用对象捕捉追踪功能；若要对“对象捕捉追踪”功能进行设置，则右击∠按钮，在弹出的“草图设置”对话框中切换到“极轴追踪”选项卡，如图 1-73 所示，其中“对象捕捉追踪设置”选项组中包含了“仅正交追踪”和“用所有极轴角设置追踪”两个单选按钮，通过这两个单选按钮可以设置对象追踪的捕捉模式。

- “仅正交追踪”单选按钮：在启用对象捕捉追踪时，仅显示已获得的对象捕捉点的正交（水平/垂直）对象捕捉追踪路径。
- “用所有极轴角设置追踪”单选按钮：将极轴追踪设置应用到对象捕捉追踪。使用该方式捕捉特殊点时，十字光标将从对象捕捉点起沿极轴对齐角度进行追踪。

利用“对象捕捉追踪”功能，可以捕捉矩形的中心点来绘制一个圆，其操作步骤如下。

步骤 01 执行“矩形”命令（REC），在绘图区域任意绘制一个矩形对象。

步骤 02 在命令行输入“草图设置”命令（SE），在弹出的“草图设置”对话框中选择“对象捕捉”选项卡。

步骤 03 勾选“启用对象捕捉”与“启用对象捕捉追踪”复选框，再设置“对象捕捉模式”为“中点”捕捉，然后单击 确定 按钮，如图 1-76 所示。

步骤 04 在命令行输入“圆”命令（C），根据命令行提示“指定圆的圆心”时，鼠标移动到矩形上水平线上，捕捉到中点标记△后，向下拖动，会自动显示一条虚线，即为对象捕捉追踪线，如图 1-77 所示。

步骤 05 同样，鼠标移动至矩形左垂直边，且捕捉垂直中点标记△后，水平向右侧进行移动，当移动到相应位置时，即会同时显现两个中点标记延长虚线，中间则出现一个交点标记×，如图 1-78 所示。

步骤 06 单击鼠标确定圆的圆心，继续拖动鼠标向上捕捉到水平线上中点后，单击确定圆的半径来绘制出一个圆，如图 1-79 所示。

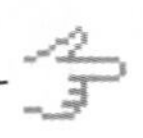

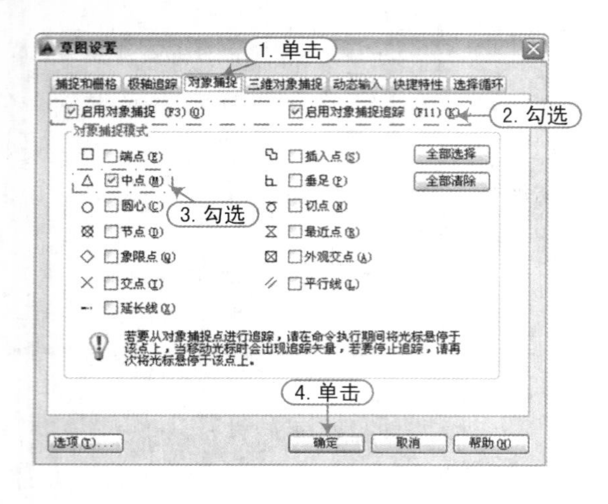

图 1-76　设置捕捉模式

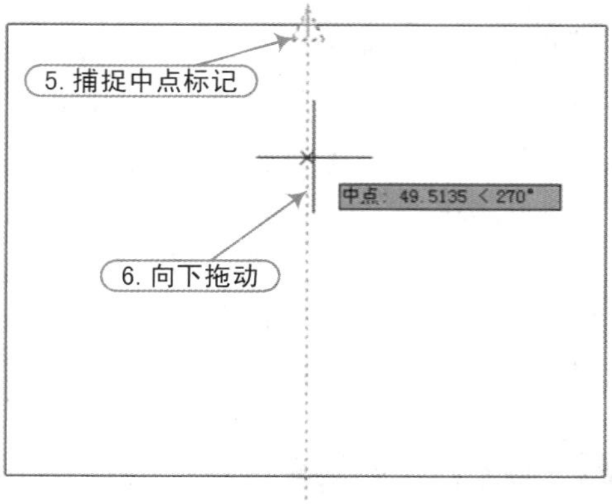

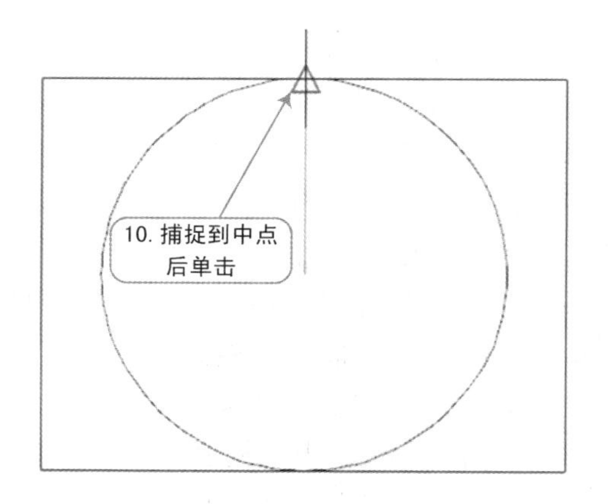

图 1-77　捕捉中点并拖动

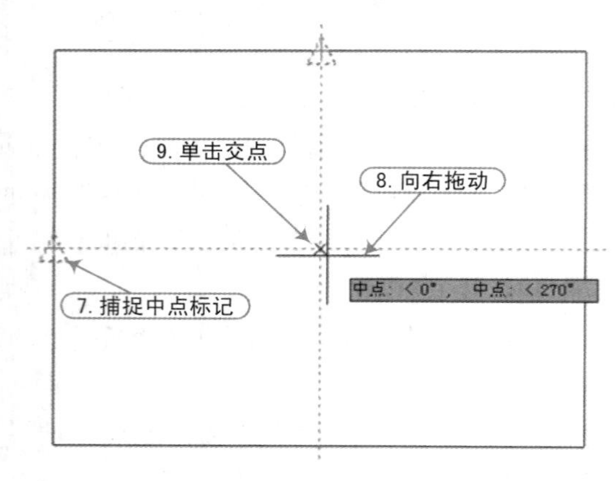

图 1-78　捕捉到交点单击

图 1-79　捕捉水平线上中点绘制圆

技巧：036　临时追踪的使用方法

视频：技巧036-临时追踪的使用方法.avi
案例：无

技巧概述： 右击状态栏中的“对象捕捉”按钮，在弹出的快捷菜单中有个特征点为“临时追踪点(K)”，该捕捉方式始终跟踪上一次单击的位置，并将其作为当前的目标点，也可以用TT命令进行捕捉。

“临时追踪点”与“对象捕捉”模式相似，只是在捕捉对象的时候先单击。例如，图 1-80 中有一个矩形和点 A，要求从点 A 绘制一条线段过矩形的中心点，其中要用到“临时追踪点”来进行捕捉，绘制的效果如图 1-81 所示，其操作步骤如下。

图 1-80　原图形

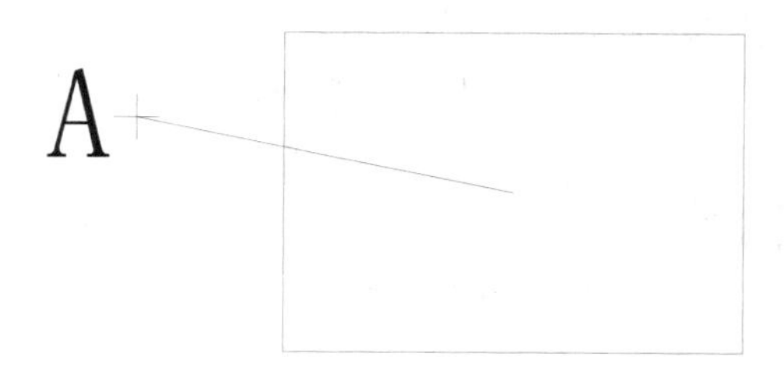

图 1-81　绘制连接线

步骤 01 执行“直线”命令（L），单击起点 A。

步骤 02 命令提示“指定下一点或 [放弃(U)]:”时，输入 tt 并按 Enter 键，提示指定“临时对象追踪点:”，此时鼠标移动捕捉到左边的中点，单击左键，确定以左边的中点为临时追踪点，鼠标稍微向右移动，出现水平追踪对齐线。

这时就能以临时追踪点为基点取得相对坐标获得目标点，但是要获得的点与上边的中点有关，因此再用一次临时追踪点。

步骤 03 再次输入 tt 按 Enter 键确定，再指定临时追踪点为矩形上边中心点并单击，出现垂直对齐线，沿线下移光标到第一个临时追踪点的右侧。

步骤 04 在出现第二道水平对齐线时，同时看到两道对齐线相交，如图 1-82 所示。此时单击确定直线的终点，该点即为矩形中心点。

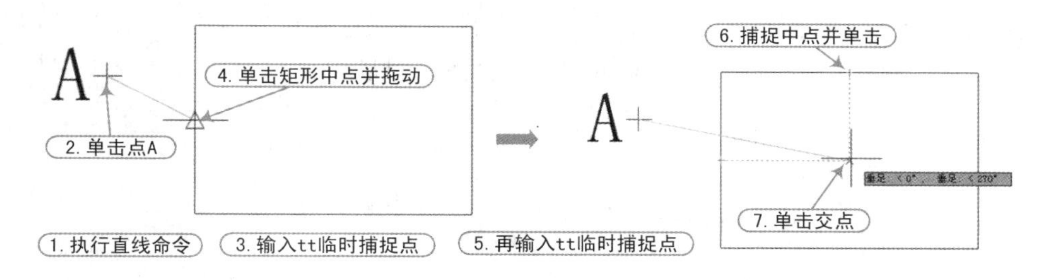

图 1-82　临时捕捉的应用

技巧：037　“捕捉自”功能的使用方法

视频：技巧037-“捕捉自”功能的使用方法.avi
案例：无

技巧概述：右击状态栏中的“对象捕捉”按钮□则弹出快捷菜单，其中显示各个捕捉特征点，自(F)该捕捉方式可以根据指定的基点，再偏移一定距离来捕捉特殊点，也可用 FRO 或 FROM 命令进行捕捉。其捕捉方式如下。

步骤 01 执行“直线”命令（L），绘制一条长为 10 的水平线段；按空格键重复命令，提示“指定下一点或 [放弃(U)]:”时，在命令行输入 from，命令提示“基点”，此时单击已有的水平线段左端点作为基点。

步骤 02 继续提示“<偏移>”时，在命令行输入“@0，2”，然后按空格键确定。

步骤 03 此时鼠标光标将自动定位在指定偏移的位置点，然后向右拖动并单击，如图 1-83 所示。即可利用“捕捉自”功能来绘制另外一条直线，其命令行提示如下。

```
命令: L                              \\ 执行“直线”命令
指定第一个点: from                   \\ 启动“捕捉自”命令
基点:                                \\ 捕捉线段左端点并单击作为基点
<偏移>:     @0, 2                    \\ 输入偏移点相对基点的相对坐标
指定下一点或 [放弃(U)]:              \\ 捕捉到偏移点，向右拖动并单击
```

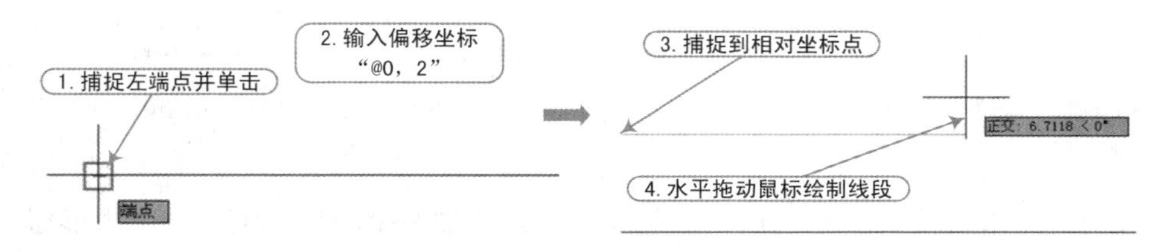

图 1-83　“捕捉自”功能的应用

技巧提示 ★★★★☆

“捕捉自”命令一般应用于某些命令中，以捕捉相应基点的偏移量，从而来辅助图形的绘制，其快捷命令为 FROM 且不分大小写，同样 AutoCAD 中的所有命令也不区分大小写。

技巧：038 点选图形对象

视频：技巧038-点选图形对象.avi
案例：无

技巧概述： 在编辑图形之前，用户应先学会选择图形对象的方法，选择的对象不同其选择方法也有所差异。

选择具体某个图形对象时，如封闭图形对象，点选图形对象是最常用、最简单的一种选择方法。直接用十字光标在绘图区中单击需要选择的对象，被选中的对象会显示蓝色的夹点，如图 1-84 所示，若连续单击不同的对象则可同时选择多个对象。

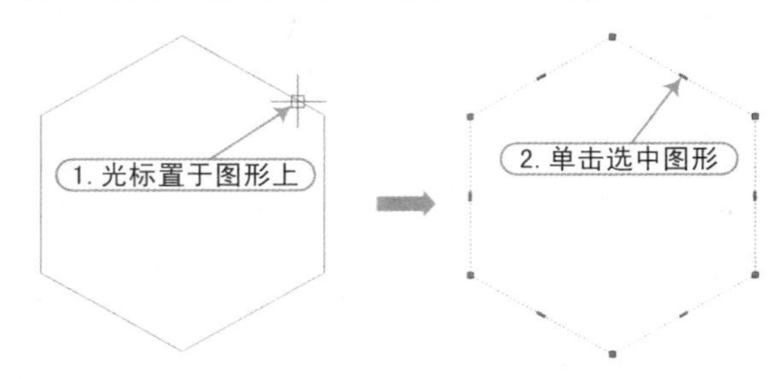

图 1-84　点选对象

技巧提示 ★★★★☆

在 AutoCAD 中执行大多数的编辑命令时，既可以先选择对象后执行命令；也可以先执行命令后选择对象。执行命令后将提示“选择对象”，要求用户选择需要编辑的对象，此时十字光标会变成一个拾取框，移动拾取框并单击要选择的图形，被选中的对象都将以虚线方式显示，如图 1-85 所示。

但有所不同的是，在未执行任何命令的情况下，被选中的对象只显示蓝色的夹点。

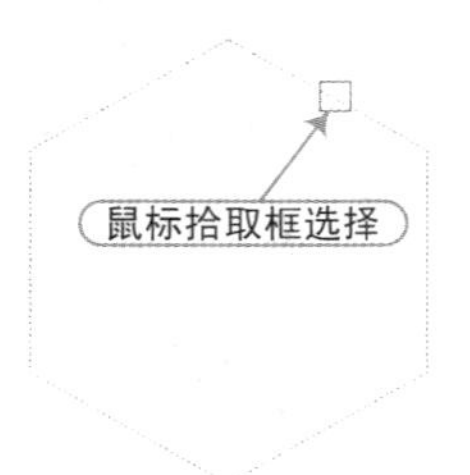

图 1-85　先执行命令后选择对象

技巧：039 矩形框选图形对象

视频：技巧039-矩形框选图形对象.avi
案例：无

技巧概述： 矩形窗口（BOX）选择法是通过对角线的两个端点来定义一个矩形窗口，选择完全落在该窗口内的图形。

矩形框选是指当命令行提示“选择对象”时，将鼠标光标移动至需要选择图形对象的左侧，按住鼠标左键不放向右上方或右下方拖动鼠标，这时绘图区中将呈现一个淡紫色矩形方框，如图 1-86 所示，释放鼠标后，被选中的对象都将以虚线方式显示。

```
选择对象：box                          \\ 矩形框选模式
指定第一个角点：                       \\ 指定窗口对角线第一点
指定对角点：                           \\ 指定窗口对角线第二点
```

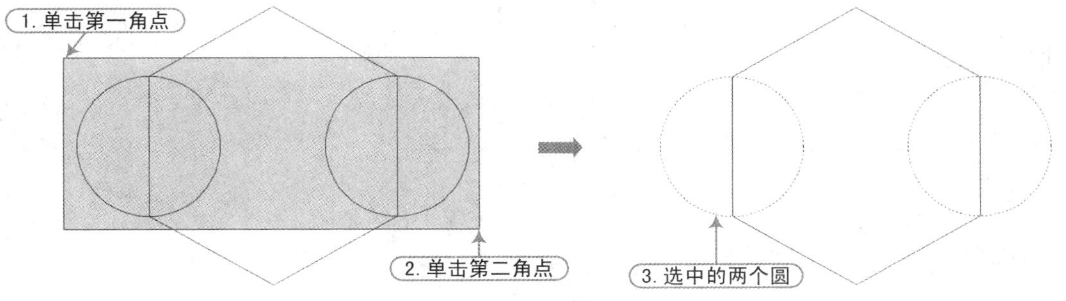

图 1-86　矩形框选方式

技巧：040　交叉框选图形对象

视频：技巧040-交叉框选图形对象.avi
案例：无

技巧概述：交叉框选也是矩形框选（BOX）方法之一，命令提示相同，只是选择图形对象的方向恰好相反。其操作方法是当命令提示“选择对象”时，将鼠标光标移到目标对象的右侧，按住鼠标左键不放向左上方或左下方拖动鼠标，当绘图区中呈现一个虚线显示的绿色方框时释放鼠标，这时与方框相交和被方框完全包围的对象都将被选中，如图 1-87 所示。

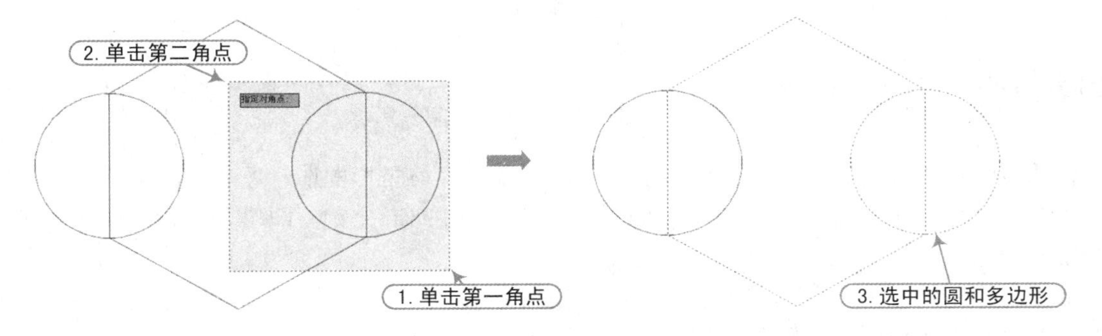

图 1-87　交叉框选

技巧提示　★★★☆☆

交叉框选与矩形框选（BOX）是系统默认的选择方法，用户可以在“选择对象”提示下直接使用鼠标从左至右或者从右至左定义对角窗口，便可以实现以上选择，也就是说不输入 BOX 选项也能直接使用这两种方法选择图形。

技巧：041 栏选图形对象

视频：技巧041-栏选图形对象.avi
案例：无

技巧概述： 栏选是指通过绘制一条多段直线来选择对象，该方法在选择连续性目标时非常方便，栏选线不能封闭或相交。如图 1-88 所示，当命令提示“选择对象：”信息时，执行 FENCE（F）命令，并按 Enter 键即可开始栏选对象，此时与栏选虚线相交的图形对象将被选中，其命令执行过程如下。

```
选择对象：f                              \\ 栏选操作
指定第一个栏选点：
指定下一个栏选点或 [放弃(U)]：            \\ 指定第一点 A
指定下一个栏选点或 [放弃(U)]：            \\ 指定第二点 B
指定下一个栏选点或 [放弃(U)]：            \\ 指定第三点 C
指定下一个栏选点或 [放弃(U)]：            \\ 按 Enter 键结束栏选线
选择对象：*取消*                         \\ 按 Enter 键结束选择操作
```

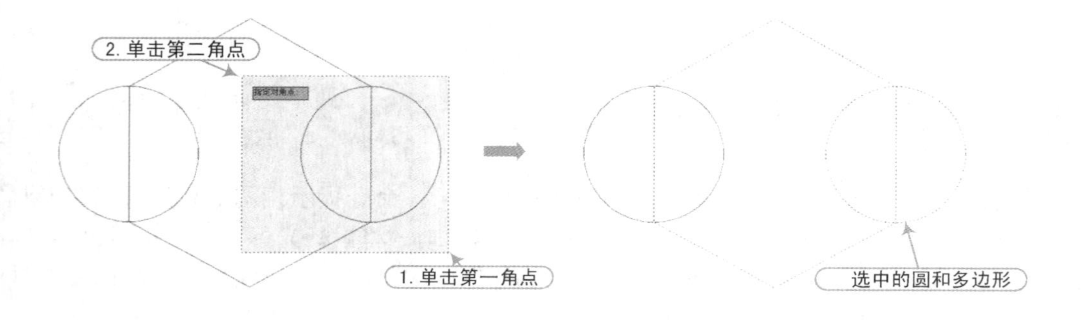

图 1-88　栏选图形

技巧：042 圈围图形对象

视频：技巧042-圈围图形对象.avi
案例：无

技巧概述： 圈围选择所有落在窗口多边形内的图形，与矩形框选对象的方法类似。当命令提示“选择对象：”时，执行 WPOLYGON 或 WP 命令并按 Enter 键，即可开始绘制任意形状的多边形来框选对象，多边形框将显示为实线。

如图 1-89 所示，在使用圈围选择图形时，根据提示使用鼠标在图形相应位置依次指定圈围点，此时将以淡蓝色区域跟随着鼠标的移动直至指定最后一个点且按空格键确定后结束选择，其命令提示如下。

```
选择对象：wp                                        \\ 圈围操作
第一圈围点：                                        \\ 指定起点 1
指定直线的端点或 [放弃(U)]：                        \\ 指定点 2
指定直线的端点或 [放弃(U)]：                        \\ 指定点 3
指定直线的端点或 [放弃(U)]：                        \\ 指定点 4
指定直线的端点或 [放弃(U)]：                        \\ 指定点 5
指定直线的端点或 [放弃(U)]：                        \\ 指定点 6
指定直线的端点或 [放弃(U)]：    找到 3 个           \\ 按空格键结束选择
```

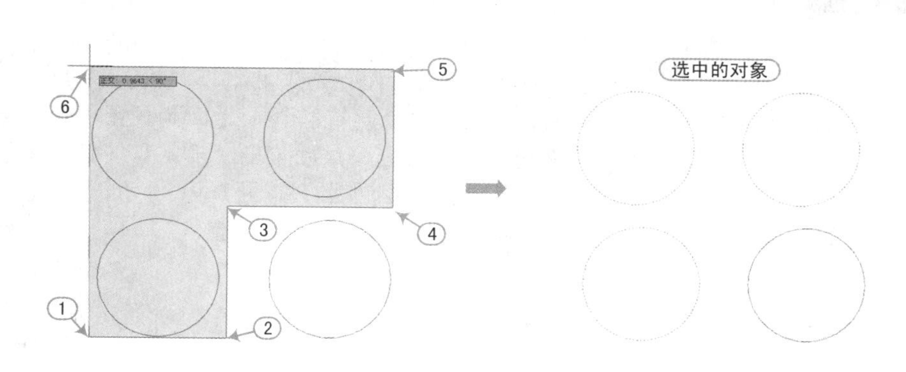

图 1-89　圈围选择

技巧：043　圈交图形对象

视频：技巧043-圈交图形对象.avi
案例：无

技巧概述： 圈交选择对象是一种以多边形交叉窗口选择的方法，与交叉框选对象的方法类似，但使用交叉多边形方法可以构造任意形状的多边形来选择对象。当命令行中显示“选择对象：”时，执行 CPOLYGON 或 CP 命令，并按 Enter 键即可绘制任意形状的多边形来框选对象，多边形框将显示为虚线，与多边形选择框相交或被其完全包围的对象均被选中。

如图 1-90 所示，在使用圈交选择图形时，根据提示使用鼠标在图形相应位置依次指定圈围点，此时将以绿色区域跟随着鼠标的移动直至指定最后一个点且按空格键确定后结束选择，其命令提示如下。

```
选择对象：cp                                        \\ 圈交选择操作
第一圈围点：                                         \\ 指定起点 1
指定直线的端点或 [放弃(U)]:                          \\ 指定点 2
指定直线的端点或 [放弃(U)]:                          \\ 指定点 3
指定直线的端点或 [放弃(U)]:                          \\ 指定点 4
指定直线的端点或 [放弃(U)]:  找到 4 个               \\ 按空格键确定选择
```

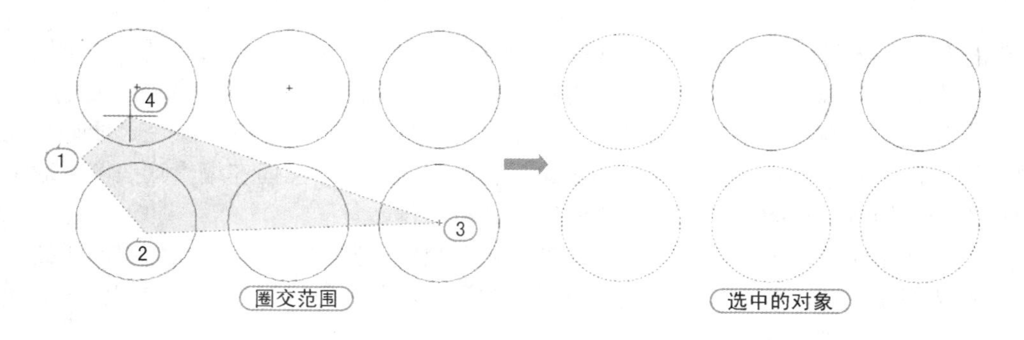

图 1-90　圈交选择

技巧：044　构造选择集的方法

视频：技巧044-构造选择集的方法.avi
案例：汽车.dwg

技巧概述： 在 AutoCAD 2014 中，可以将各个复杂的图形对象进行编组以创建一种选择集，使编辑对象变得更为灵活。编组是已命名的对象选择集，随图形一起保存。构造选择集的方法如下。

技巧精选

方法 01 要对图形对象进行编组，在命令行中输入或动态输入 CLASSICGROUP，并按 Enter 键，此时系统将弹出“对象编组”对话框，在“编组名”文本框中输入组名称，在“说明”文本框中输入相应的编组说明，再单击“新建”按钮，返回到视图中选择要编组的对象，再按 Enter 键返回“对象编组”对话框，然后单击“确定”按钮。编组后选中图形为一个整体显示一个夹点，且四周显示组边框，如图 1-91 所示。

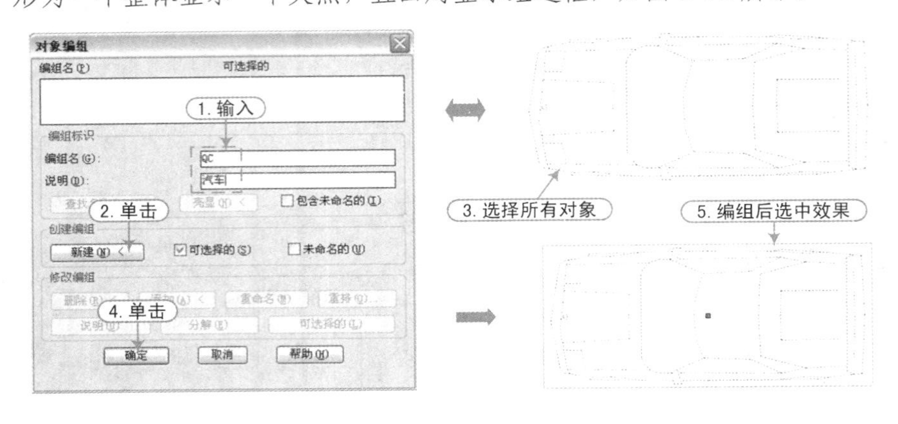

图 1-91　编组对象的使用方法

方法 02 在命令行提示下输入 GROUP，根据如下命令提示，选择要编组的对象，即可快速编组。

```
命令: GROUP                                          \\ 执行“编组”命令
选择对象或 [名称(N)/说明(D)]: N                        \\ 选择名称(N)
输入编组名或 [?]:QC                                    \\ 输入组名
选择对象或 [名称(N)/说明(D)]: d                        \\ 选择说明(D)
输入组说明:汽车                                        \\ 输入说明
选择对象或 [名称(N)/说明(D)]: 指定对角点: 找到 80 个     \\ 选择全部对象并按空格键
组“QC”已创建                                          \\ 创建组
```

技巧：045 快速选择图形对象

视频：技巧045-快速选择图形对象.avi
案例：无

技巧概述：快速选择对象是一种特殊的选择方法，该功能可以快速选择具有特定属性的对象，并能向选择集中添加或删除对象，通过它可得到一个按过滤条件构造的选择集。

用户在绘制一些较为复杂的对象时，经常需要使用多个图层、图块、颜色、线型、线宽等来绘制不同的图形对象，从而使某些图形对象具有共同的特性，然而在编辑这些图形对象时，用户可以充分利用图形对象的共同特性来进行选择和操作。

执行“工具 | 快速选择”菜单命令，或者在视图空白位置右击鼠标，从弹出的快捷菜单中选择“快速选择”选项，都会弹出“快速选择”对话框，从而可以根据自己的需要来选择相应的图形对象，如图 1-92 所示。

软件技能 ★★★★★

使用快速选择功能选择图形对象后，还可以再次利用该功能选择其他类型与特性的对象，当快速选择后再次进行快速选择时，可以指定创建的选择集是替换当前选择集还是添加到当前选择集，若要添加到当前选择集，则选中“快速选择”对话框中的

☑附加到当前选择集(A)复选框，否则将替换当前选择集。

用户还可以通过使用【Ctrl+1】组合键打开“特性”面板，再单击“特性”面板右上角的按钮，从而打开“快速选择”对话框。

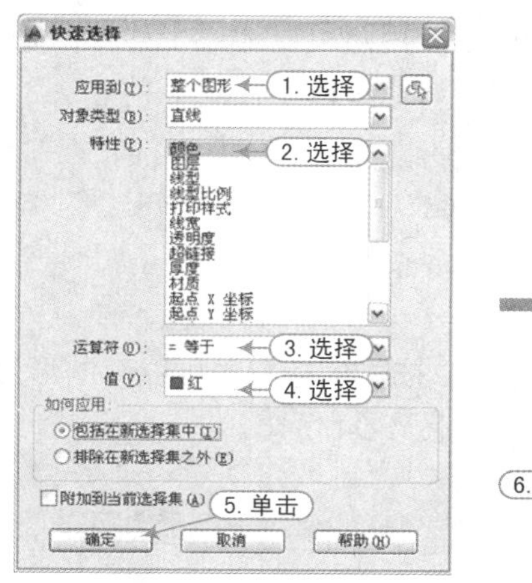

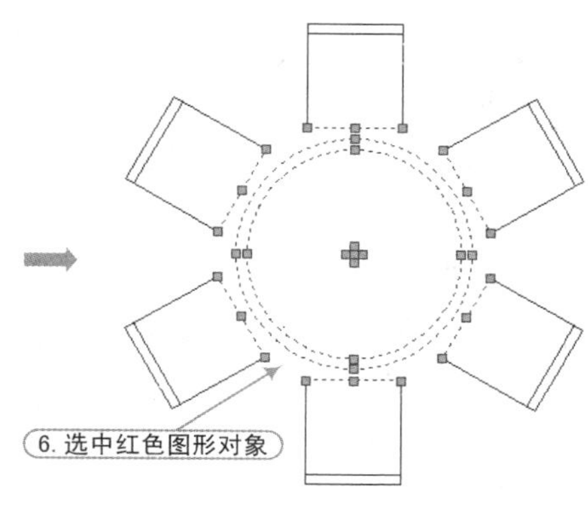

图 1-92　快速选择对象方法

技巧：046　类似对象的选择方法

视频：技巧046-类似对象的选择方法.avi
案例：无

技巧概述：基于共同特性（如图层、颜色或线宽）选择对象的简单方法是使用“选择类似对象”命令，该命令可在选择对象后从快捷菜单中访问。仅相同类型的对象（直线、圆、多段线等）视为类似对象。可以使用 SELECTSIMILAR 命令的“SE（设置）”选项更改其他共享特性，具体操作步骤如下。

步骤 01 如图 1-93 所示选择表示要选择的对象类别的对象。

步骤 02 单击鼠标右键，在弹出的快捷菜单中选择“选择类似对象”选项，然后系统自动将相同特性的对象全部选中。

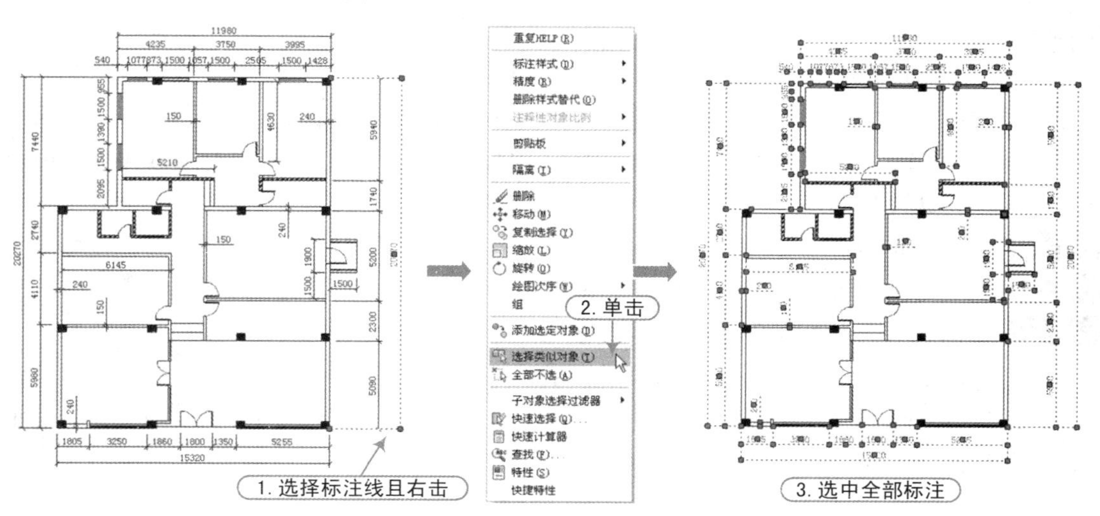

图 1-93　选择类似对象方法

技巧：047 实时平移的方法

视频：技巧047-实时平移的方法.avi
案例：无

技巧概述： 用户所绘制的图形都是在 AutoCAD 的视图窗口中进行的，只有灵活地对图形进行显示与控制，才能更加精确地绘制所需要的图形。用户可以通过平移视图来重新确定图形在绘图区域中的位置。要对图形进行平移操作，用户可通过以下任意一种方法。

方法 01 执行“视图｜平移｜实时”菜单命令。

方法 02 在“视图”选项卡的“二维导航”面板中单击“实时平移”按钮。

方法 03 输入或动态输入 PAN（其快捷键为 P），然后按 Enter 键。

方法 04 按住鼠标中键不放进行拖动。

在执行“平移”命令的时候，鼠标形状将变为，按住鼠标左键可以对图形对象进行上下、左右移动，此时所拖动的图形对象大小不会改变，如图 1-94 所示。

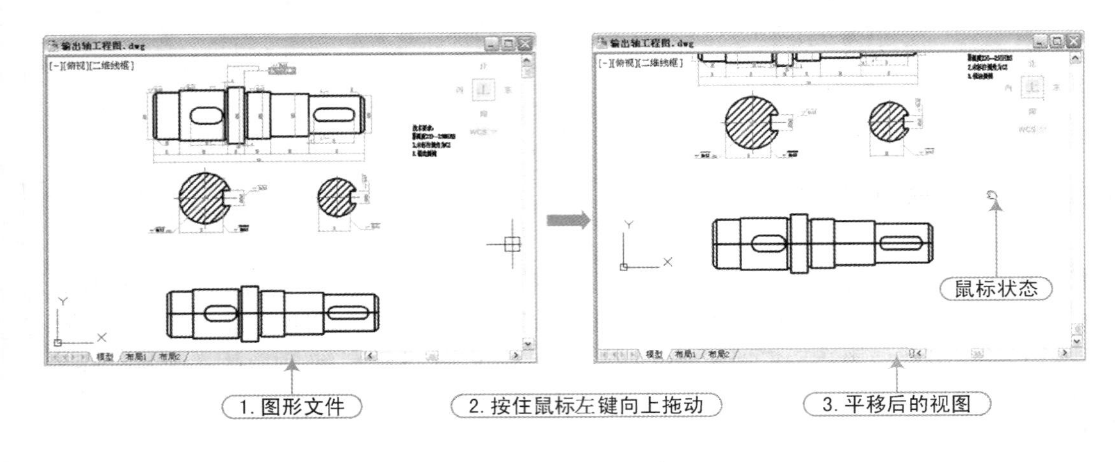

图 1-94　平移视图

技巧：048 实时缩放的方法

视频：技巧048-实时缩放的方法.avi
案例：无

技巧概述： 通常在绘制图形的局部细节时，需要使用缩放工具放大该绘图区域，当绘制完成后，再使用缩放工具缩小图形，从而观察图形的整体效果。要对图形进行缩放操作，用户可通过以下任意一种方法。

方法 01 执行“视图｜缩放｜实时”菜单命令。

方法 02 在“二维导航”面板中，单击“缩放”按钮，或在下拉列表中选择相应的缩放选项。

方法 03 输入或动态输入 ZOOM（其快捷键为 Z），并按 Enter 键。

当用户执行了“缩放”命令时，其命令行会给出如下的提示信息，然后选择“窗口（W）”选项，利用鼠标的十字光标将需要缩放的区域框选住，即可对所框选的区域以最大窗口显示，如图 1-95 所示。

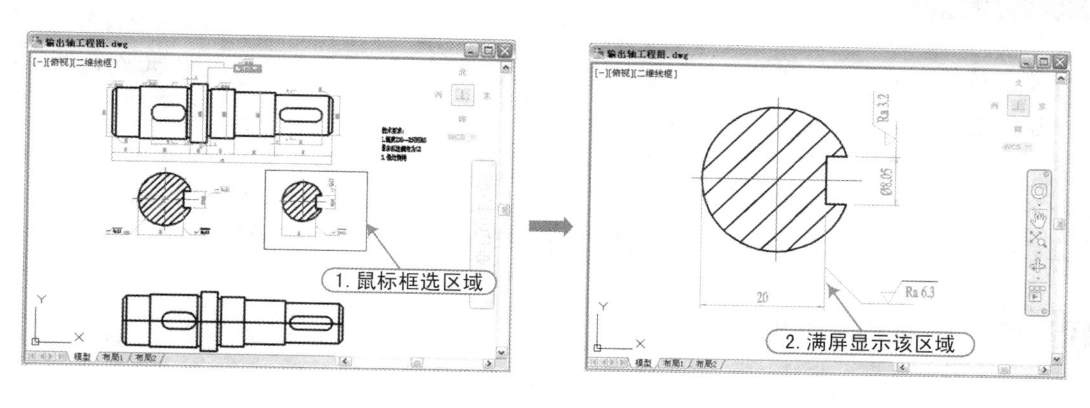

图 1-95　缩放视图

技巧：049　平铺视口的创建方法

视频：技巧049-平铺视口的创建方法.avi
案例：输出轴工程图.dwg

技巧概述： 平铺视口是指将绘图窗口分成多个矩形视图区域，从而可得到多个相邻又不同的绘图区域，其中的每一个区域都可用来查看图形对象的不同部分。要创建平铺视口，用户可以通过以下几种方式。

方法 01 执行“视图 | 视口 | 新建视口”菜单命令。

方法 02 输入或动态输入 VPOINTS。

执行了“新建视口”命令，将弹出“视口”对话框，在该对话框中可以创建不同的视口并设置视口平铺方式等。具体操作如下。

步骤 01 正常启动 AutoCAD 2014 软件，在“快速访问”工具栏中，单击“打开”按钮，将“输出轴工程图.dwg”文件打开。

步骤 02 执行“视图|视口|新建视口”菜单命令，则弹出“视口”对话框。

步骤 03 在“新名称”文本框中输入新建视口的名称，在“标准视口”列表中选择一个符合需求的视口。

步骤 04 在“应用于”下拉列表中选择将所选的视口设置用于整个显示屏幕还是用于当前视口中；在“设置”下拉列表中选择在二维或三维空间中配置视口，再单击“确定”按钮，完成新建视口的设置如图 1-96 所示。

步骤 05 图 1-97 所示为新建的“垂直”视口效果。

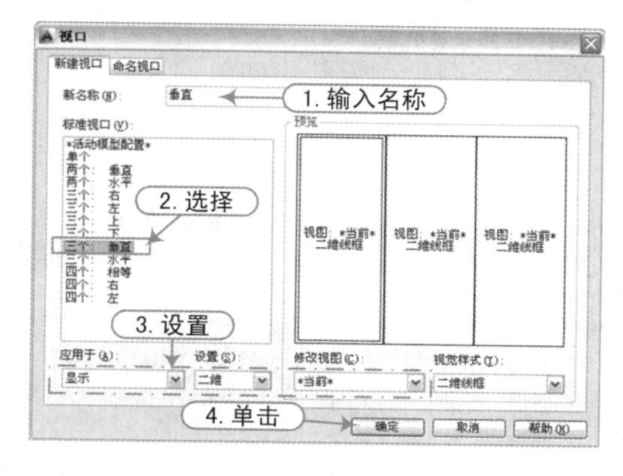

图 1-96　“视口”对话框

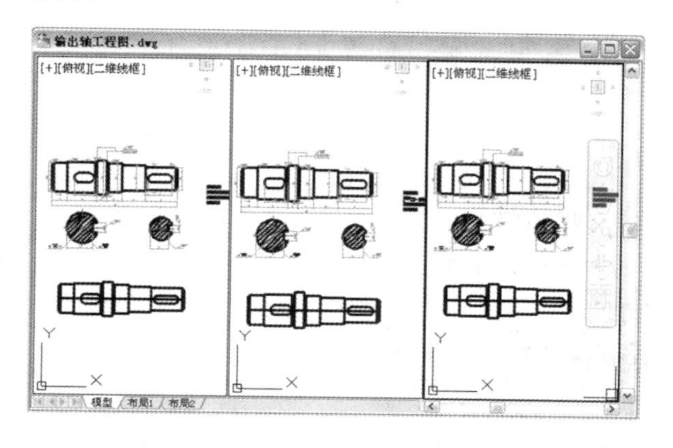

图 1-97　创建三个垂直视口

软件技能 ★★★☆☆

除了上述创建视口的方法外，在 AutoCAD 2014“模型视口”面板的“视口配置”列表下，提供了多种创建视口的图标按钮，需要创建哪种分割视口就在相对应的图标按钮上单击即可。它与“视口”对话框中的“标准视口”列表中的视口是相对应的。例如，建立三个垂直的视口可以单击按钮，该按钮代表建立的三个垂直视口预览，使用方法更为形象。

技巧：050 视口合并的方法

视频：技巧 050-视口合并的方法.avi
案例：输出轴工程图.dwg

技巧概述：在 AutoCAD 中不仅可以分割视图，还可以根据需要来对视口进行相应合并。用户可以通过以下几种方式来对视口进行合并。

方法 01 执行“视图 | 视口 | 合并”菜单命令。

方法 02 单击“模型视口”面板中的“合并”按钮。

接上例“新建的视口.dwg”文件，执行“视图 | 视口 | 合并”菜单命令，系统将要求选择一个视口作为主视口，再选择一个相邻的视口，即可以将所选择的两个视口进行合并，如图 1-98 所示。其命令提示如下。

```
命令: _-vports
输入选项 [保存(S)/恢复(R)/删除(D)/合并(J)/单一(SI)/?/2/3/4/切换(T)/模式(MO)]: _j
选择主视口 <当前视口>:                          \\ 鼠标单击选择主视口
选择要合并的视口:正在重生成模型                  \\ 鼠标单击选择合并的视口
```

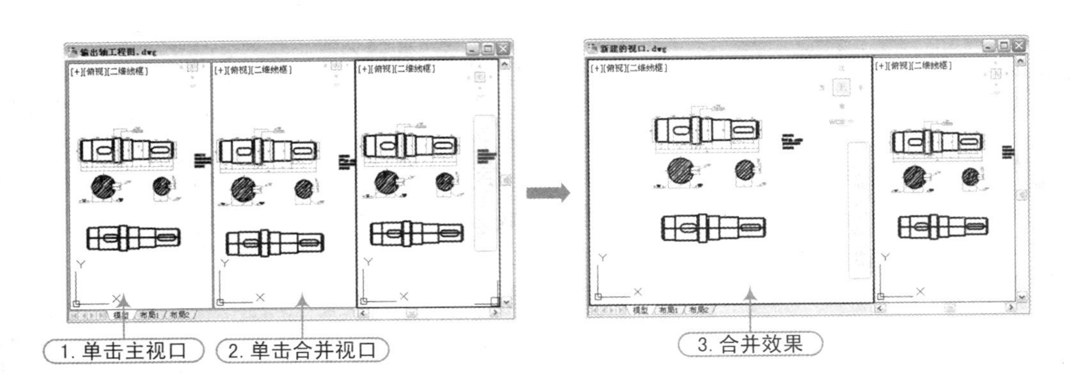

图 1-98 合并视口

技巧提示 ★★★★☆

其四周有粗边框的为当前视口，通过鼠标双击可以在各个视口中进行切换。

技巧：051 图形的重画方法

视频：技巧051-图形的重画方法.avi
案例：无

技巧概述：当用户对一个图形进行了较长时间的编辑过程后，可能会在屏幕上留下一些残迹，要清除这些残迹，可以用刷新屏幕显示的方法来解决。

在 AutoCAD 中，刷新屏幕显示的命令有 Redrawall 和 Redraw（重画），前者用于刷新所有视口的显示（针对多视口操作），后者用于刷新当前视口的显示。执行 Redrawall（重画）命令的方法如下。

方法 01 执行“视图|重画”菜单命令。

方法 02 输入或动态输入 Redrawall 并按 Enter 键。

技巧提示	★★★☆☆
Redraw（重画）命令只能通过命令提示行来执行。	

技巧：052 图形对象的重生成方法

视频：技巧052-图形对象的重生成方法.avi
案例：无

技巧概述：笔者使用 AutoCAD 绘图经常碰到这样的情况，绘制一个圆或圆弧时发现不圆，而且出现边缘轮廓看起来就像正多边形，这是为什么呢？这其实是图形显示出了问题，不是图形错误，要解决这个问题就要优化图形显示。

使用 REGEN（重生成）命令可以优化当前视口的图形显示；使用 REGENALL（全部重生成）命令可以优化所有视口的图形显示。在 AutoCAD 中执行重生成的方法如下。

方法 01 执行“视图|重生成|全部重生成”菜单命令。

方法 02 在命令行中输入 REGEN/REGENALL。

如果在绘图的过程中，发现视图中绘制的圆对象的边源出现多条不平滑的锯齿，如图 1-99 所示。此时可以执行“全部重生成（REGENALL）”命令，将在所有视口中重生成整个图形并重新计算所有对象的屏幕坐标，生成效果如图 1-100 所示。

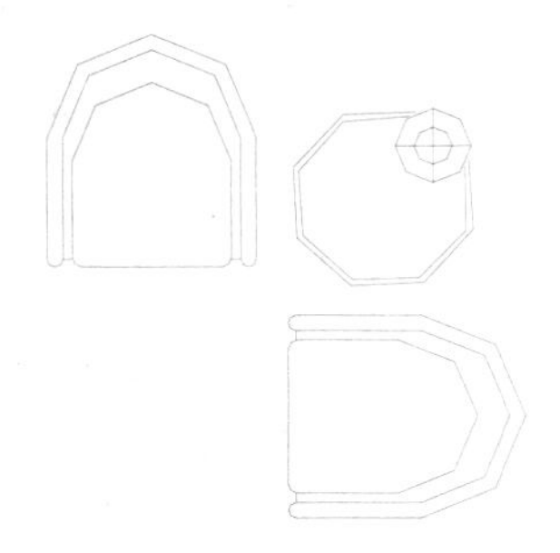

图 1-99　原图形

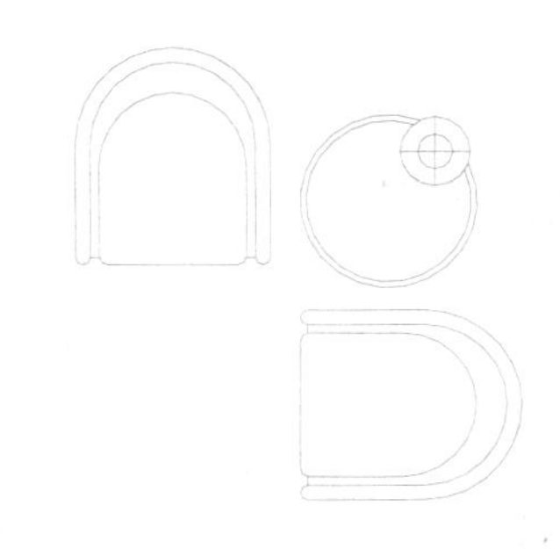

图 1-100　重生成效果

技巧：053 设计中心的使用方法

视频：技巧053-设计中心的使用方法.avi
案例：无

技巧概述：设计中心可以认为是一个重复利用和共享图形内容的有效管理工具，对一个绘图项目来讲，重用和分享设计内容是管理一个绘图项目的基础，而且如果工程笔记复杂的话，图形数量大、类型复杂，经常会由很多设计人员共同完成，这样，用设计中心对管理块、外部参照、渲染的图像及其他设计资源文件进行管理就是非常必要的。使用设计中心可以实现以下操作。

- 浏览用户计算机、网络驱动器和 Web 页上的图形内容（如图形或符号库）。
- 在定义表中查看图形文件中命名对象（如块和图层）的定义，然后将定义插入、附着、复制和粘贴到当前图形中。
- 更新（重定义）块定义。
- 创建指向常用图形、文件夹和 Internet 网址的快捷方式。
- 向图形中添加内容（如外部参照、块和填充）。
- 在新窗口中打开图形文件。
- 将图形、块和填充拖动到工具栏选项板上以便于访问。
- 可以控制调色板的显示方式；可以选择大图标、小图标、列表和详细资料四种 Windows 的标准方式中的一种；可以控制是否预览图形，是否显示调色板中图形内容相关的说明内容。

“设计中心”面板分为两部分，左边为树状图，右边为内容区。可以在树状图中浏览内容的源，而在内容区显示内容，可以在内容区中将项目添加到图形或工具选项板中。在 AutoCAD 2014 中，用户可以通过以下几种方式来打开“设计中心”面板。

方法 01 执行“工具 | 选项板 | 设计中心”菜单命令。

方法 02 在命令行中输入或动态输入 ADCENTER，快捷键为【Ctrl+2】组合键。

方法 03 在“视图”选项卡的“选项板”面板中，单击“设计中心”按钮。

根据以上各方法启动后，则打开“设计中心”面板，“设计窗口”主要由 5 部分组成：标题栏、工具栏、选项卡、显示区（树状目录、项目列表、预览窗口、说明窗口）和状态栏，如图 1-101 所示。

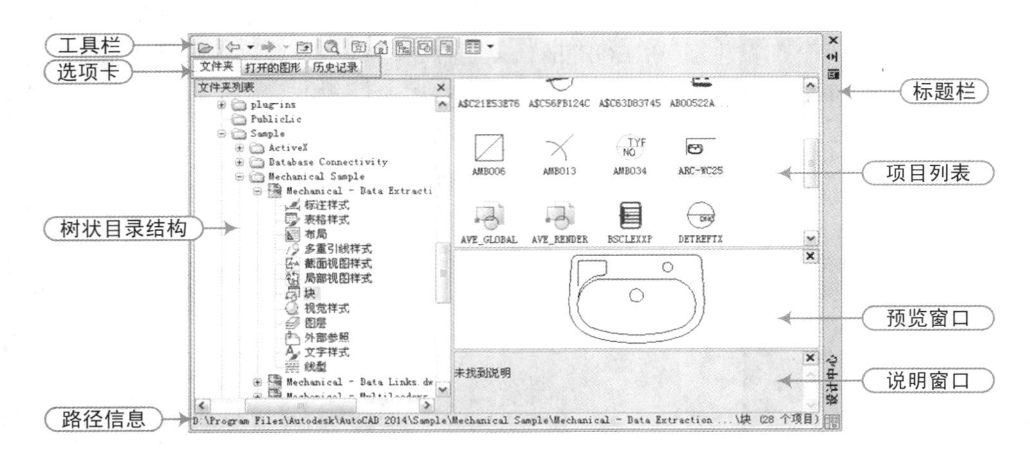

图 1-101 “设计中心”面板

技巧：054 通过设计中心创建样板文件

视频：技巧054-通过设计中心创建样板文件.avi
案例：样板.dwg

技巧概述：用户在绘制图形之前，都应先规划好绘图环境，其中包括设置图层、标注样式和文字样式等，如果已有的图形对象中的图层、标注样式和文字样式等符合绘图的要求，这时就可以通过设计中心来提取其图层、标注样式、文字样式等，以保存为绘图样板文件，从而可以方便、快捷、规格统一地绘制图形。

下面以通过设计中心来保存样板文件为实例进行讲解，其操作步骤如下。

步骤 01 在 AutoCAD 2014 环境中，打开“住宅建筑天花布置图.dwg”文件。

步骤 02 再新建一个名称为“样板.dwg”的文件，并将样板文件置为当前打开的图形文件。

步骤 03 在“选项板”面板中，单击“设计中心”按钮，或者按【Ctrl+2】组合键，打开“设计中心”面板，在“打开的图形”选项卡下，选择并展开“住宅建筑天花布置图.dwg”文件，可以看出当前已经打开的图形文件的所有样式，单击“图层”选项，则在项目列表框中显示所有的图层对象。

步骤 04 使用鼠标框选所有的图层对象，按住鼠标左键直至拖动到当前“样板.dwg”文件绘图区的空白位置时松开，如图 1-102 所示。

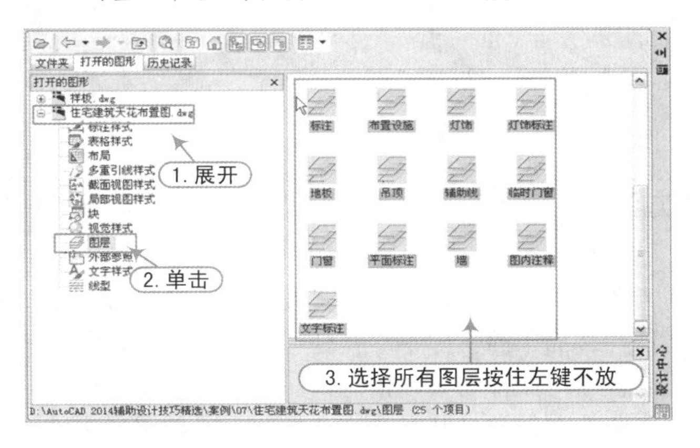

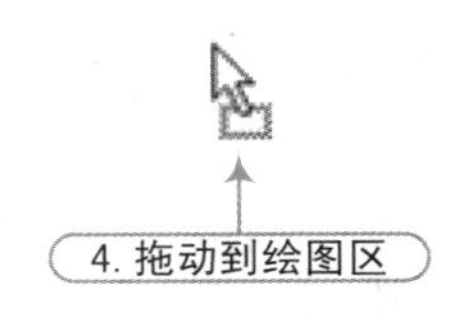

图 1-102　调用图层操作

> **技巧提示**　★★★★☆
>
> 图层项目列表中的图层显示不全，用户可以通过滑动键全部选择所有的图层。

步骤 05 同样，在“设计中心”面板中选择并展开“住宅建筑天花布置图.dwg”文件，单击“标注样式”选项，再使用鼠标框选所有的标注样式对象，按住鼠标左键直至拖动到当前“样板.dwg”文件的绘图区空白位置时松开，以调用该“标注样式”，如图 1-103 所示。

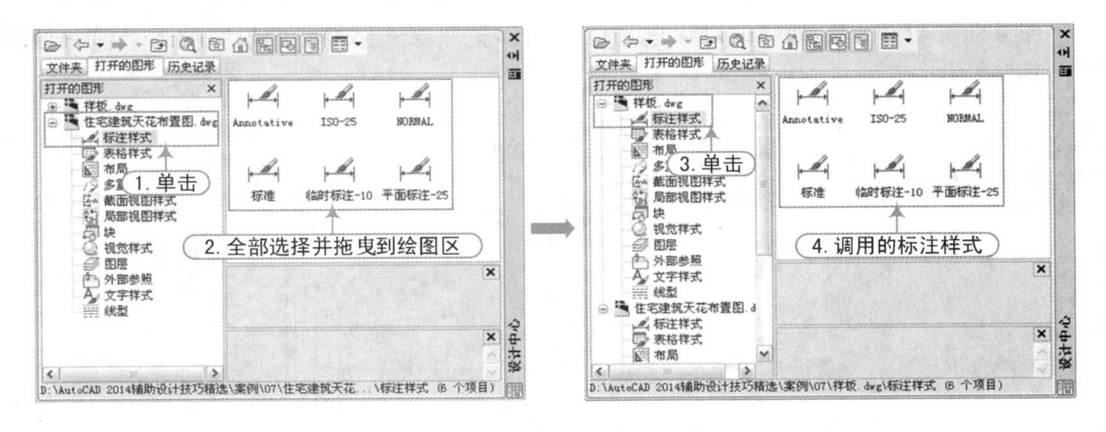

图 1-103　调用标注样式

步骤 06 根据同样的方法，将“住宅建筑天花布置图.dwg”文件的“文字样式”调用到“样板.dwg”文件中，如图 1-104 所示。

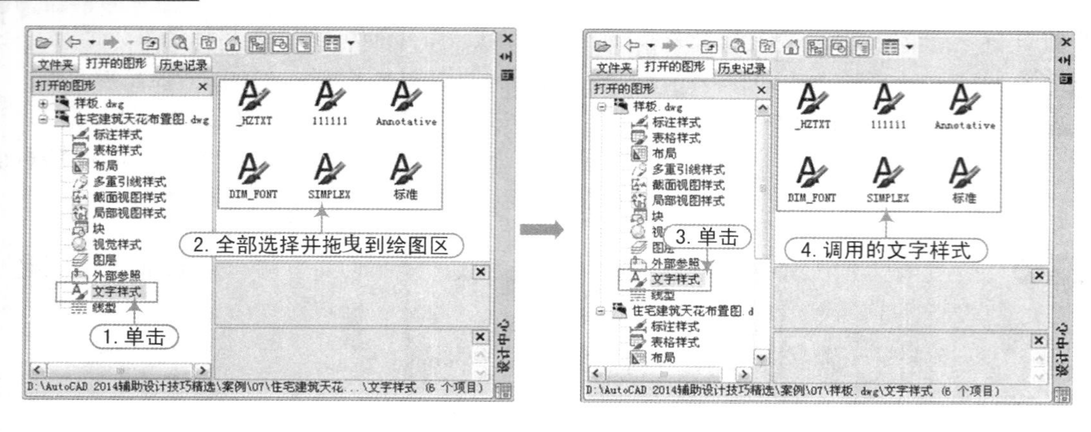

图 1-104 调用文字样式

技巧：055 外部参照的使用方法

视频：技巧055-外部参照的使用方法.avi
案例：无

技巧概述：当把一个图形文件作为图块来插入时，块的定义及其相关的具体图形信息都保存在当前图形数据库中，当前图形文件与被插入的文件不存在任何关联。而当以外部参照的形式引用文件时，并不在当前图形中记录被引用文件的具体信息，只是在当前图形中记录了外部参照的位置和名字，当一个含有外部参照的文件被打开时，它会按照记录的路径去搜索外部参照文件，此时，含外部参照的文件会随着被引用文件的修改而更新。在建筑与室内装修设计中，各专业之间需要协同工作、相互配合，采用外部参照可以保证项目组的设计人员之间的引用都是最新的，从而减少不必要的 COPY 及协作滞后，以提高设计质量和设计效率。

执行外部参照命令主要有以下三种方法。

方法 01 执行"插入 | 外部参照"菜单命令。

方法 02 在命令行中输入或动态输入 XREF。

方法 03 在"参照"面板中单击"外部参照"按钮。

启动"外部参照"命令之后，系统将弹出"外部参照"选项板，在该面板上单击左上角的"附着 DWG"按钮，则弹出"选择参照文件"对话框，选择参照 DWG 文件后，将打开"外部参照"对话框，利用该对话框可以将图形文件以外部参照的形式插入当前图形中，如图 1-105 所示。

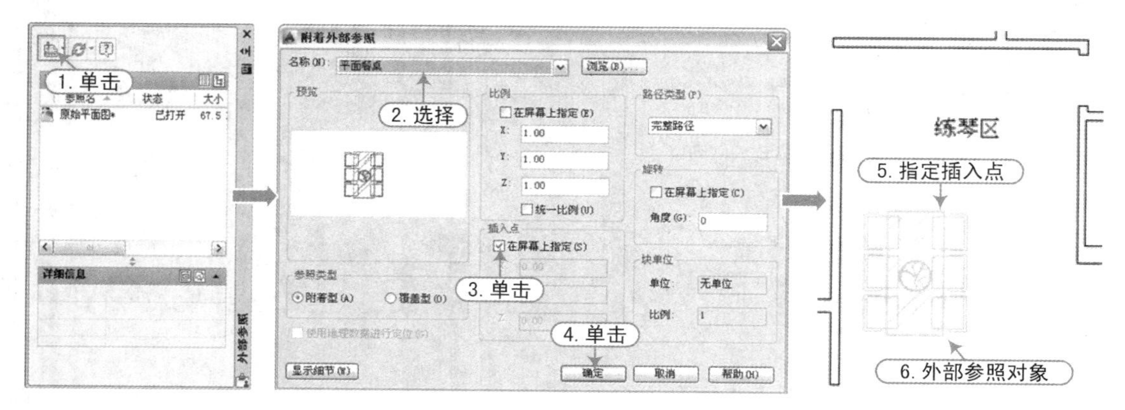

图 1-105 "外部参照"的插入方法

技巧提示 ★★★☆☆

如果所插入的外部参照对象已经是当前主文件的图块时，系统将不能正确地插入外部参照对象。

技巧：056 工具选项板的打开方法

视频：技巧056-工具选项板的打开方法.avi
案例：无

技巧概述： 工具选项板是组织、共享和放置块及填充图案的有效方法，如果向图形中添加块或填充图案，只需要将其工具选项板拖曳至图形中即可，使用 Toolpalettes（工具选项板）命令可以调出工具选项板。

在 AutoCAD 中，执行 Toolpalettes（工具选项板）命令的方式如下。

- 执行“工具 | 选项板 | 工具选项板”菜单命令。
- 执行 Toolpalettes 命令并按 Enter 键，或按【Ctrl+3】组合键。
- 在“视图”选项卡的“选项板”面板中，单击“工具选项板”按钮，如图 1-106 所示。

图 1-106　启动“工具选项板”

执行上述任意操作后，将打开“工具”选项板，如图 1-107 所示，“工具”选项板中有很多选项卡，单击即可在选项卡之间进行切换，在隐藏的选项卡处单击将弹出快捷菜单，供用户选择需要显示的选项卡，每个选项卡中都放置不同的块或填充图案。

“图案填充”选项卡中集成了很多填充图案，包括砖块、地面、铁丝、砂砾等。除此之外，工具选项板上还有“结构”、“土木工程”、“电力”、“机械”选项卡等。

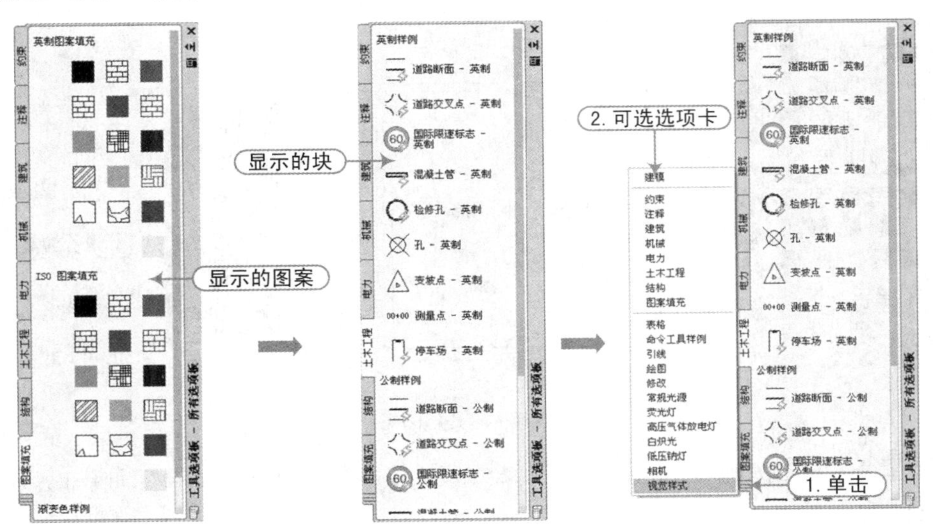

图 1-107　“工具”选项板

技巧：057 通过工具选项板填充图案

视频：技巧057-通过工具选项板填充图案.avi
案例：窗.dwg

技巧概述：前面讲解了“工具”选项板的打开方法与修改属性，接下来通过“工具”选项板插入并填充图形，操作步骤如下。

步骤 01 在 AutoCAD 2014 环境中，按【Ctrl+3】组合键，将“工具”选项板打开。

步骤 02 切换到“建筑”选项卡，单击“铝窗（立面图）”图案，然后在图形区域单击，则将铝窗图案插入图形区域，如图 1-108 所示。

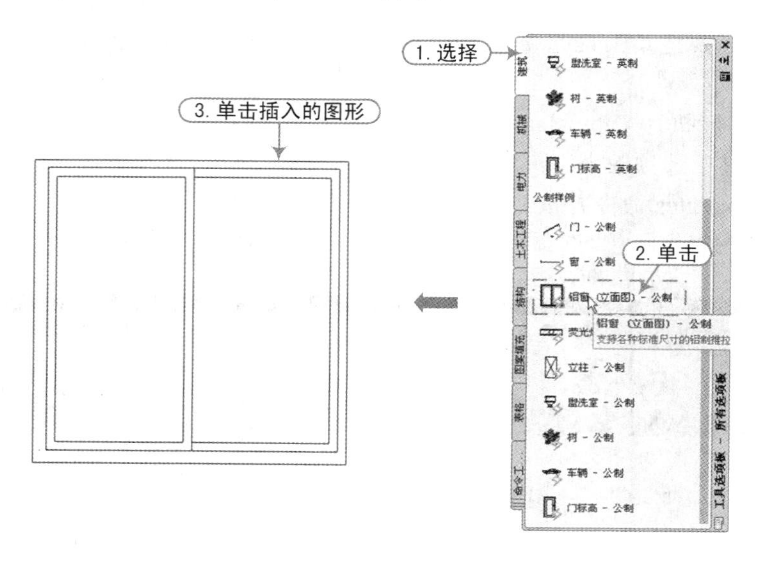

图 1-108 插入图案

步骤 03 切换至“图案填充”选项卡，单击“斜线”图案，然后鼠标移动到窗体内部，此时光标上面将附着一个黑色的方块（要填充的图案），单击鼠标左键完成图案的填充，如图 1-109 所示。

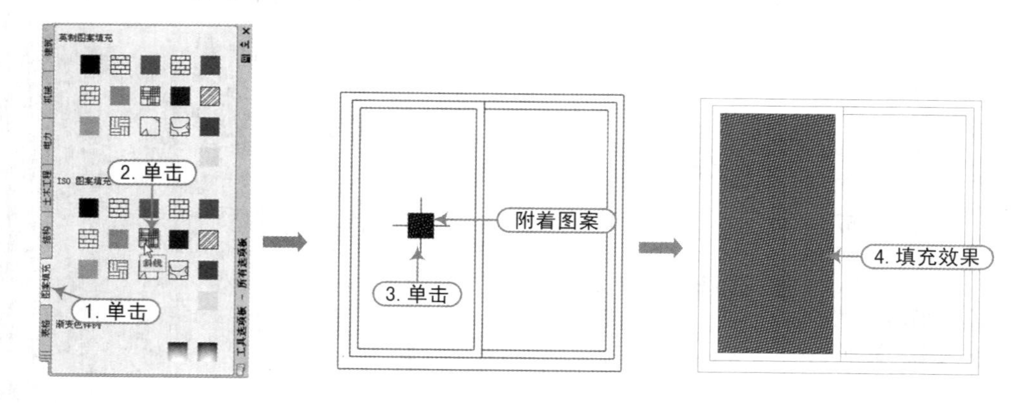

图 1-109 填充图案

系统使用默认的比例进行填充以后，图案分布比较密集，看起来只有一片黑色，所以需要对其比例进行增大。

步骤 04 双击填充的斜线图例，将弹出“快捷特性”面板，将比例修改为 20，角度修改为 45，然后按 Esc 键，退出“快捷特性”面板，如图 1-110 所示。

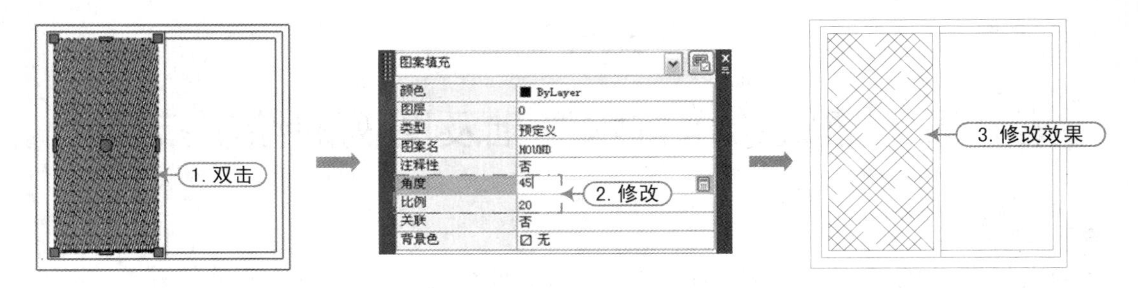

图 1-110　修改填充图案

步骤 05 根据前面填充与修改的方法，去将另外一个窗面板进行填充，效果如图 1-111 所示。

步骤 06 按【Ctrl+S】组合键，将其保存为“窗.dwg”文件。

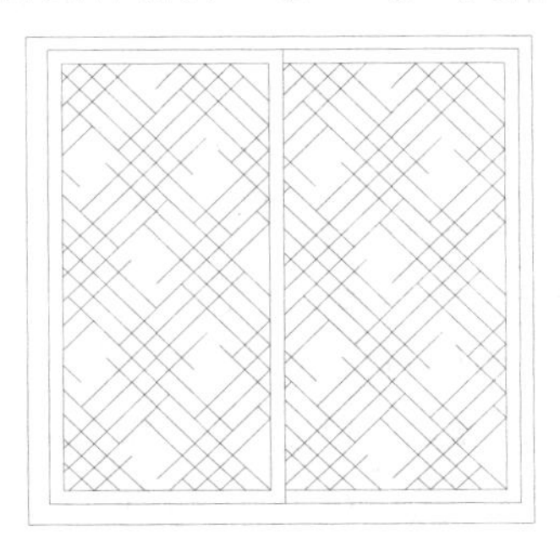

图 1-111　填充完成效果

第2章　建筑给水排水基础及图例的绘制技巧

● 本章导读

本章首先讲解给排水系统概述、组成及其分类，并给出了给排水标高标注的方法、管径标注的方法，以及给排水系统的图例供读者学习；后面则主要讲解常用建筑给排水图例的绘制，包括管件图例、阀门图例、给排水设备图例、给水配件图例、管道附件图例、卫生设备图例及其仪表图例等，使读者能迅速掌握使用 AutoCAD 2014 来绘制一些给排水常用图例的方法，以及给排水图例的相关知识点。

● 本章内容

建筑给水系统概述及其分类	排水漏斗的绘制	洗菜盆的绘制
建筑给水系统的组成	圆形地漏的绘制	污水池的绘制
建筑给水方式的分类	截止阀的绘制	矩形化粪池的绘制
建筑排水系统概述及其分类	角阀的绘制	水表的绘制
建筑排水系统的组成	放水龙头的绘制	压力表的绘制
给排水标高的标注	脚踏开关的绘制	水泵的绘制
给排水管径的标注	室内消火栓的绘制	快速管工热交换器的绘制
给排水系统的图例	推车式灭火器的绘制	S形和P形存水弯的绘制
给水管和污水管的绘制	马桶的绘制	除垢器的绘制
管道立管的绘制	洗脸盆的绘制	温度计的绘制

技巧：058　建筑给水系统概述及其分类

视频：无
案例：无

技巧概述：建筑给水系统是为满足建筑物和人们的生产、生活和消防的需要，把符合要求的水有组织地输送到用水地点而采用的一系列设备、设施的总称。

建筑给水系统的任务：选择经济合理、安全、卫生、适用和先进的给水系统，将水自城镇给水管网（或热力管网）通过管道输送至室内到生活、生产和消防用水设备处，并满足各用水点（配水点）对水质、水量、水压和水温的要求。

建筑给水系统按用途不同划分为下列三类。

（1）生活给水系统——供给人们饮用、盥洗、沐浴、烹饪用水。根据用水的水质和需求不同分为下列三类。

- 普通生活饮用水系统。
- 饮用净水系统。
- 建筑用水系统。

特点：用水量不均匀，水质应达《生活饮用水卫生标准》。

（2）生产给水系统——供给生产原料和产品洗涤、设备冷却及产品制造过程用水。

特点：用水量均匀；水质要求差异大。

（3）消防给水系统——供给各类消防设备。

按照使用的功能不同划分为下列三类。

- 消火栓给水系统。
- 自动喷水灭火系统。
- 水喷雾灭火系统。

特点：用水量大；对水质无特殊要求；压力要求高。

技巧：059　建筑给水系统的组成

视频：无
案例：无

技巧概述： 建筑给水工程是给水工程的一个分支，也是建筑安装工程的一个分支。其主要是研究建筑内部的给水问题，保证建筑的功能及安全。建筑内部给水系统由下列各部分组成。

（1）引入管（进户管）。

- 位置：自室外给水管网的接管点将水引入建筑内部给水管网的管段。
- 作用：将室外的水引入室内，是室外给水管网与室内管网之间的联络管。

（2）建筑给水管网。

- 干管：将引入管送来的水输送到各个立管中去的水平管段。
- 立管：将干管送来的水输送到各个楼层的竖直管道。
- 支管：将立管送来的水输送给各个配水装置或用水装置的管段。

（3）给水附件。

在给水管道上为了调节水量、水压，控制水流方向和启闭水流而在系统中设置的各种水龙头和各种阀门等管路附件和配件的总称。

- 配水附件：指装在卫生器具及用水点的各式水龙头，用以调节和分配水流。
- 控制附件：调节水量、水压，关断水流、改变水流方向。包括截止阀、闸阀、止回阀、浮球阀、过滤器等。

（4）给水设备（升压与储水设备）。

- 水泵：升压、调节水量。
- 水箱：储水、调节水量、稳定水压。
- 水池：储水。
- 气压给水设备：稳压，调节水量。

（5）配水设备：生活、生产和消防给水系统的终端用水设施。

- 生活给水系统：卫生器具的给水配件。
- 生产给水系统：用水设备。
- 消防给水系统：消火栓、喷头。

（6）计量仪表：计测水量、水压、温度和水位的仪表。包括水表、压力表、温度计和水位计等。

技巧：060　建筑给水方式的分类

视频：无
案例：无

技巧概述： 根据资用水头 H0（市政管网所能提供的水头）与建筑物所需水头 H 之间的关系，给水方式可分为以下几种情况。

1．直接给水

当室外给水管网的水量、水压一天内任何时间都能满足室内管网的水量、水压要求时，应充分利用外网压力，采用直接给水方式，建筑内部管网直接在外网压力的作用下工作。图 2-1 所示为直接给水方式。

特点：系统最简单，能充分利用外网压力。但室内没有储备水量，外网一旦停水，内部立即断水。

2．单设水箱的给水方式

当室外管网的水压周期性变化大，一天内大部分时间，室外管网水压、水量能满足室内用水要求，只有在用水高峰时，由于用水量过大，外网水压下降，短时间不能保证建筑物上层用水要求时，可采用单设水箱的给水方式。在室外管网中的水压足够时（一般在夜间），可以直接向室内管网和室内高位水箱送水，水箱储备水量；当室外管网的水压不足时，短时间不能满足建筑物上层用水要求时，由水箱供水。由于高位水箱容积不宜过大，单设水箱的给水方式不适用于日用水量较大的建筑。此种系统可以有不同的方式。

- 引入管与外网管道相连接，通过立管直接送到屋顶水箱，水箱出水管与布置在水箱下面的横干管相连，水箱进水管、出水管上无逆止阀，实际上水箱已成为各用水器具用水的必经之路（相当于外网水的断流箱），如图 2-2 所示。
- 水箱进水、出水合用一根立管，只是在水箱底部才分为两根管，一根管为进水管，另一根管为出水管。外网水压高时，外网既向水箱供水也向用户供水，外网水压不足时，由水箱补充不足部分。系统要求：水箱出水管要设逆止阀，保证只出不进，以防止水从出水管进入水箱，冲起沉淀物。在房屋引入管上也要设置逆止阀，为了防止外网压力低时，水箱里的水向户外倒流。横干管设在底部，可以充分利用外网水压，并可以简化防冻、防漏措施。如图 2-3 所示。

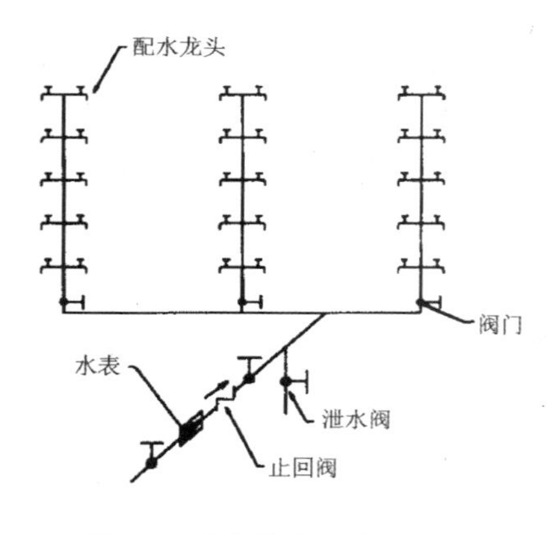

图 2-1　直接给水方式

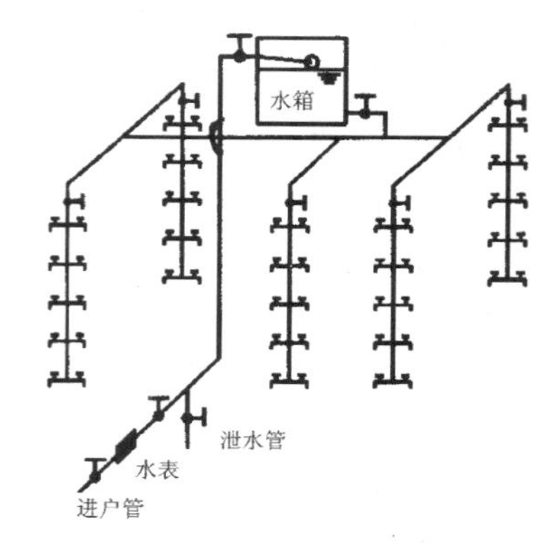

图 2-2　单设水箱给水方式 1

3．设水泵的给水方式（一般要设储水池）

当一天内室外给水管网的水压大部分时间满足不了建筑内部给水管网所需的水压，而且建筑物内部用水量较大又较均匀时，可采用单设水泵增压的供水方式。图 2-4 所示为设水泵的给水方式。

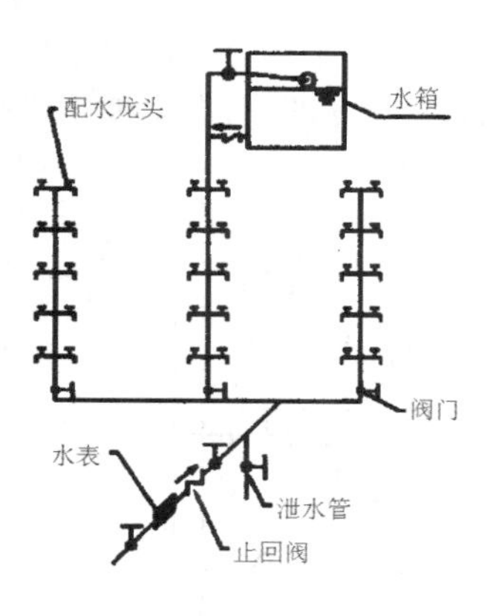

图 2-3　单设水箱给水方式 2

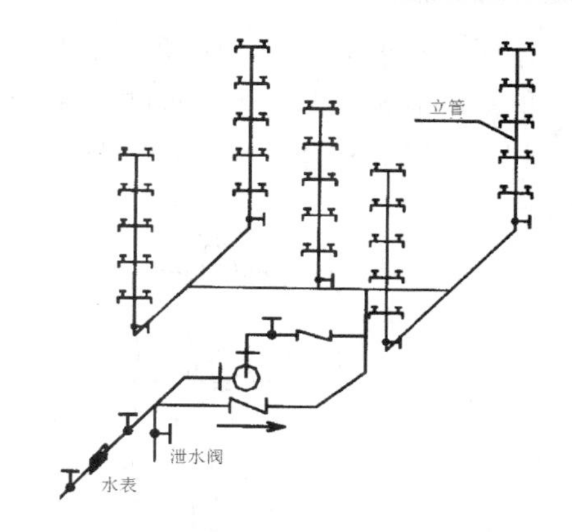

图 2-4　设水泵给水方式

4．设水泵和水箱的联合给水方式

当室外给水管网的水压经常性低于或周期性低于建筑内部给水管网所需的水压时，而且建筑物内部用水又很不均匀时，可采用设置水泵和水箱联合给水方式，如图 2-5 所示。

5．水池、水泵、水箱联合给水方式

当外网水压低于或经常不能满足建筑内部给水管网所需的水压，而且不允许直接从外网抽水时，必须设置室内储水池，外网的水送入水池，水泵能及时从储水池抽水，输送到室内管网和水箱。图 2-6 所示为设置水池、水泵、水箱的联合给水方式。

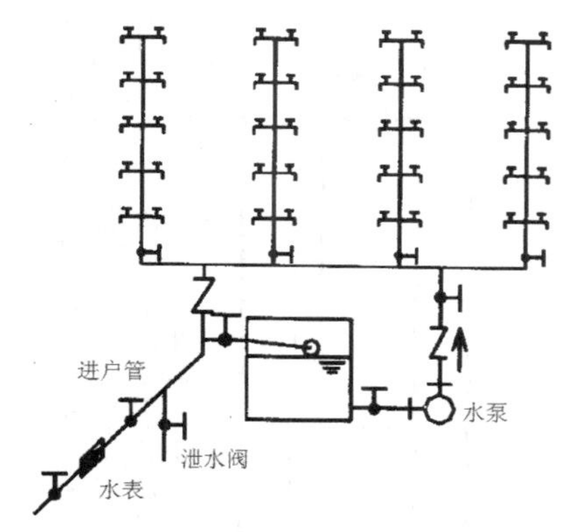

图 2-5　设水箱、水泵联合给水方式

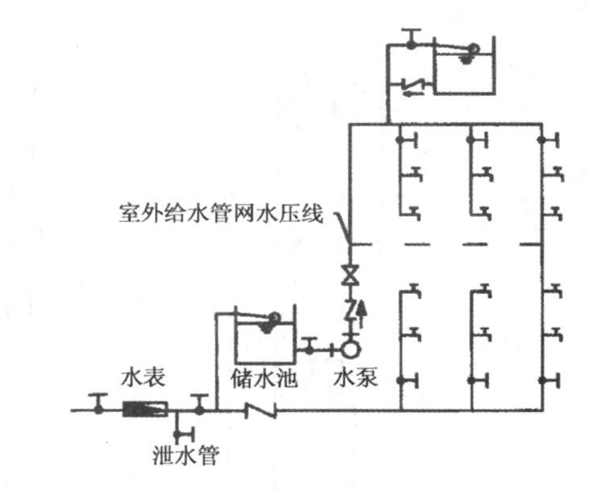

图 2-6　设水池、水泵、水箱联合给水方式

6．分区供水的给水方式

高层建筑内所需的水压比较大，而卫生器具给水配件承受的最大工作压力，不得大于 0.6MPa。故高层建筑应采用竖向分区供水方式，其主要目的是避免用水器具处产生过大的静水头，造成管道及附件漏水、损坏、低层出流量大、产生噪声等。

分区供水的形式有串联分区、并联分区。建筑高度不超过 100m 的建筑的生活给水系统，宜采用垂直分区并联供水或分区减压的供水方式。建筑高度超过 100m 的建筑，宜采用垂直串联供水方式。

- 串联分区供水方式，各区都设有水泵、水箱，每区水泵从水箱抽水送到上一区的水箱，由水箱向各层供水如图 2-7 所示。
- 并联分区设置水箱和水泵，水箱设置在各区的顶部，水泵则集中设置在底层或地下室，

便于集中管理、维护；各区为独立系统，各自运行，互不影响，供水比较安全可靠；能源消耗相对比较少。但是管材消耗较多，水箱占用建筑物上层使用面积，高区水泵和管道系统的承压能力要求比较高，如图 2-8 所示。

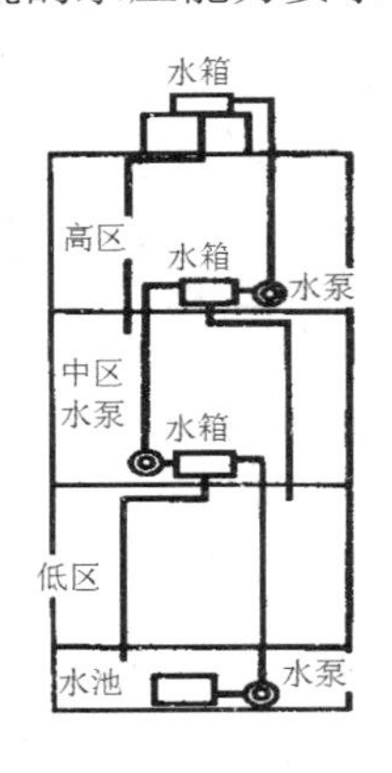

图 2-7　串联分区

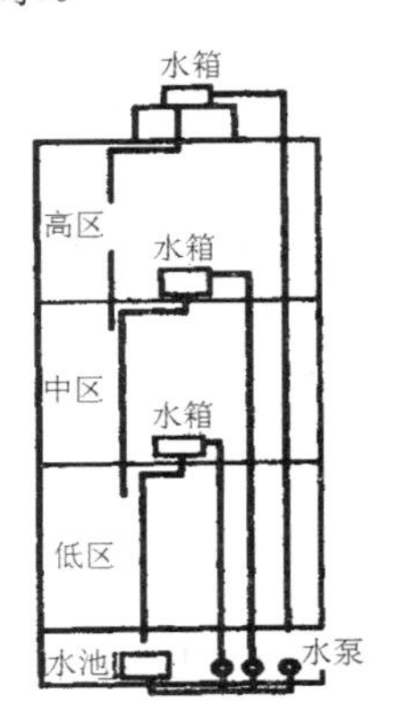

图 2-8　并联分区

- 减压分区给水方式是利用减压阀或各区的减压水箱进行减压。水泵将水直接送入最上层的水箱，各区分别设置水箱，由上区的水箱向下区的水箱供水，利用水箱减压；或者在上下区之间设置减压阀，用减压阀代替水箱，起减压的作用。向下区供水时，先通过干管上的减压阀减压，然后进入下一区的管网，依次向下区供水。图 2-9 所示为减压分区给水方式。

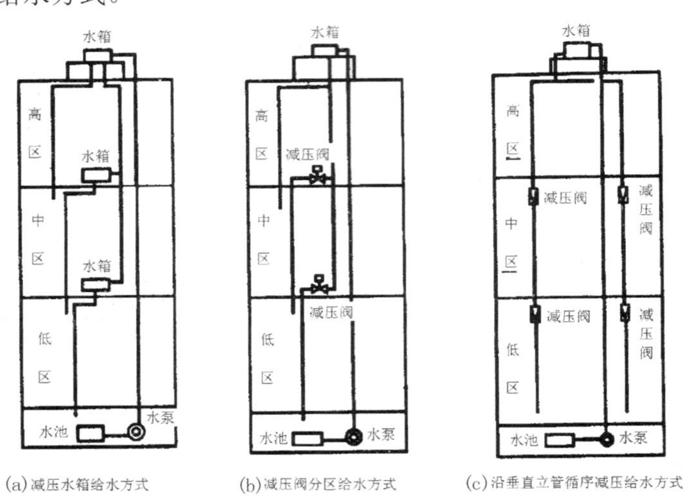

(a)减压水箱给水方式　(b)减压阀分区给水方式　(c)沿垂直立管循序减压给水方式

图 2-9　减压分区给水方式

技巧：061　建筑排水系统概述及其分类

视频：无
案例：无

技巧概述：排水系统能迅速通畅地将污废水排到室外，排水管道系统气压稳定，有害气体不进入室内，使室内环境卫生。建筑排水系统分类如下。

（1）按污废水性质分类：生活废水、生活污水、雨水系统、工业废水系统。

（2）按排水体质分类：合流制、分流制。

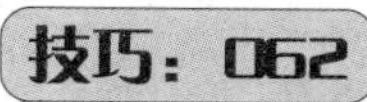

技巧：062　建筑排水系统的组成

视频：无
案例：无

技巧概述：建筑排水系统主要表示建筑内部的排水设备的配置和管道布置情况，由下列各部分组成。

（1）卫生器具：收集和排除污废水的设备。包括便溺器具、盥洗器具、沐浴器具、洗涤器具、地漏。

（2）排水管道：包括器具排水管、排水管支管、立管、干管和排出管。

（3）提升设备：排除不能自流排至室外检查井的地下建筑物污废水。包括潜水排污泵、无堵塞潜水排污泵、潜水泵。

（4）清通设备：疏通排水管道，保障排水通畅。包括检查口、清扫口，以及带清通盖板的弯头等，如图 2-10 所示。

（a）检查口

（b）P 字弯

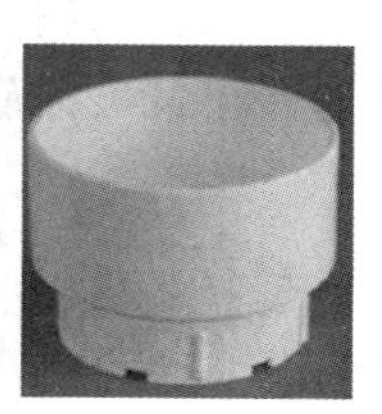

（c）清扫口

图 2-10　清通设备

（5）通气管：排出排水系统有害气体，减少管道腐蚀；向排水系统补给空气，平衡系统压力，防止水封破坏。

技巧：063　给排水标高的标注

视频：无
案例：无

技巧概述：给排水施工图包括给排水平面图和给排水轴测图，在不同的图形中管道标高也有所不同。

（1）平面图中，管道标高宜按图 2-11 所示的方法表示。

图 2-11　平面图中管道标高标注

（2）轴测图中，管道标高应按图 2-12 所示的方式标注。

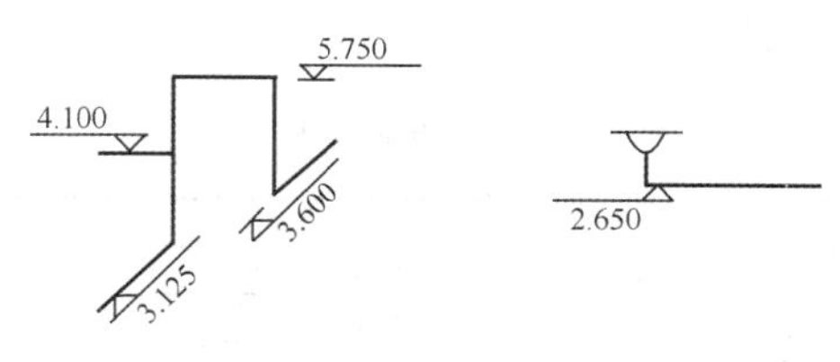

图 2-12　轴测图中管道标高标注

技巧：064 给排水管径的标注

视频：无
案例：无

技巧概述：根据不同的管道材料和数量，排水管径的标注方法如下。

1．按管道的材料标注

（1）水煤气输送钢管（镀锌或非镀锌）、铸铁管等管材，管径宜以公称直径 DN 表示（如 DN15、DN50）。

（2）无缝钢管、焊接钢管（直缝或螺旋缝）、铜管、不锈钢管等管材，管径宜以外径 D×壁厚表示（如 D108×4、D159×4.5 等）。

（3）钢筋混凝土（或混凝土）管、陶土管、耐酸陶瓷管、缸瓦管等管材，管径宜以内径 d 表示（如 d230、d380 等）。

（4）塑料管材，管径宜按产品标准的方法表示。

（5）当设计均用公称直径 DN 表示管径时，应有公称直径 DN 与相应产品规格对照表。

2．按管道的数量标注

（1）单根管道时，管径应按图 2-13 所示的方式标注。

（2）多根管道时，管径应按图 2-14 所示的方式标注。

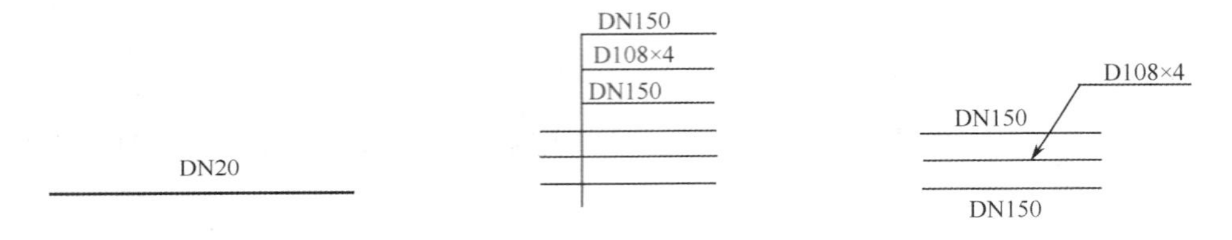

图 2-13 标注单根管道的管径　　图 2-14 标注多根管道的管径

（3）建筑物内穿越楼层的立管，其数量超过 1 根时宜进行编号，编号宜按图 2-15 所示的方法表示。

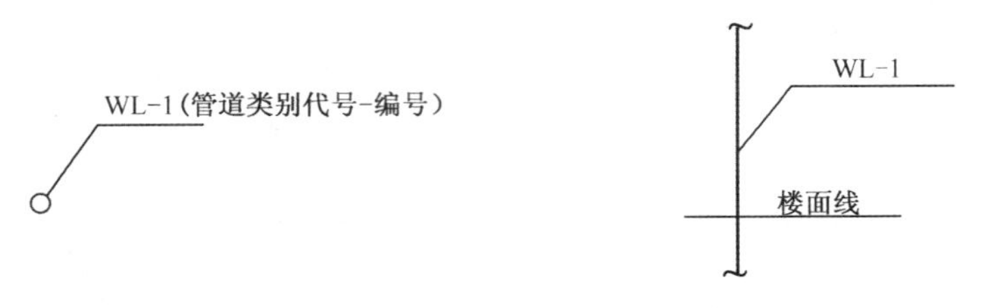

（a）平面图　　（b）剖面图、系统原理图、轴测图等

图 2-15 立管编号

（4）常用立管代号如表 2-1 所示。

表 2-1 立管代号

代 号	名 称	代 号	名 称	代 号	名 称
JL	给水立管	YL	雨水立管	FL	废水立管
WL	污水立管	PL	排水立管	TL	通气立管
RL	热水立管				

技巧：065　给排水系统的图例

视频：无
案例：无

技巧概述：管道图例宜符合表 2-2 的要求。

表 2-2　管道图例

名　称	图　例	名　称	图　例
生活给水管	—— J ——	污水管	—— W ——
热水给水管	—— RJ ——	压力污水管	—— YW ——
热水回水管	—— RH ——	雨水管	—— Y ——
中水给水管	—— ZJ ——	压力雨水管	—— YY ——
循环给水管	—— XJ ——	膨胀管	—— PZ ——
循环回水管	—— Xh ——	保温管	
热媒给水管	—— RM ——	多孔管	
热媒回水管	—— RMH ——	地沟管	
蒸汽管	—— Z ——	防护套管	
凝结水管	—— N ——	管道立管	XL-1 平面　XL-1 系统 X：管道类别　L：立管　1：编号
废水管	—— F ——	伴热管	
压力废水管	—— YF ——	空调凝结水管	—— KN ——
通气管	—— T ——	排水明沟	坡向 ——

管道附件的图例宜符合表 2-3 的要求。

表 2-3　管道附件图例

名　称	图　例	名　称	图　例
套管伸缩器		雨水斗	YD- 平面　YD- 系统
方形伸缩器		排水漏斗	平面　系统
刚性防水套管		圆形地漏	通用。如为无水封，地漏应加存水弯
柔性防水套管		方形地漏	
波纹管		自动冲洗水箱	
可曲挠橡胶接头		挡墩	
管道固定支架		减压孔板	
管道滑动支架		Y 形除污器	

续表

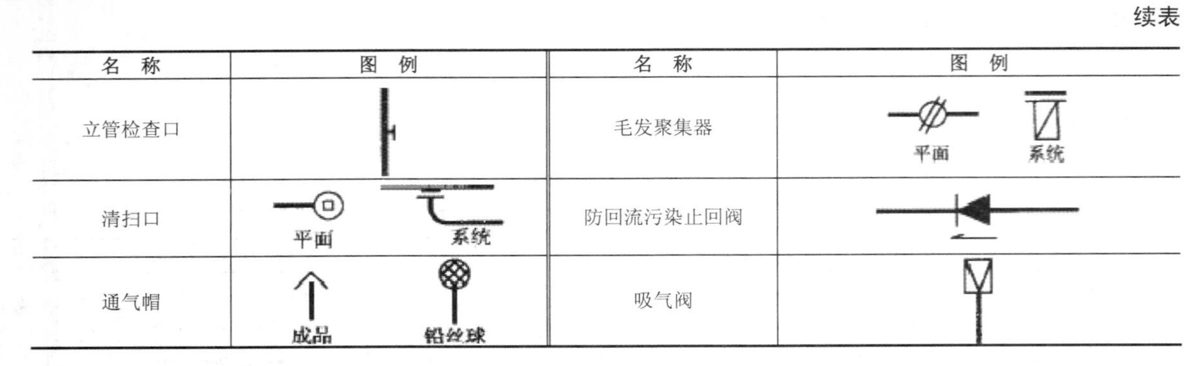

名　称	图　例	名　称	图　例
立管检查口		毛发聚集器	平面　系统
清扫口	平面　系统	防回流污染止回阀	
通气帽	成品　铅丝球	吸气阀	

阀门的图例宜符合表 2-4 的要求。

表 2-4　阀门图例

名　称	图　例	名　称	图　例
闸阀		气闭隔膜阀	
角阀		温度调节阀	
三通阀		压力调节阀	
四通阀		电磁阀	M
截止阀	DN≥50　DN<50	止回阀	
电动阀		消声止回阀	
液动阀		蝶阀	
气动阀		弹簧安全阀	
减压阀	左侧为高压端	平衡锤安全阀	
旋塞阀	平面　系统	自动排气阀	平面　系统
底阀		浮球阀	平面　系统
球阀		延时自闭冲洗阀	
隔膜阀		吸水喇叭口	平面　系统
气开隔膜阀		疏水器	

给水配件的图例宜符合表 2-5 的要求。

表 2-5　给水配件图例

名　称	图　例	名　称	图　例
放水龙头	平面　系统	脚踏开关	
皮带龙头	平面　系统	混合水龙头	
洒水（栓）龙头		旋转水龙头	
化验龙头		浴盆带喷头混合水龙头	
肘式龙头			

消防设施的图例宜符合表 2-6 的要求。

表 2-6　消防设施图例

名　称	图　例	名　称	图　例
消火栓给水管	XH	水幕灭火给水管	SM
自动喷水灭火给水管	ZP	水炮灭火给水管	SP
室外消火栓		干式报警阀	平面　系统
室内消火栓（单口）	平面　系统 白色为开启面	水炮	
室内消火栓（双口）	平面　系统	湿式报警阀	平面　系统
水泵接合器		预作用报警阀	平面　系统
自动喷洒头（开式）	平面　系统	遥控信号阀	
自动喷洒头（闭式）	平面　系统 下喷	水流指示器	
自动喷洒头（闭式）	平面　系统 上喷	水力警铃	
自动喷洒头（闭式）	平面　系统 上下喷	雨淋阀	平面　系统
侧墙式自动喷洒头	平面　系统	末端测试阀	平面　系统
侧喷式喷洒头	平面　系统	手提式灭火器	
雨淋灭火给水管	YL	推车式灭火器	

卫生设备及水池的图例宜符合表 2-7 的要求。

表 2-7 卫生设备及水池图例

名 称	图 例	名 称	图 例
立式洗脸盆		污水池	
台式洗脸盆		妇女卫生盆	
挂式洗脸盆		立式小便器	
浴盆		壁挂式小便器	
化验盆、洗涤盆		蹲式大便器	
带沥水板洗涤盆	不锈钢制品	坐式大便器	
盥洗槽		小便槽	
淋浴喷头			

小型给水排水构筑物的图例宜符合表 2-8 的要求。

表 2-8 小型给排水构筑物图例

名 称	图 例	名 称	图 例
矩型化粪池	HC HC 为化粪池代号	雨水口	单口
圆型化粪池	HC		双口
隔油池	YC YC 为除油池代号	阀门井 检查井	
沉淀池	CC CC 为沉淀池代号	水封井	
降温池	JC JC 为降温池代号	跌水井	
中和池	ZC ZC 为中和池代号	水表井	

给水排水设备的图例宜符合表 2-9 的要求。

表 2-9　给水排水设备图例

名　称	图　例	名　称	图　例
水泵	平面　系统	开水器	
潜水泵		喷射器	小三角为进水端
定量泵		除垢器	
管道泵		水锤消除器	
卧式热交换器		浮球液位器	
立式热交换器		搅拌器	M
快速管式热交换器			

给水排水专业所用仪表的图例宜符合表 2-10 的要求。

表 2-10　给水排水专业所用仪表图例

名　称	图　例	名　称	图　例
温度计		真空表	
压力表		温度传感器	T
自动记录压力表		压力传感器	P
压力控制器		pH 值传感器	pH
水表		酸传感器	H
自动记录流量计		碱传感器	Na
转子流量计		余氯传感器	Cl

技巧：066 给水管和污水管的绘制

视频：技巧 066-绘制给水管和污水管.avi
案例：给水管和污水管.dwg

技巧概述：首先新建并保存一个新的 dwg 文件，再使用多段线、删除、复制、多行文字等命令来绘制给水管和污水管图例，效果如图 2-16 所示。

—— J ——　　– – – W – – –

图 2-16　给水管和污水管

步骤 01 正常启动 AutoCAD 2014 软件，系统自动创建空白文件，单击“保存”按钮，将其保存为“案例\02\给水管和污水管.dwg”文件。

步骤 02 在键盘上按【F12】和【F8】键，启用动态输入与开启正交功能模式。执行“多段线”命令（PL），根据如下命令提示，设置全局宽度为 20，在绘图区任意位置单击以确定起点，鼠标水平向右拖动，动态输入 1000，按空格键以确定一条长 1000 的水平多段线，如图 2-17 所示。

```
命令: PLINE                                        \\ 执行“多段线”命令
指定起点:                                          \\ 在绘图区任意位置单击一点
当前线宽为 0.0000                                  \\ 当前线宽
指定下一个点或 [圆弧(A)/半宽(H)/长度(L)/放弃(U)/宽度 (W)]: w      \\ 选择“宽度(W)”选项
指定起点宽度 <0.0000>: 20                          \\ 设置起点宽度为 20
指定端点宽度 <20.0000>:                            \\ 设置端点宽度为 20
指定下一个点或 [圆弧(A)/半宽(H)/长度(L)/放弃(U)/宽度 (W)]: 1000 \\ 向右拖动输入 1000
指定下一点或 [圆弧(A)/闭合(C)/半宽(H)/长度(L)/放弃(U)/宽度(W)]: \\ 按空格键退出
```

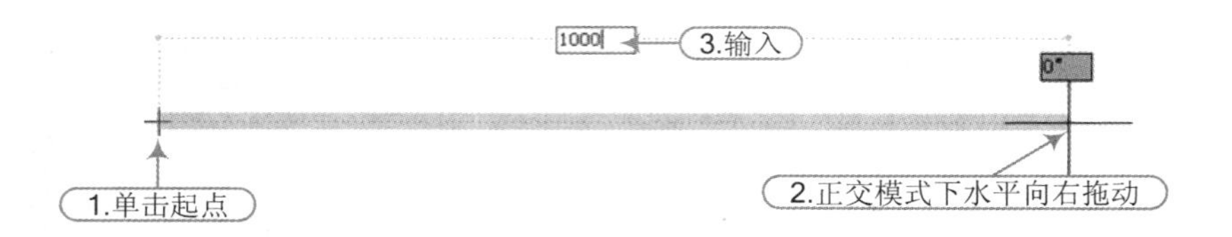

图 2-17　绘制多段线 1

软件技能　★★★★☆

执行“多段线”命令（PL）或者单击“绘图”面板中的“多段线”按钮。根据如下命令提示可绘制出不同宽度的多段线，如图 2-18 所示。

```
命令: PLINE                                        \\ 执行“多段线”命令
指定起点:                                          \\ 确定多段线的起点
当前线宽为 0.0000
指定下一个点或 [圆弧(A)/半宽(H)/长度(L)/放弃(U)/宽度 (W)]: 50          \\ 向右拖动输入 50
指定下一点或 [圆弧(A)/闭合(C)/半宽(H)/长度(L)/放弃(U)/宽度 (W)]: w \\ 选择“宽度(W)”
选项
指定起点宽度 <0.0000>: 5                           \\ 确定起点宽度为 5
```

指定端点宽度 <5.0000>: 0　　　　　　　　　　　　　　\\ 确定端点宽度为 0
指定下一点或 [圆弧(A)/闭合(C)/半宽(H)/长度(L)/放弃(U)/宽度(W)]: 15　\\ 向右拖动输入 15
指定下一点或 [圆弧(A)/闭合(C)/半宽(H)/长度(L)/放弃(U)/宽度(W)]: \\ 按空格键退出

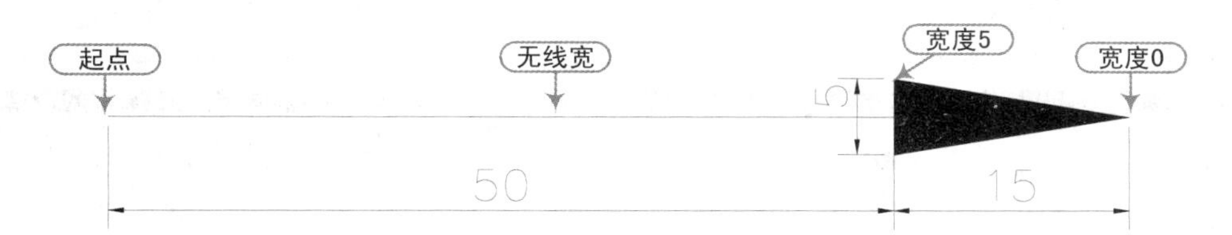

图 2-18　绘制多段线 2

在绘制图形时，使用“动态输入”功能（按【F12】快捷启动键或在状态栏上单击“启动”按钮）直接输入长度值可以使绘图的速度大大提高，读者要作为重点去掌握该功能，在以后的作图中都会用到。

步骤 03 根据同样的方法，按空格键重复执行“多段线”命令（PL），捕捉上一多段线右端点为起点，继续向右依次绘制出长度为 700 和 1000 的两条单独的水平多段线，如图 2-19 所示。

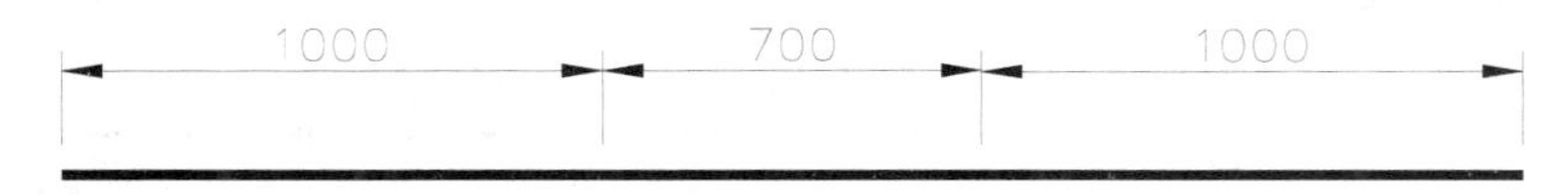

图 2-19　绘制多段线 3

步骤 04 执行“删除”命令（E），将中间长度为 700 的水平多段线删除掉，如图 2-20 所示。

图 2-20　删除中间线段

步骤 05 执行“多行文字”命令（MT），在两水平线段中间空白处单击两点以拖出一个文本输入框，则弹出“文字格式”工具栏，设置字体为“宋体”，字高为 300，在文本框中输入文字 J，然后单击“确定”按钮，如图 2-21 所示。

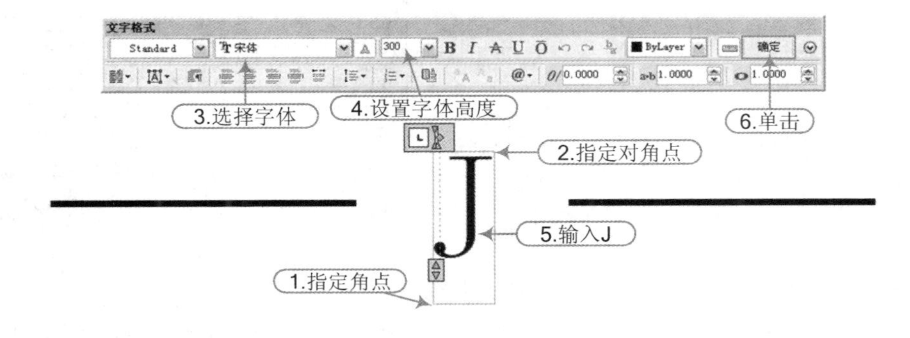

图 2-21　输入文字

技巧提示 ★★★☆☆

在“AutoCAD经典”工作空间下，执行“多行文字”命令（MT），才会弹出“文字格式”工具栏；若是在“草图与注释”工作空间下执行“多行文字”命令（MT），则功能区自动跳转至“文字编辑器”标签，如图2-22所示，其功能与“文字格式”工具栏中的功能相对应。

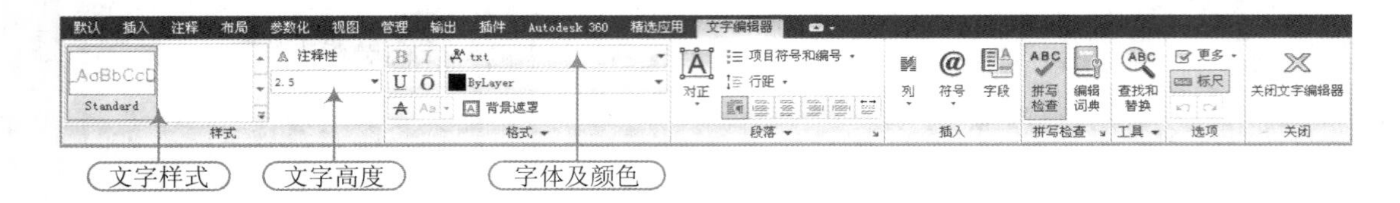

图2-22 “文字编辑器”标签

步骤06 执行“复制”命令（CO），将上一步绘制好的给水图例水平向右复制出一份，如图2-23所示。

J J

图2-23 复制图形

步骤07 双击右侧的文字，则显示出“文本”输入框，修改文字“J”为“W”，如图2-24所示。

图2-24 修改文字

步骤08 执行“格式|线型”菜单命令，则弹出“线型管理器”对话框，单击“加载”按钮，然后弹出“加载或重载线型”对话框，在“可用线型”列表中，选择需要加载的线型“DASHED”，再单击“确定”按钮，以加载该线型，如图2-25所示。

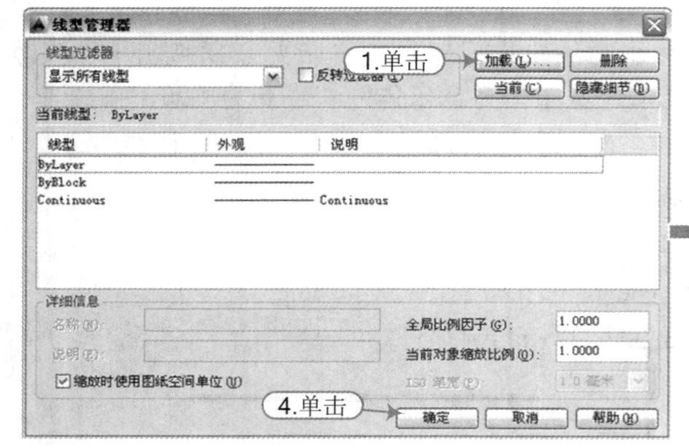

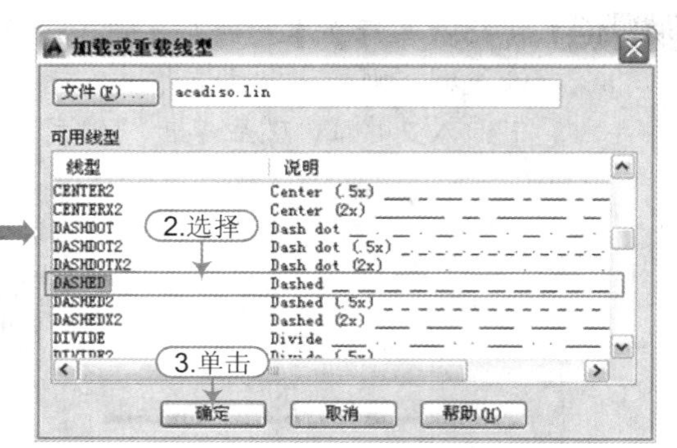

图2-25 加载线型

步骤09 选择文字“W”左、右侧的水平多段线，然后在“特性”面板的“线型”列表中选择线型“DASHED”，则水平多段线的线型发生了变化，如图2-26所示。

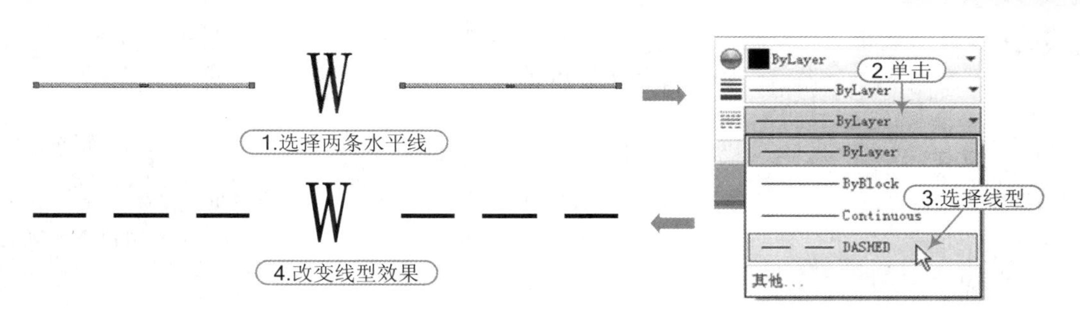

图 2-26　设置虚线线型

步骤 10 至此，给水和污水管图例已经绘制完成，按【Ctrl+S】组合键对文件进行保存。

> **技巧提示**　★★★☆☆
>
> 若发现改变线型前后线条无变化时，可执行"格式｜线型"菜单命令，在图 2-27 所示的"线型管理器"对话框中，重新设置全局比例因子的大小来改变虚线的显示比例；或者执行"线型全局比例"命令（LTS），输入新值以改变虚线的显示比例。

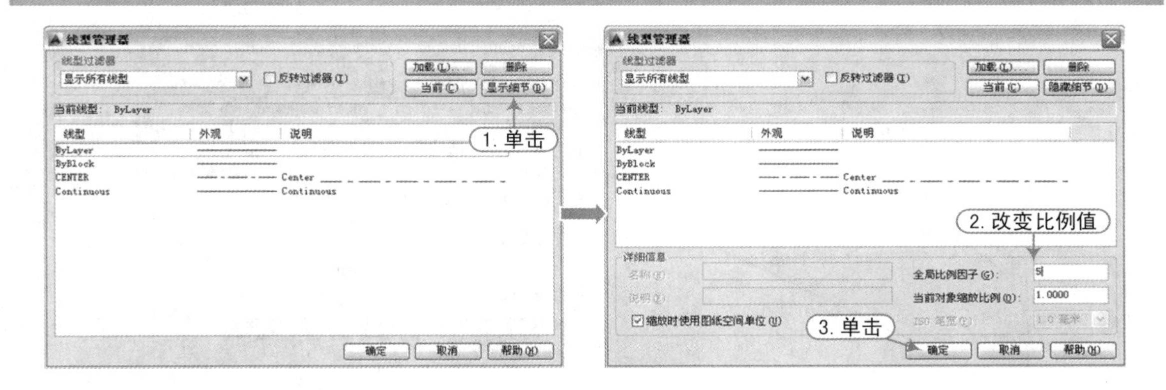

图 2-27　设置全局比例因子

技巧：067　管道立管的绘制

视频：技巧067-绘制管道立管.avi
案例：管道立管.dwg

技巧概述：首先新建并保存一个新的 dwg 文件，再使用圆、多段线、直线和多行文字命令来绘制管道立管，效果如图 2-28 所示。

图 2-28　管道立管图例

步骤 01 正常启动 AutoCAD 2014 软件，系统自动创建空白文件，单击"保存"按钮，将其保存为"案例\02\管道立管.dwg"文件。

步骤 02 绘制“立管”平面图例，执行“圆”命令（C），在绘图区任意指定一点为圆心，再根据如下命令提示，绘制直径为 190 的圆，如图 2-29 所示。

命令：CIRCLE	\\ 执行“圆”命令
指定圆的圆心或 [三点（3P）/两点（2P）/切点、切点、半径（T）]：	\\ 任意单击一点
指定圆的半径或 [直径（D）]：d	\\ 输入“D”以选择“直径（D）”选项
指定圆的直径：190	\\ 输入直径值

技巧提示 ★★★☆☆

默认情况下是以圆心、半径来绘制圆的，若要以直径值来绘制圆，则必须选择“直径（D）”选项。

步骤 03 执行“草图设置”命令（SE），弹出“草图设置”对话框，切换至“对象捕捉”选项卡，勾选“启用对象捕捉”和“启用对象捕捉追踪”复选框，在“对象捕捉模式”选项组下，勾选“象限点”复选框，然后单击“确定”按钮，如图 2-30 所示。

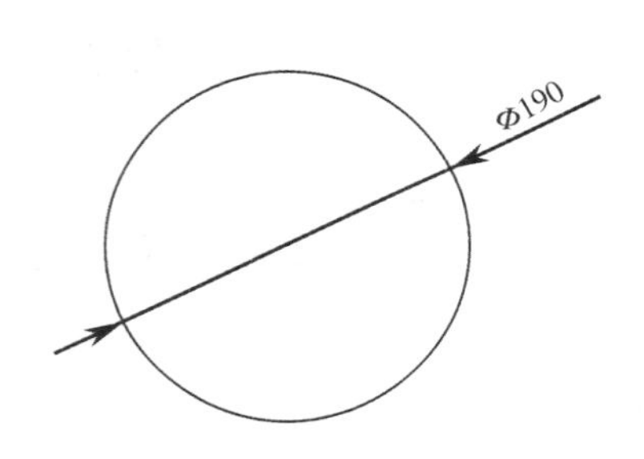

图 2-29　绘制圆

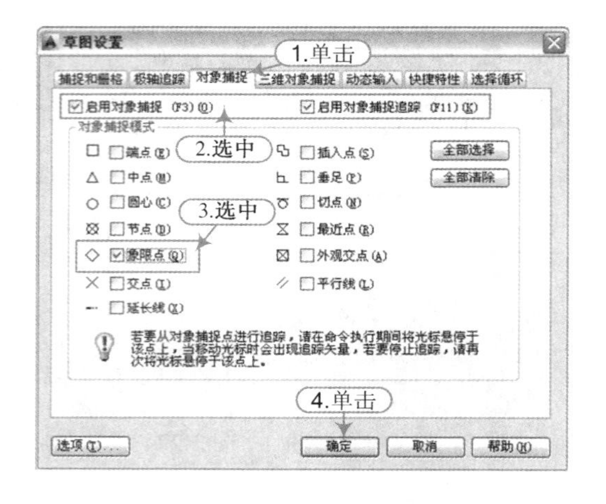

图 2-30　设置捕捉模式

技巧提示 ★★★★☆

在“草图设置”对话框中，可根据需要选择捕捉的特征点，也可单击“全部选择”按钮，将所有特性点全部选择，以满足绘图中各种特征点的捕捉需要。

步骤 04 执行“多段线”命令（PL），鼠标移动至圆上即可自动捕捉到相应的象限点标记，单击以确定起点，再设置全局宽度为 10，并向左移动鼠标，动态输入 360，按空格键确定，以在圆左侧绘制一条长 360 的水平多段线，如图 2-31 所示。

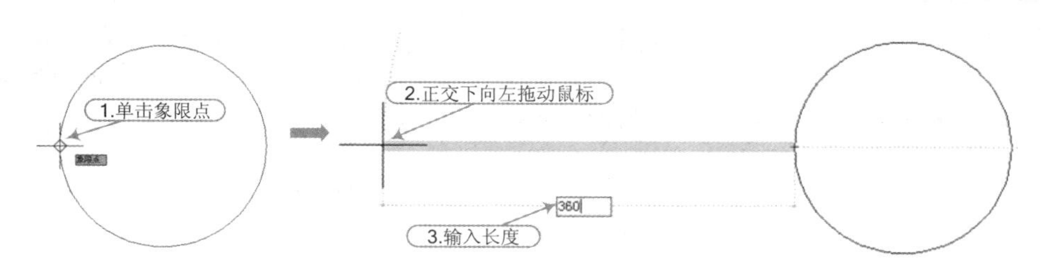

图 2-31　通过捕捉绘制线段

步骤 05 根据同样的方法，按空格键重复命令，捕捉圆右侧象限点向右绘制长 360 的水平多段线，如图 2-32 所示。

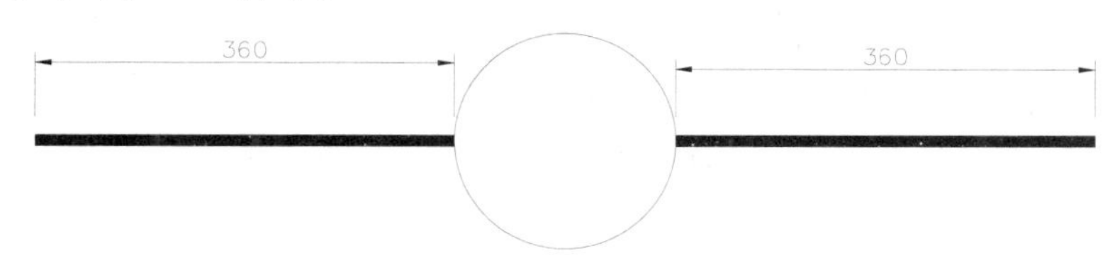

图 2-32　绘制另一多段线

步骤 06 执行“直线”命令（L），通过按【F8】键在正交与非正交模式下，在圆上侧绘制斜线与水平线，如图 2-33 所示。

步骤 07 执行“多行文字”命令（MT），在水平线上面拖出矩形文本框，设置字高为 100，输入立管编号文字“XL-1”，然后单击“确定”按钮，如图 2-34 所示。

图 2-33　绘制引出线　　　　图 2-34　输入立管编号文字

软件技能　★★★★☆

用正交模式的打开和关闭状态来确定是否在正交模式下作图。当正交模式处于打开状态时，鼠标所拖出的所有线条都是平行于 *X*、*Y* 坐标轴的，可迅速准确地绘制出与坐标轴平行的线段。打开与关闭正交模式的操作方法如下：

- 鼠标在状态栏处单击“正交模式”按钮即可打开，若关闭正交模式再用鼠标单击该按钮即可。
- “正交模式”功能键是【F8】键，可以通过键盘上的【F8】键，来开启或者关闭正交模式。

在正交模式下，移动鼠标拖出的线条均为平行于坐标轴的线段，平行于哪一个坐标轴取决于拖出线的起点到坐标轴的距离。只能在垂直或水平方向画线或指定距离，而不管光标在屏幕上的位置。其线的方向取决于光标在 *X* 轴、*Y* 轴方向上的移动距离变化。

步骤 08 绘制“立管”系统图例，执行“多段线”命令（PL），继承上一多段线参数（全局宽度为 10），在右侧绘制一条长度为 500 的垂直多段线；再执行“复制”命令（CO），将引出线和文字复制过来，如图 2-35 所示。

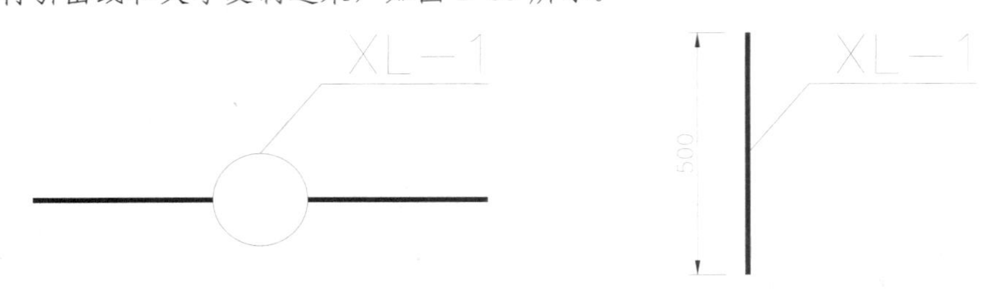

图 2-35　在右侧绘制立管系统图

步骤 09 执行“多行文字”命令（MT），设置字体为“宋体”，字高为 100，在图形下方输入相关的文字，如图 2-36 所示。

图 2-36　标注文字

> **技巧提示** ★★★☆☆
>
> 标注文字中的“平面”表示该图形为平面图中的图例，“系统”表示该图形为系统图中的图例。

步骤 10 至此，管道立管图例已经绘制完成，按【Ctrl+S】组合键对文件进行保存。

技巧：068 排水漏斗的绘制

视频：技巧068-绘制排水漏斗.avi
案例：排水漏斗.dwg

技巧概述：首先新建并保存一个新的 dwg 文件，再使用圆、多段线、直线及多行文字等命令来绘制排水漏斗图例，效果如图 2-37 所示。

图 2-37　排水漏斗图例

步骤 01 正常启动 AutoCAD 2014 软件，系统自动创建空白文件，单击“保存”按钮，将其保存为“案例\02\排水漏斗.dwg”文件。

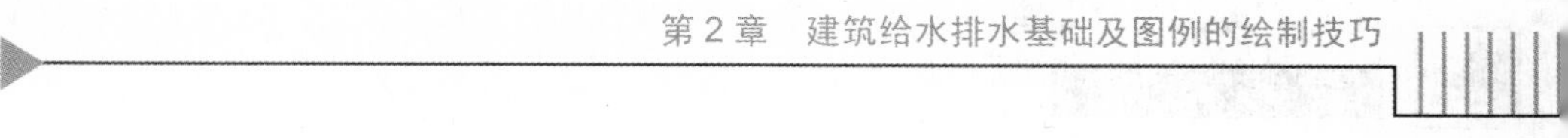

步骤 02 执行“圆”命令（C），在绘制图指定一点作为圆心点，根据命令提示选择“直径（D）”选项，输入直径值为 436，以绘制一个圆，如图 2-38 所示。

步骤 03 按空格键重复圆命令，按住 Shift 键的同时右击鼠标，在弹出的快捷菜单中选择“圆心”选项，然后鼠标移动到圆上，自动追踪到圆心标记，单击圆心为新圆的起点，再选择“直径（D）”选项，输入直径值为 95，以绘制一个同心圆，如图 2-39 所示。

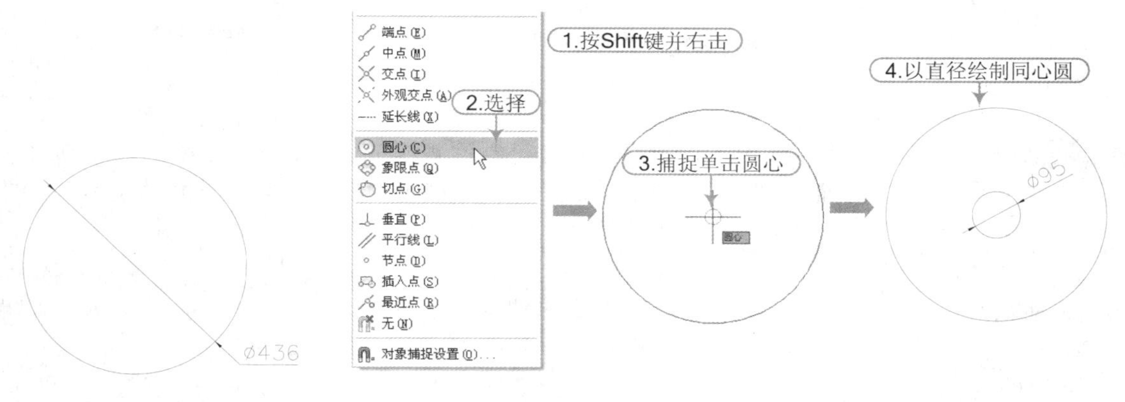

图 2-38　绘制圆　　　　图 2-39　绘制同心圆

> **技巧提示** ★★★★☆
>
> 在执行绘图命令的同时，按住 Ctrl 键或 Shift 键，并单击鼠标右键，将弹出如图 2-39 所示的对象捕捉快捷菜单，通过快捷菜单上的特征点选项来设置捕捉和在“草图设置”对话框中设置捕捉特征点效果是一样的。读者可通过这两种方法来设置捕捉的特征点，后面将不再介绍特性点的捕捉。

步骤 04 执行“多段线”命令（PL），捕捉大圆右侧象限点，设置起点宽度为 10，终点宽度为 10，向右绘制一条长 700 的水平多段线，如图 2-40 所示。

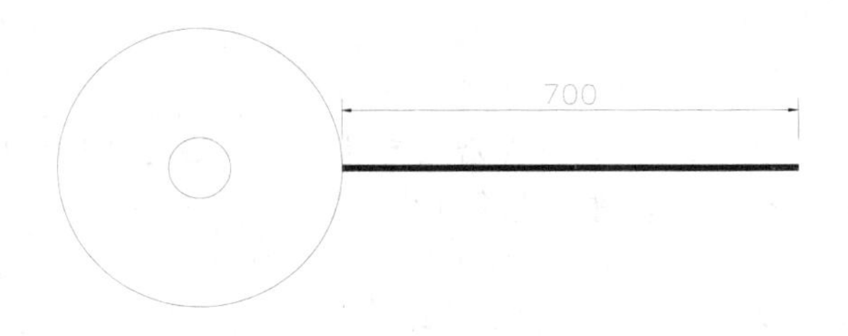

图 2-40　绘制宽度多段线

步骤 05 绘制“排水漏斗”系统图例，执行“直线”命令（L），在空白处单击以确定起点，正交模式下向右拖动输入 440，按空格键确定一条水平线；在不退出直线命令的情况下，默认以最后的点为起点，再输入“<45”以改变 0° 水平方向为 45° 斜方向，向下指引斜线方向，然后单击一点以确定一条斜线，如图 2-41 所示。

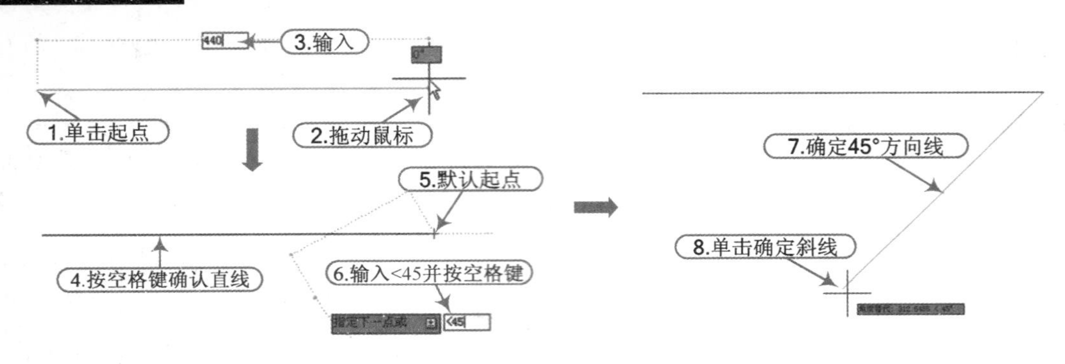

图 2-41　绘制水平线和斜线

步骤 06 执行“镜像”命令（MI），选择上一步绘制的斜线，根据如下命令提示，指定水平线段中点 A 为镜像第一点，在正交模式下（按【F8】键）垂直向下移动鼠标，任意单击一点 B 为镜像第二点，按空格键则将斜线进行左右镜像，如图 2-42 所示。

```
命令: MIRROR                                  \\ 执行“镜像”命令
选择对象: 找到 1 个                            \\ 选择斜线
选择对象:                                      \\ 按空格键确认选择
指定镜像线的第一点:                            \\ 单击水平线中点 A
指定镜像线的第二点:                            \\ 正交模式下向下任意指引一点 B
要删除源对象吗? [是 (Y) /否 (N) ] <N>:         \\ 按空格键确定 (默认为否)
```

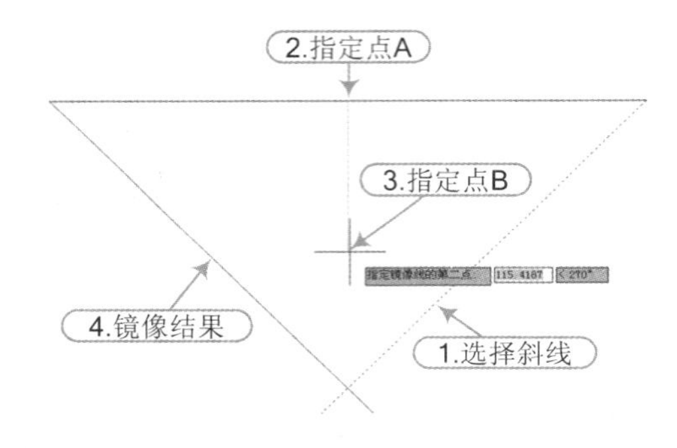

图 2-42　镜像斜线

软件技能 ★★★★★

镜像复制可以在复制对象的同时将其沿指定的镜像线进行翻转处理，此命令对绘图是非常有用的，它利用虚拟的对称轴进行镜像复制，在完成镜像操作前可删除或保留原对象。

在提示“要删除源对象吗？[是(Y)/否(N)]”时，选择“否(N)”选项，即保留镜像原对象则为两个图形；若选择“否(N)”选项，即删除镜像原对象只留下一个镜像后的图形。命令提示中尖括号“< >”内的选项为默认选项，若“< >”内的选项是需要的选项请按空格键或 Enter 键确认，若不是需要的选项请输入其他选项的字母号。

在 AutoCAD 中镜像文字的时候，可以通过控制系统变量“MIRRTEXT”的值来控制对象的镜像方向。在“镜像”命令中其系统变量默认值为“0”，则文字方向不镜像，即文字可读；若在执行“镜像”命令之前，先执行“MIRRTEXT”，设其值为“1”，然后执行“镜像”命令，则镜像出的文字变得不可读。图 2-43 所示为两种值对比效果。

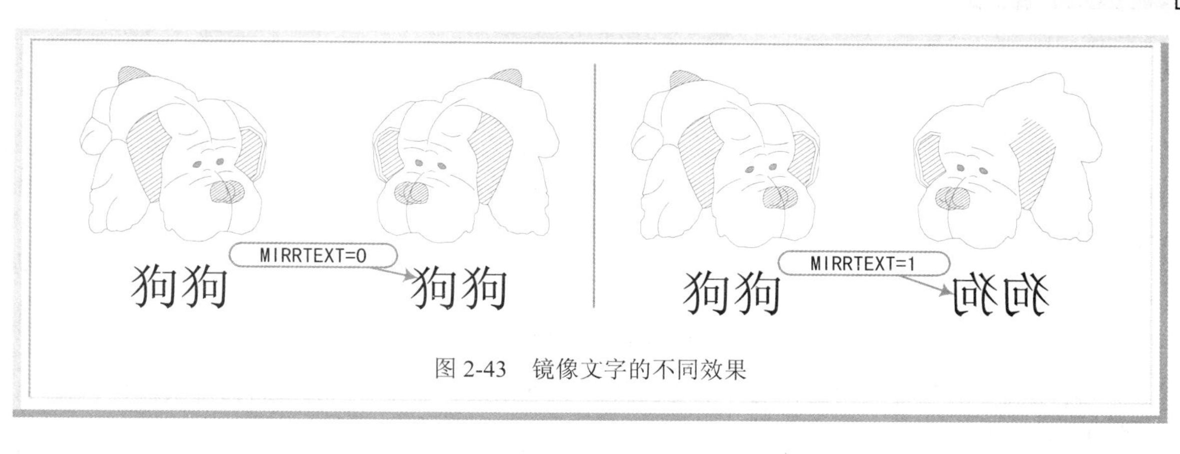

图 2-43　镜像文字的不同效果

步骤 07 执行“修剪”命令（TR），按空格键两次，单击相交斜线两下端，以将长出来的多余部分裁剪掉，如图 2-44 所示。

```
命令: TRIM                                         \\ 执行“修剪”命令
当前设置:投影=UCS，边=无
选择剪切边...
选择对象或 <全部选择>:                               \\ 按空格键确定尖括号内容<全部选择>
选择要修剪的对象，或按住 Shift 键选择要延伸的对象，或[栏选（F）/窗交（C）/投影（P）/边（E）/删除（R）/放弃（U）]:   \\ 单击斜线下侧长出来部分
选择要修剪的对象，或按住 Shift 键选择要延伸的对象，或[栏选（F）/窗交（C）/投影（P）/边（E）/删除（R）/放弃（U）]:   \\ 单击另一斜线下侧长出来部分
选择要修剪的对象，或按住 Shift 键选择要延伸的对象，或[栏选（F）/窗交（C）/投影（P）/边（E）/删除（R）/放弃（U）]:   \\ 按空格键退出
```

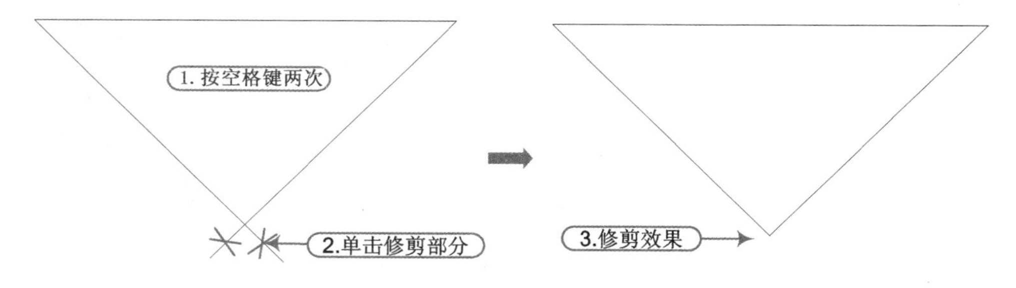

图 2-44　修剪斜线

技巧提示 ★★★☆☆

修剪命令用于以指定的切割边去裁剪所选定的对象，切割边和被裁剪的对象可以是直线、圆弧、圆、多段线、构造线和样条曲线等。

通过执行“修剪”命令（TR），或者单击“修改”面板中的“修剪”按钮，根据命令提示首先选择切割边，再选择要修剪的对象，即可对相应部分进行修剪操作，如图 2-45 所示。

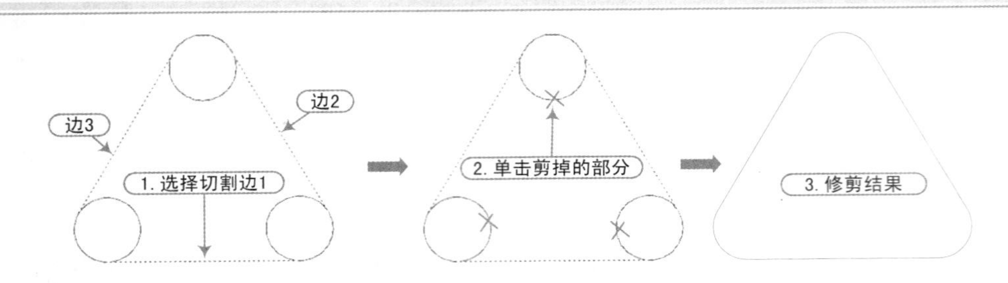

图 2-45 修剪操作 1

对象既可以作为剪切边，也可以作为被修剪的对象，如图 2-46 中的圆是线段的一条剪切边，同时它也正在被线段修剪。

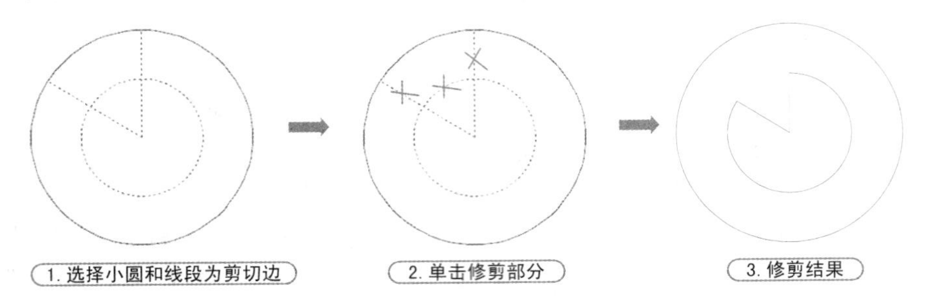

图 2-46 修剪操作 2

在修剪过程中，直接连续两次按空格键或者 Enter 键，默认将所有的图形对象作为剪切边，然后在要修剪的部分单击即可修剪掉，如图 2-47 所示。

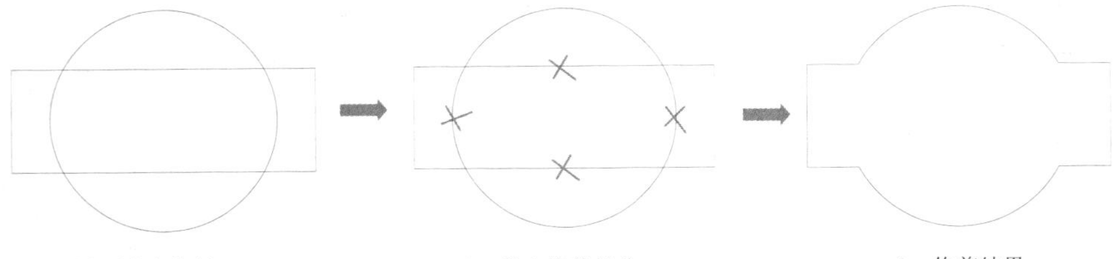

1. 按两次空格键　　2. 单击修剪部分　　3. 修剪结果

图 2-47 修剪操作 3

在进行修剪操作时按住 Shift 键，可转换执行 EXTEND 命令。当选择要修剪的对象时，若某条线段未与修剪边界相交，则按住 Shift 键后单击该线段，可将其延伸到最近的边界，然后松开 Shift 键后，重新返回到修剪操作，在需要修剪的位置单击即可，如图 2-48 所示。

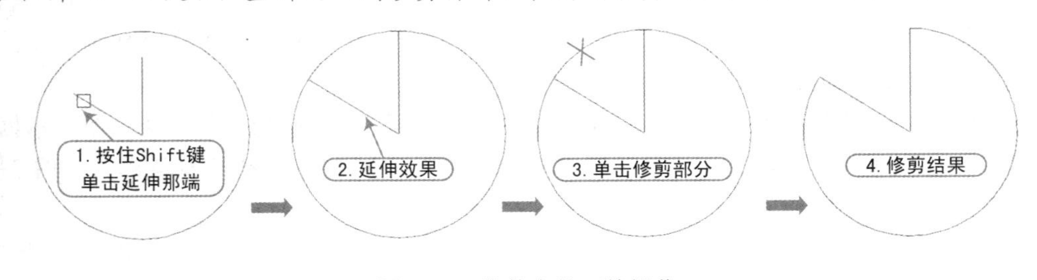

图 2-48 修剪中的延伸操作

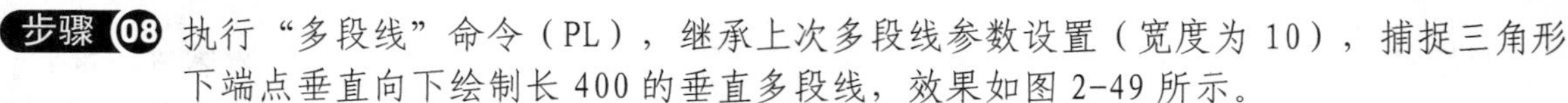

步骤 08 执行“多段线”命令（PL），继承上次多段线参数设置（宽度为 10），捕捉三角形下端点垂直向下绘制长 400 的垂直多段线，效果如图 2-49 所示。

步骤 09 执行“多行文字”命令（MT），选择字体为“宋体”，字高为 100，在图形相应位置进行文字标注，效果如图 2-50 所示。

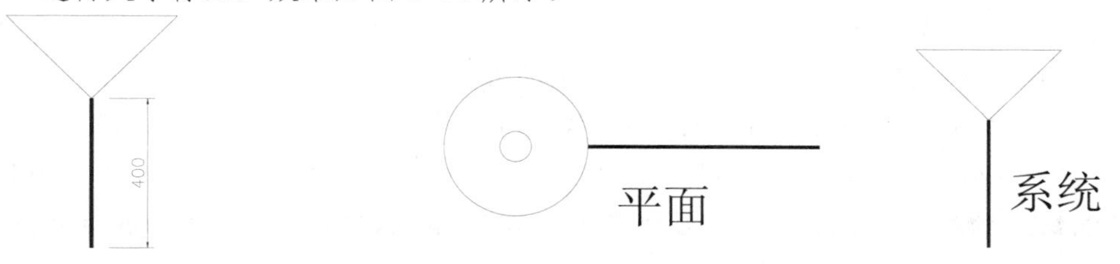

图 2-49　绘制多段线　　图 2-50　文字标注效果

步骤 10 至此，排水漏斗图例已经绘制完成，按【Ctrl+S】组合键对文件进行保存。

技巧：069　圆形地漏的绘制

视频：技巧069-绘制圆形地漏.avi
案例：圆形地漏.dwg

技巧概述：首先新建并保存一个新的 dwg 文件，再使用圆、多段线、直线、修剪、圆角、多行文字等命令来绘制圆形地漏图例，效果如图 2-51 所示。

图 2-51　圆形地漏图例

步骤 01 正常启动 AutoCAD 2014 软件，系统自动创建空白文件，单击“保存”按钮，将其保存为“案例\02\圆形地漏.dwg”文件。

步骤 02 绘制“圆形地漏”平面图例，执行“圆”命令（C），在绘图区任意指定一点为圆心，输入半径值为 218，以绘制一个半径为 218 的圆。

步骤 03 执行“图案填充”命令（H），根据命令提示“拾取内部点或 [选择对象(S)/放弃(U)/设置(T)]”，选择“设置”（T）选项，则弹出“图案填充和渐变色”对话框，选择“ANSI-31”图案，设置比例为 15，对圆进行填充，如图 2-52 所示。

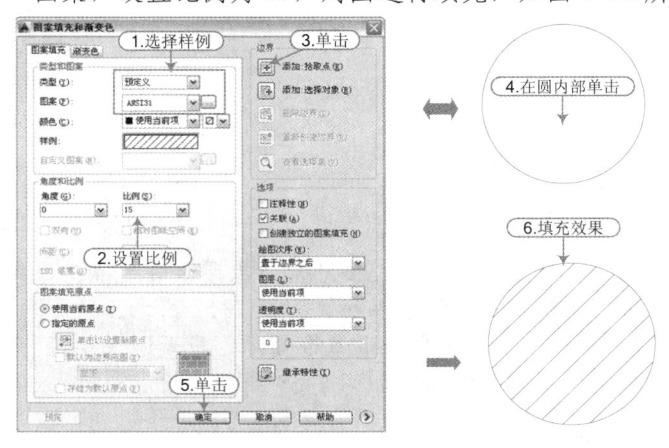

图 2-52　填充圆

软件技能 ★★★☆☆

“图案填充”在绘制图形中扮演着非常重要的角色，它可以使单调的图形画面变得生动和富有层次感，使读图者更容易读懂。特别是在室内装饰图纸中，各种材料的表示及区域的分区，填充图案是必不可少的。

在启动了“图案填充”命令后，功能区自动跳转至“图案填充创建”选项界面，用户还可以根据界面中的面板选择需要的图案，设置其比例或者角度后，单击“拾取点”按钮来对图形进行填充，如图 2-53 所示，它与“图案填充或渐变色”对话框是相对应的。

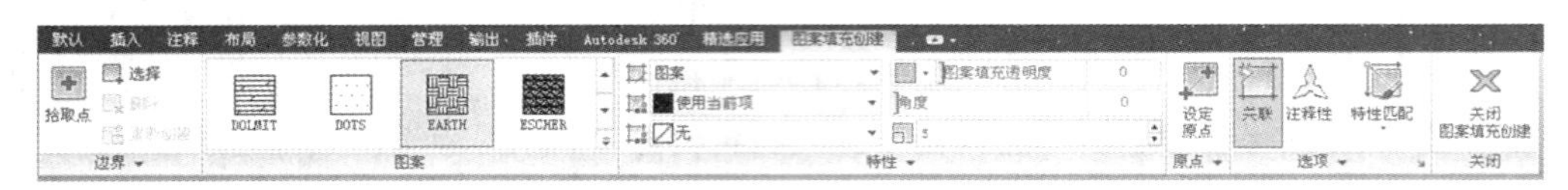

图 2-53 利用功能选项卡填充

步骤 04 执行“多段线”命令（PL），设置起点及端点的宽度均为 10，捕捉圆左侧象限点向左绘制一条长 700 的多段线，如图 2-54 所示。

步骤 05 绘制“圆形地漏”系统图例，执行“直线”命令（L），绘制一条长 900 的水平线段，如图 2-55 所示。

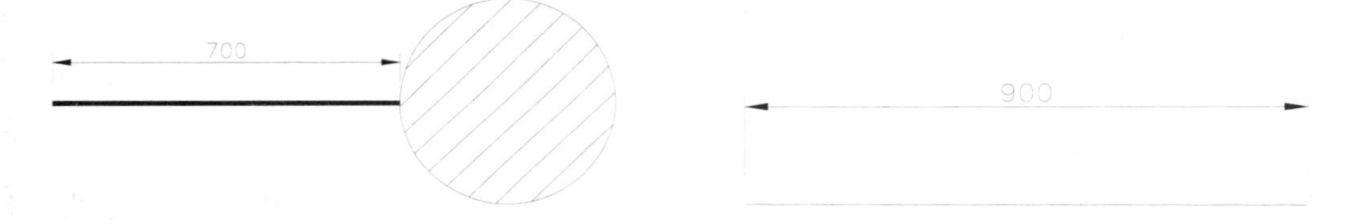

图 2-54 绘制多段线　　图 2-55 绘制直线

步骤 06 再执行“圆”命令（C），以水平线段的中点为圆心，输入半径为 218，以绘制一个圆，如图 2-56 所示。

步骤 07 执行“修剪”命令（TR），按空格键两次单击上半圆进行裁剪，效果如图 2-57 所示。

图 2-56 绘制圆　　图 2-57 修剪圆弧

步骤 08 再执行“多段线”命令（PL），捕捉圆弧下象限点为起点向下绘制长 480 的垂直线段，再继续向右绘制长 700 的水平线，如图 2-58 所示。

步骤 09 执行“圆角”命令（F），根据如下命令提示，设置圆角半径为 190，依次单击两条多段线，以将直角转变成圆角，如图 2-59 所示。

```
命令：FILLET                                   \\ 执行“圆角”命令
当前设置：模式 = 修剪，半径 = 0.0000
```

选择第一个对象或 [放弃 (U) /多段线 (P) /半径 (R) /修剪 (T) /多个 (M)]: r　\\ 选择“半径”选项
指定圆角半径 <0.0000>: 190　\\ 输入半径值 190
选择第一个对象或 [放弃 (U) /多段线 (P) /半径 (R) /修剪 (T) /多个 (M)]: \\ 单击第一条边
选择第二个对象，或按住 Shift 键选择对象以应用角点或 [半径 (R)]:　\\ 单击第二条边

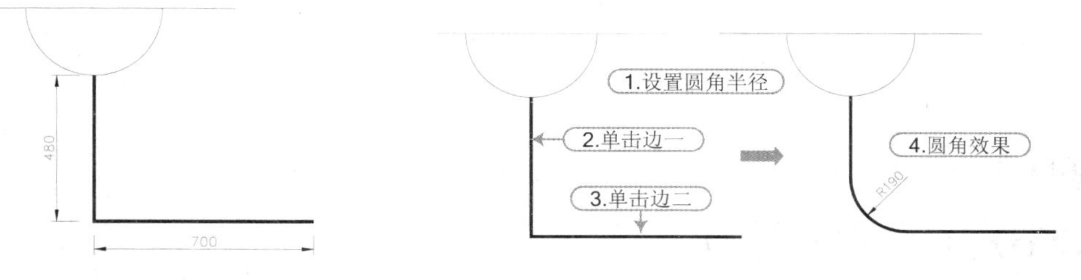

图 2-58　绘制多段线　　图 2-59　圆角操作

软件技能　★★★★☆

圆角命令用于将两个图形对象用指定半径的圆弧光滑连接起来。其中可以圆角的对象有直线、多段线、样条曲线、构造线、射线等。

当设置半径为 0 时，可以快速创建零距离倒角或零半径圆角。通过这种方法，可以将两条相交或不相交的线段进行修剪连接操作，如图 2-60 所示。

图 2-60　0 半径圆角

在命令提示下选择“修剪 (T)”选项，则提示“输入修剪模式选项 [修剪 (T) /不修剪 (N)] <修剪>:”，选择“修剪 (T)”选项，表示将原对象修剪成圆弧。选择“不修剪 (N)”项，表示保留原对象的同时，创建过渡圆弧，如图 2-61 所示。命令执行过程如下：

命令: FILLET
当前设置: 模式 = 修剪，半径 = 50.0000
选择第一个对象或 [放弃 (U) /多段线 (P) /半径 (R) /修剪 (T) /多个 (M)]: t　\\ 设置修剪模式
输入修剪模式选项 [修剪 (T) /不修剪 (N)] <修剪>:

图 2-61　修剪模式

步骤 10 执行“多行文字”命令（MT），选择字体为“宋体”，字高为100，在图形相应位置进行文字标注，效果如图2-62所示。

图2-62　文字标注

步骤 11 至此，该图例已经绘制完成，按【Ctrl+S】组合键对文件进行保存。

技巧：070　截止阀的绘制

视频：技巧070-绘制截止阀.avi
案例：截止阀.dwg

技巧概述： 首先新建并保存一个新的dwg文件，再使用圆、图案填充、多段线、直线、多行文字等命令来绘制截止阀图例，效果如图2-63所示。

步骤 01 正常启动AutoCAD 2014软件，系统自动创建空白文件，单击“保存”按钮，将其保存为“案例\02\截止阀.dwg”文件。

步骤 02 执行“圆”命令（C），以圆心、半径方式绘制一个半径为68的圆，如图2-64所示。

图2-63　截止阀图例　　　　图2-64　绘制圆

步骤 03 执行“图案填充”命令（H），则功能区自动跳转到“图案填充编辑器”选项卡，在“图案”面板中选择图案“NET”，在“特性”面板中，设置角度为45°，比例为5，对圆进行填充，如图2-65所示。

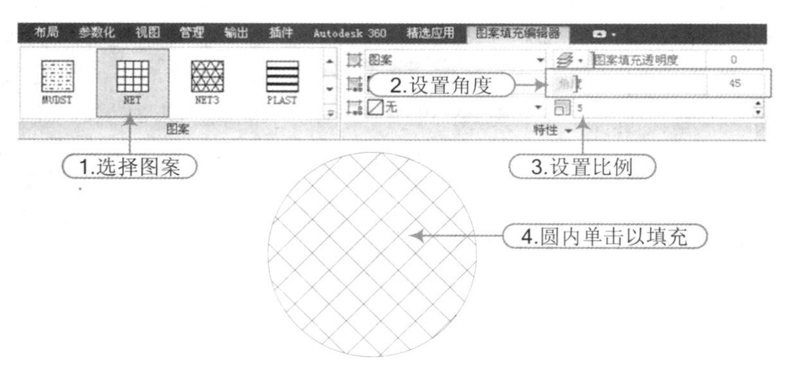

图2-65　图案填充

步骤 04 执行“多段线”命令（PL），设置起点和端点宽度均为10，分别捕捉圆左、右侧象限点绘制长300的水平线段，如图2-66所示。

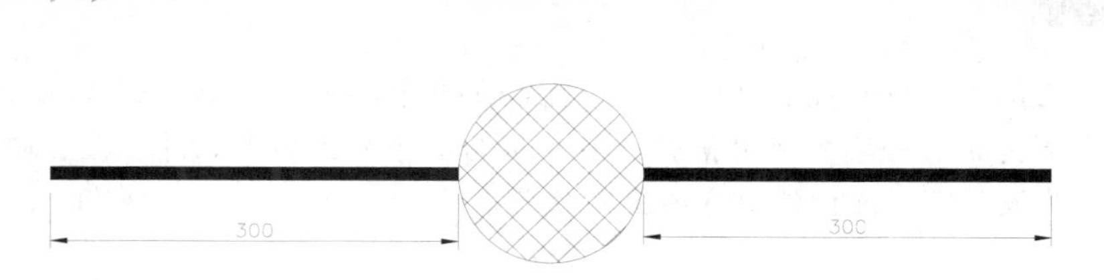

图 2-66　绘制多段线

步骤 05 再执行“直线”命令（L），捕捉圆上象限点在上侧绘制线段，如图 2-67 所示。

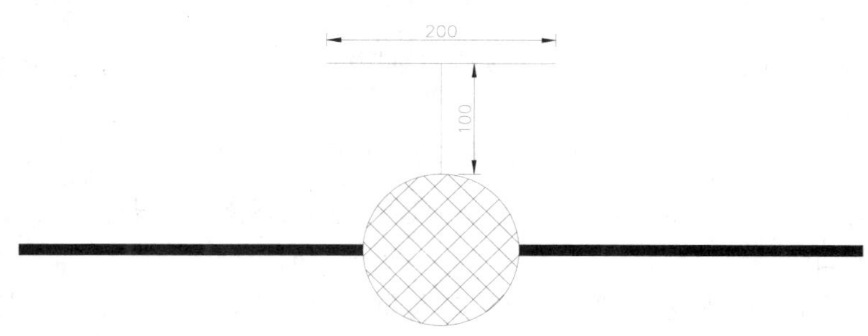

图 2-67　绘制直线

步骤 06 执行“多行文字”命令（MT），设置字高为 100，在图形下侧位置进行文字标注，效果如图 2-68 所示。

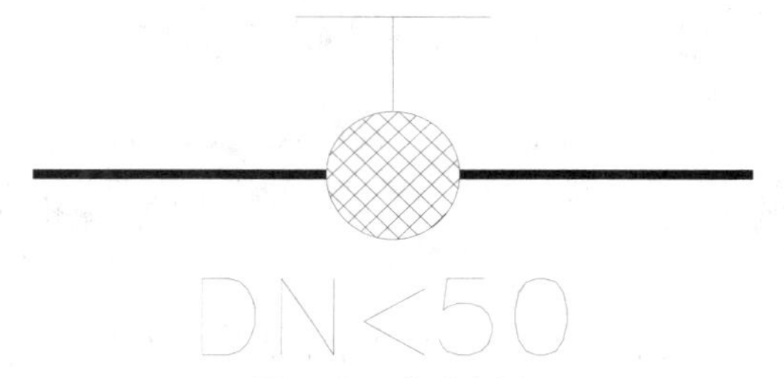

图 2-68　文字标注

步骤 07 至此，该图例已经绘制完成，按【Ctrl+S】组合键对文件进行保存。

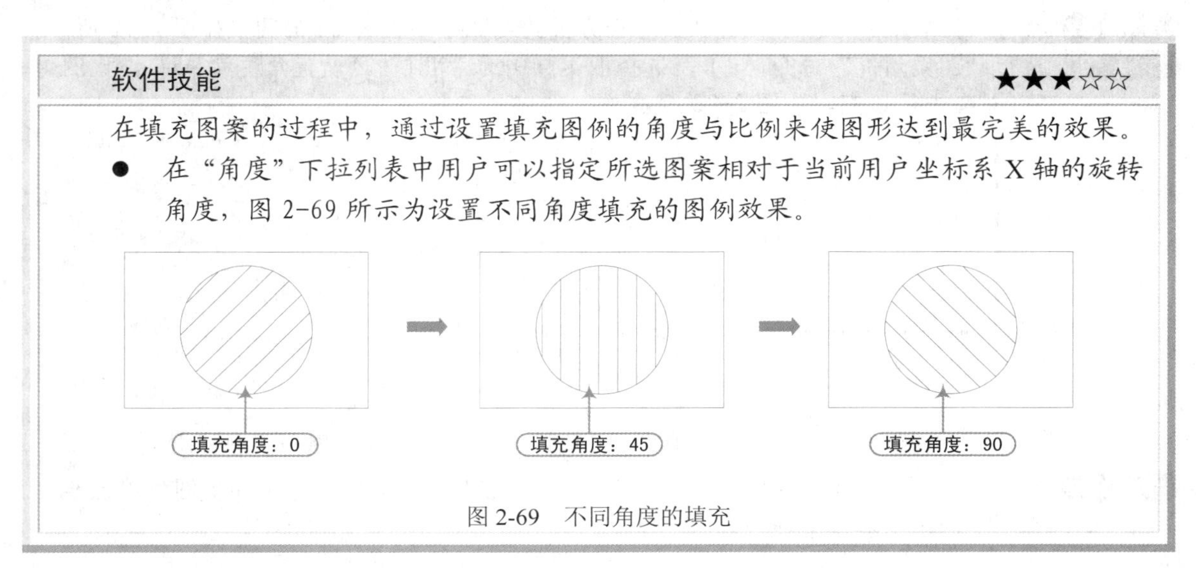

软件技能 ★★★☆☆

在填充图案的过程中，通过设置填充图例的角度与比例来使图形达到最完美的效果。

- 在“角度”下拉列表中用户可以指定所选图案相对于当前用户坐标系 X 轴的旋转角度，图 2-69 所示为设置不同角度填充的图例效果。

图 2-69　不同角度的填充

- 在“比例”下拉列表中用户可以设置剖面线图案的缩放比例系数，以使图案的外观变得更稀疏一些或者更紧密一些，从而在整个图形中显得比较协调，图 2-70 所示为设置不同比例值填充的图例效果。

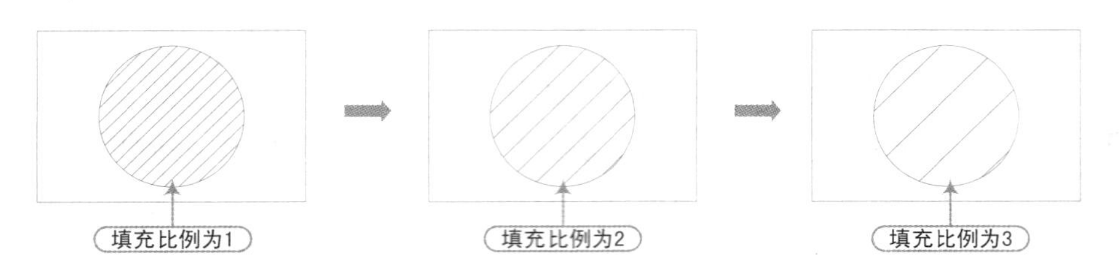

图 2-70　不同比例的填充

执行“图案填充”命令后，要填充的区域没有被填入图案，或者全部被填入白色或黑色，这是什么原因呢？

出现这些情况，都是因为“图案填充”对话框中的“比例”设置不当。要填充的区域没有被填入图案，是因为比例过大，要填充的图案被无限扩大之后，显示在需填充的局部小区域中的图案正好是一片空白，或者只能看到图案中少数的局部花纹。

反之，如果比例过小，要填充的图案被无限缩小之后，看起来就像一团色块，如果背景色是白色，则显示为黑色色块；如果背景色是黑色，则显示为白色色块，这就是前面提到的全部被填入白色或黑色的情况，在“图案填充”对话框的比例中调整适当的比例因子即可解决这个问题。

技巧：071　角阀的绘制

视频：技巧071-绘制角阀.avi
案例：角阀.dwg

技巧概述：角阀同截止阀的绘制方法和步骤大致相同，首先新建并保存一个新的 dwg 文件，再使用圆、图案填充、多段线、直线等命令来绘制角阀图例，效果如图 2-71 所示。

步骤 01 正常启动 AutoCAD 2014 软件，系统自动创建空白文件，单击“保存”按钮，将其保存为“案例\02\角阀.dwg”文件。

步骤 02 执行“圆”命令（C），以圆心、半径方式绘制一个半径为 68 的圆，如图 2-72 所示。

步骤 03 执行“图案填充”命令（H），选择图案样例为“NET”，设置角度为 45°，比例为 5，对圆进行填充，如图 2-73 所示。

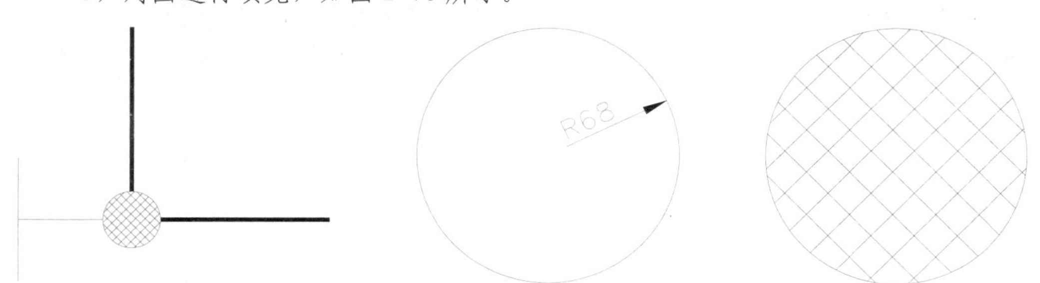

图 2-71　角阀图例　　图 2-72　绘制圆　　图 2-73　填充图案

步骤 04 执行“多段线”命令（PL），设置起点和端点宽度均为 10，分别捕捉圆象限点绘制长 400 的水平和垂直线段，如图 2-74 所示。

步骤 05 再执行“直线”命令（L），捕捉圆左象限点绘制线段，如图 2-75 所示。

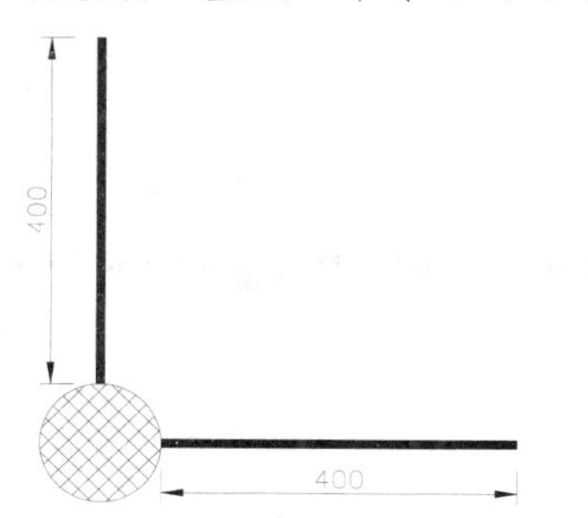

图 2-74　绘制多段线

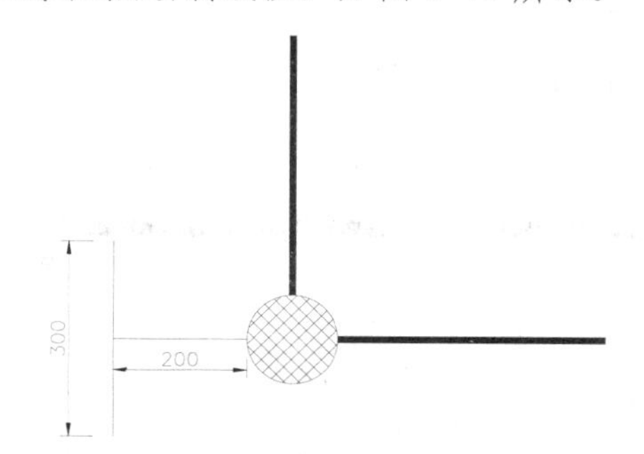

图 2-75　绘制直线

步骤 06 至此，角阀图例已经绘制完成，按【Ctrl+S】组合键对文件进行保存。

技巧：072　放水龙头的绘制

视频：技巧072-绘制放水龙头.avi
案例：放水龙头.dwg

技巧概述： 首先新建并保存一个新的 dwg 文件，再使用多段线、圆、图案填充、直线、多行文字等命令来绘制放水龙头图例，效果如图 2-76 所示。

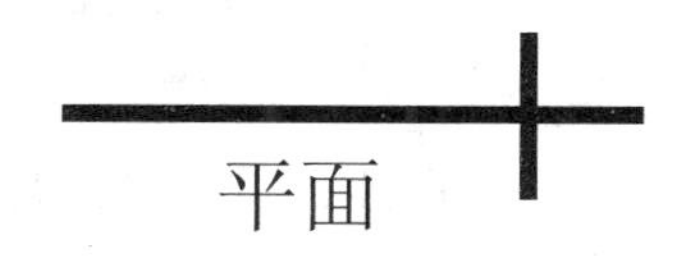

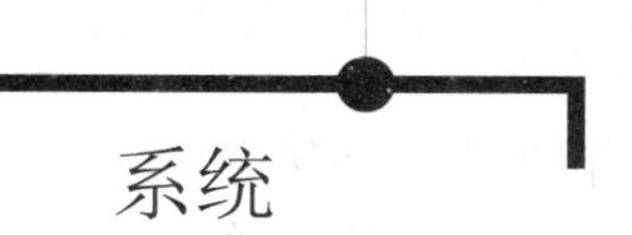

图 2-76　放水龙头图例

步骤 01 正常启动 AutoCAD 2014 软件，系统自动创建空白文件，单击“保存”按钮，将其保存为“案例\02\放水龙头.dwg”文件。

步骤 02 执行“多段线”命令（PL），设置全局宽度为 30，绘制长 1000 的水平多段线，如图 2-77 所示。

步骤 03 按空格键重复命令，在水平多段线上向上和向下分别绘制长 150 的垂直多段线，以形成“放水龙头”平面图例，如图 2-78 所示。

图 2-77　绘制多段线 1

图 2-78　绘制垂直多段线

步骤 04 绘制“放水龙头”系统图例，执行“多段线”命令（PL），在空白位置绘制连续的多段线，如图 2-79 所示。

步骤 05 执行“圆”命令（C），在水平多段线上绘制一个半径为 50 的圆，如图 2-80 所示。

图 2-79　绘制多段线 2

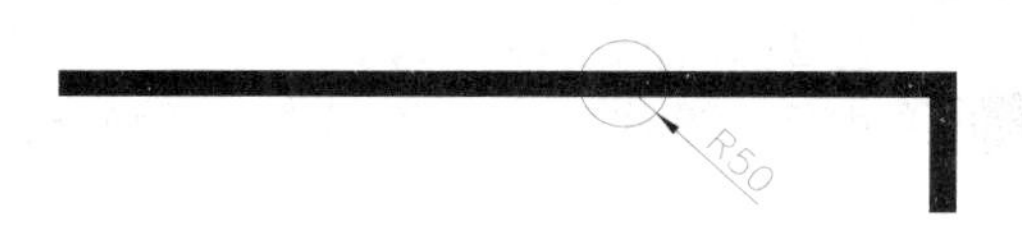

图 2-80　绘制圆

步骤 06 执行“图案填充”命令（H），选择样例图案为“SOLTD”，对圆填充黑色实心，如图 2-81 所示。

步骤 07 执行“直线”命令（L），在圆上象限点处向上绘制直线，如图 2-82 所示。

图 2-81 填充圆　　图 2-82 绘制直线

步骤 08 执行“多行文字”命令（MT），选择字体为“宋体”，字高为 100，在图形相应位置进行文字标注，效果如图 2-83 所示。

步骤 09 至此，放水龙头图例已经绘制完成，按【Ctrl+S】组合键对文件进行保存。

图 2-83 文字标注

技巧：073 脚踏开关的绘制

视频：技巧073-绘制脚踏开关.avi
案例：脚踏开关.dwg

技巧概述：首先新建并保存一个新的 dwg 文件，再使用多段线、圆、图案填充、直线、矩形和移动等命令来绘制脚踏开关图例，效果如图 2-84 所示。

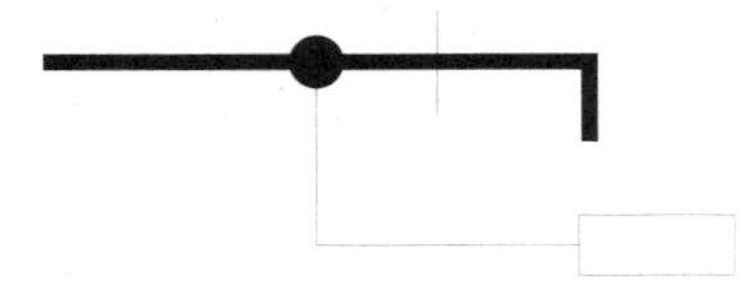

图 2-84 “脚踏开关”图例

步骤 01 正常启动 AutoCAD 2014 软件，系统自动创建空白文件，单击“保存”按钮，将其保存为“案例\02\脚踏开关.dwg”文件。

步骤 02 执行“多段线”命令（PL），设置全局宽度为 30，绘制多段线如图 2-85 所示。

步骤 03 执行“圆”命令（C），以水平多段线中点为圆心绘制一个半径为 50 的圆，如图 2-86 所示。

图 2-85 绘制多段线　　图 2-86 绘制圆

步骤 04 执行“图案填充”命令（H），选择样例图案为“SOLTD”，对圆填充黑色实心，如图 2-87 所示。

步骤 05 执行“直线”命令（L），绘制直线如图 2-88 所示。

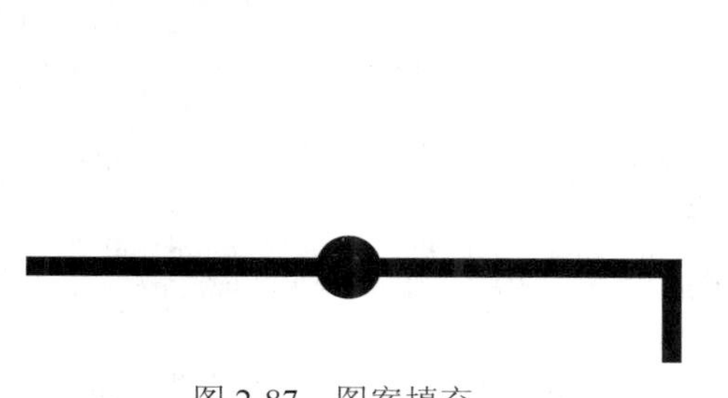

图 2-87　图案填充

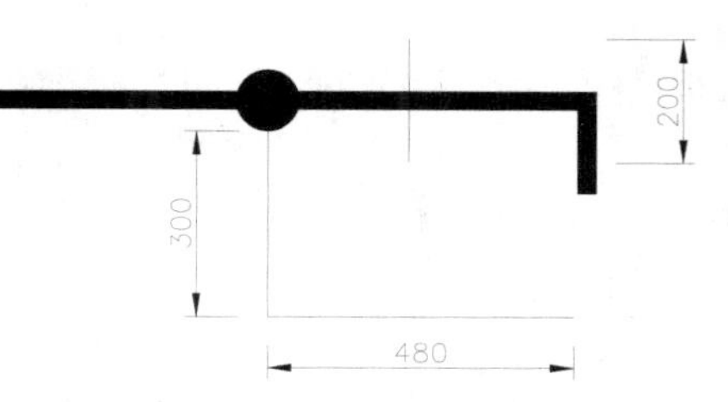

图 2-88　绘制直线

步骤 06 执行“矩形”命令（REC），在空白位置单击以指定矩形的第一个角点，然后提示“指定另一个角点：”，动态输入第一个数为 285，再按 Tab 键跳到第二个输入框，输入 115，再按空格键以确定一个 285×115 的矩形，如图 2-89、2-90 所示。

```
命令：RECTANG                                                    \\ 执行“矩形”命令
指定第一个角点或 [倒角（C）/标高（E）/圆角（F）/厚度（T）/宽度（W）]：   \\ 单击任意一点
指定另一个角点或 [面积（A）/尺寸（D）/旋转（R）]：@285,115   \\ 动态输入相对坐标值
```

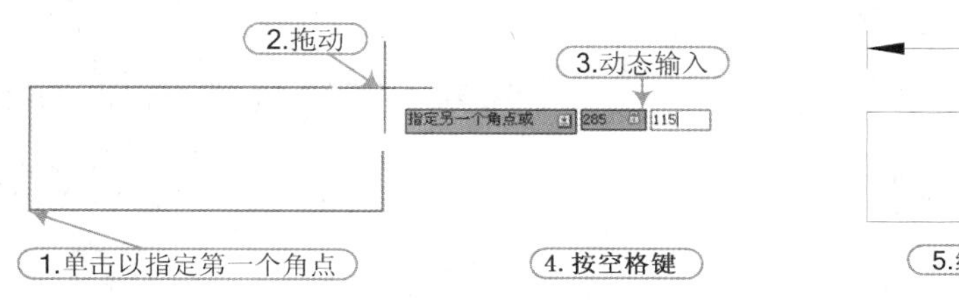

图 2-89　绘制矩形

285
115
5.绘制的矩形

图 2-90　绘制完成效果

软件技能 ★★★★★

使用“矩形（REC）”命令，可以通过指定两个对角点的方式绘制矩形，第二个角点的点坐标位置（如@285,115）是相对于第一角点来计算距离的，符号“@”为相对坐标的标志。读者在绘图前首先要重点去了解坐标系的相关知识。

1. 绝对坐标与相对坐标

- 绝对坐标值是基于原点（0,0）的。在已知点坐标精确的 X 和 Y 值时，可使用绝对坐标。例如，坐标（3,4）指定一点，此点在 X 轴方向距离原点 3 个单位，在 Y 轴方向距离原点 4 个单位。又如，要绘制图 2-91 所示的起点绝对坐标为（-2,1），端点绝对坐标为（3,4）的直线，可按照如下命令行进行输入。

```
命令：LINE                                  \\ 执行“直线”命令
指定第一个点：-2，1                         \\ 确定起点
指定下一点或 [放弃（U）]：3，4              \\ 确定下一点
指定下一点或 [放弃（U）]：                  \\ 按 Enter 键结束
```

- 相对坐标值是基于上一输入点的。如果知道某点与前一点的位置关系，可以使用相对坐标。要指定相对坐标，必须在坐标前面添加一个 @ 符号。例如，坐标（@3,4）指定的点在 X 轴方向上距离上一指定点 3 个单位，在 Y 轴方向上距离上一指定点 4 个单位。又如，以相对坐标来绘制同样的图 2-92 所示的直线，可按照如下命令提示进行操作。

```
命令：LINE                                  \\ 执行“直线”命令
```

指定第一个点：-2，1　　　　\\ 确定起点

指定下一点或［放弃（U）］:@5，3　　　　\\ 确定下一点（X 方向距离上一点 5 个单位，Y 方向距离上一点 3 个单位）

指定下一点或［放弃（U）］:　　　　\\ 按 Enter 键结束

2．使用动态输入功能输入坐标值

"动态输入"是 AutoCAD 2006 的新增功能，可以在光标附近显示工具栏提示信息，使用户专注于绘图区域，而且动态输入默认使用相对坐标，即在输入相对坐标时，不必再输入@。但在输入绝对坐标时要输入#。指针输入时有两个数据框（默认不显示），直接输入数值出现在第一个框中；再按","或"<"会到第二个框中，按 Tab 键会在两个框中切换。

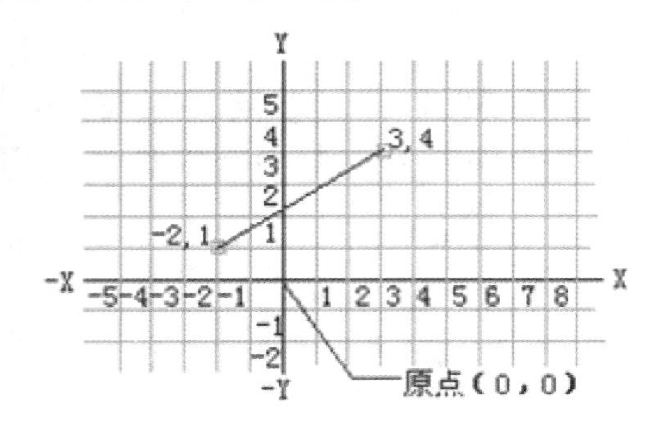

图 2-91　绝对坐标绘图

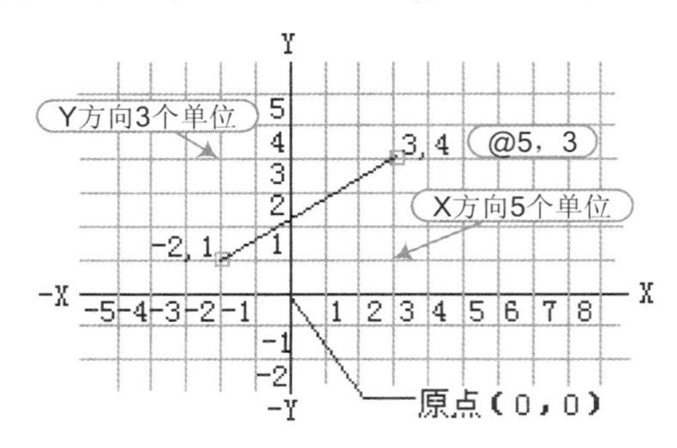

图 2-92　相对坐标绘图

步骤 07 执行"移动"命令（M），选择矩形对象，指定矩形左垂直边中点为移动基点，然后移动鼠标捕捉到前面图形线段端点并单击以进行移动，如图 2-93 所示。

命令：MOVE　　　　\\ 执行"移动"命令

选择对象：找到 1 个　　　　\\ 选择需要移动的矩形对象

选择对象：　　　　\\ 按空格键确认选择

指定基点或［位移（D）］<位移>:　　　　\\ 单击左侧边中点为移动基点

指定第二个点或 <使用第一个点作为位移>:　　　　\\ 单击线段端点为移动到的目标点

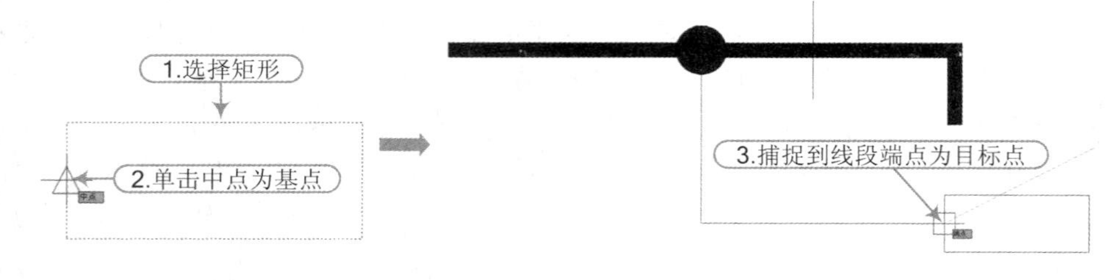

图 2-93　移动矩形

步骤 08 至此，脚踏开关图例已经绘制完成，按【Ctrl+S】组合键对文件进行保存。

技巧提示　★★★★☆

移动命令用于将选定的图形对象从当前位置平移到另一个新的指定位置，而不改变对象的大小和方向。

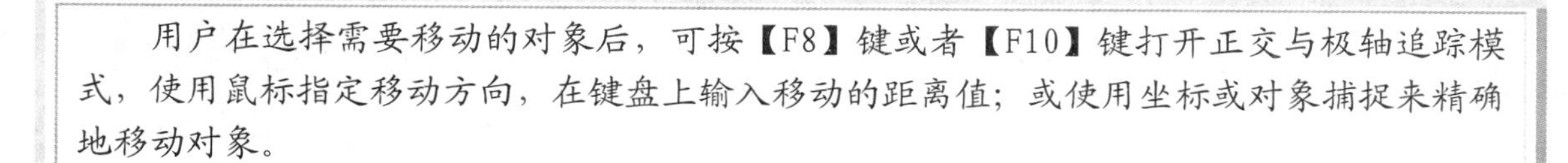

用户在选择需要移动的对象后，可按【F8】键或者【F10】键打开正交与极轴追踪模式，使用鼠标指定移动方向，在键盘上输入移动的距离值；或使用坐标或对象捕捉来精确地移动对象。

技巧：074 室内消火栓的绘制

视频：技巧074-绘制室内消火栓.avi
案例：室内消火栓.dwg

技巧概述：首先新建并保存一个新的 dwg 文件，再使用矩形、圆、直线、旋转、图案填充、多行文字等命令来绘制室内消火栓图例，效果如图 2-94 所示。

单口平面

单口系统

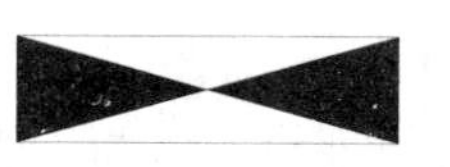
双口平面

双口系统

图 2-94 室内消火栓图例

步骤 01 正常启动 AutoCAD 2014 软件，系统自动创建空白文件，单击“保存”按钮，将其保存为“案例\02\室内消火栓.dwg”文件。

步骤 02 绘制“单口消火栓”图例，执行“矩形”命令（REC），在绘图区指定第一个角点，然后根据如下命令提示选择“尺寸（D）”选项，再输入矩形的长度为 650，宽度为 200，然后单击，以确定一个 650×200 的矩形，如图 2-95 所示。

```
命令: RECTANG                                              \\ 执行“矩形”命令
指定第一个角点或 [倒角(C)/标高(E)/圆角(F)/厚度(T)/宽度(W)]:    \\ 指定第一角点
指定另一个角点或 [面积(A)/尺寸(D)/旋转(R)]: d                 \\ 选择“尺寸(D)”选项
指定矩形的长度: 650                                          \\ 输入矩形长度
指定矩形的宽度: 200                                          \\ 输入矩形宽度
指定另一个角点或 [面积(A)/尺寸(D)/旋转(R)]:                   \\ 单击以确定矩形位置（上下左右）
```

技巧提示 ★★★☆☆

这里又学习了使用矩形命令中的“尺寸(D)”选项，输入矩形长、宽值来绘制一个矩形。

步骤 03 执行“直线”命令（L），连接矩形的对角点以绘制一条斜线，如图 2-95 所示。

图 2-95 绘制矩形

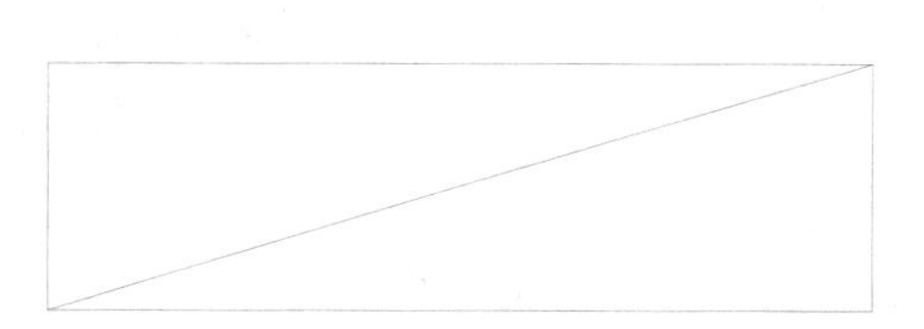

图 2-96 绘制斜线

步骤 04 执行“圆”命令（C），绘制半径为 131 的圆，如图 2-97 所示。

步骤 05 执行“直线”命令（L），捕捉上、下象限点绘制垂直线段，如图 2-98 所示。

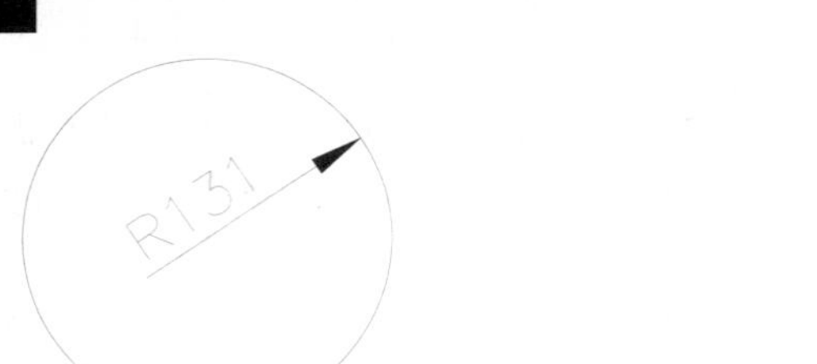

图 2-97　绘制圆　　　　图 2-98　绘制垂直线段

步骤 06 执行“旋转”命令（RO），选择垂直线段，根据如下命令提示，指定圆心为旋转的基点，再输入角度为 45，按空格键以将线段旋转 45°，如图 2-99 所示。

```
命令: _rotate                                              \\ 执行“旋转”命令
UCS 当前的正角方向: ANGDIR=逆时针  ANGBASE=0
选择对象:找到 1 个                                          \\ 选择要旋转的垂直线段
选择对象:                                                   \\ 按 Enter 键结束选择
指定基点:                                                   \\ 单击圆心点为基点
指定旋转角度, 或 [复制 (C) /参照 (R) ] <0>:  45             \\ 输入旋转角度 45
```

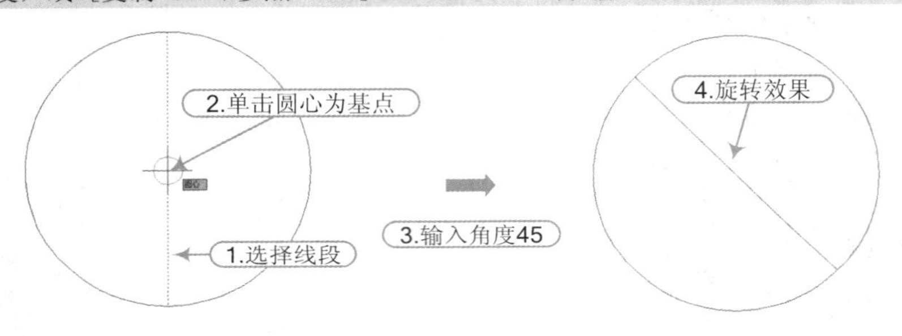

图 2-99　旋转线段

技巧提示 ★★★★☆

旋转命令用于将选定的图形对象围绕一个指定的基点进行旋转，该命令不会改变对象的整体尺寸大小。

在旋转操作中，根据命令提示选择“复制（C）”选项时，可以将选择的对象进行复制性的旋转，即保持原有对象的角度，再复制生成另一具有旋转角度的对象，如图 2-100 所示。

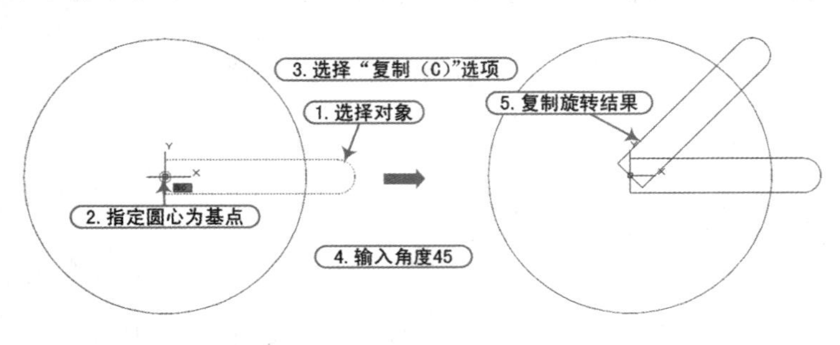

图 2-100　复制旋转操作

步骤 07 执行“图案填充”命令（H），选择样例为“SOLTD”，在图形相应部分位置单击拾取，以进行填充，如图 2-101 所示。

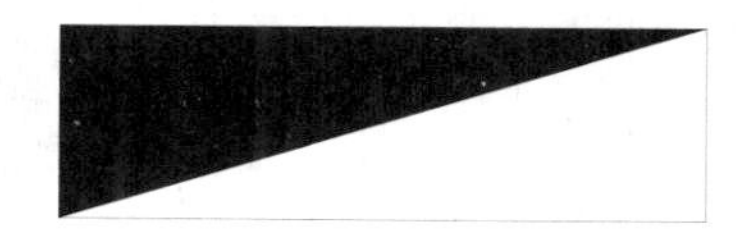
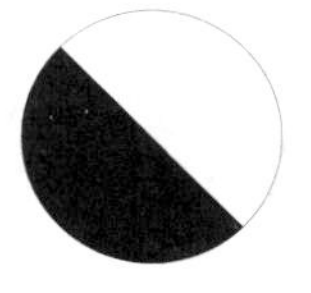

图 2-101　填充图案

步骤 08 绘制“双口消火栓”图例。根据同样的方法，执行“矩形”命令（REC），绘制 700×200 的矩形；再执行“直线”命令（L），连接矩形的对角点以绘制斜线，如图 2-102 所示。

步骤 09 再执行“圆”命令（C），绘制半径为 131 的圆；再执行“直线”命令（L），捕捉象限点绘制水平和垂直的线段；再执行“旋转”命令（RO），选择两条线段，指定圆心为旋转基点，输入 45，以将两线段同时旋转 45°，如图 2-103 所示。

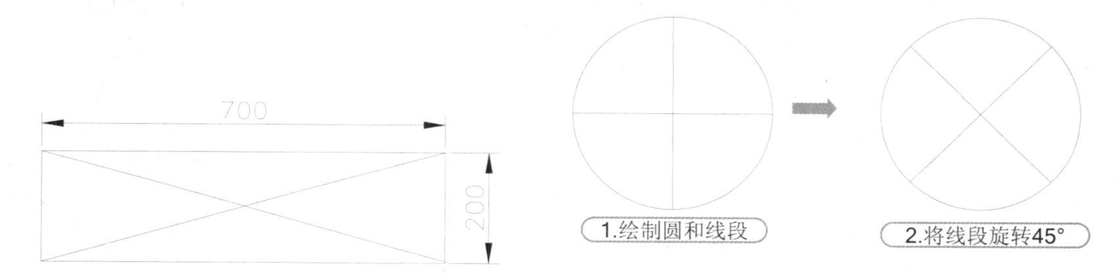

图 2-102　绘制矩形和斜线　　图 2-103　绘制圆和斜线

步骤 10 执行“图案填充”命令（H），对双口消火栓进行填充，效果如图 2-104 所示。

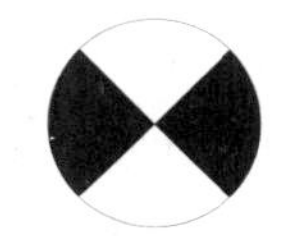

图 2-104　填充图案

步骤 11 执行“多行文字”命令（MT），选择字体为“宋体”，字高为 100，在图形相应位置进行文字标注，如图 2-105 所示。

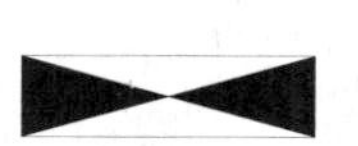

图 2-105　标注文字

步骤 12 至此，室内消火栓图例已经绘制完成，按【Ctrl+S】组合键对文件进行保存。

技巧：075　马桶的绘制

视频：技巧075-绘制马桶.avi
案例：马桶.dwg

技巧概述：首先新建并保存一个新的 dwg 文件，再使用直线、椭圆弧、圆弧、矩形、修剪、圆、圆角、移动等命令来绘制马桶图例，效果如图 2-106 所示。

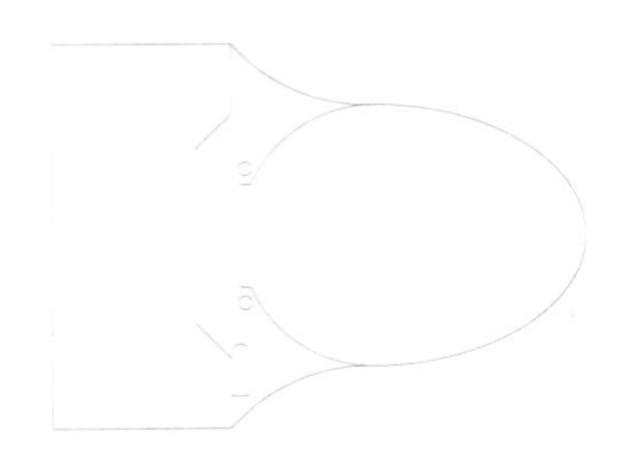

图 2-106　马桶图例

步骤 01 正常启动 AutoCAD 2014 软件，系统自动创建空白文件，在“快速访问”工具栏中，单击“保存”按钮，将其保存为“马桶.dwg”文件。

步骤 02 按下【F8】和【F12】键，将正交与动态输入模式启动。

步骤 03 接下来直接输入长度来绘制直线。执行“直线”命令（L），鼠标指定起点，向左拖动输入 254，按空格键确定第一条直线，再转向上输入 559 确定第二条直线，再转向右输入 254，按空格键绘制第三条线段，继续向下拖动并输入长度为 102，按空格键确定第四条直线，鼠标向下拖动此时在第一个动态框输入 72，按 Tab 键切换到第二个框输入 45，按空格键确定斜线的绘制，如图 2-107 所示。

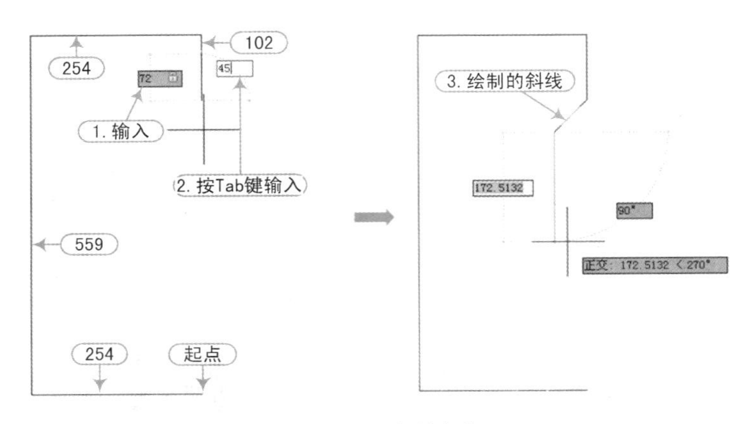

图 2-107　绘制直线

步骤 04 鼠标继续向下拖动输入 254，按空格键绘制直线，此时在动态框输入 72，按 Tab 键切换到第二个框输入-45，确定另一条斜线，最后输入 C，闭合完成封闭直线的绘制，如图 2-108 所示，其命令执行方式如下。

```
命令：LINE
指定第一个点:                                        \\ 鼠标任意单击起点
指定下一点或 [放弃（U）]: @-254, 0                    \\ 输入下一点相对坐标按 Enter 键
指定下一点或 [放弃（U）]: @0, 559                     \\ 输入下一点相对坐标按 Enter 键
指定下一点或 [闭合（C）/放弃（U）]:@254, 0            \\ 输入下一点相对坐标按 Enter 键
指定下一点或 [闭合（C）/放弃（U）]:@0, -102           \\ 输入下一点相对坐标按 Enter 键
指定下一点或 [闭合（C）/放弃（U）]: @-72<45           \\ 输入下一点相对坐标按 Enter 键
指定下一点或 [放弃（U）]: @0, -254                    \\ 输入下一点相对坐标按 Enter 键
指定下一点或 [闭合（C）/放弃（U）]:@72<-45            \\ 输入下一点相对坐标按 Enter 键
指定下一点或 [闭合（C）/放弃（U）]: c                 \\ 选择“闭合（C）”选项
```

步骤 05 在“绘图”面板中单击“椭圆弧”按钮，在绘图区任意位置单击确定第一轴端点，鼠标向右拖动并输入长度 600，确定另一轴端点，再输入 190 确定另一条半轴长度，提示“指定起点角度或[参数（P）]:”，输入起始角度为 90，再输入终止角度为-90，确定椭圆弧的绘制如图 2-109 所示。

```
命令: _ellipse                                        \\ 执行“椭圆弧”命令
指定椭圆的轴端点或 [圆弧（A）/中心点（C）]: _a
指定椭圆弧的轴端点或 [中心点（C）]:                    \\ 指定任意一点
指定轴的另一个端点:                                    \\ 输入 600
指定另一条半轴长度或 [旋转（R）]:                      \\ 输入 190
指定起点角度或 [参数（P）]: 90                         \\ 输入 90（以轴端点旋转）
指定端点角度或 [参数（P）/包含角度（I）]: -90           \\ 输入-90（以轴端点旋转）
```

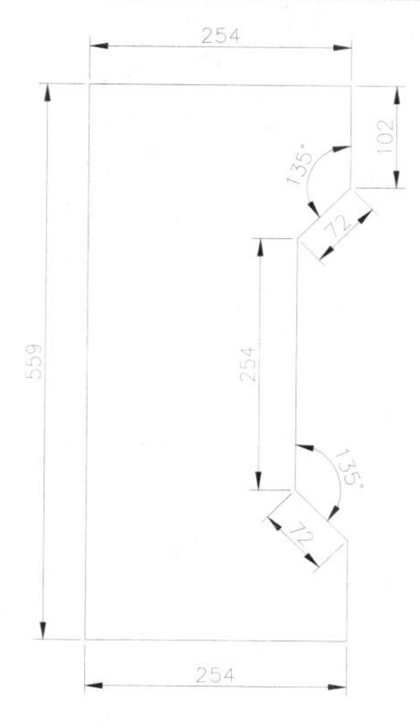

图 2-108　绘制的直线

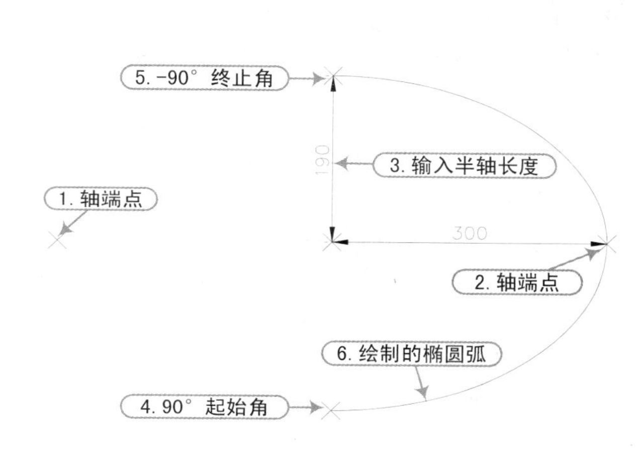

图 2-109　绘制椭圆弧

专业技能 ★★★★★

在使用直线绘制马桶盖时，绘制的斜线是采用相对极坐标的输入方法。

极坐标系是由一个极点和一个极轴构成的，极轴的方向为水平向右。平面上任何一点 *P* 都可以由该点到极点的连线长度 *L*（>0）和连线与极轴的交角 *a*（极角，逆时针方向为正）所定义，即用一对坐标值（*L*<*a*）来定义一个点，其中“<”表示角度。例如，某点的极坐标为（5<30）。默认情况下，角度的正方向为逆时针方向，若要按顺时针方向移动，就必须输入负的角度值。例如，输入“2<245”与输入“2<-115”效果相同。

极坐标也可分为绝对极坐标和相对极坐标。要指定相对极坐标，可在坐标前面添加一个 @ 符号。

- 极坐标是通过相对于极点的距离和角度来定义的，其格式为距离 < 角度。绝对极坐标以原点为极点。如输入“10<20”，表示距原点 10，方向 20°的点。

例如，以原点为起点，用绝对极坐标绘制两条直线，其命令行提示如下，绘制效果如图 2-110 所示。

```
命令：LINE                                    \\ 执行“直线”命令
指定第一个点：0,0                             \\ 确定起点
指定下一点或［放弃(U)］：4<120                \\ 确定下一点
指定下一点或［放弃(U)］：5<30                 \\ 确定下一点
指定下一点或［放弃(U)］：                     \\ 按 Enter 键结束
```

- 相对极坐标是以上一个操作点为极点，其格式为@距离 < 角度。如输入“@10<20”，表示该点距上一点的距离为 10，和上一点的连线与 X 轴成 20° 。

例如，以原点为起点，用相对极坐标绘制两条直线，其命令行提示如下，绘制效果如图 2-111 所示。

```
命令：LINE                                    \\ 执行“直线”命令
指定第一个点：0,0                             \\ 确定起点
指定下一点或［放弃(U)］：@3<45                \\ 确定下一点
指定下一点或［放弃(U)］：@5<285               \\ 确定下一点
指定下一点或［放弃(U)］：                     \\ 按 Enter 键结束
```

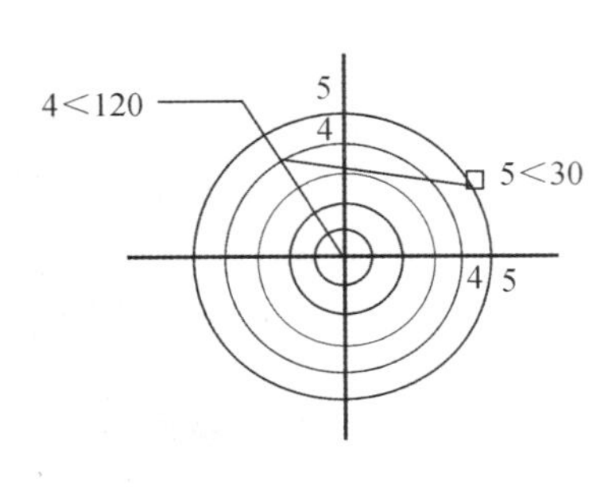

图 2-110　绝对极坐标

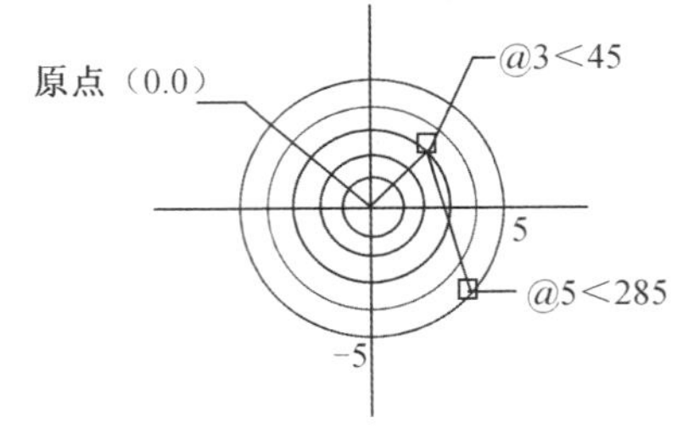

图 2-111　相对极坐标

而“动态输入”方法绘制直线时，不需要输入@符号就可以完成相对极坐标的输入。指定了直线的起点后，动态指针输入时有两个数据框，直接输入长度数值会出现在第一个框中；按 Tab 键切换到第二个框再输入角度值，按如图 2-112 所示即可绘制一条线段。命令行相对应显示“@50<0”。0 表示没有角度，即绘制水平线。

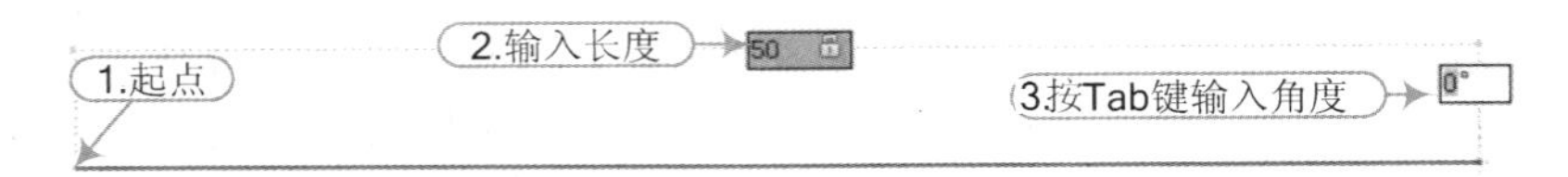

图 2-112　动态输入相对极轴坐标

步骤 06 在“绘图”面板的“圆弧”下拉菜单中，选择“起点、圆心、端点”选项，依次捕捉上步椭圆弧的端点、圆心、端点来绘制出一段圆弧，如图 2-113 所示。

```
命令：_arc
圆弧创建方向：逆时针（按住 Ctrl 键可切换方向）。
指定圆弧的起点或［圆心(C)］：                                  \\ 指定起点
指定圆弧的第二个点或［圆心(C)/端点(E)］：_c 指定圆弧的圆心：   \\ 指定圆心点
指定圆弧的端点或［角度(A)/弦长(L)］：                          \\ 指定端点
```

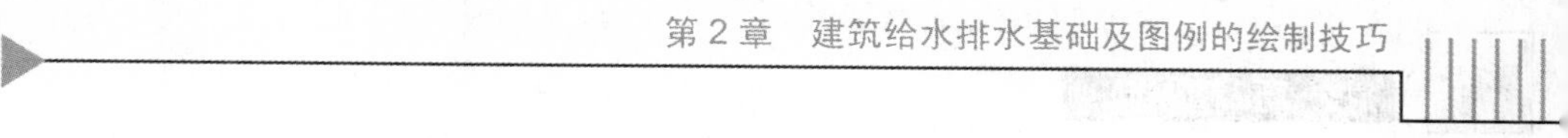

步骤07 执行“移动”命令（M），选择绘制的椭圆弧和圆弧，按空格键确定后，提示“指定基点或 [位移（D）] <位移>:”时，捕捉圆弧的象限点为移动基点，继续提示“指定第二个点或 <使用第一个点作为位移>:”时，捕捉到直线图形的中点单击，使图形重合在一起，如图2-114所示。

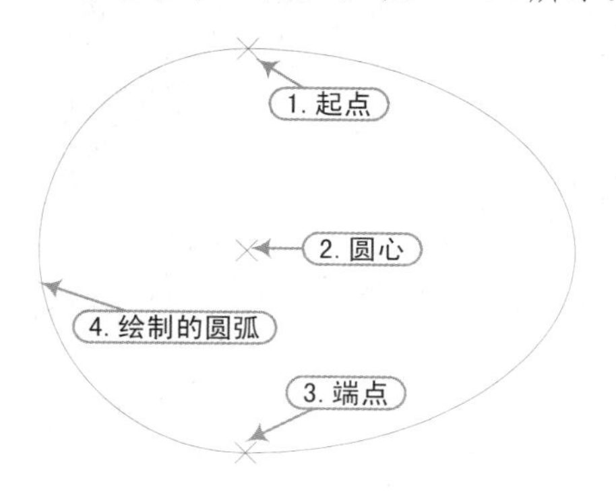

图2-113 绘制圆弧

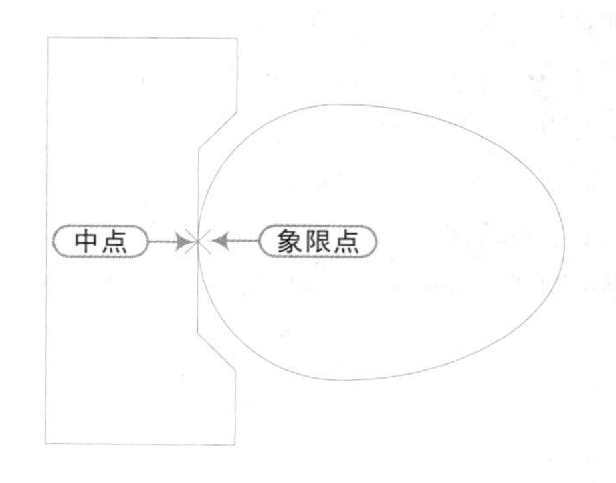

图2-114 移动对齐

软件技能 ★★★★☆

圆弧顾名思义为圆的一部分，是构成图形的一个最基本的图元，在实际绘图中有着圆所不能及的作用。AutoCAD提供了11种绘制圆弧的方式，这些方式都在“绘图”菜单下的“圆弧”选项中，用户可以根据不同的条件选择不同的方式来绘制圆弧。其执行方式如下：

- 执行“绘图 | 圆弧”子菜单下的相关命令，如图2-115所示。
- 在“绘图”面板中单击“圆弧”按钮，如图2-116所示。
- 在命令行中输入或动态输入“arc”（快捷键为A）。

起点、圆心、端点（S）：指定圆弧的起点、圆心和端点来绘制。给出起点和圆心后，圆弧的半径就确定了，圆弧的端点决定了弧长。

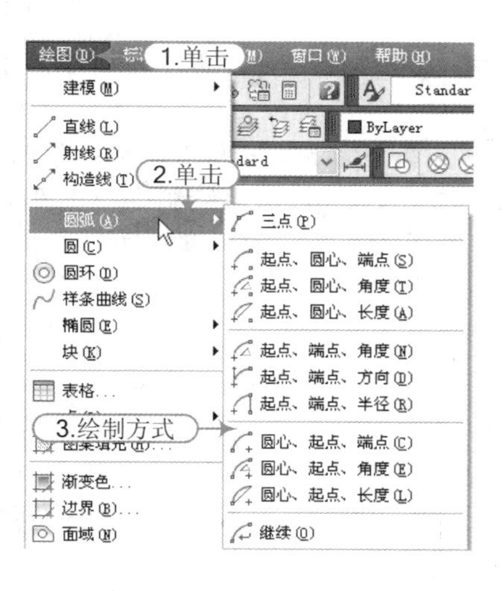

图2-115 菜单命令

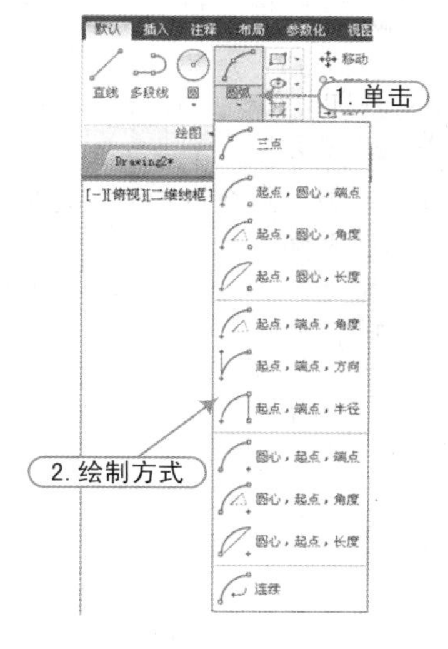

图2-116 面板命令

步骤08 再重复“移动”命令，同样选择椭圆弧和圆弧对象，在正交状态下，水平向右拖动

鼠标且输入 63，按空格键，使图形之间的距离为 63，如图 2-117 所示。

步骤 09 在“绘图”面板的“圆弧”下拉菜单中，选择“起点、端点、半径”选项，依次捕捉直角线段端点和圆弧端点，再输入半径值 250，从而绘制一条圆弧，如图 2-118 所示。

```
命令: _arc
圆弧创建方向: 逆时针（按住 Ctrl 键可切换方向）。
指定圆弧的起点或 [圆心（C）]:                                  \\ 指定起点
指定圆弧的第二个点或 [圆心（C）/端点（E）]: _e
指定圆弧的端点:                                                \\ 指定端点
指定圆弧的圆心或 [角度（A）/方向（D）/半径（R）]: _r 指定圆弧的半径: 250      \\ 输入半径
```

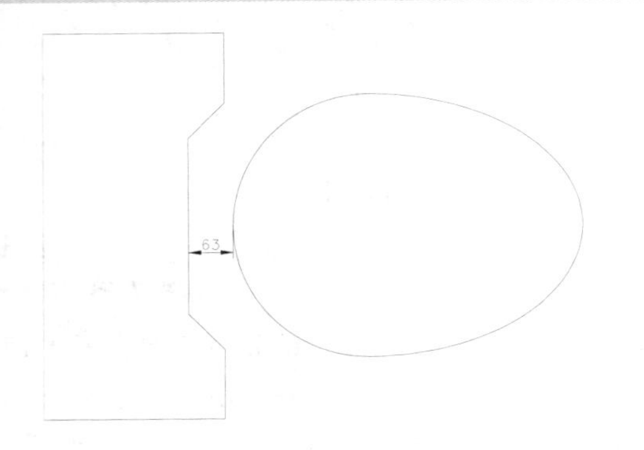

图 2-117　绘制的直线

图 2-118　绘制椭圆弧

技巧提示 ★★★☆☆

绘制的圆弧是遵循逆时针旋转的，此时选择起点、端点的顺序不同，绘制的圆弧凹凸形状也有所不同。

步骤 10 根据同样的方法，捕捉起点、端点，输入半径值 250，在下侧绘制一段圆弧，如图 2-119 所示。

步骤 11 执行“矩形”命令（REC），鼠标在绘图区单击确定第一角点，在提示输入第二角点时，在动态输入框内输入 30，再按 Tab 键输入 150，从而绘制 30×150 的直角矩形。

步骤 12 执行“移动”命令（M），将矩形以垂直中点为基点，移动重合到圆弧的象限点，如图 2-120 所示。

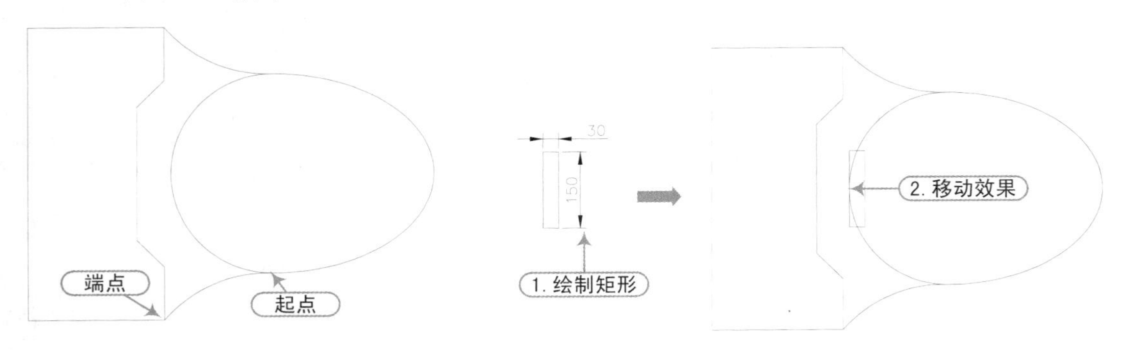

图 2-119　绘制圆弧　　　　图 2-120　移动矩形

步骤 13 执行“修剪”命令（TR），按空格键两次，按照图 2-121 所示的最终效果，在被修剪掉的线条上单击，来完成修剪操作。

步骤 14 执行“圆”命令（C），在合适位置绘制两个半径为 10 的圆，如图 2-122 所示。

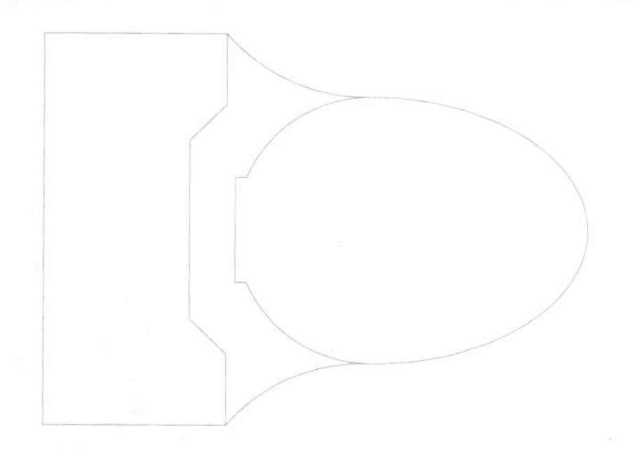

图 2-121　修剪操作

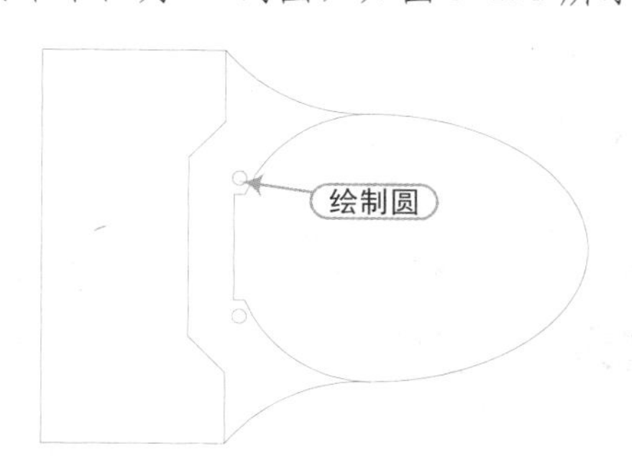

图 2-122　绘制圆

步骤 15 执行“矩形”命令（REC），在绘图区绘制一个 25×75 的直角矩形。

步骤 16 单击“修改”面板中的“圆角”按钮，命令行提示“选择第一个对象或 [放弃（U）/多段线（P）/半径（R）/修剪（T）/多个（M）]:”时，选择“半径（R）”选项，输入半径为 12.5，提示“选择第一个对象”时，选择矩形左垂直线段，然后选择矩形上侧水平线段，从而将矩形进行半径为 12.5 的圆角操作。

步骤 17 按空格键，系统自动继承上一操作，并保持上一步骤默认的圆角值，提示“选择第一个对象”时，选择右侧垂直线段，提示“选择第二个对象”时，选择上侧水平线段进行圆角，结果如图 2-123 所示。

步骤 18 执行“移动”命令（M），将上一步绘制的圆角矩形移动到前面图形相应位置，如图 2-124 所示。

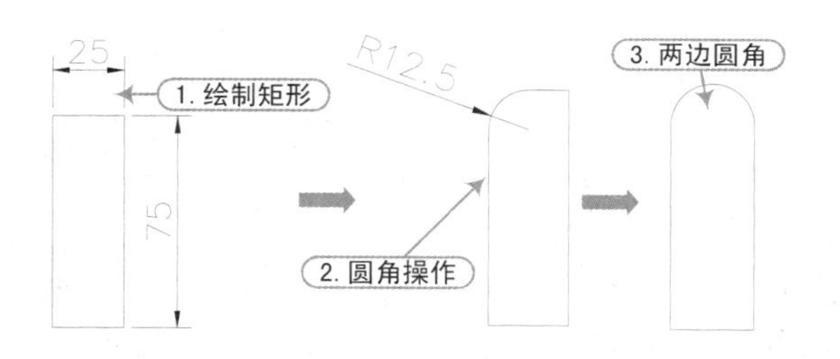

图 2-123　圆角操作

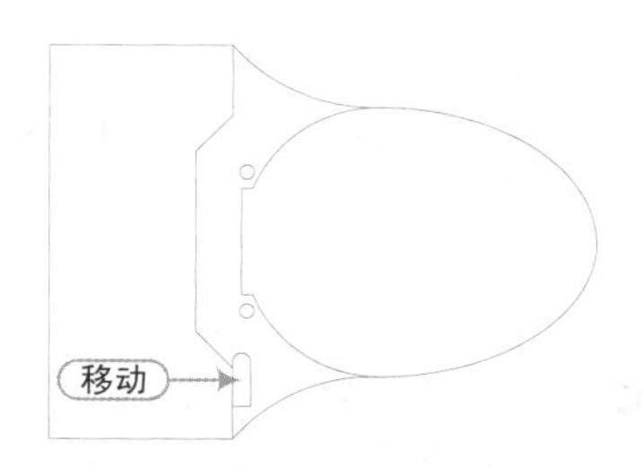

图 2-124　移动图形

步骤 19 至此，马桶已经绘制完成，按【Ctrl+S】组合键进行保存。

技巧：076　洗脸盆的绘制

视频：技巧076-绘制洗脸盆.avi
案例：洗脸盆.dwg

技巧概述： 首先新建并保存一个新的 dwg 文件，再使用矩形、圆角、分解、偏移、修剪、圆等命令来绘制洗脸盆图例，效果如图 2-125 所示。

步骤 01 正常启动 AutoCAD 2014 软件，系统自动创建空白文件，单击“保存”按钮，将其保存为“案例\02\洗脸盆.dwg”文件。

步骤 02 执行“矩形”命令（REC），在空白位置绘制一个 560×429 的矩形，如图 2-126 所示。

步骤 03 执行“圆角”命令（F），设置圆角半径为 56，对下面的两直角进行圆角处理，如图 2-127 所示。

图2-125　洗脸盆图例　　图2-126　绘制矩形　　图2-127　圆角操作

步骤04 执行“分解”命令（X），将矩形多段线整体分解成为各个单独的图元。

> **技巧提示** ★★★☆☆
>
> 使用“分解”命令，可以将多个组合实体分解为单独的图元对象，组合对象即由多个基本对象组合而成的复杂对象，如多段线、多线、标注、块、面域、网格、多边形网格、三维网格及三维实体等，外部参照作为整体不能被分解。
>
> 执行“分解”命令后，AutoCAD提示选择操作对象，用鼠标选择方式中的任意一种方法选择操作对象，然后按空格键确定即可。分解后的图形在外观上不会有明显变化，只有在选中图形时观看其夹点来判断是否被分解。例如，使用“分解”命令将圆角矩形分解，分解前选中矩形为一个整体，分解后单独选择圆弧，对比效果如图2-128所示。

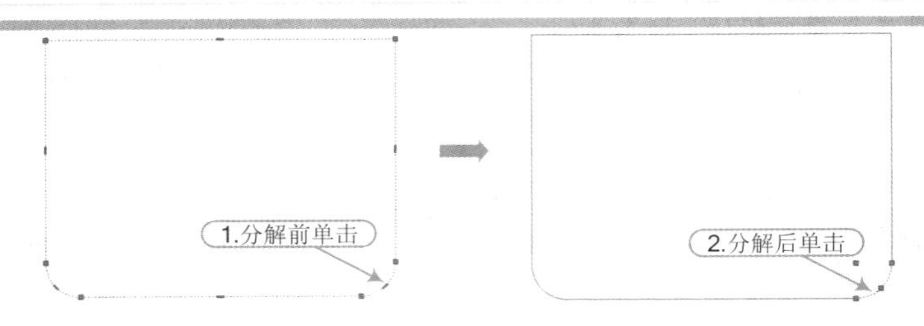

图2-128　分解前后选择图形对照

步骤05 执行“偏移”命令（O），输入偏移的距离为29，再选择矩形的各条边，再向内指引并单击偏移方向，以将矩形各边向内偏移29，如图2-129所示。

```
命令：OFFSET                                                        \\ 执行“偏移”命令
当前设置：删除源=否　图层=源　OFFSETGAPTYPE=0
指定偏移距离或［通过（T）/删除（E）/图层（L）］:29                     \\ 输入偏移距离
选择要偏移的对象，或［退出（E）/放弃（U）］<退出>:                     \\ 选择矩形边
指定要偏移的那一侧上的点，或［退出（E）/多个（M）/放弃（U）］:          \\ 向内指引方向并单击
选择要偏移的对象，或［退出（E）/放弃（U）］<退出>:                     \\ 按Enter键结束命令
```

2.拾取边
1.输入偏移距离29
4.偏移的边
3.单击偏移方向
5.偏移其他边效果

图2-129　偏移操作

技巧提示 ★★★★☆

在命令行提示“选择要偏移的对象”时，只能以点选的方式选择对象，并且每次只能偏移一个对象。

在使用“偏移”命令时，不同结构的对象，其偏移结果也会不同。例如，圆（弧）、椭圆（弧）、多段线、矩形、多边形等对象，偏移后产生的对象其尺寸发生了变化（放大或缩小），其弧长或轴长会发生改变，与源对象差异则很大；而直线对象偏移后，尺寸则保持不变。图 2-130 所示为不同对象的偏移。

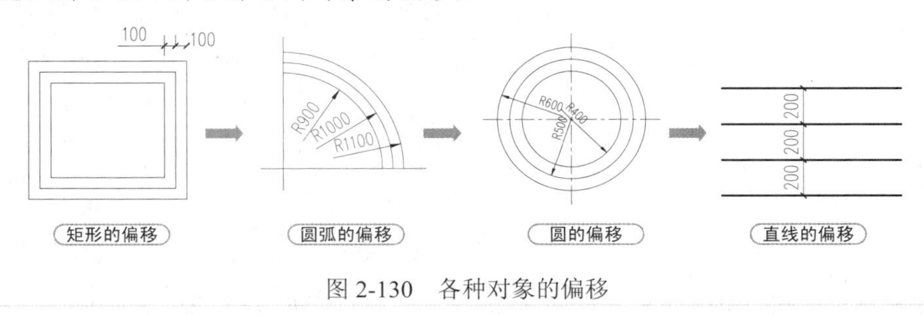

图 2-130　各种对象的偏移

步骤 06 按空格键重复“偏移”命令，将水平边继续向下偏移 186，如图 2-131 所示。

步骤 07 执行“修剪”命令（TR），修剪多余的线条，效果如图 2-132 所示。

步骤 08 执行“圆弧”命令（A），以“起点、端点、半径”方式，捕捉角点绘制半径为 354 的圆弧，如图 2-133 所示。

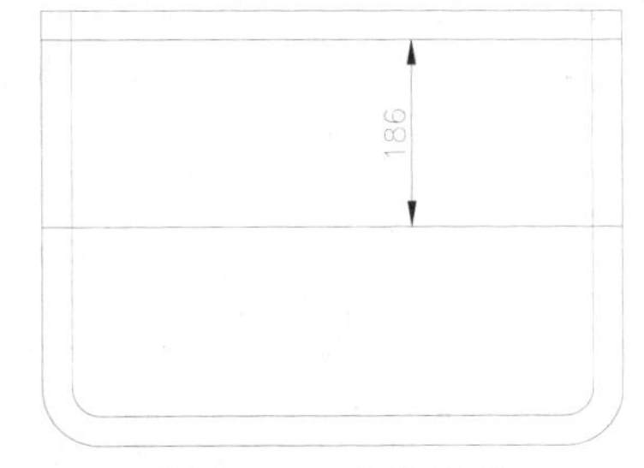

图 2-131　偏移线段

图 2-132　修剪效果

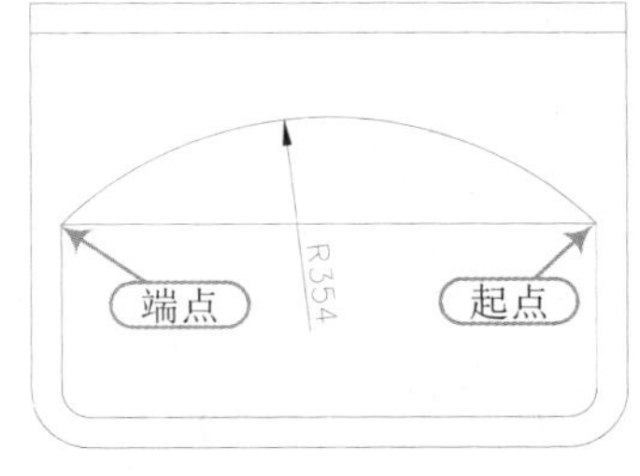

图 2-133　绘制圆弧

步骤 09 执行“删除”命令（E），将水平线段删除，如图 2-134 所示。

步骤 10 再执行“圆角”命令（F），设置圆角半径为 28，将圆弧和垂直线段平滑连接，如图 2-135 所示。

步骤 11 执行“圆”命令（C），在适当位置分别绘制半径为 25、15 和 8 的圆，如图 2-136 所示。

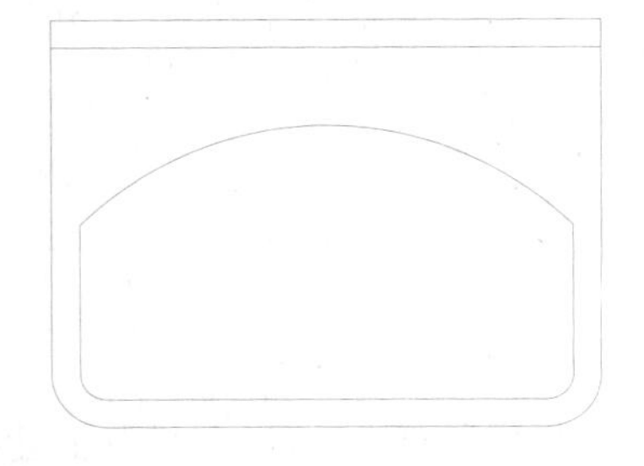

图 2-134　删除水平线

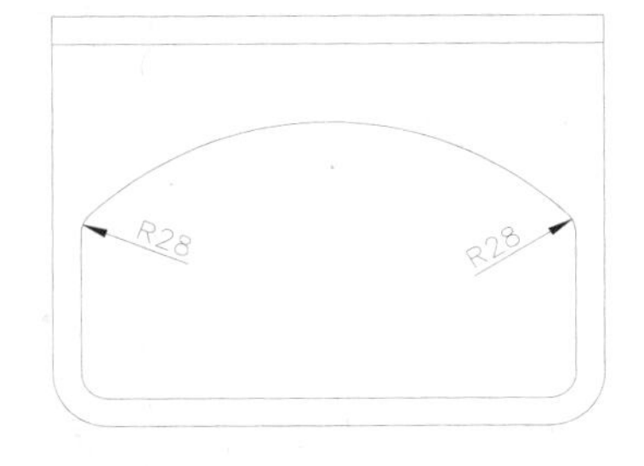

图 2-135　圆角操作

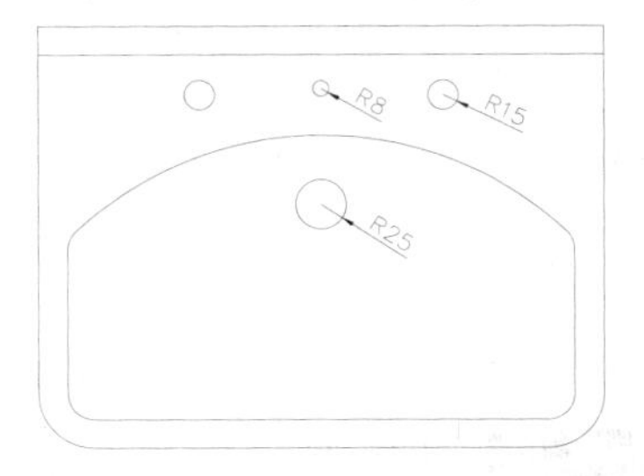

图 2-136　绘制圆

步骤 12 至此，洗脸盆图例已经绘制完成，按【Ctrl+S】组合键对文件进行保存。

技巧：077 洗菜盆的绘制

视频：技巧077-绘制洗菜盆.avi
案例：洗菜盆.dwg

技巧概述：首先新建并保存一个新的dwg文件，再使用矩形、圆角、分解、偏移、修剪、直线、旋转、圆等命令来绘制洗菜盆图例，效果如图2-137所示。

步骤 01 正常启动AutoCAD 2014软件，系统自动创建空白文件，单击“保存”按钮，将其保存为“案例\02\洗菜盆.dwg”文件。

步骤 02 执行“矩形”命令（REC），绘制一个824×549的矩形，如图2-138所示。

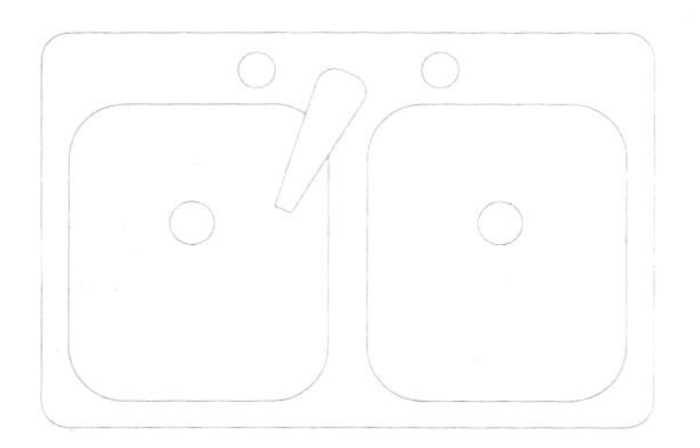
图2-137 洗菜盆图例

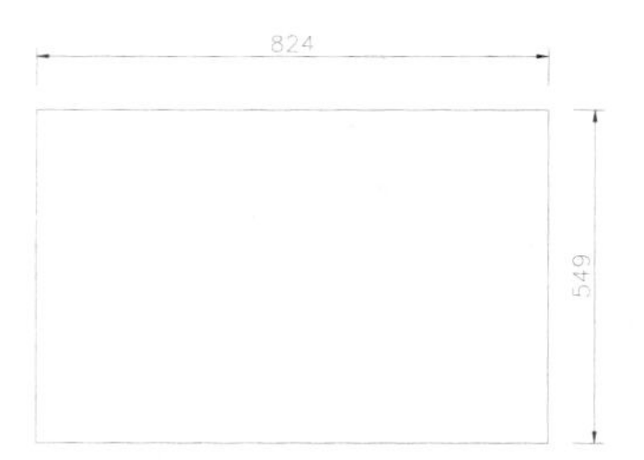

图2-138 绘制矩形

步骤 03 执行“分解”命令（X），将矩形分解打散操作；再执行“偏移”命令（O），将矩形各边按照图2-139所示进行偏移。

步骤 04 执行“修剪”命令（TR），修剪多余的线条，效果如图2-140所示。

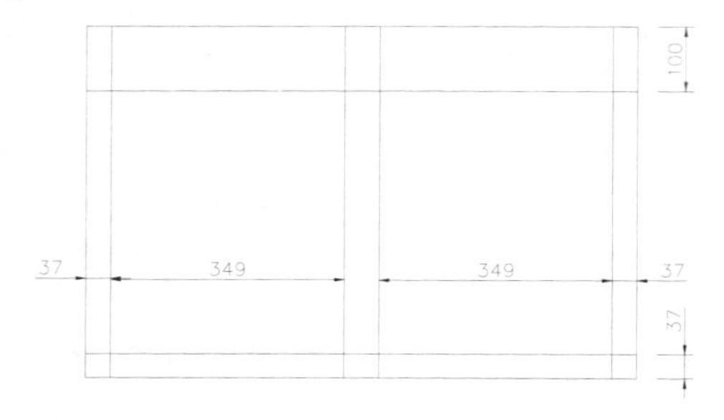

图2-139 偏移操作

图2-140 修剪效果

步骤 05 执行“圆角”命令（F），分别设置圆角半径为37和75，对直角进行圆角操作，如图2-141所示。

步骤 06 执行“矩形”命令（REC），在空白处绘制一个75×210的矩形，如图2-142所示。

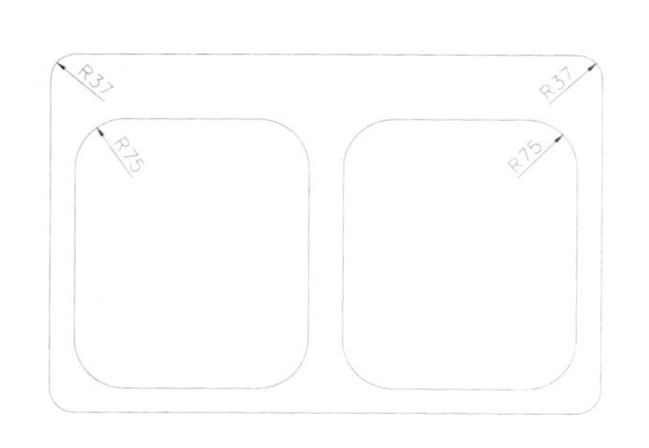

图2-141 圆角处理

图2-142 绘制矩形

步骤 07 执行“分解”命令（X），将矩形分解打散操作；再执行“偏移”命令（O），将两垂直边各向内偏移25；再执行“直线”命令（L），连接对角点绘制斜线，如图2-143所示。

步骤 08 执行“修剪”命令（TR）和“删除”命令（E），将多余的线条修剪删除掉，效果如图 2-144 所示。

步骤 09 执行“圆角”命令（F），设置圆角半径为 25，对上侧两个角进行圆角处理，形成把手效果，如图 2-145 所示。

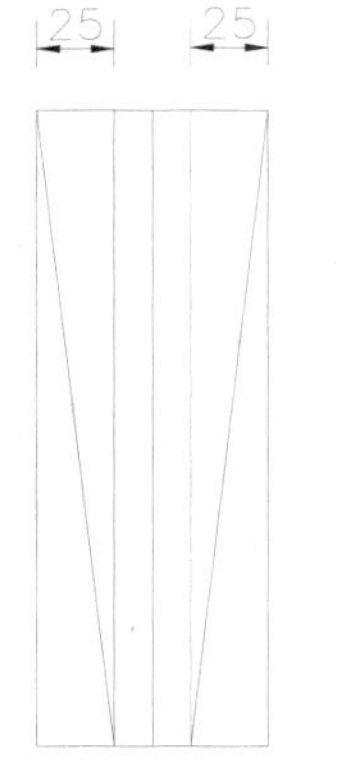

图 2-143　偏移、直线操作

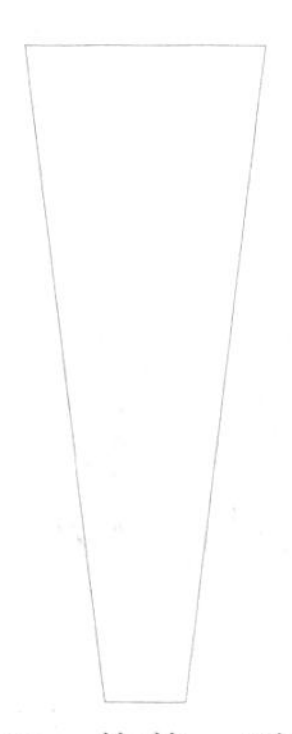
图 2-144　修剪、删除操作

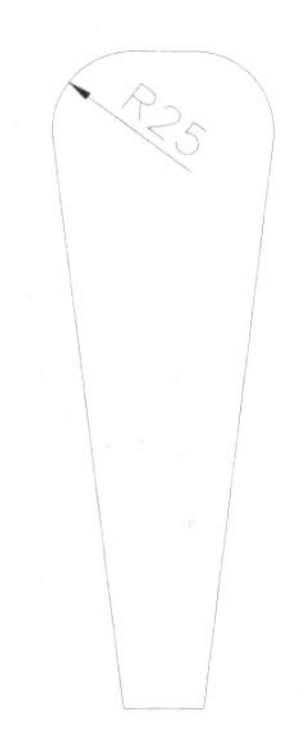

图 2-145　圆角处理

步骤 10 执行“旋转”命令（RO），将把手图形旋转-25°；再执行“移动”命令（M），将其移动至洗菜盆位置，如图 2-146 所示。

步骤 11 执行“修剪”命令（TR），修剪掉被把手遮挡的部分；再执行“圆”命令（C），在相应位置绘制出圆，如图 2-147 所示。

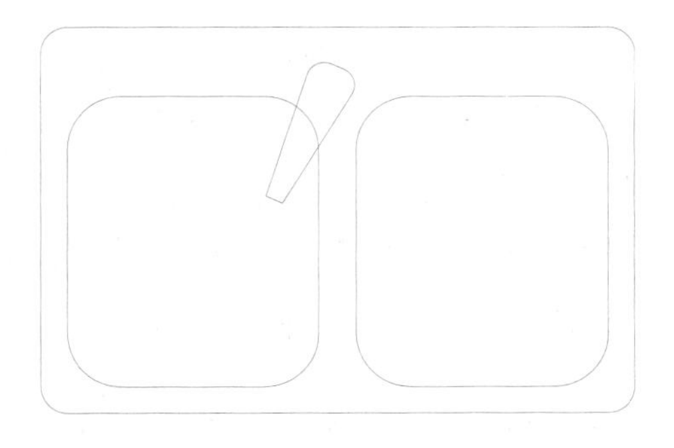
图 2-146　旋转、移动操作

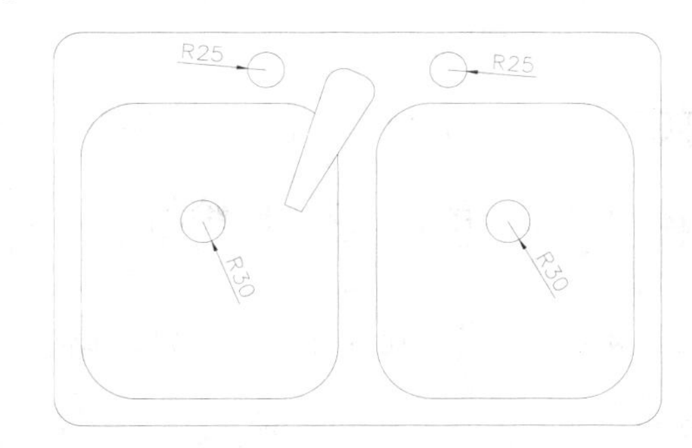

图 2-147　绘制圆

步骤 12 至此，洗菜盆图例已经绘制完成，按【Ctrl+S】组合键对文件进行保存。

技巧：078　污水池的绘制

视频：技巧078-绘制污水池.avi
案例：污水池.dwg

技巧概述： 首先新建并保存一个新的 dwg 文件，再使用矩形、偏移、直线、圆和修剪等命令来绘制污水池图例，效果如图 2-148 所示。

步骤 01 正常启动 AutoCAD 2014 软件，系统自动创建空白文件，单击“保存”按钮，将其保存为“案例\02\污水池.dwg”文件。

步骤 02 执行“矩形”命令（REC），绘制一个 660×637 的矩形；再执行“偏移”命令（O），将矩形向内偏移 90，如图 2-149 所示。

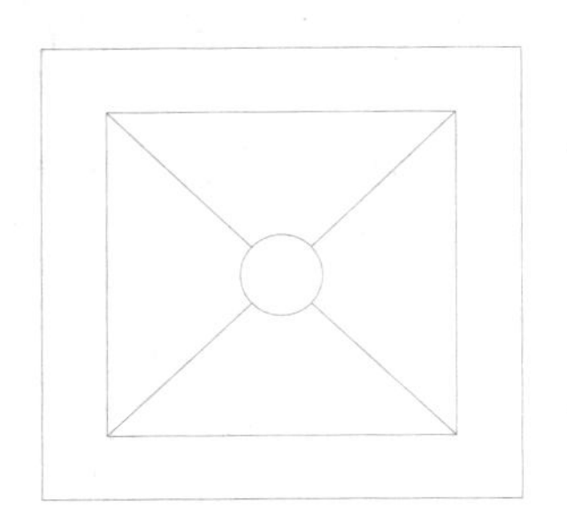

图 2-148 污水池图例

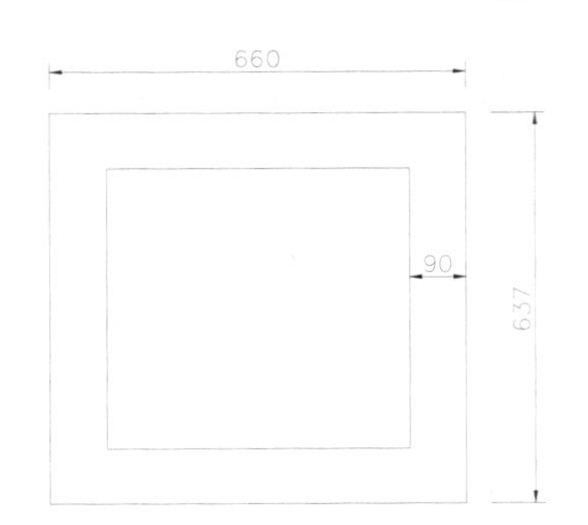

图 2-149 绘制偏移矩形

步骤 03 执行“直线”命令（L），连接内矩形的对角点绘制连接斜线，如图 2-150 所示。

步骤 04 执行“圆”命令（C），以斜线交点为圆心绘制半径为 57 的圆；再执行“修剪”命令（TR），修剪掉圆内线段，效果如图 2-151 所示。

图 2-150 绘制斜线

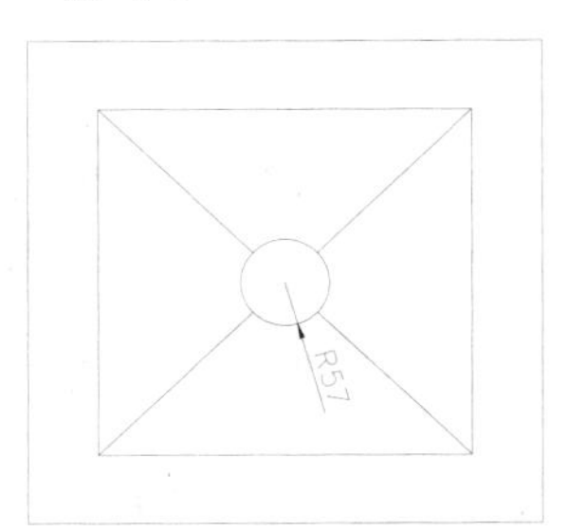

图 2-151 绘制圆

步骤 05 至此，污水池图例已经绘制完成，按【Ctrl+S】组合键对文件进行保存。

技巧：079 矩形化粪池的绘制

视频：技巧079-绘制矩形化粪池.avi
案例：矩形化粪池.dwg

技巧概述：首先新建并保存一个新的 dwg 文件，再使用矩形、直线、圆等命令来绘制图例，效果如图 2-152 所示。

步骤 01 正常启动 AutoCAD 2014 软件，系统自动创建空白文件，单击“保存”按钮，将其保存为“案例\02\矩形化粪池. dwg”文件。

步骤 02 执行“矩形”命令（REC），绘制一个 600×300 的矩形，如图 2-153 所示。

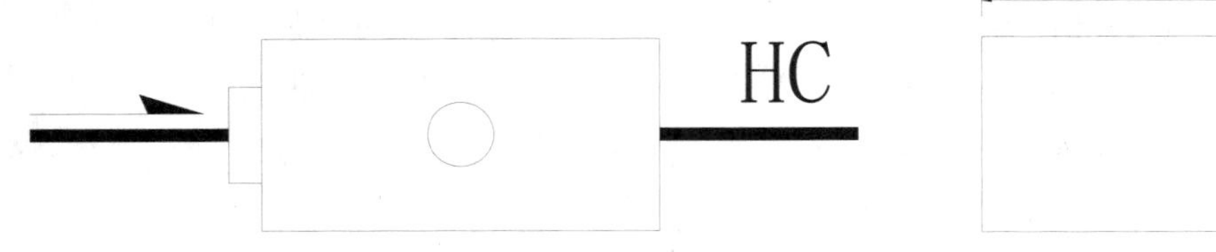

图 2-152 矩形化粪池图例

图 2-153 绘制矩形

步骤 03 执行“直线”命令（L），连接矩形对角点绘制辅助斜线，如图 2-154 所示。

步骤 04 执行“圆”命令（C），以辅助斜线交点为圆心，绘制半径为 50 的圆，如图 2-155 所示。

图 2-154　绘制斜线

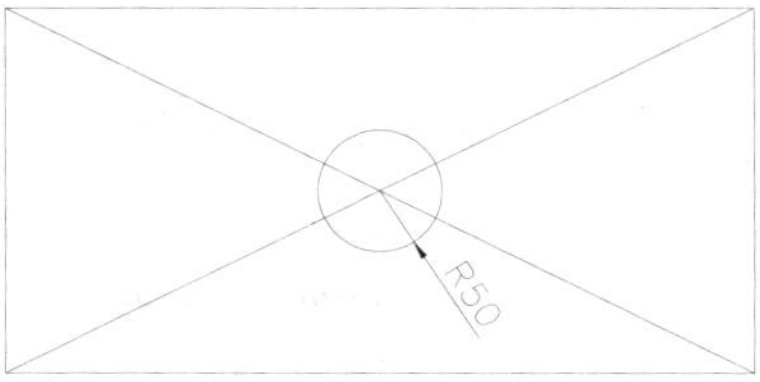

图 2-155　绘制圆

步骤 05 执行“删除”命令（E），选择两条斜线，然后按空格键以删除。

步骤 06 执行“矩形”命令（REC），绘制一个 50×150 的矩形；再执行“移动”命令（M），将其与前面矩形垂直中点对齐，如图 2-156 所示。

步骤 07 执行“多段线”命令（PL），设置起点和端点宽度均为 20，分别捕捉左右矩形中点绘制长 300 的水平多段线，如图 2-157 所示。

图 2-156　绘制矩形

图 2-157　绘制多段线

步骤 08 执行“直线”命令（L），在左水平多段线上方绘制一个箭头指引，如图 2-158 所示。

步骤 09 执行“图案填充”命令（H），对箭头内部填充“SOLTD”的图案，如图 2-159 所示。

图 2-158　绘制箭头

图 2-159　填充图案

步骤 10 执行“多行文字”命令（MT），选择字体为“宋体”，设置文字高度为 100，在右上侧相应位置标注文字“HC”，如图 2-160 所示。

步骤 11 至此，矩形化粪池图例已经绘制完成，按【Ctrl+S】组合键对文件进行保存。

图 2-160　文字标注

专业技能　★★★☆☆

HC 为化粪池的代号。

技巧：080　水表的绘制

视频：技巧080-绘制水表.avi
案例：水表.dwg

技巧概述：首先新建并保存一个新的 dwg 文件，再使用圆、直线、多段线等命令来绘制水表图例，效果如图 2-161 所示。

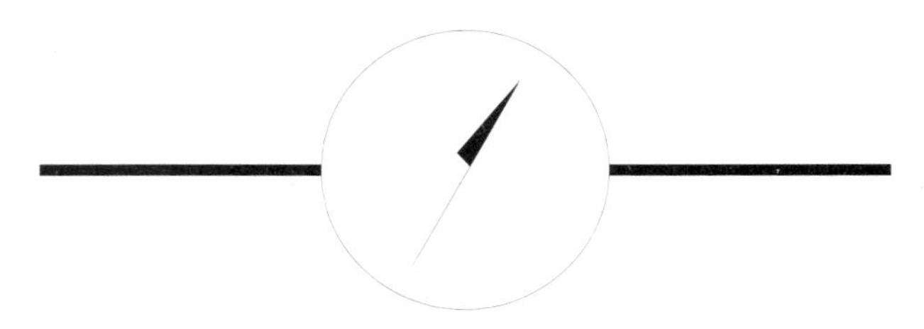

图 2-161 水表图例

步骤 01 正常启动 AutoCAD 2014 软件，系统自动创建空白文件，单击“保存”按钮，将其保存为“案例\02\水表.dwg”文件。

步骤 02 执行“圆”命令（C），绘制半径为 256 的圆，如图 2-162 所示。

步骤 03 执行“直线”命令（L），在圆内绘制一个倾斜的箭头，如图 2-163 所示。

步骤 04 执行“图案填充”命令（H），对箭头内部填充“SOLTD”的图案，效果如图 2-164 所示。

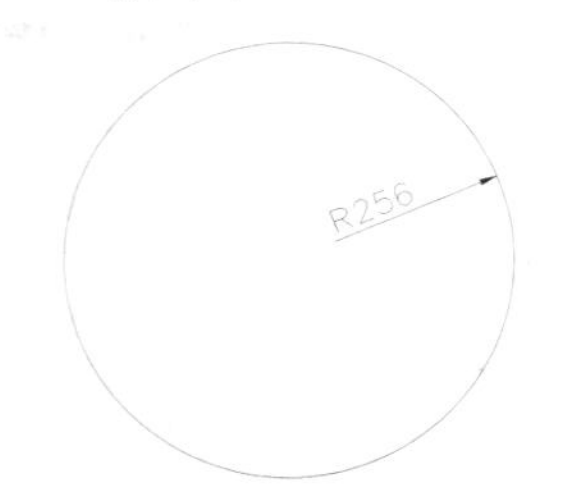

图 2-162 绘制圆

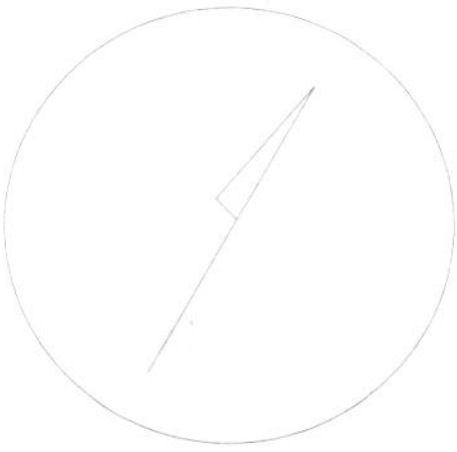

图 2-163 绘制箭头

图 2-164 填充图案

步骤 05 执行“多段线”命令（PL），设置起点和端点宽度均为 20，分别捕捉圆左、右象限点绘制长 500 的水平多段线，如图 2-165 所示。

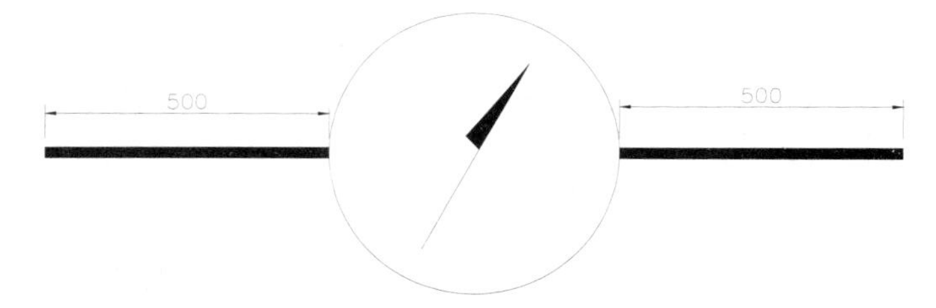

图 2-165 绘制多段线

步骤 06 至此，水表图例已经绘制完成，按【Ctrl+S】组合键对文件进行保存。

技巧：081 压力表的绘制

视频：技巧081-绘制压力表.avi
案例：压力表.dwg

技巧概述： 首先调用“水表”图形文件，并另存为新的文件，然后在此图形基础上删除水平多段线，再使用多段线、直线等命令来绘制压力表图例，效果如图 2-166 所示。

步骤 01 接上例，单击“另存为”按钮，将“水表.dwg”文件另存为“案例\02\压力表.dwg”文件。

步骤 02 执行“删除”命令（E），将两侧的水平多段线删除掉，效果如图 2-167 所示。

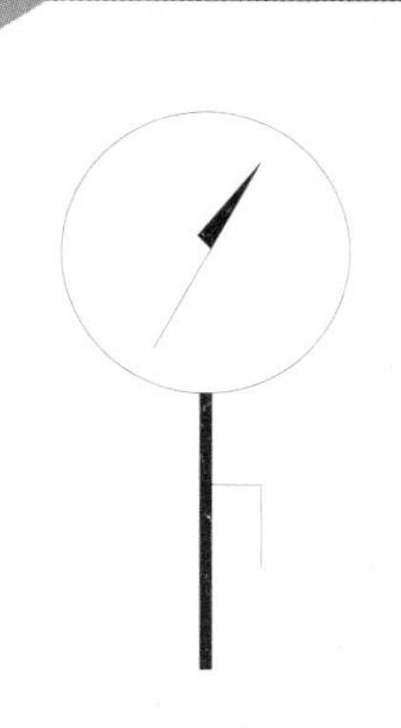
图 2-166　压力表图例

图 2-167　删除多段线

步骤 03 执行“多段线”命令（PL），设置起点和端点宽度均为 20，捕捉圆下侧象限点绘制长 500 的垂直多段线，如图 2-168 所示。

步骤 04 执行“直线”命令（L），在多段线上绘制转折线，如图 2-169 所示。

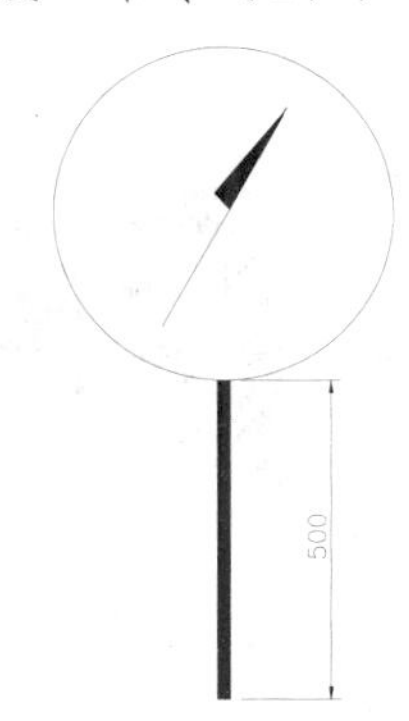

图 2-168　绘制垂直多段线

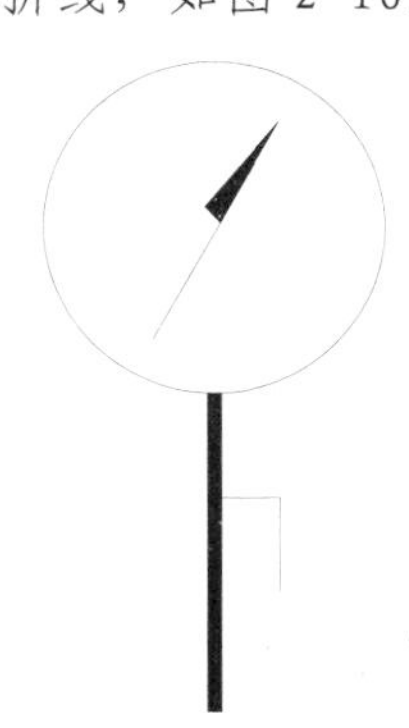
图 2-169　绘制转折线

步骤 05 至此，该图例已经绘制完成，按【Ctrl+S】组合键对文件进行保存。

技巧：082　水泵的绘制

视频：技巧082-绘制水泵.avi
案例：水泵.dwg

技巧概述：首先新建并保存一个新的 dwg 文件，再使用圆、直线、偏移、修剪、矩形、分解、偏移等命令来绘制水泵图例，效果如图 2-170 所示。

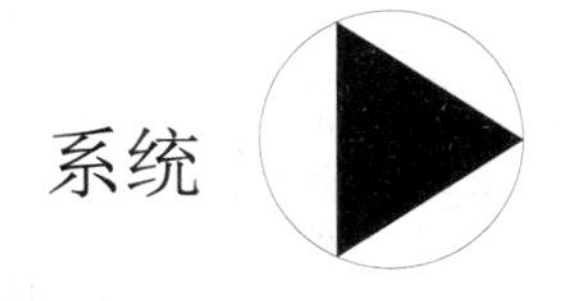

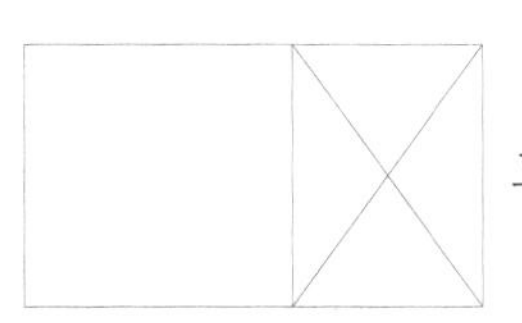

图 2-170　水泵图例

步骤 01 正常启动 AutoCAD 2014 软件，系统自动创建空白文件，单击“保存”按钮，将其保存为“案例\02\水泵.dwg”文件。

步骤 02 执行“圆”命令（C），绘制半径为 237 的圆，如图 2-171 所示。

步骤 03 执行“直线”命令（L），过圆右侧象限点绘制一条垂直线段；再执行“偏移”命令（O），将垂直线段向左偏移 334，如图 2-172 所示。

步骤 04 执行“直线”命令（L），按照图 2-173 所示来连接斜线段。

图 2-171　绘制圆

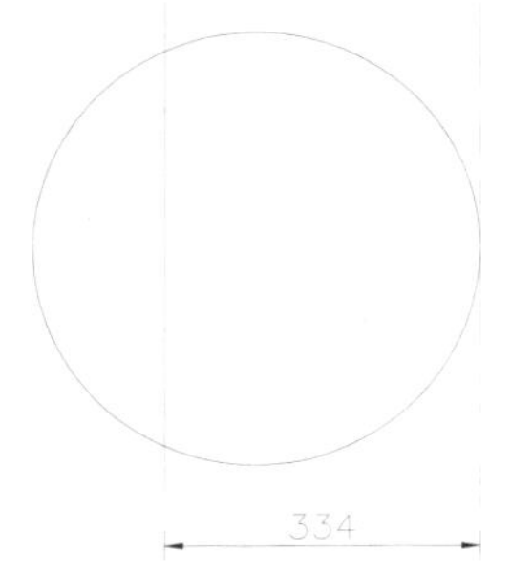

图 2-172　绘制偏移线段

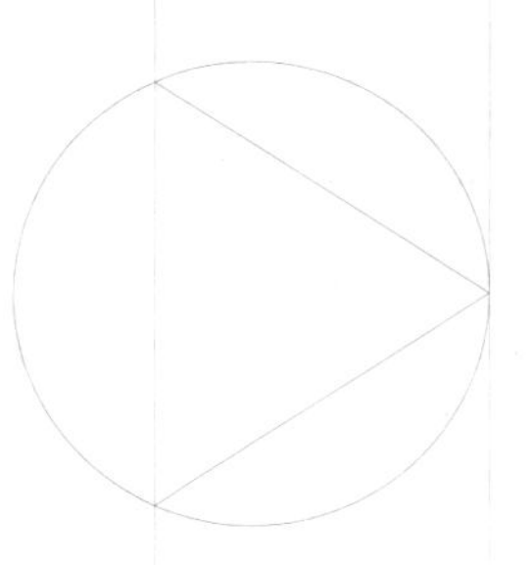

图 2-173　绘制斜线

步骤 05 执行“删除”命令（E）和“修剪”命令（TR），修剪删除多余的线条，效果如图 2-174 所示。

步骤 06 执行“图案填充”命令（H），对三角形内部填充“SOLTD”的图案，效果如图 2-175 所示。

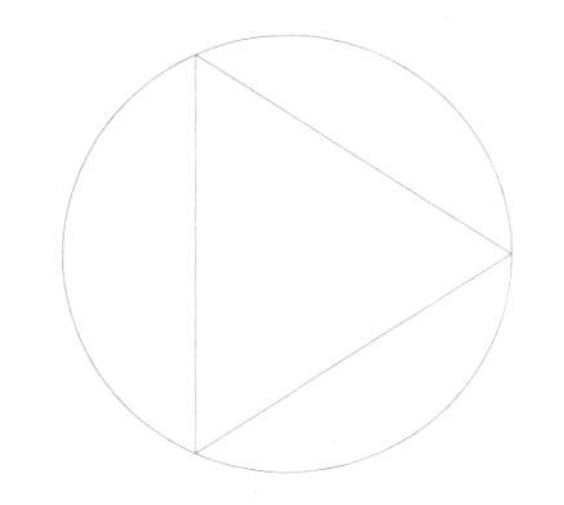

图 2-174　修剪、删除操作

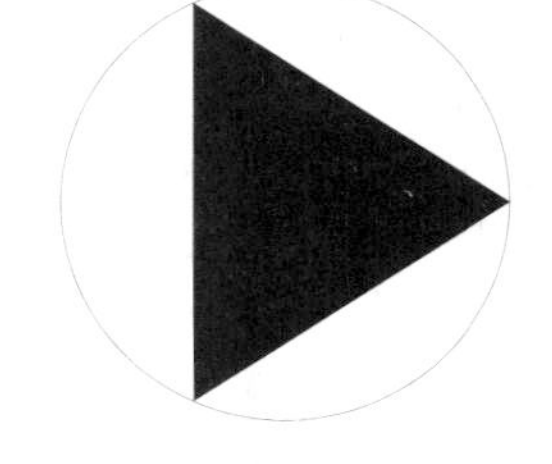

图 2-175　填充图案

步骤 07 绘制“水泵”平面图例，执行“矩形”命令（REC），绘制一个 823×483 的矩形，如图 2-176 所示。

步骤 08 执行“分解”命令（X），将矩形分解掉；再执行“偏移”命令（O），将右侧边向内偏移 342；再执行“直线”命令（L），连接对角点，如图 2-177 所示。

图 2-176　绘制矩形

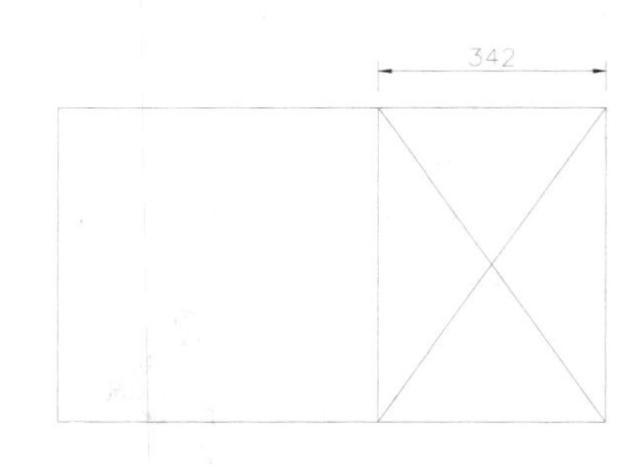

图 2-177　偏移、直线操作

步骤 09 执行“多行文字”命令（MT），选择字体为“宋体”，设置文字高度为 100，标注图形文字，如图 2-178 所示。

步骤 10 至此，水泵图例已经绘制完成，按【Ctrl+S】组合键对文件进行保存。

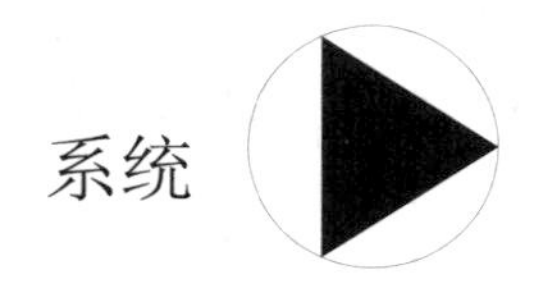

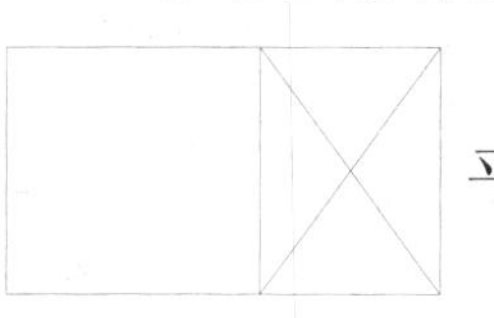

平面

图 2-178　文字标注

技巧：083　快速管工热交换器的绘制

视频：技巧083-绘制快速管工热交换器.avi
案例：快速管工热交换器.dwg

技巧概述：首先新建并保存一个新的 dwg 文件，再使用多段线、直线等命令来绘制快速管式热交换器图例，效果如图 2-179 所示。

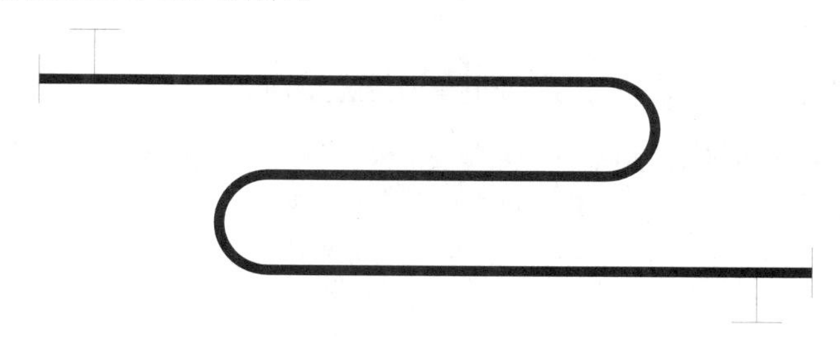

图 2-179　快速管式热交换器图例

步骤 01 正常启动 AutoCAD 2014 软件，系统自动创建空白文件，单击“保存”按钮，将其保存为“案例\02\快速管工热交换器.dwg”文件。

步骤 02 执行“多段线”命令（PL），任意单击一点为起点，水平向右指引，动态输入 1108，按空格键确定第一段直线，如图 2-180 所示。

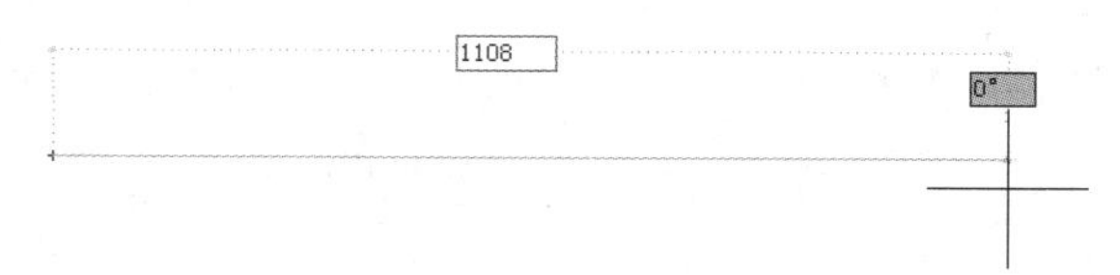

图 2-180　绘制第一段多段线

步骤 03 再根据命令提示选择“圆弧（A）”选项，以切换成圆弧绘制方式，向下指引鼠标，输入直径 190，按空格键以指定第二段圆弧的端点，如图 2-181 所示。

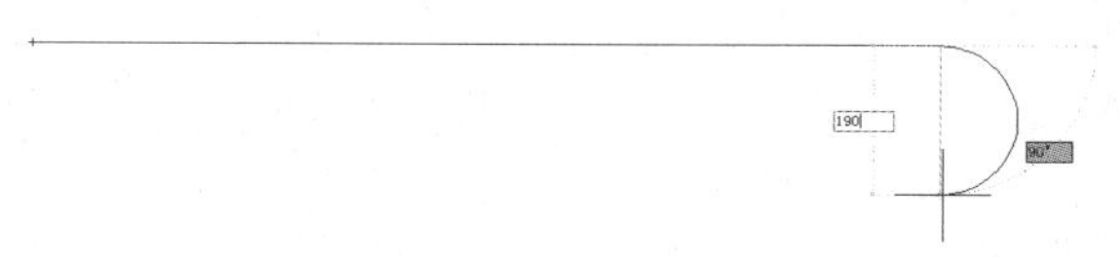

图 2-181　绘制第二段圆弧多段线

步骤 04 再根据命令提示选择“直线（L）”选项，再次切换回直线绘制方式，向左指引输入 660，按空格键以确定第三段直线，如图 2-182 所示。

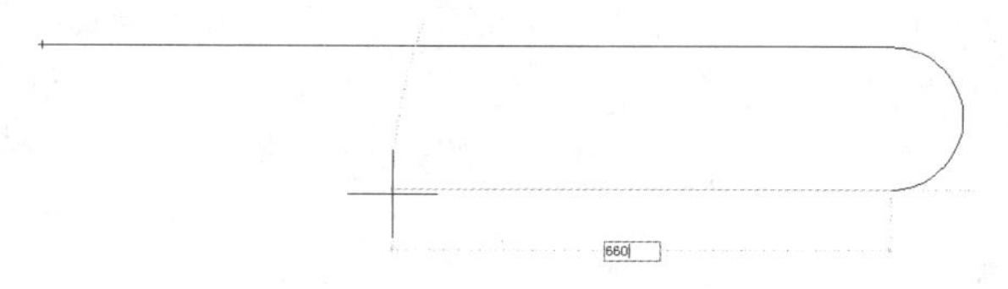

图 2-182　绘制第三段直线多段线

步骤 05 继续选择“圆弧（A）”选项，向下指引鼠标输入圆弧的直径 190，按空格键以确定第四段圆弧端点，如图 2-183 所示。

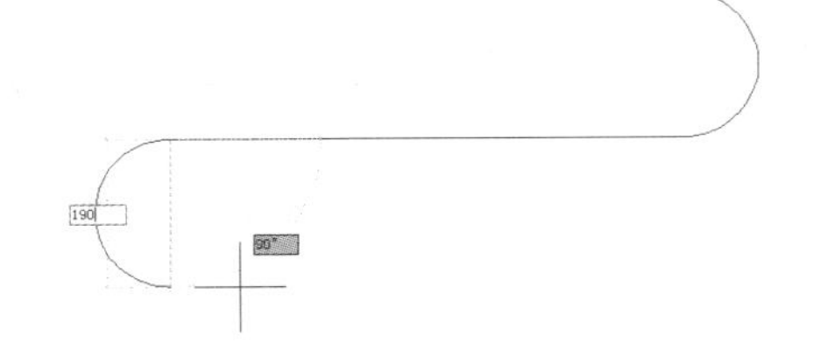

图 2-183　绘制第四段圆弧多段线

步骤 06 再根据命令提示选择“直线（L）”选项，水平向右指引鼠标，输入 1063，按空格键以确定最后一段直线，如图 2-184 所示。

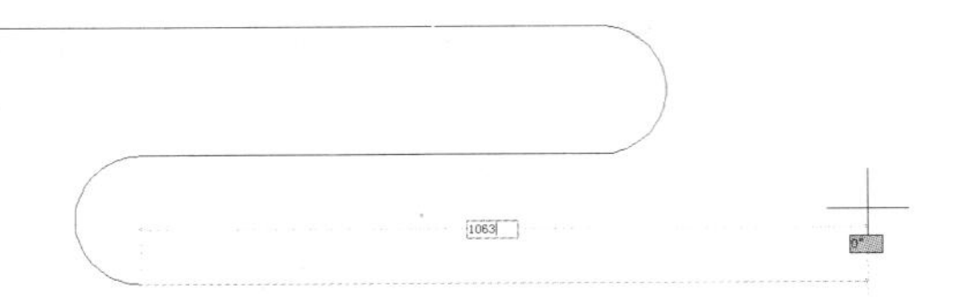

图 2-184　绘制第五段直线多段线

步骤 07 最后按空格键完成多段线的绘制，绘制的多段线最终效果如图 2-185 所示。其命令行提示全过程如下。

```
PLINE                                                    \\ 执行“多段线”命令
指定起点:                                                \\ 指定起点
当前线宽为 0.0000
指定下一个点或 [圆弧(A)/半宽(H)/长度(L)/放弃(U)/宽度(W)]: 1108          \\ 向右并输入 1108
指定下一点或 [圆弧(A)/闭合(C)/半宽(H)/长度(L)/放弃(U)/宽度(W)]: a    \\ 选择圆弧
指定圆弧的端点或[角度(A)/圆心(CE)/闭合(CL)/方向(D)/半宽(H)/直线(L)/半径(R)/第二个点(S)/放弃(U)/宽度(W)]: 190      \\ 向下输入直径 190 以确定弧
指定圆弧的端点或[角度(A)/圆心(CE)/闭合(CL)/方向(D)/半宽(H)/直线(L)/半径(R)/第二个点(S)/放弃(U)/宽度(W)]: 1        \\ 选择“直线”选项
指定下一点或 [圆弧(A)/闭合(C)/半宽(H)/长度(L)/放弃(U)/宽度(W)]: 660 \\ 向左并输入
指定下一点或 [圆弧(A)/闭合(C)/半宽(H)/长度(L)/放弃(U)/宽度(W)]: a    \\ 选择“圆弧”选项
指定圆弧的端点或[角度(A)/圆心(CE)/闭合(CL)/方向(D)/半宽(H)/直线(L)/半径(R)/第二个点(S)/放弃(U)/宽度(W)]: 190      \\ 向下输入直径 190 以确定弧
指定圆弧的端点或[角度(A)/圆心(CE)/闭合(CL)/方向(D)/半宽(H)/直线(L)/半径(R)/第二个点(S)/放弃(U)/宽度(W)]: 1        \\ 选择“直线”选项
指定下一点或 [圆弧(A)/闭合(C)/半宽(H)/长度(L)/放弃(U)/宽度(W)]: 1063       \\ 向右并输入
指定下一点或 [圆弧(A)/闭合(C)/半宽(H)/长度(L)/放弃(U)/宽度(W)]: \\ 按空格键结束绘制
```

图 2-185　绘制的多段线

步骤 08 双击多段线，则弹出快捷菜单，输入 W，以选择“宽度（W）”选项，然后输入 20，按空格键以确定多段线的宽度，如图 2-186 所示。

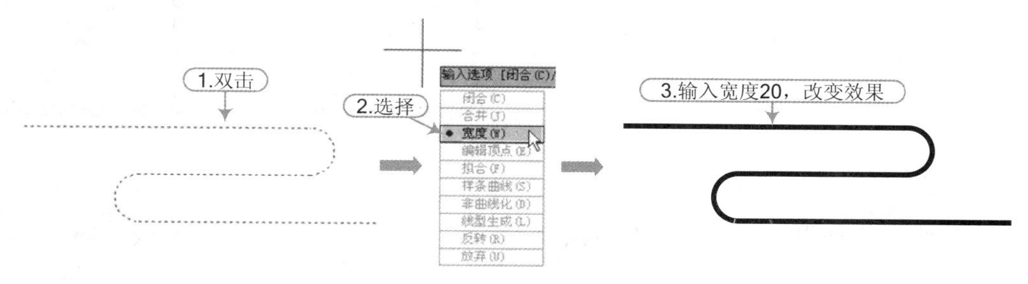

图 2-186　修改多段线宽度

步骤 09 执行“直线”命令（L），在相应位置分别绘制出长 100 的线段，如图 2-187 所示。

步骤 10 至此，该图例已经绘制完成，按【Ctrl+S】组合键对文件进行保存。

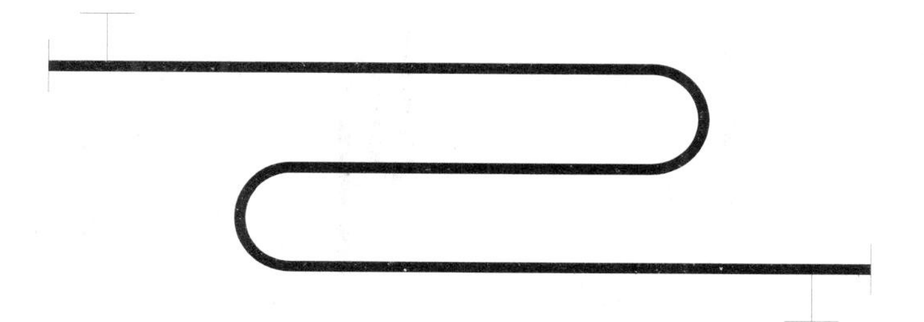

图 2-187　绘制直线

软件技能 ★★★★☆

多段线即由多条线段构造的一个图形，这些线段可以是直线、圆弧等对象，多段线所构成的图形是一个整体，用户可对其进行整体编辑。

在绘制多段线的过程中，命令行中各选项含义如下。

- 圆弧（A）：从绘制直线方式切换到绘制圆弧方式，根据命令提示，指定圆弧的端点值（圆直径）即可绘制出带圆弧的多段线。
- 半宽（H）：设置多段线的一半宽度，用户可分别指定多段线的起点半宽和终点半宽。
- 长度（L）：指定绘制直线段的长度。
- 放弃（U）：删除多段线的前一段对象，从而方便用户及时修改在绘制多段线过程中出现的错误。
- 宽度（W）：设置多段线的不同起点和端点宽度，如图 2-188 所示。
- 闭合（C）：设置是否与起点闭合，并结束命令。

当多段线的宽度大于 0 时，若想绘制闭合的多段线，一定要选择“闭合（C）”选项，这样才能使其完全闭合，否则即使起点与终点重合，也会出现缺口现象，如图 2-189 所示。

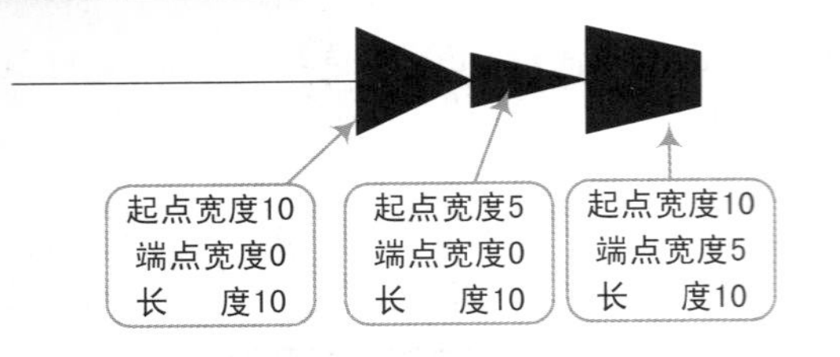

图 2-188　不同宽度的多段线

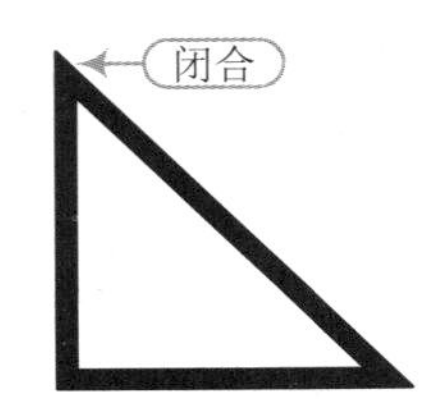

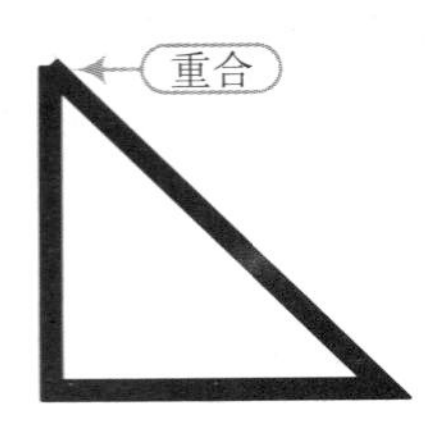

图 2-189　闭合和重合

技巧：084　S 形和 P 形存水弯的绘制

视频：技巧 084-绘制 S 形和 P 形存水弯.avi
案例：S 形和 P 形存水弯.dwg

技巧概述： 通过多段线的绘制方法，来绘制 S 形和 P 形存水弯就比较简单了，其效果如图 2-190 所示。

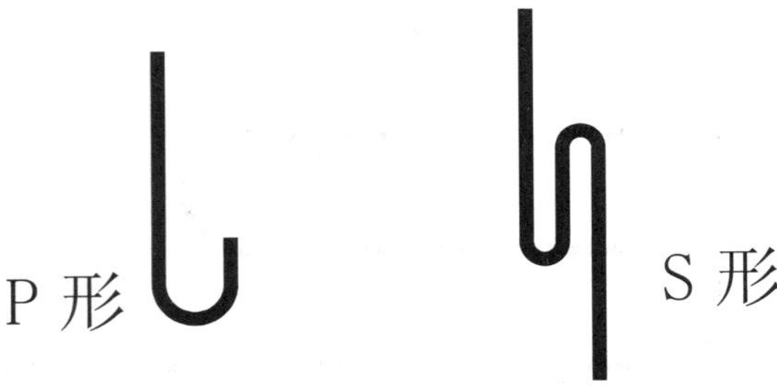

图 2-190　S 形和 P 形存水弯图例

步骤 01 正常启动 AutoCAD 2014 软件，系统自动创建空白文件，单击“保存”按钮，将其保存为“案例\02\S 形和 P 形存水弯.dwg”文件。

步骤 02 执行“多段线”命令（PL），在空白位置任意单击一点作为起点，设置全局宽度为 30，鼠标向下指引输入 500，以确定第一段直线；再选择“圆弧”选项绘制方式，水平向右指引并输入直径值 150，以绘制第二段圆弧；再选择“直线”选项，向上绘制长 100 的直线，效果如图 2-191 所示，其命令执行过程如下。

```
命令：PLINE                                              \\ 执行“多段线”命令
指定起点：                                               \\ 单击一点
当前线宽为 0.0000
指定下一个点或 [圆弧(A)/半宽(H)/长度(L)/放弃(U)/宽度(W)]： <正交 开> w   \\ 选择“宽度”选项
指定起点宽度 <0.0000>：30                                \\ 设置多段线起点宽度
指定端点宽度 <30.0000>：                                 \\ 设置多段线终点宽度
指定下一个点或 [圆弧(A)/半宽(H)/长度(L)/放弃(U)/宽度(W)]：500        \\ 向下并输入 500
指定下一点或 [圆弧(A)/闭合(C)/半宽(H)/长度(L)/放弃(U)/宽度(W)]：a   \\选择“圆弧”选项
指定圆弧的端点或[角度(A)/圆心(CE)/闭合(CL)/方向(D)/半宽(H)/直线(L)/半径(R)/第二个点(S)/放弃(U)/宽度(W)]：150    \\ 向右指引输入直径值 150 以确定弧端点
指定圆弧的端点或[角度(A)/圆心(CE)/闭合(CL)/方向(D)/半宽(H)/直线(L)/半径(R)/第二个点(S)/放弃(U)/宽度(W)]：l      \\ 选择“直线”选项
指定下一点或 [圆弧(A)/闭合(C)/半宽(H)/长度(L)/放弃(U)/宽度(W)]：100     \\ 向上并输入
指定下一点或 [圆弧(A)/闭合(C)/半宽(H)/长度(L)/放弃(U)/宽度(W)]：        \\ 按空格键退出
```

步骤 03 根据同样的方法，重复执行“多段线”命令，按照如下命令提示，绘制出 S 形存水弯，如图 2-192 所示。

命令：PLINE　　\\ 执行“多段线”命令
指定起点：　　\\ 单击一点
当前线宽为 30.0000　　\\ 继承上步设置参数
指定下一个点或 [圆弧(A)/半宽(H)/长度(L)/放弃(U)/宽度(W)]：500　　\\ 向下并输入 500
指定下一点或 [圆弧(A)/闭合(C)/半宽(H)/长度(L)/放弃(U)/宽度（W）]：a \\选择“圆弧”选项
指定圆弧的端点或[角度(A)/圆心(CE)/闭合(CL)/方向(D)/半宽(H)/直线(L)/半径(R)/第二个点(S)/放弃(U)/宽度(W)]：75　　\\ 向右指引输入直径值 75 以确定弧端点
指定圆弧的端点或[角度(A)/圆心(CE)/闭合(CL)/方向(D)/半宽(H)/直线(L)/半径(R)/第二个点(S)/放弃(U)/宽度（W）]：l　　\\ 选择“直线”选项
指定下一点或 [圆弧(A)/闭合(C)/半宽(H)/长度(L)/放弃(U)/宽度(W)]：200 \\ 向上并输入
指定下一点或 [圆弧(A)/闭合(C)/半宽(H)/长度(L)/放弃(U)/宽度(W)]：a　\\选择“圆弧”选项
指定圆弧的端点或[角度(A)/圆心(CE)/闭合(CL)/方向(D)/半宽(H)/直线(L)/半径(R)/第二个点(S)/放弃(U)/宽度(W)]：75　　\\ 向右指引输入直径值 75 以确定弧端点
指定圆弧的端点或[角度(A)/圆心(CE)/闭合(CL)/方向(D)/半宽(H)/直线(L)/半径(R)/第二个点(S)/放弃(U)/宽度(W)]：l　　\\ 选择“直线”选项
指定下一点或 [圆弧(A)/闭合(C)/半宽(H)/长度(L)/放弃(U)/宽度(W)]：500　　\\ 向下并输入
指定下一点或 [圆弧(A)/闭合(C)/半宽(H)/长度(L)/放弃(U)/宽度(W)]：　　\\ 按空格键退出

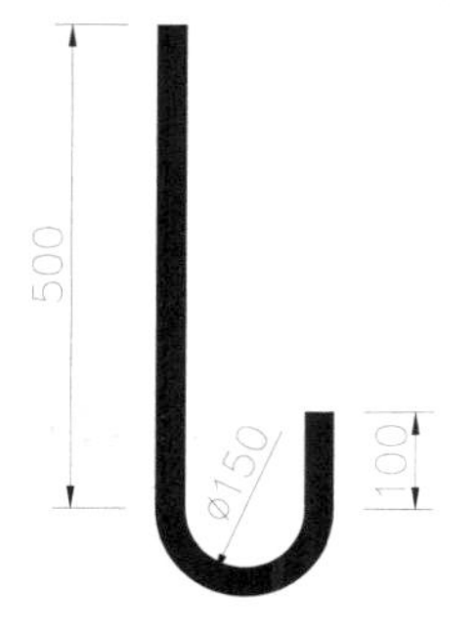

图 2-191　绘制 P 形存水弯

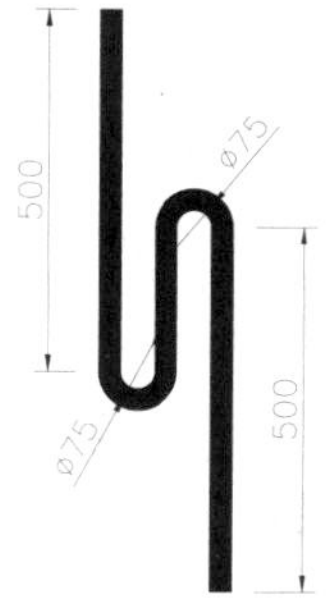

图 2-192　绘制 S 形存水弯

步骤 04 执行“多行文字”命令（MT），选择字体为“宋体”，设置字高为 100，对图形进行文字标注，效果如图 2-193 所示。

图 2-193　文字标注效果

步骤 05 至此，S 形和 P 形存水弯图例已经绘制完成，按【Ctrl+S】组合键对文件进行保存。

技巧：085 除垢器的绘制

视频：技巧085-绘制除垢器.avi
案例：除垢器.dwg

技巧概述：首先新建并保存一个新的dwg文件，再使用矩形、直线、多段线等命令来绘制除垢器图例，效果如图2-194所示。

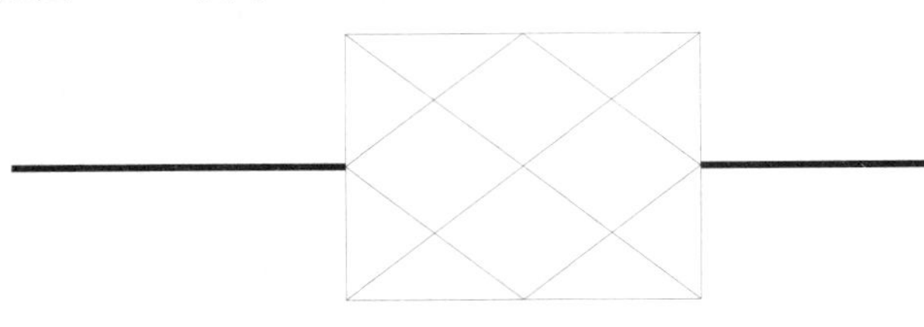

图2-194 除垢器图例

步骤01 正常启动AutoCAD 2014软件，系统自动创建空白文件，单击“保存”按钮，将其保存为“案例\02\除垢器.dwg”文件。

步骤02 执行“矩形”命令（REC），绘制一个532×411的矩形，如图2-195所示。

步骤03 执行“直线”命令（L），连接矩形对角点绘制斜线，如图2-196所示。

步骤04 按空格键重复“直线”命令，捕捉矩形各边中点进行连接，如图2-197所示。

图2-195 绘制矩形

图2-196 绘制对角线

图2-197 绘制直线

步骤05 再执行“多段线”命令（PL），设置全局宽度为10，然后在矩形左、右侧绘制长500的水平线段，如图2-198所示。

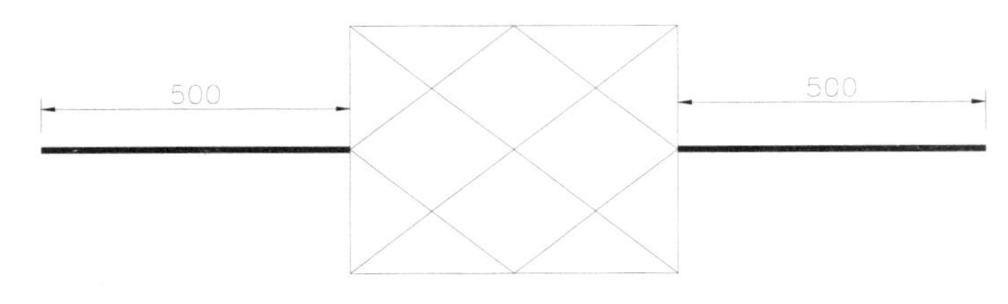

图2-198 绘制多段线

步骤06 至此，除垢器图例已经绘制完成，按【Ctrl+S】组合键对文件进行保存。

技巧：086 温度计的绘制

视频：技巧086-绘制温度计.avi
案例：温度计.dwg

技巧概述：首先新建并保存一个新的dwg文件，再使用矩形、多段线等命令来绘制温度计图例，效果如图2-199所示。

步骤01 正常启动AutoCAD 2014软件，系统自动创建空白文件，单击“保存”按钮，将其保存为“案例\02\温度计.dwg”文件。

步骤 02 执行“矩形”命令（REC），绘制一个 204×455 的矩形，如图 2-200 所示。

步骤 03 再执行“多段线”命令（PL），设置全局宽度为 10，绘制长 650 的垂直多段线，如图 2-201 所示。

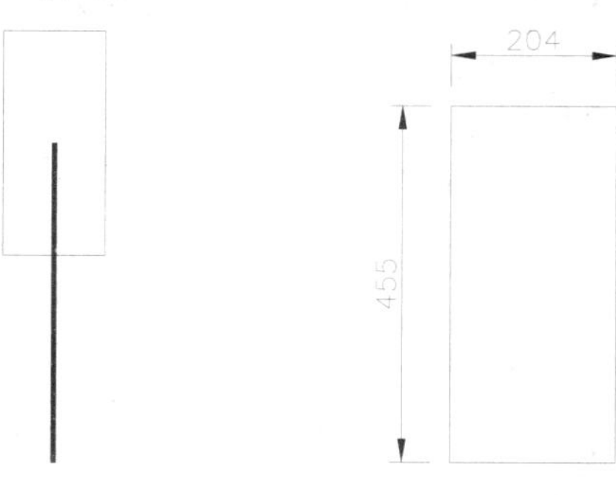

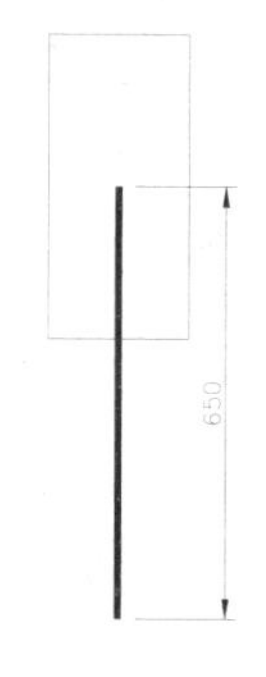

图 2-199　温度计图例　　图 2-200　绘制矩形　　图 2-201　绘制多段线

步骤 04 至此，温度计图例已经绘制完成，按【Ctrl+S】组合键对文件进行保存。

技巧：087　推车式灭火器的绘制

视频：技巧087-绘制推车式灭火器.avi
案例：推车式灭火器.dwg

技巧概述：首先新建并保存一个新的 dwg 文件，再使用正多边形、圆、镜像等命令来绘制图例，效果如图 2-202 所示。

步骤 01 正常启动 AutoCAD 2014 软件，系统自动创建空白文件，单击“保存”按钮，将其保存为“案例\02\推车式灭火器.dwg”文件。

步骤 02 执行“正多边形”命令（POL），根据如下命令提示，输入侧面数为 3，指定一点作为中心点，再选择“内接于圆（I）”选项，再输入半径值为 208，按空格键以绘制一个正三角形，如图 2-203 所示。

```
命令：POLYGON                                  \\ 执行“正多边形”命令
输入侧面数 <4>：3                              \\ 输入边数为 3
指定正多边形的中心点或 [边(E)]：               \\ 任意指定一点
输入选项 [内接于圆(I)/外切于圆(C)] <I>：       \\ 选择“内接于圆(I)”选项
指定圆的半径：208                              \\ 输入半径 208，并按空格键
```

步骤 03 执行“圆”命令（C），在三角形下端适当位置绘制半径为 25 的圆，如图 2-204 所示。

图 2-202　推车式灭火器图例

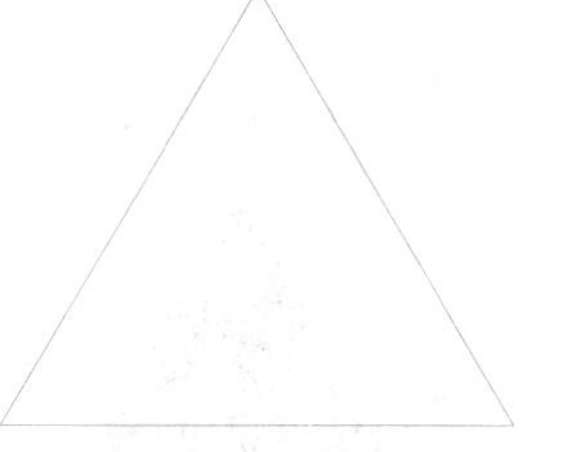

图 2-203　绘制三角形

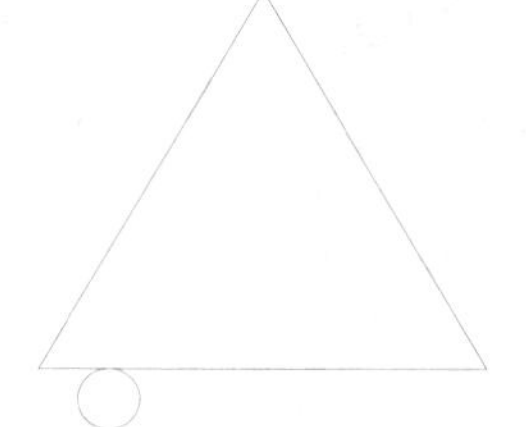

图 2-204　绘制圆

软件技能　★★★★☆

各边相等、各角也相等的多边形称为正多边形（多边形：边数大于等于 3）。正多边形的外接圆的圆心称为正多边形的中心；中心与正多边形顶点连线的长度称为半径；中心与

边的距离称为边心距，如图 2-205 所示。

其提示栏中各选项的功能与含义如下。

- 边（E）:通过指定多边形的边数的方式来绘制正多边形，该方式将通过边的数量和长度确定正多边形。
- 内接于圆（I）：指定以多边形内接圆半径绘制正多边形，如图 2-206 所示。
- 外切于圆（I）：指定以多边形外接圆半径绘制正多边形，如图 2-207 所示。

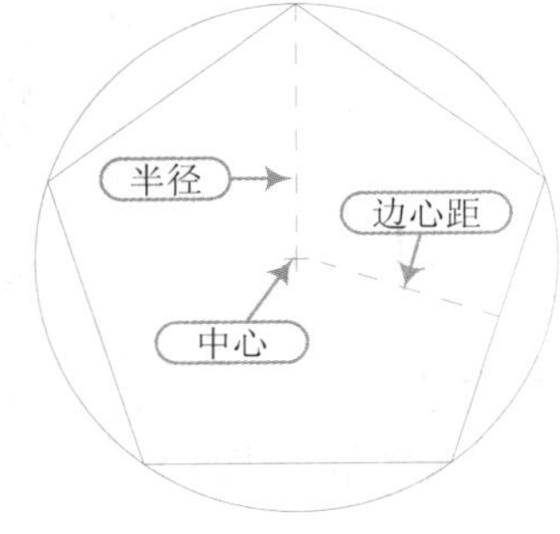

图 2-205　正多边形属性

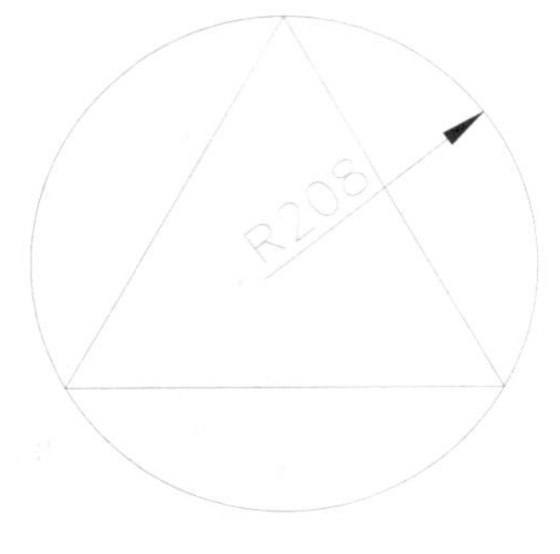

图 2-206　内接于圆

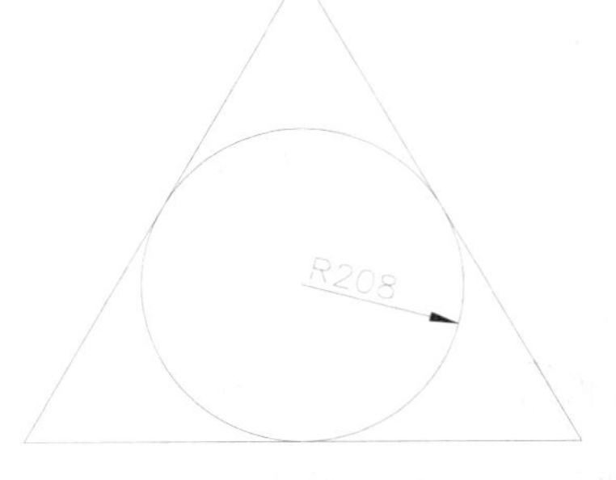

图 2-207　外切于圆

步骤 04 执行“镜像”命令（MI），将圆以三角形水平边的中点向上引伸假想垂直线进行镜像，如图 2-208 所示。

步骤 05 执行“图案填充”命令（H），对三角形填充“SOLTD”的图案，如图 2-209 所示。

步骤 06 至此，推车式灭火器图例已经绘制完成，按【Ctrl+S】组合键对文件进行保存。

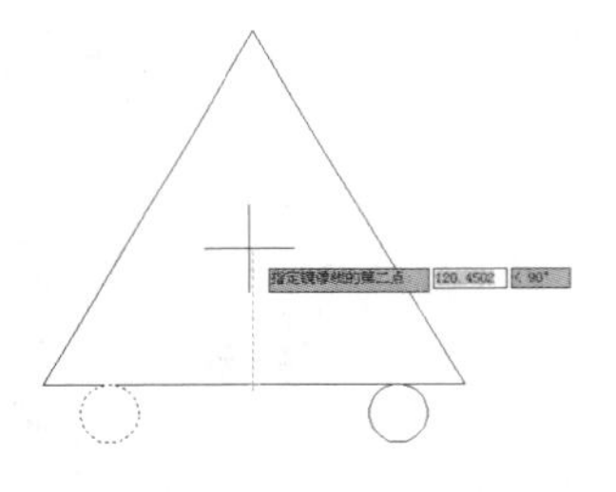
图 2-208　镜像图形

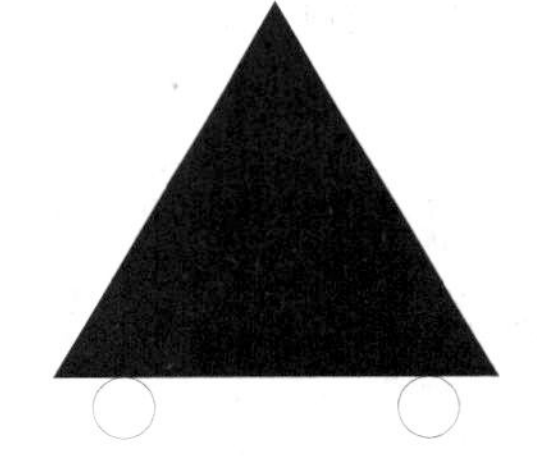
图 2-209　填充三角形

技巧提示 ★★★☆☆

将下侧的两个圆删除掉，就形成了“手提式灭火器”，如图 2-210 所示。

图 2-210　手提式灭火器

第 3 章　建筑给水施工图的绘制技巧

● **本章导读**

本章以某四层教学楼的给水工程设计为例，介绍了四层教学楼的首层给水平面图的绘制、整个教学楼给水系统图的绘制，以及教学楼卫生间大样图的绘制。通过该实例的学习，读者可迅速掌握建筑给水工程的 CAD 制图方法及相关的给水工程专业性的知识点。

● **本章内容**

- 教学楼首层给水平面图的创建
- 教学楼首层用水设备的布置
- 教学楼首层给水管线的绘制
- 给水平面图文字的标注
- 给水平面图图框的绘制
- 其他层给水平面图效果
- 教学楼给水系统图的创建
- 系统图给水主管线的绘制
- 系统图各层层高的绘制
- 系统图各层支管线的绘制
- 系统图给水设备及阀门的绘制
- 给水系统图的标注
- 给水系统图图框的添加
- 卫生间给水大样图的绘制

技巧：088　教学楼首层给水平面图的创建

视频：技巧088-平面图绘图环境的调用.avi
案例：教学楼首层给水平面图.dwg

技巧概述：本节主要介绍图 3-1 所示的某教学楼首层给水平面图的绘制流程，以使读者掌握如何调用建筑平面图绘图环境来创建给水平面图。包括打开原有建筑平面图文件并另存为新文件，新建相应的图层、文字样式等。

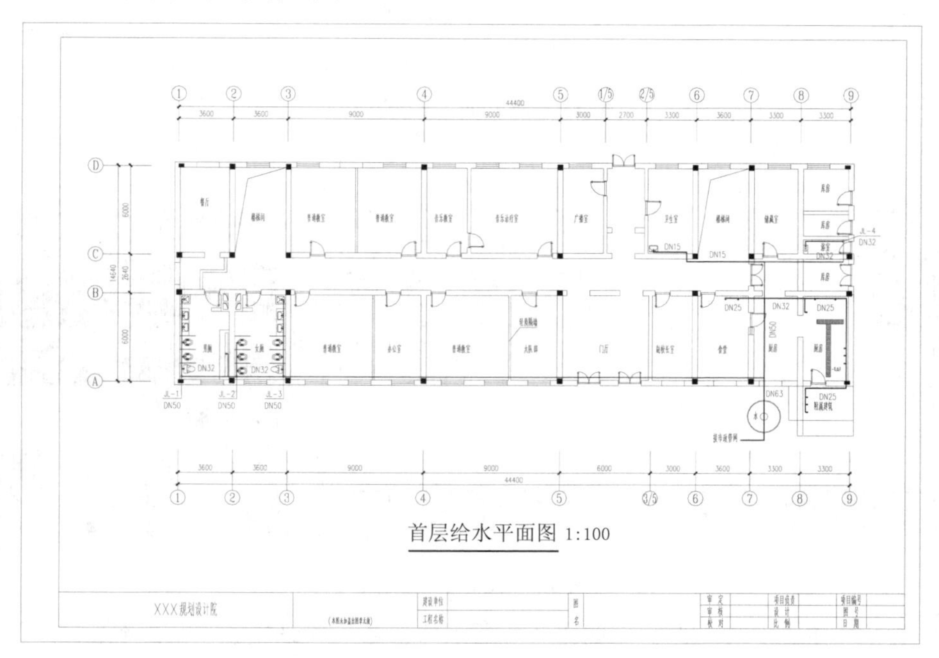

图 3-1　教学楼首层给水平面图效果

步骤 01 正常启动 AutoCAD 2014 软件，在“快速访问”工具栏中，单击“打开”按钮，将“案例\03\教学楼首层平面图.dwg”文件打开，如图 3-2 所示。

步骤 02 再单击“另存为”按钮，将文件另存为“案例\03\教学楼首层给水平面图.dwg”文件。

步骤 03 执行“图层特性管理”命令（LA），或者单击“图层”工具栏的“图层”按钮，则打开“图层特性管理器”面板，单击“新建图层”按钮，AutoCAD 自动创建名为“图层 1”的新图层，将其命名为“给水管线”，再单击该行的“颜色”框，打开“选择颜色”对话框，选择“红色”，然后单击“确定”按钮完成颜色的设置，如图 3-3 所示。

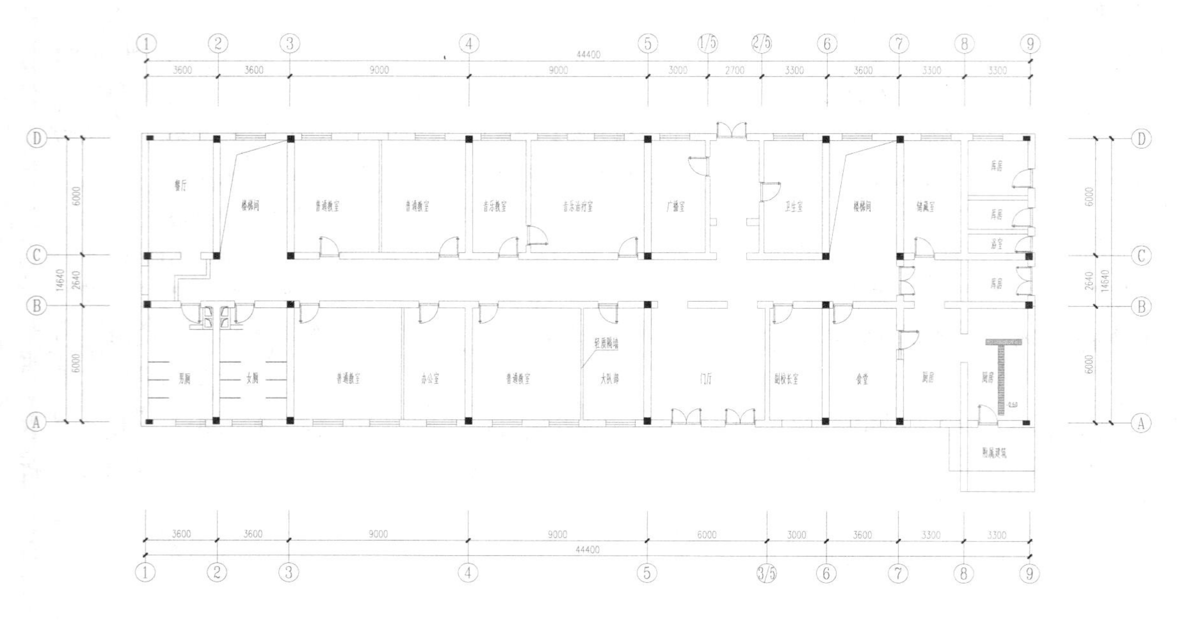

图 3-2　打开的平面图文件

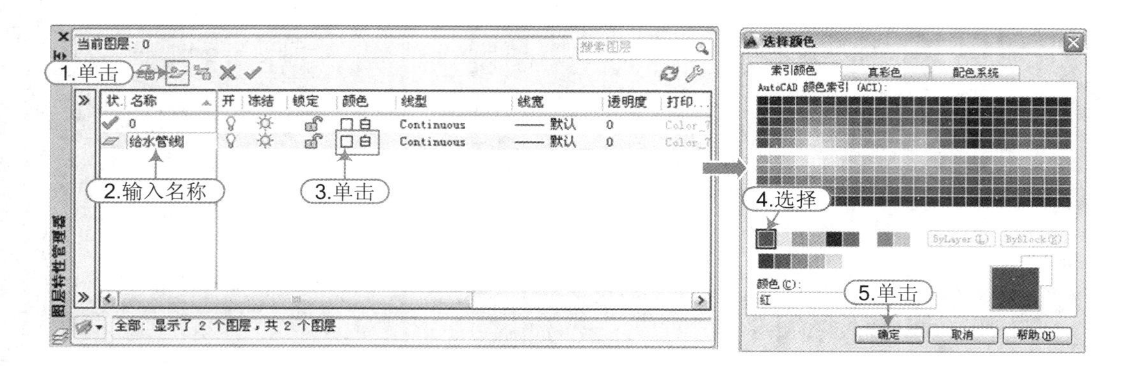

图 3-3　设置图层颜色

步骤 04 根据这样的方法，再新建如图 3-4 所示的图层，并设置相应的颜色。

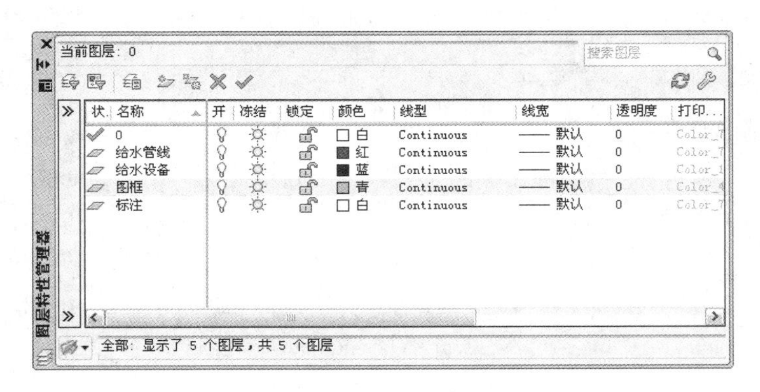

图 3-4　设置完成的图层效果

技巧提示　★★★★☆

在 CAD 中绘制任何对象都是在图层上进行的，图层将不同的图形对象重叠在一起绘制成为一幅完整的图形，不同图层上的图形对象是独立的，可对图层上的对象进行编辑，而不影响其他图层上的图形效果。因此，在绘图过程中图层功能非常重要。

AutoCAD 2014 对图层的管理是在“图层特性管理器”中进行的，“图层特性管理器”由左边的图层树状区和右边的图层设置区组成，如图 3-5 所示。其中图层树状区域用于设置图层组，图层设置区域用于设置所选图层组中的图层属性。

如果用户不进行任何图层设置，则所绘的对象都在 AutoCAD 2014 默认的 0 层上。在 0 层上是不可以绘图的，它是用来定义块的。定义块时，先将所有图层均设置为 0 层（有特殊情况除外），然后定义块，这样在插入块时，插入时是哪个图层，块就属于哪个图层。

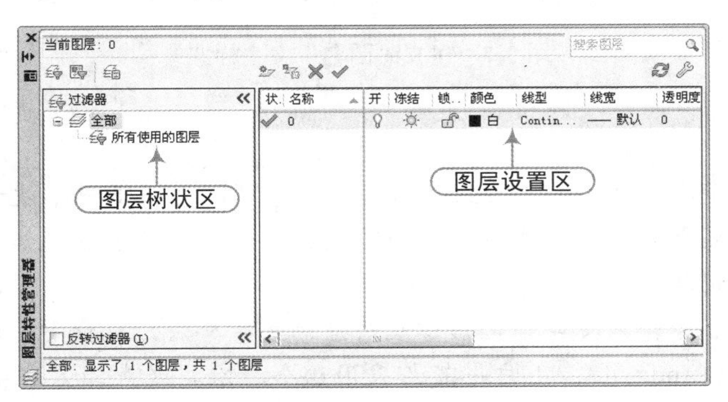

图 3-5　“图层特性管理器”对话框

步骤 05　执行“文字样式”命令（ST），或者在“注释”面板中单击“文字样式”按钮，打开“文字样式”对话框，再单击“新建”按钮打开“新建文字样式”对话框，定义样式名为“图内文字”，单击“确定”按钮。

步骤 06　然后在“字体”下拉列表中选择字体“tssdeng.shx”，勾选“使用大字体”复选框，并在“大字体”下拉列表中选择字体“gbcbig.shx”，在“高度”文本框中输入“500”，“宽度因子”文本框中输入“0.7”，然后单击“应用”按钮，从而完成“图内文字”文字样式的设置，如图 3-6 所示。

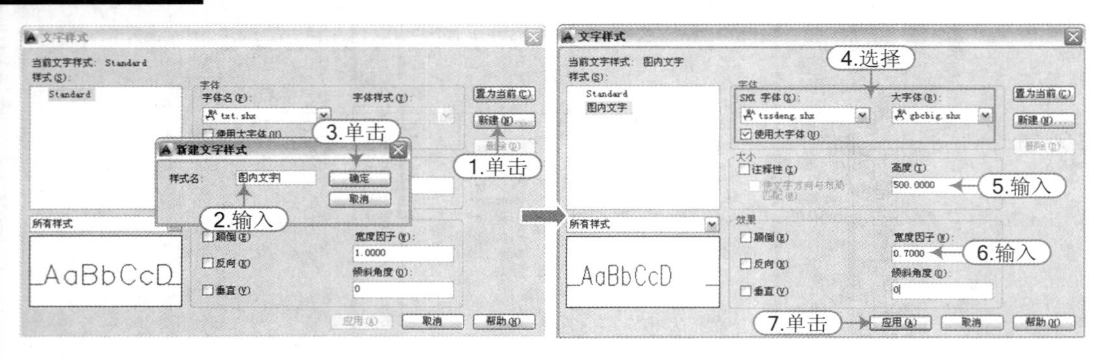

图 3-6　新建文字样式

步骤 07 根据同样的方法，建立“图名”文字样式，设置字体为“宋体”，高度为 700，宽度因子为 1，如图 3-7 所示。

图 3-7　建立“图名”文字样式

技巧提示 ★★★☆☆

文字在图纸中是不可缺少的重要组成部分，文字可以对图纸中不便于表达的内容加以说明，使图纸的含义更加清晰，使施工或加工人员对图纸一目了然，如技术要求、标题栏内容、图形内部说明等。

在使用 AutoCAD 中输入文字前应该建立对应的文字样式，AutoCAD 为用户提供了一个标准的文字样式“Standard”，用户一般都采用这个标准样式来输入文字。如果用户希望创建一个新的样式，或修改已有样式，都可以使用“文字样式”功能来完成，通过“文字样式”功能可以设置文字的字体、字号、倾斜角度、方向及其他一些属性。

新建的“图内文字”文字样式，其字体采用大字体“tssdeng.shx+gbcbig.shx”的组合，若字体下拉列表中没有该类字体，用户可到互联网上下载该字体，然后将其安装到 AutoCAD 的“Fonts”字体文件夹中即可。

技巧：089　教学楼首层用水设备的布置

视频：技巧 089-教学楼首层用水设备的布置.avi
案例：教学楼首层给水平面图.dwg

技巧概述： 在前面设置好了绘图环境，接下来为教学楼首层平面图内的相应位置布置相关的用水设备。

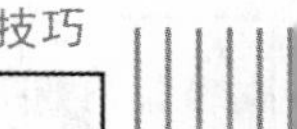

步骤 01 接上例，按【Ctrl+A】组合键，将图形全部选中，然后在“特性”面板的“颜色”下拉列表中，选择“颜色 8”，以将图形以暗色显示，如图 3-8 所示。

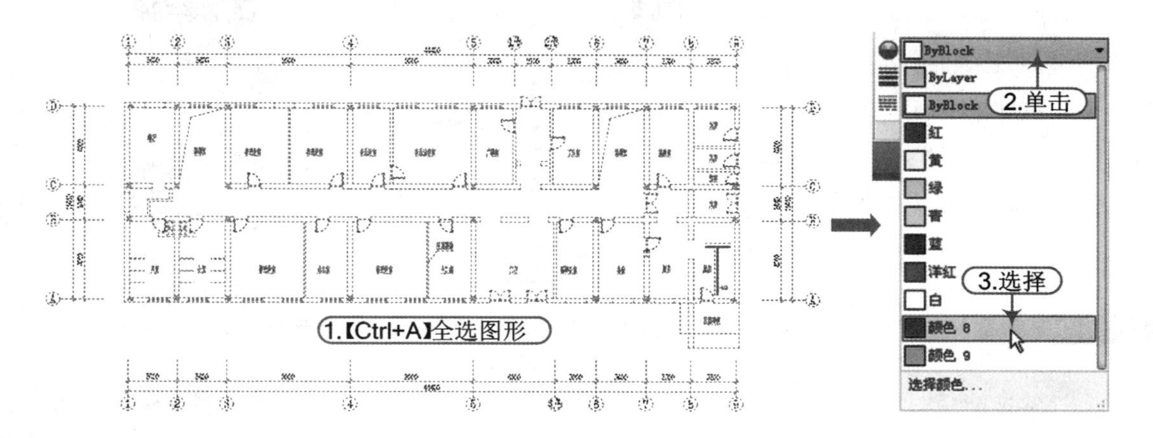

图 3-8　暗色显示平面图

步骤 02 执行“图层特性管理”命令（LA），选择“给水设备”图层，再单击“置为当前”按钮✔，以将该图层置为当前图层，如图 3-9 所示。

图 3-9　设置当前图层

步骤 03 执行“圆”命令（C），在左下侧两卫生间和右侧浴室相应位置绘制出 4 个直径为 150 的圆作为给水立管，如图 3-10 所示。

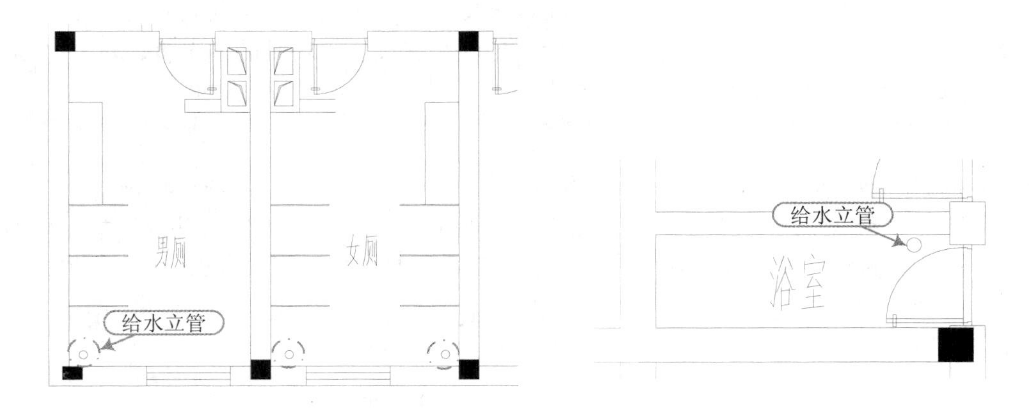

图 3-10　绘制给水立管

步骤 04 执行“插入块”命令（I），或者单击“块”面板中的“插入块”按钮。弹出“插入”对话框，单击“浏览”按钮，则弹出“选择图形文件”对话框，查找到“案例\02\马桶.dwg”文件，然后单击“打开”按钮，回到“插入”对话框中，再单击“确定”按钮，如图 3-11 所示。

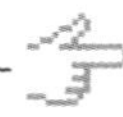

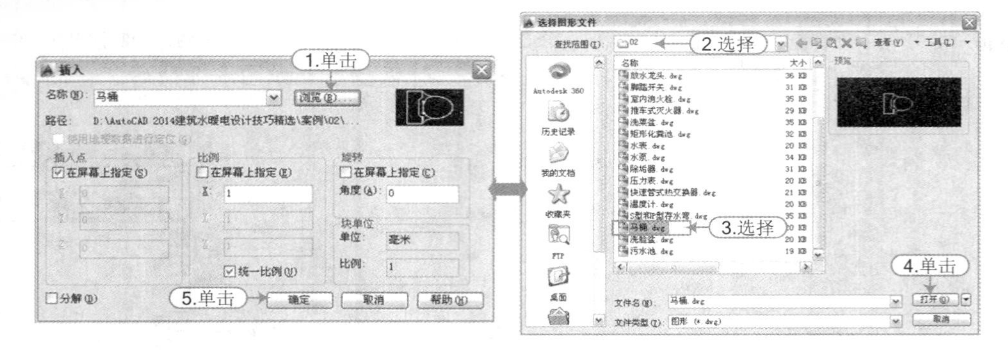

图 3-11　选择插入的图块

步骤 05 则鼠标上附着马桶图例，单击以插入图形中，如图 3-12 所示。

软件技能 ★★★☆☆

在定义好块以后，无论是外部块还是内部块，用户都可以重复插入块从而提高绘图效率。插入单个内部图块与外部图块的方法相同。在“插入”对话框中各选项含义如下。

- 在“名称”下拉列表中选择要插入的内部图块，或者单击右侧的“浏览”按钮，在弹出的“选择图形文件”对话框中选择保存于计算机中的外部块，单击“打开”按钮，在“名称”下拉列表中即显示需要插入的图块名称、文件的路径及右侧的图形预览。
- 在“插入点”选项组中指定图块要插入当前图形中的位置点（X、Y、Z）。勾选 “在屏幕上指定”复选框，即完成设置参数后在绘图区单击指定插入图块的位置。
- 在“比例”选项组中可设置插入图块的缩放比例。勾选“统一比例”复选框，则在X、Y、Z方向上的比例均相同。
- 在“旋转”选项组中指定图块的旋转角度，以插入按指定角度旋转的对象。
- 当勾选“分解”复选框时，可将插入的块分解成组成块时的各个基本对象。当勾选时插入的比例只能为统一比例。

步骤 06 根据同样的方法，重复“插入”命令，将“案例\02”文件夹下面的“污水池”、“洗脸盆”和“案例\03”文件夹下面的“蹲便器”和“小便槽”文件分别插入图形中，并结合移动、复制和镜像命令，摆放到卫生间相应的位置，如图 3-13 所示。

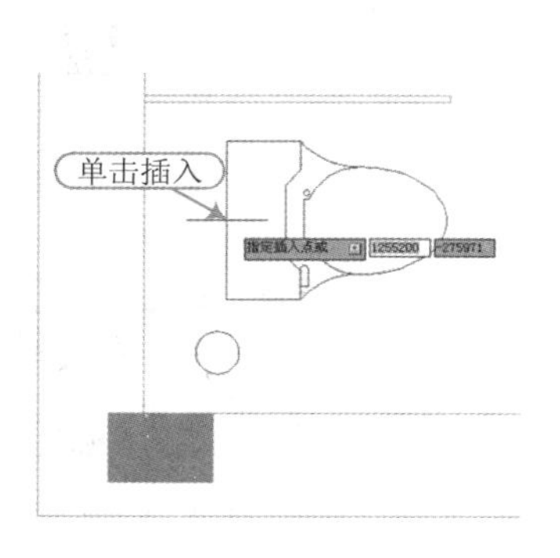

图 3-12　单击以插入

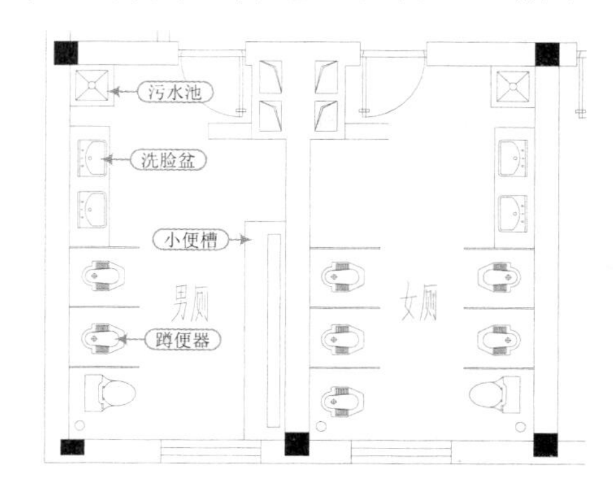

图 3-13　插入并放置其他图块

技巧提示 ★★★☆☆

在第 2 章已经绘制了一些常用的给排水图例，则在绘制给排水施工图时，可使用“插入”图形的方式，将图例作为外部图块插入施工图中，以直接调用这些图例。

步骤 07 再通过执行“复制”命令（CO）和“旋转”命令（RO），将洗脸盆复制出一份，并旋转 90°，然后移动到“卫生室”相应位置，如图 3-14 所示。

步骤 08 执行“插入块”命令（I），将“案例\03\热水器.dwg”文件，插入浴室内，如图 3-15 所示。

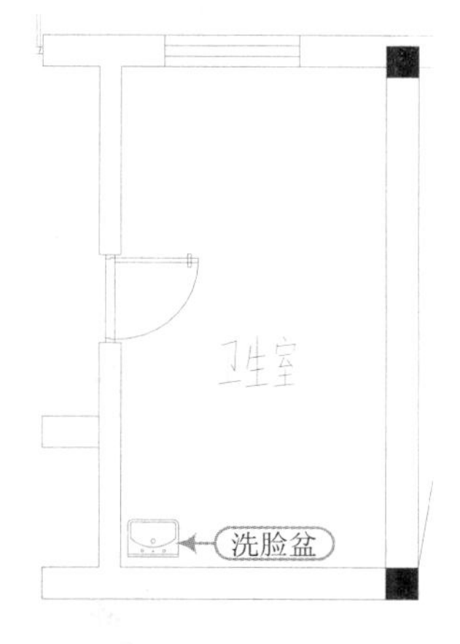

图 3-14　复制洗脸盆

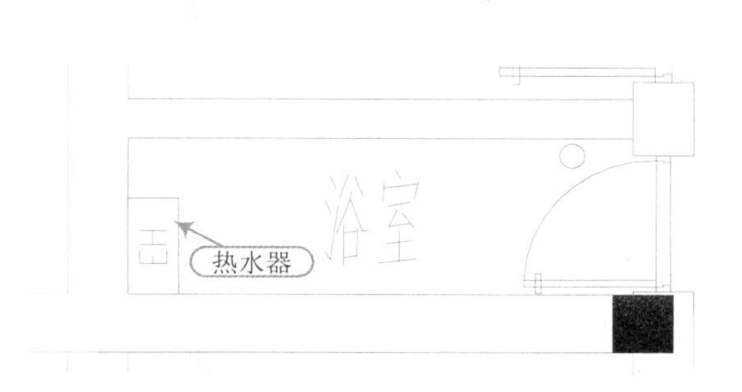

图 3-15　插入热水器

步骤 09 执行“圆”命令（C），绘制直径为 75 的圆作为给水点，如图 3-16 所示。

步骤 10 再执行“多段线”命令（PL），设置全局宽度为 50，捕捉圆心水平向右绘制长 130 的水平多段线；再执行“直线”命令（L），在多段线上绘制一条垂直线段，以此作为出水点，如图 3-17 所示。

图 3-16　绘制给水点

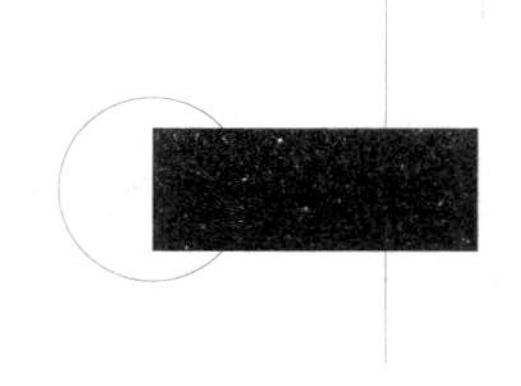

图 3-17　绘制出水点

步骤 11 执行“编组”命令（G），选择上一步绘制好的给水点和出水点图形，按空格键以组合成一个整体，图 3-18 所示为选择图形后显示一个整体夹点。

步骤 12 执行“移动”命令（M），将上一步绘制好的给水点和出水点图形移动到用水设备上，如图 3-19 所示。

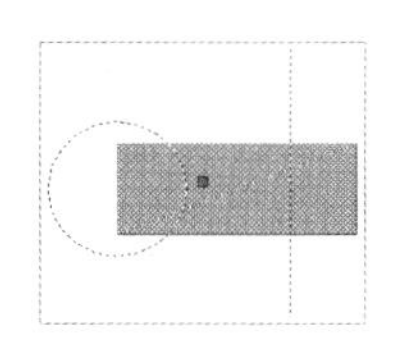

图 3-18　编组后的图形

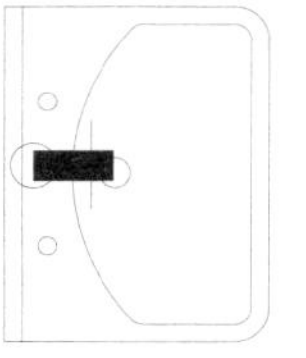

图 3-19　移动到洗脸盆上

步骤 13 执行“复制”命令（CO）、“旋转”命令（RO）和“镜像”命令（MI），将出水点和给水点图例复制到其他的用水设备和需要供水的房间，效果如图 3-20 所示。

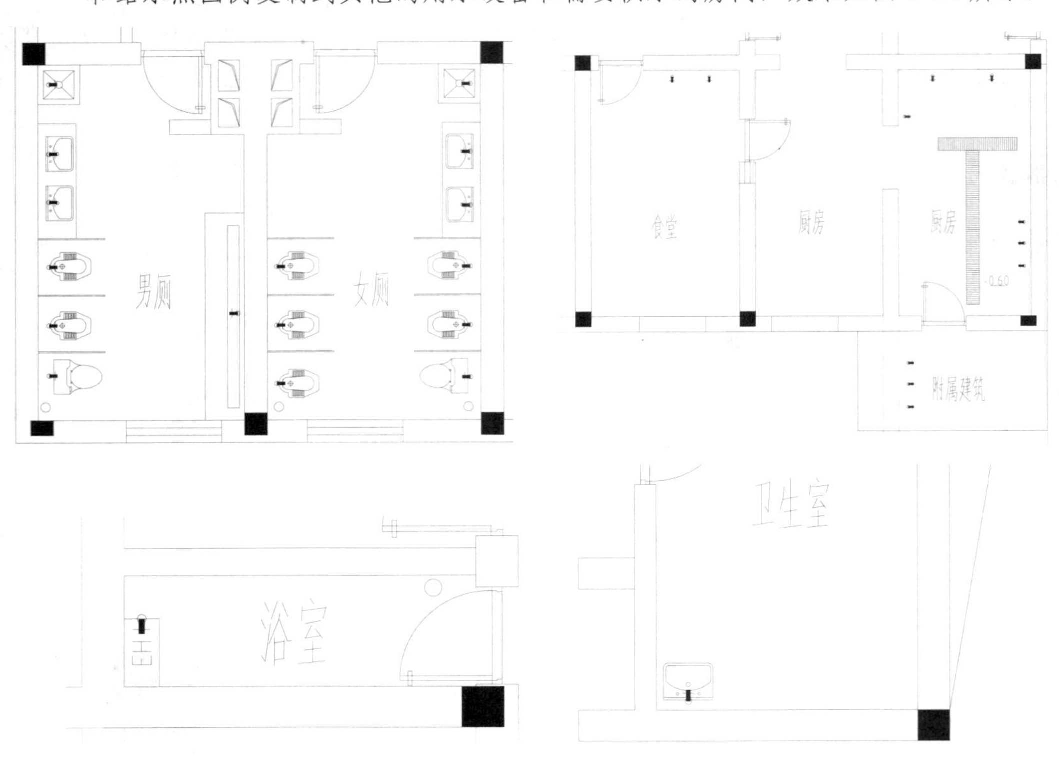

图 3-20 布置其他位置的给水

专业技能 ★★★☆☆

由于该建筑尺寸过大，整体显示无法清楚地看到布置给水的位置，因此这里只给出了需要布置给水位置的男厕、女厕、食堂、厨房、附属建筑、浴室和卫生室。

步骤 14 执行“圆”命令（C），在下侧绘制半径为 1110 的圆；再执行“偏移”命令（O），将圆向内依次偏移 50 和 800，以作为室外水井，如图 3-21 所示。

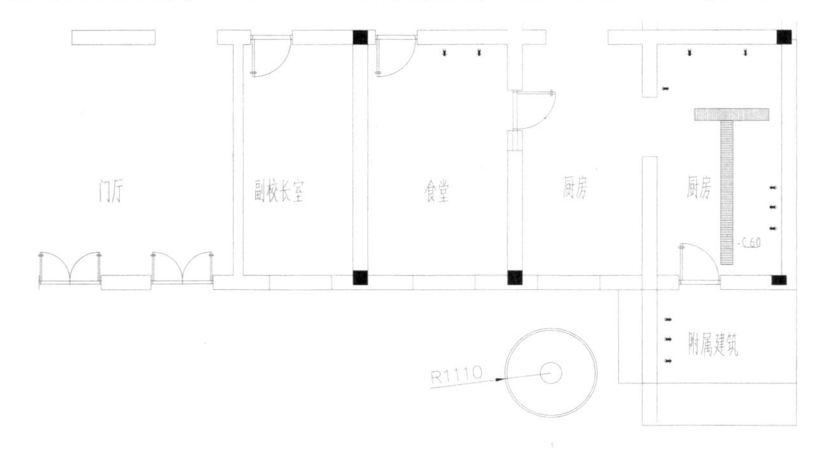

图 3-21 绘制室外水井

技巧：090　教学楼首层给水管线的绘制

视频：技巧090-首层给水管线的绘制.avi
案例：教学楼首层给水平面图.dwg

技巧概述：前面布置好了相关的用水设备，接下来绘制对应的给水管线与用水设备相连接。

步骤 01 在“图层”面板的“图层”下拉列表中，选择“给水管线”图层为当前图层。

步骤 02 执行“多段线”命令（PL），设置全局宽度为 50，从室外水井处引出连接至厨房和食堂各用水设备给水点的管线，如图 3-22 所示。

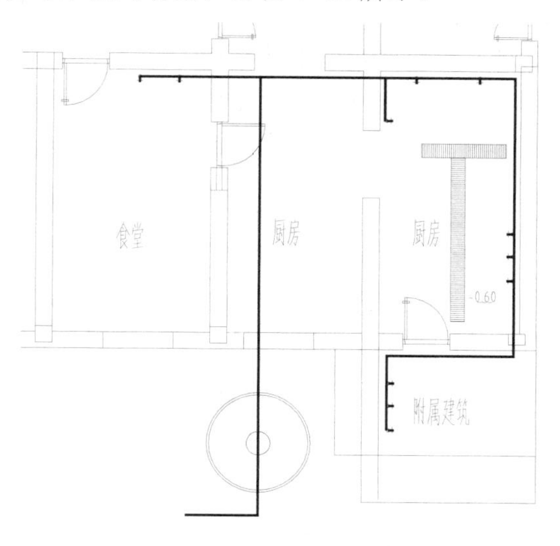

图 3-22　绘制给水管线 1

步骤 03 按空格键重复“多段线”命令，在引出的主管线上引出连接至卫生间、浴室和卫生室各用水设备的给水点管线，如图 3-23 所示。

图 3-23　绘制给水管线 2

技巧精选

专业技能 ★★★☆☆

由于该建筑平面图形过大，在这里将该建筑中间无给水设备的位置断开，以能够更清晰地表达出布置的管线。

技巧：091 首层给水平面图文字的标注

视频：技巧091-给水平面图文字标注.avi
案例：教学楼首层给水平面图.dwg

技巧概述：在前面绘制好了教学楼首层平面图内的所有给水管线及给水设备，下面为给水平面图内的相关内容进行文字标注，其中包括给水立管名称标注、给水管管径标注、图名标注等。

步骤 01 在“图层”下拉列表中，选择“标注”图层为当前图层。

步骤 02 执行“多行文字”命令（MT），选择文字样式为“图内文字”，对平面图中的4根给水立管进行名称及管径标注；再执行“直线”命令（L），在文字处分别绘制指引线至给水立管，如图3-24所示。

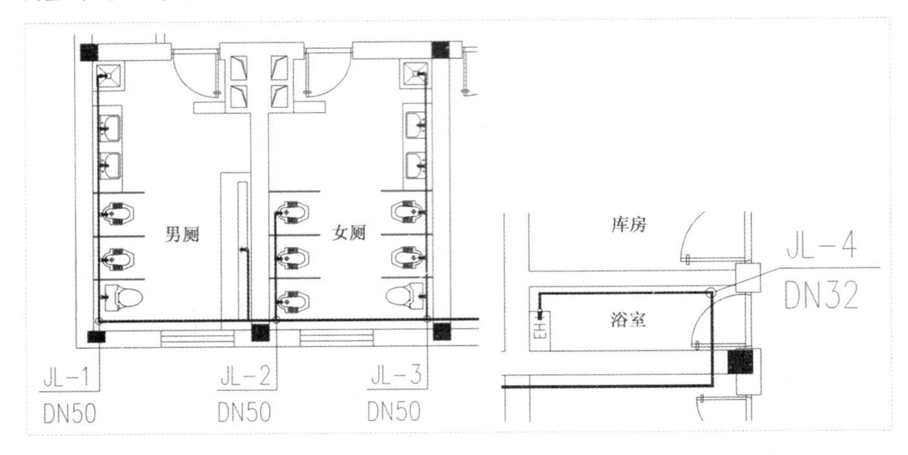

图3-24 文字标注给水立管

步骤 03 根据同样的方法，执行“多行文字”命令（MT），对其他管道进行管径的标注，然后在水井处进行相应的文字注释，效果如图3-25所示。

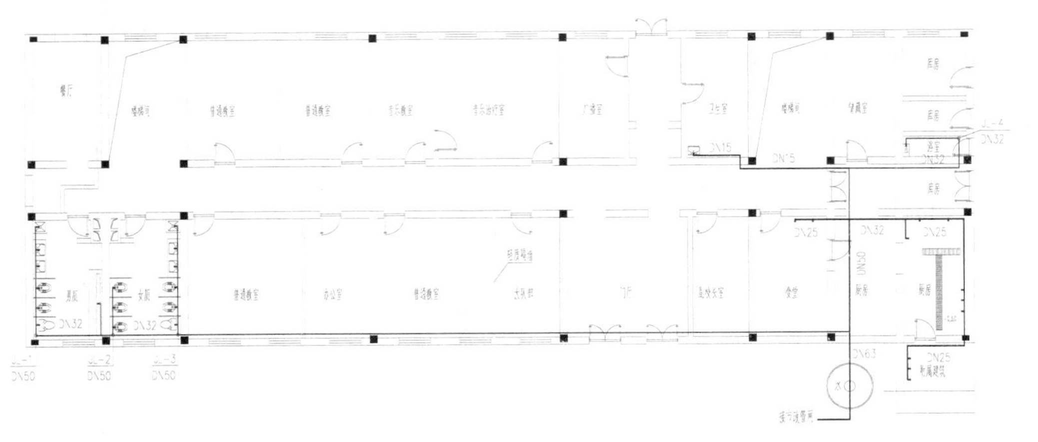

图3-25 标注其他管径

专业技能 ★★★★★

在进行给排水平面布置图的标注说明时，应按照如下方式来操作。

- 文字标注及相关必要的说明：建筑给排水工程图，一般采用图形符号与文字标注符号相结合的方法，文字标注包括相关尺寸、线路的文字标注及相关的文字特别说明等，都应按相关标准要求，做到文字表达规范、清晰明了。
- 管径标注：给排水管道的管径尺寸以毫米（mm）为单位，管径宜以公称直径 DN 表示(如 DN15、DN50)。
- 管道编号：

当建筑物的给水引入管或排水排出管的根数大于 1 根时，通常用汉语拼音的首字母和数字对管道进行标号；

对于给水立管及排水立管，即穿过一层或多层竖向给水或排水管道，当其根数大于 1 根时，也应采用汉语拼音首字母及阿拉伯数字对其进行编号，如“JL-2”表示 2 号给水立管，“J”表示给水，“PL-6”则表示 6 号排水立管，“P”表示排水。

- 标高：对于建筑平面图来说，在同一标准层上可以同时表示出各个层的标高，这样更加直观。
- 尺寸标注：建筑的尺寸标注共三道，第一道是细部标注，主要是门窗洞的标注；第二道是轴网标注；第三道是建筑长宽标注。

步骤 04 再执行“多行文字”命令（MT），选择“图名”文字样式，设置文字高度为 1000，在图形的下方标注图名“首层给水平面图”，再设置文字高度为 850，标注比例“1：100”；再执行“多段线”命令（PL），设置全局宽度为 100，绘制一条与图名同长的多段线，效果如图 3-26 所示。

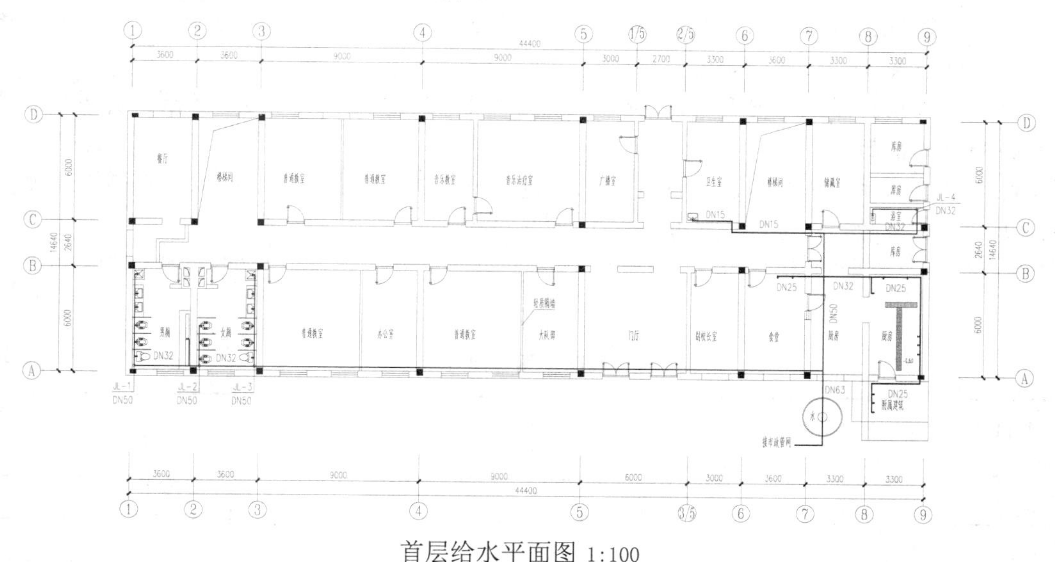

图 3-26　图名标注

技巧：092 首层给水平面图图框的绘制

视频：技巧092-给水平面图图框的绘制.avi
案例：教学楼首层给水平面图.dwg

技巧概述： 绘制完教学楼首层给水平面图以后，应对其添加相应大小的图框，本实例讲解A2 图框的绘制。

步骤 01 在“图层”下拉列表中，选择“图框”图层为当前图层。

步骤 02 执行“矩形”命令（REC），绘制一个 594×420 的矩形，作为 A2 图框外轮廓，如图 3-27 所示。

步骤 03 执行“分解”命令（X），将矩形进行分解打散操作，再执行“偏移”命令（O），将矩形左垂直边向内偏移 25，其他 3 条边各向内偏移 10；再执行“修剪”命令（TR），修剪多余线条，效果如图 3-28 所示。

图 3-27　绘制矩形

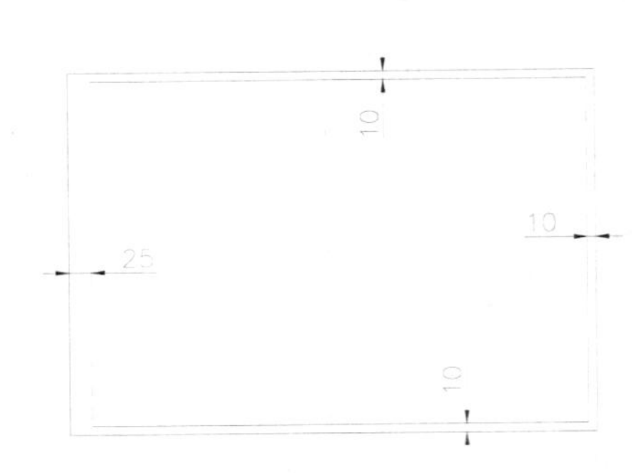

图 3-28　偏移、修剪操作

专业技能 ★★★☆☆

图框是图纸上所供画图的范围的边线，为了合理使用图纸并便于管理装订，所有图纸大小必须符合表 3-1 所示的规定。

同一项工程的图纸不宜多于两种幅面。表中代号的意义如图 3-29 所示，其图纸分横式幅面和竖式幅面。

图纸以短边作为垂直边称为横式，以短边作为水平边称为立式。一般 A0～A3 图纸宜横式使用；必要时，也可立式使用。

表 3-1　幅面及图框尺寸　mm

图纸幅面/尺寸代号	A0	A1	A2	A3	A4
B×L	841×1189	594×841	420×594	297×420	210×297
c	10			5	
a	25				

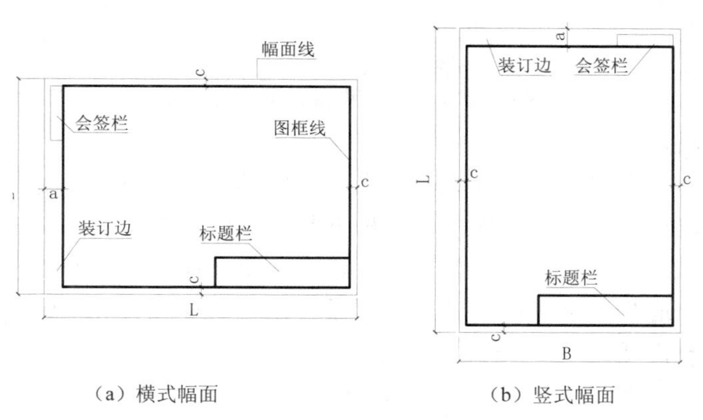

（a）横式幅面　　（b）竖式幅面

图 3-29　图幅格式

步骤 04 再执行“偏移”命令（O）和“修剪”命令（TR），在下侧绘制出标题栏，如图 3-30 所示。

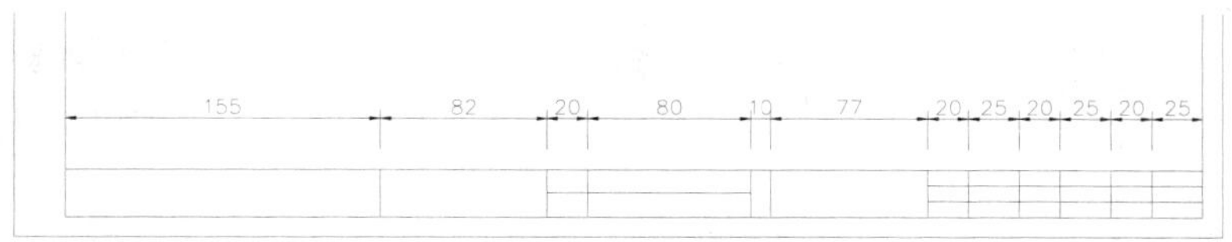

图 3-30　绘制标题栏

步骤 05 执行“多行文字”命令（MT），选择“图内文字”文字样式，设置不同的字体高度，在标题栏中输入文字，如图 3-31 所示。

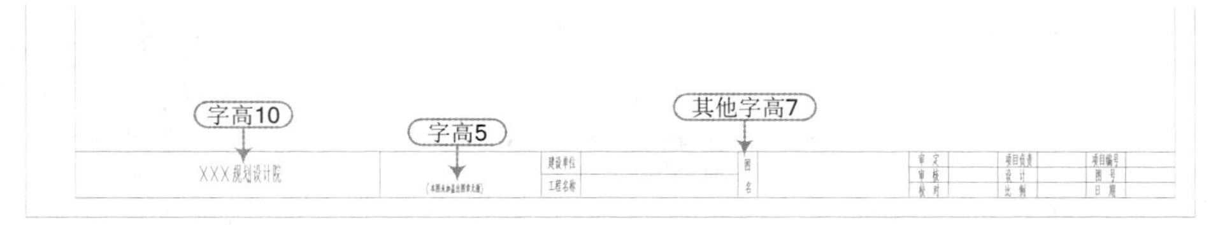

图 3-31　输入标题栏文字

步骤 06 执行“写块”命令（W），弹出“写块”对话框，单击“选择对象”按钮，然后选择整个图框对象，按空格键回到“写块”对话框，单击“拾取点”按钮，单击图框角点为基点，再选择保存的路径为“案例\03\A2 图框”，最后单击“确定”按钮，以将 A2 图框单独地保存到计算机中，如图 3-32 所示。

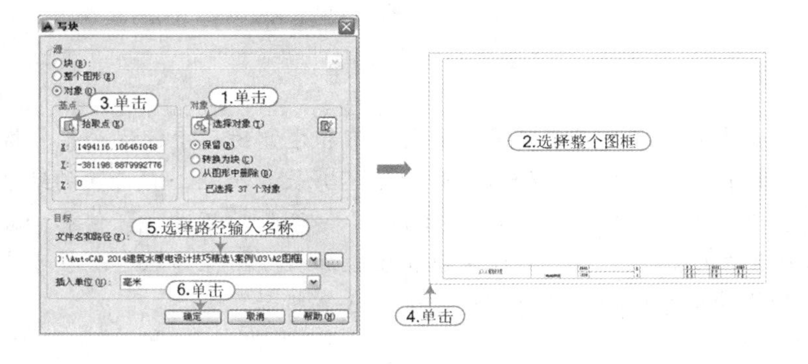

图 3-32　将 A2 图框保存为外部块

技 巧 精 选

专业技能 ★★★★☆

为了使绘制的“A2 图框”能够重复的使用在其他图形中，可使用“写块”命令将 A2 图框保存为外部图块，在以后图形中需要时可“插入”该图框。

写块“WBLOCK”命令将对象输出成一个文件，实际上就是将这些对象变成一个新的、独立的图形文件。这个新的图形文件可以利用当前图形中定义的块创建，也可以由当前图形中被选择的对象组成，甚至可以将全部的当前图形输出成一个新的图形文件。无论如何通过“WBLOCK”命令选择对象，新图都会将图层、线型、样式和其他特性（如系统变量）等设置作为当前图形设置。

步骤 07 执行“缩放”命令（SC），选择绘制完成的 A2 图框，输入比例为 100，以将图框放大 100 倍；再执行“移动”命令（M），将图框移动以框住给水平面图，效果如图 3-33 所示。

步骤 08 至此，该教学楼首层给水平面图已经绘制完成，按【Ctrl+S】组合键进行保存。

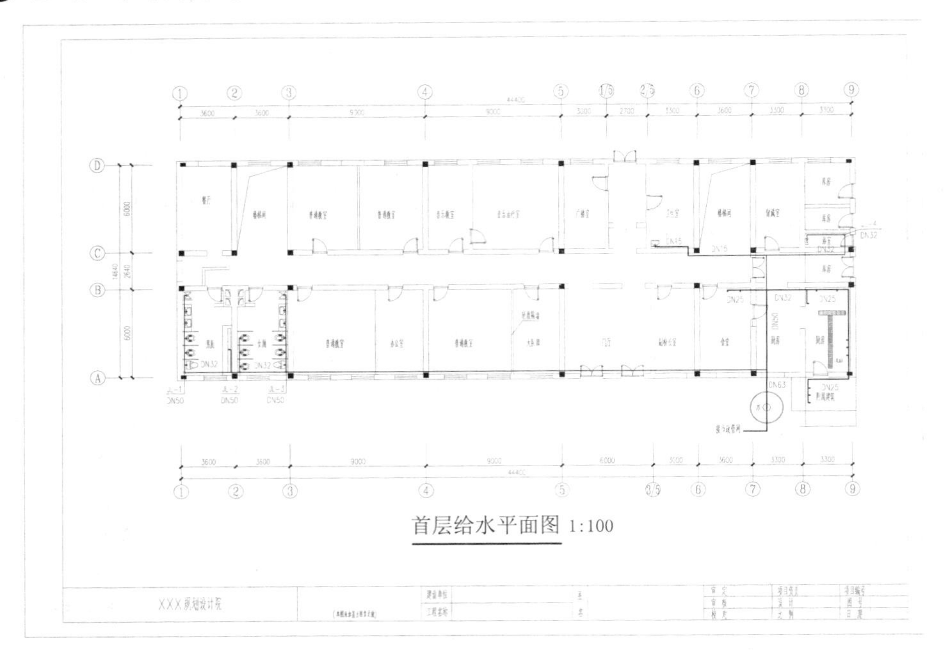

图 3-33 移动效果

技巧提示 ★★★☆☆

由图 3-33 可看出该平面图中只保留了上、下和左侧的尺寸标注和轴号标注，而将右侧边的尺寸标注和轴号标注对象删除。因为图框不够长，而左、右标注的结果是一样的，为了使平面图能够放入图框内，而将右侧标注删除，删除后不造成任何影响。

当图框长度不足以框住图形时，还可以将图框加长。图框的短边一般不应加长，长边可以加长，但加长的尺寸应符合国标规定，如表 3-2 所示。

表 3-2　图纸长边加长尺寸　　mm

幅 面 尺 寸	长 边 尺 寸	长边加长后尺寸
A0	1189	1486　1635　1783　1932　2080　2230　2378
A1	841	1051　1261　1471　1682　1892　2102
A2	594	743　891　1041　1189　1338　1486　1635
A2	594	1783　1932　2080
A3	420	630　841　1051　1261　1471　1682　1892

注：有特殊需要的图纸，可采用 b×l 为 841×891 与 1189×1261 的幅面

技巧：093　教学楼其他层给水平面图效果

视频：无
案例：教学楼其他层给水平面图.dwg

技巧概述：该教学楼 2～4 层给水平面图与首层给水平面图的 4 根竖直给水立管位置是相对应的，这 4 根给水立管由建筑第 1 层垂直地穿过第 4 层，在布置 2～4 层给水管线时，是直接从给水立管处引出管线至各个给水设备，如图 3-34 所示。二层及以上高层楼是以立管供水，一个建筑只需要一个由地底下引入室内的水井。

读者可参照“案例\03”文件夹下面的“教学楼其他层给水平面图.dwg”文件的图形效果进行绘制，效果如图 3-35～3-37 所示。

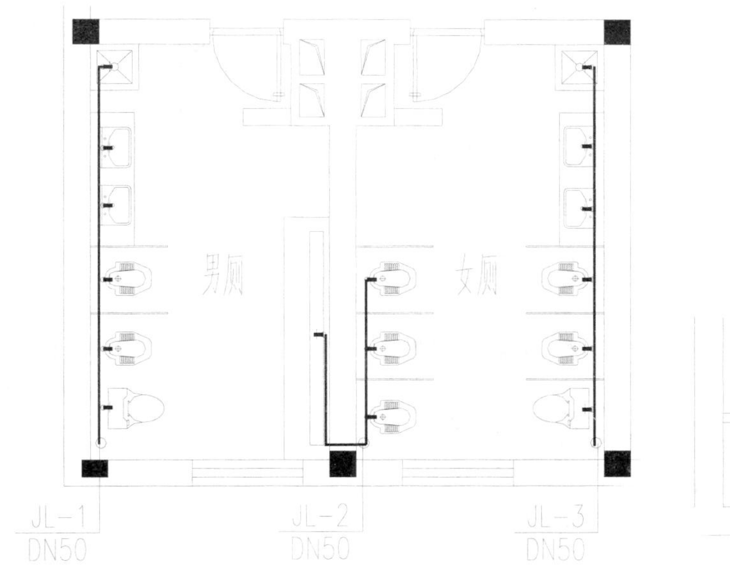

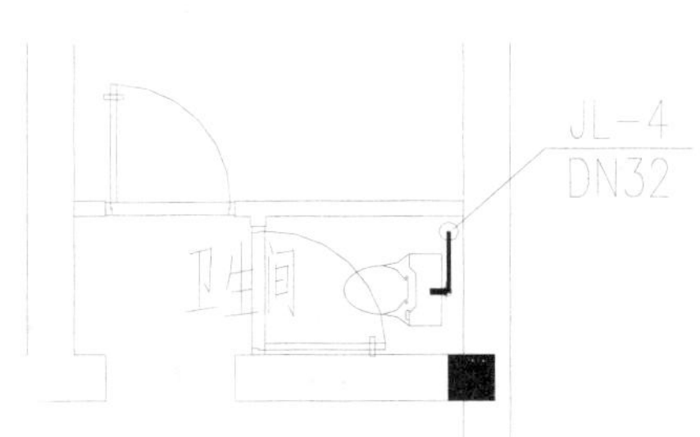

图 3-34　2～4 层由给水立管引出管线到给水设备

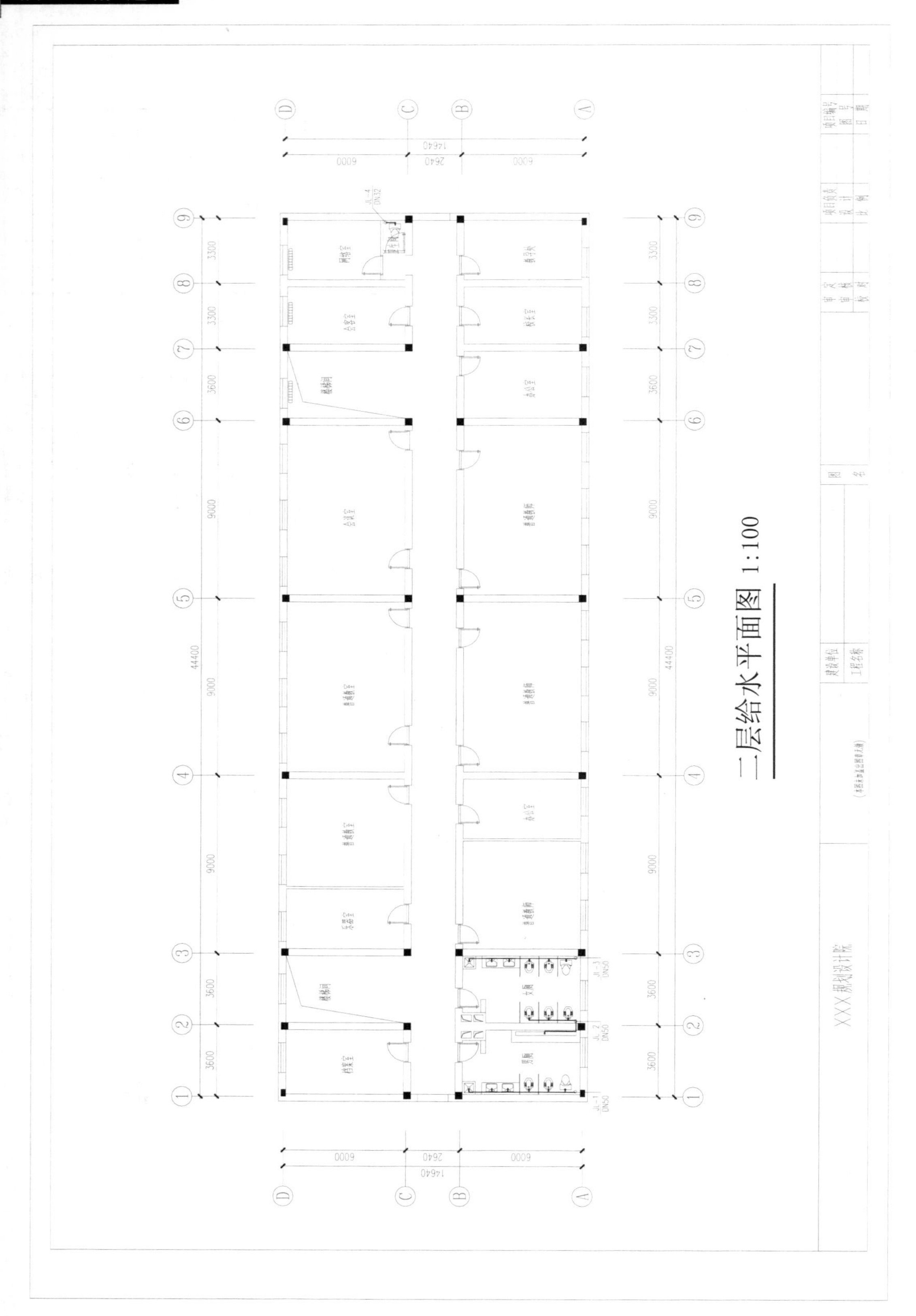

图 3-35 教学楼二层给水平面图

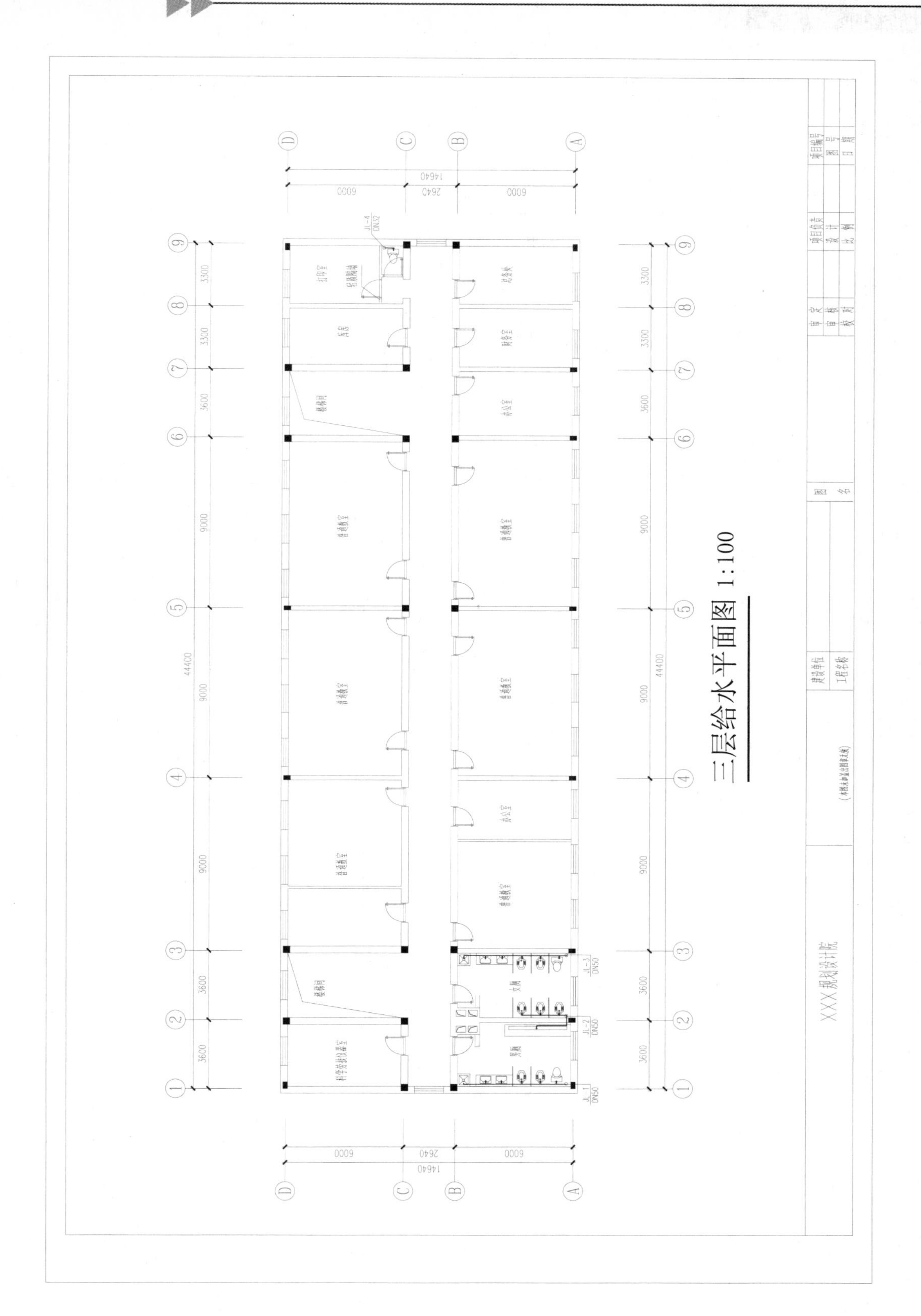

图 3-36　教学楼三层给水平面图

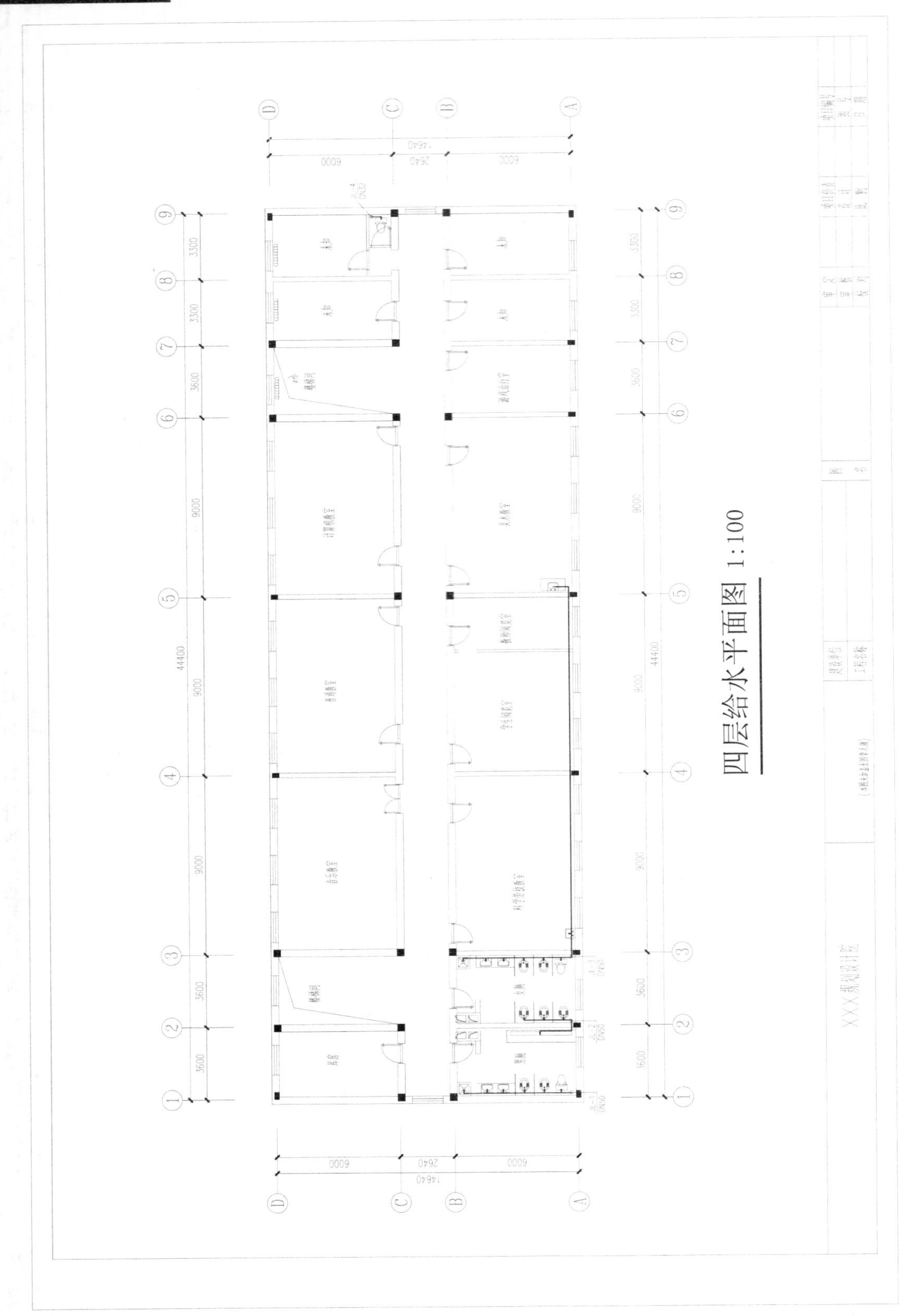

图 3-37　教学楼四层给水平面图

技巧：094　教学楼给水系统图的创建

视频：技巧094-系统图绘图环境的调用.avi
案例：教学楼给水系统图.dwg

技巧概述：本节仍然以四层教学楼为例，讲解该教学楼给水系统图的绘制流程，使读者掌握建筑给水系统图的绘制方法及相关的知识点，绘制效果如图 3-38 所示。

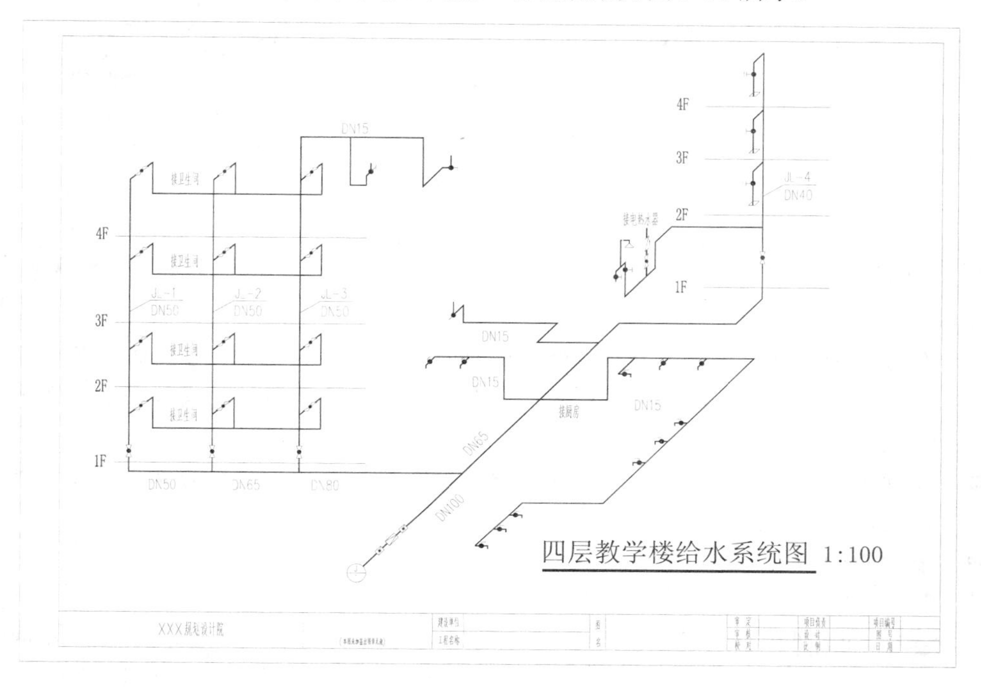

图 3-38　四层教学楼给水系统图

在绘制该四层教学楼给水系统图之前，首先应设置其绘图的环境，包括新建图层、文字样式等。

步骤 01 正常启动 AutoCAD 2014 软件，系统自动创建空白文件，单击“另存为”按钮，将文件另存为“案例\03\四层教学楼给水系统图.dwg”文件。

步骤 02 执行“图层特性管理”命令（LA），新建如图 3-39 所示的图层。

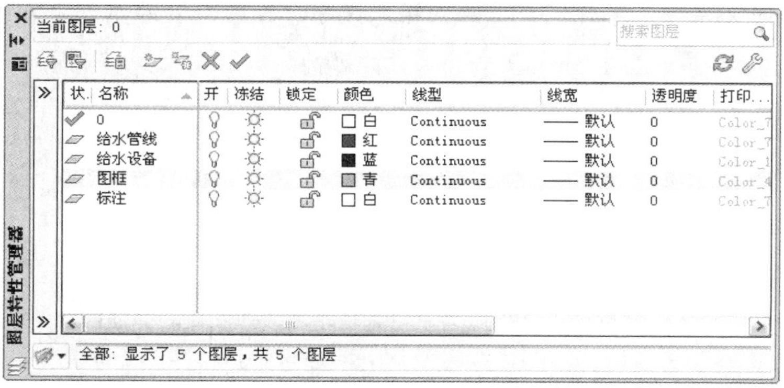

当前图层：0　　搜索图层

状.	名称	开	冻结	锁定	颜色	线型	线宽	透明度	打印...
✓	0				白	Continuous	—— 默认	0	Color_7
	给水管线				红	Continuous	—— 默认	0	Color_7
	给水设备				蓝	Continuous	—— 默认	0	Color_1
	图框				青	Continuous	—— 默认	0	Color_4
	标注				白	Continuous	—— 默认	0	Color_7

全部：显示了 5 个图层，共 5 个图层

图层特性管理器

图 3-39　设置图层效果

步骤 03 执行“文字样式”命令（ST），在打开的“文字样式”对话框中，建立“图名”和“图内文字”文字样式，并设置相应的字体、高度、宽度因子等，如图 3-40 所示。

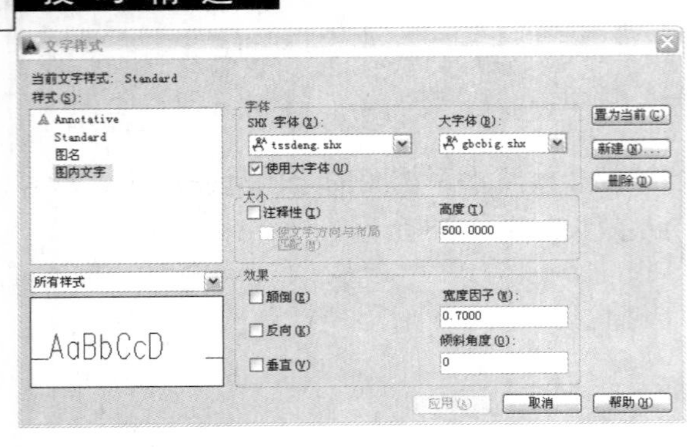

图 3-40　建立文字样式

专业技能 ★★★☆☆

系统图的主要功能

- 配合平面图反映并规定整个系统的管道及设备连接状况，指导施工。例如，立管的设计、各层横管与立管及给排水点的连接、设备及器件的设计及其在系统中所处的环节等。
- 反映系统的工艺及原理。整个系统设计的正确、合理、先进与否，都在系统图上有反映。
- 表示在平面图中难以表示清楚的内容。

技巧：095　绘制给水主管线

视频：技巧095-绘制给水主管线.avi
案例：教学楼给水系统图.dwg

技巧概述：根据首层给水平面图给水管线及给水设备走向图，可先绘制出室外水井及主要的管线。

步骤 01 在“图层”下拉列表中，选择“给水设备”图层为当前图层。

步骤 02 执行“圆”命令（C），绘制一个半径为 600 的圆；再执行“直线”命令（L），过左、右象限点绘制一条水平直线，如图 3-41 所示。

步骤 03 执行“多行文字”命令（MT），在圆内拖出文本框，在“文字格式”工具栏中，选择“图内文字”文字样式，在圆内输入文字，作为室外给水井，如图 3-42 所示。

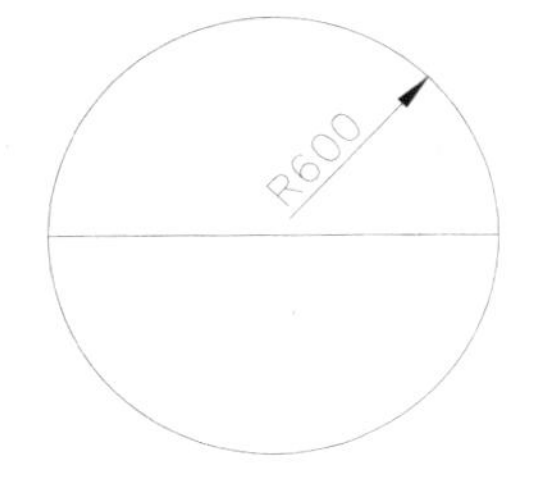

图 3-41　绘制圆和直线

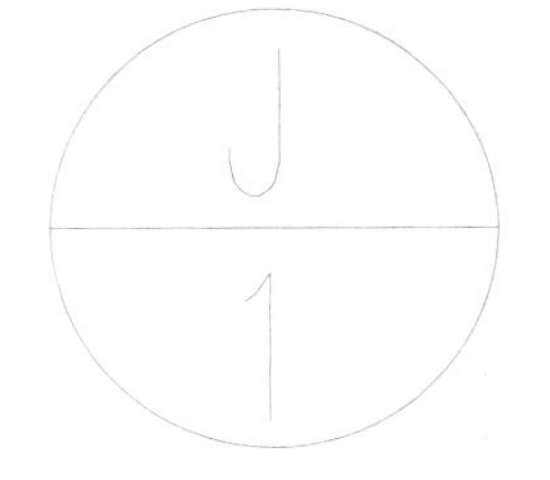

图 3-42　文字标注

技巧提示 ★★★☆☆

在执行“多行文字”命令时，选择的“图内文字”文字样式已经设置好了文字的高度 500，若不更改设置则以默认值来输入文字。

步骤 04 选择“给水管线”图层为当前图层，在状态栏中单击“极轴追踪”按钮，以启用极轴追踪功能，然后右击该按钮，在弹出的快捷菜单中选择“45”选项，以设置 45° 的增量角，如图 3-43 所示。

步骤 05 执行“多段线”命令（PL），单击圆心作为起点，然后鼠标移动则自动捕捉到 45° 的极轴追踪线，最后单击极轴线上一点以确定点 1，如图 3-44 所示。

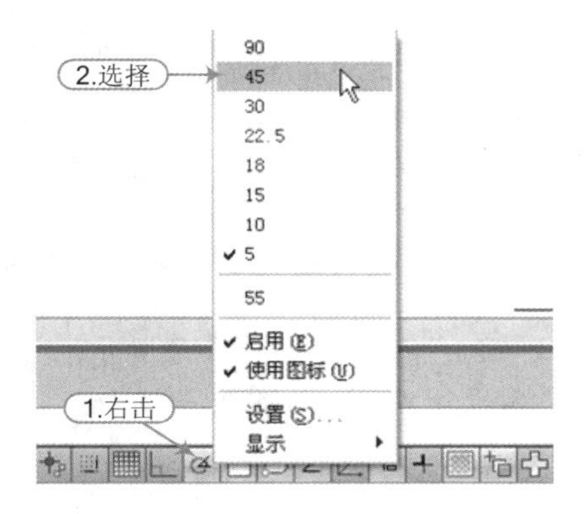

图 3-43 设置极轴追踪角

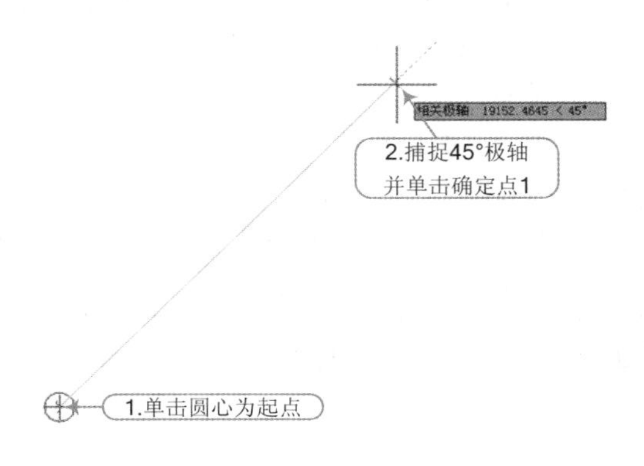

图 3-44 绘制点 1

软件技能 ★★★★★

与正交功能相对的是极轴功能，使用极轴功能不仅可以绘制水平线、垂直线，还可以快速绘制任意角度或设定角度的线段。

单击状态栏中的“极轴追踪（F10）”按钮，或者按【F10】键，都可以启用极轴功能，启用后用户在绘图操作时，将在屏幕上显示由极轴角度定义的临时对齐路径，系统默认的极轴角度为 90°，通过“草图设置”对话框可设置极轴追踪的角度等其他参数。

执行“草图设置”命令（SE），在弹出的“草图设置”对话框中选择“极轴追踪”选项卡，如图 3-45 所示。其中相应选项含义如下。

- 在“增量角”下拉列表中指定极轴追踪的角度。若选择增量角为 30，则光标移动到相对于前一点的 0、30、60、90、120、150 等角度上时，会自动显示出一条极轴追踪虚线，如图 3-46 所示。

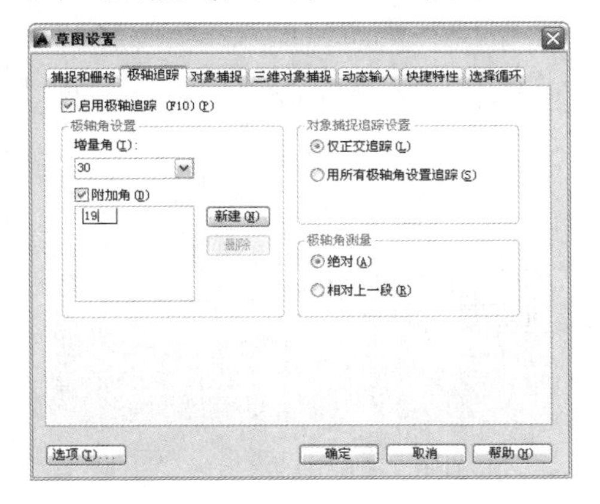

图 3-45 极轴追踪设置

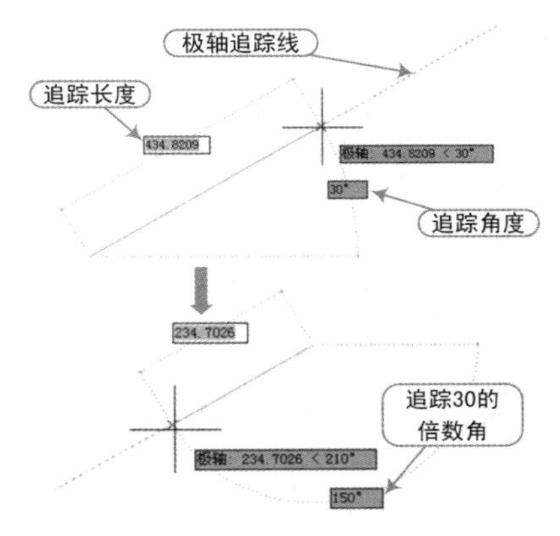

图 3-46 捕捉增量角

技巧精选

- 勾选“附加角”复选框，然后单击 新建(N) 按钮，可新增一个附加角。附加角是指当十字光标移动到设定的附加角度位置时，也会自动捕捉到该极轴线，以辅助用户绘图。新建的附加角为19，在绘图时即可捕捉到19°的极轴。

在设置不同角度的极轴时，一般只设置附加角，可以在附加角一栏中进行“新建”和“删除”附加角，而增量角为默认捕捉角很少改变。

增量角和附加角的区别：附加角不能倍量递增，如设置附加角为19°，则只能捕捉到19°的极轴，与之倍增的角度，如38°、57°等则捕捉不了。

注意，其中若设置“极轴角测量”为“相对上一段”，在上一条线基础上附加角和增量角都可以捕捉得到增量的角度。

步骤06 鼠标光标继续水平向右引出一段距离并单击，确定点2，如图3-47所示。

步骤07 将光标再放在右上45°极轴线上引出一段距离确定点3，如图3-48所示。

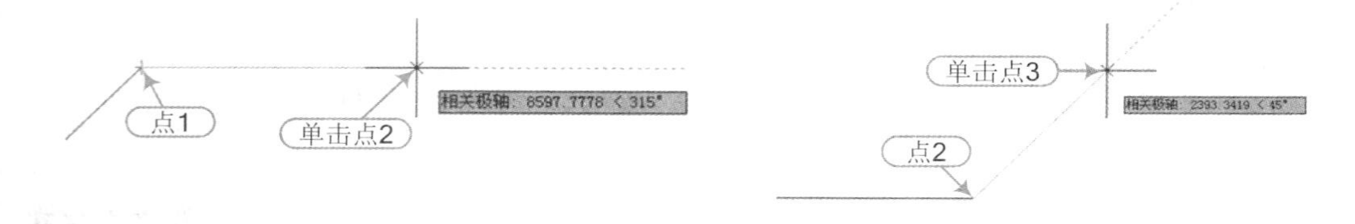

图3-47 绘制点2

图3-48 绘制点3

步骤08 再将光标垂直向上引伸出一段高度并单击确定终点，按空格键，给水立管4的管道连接线绘制完成，如图3-49所示。

步骤09 根据这样的方法，再执行“多段线”命令（PL），绘制出其他3根立管线及首层各分支管的管道连接线；然后双击多段线，选择“宽度（W）”选项，设置多段线的宽度为50，效果如图3-50所示。

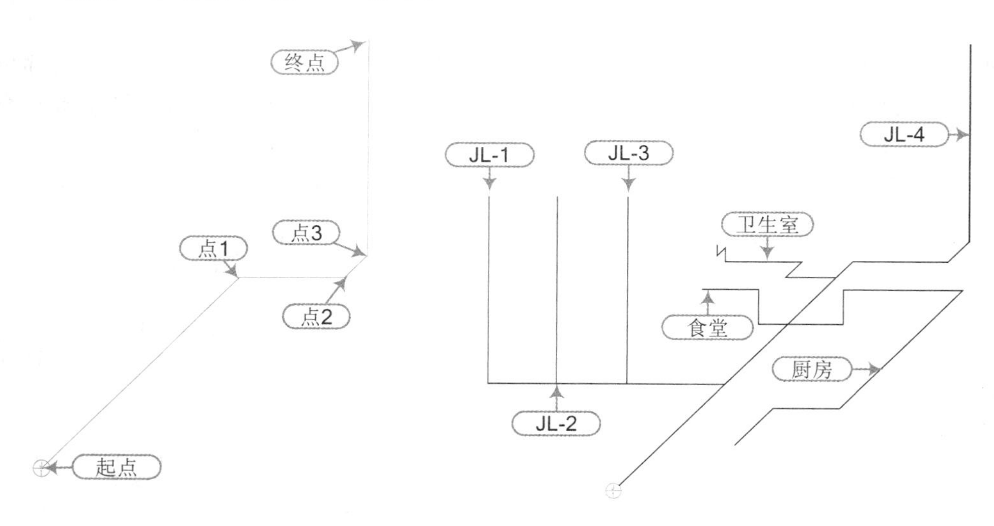

图3-49 绘制的多段线管线

图3-50 绘制其他多段线

专业技能 ★★★☆☆

绘制系统图主要管线时，并不是无据可寻、随意地去绘制，必须按照如图 3-51 所示的首层平面图给水管线的走向来绘制，因为给排水系统图与给排水平面图位置是相对立的，系统图是表示给排水管道及设备立体状况的图。

给排水系统图应绘制出各种管道系统轴测图（立体图），图中应标明管道走向、管径、仪表及阀门、伸缩节、固定支架、控制点标高和管道坡度、各系统进出水管编号、各楼层卫生设备和工艺用水设备的连接点位置。

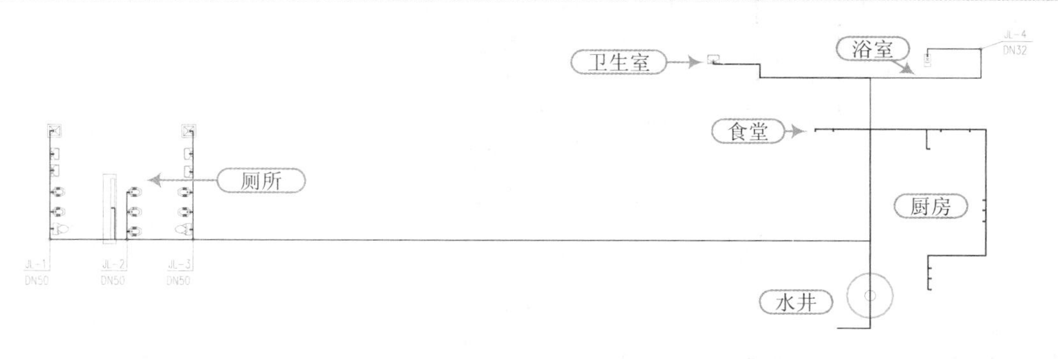

图 3-51　首层给排水平面图中的管线及用水设备图

技巧：096　绘制给水系统图各层层高

视频：技巧096-绘制给水系统图各层层高.avi
案例：教学楼给水系统图.dwg

技巧概述： 在前面已经绘制好了排水主要管线，接下来在绘制的排水主管线上确定各楼层标高位置及标注各层的楼层号。

步骤 01 将“标注”图层置为当前图层，执行“直线”命令（L）和“复制”命令（CO），在立管处分别绘制出 4 层水平线，以表示不同楼层标高位置，如图 3-52 所示。

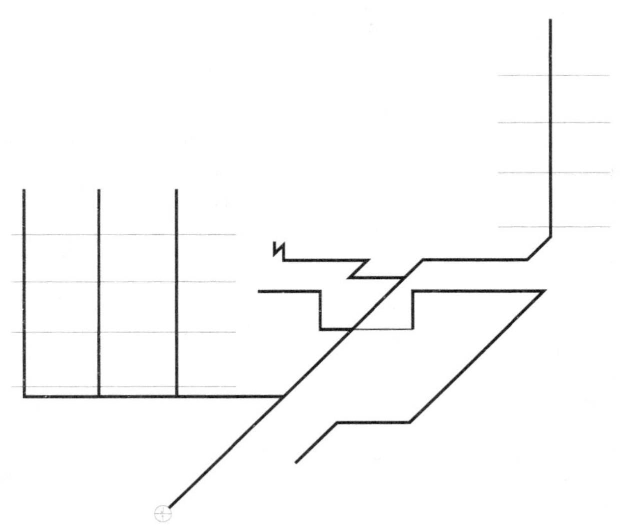

图 3-52　绘制楼层线

步骤 02 执行“多行文字”命令（MT），选择“图内文字”文字样式，设置字体为“宋体”，字高设置为1000，在楼层线处标注出楼层号，如图3-53所示。

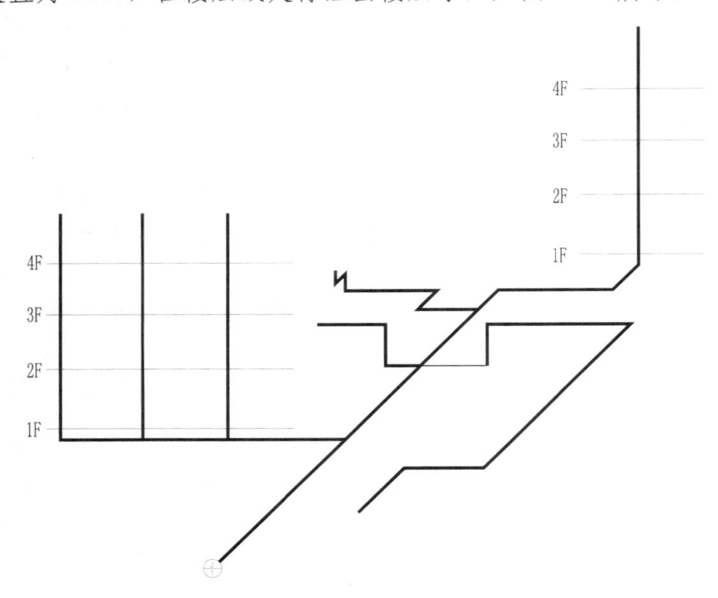

图 3-53 标注楼层号

技巧：097 绘制教学楼各层支管线

视频：技巧097-绘制各层支管线.avi
案例：教学楼给水系统图.dwg

技巧概述： 在绘制完教学楼给水系统图主要管线之后，接下来绘制连接各层用水设备的管道支管线。首先要识读各层给水平面图中各支管线的连接空间关系：由给水平面图中 JL-1、JL-2 和 JL-3 给水立管供给的是男女厕所的用水设备，而且每一层用水设备和位置都是一样的，可绘制出首层支水管线；然后使用“复制”命令将首层支水管线依次复制到其他层。

步骤 01 将“给水管线”图层置为当前图层，执行“多段线”命令（PL），设置多段线全局宽度为50，在左侧三个立管处绘制出首层支管线，如图3-54所示。

步骤 02 由于教学楼二～四层厕所的用水设备相同，因此执行“复制”命令（CO），将首层的支管向上复制，如图3-55所示。

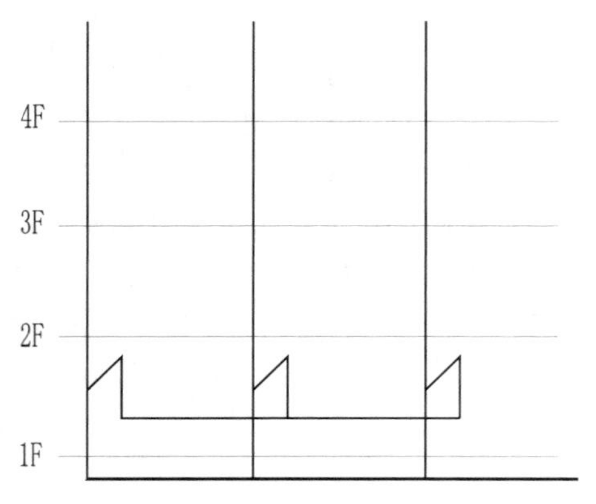

图 3-54 绘制首层支管线

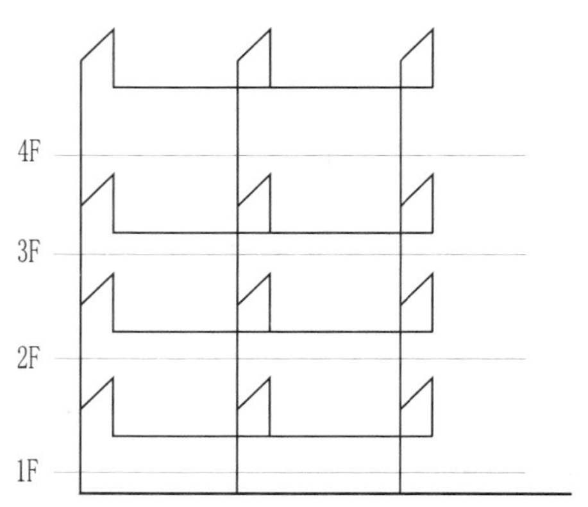

图 3-55 复制到其他层

步骤 03 由“教学楼四层给水平面图”可看出，由 JL-3 给水立管水平向右引出了管线连接至其他两个教室的设备。则执行“多段线”命令（PL），由 JL-3 管线向右绘制出两条支管，如图 3-56 所示。

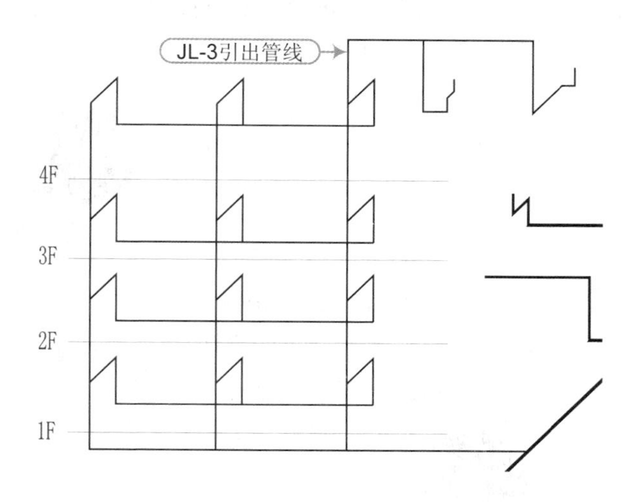

图 3-56　绘制其他两个教室支管线

步骤 04 由“教学楼首层给水平面图”可看出，由 JL-4 给水立管水平向左引出了管线连接至浴室的热水器。那么继续执行“多段线”命令（PL），由 JL-4 管线向左绘制出首层浴室的支管线，如图 3-57 所示。

步骤 05 由“教学楼其他层给水平面图”可看出，JL-4 给水立管分别向各层卫生间引出了连接至马桶的管线，那么再继续执行“多段线”命令（PL），由 JL-4 管线分别向前绘制出二～四层连接马桶的支管线，如图 3-58 所示。

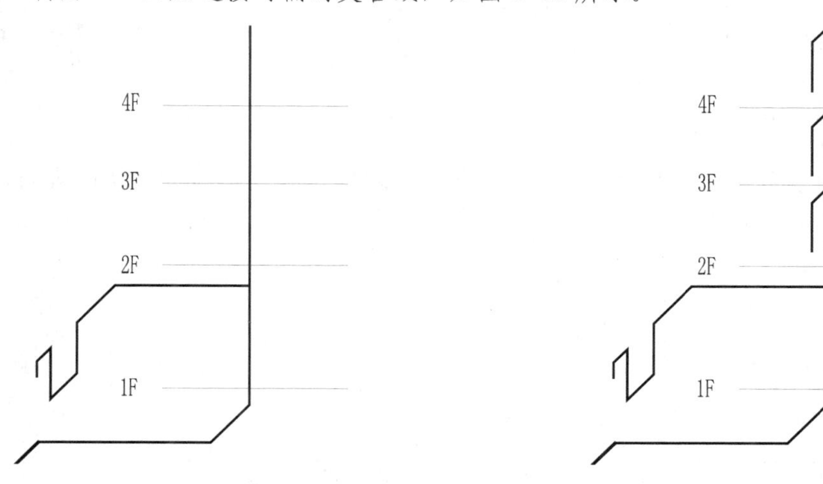

图 3-57　绘制浴室支管线　　　图 3-58　绘制二～四层卫生间支管线

技巧：098　绘制给水设备及阀门

视频：技巧098-绘制给水设备及阀门.avi
案例：教学楼给水系统图.dwg

技巧概述：前面已经绘制完了给水系统图的管线，接下来绘制相应的用水设备及阀门附件，包括截止阀、球阀、减压阀、蝶阀、延时自闭冲洗阀、放水龙头、淋浴喷头、马桶水箱等图例，然后将各个图例布置到相应的位置管线上。

技巧精选

步骤 01 在“图层”下拉列表中，将“给水设备”图层置为当前图层。

步骤 02 绘制“截止阀”图例，执行“圆”命令（C），绘制半径为 150 的圆。

步骤 03 再执行“直线”命令（L），在圆上象限点绘制直线。

步骤 04 执行“图案填充”命令（H），为圆内部填充“SOLTD”的图案，绘制过程如图 3-59 所示。

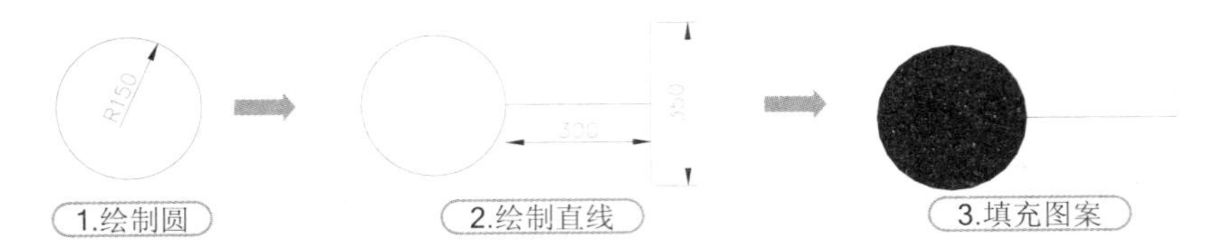

图 3-59　截止阀图例

步骤 05 根据同样的方法，执行“圆”、“直线”、“图案填充”等命令，通过 45° 极轴捕捉，绘制出尺寸相同且倾斜的截止阀，如图 3--60 所示。

图 3-60　绘制截止阀的轴测形式

专业技能 ★★★☆☆

倾斜截止阀中的斜线是在 45° 极轴追踪角上来绘制的，虽然图形倾斜绘制但与正图尺寸是相同的。

步骤 06 执行“移动”命令（M）和“复制”命令（CO），将相应样式的截止阀复制移动到相应的管线位置，如图 3-61 所示。

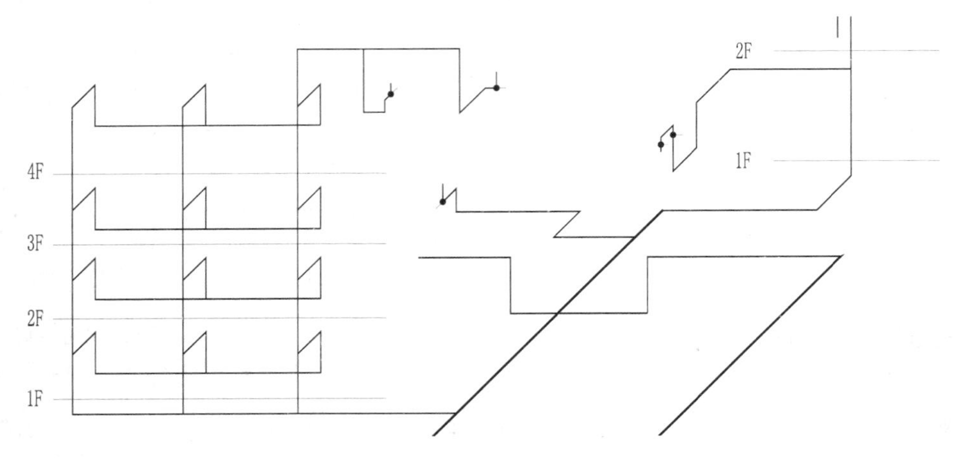

图 3-61　移动复制截止阀

步骤 07 绘制“延时自闭冲洗阀”图例，执行“复制”命令（CO），将截止阀复制出一份；再执行“镜像”命令（MI），将截止阀镜像一份且删除源对象；再执行“偏移”命令（O），将垂直线段偏移出 150，如图 3-62 所示。

图 3-62　“延时自闭冲洗阀”图例

技巧提示　★★★☆☆

在镜像操作中，提示“要删除源对象吗？[是(Y)/否(N)]”时，选择“否(N)”选项，即保留镜像源对象则为两个图形；若选择“是(Y)”选项，即删除镜像源对象只留下一个镜像后的图形。

步骤 08 绘制“马桶水箱”图例，执行“直线”命令（L），通过 45° 极轴捕捉，绘制出马桶水箱，如图 3-63 所示。

步骤 09 绘制“淋浴喷头”图例，执行“多段线”命令（PL），设置全局宽度为 50，绘制出多段线；再执行“直线”命令（L），在多段线下端绘制出三角形，如图 3-64 所示。

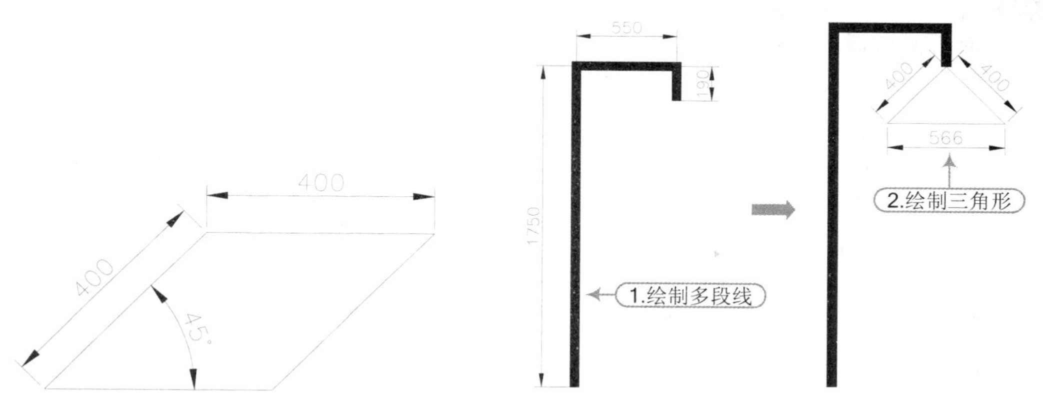

图 3-63　“马桶水箱”图例　　　图 3-64　“淋浴喷头”图例

步骤 10 绘制“球阀”图例，执行“矩形”命令（REC），绘制一个 800×356 的矩形。

步骤 11 执行“直线”命令（L），连接矩形对角点绘制斜线；再执行“圆”命令（C），以斜线交点为圆心绘制半径为 100 的圆。

步骤 12 再执行“修剪”命令（TR），修剪掉多余的线条；最后执行“图案填充”命令（H），对圆填充“SOLTD”的图案，如图 3-65 所示。

步骤 13 根据这样的方法，通过直线、圆和图案填充命令，捕捉 45° 极轴，绘制同尺寸的斜“球阀”图例，如图 3-66 所示。

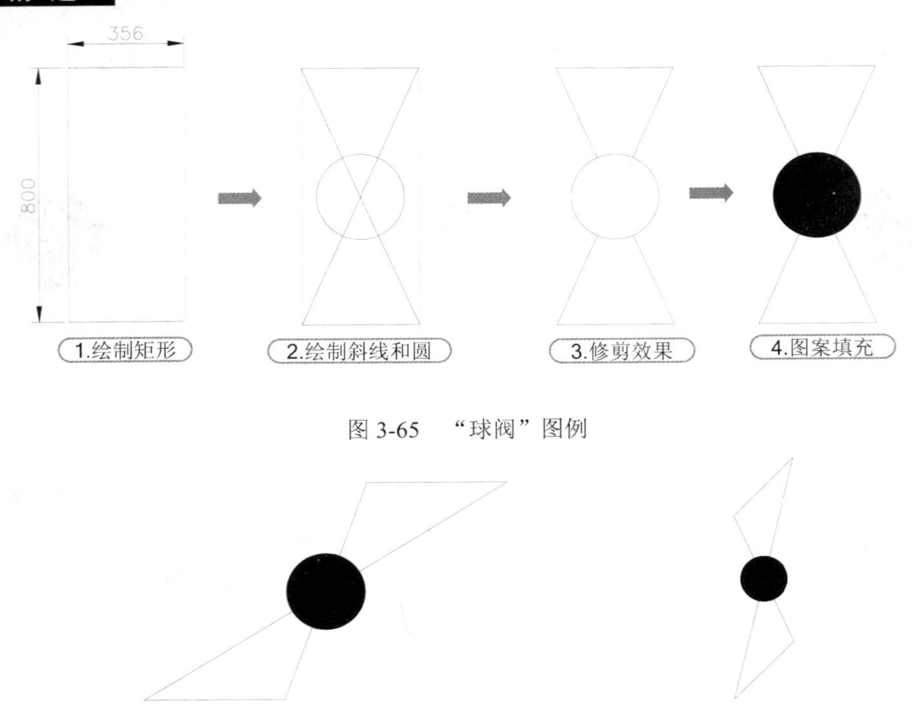

图 3-65 “球阀”图例

图 3-66 斜“球阀”图例

步骤 14 绘制“止回阀”图例，执行“直线”命令（L），绘制角度为 45° 长度为 356 的斜线；再执行“复制”命令（CO），将其垂直向下复制出 800 的距离。

步骤 15 再执行“直线”命令（L），绘制连接斜线和指引箭头；再执行“图案填充”命令（H），对箭头内部填充图案，操作过程如图 3-67 所示。

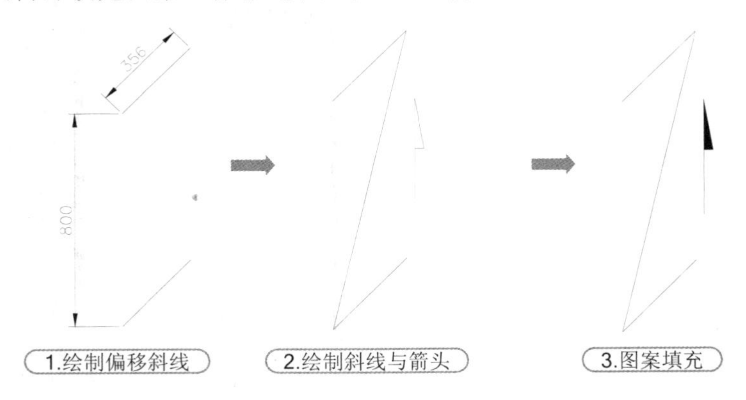

图 3-67 “止回阀”图例

步骤 16 绘制“放水龙头”图例，执行“多段线”命令（PL），设置宽度为 50，绘制出多段线。

步骤 17 执行“圆”命令（C），绘制半径为 150 的圆；再执行“图案填充”命令（H），对圆填充“SOLTD”的图案。

步骤 18 再执行“直线”命令（L），在圆上绘制转折线以表示龙头开关，如图 3-68 所示。

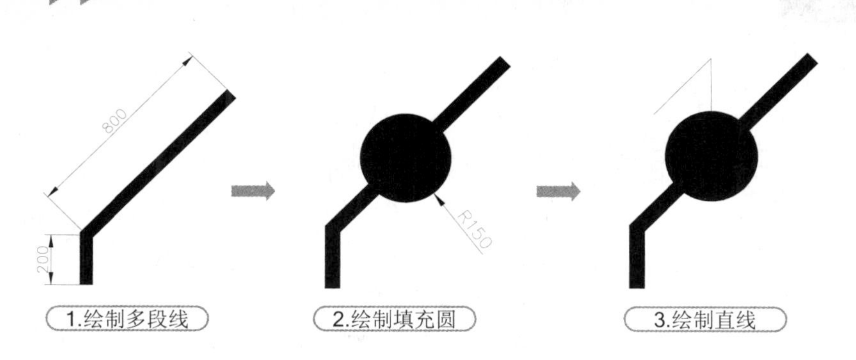

图 3-68　斜“放水龙头”图例

步骤 19 根据同样的方法，绘制同尺寸的正“放水龙头”图例，效果如图 3-69 所示。

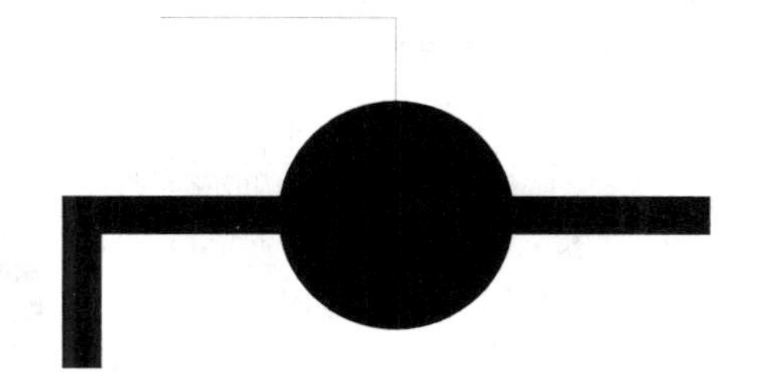

图 3-69　正“放水龙头”图例

步骤 20 执行“移动”命令（M）和“复制”命令（CO），将绘制好的“延时自闭冲洗阀”、“马桶水箱”、“淋浴喷头”、“球阀”、“止回阀”、“放水龙头”图例移动复制到各支管线上，并修剪掉阀门内的多段线，如图 3-70 所示。

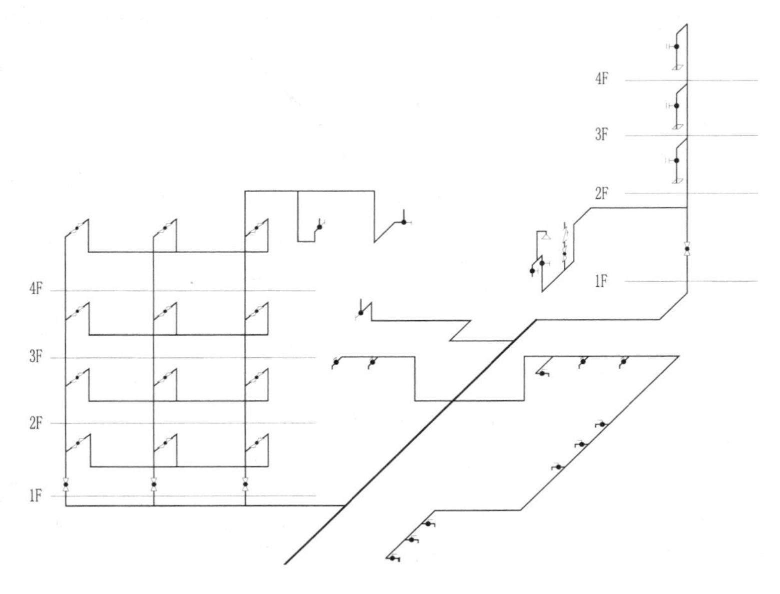

图 3-70　安装用水设备

步骤 21 绘制“减压阀门”图例，执行“直线”命令（L），绘制一个 800×400 的斜矩形；再执行“直线”命令（L），连接相应点绘制连接线，如图 3-71 所示。

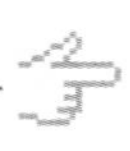

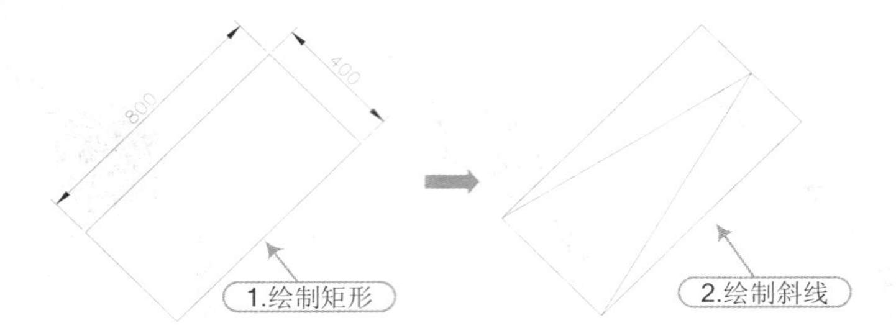

图 3-71 “减压阀门”图例

步骤 22 绘制“蝶阀”图例，执行“直线”命令（L），绘制一个 500×350 的斜矩形；再执行“直线”命令（L），连接对角点绘制斜线段。

步骤 23 再执行“圆”命令（C），在斜线中点绘制半径为 75 的圆；再执行“图案填充”命令（H），对圆填充图案，效果如图 3-72 所示。

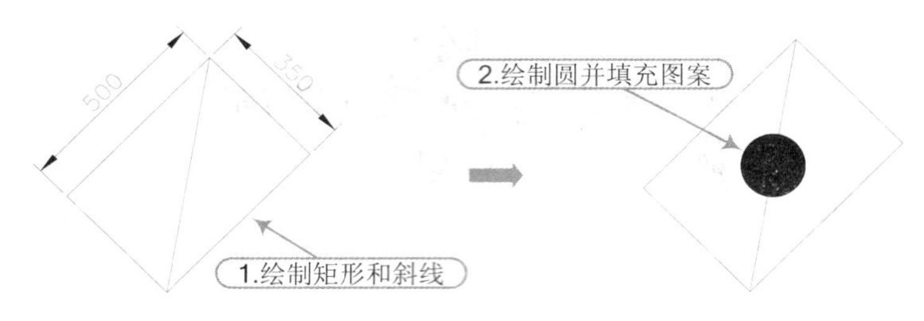

图 3-72 “蝶阀”图例

步骤 24 通过执行“移动”命令（M）和“复制”命令（CO），将绘制好的“蝶阀”和“减压阀”移动复制到水井处；并修剪掉阀门内部的多段线，效果如图 3-73 所示。

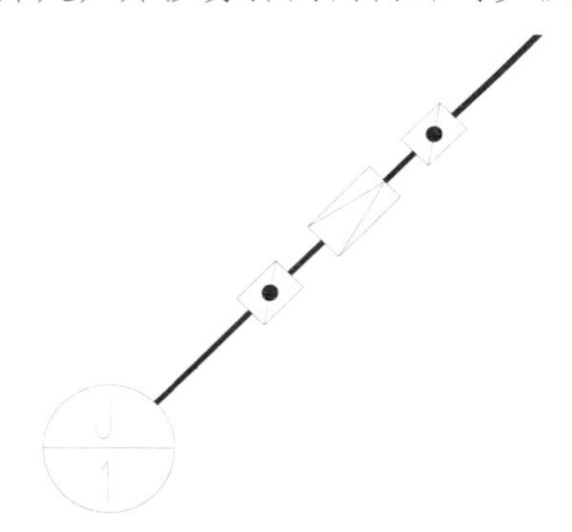

图 3-73 安装主管道阀门

技巧提示 

将填充的图例移动到管线上时，若图例衬于管线的下方，那么可通过以下方式来调整图形的显示顺序，使管线置于图例的下方。

将图例移动到多段线上后，选择图例对象然后右击，则弹出右键快捷菜单，单击“绘图次序”项，再选择“前置”选项，则图例盖住了多段线，如图 3-74 所示。

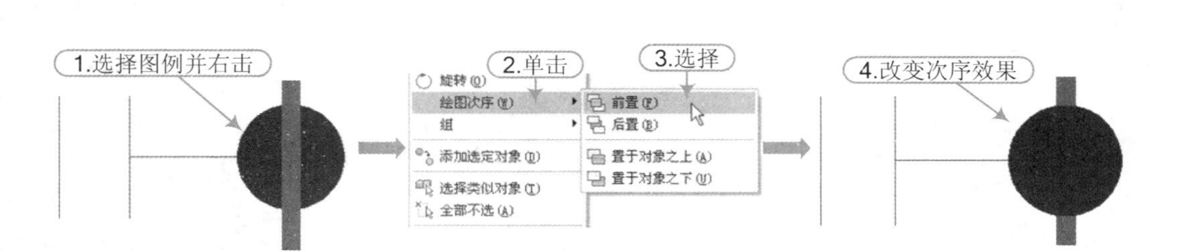

图 3-74　改变图形显示次序

技巧：099　给水系统图的标注

视频：技巧099-给水系统图的标注.avi
案例：教学楼给水系统图.dwg

技巧概述：绘制完成给水系统图后，接下来应对给水系统图进行文字标注说明。

步骤 01 在“图层”下拉列表中，选择“标注”图层为当前图层。

步骤 02 执行“多行文字”命令（MT），选择“图内文字”文字样式，设置字高为 800，在立管处标注出管名（JL-×）与管径（DN××）；再执行“直线”命令（L），绘制文字的引出线至立管处，如图 3-75 所示。

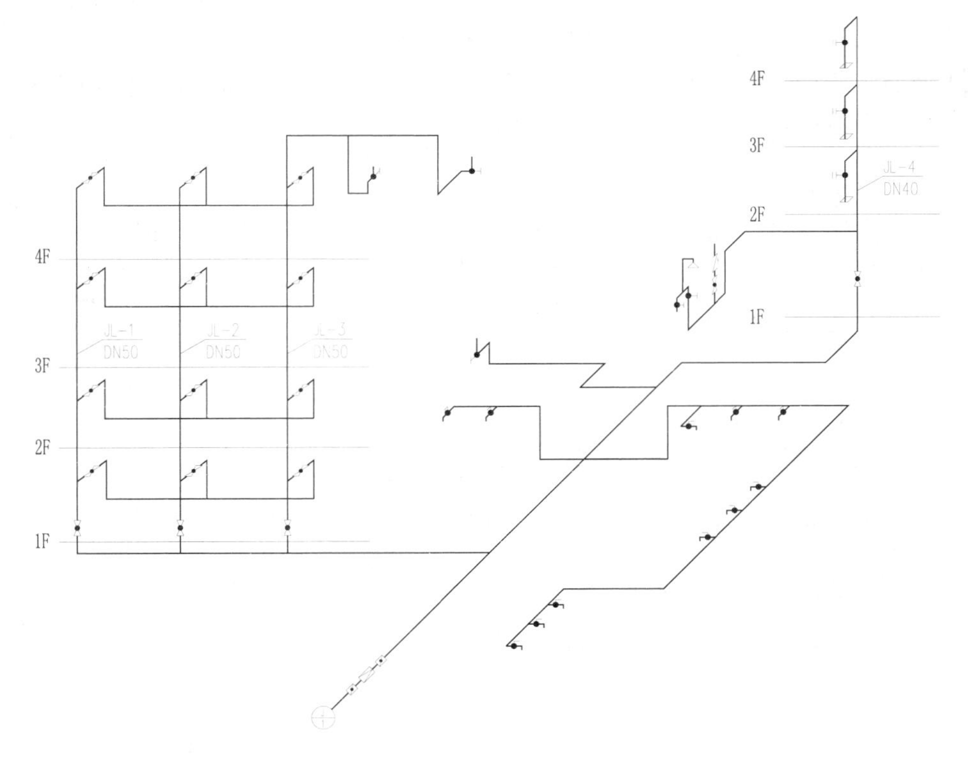

图 3-75　标注立管

步骤 03 执行“复制”命令（CO）和“旋转”命令（RO），将管径标注复制到其他需要标注管径的管线位置，再逐一双击文字，修改为不同的管径大小标注，效果如图 3-76 所示。

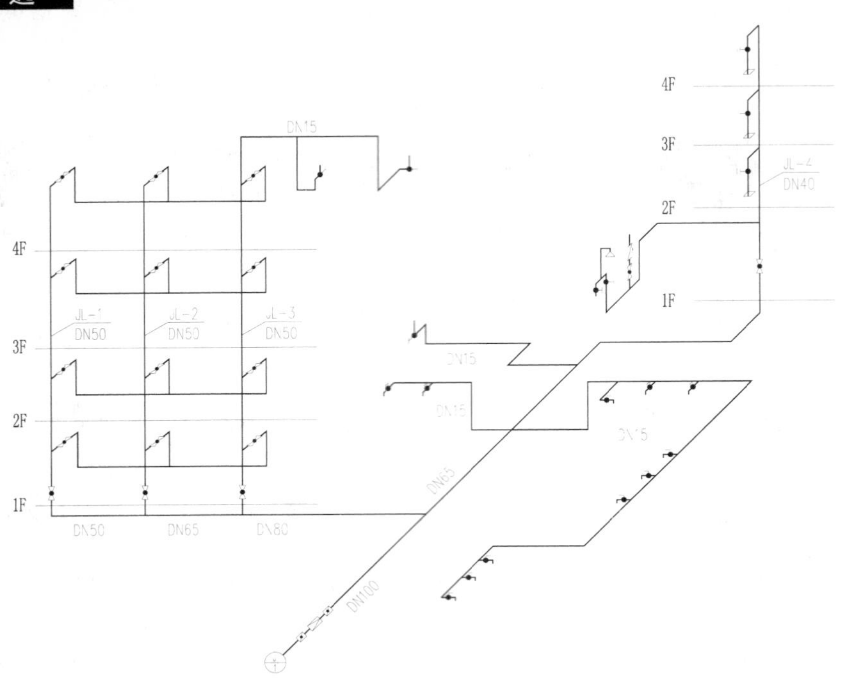

图 3-76 标注其他走向的管径

步骤 04 执行“多行文字”命令（MT），选择“图内文字”文字样式，设置字高为 900，标注管线区域，如图 3-77 所示。

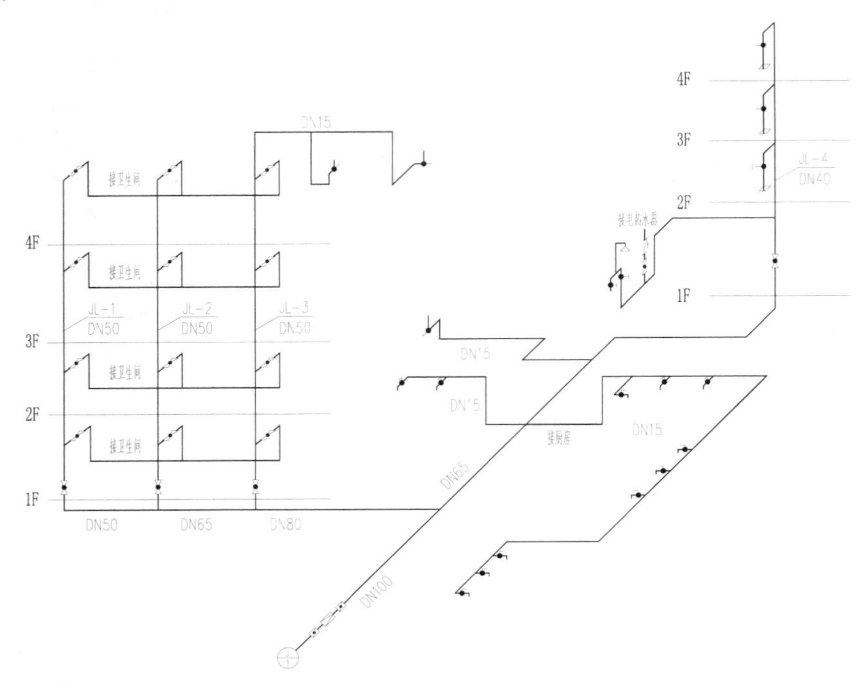

图 3-77 文字注释

步骤 05 执行“多行文字”命令（MT），选择“图名”文字样式，设置字高为 1200，在图形下侧标注图名“四层教学楼给水系统图”，再设置字高为 1100，继续在右侧标注出比例“1∶100”。

步骤 06 再执行“多段线”命令（PL），设置宽度为 120，在图名下侧绘制同长的水平多段线，如图 3-78 所示。

四层教学楼给水系统图 1:100

图 3-78 图名标注

技巧：100 给水系统图图框的添加

视频：技巧100-添加给水系统图图框.avi
案例：教学楼给水系统图.dwg

技巧概述： 图形绘制完成后，接下来为其添加相应大小的图框。

步骤 01 选择“图框”图层为当前图层，执行“插入块”命令（I），弹出“插入”对话框，选择保存路径为“案例\03\A2 图框.dwg”文件，输入比例值为 100，然后单击“确定”按钮，如图 3-79 所示。

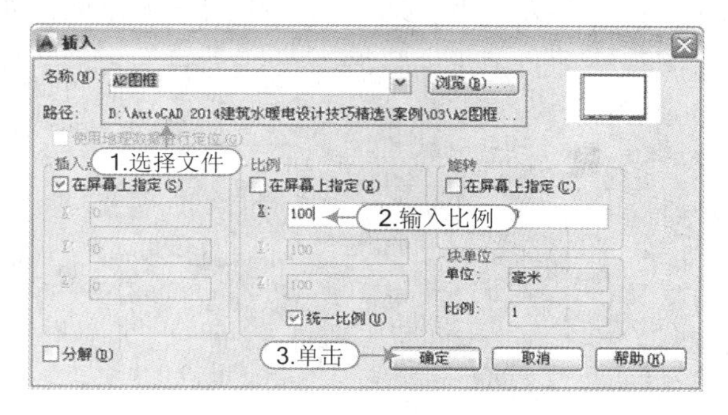

图 3-79 按比例插入

步骤 02 然后用鼠标在绘图区指定的能够框住图形的位置单击，则插入放大 100 倍的 A2 图框，如图 3-80 所示。

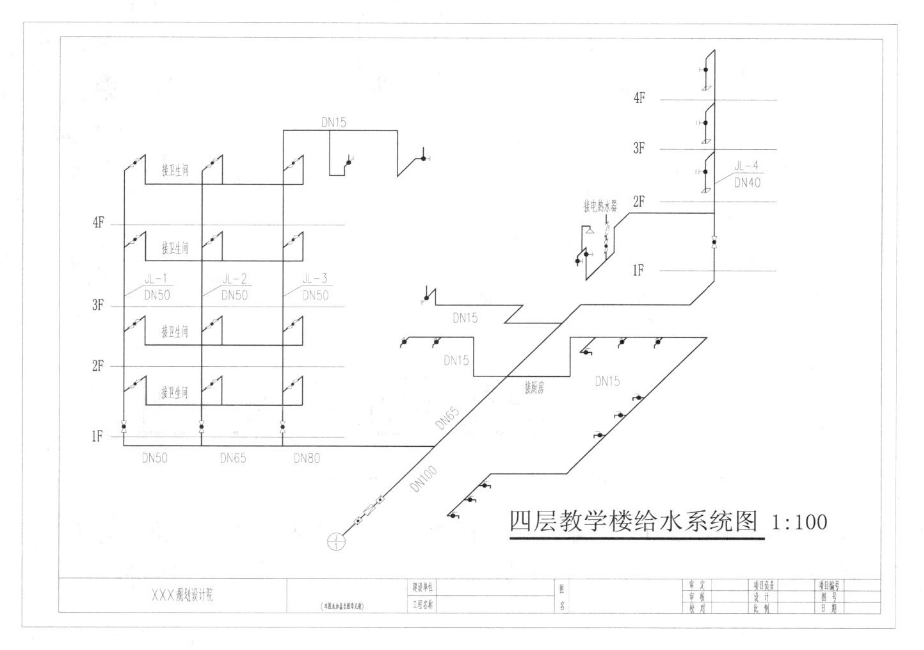

图 3-80 插入的图框效果

技巧提示 ★★★☆☆

也可以先将原 A2 大小图框插入，然后通过执行“缩放”命令（SC），将图框放大 100，再移动以框住图形。

步骤 03 至此，该教学楼给水系统图已经绘制完成，按【Ctrl+S】组合键进行保存。

技巧：101 卫生间给水大样图的绘制

视频：技巧101-卫生间给水大样图的绘制.avi
案例：卫生间给水大样图.dwg

技巧概述：本实例仍以该教学楼为例，讲解了教学楼卫生间给水大样图的绘制流程，使读者掌握建筑给水大样图的绘制方法及相关知识点。绘制的卫生间给水大样图效果如图 3-81 所示。

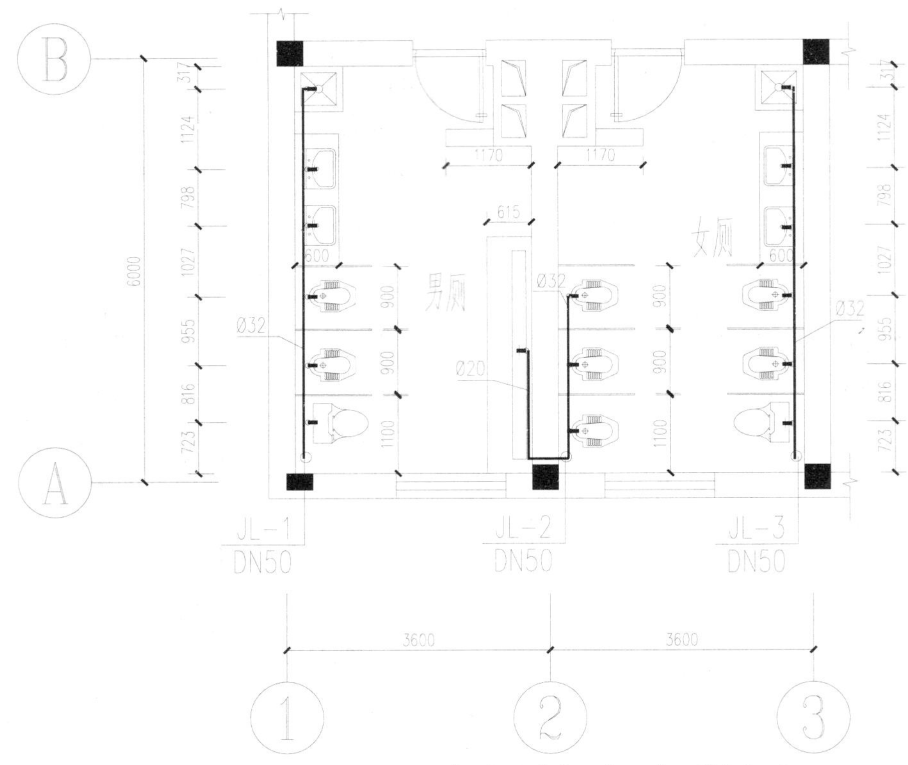

图 3-81 卫生间大样图效果

步骤 01 正常启动 AutoCAD 2014 软件，在“快速访问”工具栏中，单击“打开”按钮，将“案例\03\教学楼二层给水平面图.dwg”文件打开如图 3-82 所示。

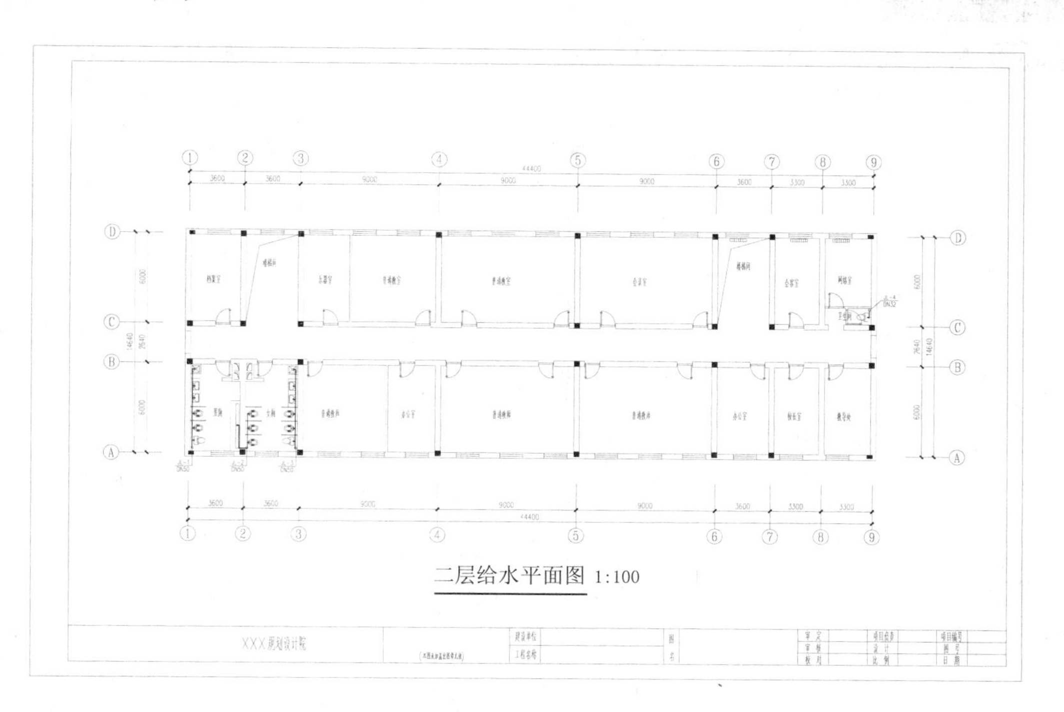

图 3-82　打开的图形

技巧提示 ★★★☆☆

通过前面的学习，可知该四层教学楼每一层都有不同的给水平面图，而卫生间的给水图是相同的，在这里打开标准层“二层给水平面图”进行绘制。

步骤 02 再单击“另存为”按钮，将文件另存为“案例\03\卫生间给水大样图.dwg”文件。

步骤 03 执行“矩形”命令（REC），绘制一个适当大小的矩形框住卫生间的建筑外围轮廓，如图 3-83 所示。

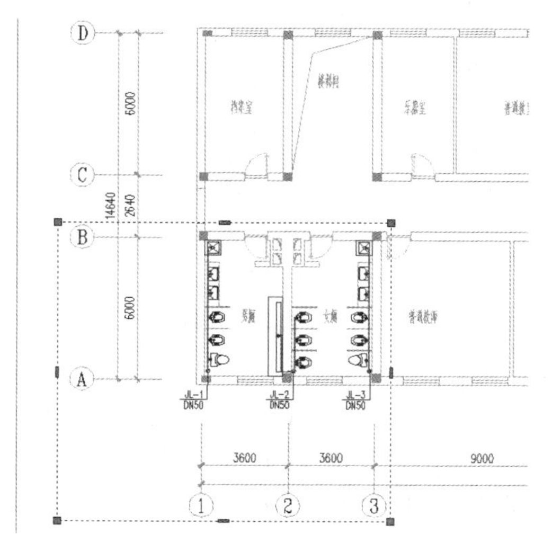

图 3-83　绘制矩形

步骤 04 执行“修剪”命令（TR）和“删除”命令（E），将矩形外围所有图形删除掉，效果如图 3-84 所示。

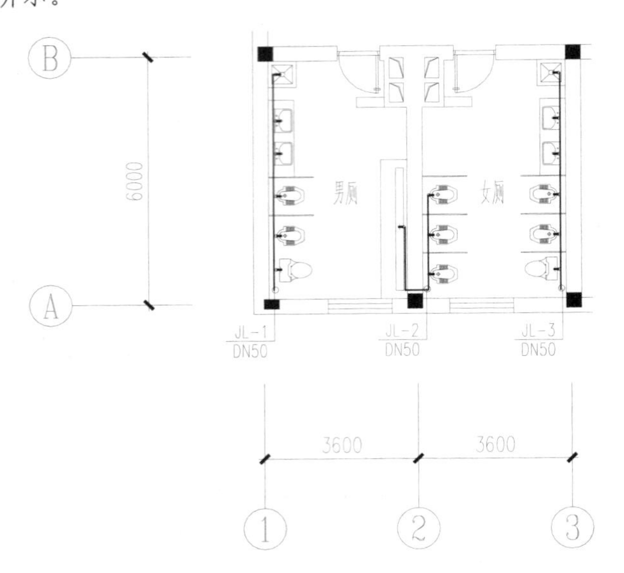

图 3-84　删除矩形外的图形

步骤 05 执行“直线”命令（L），在断开的墙体处绘制折断线，如图 3-85 所示。

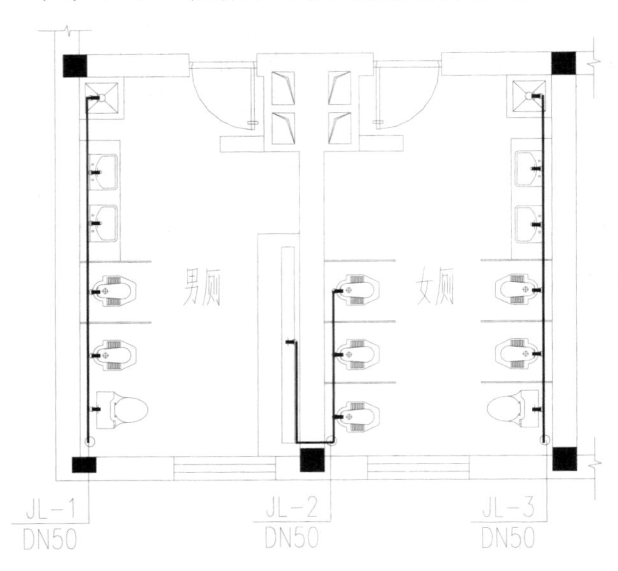

图 3-85　绘制折断线

步骤 06 在“图层”下拉列表中，选择“标注”图层为当前图层。

步骤 07 新建标注样式，执行“标注”命令（D），弹出“标注样式管理器”对话框，单击“新建”按钮，打开“创建新标注样式”对话框，输入新样式名为“详图标注”，然后单击“继续”按钮，如图 3-86 所示。

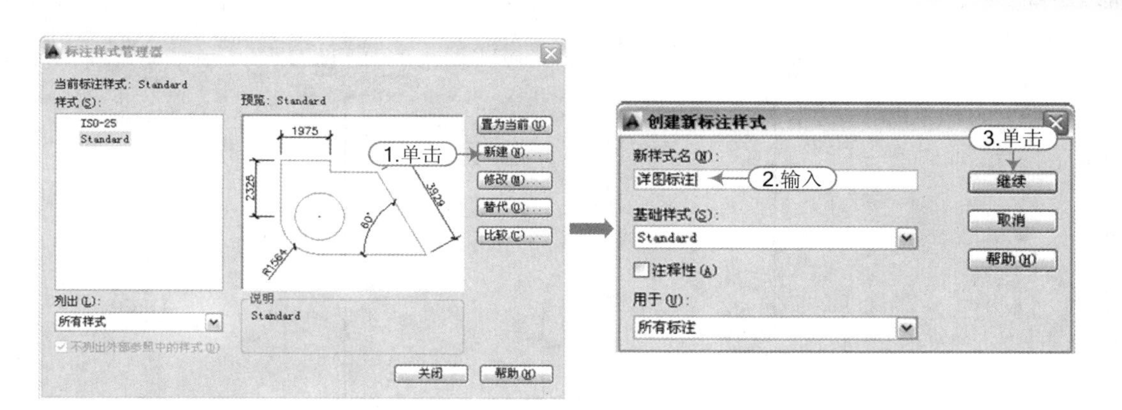

图 3-86　新建标注样式

步骤 08 随后弹出“新建标注样式：详图标注”对话框，分别在各选项卡中设置相应的参数，如图 3-87 所示，设置完成以后，单击“置为当前”按钮，以将“详图标注”样式置为当前的标注样式。

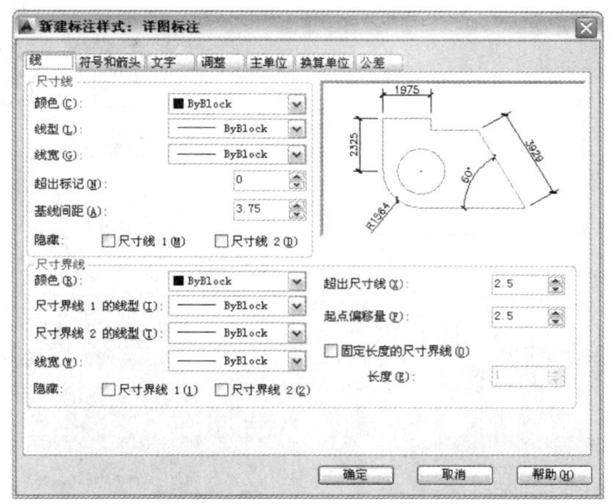

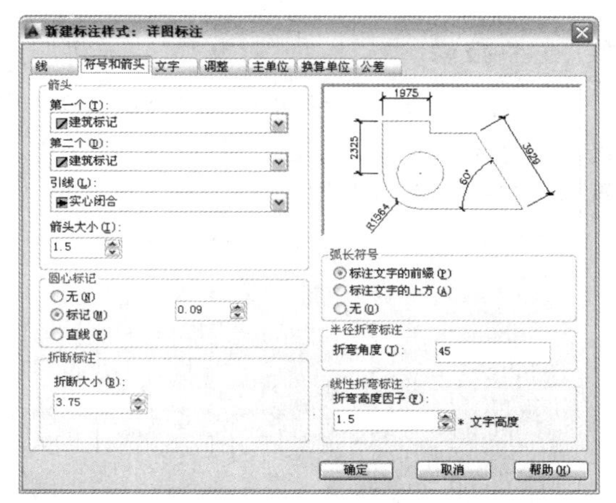

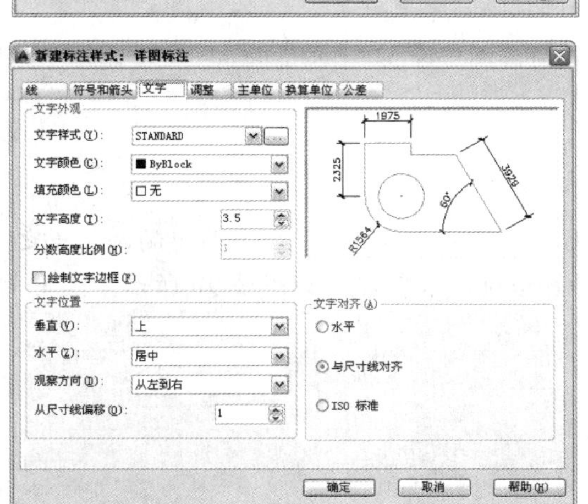

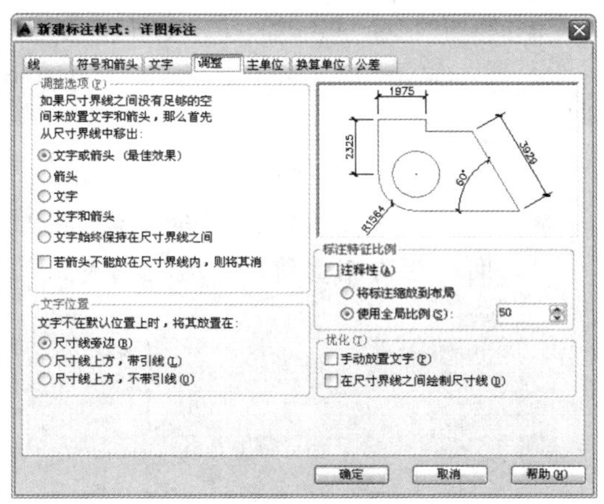

图 3-87　设置标注样式各项参数

步骤 09 执行“线性标注”命令（DLI）和“连续标注”命令（DCO），对卫生间大样图进行标注，如图 3-88 所示。

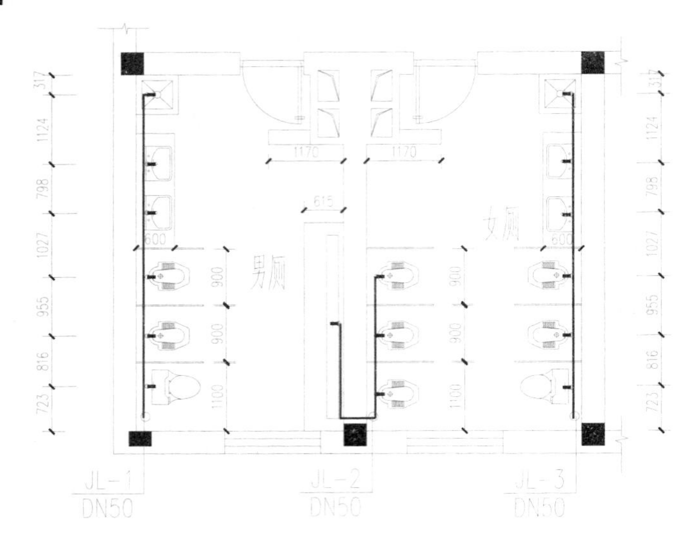

图 3-88　标注图形尺寸

软件技能 ★★★★☆

在 AutoCAD 中，根据尺寸标注的需要，对各种尺寸标注进行了分类。尺寸标注可分为线性、对齐、坐标、直径、折弯、半径、角度、基线、连续、引线、尺寸公差、形位公差、圆心标记等类型，如图 3-89 所示。

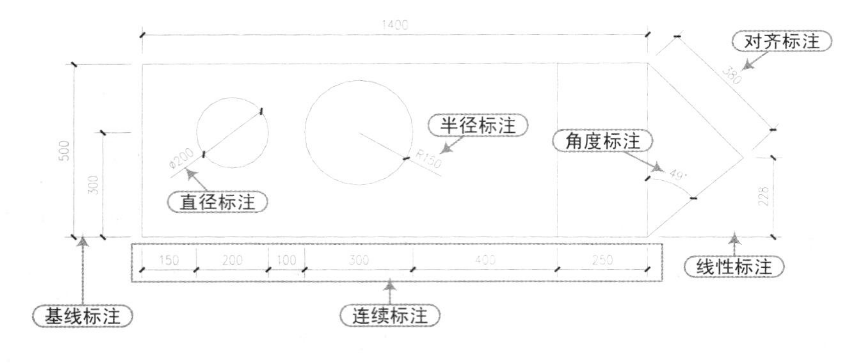

图 3-89　尺寸标注类型

- 调用“线性”标注命令后，可创建用于标注用户坐标系 XY 平面中的两个点之间的距离测量值，并通过指定点或选择一个对象来实现，如图 3-90 所示。

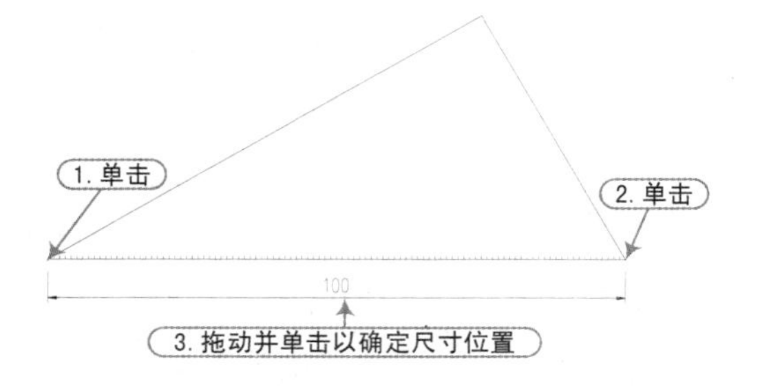

图 3-90　线性标注

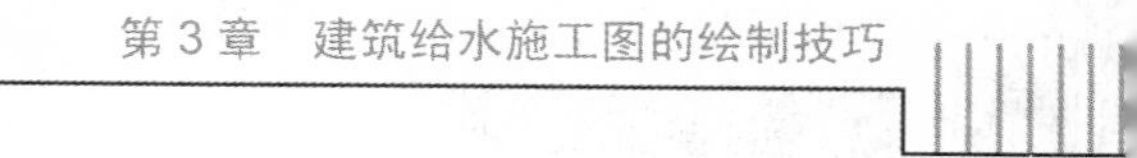

- "连续"标注指首尾相连的多个尺寸标注。在进行连续标注之前，要求当前图形中存在线性、对齐、角度标注或圆心标注，以此作为连续标注的基线，再依次指定连续标注的点，以确定连接的尺寸标注，如图 3-91 所示。

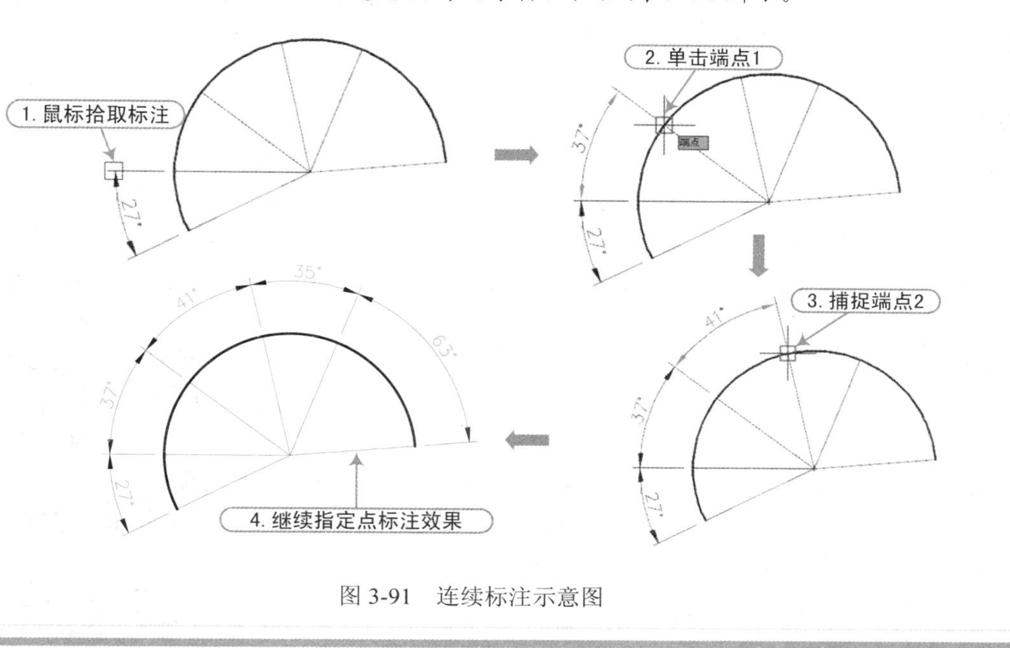

图 3-91　连续标注示意图

步骤 10 执行"多行文字"命令（MT），选择"图内文字"文字样式，设置字高为 250，标注出管直径，如图 3-92 所示。

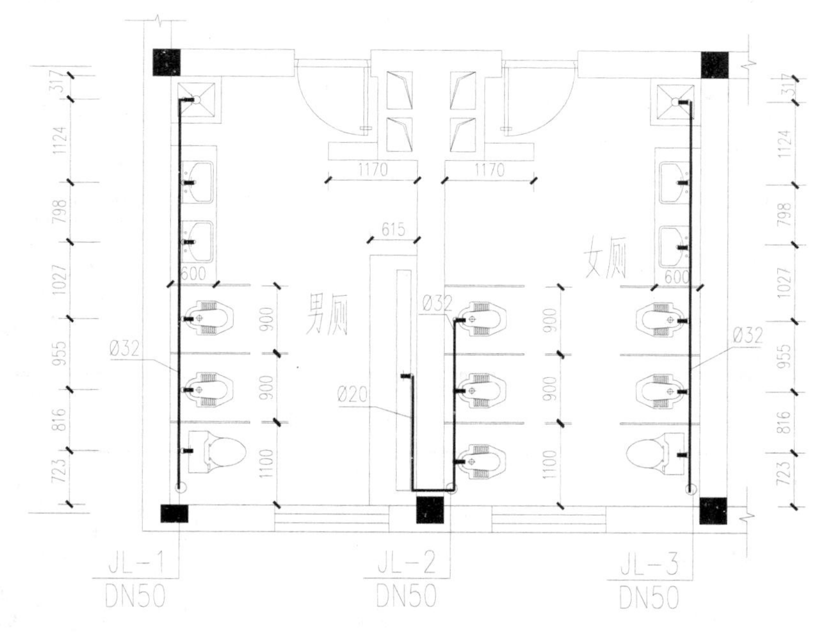

图 3-92　管径标注

软件技能 ★★★★★

文字说明除了有汉字和字母外，有时因为需要还需要输入一些键盘上不能直接输入的符号和数字，如直径符号“Ø”、正负符号“±”、度数符号“°”等。

在 AutoCAD 中，各种符号的输入不像有的字处理软件那样方便，用户需要通过一些特殊的方法才能顺利输入相关符号。对于很多不常见的符号或者特殊符号，则需要通过 AutoCAD 提供的“插入符号”功能来输入。插入特殊符号的方法如下：

- 在“多行文字”输入框中单击鼠标右键，在弹出的快捷菜单中选择“符号”选项，在弹出的子菜单中选择需要的符号选项即可，如图 3-93 所示。
- 在“文字格式”编辑器中单击“符号”按钮，则同样弹出符号快捷菜单，选择需要的符号即可。
- 启用“多行文字”命令后，在“文字编辑器”选项卡的“插入”面板中单击“符号”按钮，在弹出的下拉菜单中选择需要的符号选项即可，如图 3-94 所示。

图 3-93 和 3-94 所示的符号后面会有一个替代符，如（直径(I) %%c）后面的%%C，即在文本输入框内输入%%C 则直接将符号“Ø”上屏，其他符号同样适用。

替代符在单行或者多行文字中都适用，但在创建单行文字时，不会弹出“文字格式”编辑器。AutoCAD 中常用钢筋符号的控制码参照表 3-3 所示。

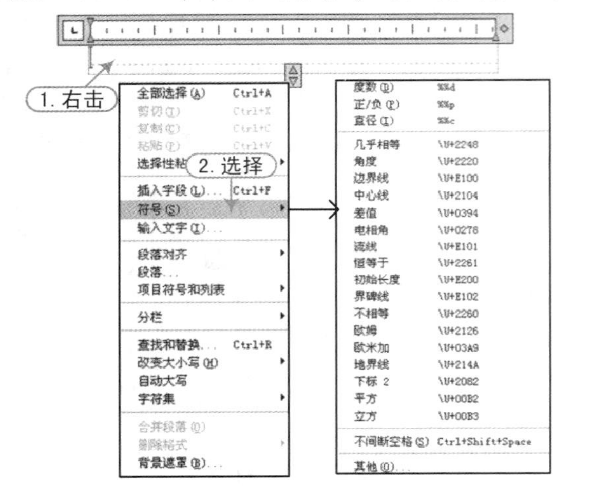

图 3-93 快捷菜单

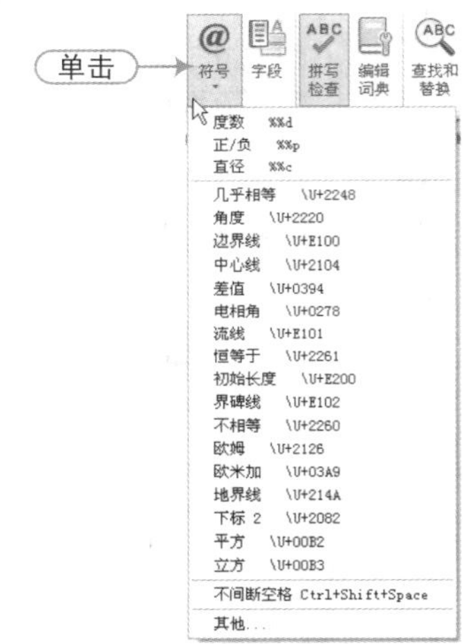

图 3-94 单击按钮

表 3-3 AutoCAD 钢筋符号与控制码

输入控制码	符号	输入控制码	符号
%%c	符号 ф	%%u	下画线
%%d	度符号°	%%1452%%146	平方
%%p	±号	%%1453%%146	立方

步骤 11 执行“多行文字”命令（MT），选择“图名”文字样式，设置字高为 500，在图形下侧标注图名“卫生间给水大样图”；再执行“多段线”命令（PL），设置宽度为 50，在图名下侧绘制同长的水平多段线，如图 3-95 所示。

步骤 12 至此，卫生间大样图已经绘制完成，按【Ctrl+S】组合键进行保存。

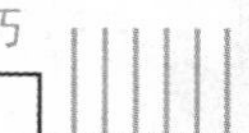

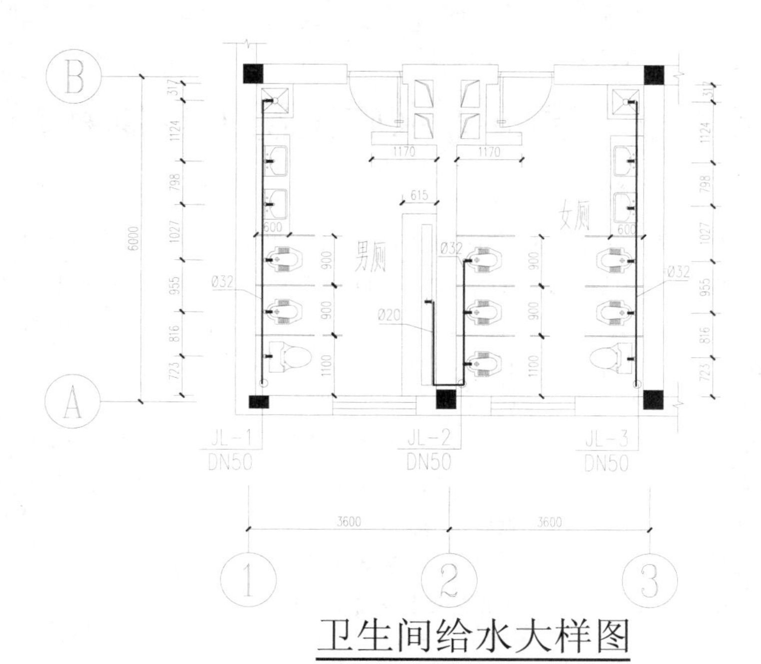
B
A
317
1124
798
1027
955
816
723
6000
1170
1170
615
600
600
男厕
女厕
Ø32
Ø32
Ø32
Ø20
900
900
1100
JL-1
DN50
JL-2
DN50
JL-3
DN50
3600
3600
1
2
3
卫生间给水大样图

图 3-95　卫生间大样图

第 4 章　建筑排水施工图的绘制技巧

● **本章导读**

本章以某四层教学楼的排水工程设计为例，介绍了四层教学楼的首层排水平面图的绘制、整个教学楼排水系统图的绘制，以及教学楼卫生间排水大样图的绘制。通过该实例的学习，使读者迅速掌握建筑排水工程的 CAD 制图方法及相关的排水工程专业性的知识点。

● **本章内容**

教学楼首层排水平面图的创建	卫生间排水大样图的绘制	布置排水系统图设备
教学楼首层排水设备的布置	教学楼首层排水系统图的创建	排水系统图的标注
教学楼首层排水管线的绘制	绘制排水主管线	排水系统图图框的添加
首层排水平面图的标注	绘制排水系统图各层层高	
教学楼其他层排水平面图效果	绘制教学楼各层排水支管线	

技巧：102　教学楼首层排水平面图的创建

视频：技巧102-排水平面图绘图环境的调用.avi
案例：教学楼首层排水平面图.dwg

技巧概述：同绘制教学楼首层给水平面图一样，在绘制教学楼首层排水平面图时，首先调用建筑平面图绘图环境来创建排水平面图，然后新建相应的图层、文字样式等，再绘制排水管线与排水设备，效果如图 4-1 所示。

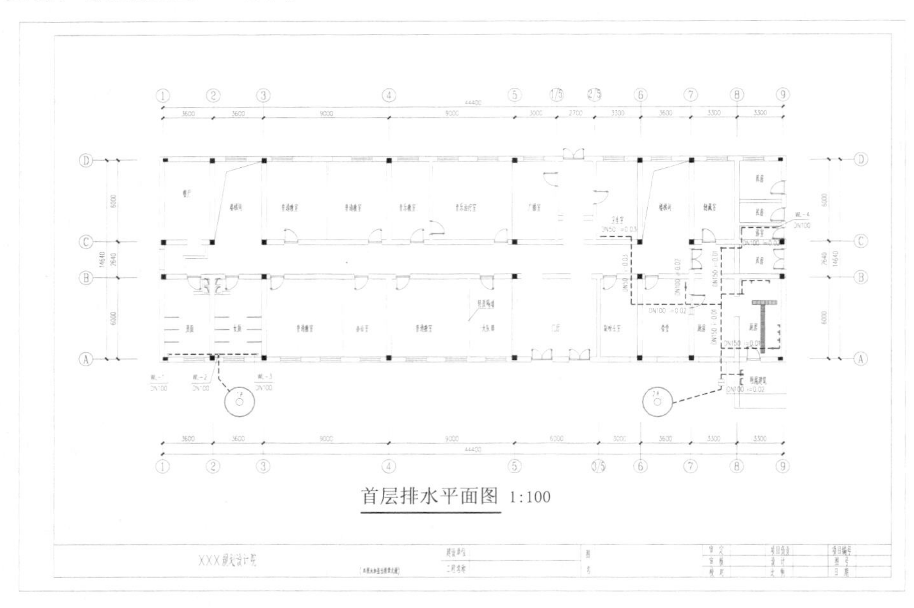

图 4-1　教学楼首层排水平面图效果

步骤 01 正常启动 AutoCAD 2014 软件，在“快速访问”工具栏中，单击“打开”按钮，将“案例\04\教学楼首层平面图.dwg”文件打开，如图 4-2 所示。

步骤 02 再单击“另存为”按钮，将文件另存为“案例\04\教学楼首层排水平面图.dwg”文件。

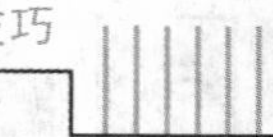

步骤 03 执行“图层特性管理”命令（LA），新建“排水管线”图层，设置其颜色为红色，单击“线型”特性图标 Continuous，则弹出“选择线型”对话框，其中显示默认的线型为“Continuous”，再单击“加载”按钮，如图 4-3 所示。

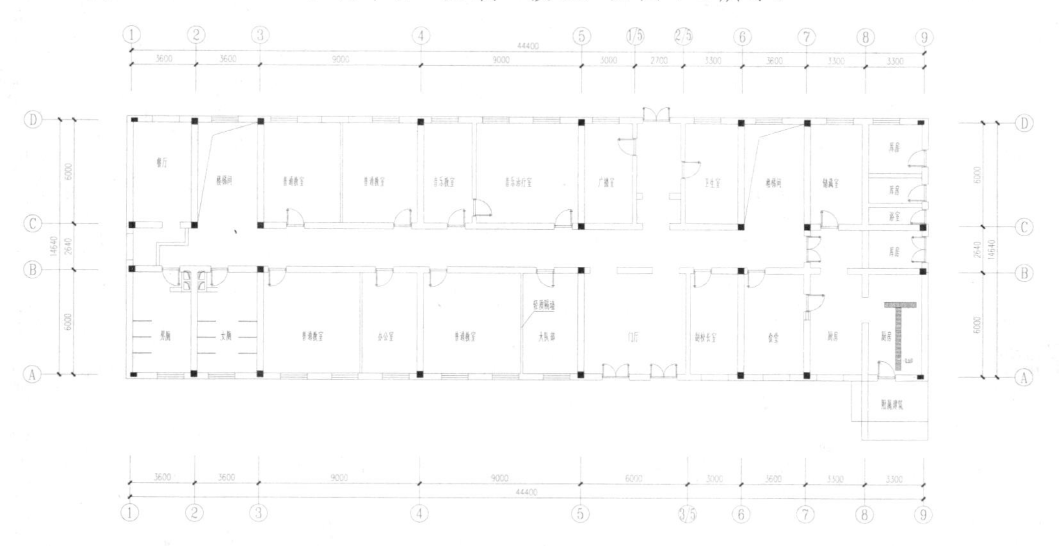

图 4-2　打开的平面图文件

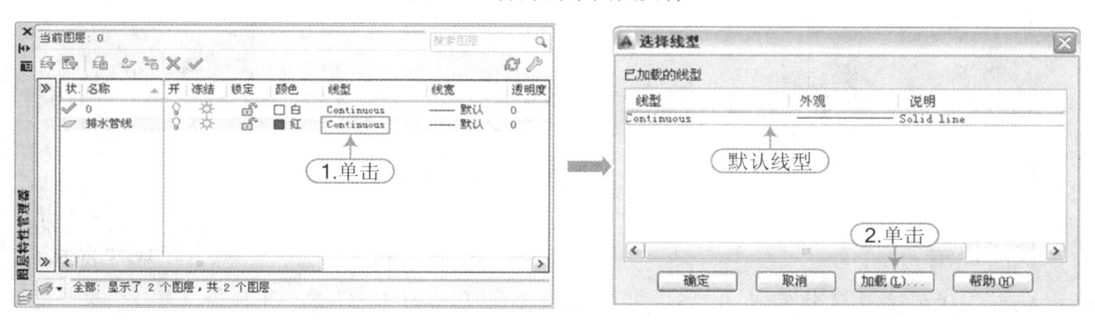

图 4-3　加载线型 1

步骤 04 则打开“加载或重载线型”对话框，在“可用线型”列表框中选择要加载的线型，然后单击“确定”按钮进行加载。

步骤 05 返回到“选择线型”对话框中，选择加载的线型“DASHED”，再单击“确定”按钮如图 4-4 所示。

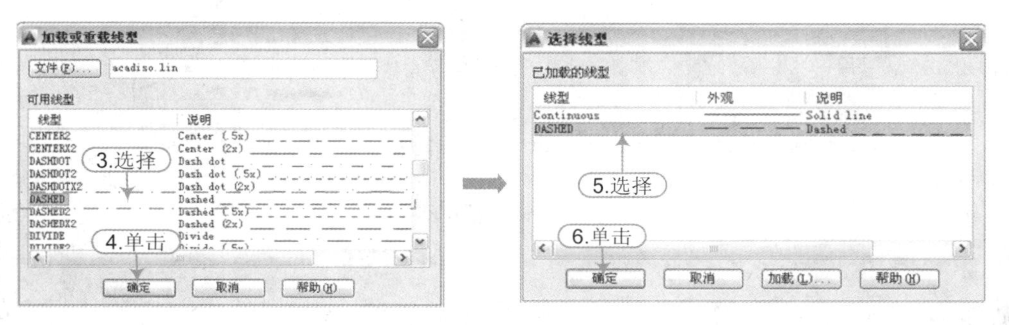

图 4-4　加载线型 2

步骤 06 返回到“图层特性管理器”中，即可将刚才加载的线型指定给该图层，如图 4-5 所示。

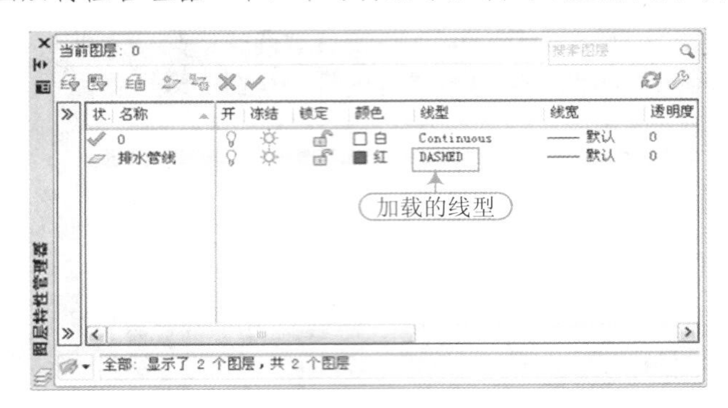

图 4-5 加载的线型

步骤 07 根据建立图层的方法，建立如图 4-6 所示的其他图层。

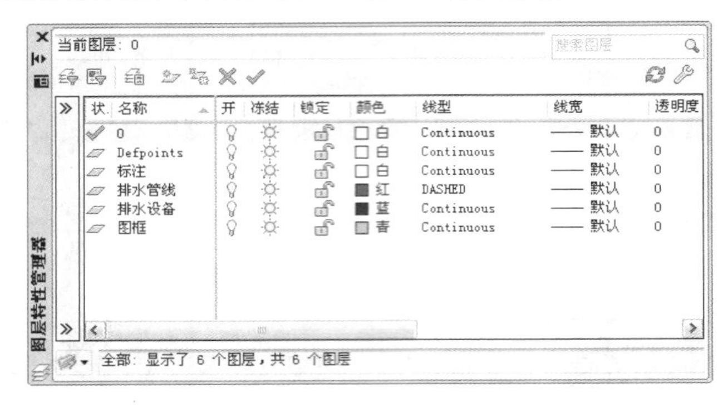

图 4-6 建立其他图层效果

技巧提示 ★★★★☆

AutoCAD 系统默认线宽为 0.25，可以根据个人需要对默认线宽进行设置。

执行“格式｜线宽”菜单命令，则弹出“线宽设置”对话框，在“显示线宽”栏可见默认线宽为 0.25，在其下拉列表中可以选择相应线宽来对默认线宽进行更改，如图 4-7 所示。

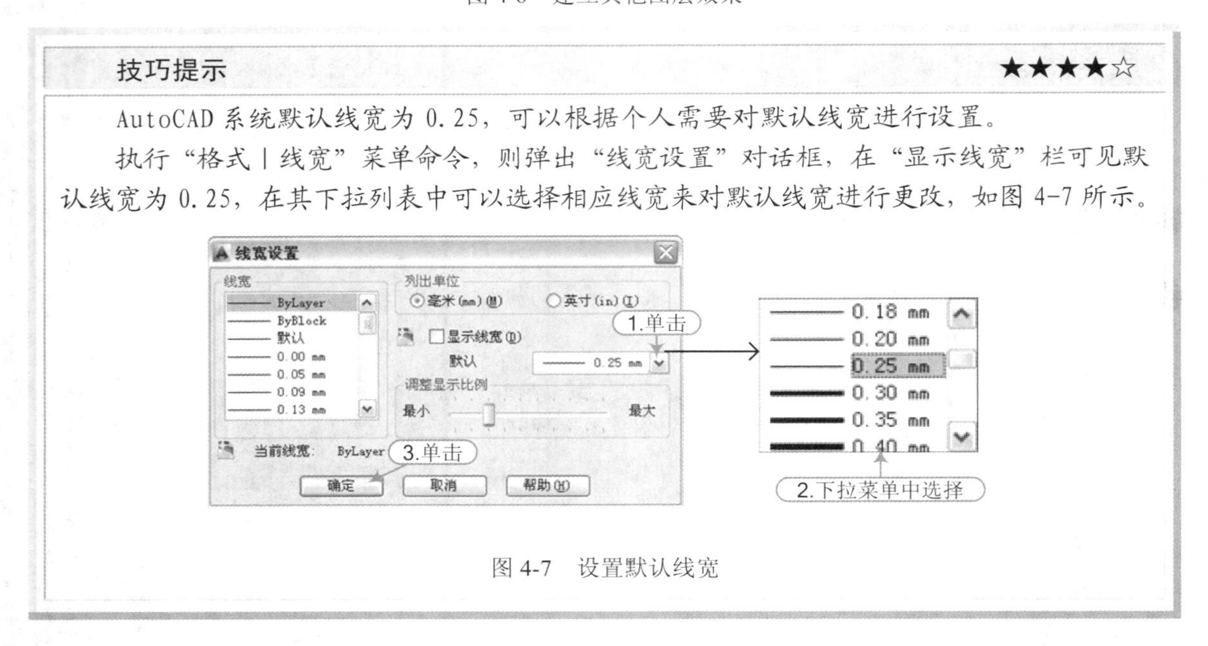

图 4-7 设置默认线宽

步骤 08 执行“文字样式”命令（ST），建立“图内文字”和“图名”文字样式，并设置相应的字体、高度和宽度因子等，如图 4-8 所示。

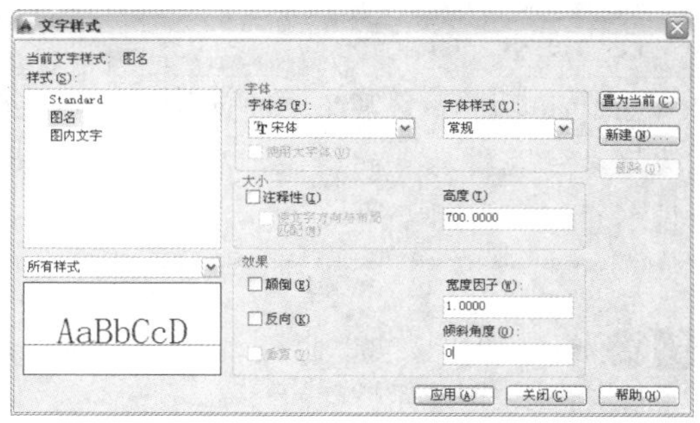

图 4-8　新建文字样式

技巧：103　教学楼首层排水设备的布置

视频：技巧103-首层排水设备的布置.avi
案例：首层排水平面图.dwg

技巧概述：在前面设置好了绘图环境，接下来为教学楼首层平面图内的相应位置布置相关的排水设备。建筑中有了给水的点必定有对应位置的排水点，因此在布置排水设备之前，首先要根据“案例\03\教学楼首层给水平面图.dwg”文件识读给水设备位置（如图 4-9 所示），再来安装对应位置的排水设备。

图 4-9　首层给排水平面图中的管线及用水设备图

技巧提示　★★★☆☆

为了更容易地识读首层给水位置，这里只显示了给水管线与给水设备，将建筑轮廓省略了显示。

步骤 01　接上例，选择“排水设备”图层为当前图层，执行“圆”命令（C），在左下侧两卫生间和右侧浴室相应位置绘制出 4 个直径为 150 的圆作为排水立管，如图 4-10 所示。

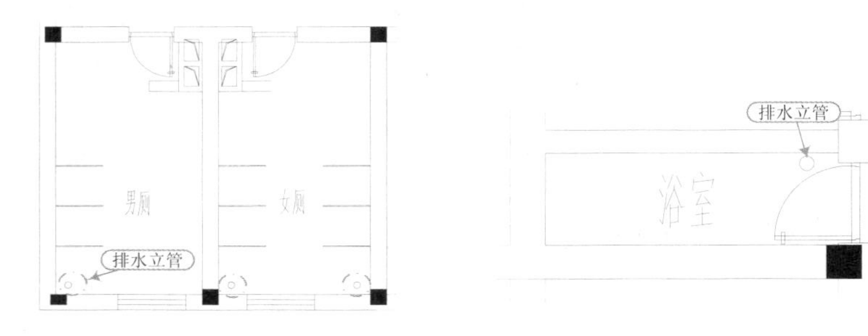

图 4-10　绘制排水立管

技巧提示 ★★★☆☆

在前面第 3 章首层给水平面图中，布置了卫生间内的相应的洁具设备，这里省略了卫生间洁具位置排水点的绘制，后面将专门以“卫生间排水大样图”来详细表示卫生间洁具的排水。

步骤 02 绘制“出水点”图例，执行“圆”命令（C），绘制直径为 90 的圆作为出水点，如图 4-11 所示。

步骤 03 绘制“圆形地漏”图例，执行“圆”命令（C），绘制半径为 75 的圆；再执行“图案填充”命令（H），选择样例为“ANSI-31”，设置比例为 10，对圆进行填充，如图 4-12 所示。

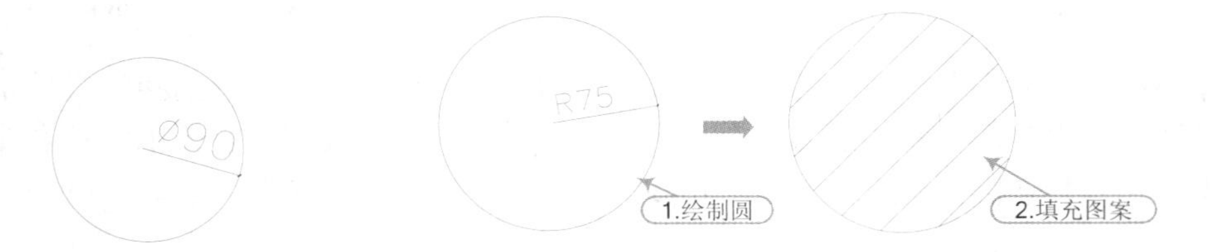

图 4-11 绘制出水点　　图 4-12 “圆形地漏”图例

步骤 04 再执行“复制”命令（CO），将“出水点”和“地漏”复制到与给水点对应的厨房、食堂、附属建筑、浴室和卫生室位置处，如图 4-13 所示。

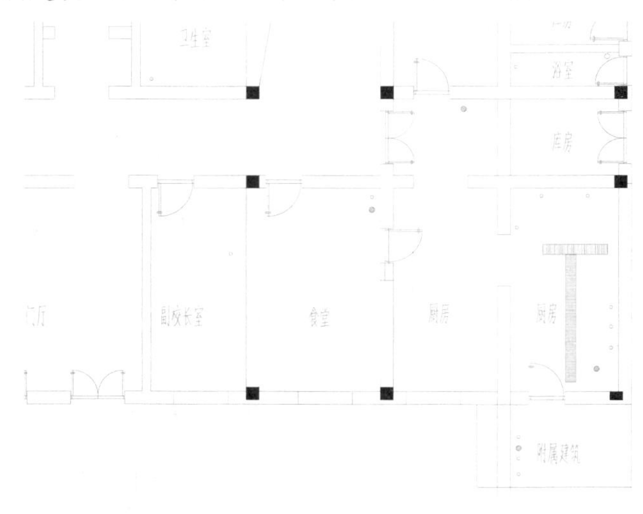

图 4-13 布置出水点与地漏

步骤 05 执行“圆”命令（C），在下侧绘制半径为 1110 的圆；再执行“偏移”命令（O），将圆向内依次偏移 50 和 800，以作为室外污水井。

步骤 06 执行“移动”命令（M）和“复制”命令（CO），将污水井移动复制到平面图下侧相应的位置，如图 4-14 所示。

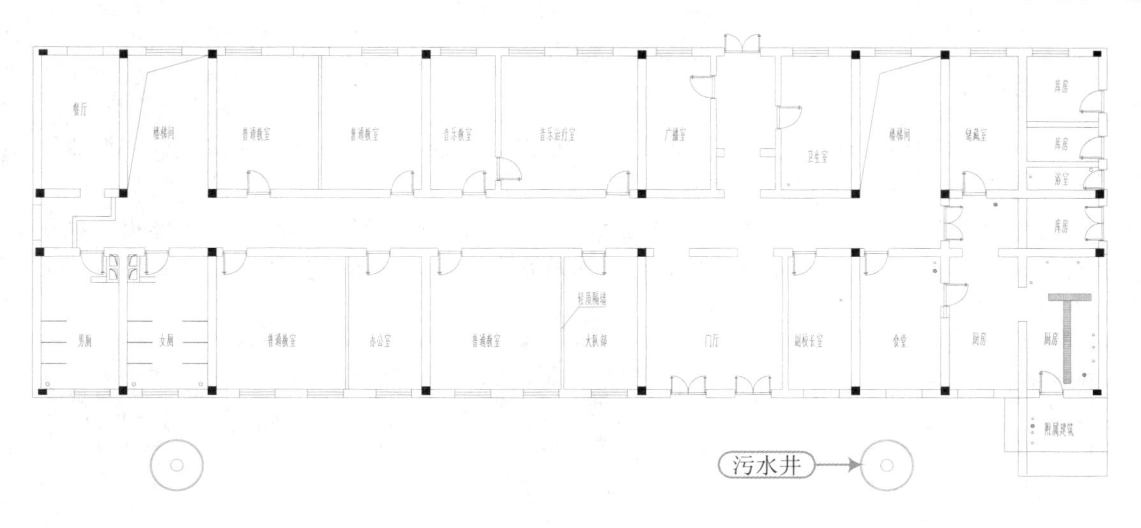

图 4-14　绘制污水井

技巧：104　教学楼首层排水管线的绘制

视频：技巧104-首层排水管线的绘制.avi
案例：教学楼首层排水平面图.dwg

技巧概述：前面布置好了相关的排水设备，接下来绘制对应的排水管线与排水设备相连接。

步骤 01 在“图层”面板的“图层”下拉列表中，选择“排水管线”图层为当前图层。

步骤 02 执行“多段线”命令（PL），设置全局宽度为 50，分别从两个室外水井处引入连接至各用水设备排水点的管线，如图 4-15 所示。

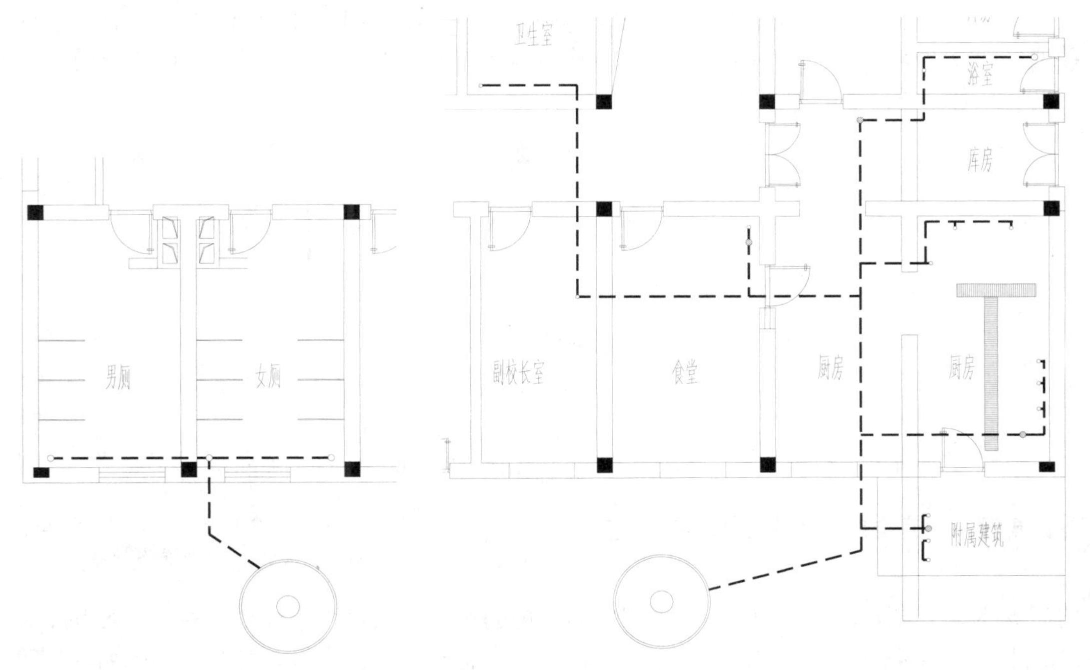

图 4-15　绘制排水管线

软件技能 ★★★★☆

“排水管线”图层设置的线型为虚线“DASHED”，若绘制出的多段线为实线，可按照如下方法调整线型的比例，使虚线显示出来。

执行“格式 | 线型”菜单命令（或者执行“线型比例（LTS）”命令），将弹出“线型管理器”对话框，单击“显示细节”按钮，然后在“全局比例因子”输入框中输入 30，如图 4-16 所示。

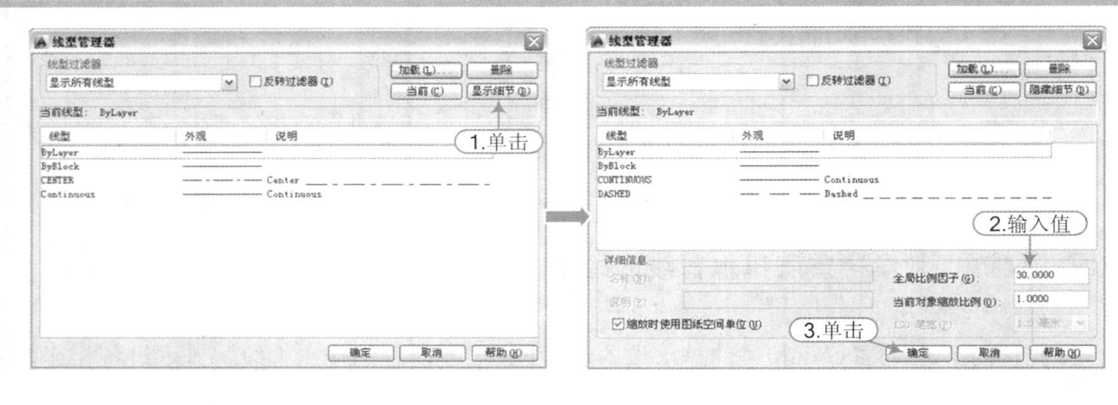

图 4-16 设置全局比例因子

步骤 03 绘制“隔油池”图例，执行“矩形”命令（REC），绘制一个 400×500 的矩形；再执行“直线”命令（L），连接垂直边中点绘制一条水平线，如图 4-17 所示。

方法 04 执行“移动”命令（M），将隔油池移动到由污水井引入的主管上，并修剪掉隔油池内多余的多段线，如图 4-18 所示。

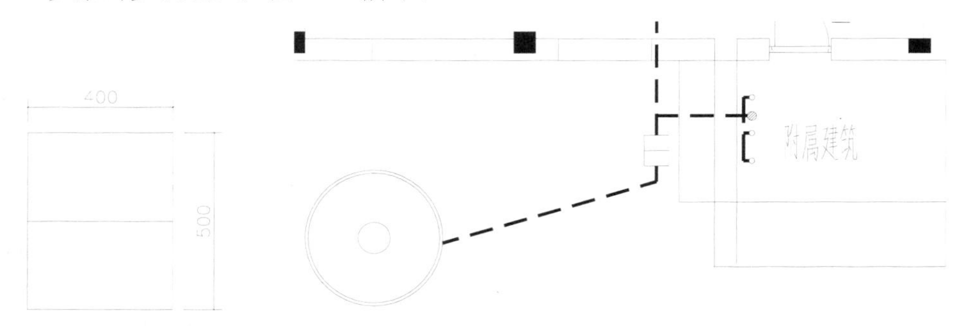

图 4-17 “隔油池”图例　　　　图 4-18 移动隔油池到管线上

技巧：105 首层排水平面图的标注

视频：技巧105-首层排水平面图的标注.avi
案例：教学楼首层排水平面图.dwg

技巧概述：在前面绘制好了教学楼首层平面图内的所有排水管线及排水设备，下面为排水平面图内的相关内容进行文字标注，其中包括排水立管名称标注、排水管管径标注、图名标注等。

步骤 01 在“图层”下拉列表中，选择“标注”图层为当前图层。

步骤 02 执行“多行文字”命令（MT），选择文字样式为“图内文字”，对平面图中的 4 根排水立管进行名称及管径标注；再执行“直线”命令（L），在文字处分别绘制指引线至排水立管，如图 4-19 所示。

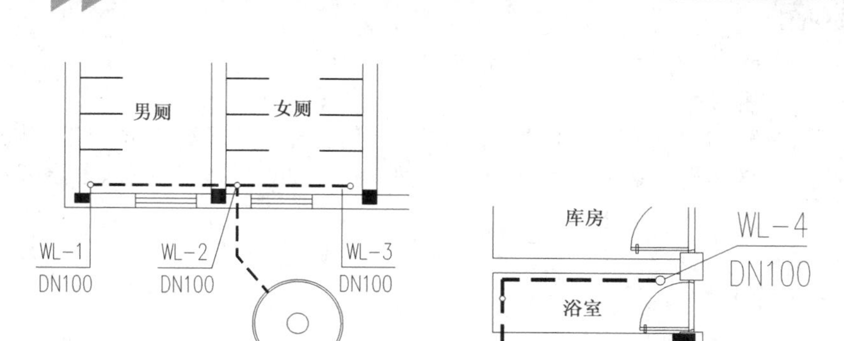

图 4-19　文字标注排水立管

步骤 03 根据同样的方法，执行“多行文字”命令（MT），对管道进行管径与坡度的标注，然后在水井处进行相应的文字注释，效果如图 4-20 所示。

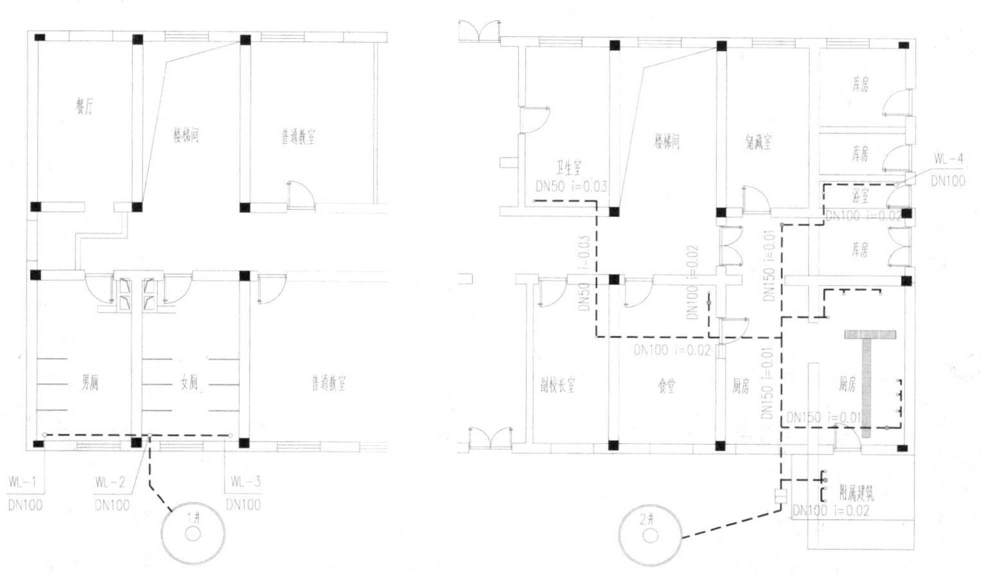

图 4-20　文字标注管径效果

> **技巧提示**　★★★☆☆
>
> 由于图形过大无法很清楚地看到标注的内容，这里只将安装排水设备的位置显示。

步骤 04 再执行“多行文字”命令（MT），选择“图名”文字样式，设置文字高度为 1000，在图形的下方标注图名“首层排水平面图”，再设置文字高度为 850，标注比例“1：100”；再执行“多段线”命令（PL），设置全局宽度为 100，绘制一条与图名同长的多段线，效果如图 4-21 所示。

首层排水平面图 1:100

图 4-21　图名标注

步骤 05 选择“图框”图层为当前图层，执行“插入块”命令（I），将“案例\03\A2 图框.dwg”文件插入图形中。

步骤 06 执行“缩放”命令（SC），选择 A2 图框，输入比例因子为 100，以将其放大 100 倍；再执行“移动”命令（M），将图框移动以框住平面图形，效果如图 4-22 所示。

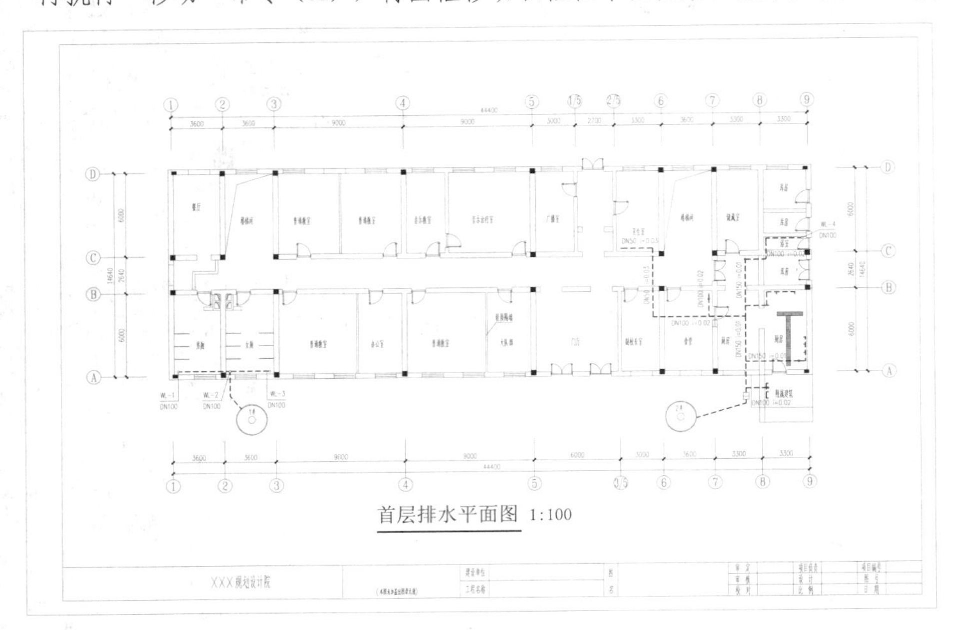

图 4-22　插入图框的效果

步骤 07 至此，该教学楼首层排水平面图已经绘制完成，按【Ctrl+S】组合键进行保存。

技巧：106　教学楼其他层排水平面图效果

视频：无
案例：教学楼其他层排水平面图.dwg

技巧概述： 该教学楼二～四层排水平面图与首层排水平面图的 4 根竖直排水立管是相对应的，二层及以上高层楼是以立管供水，这 4 根排水立管由建筑第一层垂直地穿过第四层，在布置二～四层排水管线时，直接从排水立管处引出管线至各个楼层的排水设备，如图 4-23 所示。

读者可参照前面的绘制方法和“案例\04”文件夹下面的“教学楼其他层排水平面图.dwg”文件的图形效果进行绘制，效果如图 4-24～4-26 所示。

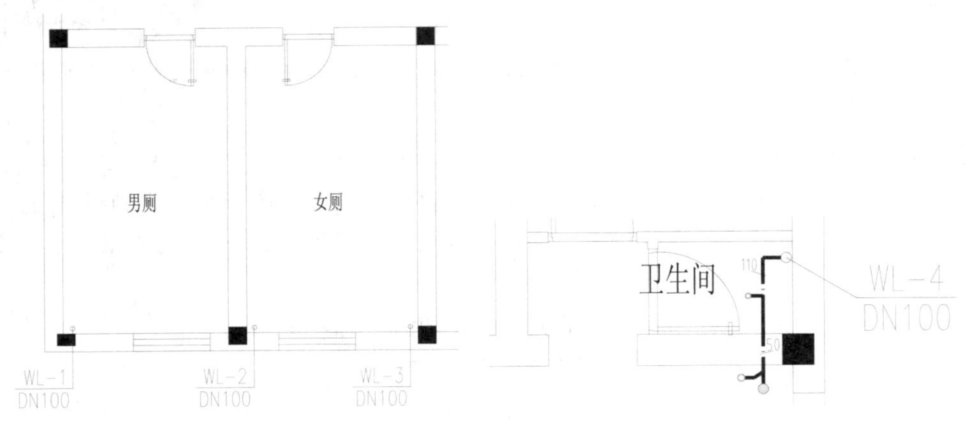

图 4-23　其他层由排水立管引出管线到排水设备

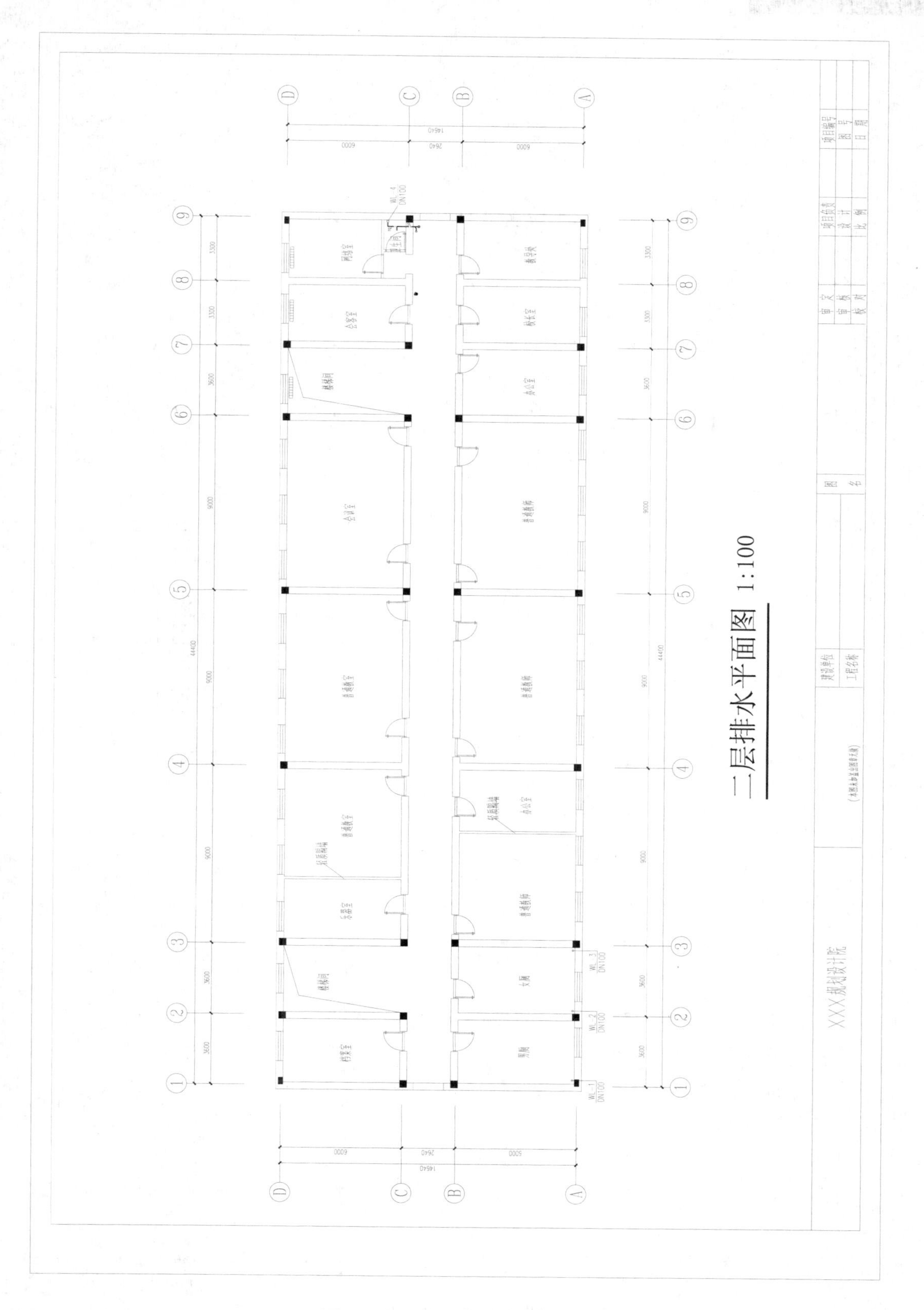

图 4-24　教学楼二层排水平面图

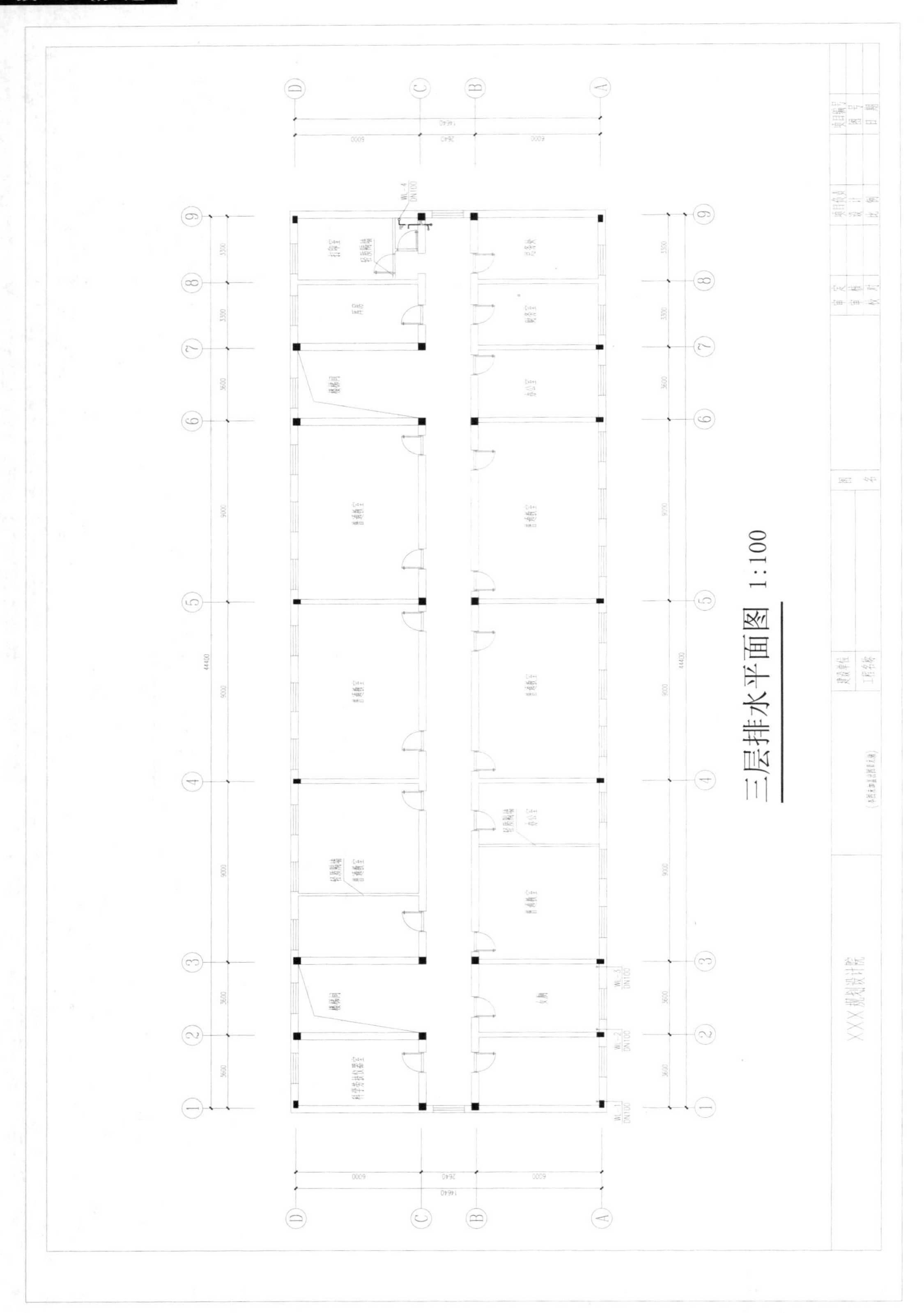

图 4-25　教学楼三层排水平面图

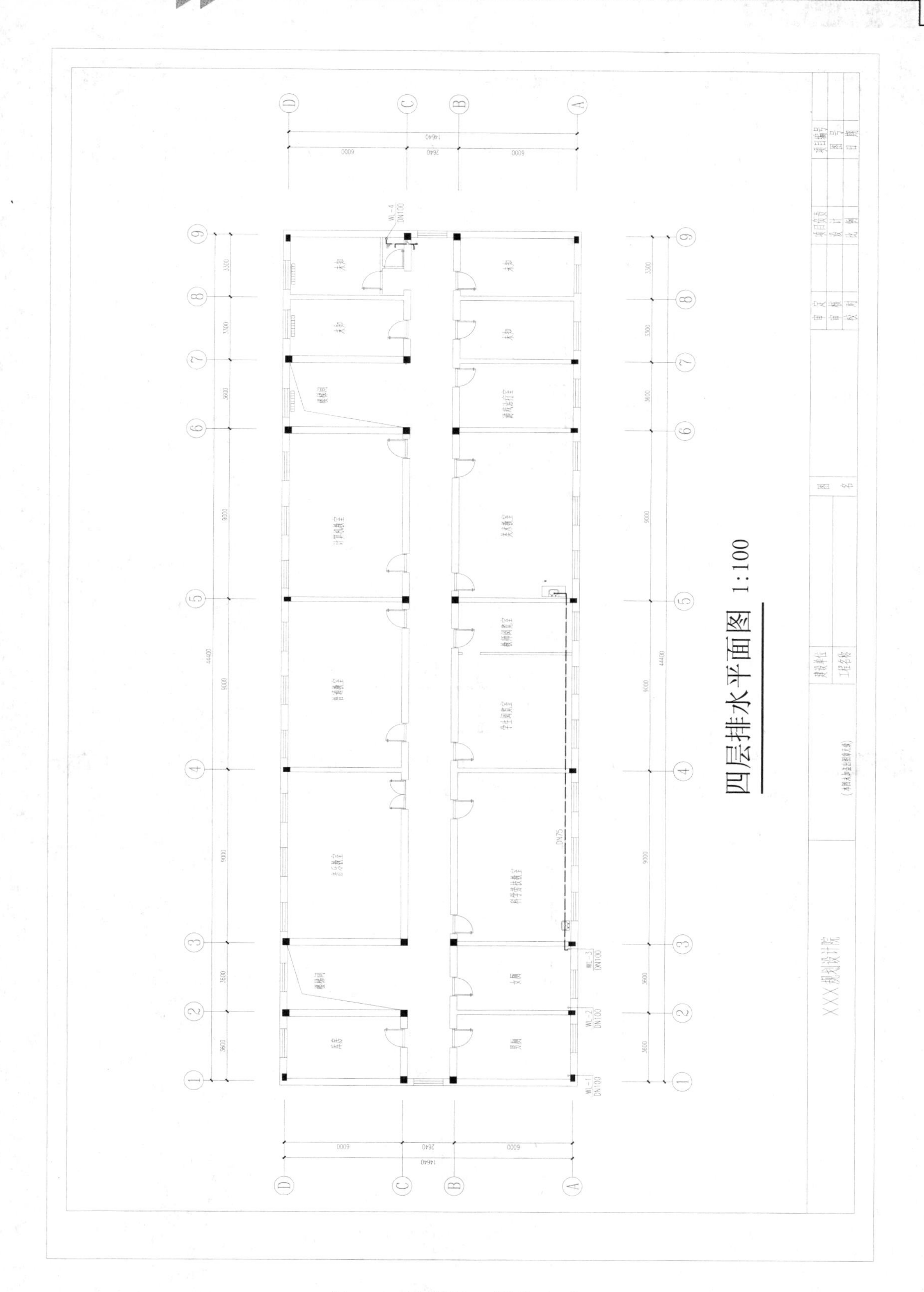

图 4-26　教学楼四层排水平面图

技巧：107 卫生间排水大样图的绘制

视频：技巧107-卫生间排水大样图的绘制.avi
案例：卫生间排水大样图.dwg

技巧概述： 前面各层排水平面图中均未详细讲解男女卫生间排水设备及排水管线的布置，下面就对如图 4-27 所示的各层通用的男女卫生间排水大样图进行讲解与绘制。

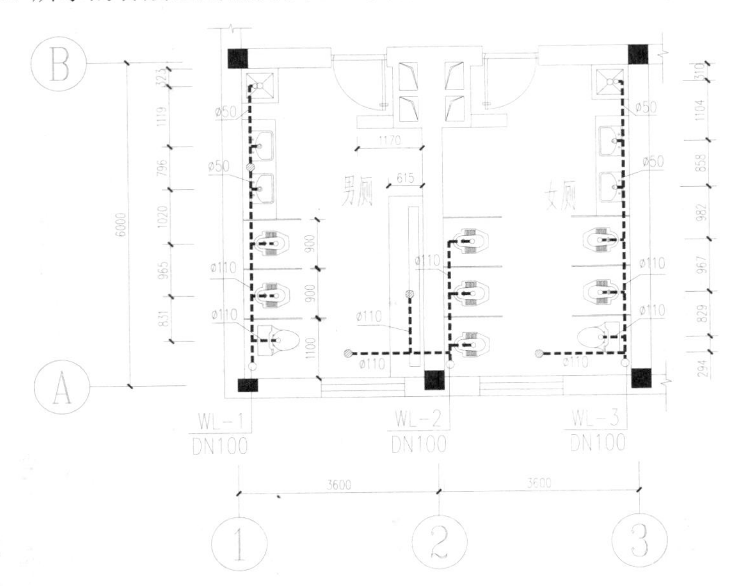

图 4-27　卫生间排水大样图效果

步骤 01 正常启动 AutoCAD 2014 软件，在“快速访问”工具栏中，单击“打开”按钮，将“案例\03\卫生间给水大样图.dwg”文件打开，如图 4-28 所示。

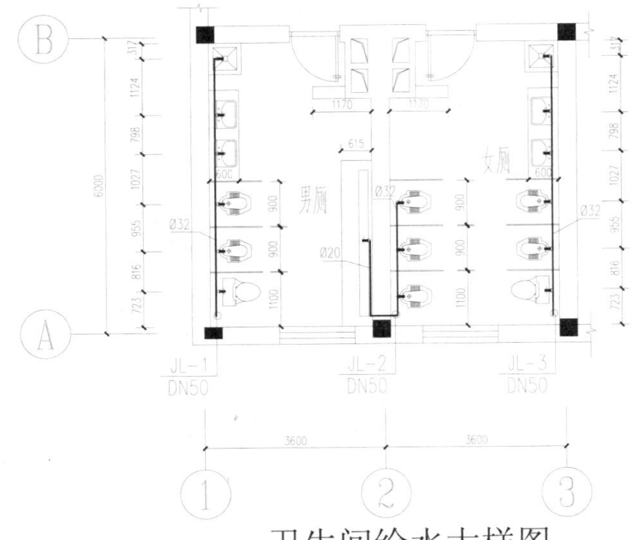

图 4-28　打开的图形

技巧提示 ★★★☆☆

由于卫生间给水、排水大样图用水洁具是相同的，因此这里直接调用绘制好的“卫生间给水大样图”。

步骤 02 再单击“另存为”按钮，将文件另存为“案例\04\卫生间排水大样图.dwg”文件。

步骤 03 执行“删除”命令（E），将给水管线、给水点、尺寸标注和管径标注删除；再双击修改立管类型编号与管径大小（修改“JL”为“WL”），修改图名为“卫生间排水大样图”，如图 4-29 所示。

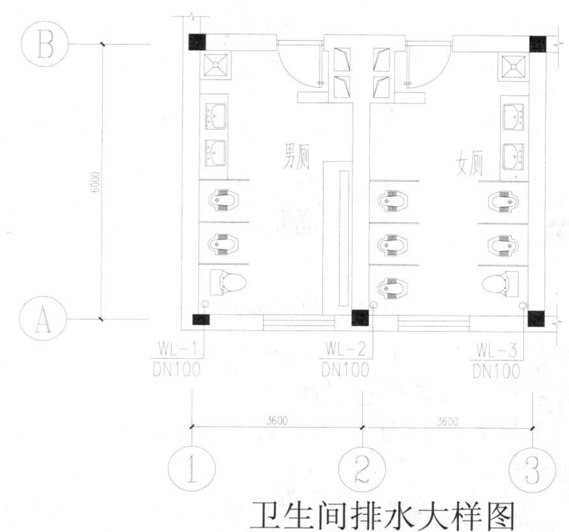

图 4-29　修改图形效果

步骤 04 执行“图层特性管理”命令（LA），新建“排水管线”和“排水设备”图层，并将“排水设备”图层置为当前图层，效果如图 4-30 所示。

名称	开	冻结	锁定	颜色	线型	线宽	透明度
排水管线				红	DASHED	—— 默认	0
✓ 排水设备				蓝	CONTINUOUS	—— 默认	0

图 4-30　新建图层

步骤 05 绘制“出水点”，执行“圆”命令（C），绘制直径为 90 的圆作为出水点，如图 4-31 所示。

步骤 06 绘制“圆形地漏”图例，再执行“圆”命令（C），绘制半径为 75 的圆；再执行“图案填充”命令（H），选择样例为“ANSI-31”，设置比例为 10，对圆进行填充，如图 4-32 所示。

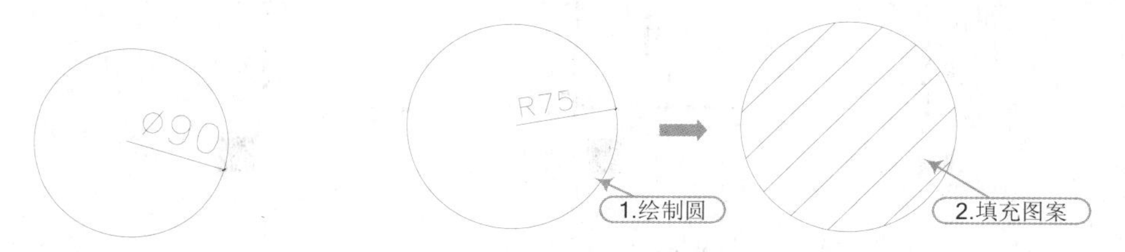

图 4-31　绘制出水点　　图 4-32　“地漏”图例

步骤 07 再执行“复制”命令（CO），将“出水点”和“地漏”复制到相应的位置处，如图 4-33 所示。

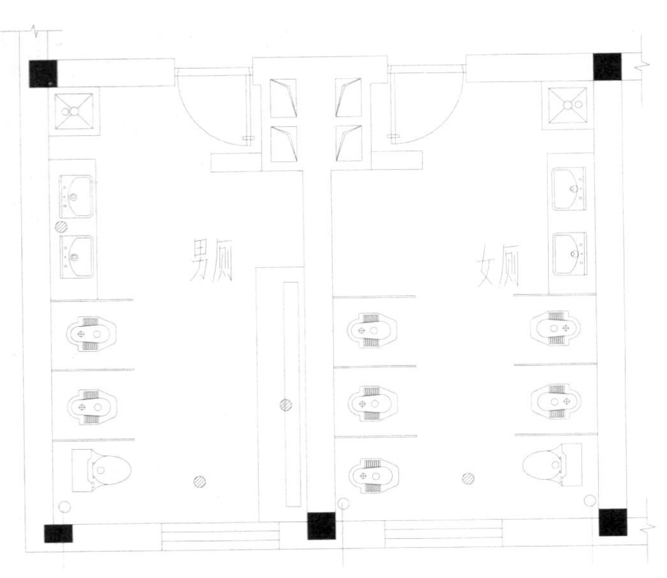

图 4-33　复制排水设备

步骤 08 切换至“排水管线”图层，执行“多段线”命令（PL），设置全局宽度为 50，由污水立管引出连接至各个出水点与地漏的管线。

步骤 09 再执行“线型比例”命令（LTS），根据命令提示，输入比例因子参数为 10，将虚线显示，效果如图 4-34 所示。

```
命令：LTSCALE                    \\ 执行“线型比例”命令
输入新线型比例因子：10            \\ 输入新值 10
正在重生成模型。                  \\ 以新值显示虚线比例
```

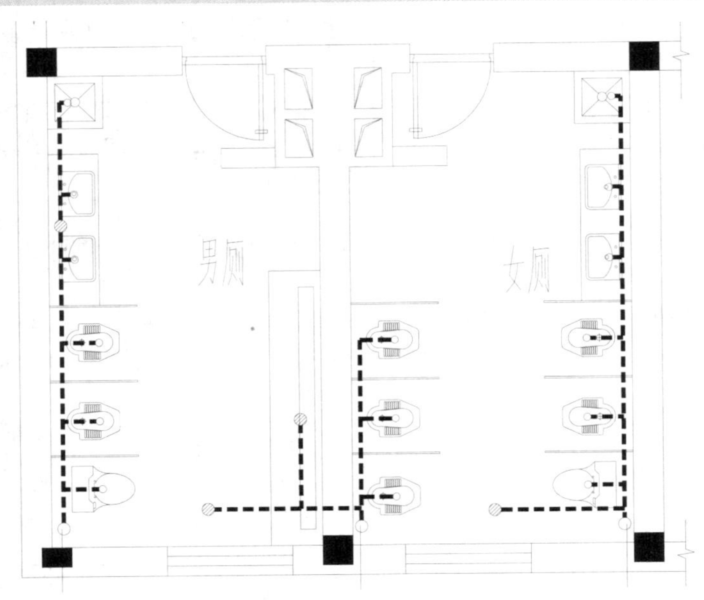

图 4-34　绘制排水管线

步骤 10 执行“线性标注”命令（DLI）和“连续标注”命令（DCO），对卫生间大样图进行标注，如图 4-35 所示。

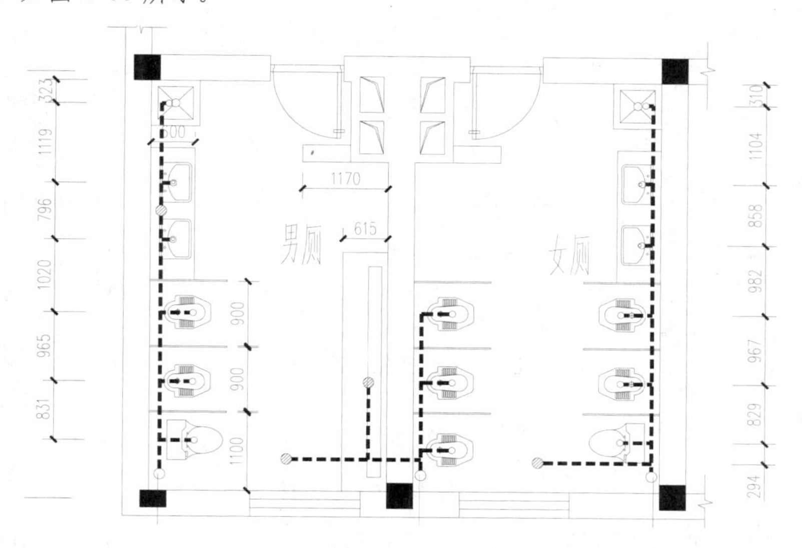

图 4-35　标注图形尺寸

步骤 11 执行“多行文字”命令（MT），选择“图内文字”文字样式，设置字高为 250，标注出管直径，如图 4-36 所示。

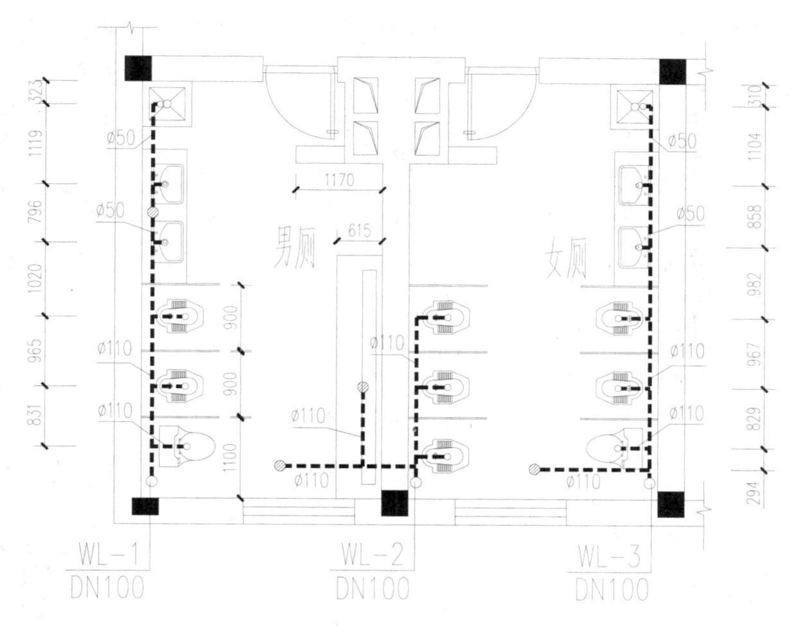

图 4-36　标注各管直径

步骤 12 至此，卫生间大样图已经绘制完成，按【Ctrl+S】组合键进行保存。

技巧：108　教学楼排水系统图的创建

视频：技巧108-系统图绘图环境的调用.avi
案例：教学楼排水系统图.dwg

技巧概述： 本节仍然以四层教学楼为例，讲解该教学楼排水系统图的绘制流程，以使读者掌握建筑排水系统图的绘制方法及相关的知识点，绘制效果如图 4-37 所示。

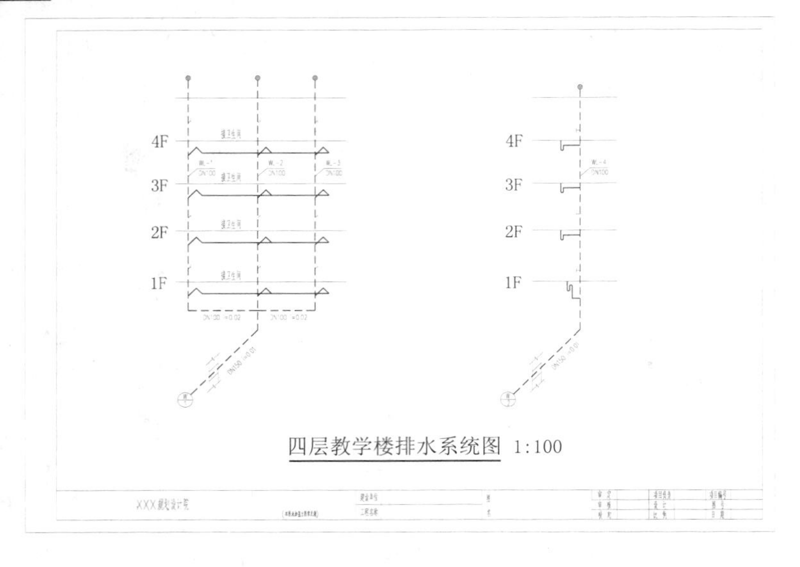

图 4-37 四层教学楼排水系统图

在绘制该四层教学楼排水系统图之前，首先应设置其绘图的环境，包括新建图层、文字样式等。

步骤 01 正常启动 AutoCAD 2014 软件，系统自动创建空白文件，单击“另存为”按钮，将文件另存为“案例\04\教学楼排水系统图.dwg”文件。

步骤 02 执行“图层特性管理”命令（LA），新建如图 4-38 所示的图层。

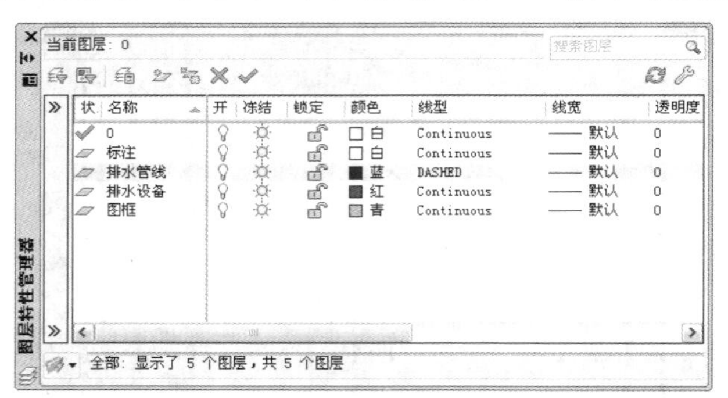

图 4-38 设置图层效果

步骤 03 执行“文字样式”命令（ST），在打开的“文字样式”对话框中，建立“图名”和“图内文字”文字样式，并设置相应的字体、高度、宽度因子等，如图 4-39 所示。

图 4-39 建立文字样式

技巧：109　绘制排水主管线

视频：技巧109-绘制排水主管线.avi
案例：教学楼排水系统图.dwg

技巧概述：由教学楼首层排水平面图可看出有两个排污水井：其中污水井 1 连接至污水立管 WL-1、WL-2 和 WL-3，污水井 2 连接至污水立管 WL-4，污水井 1 和 2 并不相连，如图 4-40 所示。那么单独地绘制污水井 1 和污水井 2 管路。

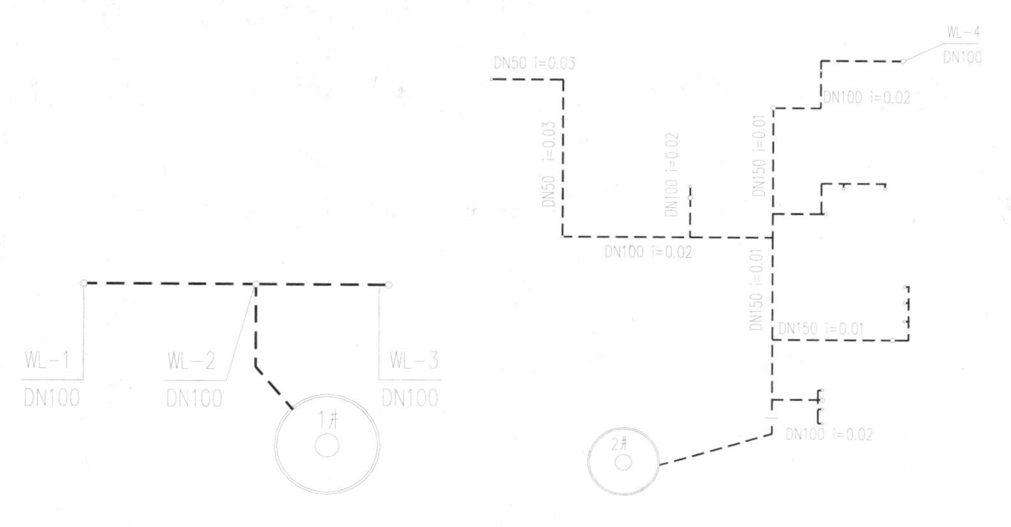

图 4-40　首层排水平面图中的排水管道与设备

步骤 01 在“图层”下拉列表中，选择“排水设备”图层为当前图层。

步骤 02 执行“圆”命令（C），绘制一个半径为 600 的圆；再执行“直线”命令（L），过左、右象限点绘制一条水平直线，如图 4-41 所示。

步骤 03 执行“多行文字”命令（MT），在圆内拖出文本框，在“文字格式”工具栏中，选择“图内文字”文字样式，在圆内输入文字，作为室外排污水井，如图 4-42 所示。

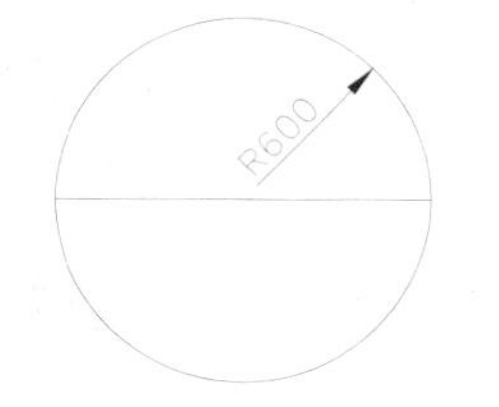

图 4-41　绘制圆和直线

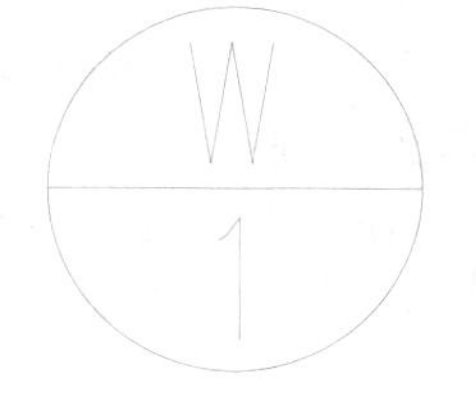

图 4-42　文字标注

步骤 04 执行“复制”命令（CO），将 1 号排污水井复制出 1 份，并双击文字 1 修改为 2，如图 4-43 所示。

步骤 05 选择“排水管线”图层为当前图层，在状态栏中单击“极轴追踪”按钮，以启用极轴追踪功能，然后右击该按钮，在弹出的快捷菜单中，选择“45”选项，以设置 45°的增量角，如图 4-44 所示。

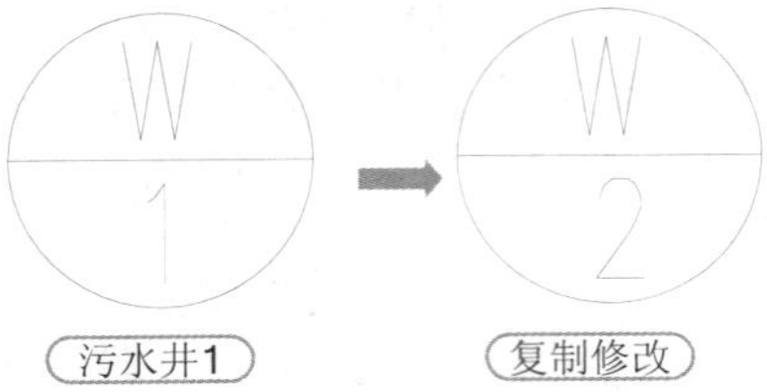

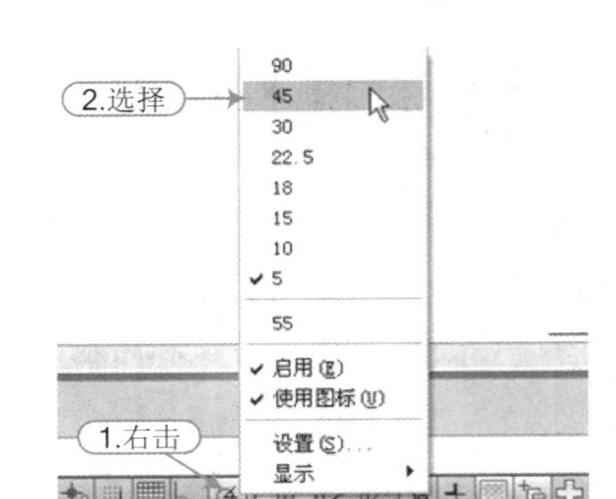

污水井1 复制修改

图 4-43 绘制的污水井

图 4-44 设置极轴追踪角

步骤 06 执行“多段线”命令（PL），设置全局宽度为 50，绘制从室外污水井引入连接至各污水立管的主要管线，如图 4-45 所示。

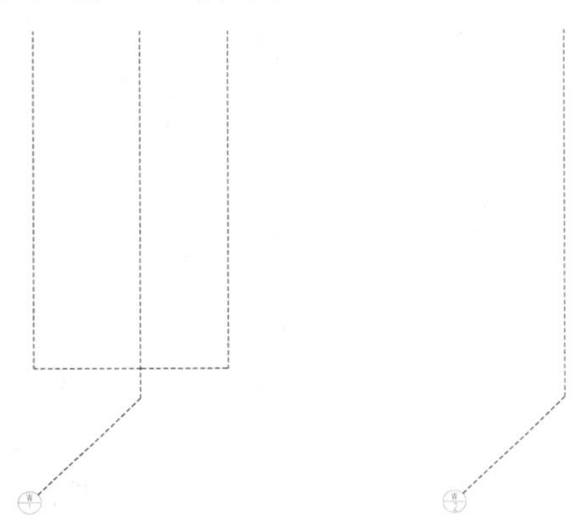

图 4-45 绘制排水主要管线

技巧：110 绘制排水系统图各层层高

视频：技巧110-绘制排水系统图各层层高.avi
案例：教学楼排水系统图.dwg

技巧概述： 在前面已经绘制好了排水主要管线，接下来在绘制的排水主管线上确定各楼层标高位置及标注各层的楼层号。

步骤 01 将“标注”图层置为当前图层，执行“直线”命令（L）和“复制”命令（CO），在两侧立管处分别绘制出 5 层同长的水平线，以表示不同楼层标高位置，如图 4-46 所示。

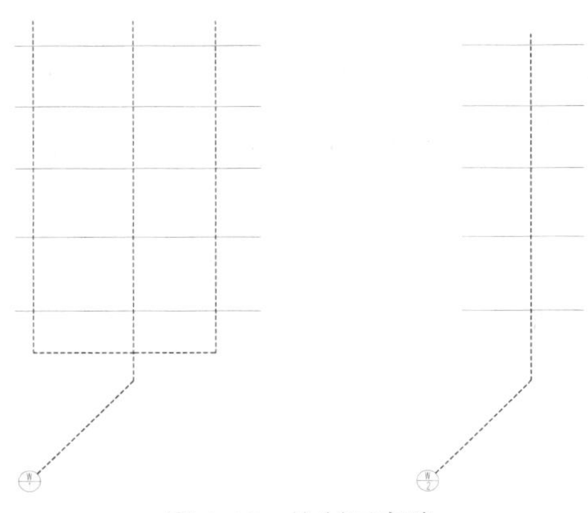

图 4-46 绘制层高线

步骤 02 执行“多行文字”命令（MT），选择“图内文字”文字样式，设置字体为“宋体”，字高设置为 1000，在楼层线处标注出楼层号，如图 4-47 所示。

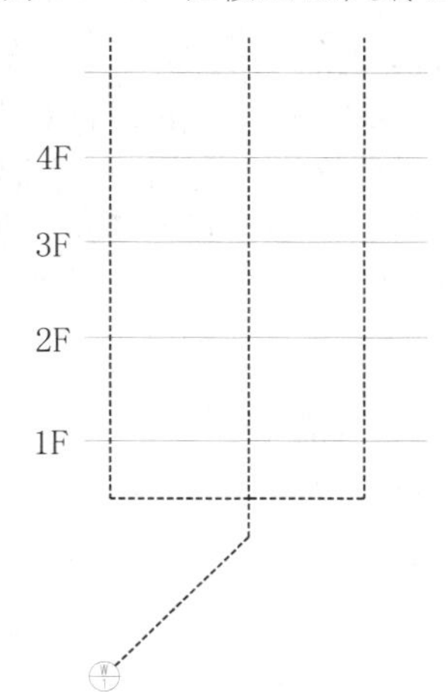

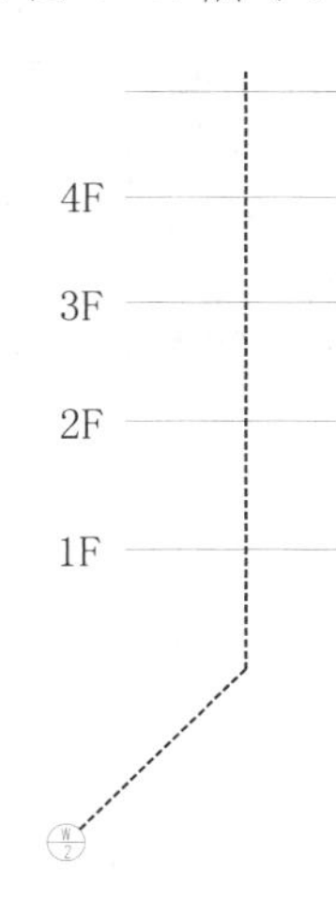

图 4-47　标注楼层号

技巧：111　绘制教学楼各层排水支管线

视频：技巧111-绘制各层排水支管线.avi
案例：教学楼排水系统图.dwg

技巧概述：在绘制完教学楼排水系统图主要管线之后，接下来绘制连接各层排水管道的支管线。首先要识读各层排水平面图中各支管线的连接空间关系：由排水平面图可知：WL-1、WL-2 和 WL-3 排水立管供给的是男女厕所的用水设备，而且每一层男女卫生间用水设备和位置都是一样的，那么可绘制出首层支管线；然后使用“复制”命令将首层支管线依次复制到其他层。

步骤 01 将“排水管线”图层置为当前图层，执行“多段线”命令（PL），设置多段线全局宽度为 50，在左侧三个立管处绘制出首层支管线，并将支管线的线型设置成为实线“Continuous”，绘制支管效果如图 4-48 所示。

步骤 02 由于教学楼 2～4 层厕所的用水设备相同，因此执行“复制”命令（CO），将首层的支管向上复制，如图 4-49 所示。

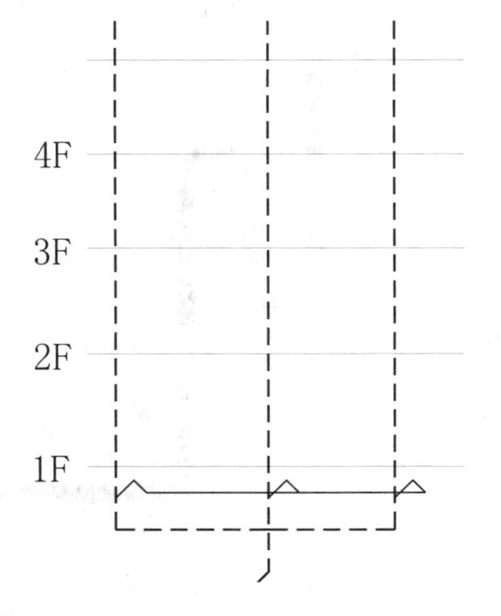

图 4-48　绘制首层支管线

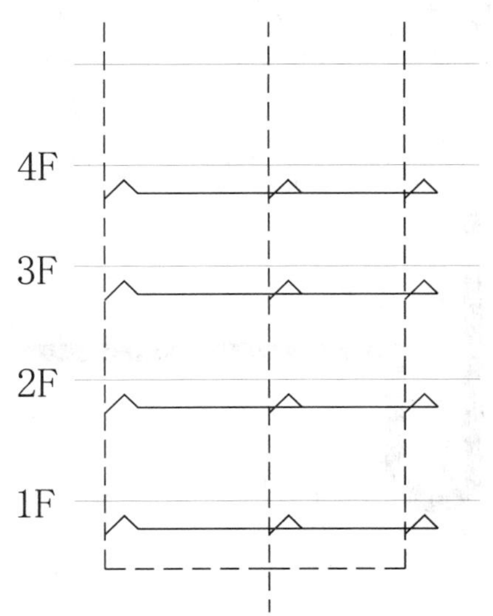

图 4-49　复制到其他层

技巧：112 布置排水系统图设备

视频：技巧112-布置排水系统图设备.avi
案例：教学楼排水系统图.dwg

技巧概述：前面已经绘制完了排水系统图的管线，接下来绘制相应的排水设备及附件，其中包括检查口、通气帽、存水弯等图例，然后将各个图例布置到相应的位置管线上。

步骤 01 在“图层”下拉列表中，将“排水设备”图层置为当前图层。

步骤 02 绘制“通气帽”图例，执行“圆”命令（C），绘制半径为 200 的圆；再执行“图案填充”命令（H），选择样例为“ANSI-37”，设置比例为 30，在圆内进行填充，如图 4-50 所示。

图 4-50 “通气帽”图例

步骤 03 绘制“立管检查口”图例，执行“直线”命令（L），通过 45°极轴捕捉，绘制出尺寸相同的两种检查口图例，如图 4-51 所示。

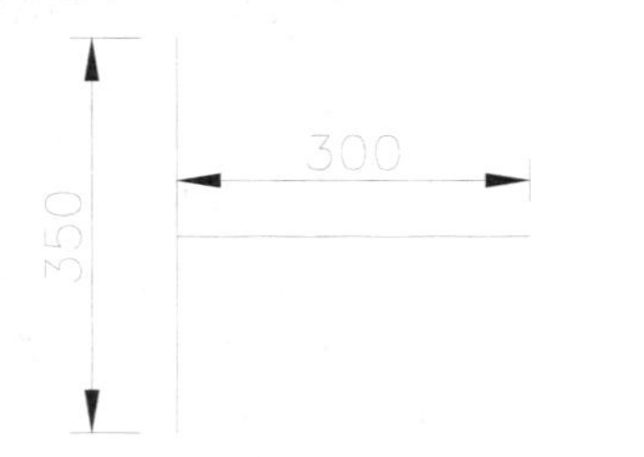

图 4-51 “立管检查口”图例

步骤 04 绘制“P 形存水弯”图例，根据第 2 章绘制 P 形存水弯的方法，执行“多段线”命令（PL），设置宽度为 50，绘制出如图 4-52 所示的存水弯。

步骤 05 同样通过“多段线”命令，绘制出如图 4-53 所示的“S 形存水弯”。

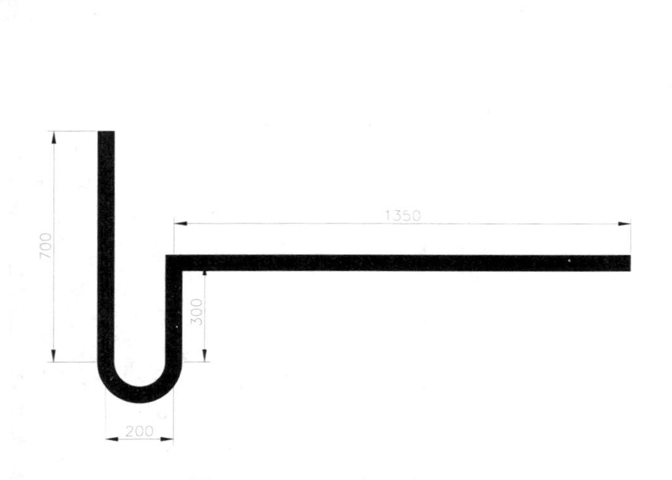

图 4-52 “P 形存水弯”图例

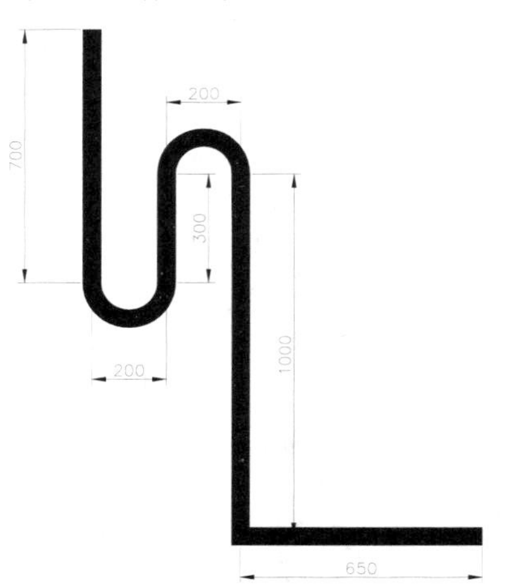

图 4-53 绘制 S 形存水弯

步骤 06 执行“移动”命令（M）和“复制”命令（CO），将绘制的图例复制移动到相应的管线位置，如图 4-54 所示。

步骤 07 执行“直线”命令（L），分别在两个污水井主管上绘制出“刚性防水套管”图例，如图 4-55 所示。

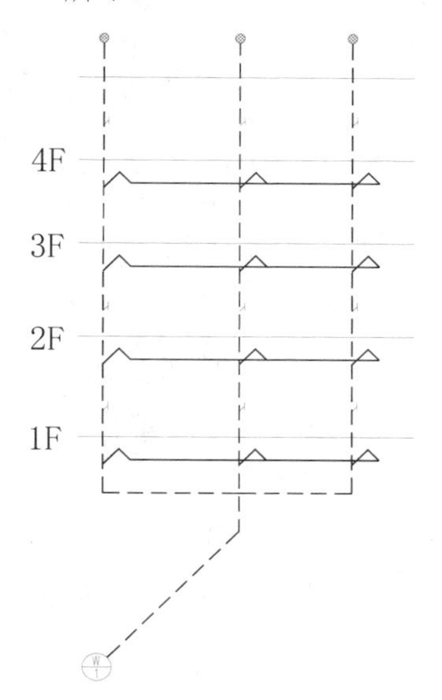

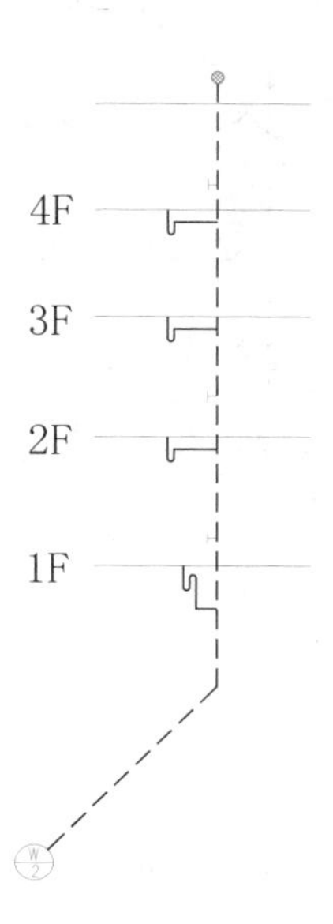

图 4-54　移动复制图例

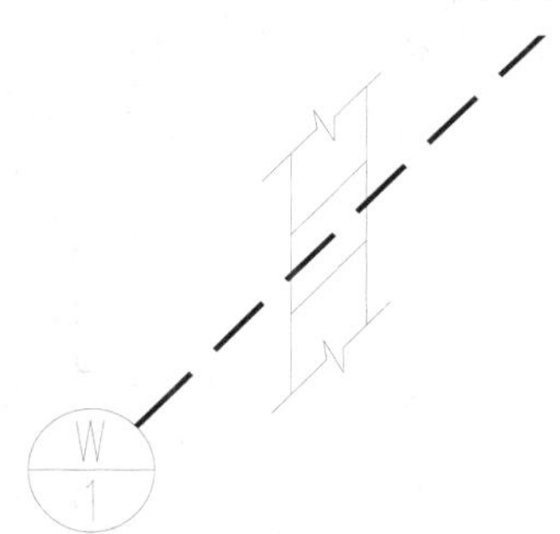

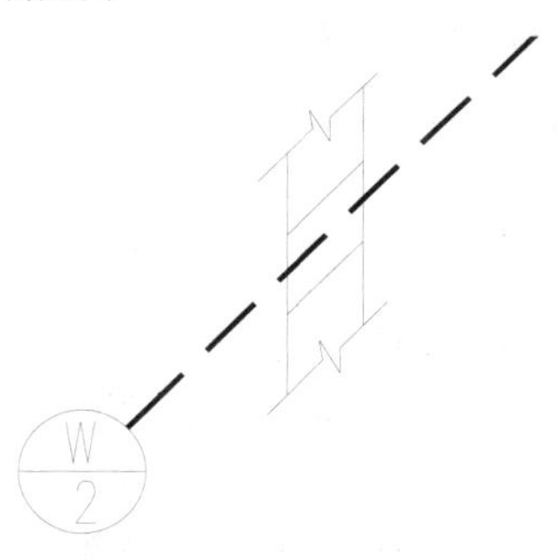

图 4-55　“刚性防水套管”图例

技巧：113　排水系统图的标注

视频：技巧113-排水系统图的标注.avi
案例：教学楼排水系统图.dwg

技巧概述：绘制完成排水系统图后，接下来应对排水系统图进行文字标注说明。

步骤 01 在“图层”下拉列表中，选择“标注”图层为当前图层。

步骤 02 执行“多行文字”命令（MT）和“直线”命令（L），选择“图内文字”文字样式，设置字高为 800，标注出管名、管径与坡度，如图 4-56 所示。

步骤 03 执行“多行文字”命令（MT），选择“图内文字”文字样式，设置字高为 900，标注管线区域，如图 4-57 所示。

步骤 04 执行“多行文字”命令（MT），选择“图名”文字样式，设置字高为 1200，在图形下侧标注图名“四层教学楼排水系统图”，再设置字高为 1100，继续在右侧标注出比例“1:100”。

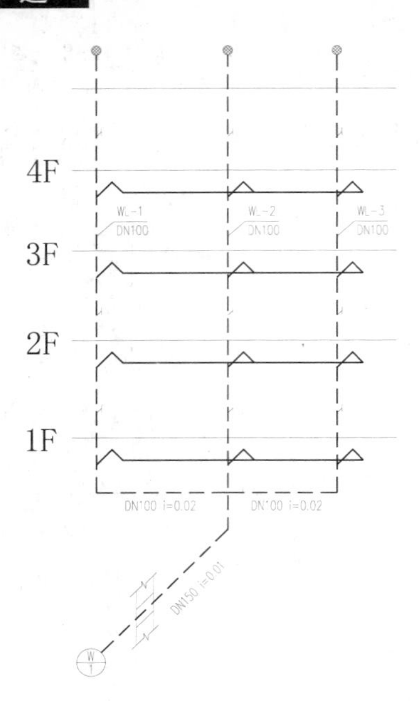

图 4-56　标注立管

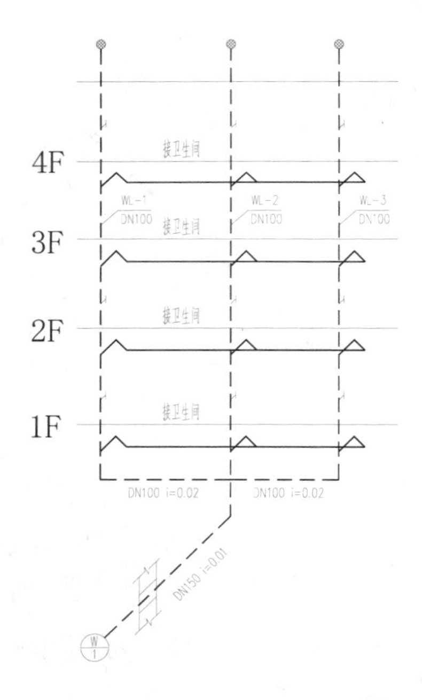

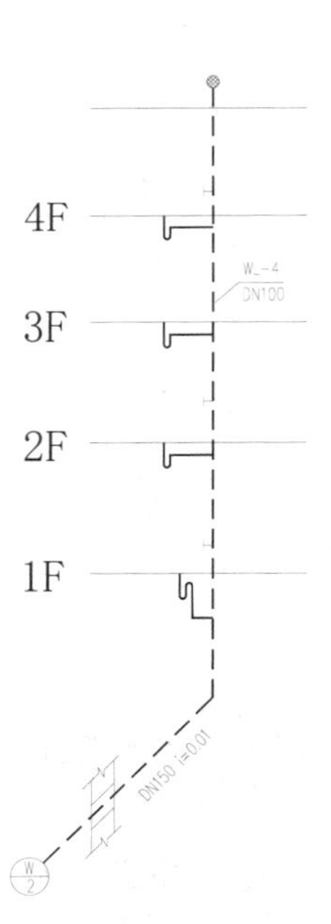

图 4-57　文字注释

步骤 05 再执行“多段线”命令（PL），设置宽度为 120，在图名下侧绘制同长的水平多段线，如图 4-58 所示。

四层教学楼排水系统图 1:100

图 4-58　图名标注

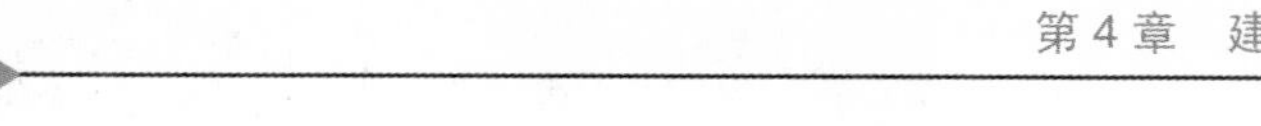

技巧：114　排水系统图图框的添加

视频：技巧114-添加排水系统图图框.avi
案例：教学楼排水系统图.dwg

技巧概述：图形绘制完成后，接下来为其添加相应大小的图框。

步骤 01 选择“图框”图层为当前图层，执行“插入块”命令（I），弹出“插入”对话框，选择保存路径为“案例\04\A2 图框.dwg”，输入比例值为 100，然后单击“确定”按钮，如图 4-59 所示。

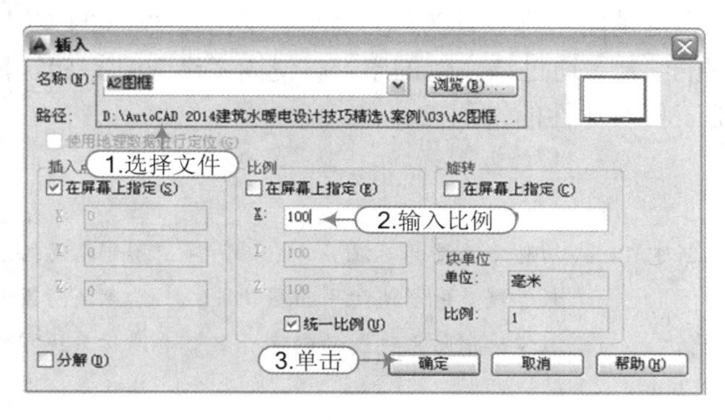

图 4-59　按比例插入

步骤 02 然后用鼠标在绘图区指定的能够框住图形的位置单击，则插入放大 100 倍的 A2 图框，如图 4-60 所示。

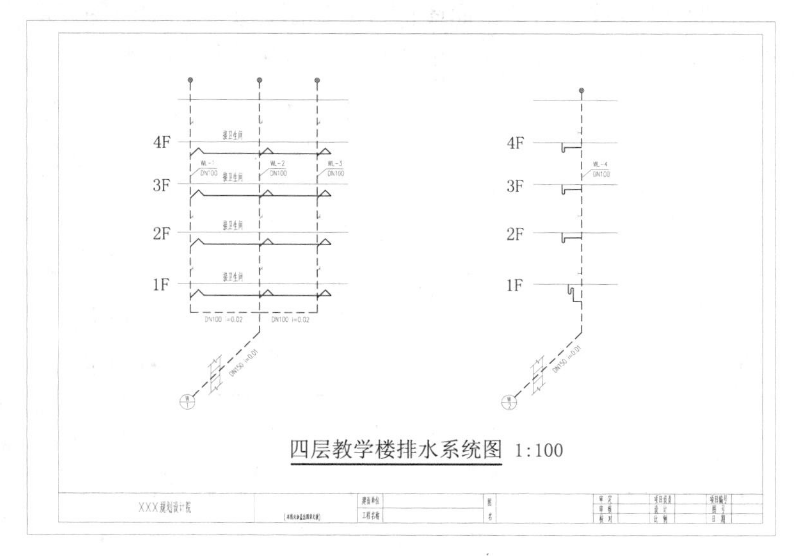

图 4-60　插入的图框效果

步骤 03 至此，该教学楼排水系统图已经绘制完成，按【Ctrl+S】组合键进行保存。

第 5 章　建筑消防施工图的绘制技巧

● **本章导读**

本章以某四层教学楼的消防工程设计为例，介绍了四层教学楼的首层消防平面图的绘制、整个教学楼消防系统图的绘制。通过该实例的学习，使读者迅速掌握建筑消防工程的 AutoCAD 制图方法及相关的消防工程专业性的知识点。

● **本章内容**

教学楼首层消防平面图的创建	消防平面图的标注	绘制消防给水主管线
消防设备的绘制	教学楼其他层消防平面图效果	绘制消防设备
消防管线及阀门附件的绘制	教学楼消防系统图的创建	消防系统图的标注
		消防系统图图框的添加

技巧：115　教学楼首层消防平面图的创建

视频：技巧115-消防平面图绘图环境的调用.avi
案例：教学楼首层消防平面图.dwg

技巧概述：在绘制教学楼首层消防平面图前首先调用建筑平面图绘图环境，然后新建相应的图层、文字样式等，最后绘制消防管线与消防设备，效果如图 5-1 所示。

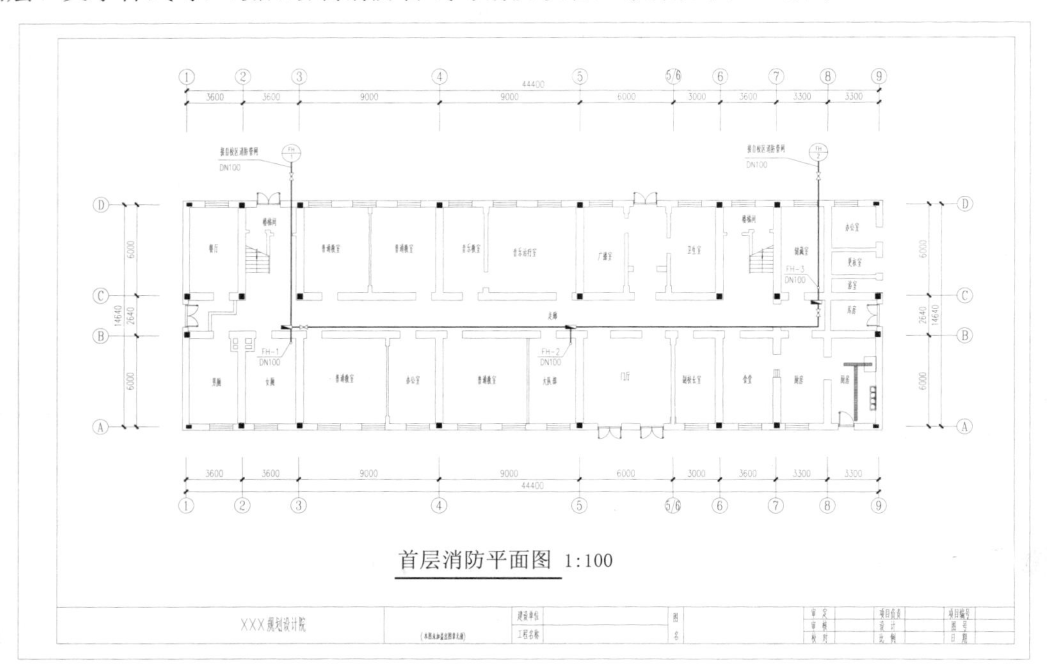

图 5-1　教学楼首层消防平面图效果

步骤 01 正常启动 AutoCAD 2014 软件，在“快速访问”工具栏中，单击“打开”按钮，将“案例\05\教学楼首层平面图.dwg”文件打开，如图 5-2 所示。

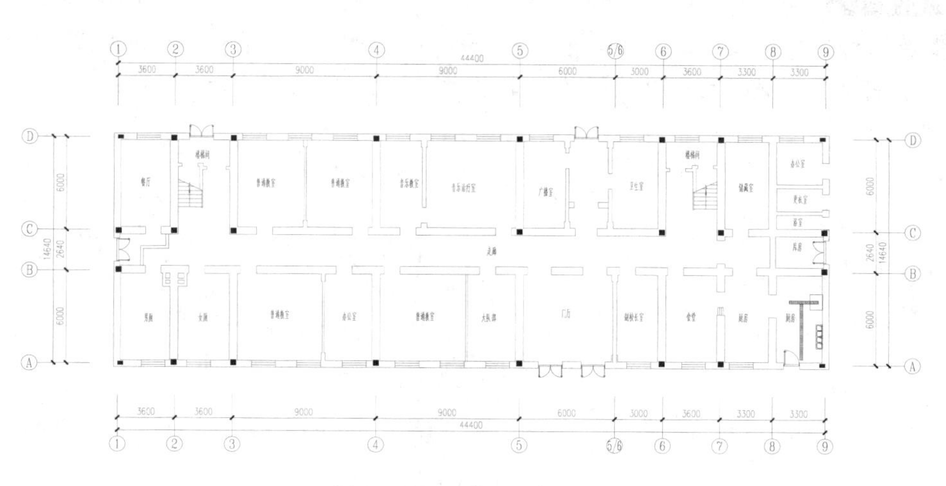

图 5-2　打开的平面图文件

步骤 02 再单击“另存为”按钮，将文件另存为“案例\05\教学楼首层消防平面图.dwg”文件。

步骤 03 执行“图层特性管理”命令（LA），新建如图 5-3 所示的图层。

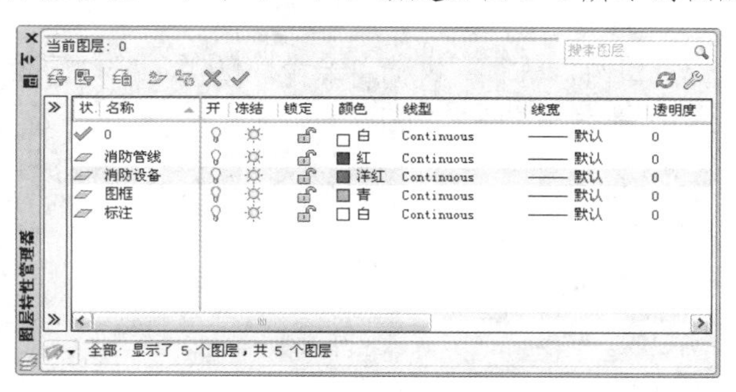

状	名称	开	冻结	锁定	颜色	线型	线宽	透明度
✓	0				白	Continuous	默认	0
	消防管线				红	Continuous	默认	0
	消防设备				洋红	Continuous	默认	0
	图框				青	Continuous	默认	0
	标注				白	Continuous	默认	0

图 5-3　建立图层

步骤 04 执行“文字样式”命令（ST），建立“图内文字”和“图名”文字样式，并设置相应的字体、高度和宽度因子等，如图 5-4 所示。

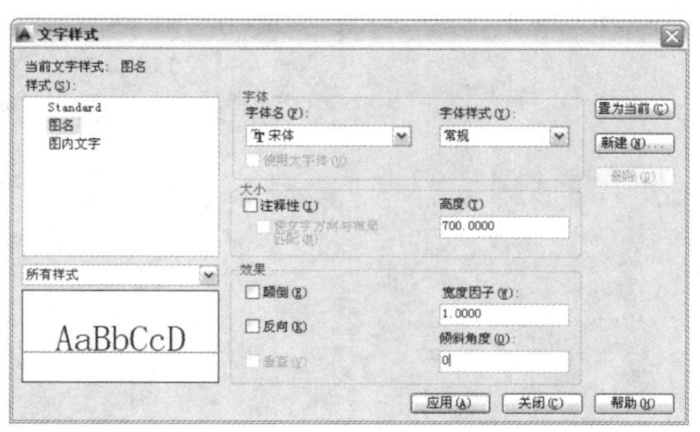

图 5-4　新建文字样式

技巧：116　消防设备的绘制

视频：技巧116-消防设备的绘制.avi
案例：教学楼首层消防平面图.dwg

技巧概述：在前面设置好了绘图环境，接下来为教学楼首层平面图内的相应位置布置相关的消防设备。

步骤 01 选择“消防设备”图层为当前图层，执行“圆”命令（C），在平面图相应位置分别绘制出 3 个直径为 150 的圆作为室内消防“给水立管”，如图 5-5 所示。

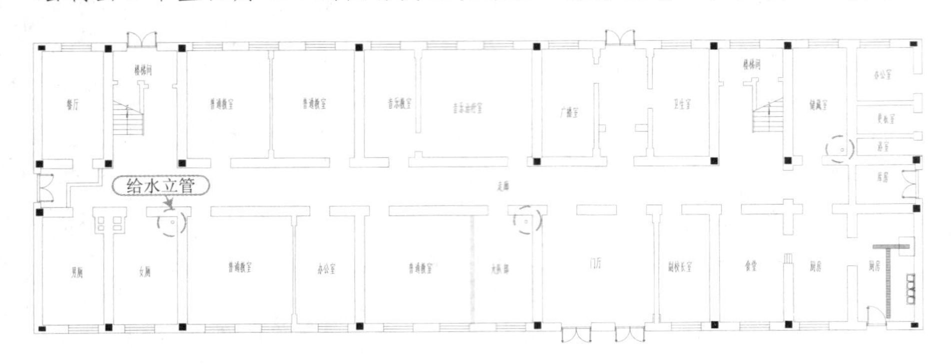

图 5-5　绘制消防立管

步骤 02 绘制“管道井 1”图例，执行“圆”命令（C），绘制一个半径为 600 的圆，再执行“直线”命令（L），过圆水平直径绘制线段。

步骤 03 执行“单行文字”命令（DT），设置文字高度为 300，在圆内输入文字，如图 5-6 所示。

步骤 04 绘制“管道井 2”图例，执行“复制”命令（CO），将“管道井 1”复制出一份，然后修改文字内容，效果如图 5-7 所示。

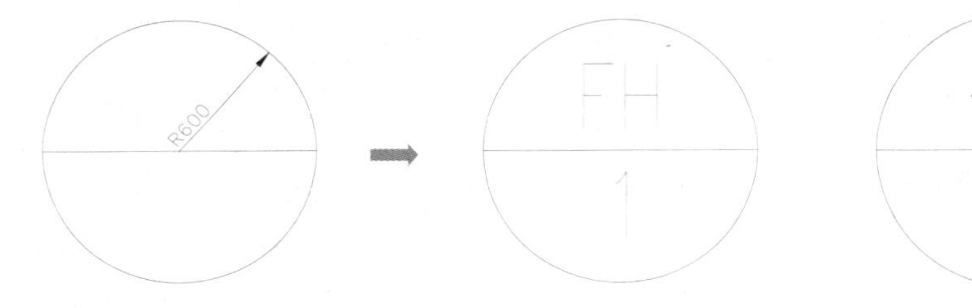

图 5-6　“管道井 1”图例　　　　图 5-7　“管道井 2”图例

步骤 05 执行“移动”命令（M），将绘制的两个管道井移动到平面图的上方位置，如图 5-8 所示。

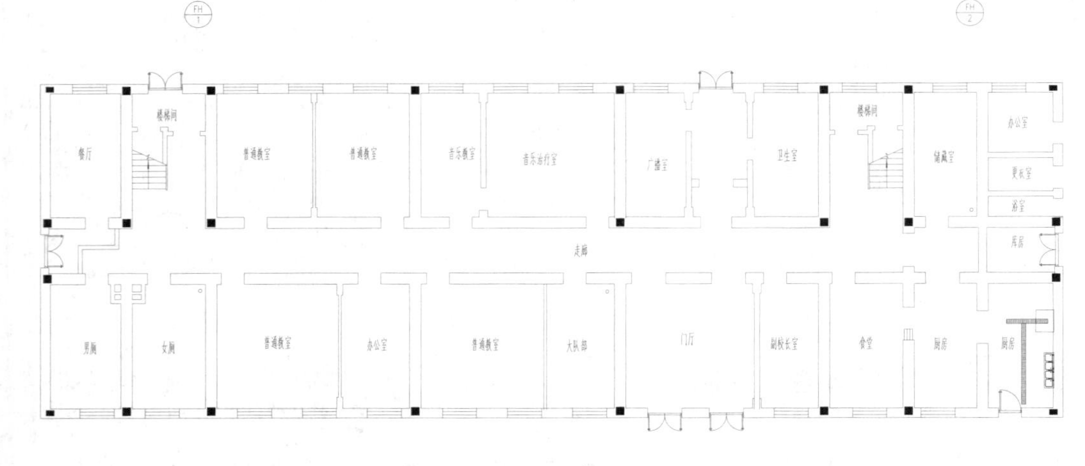

图 5-8　移动管道井

技巧：117　消防管线及阀门附件的绘制

视频：技巧117-消防管线及阀门附件的绘制.avi
案例：教学楼首层消防平面图.dwg

技巧概述：前面布置好了相关的消防设备，接下来绘制对应的消防管线与消防设备相连接。

步骤 01 在“图层”面板的“图层”下拉列表中，选择“消防管线”图层为当前图层。

步骤 02 执行“多段线”命令（PL），设置全局宽度为 50，分别从两个室外水井处引入连接至各消防立水管的消防管道线，如图 5-9 所示。

图 5-9　绘制消防管线

步骤 03 绘制“消火栓”平面图例，切换至“消防设备”图层，执行“矩形”命令（REC），绘制 700×240 的矩形；再执行“直线”命令（L），连接左上和右下对角点绘制斜线；再执行“图案填充”命令（H），为矩形左下部分填充“SOLTD”的图案，如图 5-10 所示。

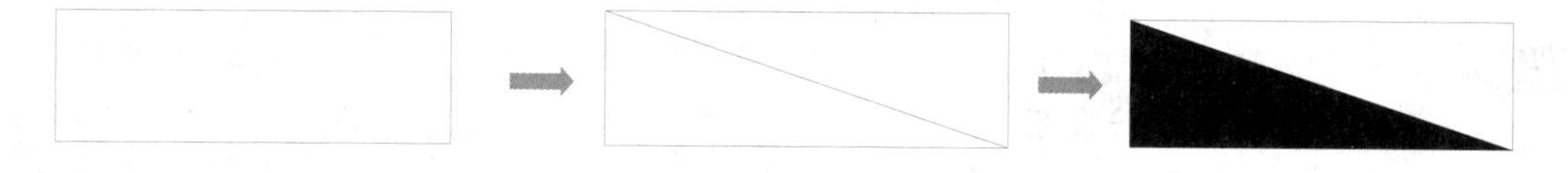

图 5-10　“消火栓”平面图例

方法 04 绘制“闸阀”图例，执行“矩形”命令（REC），绘制 500×300 的矩形；再执行“直线”命令（L），绘制对角斜线；执行“修剪”命令（TR），修剪掉上、下水平线；最后在斜线交点处绘制长 150 的垂直线段，如图 5-11 所示。

图 5-11　“闸阀”图例

步骤 05 通过移动、复制、旋转和修剪等命令，将绘制好的“消火栓”和“闸阀”图例安装在消防管道上，效果如图 5-12 所示。

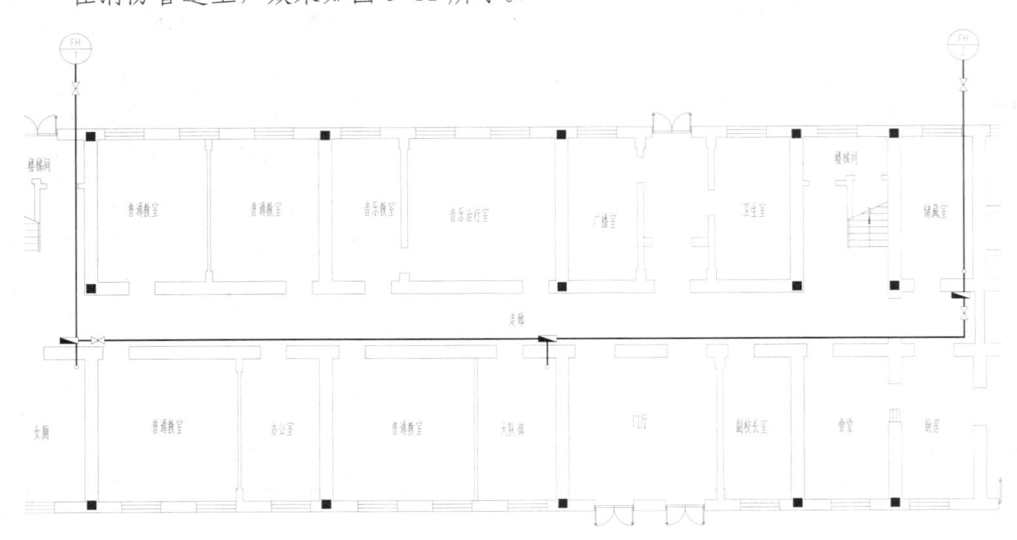

图 5-12　安装阀门附件效果

技巧：118　消防平面图的标注

视频：技巧118-消防平面图的标注.avi
案例：教学楼首层消防平面图.dwg

技巧概述：在前面绘制好了教学楼首层平面图内的所有消防管线及消防设备，下面为消防平面图内的相关内容进行文字标注，其中包括消防立管名称及管径标注、图名标注等。

步骤 01 在“图层”下拉列表中，选择“标注”图层为当前图层。

步骤 02 执行“多行文字”命令（MT），选择文字样式为“图内文字”，对室内的 3 根消防立管和室外消防管道进行名称及管径标注；再执行“直线”命令（L），在文字处分别绘制指引线至消防立管，如图 5-13 所示。

步骤 03 再执行“多行文字”命令（MT），选择“图名”文字样式，设置文字高度为 1000，在图形的下方标注图名“首层消防平面图”，再设置文字高度为 850，标注比例“1:100”；再执行“多段线”命令（PL），设置全局宽度为 100，绘制一条与图名同长的多段线，效果如图 5-14 所示。

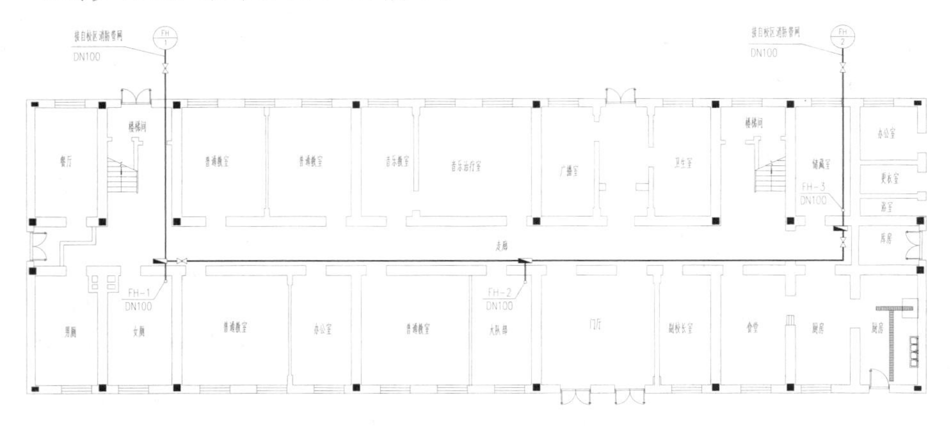

图 5-13　文字标注效果

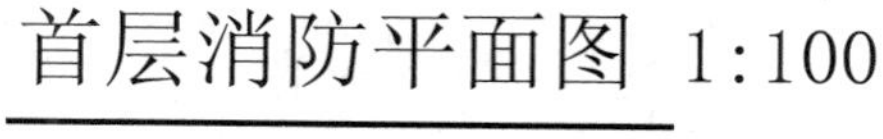

首层消防平面图 1:100

图 5-14　图名标注

步骤 04 选择“图框”图层为当前图层，执行“插入块”命令（I），将“案例\03\A2 图框.dwg”文件插入图形中。

步骤 05 执行“缩放”命令（SC），选择 A2 图框，输入比例因子为 100，以将其放大 100 倍；再执行“移动”命令（M），将图框移动以框住平面图形，效果如图 5-15 所示。

步骤 06 至此，该教学楼首层消防平面图已经绘制完成，按【Ctrl+S】组合键进行保存。

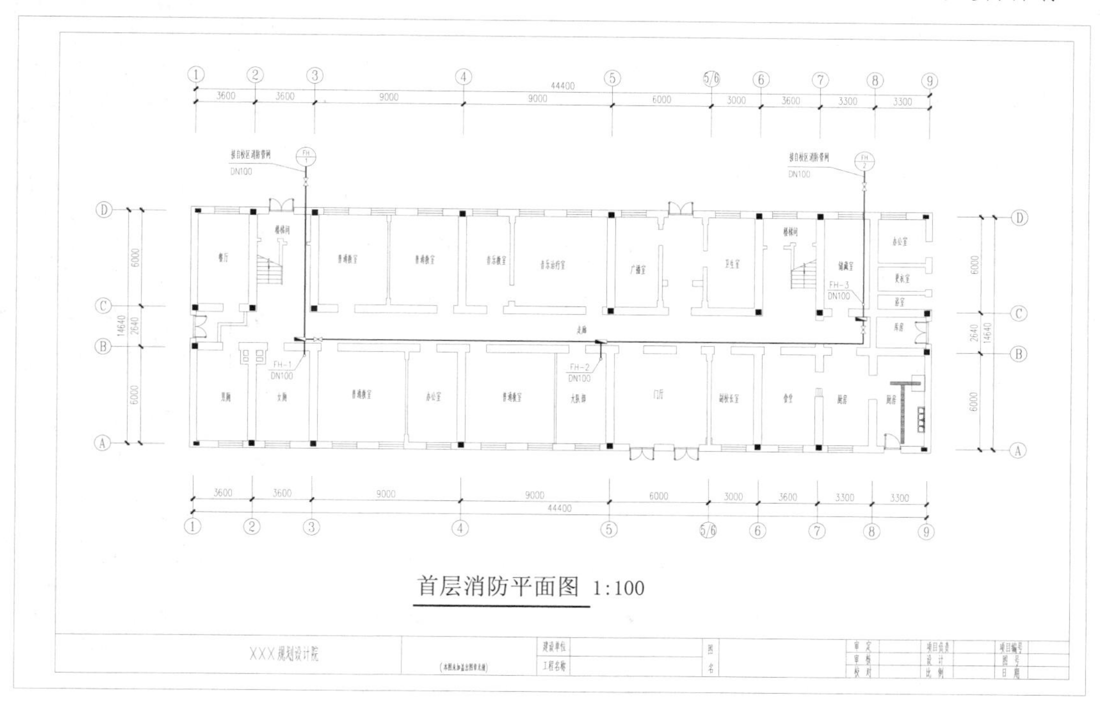

图 5-15　插入图框的效果

技巧：119　教学楼其他层消防平面图效果

视频：无
案例：教学楼其他层消防平面图.dwg

技巧概述： 该教学楼二～四层消防平面图与首层消防平面图的 3 根竖直消防给水立管是相对应的，二层及以上高层楼是以这 3 根立管引出消火栓管道以供各层的消防设备。

读者可参照前面“首层消防平面图”的绘制方法或者参照配套光盘“案例\05”文件夹下面的“教学楼其他层消防平面图.dwg”文件的图形效果进行绘制，效果如图 5-16 所示。

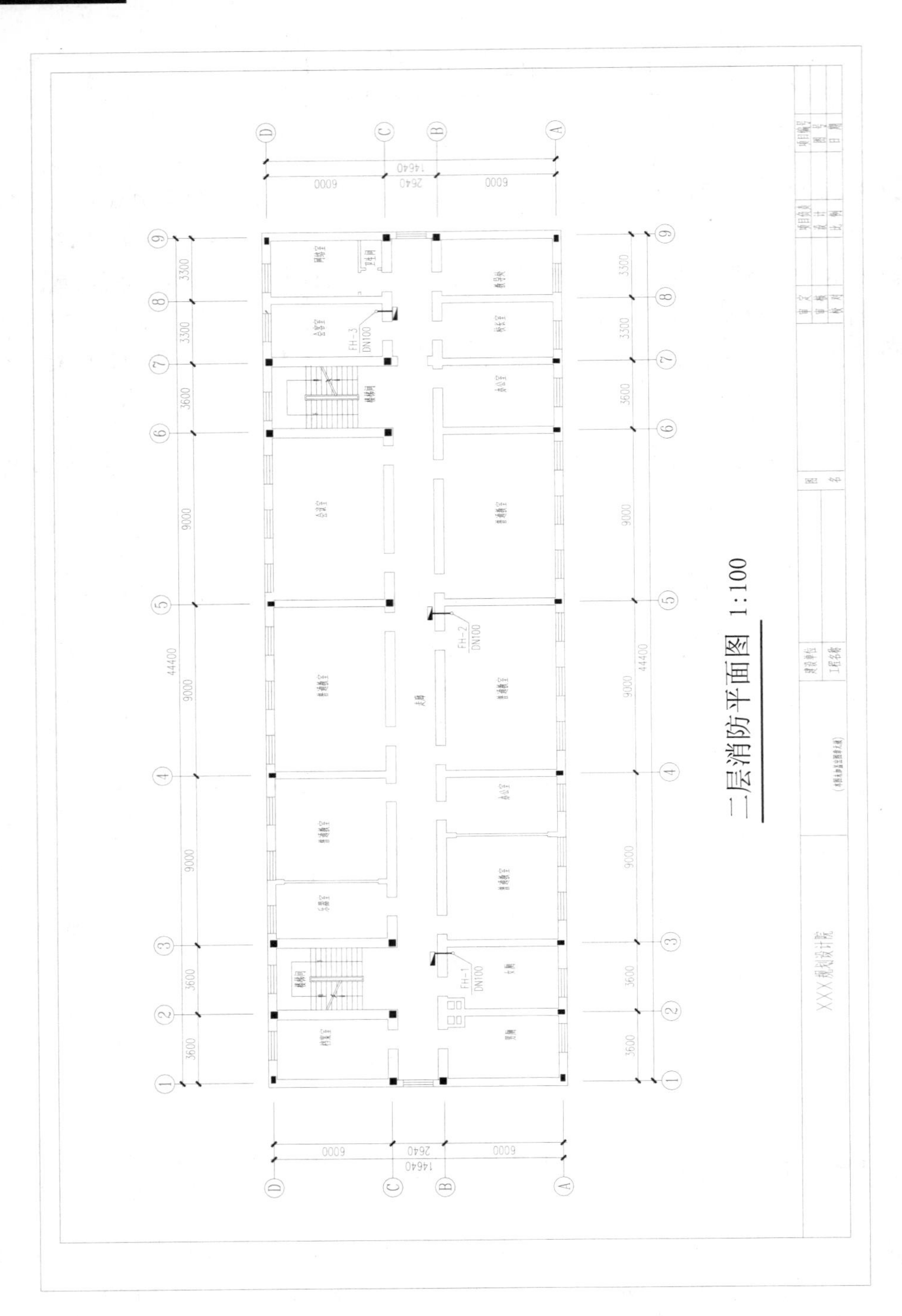

二层消防平面图 1:100
FH-1
DN100
FH-2
DN100
FH-3
DN100
14640
6000
2640
6000
44400
9000
3600
3300
XXX规划设计院

（a）

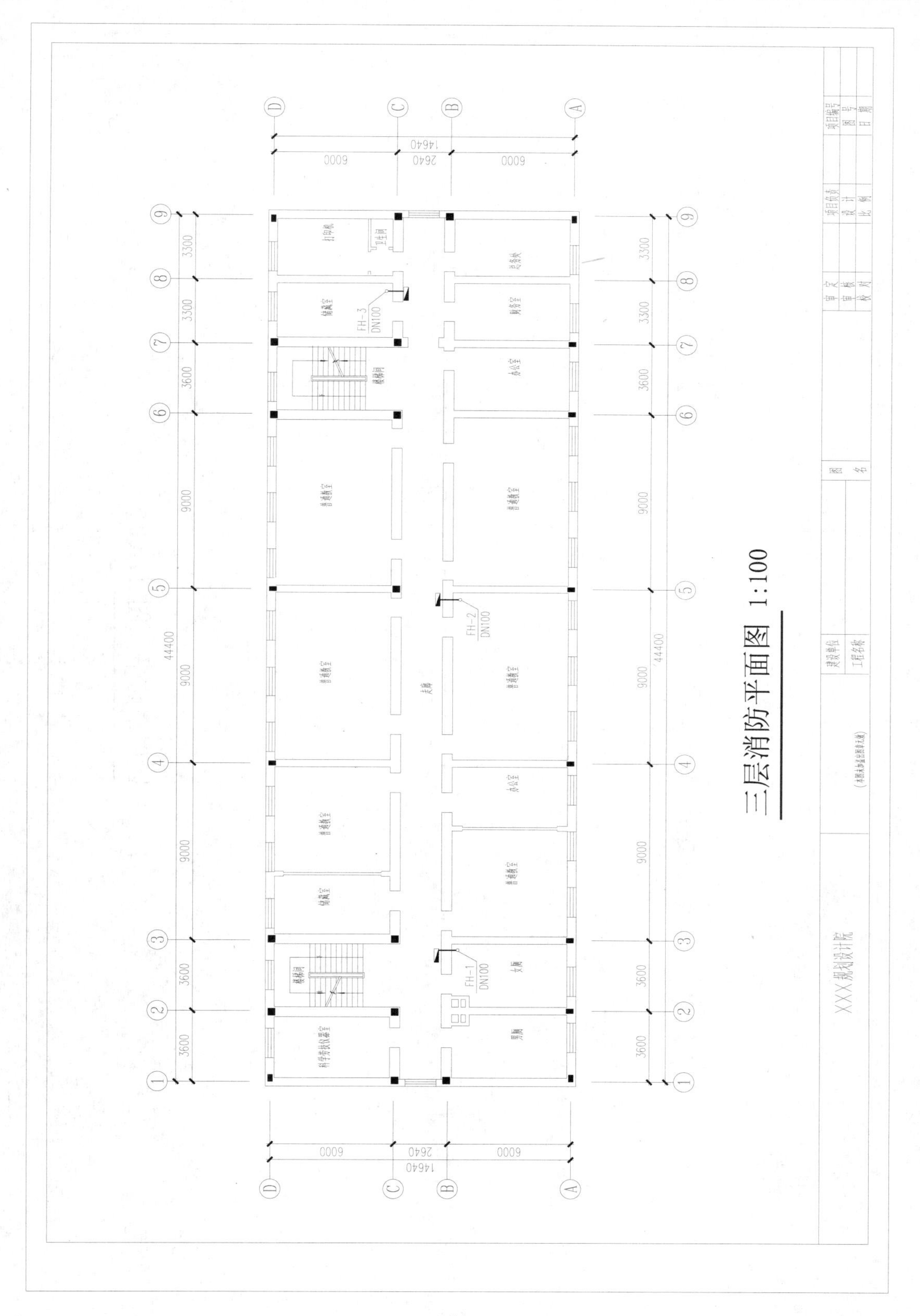
三层消防平面图 1:100
XXX规划设计院
FH-1
DN100
FH-2
DN100
FH-3
DN100
14640
6000
2640
6000
44400
3600
3600
9000
9000
9000
3600
3300
3300

（b）

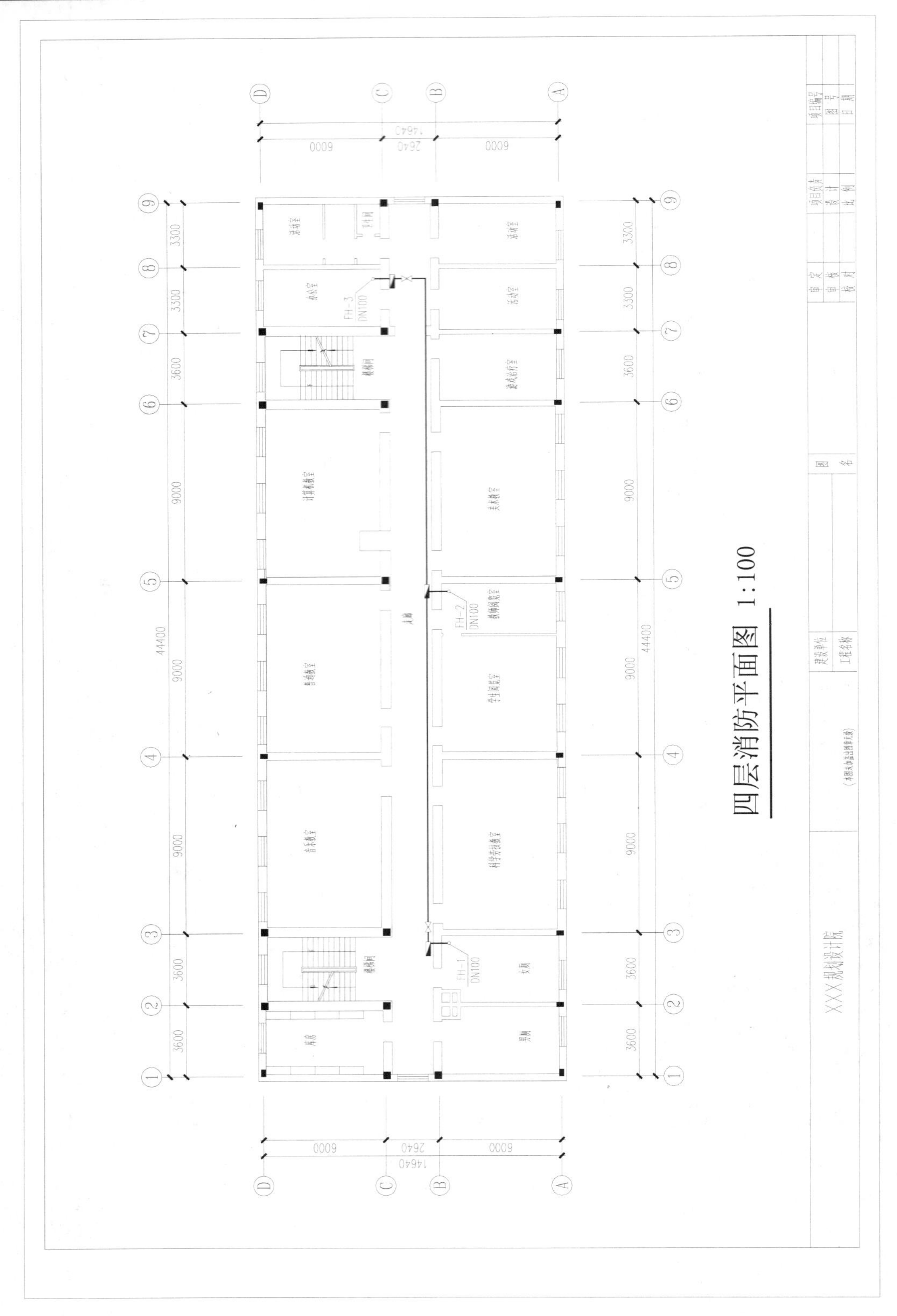

（c）

图 5-16　教学楼二～四层消防平面图

技巧：120　教学楼消防系统图的创建

视频：技巧120-消防系统图绘图环境的调用.avi
案例：教学楼消防系统图.dwg

技巧概述： 本节仍然以四层教学楼为例，讲解该教学楼消防系统图的绘制流程，使读者掌握建筑消防系统图的绘制方法及相关的知识点，绘制效果如图 5-17 所示。

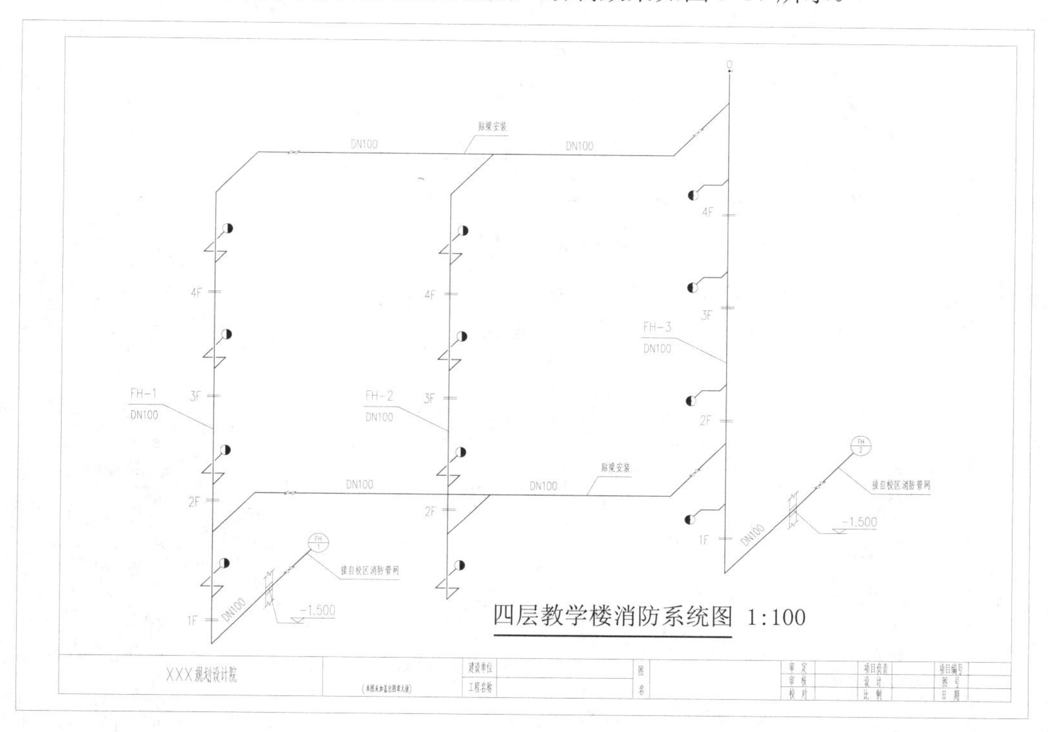

图 5-17　四层教学楼消防系统图

技巧提示 ★★★★★

室内消防系统图与给排水系统图一样，都为轴测图，即采用正面斜等轴测投影法绘制，是能够反映管道系统三维空间关系的立体图样，其可以以管路系统作为表达对象，也可以以管线系统的某一部分作为表达对象，如厨房的给水、消防给水等。绘制消防系统图的基础是各层消防系统平面图，通过系统图可以了解系统从下到上全方位的关系。

建筑室内消防系统图的绘制，一般遵循以下步骤。

（1）绘制竖向立管及水平向管道。

（2）绘制各楼层标高线。

（3）绘制各支管及附属用水设备。

（4）对管线、设备等进行尺寸标注（管径、标高、坡度等）。

（5）附加必要的文字说明。

在绘制该四层教学楼消防系统图之前，首先应设置其绘图的环境，包括新建图层、文字样式等。

步骤 01 正常启动 AutoCAD 2014 软件，系统自动创建空白文件，单击“另存为”按钮，将文件另存为“案例\05\教学楼消防系统图.dwg”文件。

步骤 02 执行“图层特性管理”命令（LA），新建如图 5-18 所示的图层。

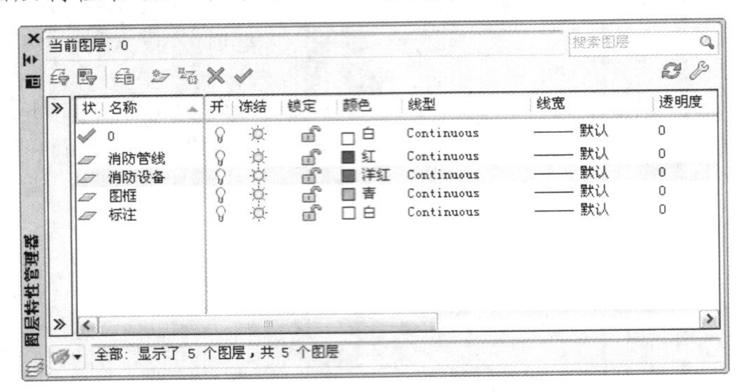

图 5-18 建立图层

步骤 03 执行“文字样式”命令（ST），在打开的“文字样式”对话框中，建立“图名”和“图内文字”文字样式，并设置相应的字体、高度、宽度因子等，如图 5-19 所示。

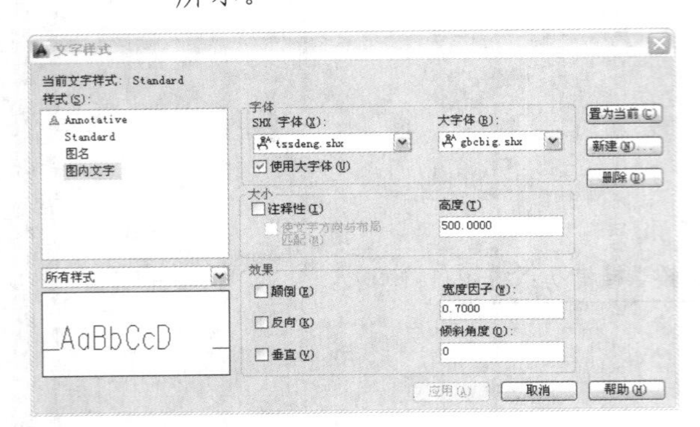

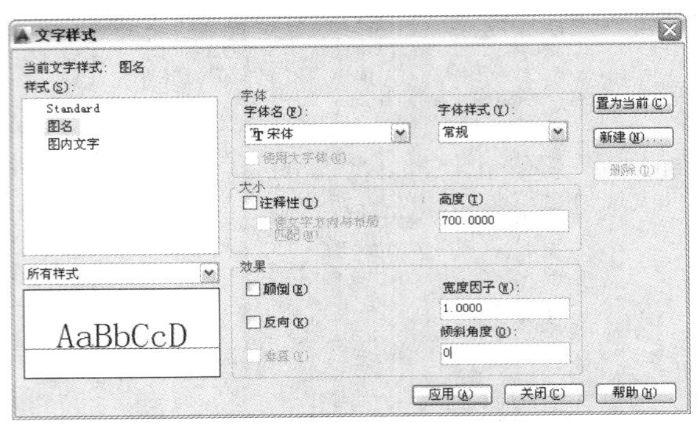

图 5-19 建立文字样式

技巧：121 绘制消防给水主管线

视频：技巧121-消防给水主管线的绘制.avi
案例：教学楼消防系统图.dwg

技巧概述：由教学楼首层消防平面图可看出有两个水井引入室内，然后供给三个给水立管，再通过给水立管供给每一层的消防设备，那么首先必须绘制出消防主要管线。

步骤 01 在“图层”下拉列表中，选择“消防设备”图层为当前图层。

步骤 02 绘制“管道井 1”图例，执行“圆”命令（C），绘制一个半径为 600 的圆，再执行“直线”命令（L），过圆水平直径绘制线段。

步骤 03 执行“单行文字”命令（DT），设置文字高度为 300，在圆内输入文字，如图 5-20 所示。

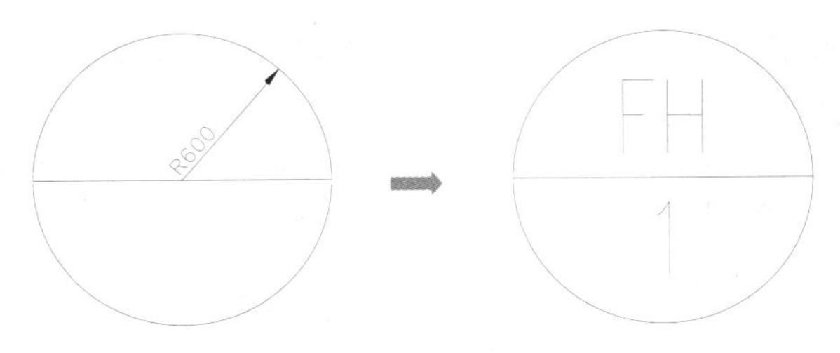

图 5-20 “管道井 1”图例

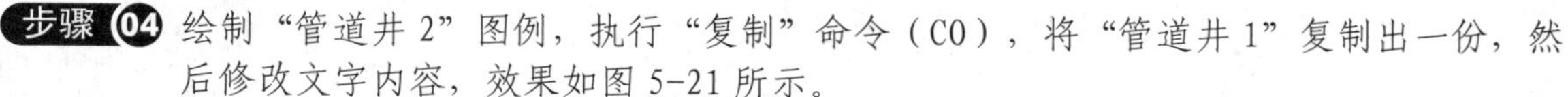

步骤 04 绘制“管道井 2”图例，执行“复制”命令（CO），将“管道井 1”复制出一份，然后修改文字内容，效果如图 5-21 所示。

步骤 05 选择“消防管线”图层为当前图层，在状态栏中单击“极轴追踪”按钮，以启用极轴追踪功能，然后右击该按钮，在弹出的快捷菜单中，选择“45”选项，以设置 45° 的增量角，如图 5-22 所示。

图 5-21　“管道井 2”图例

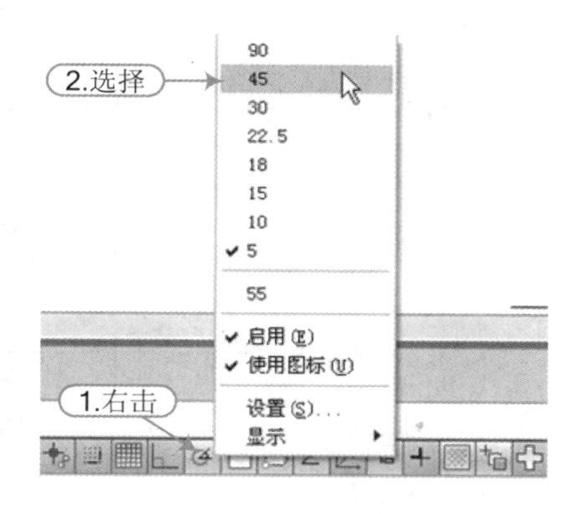

图 5-22　设置极轴追踪角

步骤 06 执行“多段线”命令（PL），设置全局宽度为 50，由“管道井”作为起点，捕捉 45° 极轴，按照消防平面图管线走向来绘制出管线的立体系统，如图 5-23 所示。

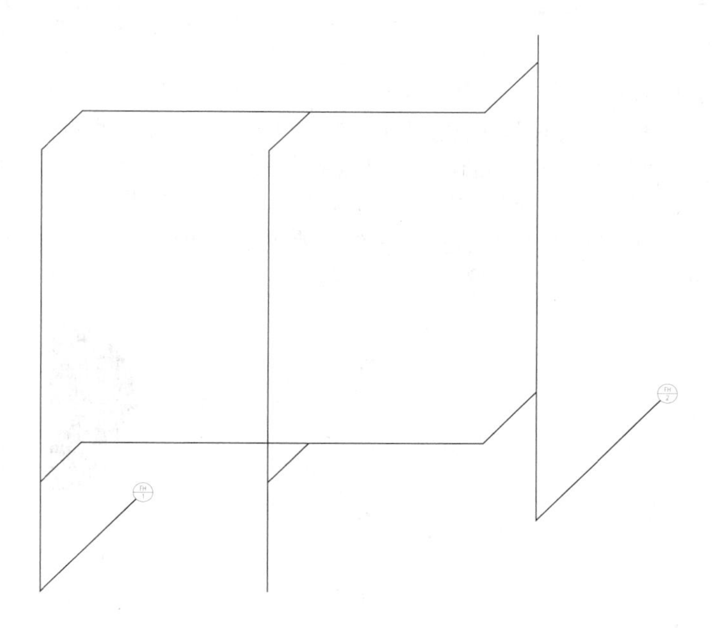

图 5-23　绘制消防主要管线

步骤 07 执行“直线”命令（L）和“复制”命令（CO），在各个立管相应位置绘制适当长度的水平双线以表示楼面线，效果如图 5-24 所示。

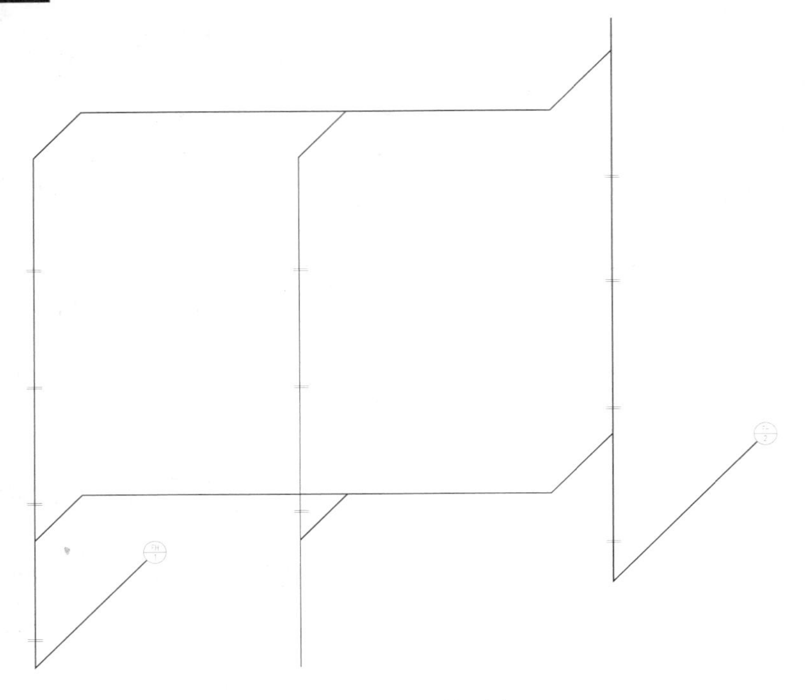

图 5-24　绘制楼面线

技巧：122　绘制消防设备

视频：技巧122-消防设备的绘制.avi
案例：教学楼消防系统图.dwg

技巧概述：在前面已经绘制好了教学楼消防系统图的各层给水管线，接下来进行消防设备的绘制，包括消火栓、闸阀、排气阀等，然后将绘制的消防设备布置到消防管线上的相应位置处。

步骤 01 在“图层”下拉列表中，选择“消防设备”图层为当前图层。

步骤 02 绘制“消火栓”图例，执行“圆”命令（C），绘制一个半径为 300 的圆；再执行“直线”命令（L），绘制圆的垂直直径线；再执行“图案填充”命令（H），对左半圆填充“SOLTD”的图案，如图 5-25 所示。

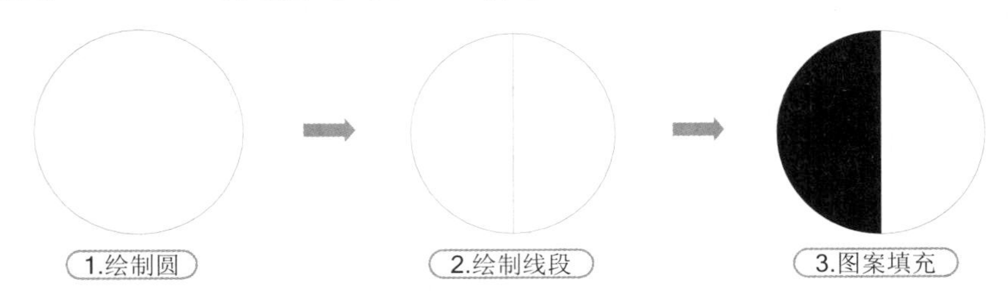

图 5-25　“消火栓”图例

步骤 03 绘制“闸阀”图例，按【F10】键以启用极轴追踪功能，执行“直线”命令（L），捕捉 45° 极轴绘制长 300 的斜线；再执行“复制”命令（CO），将其向右复制出 500 的距离。

步骤 04 再执行“直线”命令（L），捕捉线段端点绘制对角线。

步骤 05 重复“直线”命令，捕捉 45° 极轴在交叉点处绘制长 150 的斜线，图 5-26 所示为“闸阀”的两种形式。

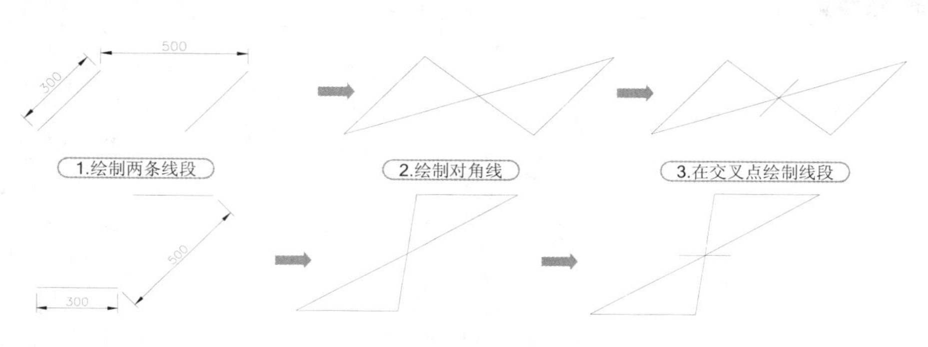

图 5-26　“闸阀”图例

步骤 06 绘制“自动排气阀”图例，执行“矩形”命令（REC），绘制 270×400 的矩形；再执行“圆角”命令（F），对下侧的直角进行半径为 135 的圆角处理；再执行“直线”命令（L），过中点向上绘制长 120 和向下绘制 380 的垂直线段，如图 5-27 所示。

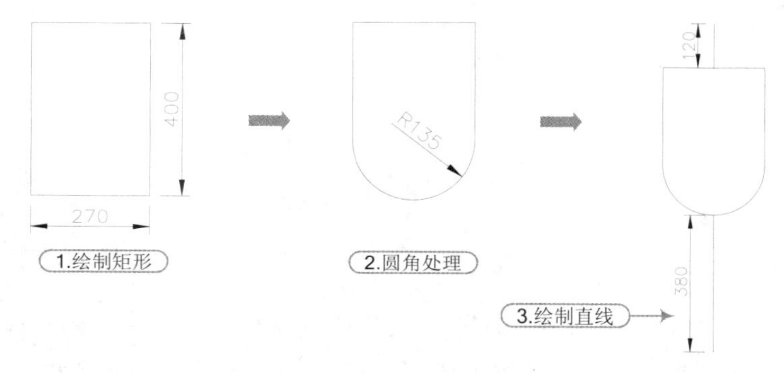

图 5-27　“自动排气阀”图例 1

步骤 07 再执行“圆”命令（C），以垂直线段中点绘制一个半径为 56 的圆；再执行“图案填充”命令（H），对圆填充“SOLTD”图案；最后以圆心向右绘制长 180 的两条线段，如图 5-28 所示。

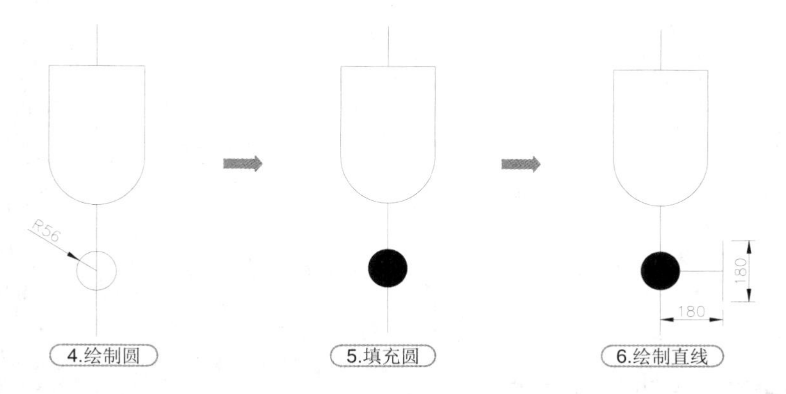

图 5-28　“自动排气阀”图例 2

步骤 08 通过移动、复制等命令，将绘制的各消防设备图例分别布置到各管线相应位置；再切换至“消防管线”图层，执行“多段线”命令（PL），将“消火栓”与主管线进行连接，效果如图 5-29 所示。

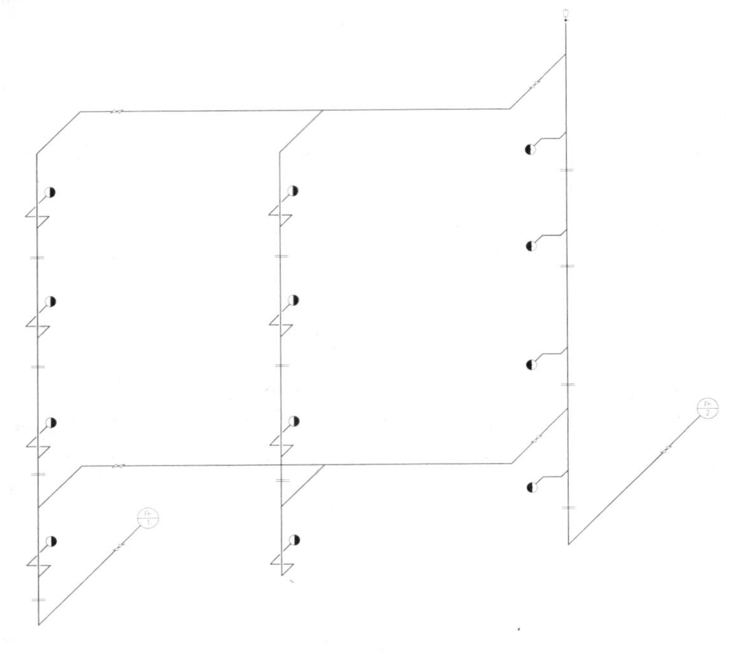

图 5-29　布置消防设备

技巧提示 ★★★☆☆

在管线交叉处，可使用“直线”命令，在管线相交位置绘制一些短划线；再执行“修剪”命令（TR），修剪掉短划线之间的支管线，以使管线相交的位置分开。

步骤 09 执行“直线”命令（L），分别在两个水井主管上绘制出“刚性防水套管”图例，如图 5-30 所示。

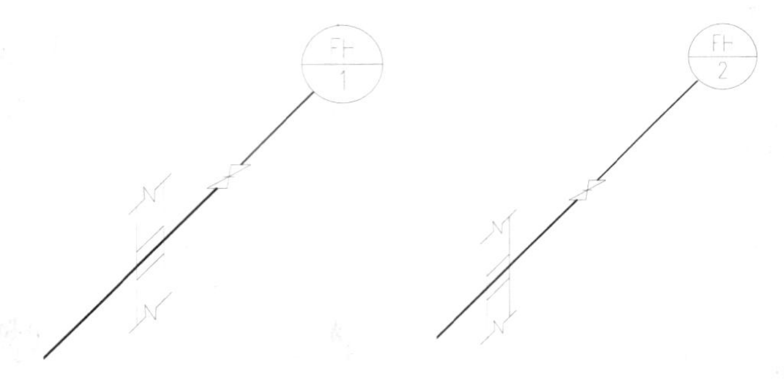

图 5-30　“刚性防水套管”图例

技巧：123　消防系统图的标注

视频：技巧123-消防系统图的标注.avi
案例：教学楼消防系统图.dwg

技巧概述： 在前面已经绘制好了教学楼消防系统图的所有消防管线及设备，本实例主要讲解为绘制的消防系统图添加相关的文字标注说明、标注图名及添加平面图框。

步骤 01 在“图层”下拉列表中，选择“标注”图层为当前图层。

步骤 02 执行“多行文字”命令（MT）和“旋转”命令（RO），选择“图内文字”文字样式，设置字高为 600，在相应位置标注出楼层号及管径大小，如图 5-31 所示。

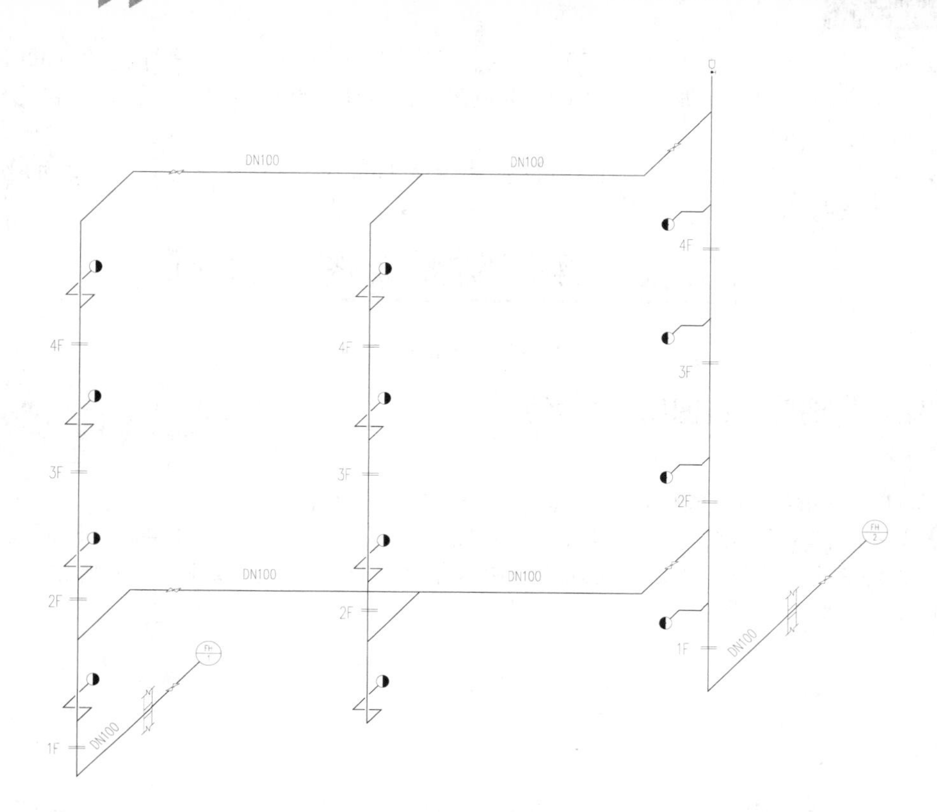

图 5-31　标注楼层号与管径大小

步骤 03 执行“直线”命令（L），在图形相应位置绘制出引出线；再执行“多行文字”命令（MT），选择“图内文字”文字样式，设置字高为 600，各在引出线上、下侧输入相关文字，如图 5-32 所示。

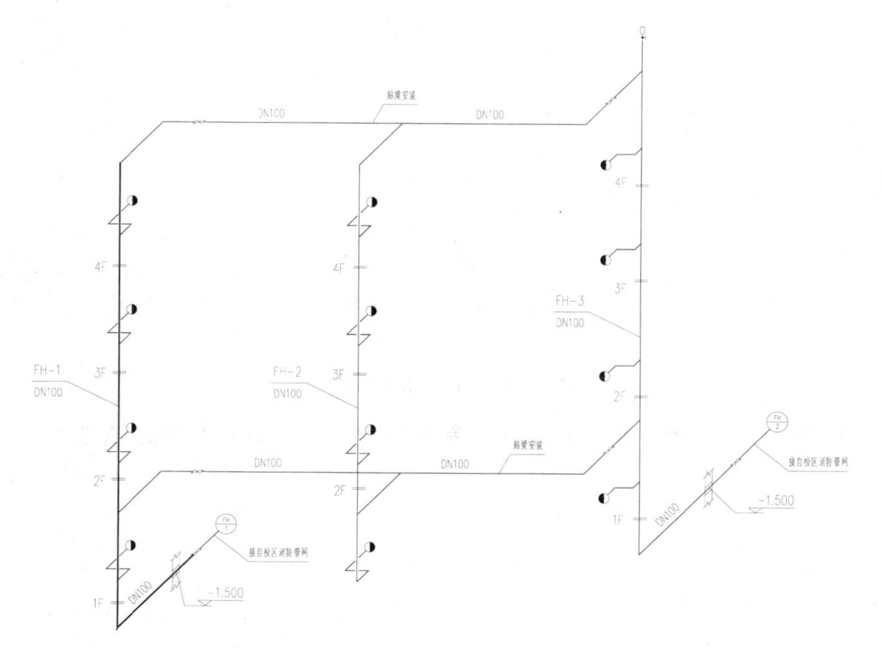

图 5-32　文字注释管道

步骤 04 执行“多行文字”命令（MT），选择“图名”文字样式，设置字高为1000，在图形下侧标注图名“四层教学楼消防系统图”，再设置字高为900，继续在右侧标注出比例“1：100”。

步骤 05 再执行“多段线”命令（PL），设置宽度为100，在图名下侧绘制同长的水平多段线，如图5-33所示。

四层教学楼消防系统图 1:100

图 5-33　图名标注

技巧：124 消防系统图图框的添加

视频：技巧 124-添加消防系统图图框.avi
案例：教学楼消防系统图.dwg

技巧概述： 图形绘制完成后，接下来为其添加相应大小的图框。

步骤 01 选择“图框”图层为当前图层，执行“插入块”命令（I），将“案例\03\A2 图框.dwg”文件按照1：100的比例插入图形中以框住系统图，效果如图5-34所示。

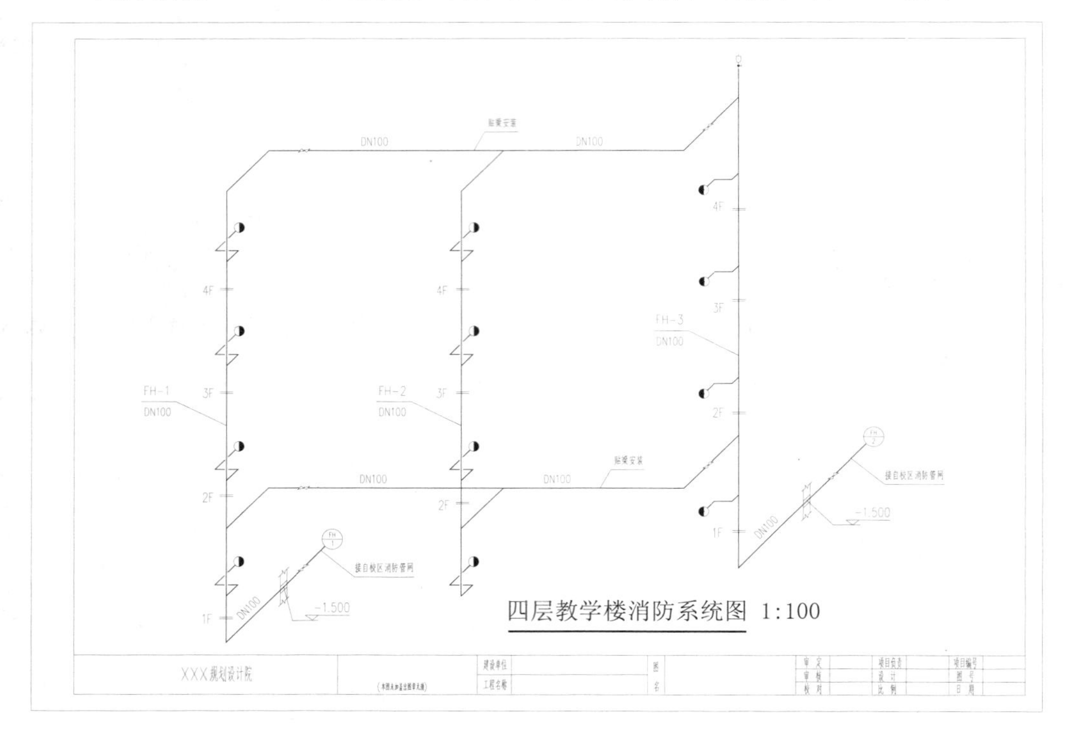

图 5-34　插入的图框效果

步骤 02 至此，该教学楼消防系统图已经绘制完成，按【Ctrl+S】组合键进行保存。

第 6 章　建筑暖通基础及图例的绘制技巧

- **本章导读**

本章主要讲解建筑暖通的基本知识及一些常用的建筑暖通图例的绘制，包括风管平面阀门及附件图例，暖通空调设备图例，调控装置及仪表图例等，使读者掌握 AutoCAD 2014 建筑暖通常用图例的绘制流程及暖通图例的相关知识。

- **本章内容**

技巧：125　通风的主要功能

视频：无
案例：无

技巧概述：通风是改善室内空气环境的一种重要手段，把建筑物室内污浊的空气直接或净化后排至室外，再把新鲜的空气补充进来，从而保持室内的空气环境符合卫生标准的需要。这一过程称为“通风”。

由此可见，通风包括从室内排除污浊的空气和向室内补充新鲜的空气两个方面。其中，前者称为“排风”，后者称为“送风”或“进风”。为实现排风或送风而采用的一系列设备、装置的总体称为“通风系统”。

技巧：126　通风工程系统的组成与分类

视频：无
案例：无

技巧概述：通风就是把室外的新鲜空气进行适当的处理后（如净化加热等）送进室内，把室内的废气（经消毒、除害）排至室外，从而保持室内空气的新鲜和洁净度。通风工程系统有以下三种分类方法。

- 按通风系统的动力划分，可分为自然通风和机械通风。
- 按通风系统的作用范围划分，可分为全面通风和局部通风。

● 按通风系统的特征划分，可分为进气式通风和排气式通风。

通风工程系统组成分送风系统和排风系统。

1. 送风（给风）系统组成（J 系统）

送风（J）系统由新风口、空气处理室、通风机、送风管、回风管、送（出）风口、吸（回、排）风口、管道配件（管件）、管道部件等组成，如图 6-1 所示。

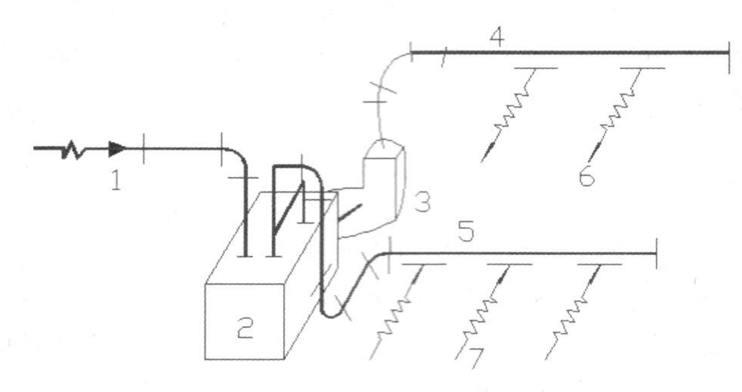

1—新风口；2—空气处理室；3—通风机；4—送风管；
5—回风管；6—送（出）风口；7—吸（回）风口

图 6-1 送风（J）系统组成示意图

（1）新风口：是指新鲜空气入口。

（2）空气处理室：空气在此进行过滤、加热、加湿等处理。

（3）通风机：将处理后的空气送入风管内。

（4）送风管：将通风机送来的空气送到各个房间。送风管上安装有调节阀、送风口、防火阀、检查孔等部件。

（5）回风管：又称为排风管，将浊气吸入管道内送回空气处理室。管道上安有回风口、防火阀等部件。

（6）送（出）风口：将处理后的空气均匀送入房间。

（7）吸（回、排）风口：将房间内浊气吸入回风管道，送回空气处理室处理。

（8）管道配件（管件）：弯头、三通、四通、异径管、法兰盘、导流片、静压箱等。

（9）管道部件：各种风口、阀、排气罩、风帽、检查孔、测定孔和风管支、吊、托架等。

2. 排风（P）系统组成

排风系统一般有 P 系统、侧吸罩 P 系统、除尘 P 系统几种形式，如图 6-2 所示。该系统由排风口、排风管、排风机、风帽、除尘器、其他管件和部件组成。

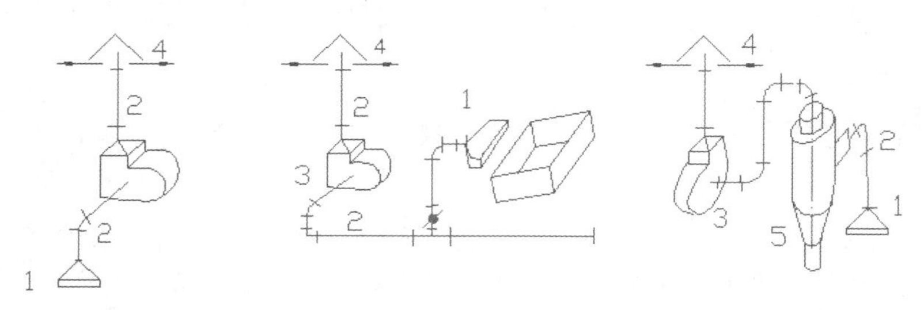

（a）P 系统　（b）侧吸罩 P 系统　（c）除尘 P 系统

1—排风口（侧吸罩）；2—排风管；3—排风机；4—风帽；5—除尘器

图 6-2 排风（P）系统组成示意图

（1）排风口：将浊气吸入排风管内。有吸风口、侧吸罩、吸风罩等部件。

（2）排风管：输送浊气的管道。

（3）排风机：排风机是将浊气用机械能量从排风管中排出。

（4）风帽：安装在排风管的顶部，防止空气倒灌及雨水灌入排风管的部件。

（5）除尘器：用排风机的吸力将带灰尘及有害质粒的浊气吸入除尘器中，将尘粒集中排除。如旋风除尘器、袋式除尘器、滤尘器等。

（6）其他管件和部件：同送风系统。

技巧：127　空调工程的组成与分类

视频：无
案例：无

技巧概述：空气调节工程是更高一级的通风。它不仅要保证送进室内空气的温度和洁净度，同时还要保持一定的干湿度和速度。空调工程有以下几种分类方法：

（1）空调工程按使用要求的不同划分，可分为恒温恒湿空调工程、一般空调工程、净化空调工程、除湿空调工程。

（2）根据空气处理设备的集中程度划分，可分为集中式空调系统、局部式空调系统、混合式空调系统。

（3）按系统使用新风量的多少划分，可分为直流式空气调节系统、部分回风式空气调节系统、全部回风式空气调节系统。

（4）按负担热湿负荷所用的介质划分，可分为全空气式空气调节系统、空气—水式空气调节系统、全水式空气调节系统、制冷剂式空气调节系统。

（5）按风管中空气的流速划分，可分为高速空气调节系统、低速空气调节系统。

图 6-3 所示为某空调系统。从图中可以看出，空调工程由空气处理设备、风机、风管（道）、送（回）风口、系统部件等组成。

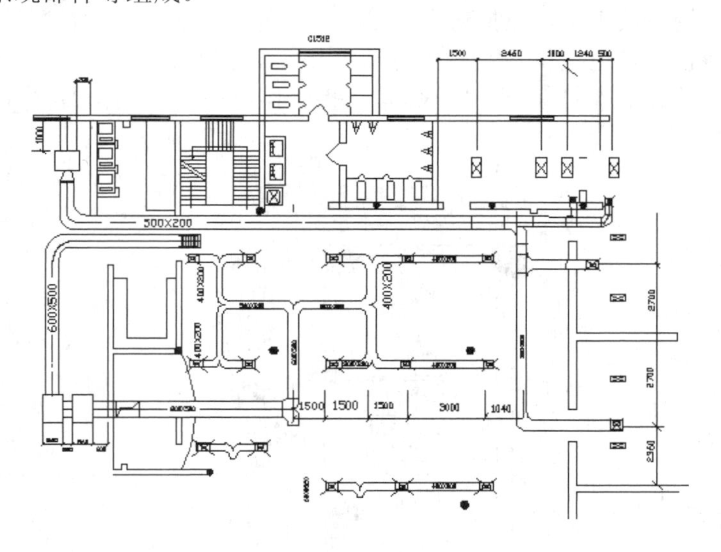

图 6-3　空调系统组成

（1）空调处理设备。对空气进行加热、冷却、加湿、干燥和过滤等处理，以保证房间内空气的设计参数稳定在一定范围内。

（2）风机。包括通风机和排风机。

（3）风管（道）。包括送风管和排风管。

（4）风口。包括送风口和回风口。

（5）系统部件。包括各种风阀（如多叶调节阀、三通调节阀、防火阀等）、消声器、消声静压箱、与风机相连接的帆布软接头等。

技巧：128 通风系统平面图的内容

视频：无
案例：无

技巧概述：通风与空调工程施工图一般由两大部分组成，即文字部分和图纸部分。文字部分包括图纸目录、设计施工说明、设备及主要材料表。图纸部分包括基本图和详图。

基本图包括空调通风系统的平面图、剖面图、轴测图、原理图等。通过这几类图纸就可以完整、正确地表述出空调通风工程的设计者的意图，施工人员根据这些图纸也就可以进行施工、安装了。

平面图包括建筑物各层面各空调通风系统的平面图、空调机房平面图、冷冻机房平面图等。

1. 空调通风系统平面图

空调通风系统平面图主要说明空调通风系统的设备、系统风道、冷热媒管道、凝结水管道的平面布置。它的内容主要包括：风管系统，水管系统，空气处理设备，尺寸标注。

此外，对于引用标准图集的图纸，还应注明所用的通用图、标准图索引号。对于恒温恒湿房间，应注明房间各参数的基准值和精度要求。

2. 空调机房平面图

空调机房平面图一般包括以下内容。

- 空气处理设备。注明按标准图集或产品样本要求所采用的空调器组合段代号，空调箱内风机、加热器、表冷器、加湿器等设备的型号、数量，以及该设备的定位尺寸。
- 风管系统。用双线表示，包括与空调箱相连接的送风管、回风管、新风管。
- 水管系统。用单线表示，包括与空调箱相连接的冷、热媒管道及凝结水管道。
- 尺寸标注包括各管道、设备、部件的尺寸大小、定位尺寸。

其他的还有消声设备、柔性短管、防火阀、调节阀门的位置尺寸。图 6-4 所示是某大楼底层空调机房平面图。

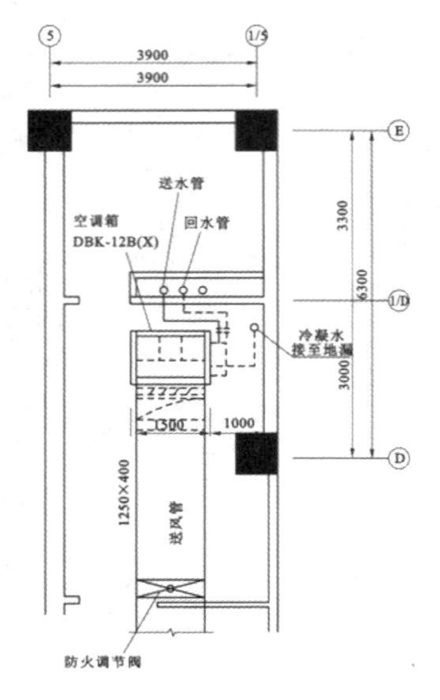

图 6-4　某大楼底层空调机房平面图

3. 冷冻机房平面图

冷冻机房与空调机房是两个不同的概念，冷冻机房内的主要设备为空调机房内的主要设备——空调箱提供冷媒或热媒。也就是说，与空调箱相连接的冷、热媒管道内的液体来自于冷冻机房，而且最终又回到冷冻机房。因此，冷冻机房平面图的内容主要有制冷机组的型号与台数、冷冻水泵和冷凝水泵的型号与台数、冷（热）媒管道的布置，以及各设备、管道和管道上的配件（如过滤器、阀门等）的尺寸大小和定位尺寸。

技巧：129　通风系统剖面图的内容

视频：无
案例：无

技巧概述：剖面图总是与平面图相对应的，用来说明平面图上无法表明的情况。因此，与平面图相对应的空调通风施工图中的剖面图主要有空调通风系统剖面图、空调通风机房剖面图和冷冻机房剖面图等。至于剖面和位置，在平面图上都有说明。剖面图上的内容与平面图上的内容是一致的，有所区别的一点是剖面图上还标注有设备、管道及配件的高度。

技巧：130　通风系统轴测图的内容

视频：无
案例：无

技巧概述：系统轴测图采用的是三维坐标，如图 6-5 所示。它的作用是从总体上表明所讨论的系统构成情况及各种尺寸、型号和数量等。

具体地说，系统图上包括该系统中设备、配件的型号、尺寸、定位尺寸、数量，以及连接于各设备之间的管道在空间的曲折、交叉、走向和尺寸、定位尺寸等。系统图上还应注明该系统的编号。

图 6-6 所示是用单线绘制的某空调通风系统的系统图。系统图可以用单线绘制，也可以用双线绘制。

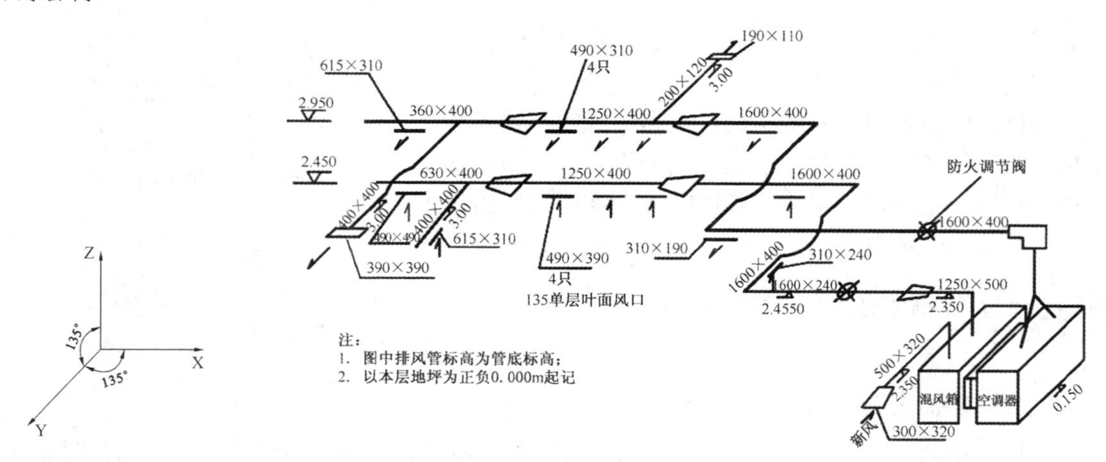

图 6-5　系统轴测图的三维坐标　　　图 6-6　用单线绘制的某空调通风系统的系统图

技巧：131　通风系统详图的内容

视频：无
案例：无

技巧概述：空调通风工程图所需要的详图较多。总的来说，有设备、管道的安装详图，设备、管道的加工详图，设备、部件的结构详图等。部分详图有标准图可供选用。

图 6-7 所示是风机盘管接管详图。可见，详图就是对图纸主题的详细阐述，而这些是在其他图纸中无法表达但却又必须表达清楚的内容。

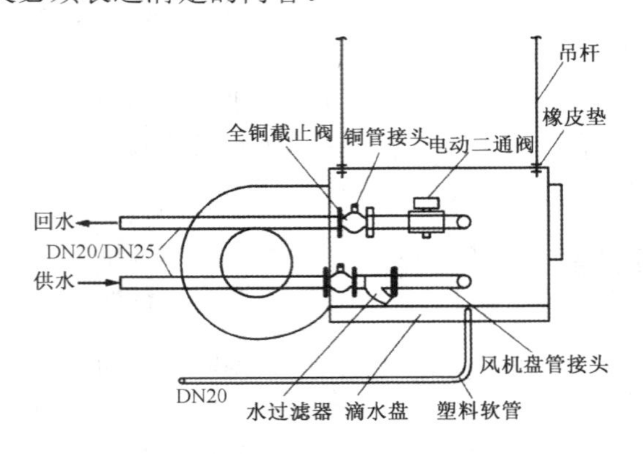

图 6-7　风机盘管接管详图

技巧：132　供暖系统的组成

视频：无
案例：无

技巧概述： 在冬季，室外温度低于室内温度，房间内的热量通过围护结构（墙、窗、门、地面、屋顶等）不断向外散失，为使室内保持所需的温度，就必须向室内供给相应的热量，这种向室内供给热量的工程设备称为供暖（或采暖）系统。

东北、华北、西北、新疆、西藏等地区供暖期较长。而华中、华南等部分地区供暖期较短，有时甚至不进行供暖。

采暖系统由热源、供热管道和散热设备组成，如图 6-8 所示。

- 热源：主要是指生产和制备一定参数（温度、压力）热媒的锅炉房或热电厂。
- 供热管道：将热媒输送到各个用户或散热设备。
- 散热设备：将热量散发到室内的设备。
- 热媒：是可以用来输送热能的媒介物。常用的热媒是热水、蒸汽。

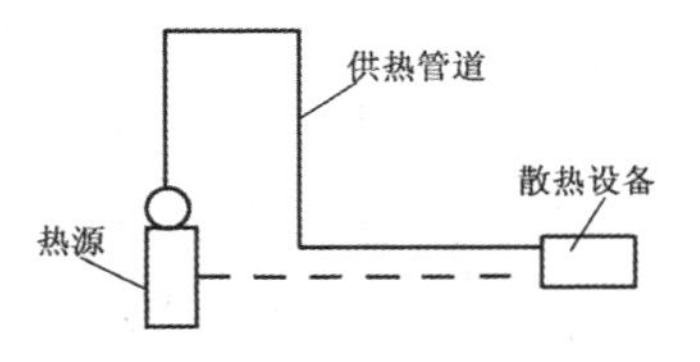

图 6-8　供暖系统的组成

技巧：133　供暖系统的分类

视频：无
案例：无

1. 按供暖系统三部分间的关系不同分类

- 局部供暖系统：局部供暖系统是将热源、热媒输送和散热设备构造在一起的供暖系统。例如，烟气供暖（火炉、火墙、火炕等）、电热供暖和燃气供暖等。
- 集中式供暖系统：热源和散热设备分别设置，用热媒管道相连接，由热源向各个房间或各个建筑物供给热量的供暖系统，如图 6-9 所示。集中供暖在我国北方城市中普遍采用。

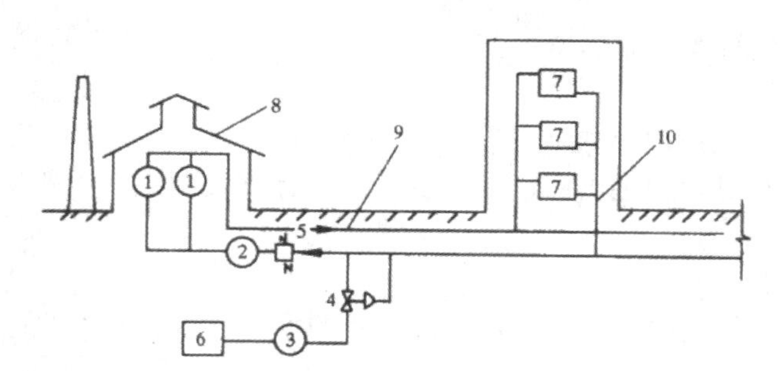

1—热水锅炉；2—循环水泵；3—补给水泵；
4—压力调解阀；5—除污器；6—补充水处理装置；7—采暖散热器；
8—集中采暖锅炉房；9—室外供热管网；10—室内采暖系统

图 6-9　集中采暖系统

2．按热媒的不同分类

- 热水采暖系统：它以热水作为采暖系统的热媒。低温水采暖系统：供回水的设计温度通常在 95～70℃；高温水采暖系统：供水温度多不超过 130～150℃，回水多为 70℃。用低温水时，比较符合卫生要求，在输送过程中热损失较小。但水的静压大，在流动中损失较大，需消耗很多电能。
- 蒸汽采暖：它是以水蒸气作为采暖系统的热媒，按蒸汽的压力不同可分为以下几个方面。
  - 低压蒸汽采暖：压力低于或等于 70kPa 的蒸汽采暖。
  - 高压蒸汽采暖：压力高于 70kPa 的蒸汽采暖。
  - 真空蒸汽采暖：压力低于大气压力的蒸汽采暖。
- 热风采暖系统：它以热空气作采暖系统的热媒，即把空气加热到适当的温度（一般为 35～50℃）直接送入房间，满足采暖要求。

热风采暖系统的典型设备：暖风机、热风幕。

热风采暖系统的特点：以空气作为热媒，它的密度小，比热和导热系数均很小，加热和冷却比较迅速。但比容大，所需管道断面积比较大。

- 烟气采暖系统：它是直接利用燃料在燃烧时所产生的高温烟气，在流动过程中向房间散出热量，以满足采暖要求。

烟气采暖系统的形式：火炉、火墙、火炕、火地等形式。

烟气采暖系统的特点：简便实用，但不能合理地使用燃料，燃烧不充分，热损失大，热效率低，燃料消耗多，而且温度高，卫生条件不好，火灾的危险性大。

技巧：134　供暖平面图的要求

视频：无
案例：无

技巧概述：供暖施工图一般分为室外和室内两部分。室外部分表示一个区域的供暖管网，包括总平面图、管道横纵剖面图、详图及设计施工说明。室内部分表示一幢建筑物的供暖工程，包括供暖系统平面图、轴测图、详图及设计、施工说明。

室内采暖系统施工图由施工说明、施工平面图、采暖系统图和采暖施工详图及大样图组成。

采暖平面图是室内采暖系统工程的最基本和最重要的图，它主要表明采暖管道和散热器等的平面布置和平面位置。要注意以下几点。

- 散热器的位置和片数。
- 供、回水干管的布置方式及干管上的阀门、固定支架、伸缩器的平面位置。

- 膨胀水箱、集气罐等设施的位置。
- 管子在哪些地方走地沟。

（1）首层供暖平面图表达内容如下：

- 供热总管和回水总管的进出口，并注明管径、标高及回水干管的位置、管径坡度、固定支架位置等。
- 立管的位置及编号。
- 散热器的位置及每组散热器的片数，散热器的安装与立、支管的连接方式，如图 6-10 所示。

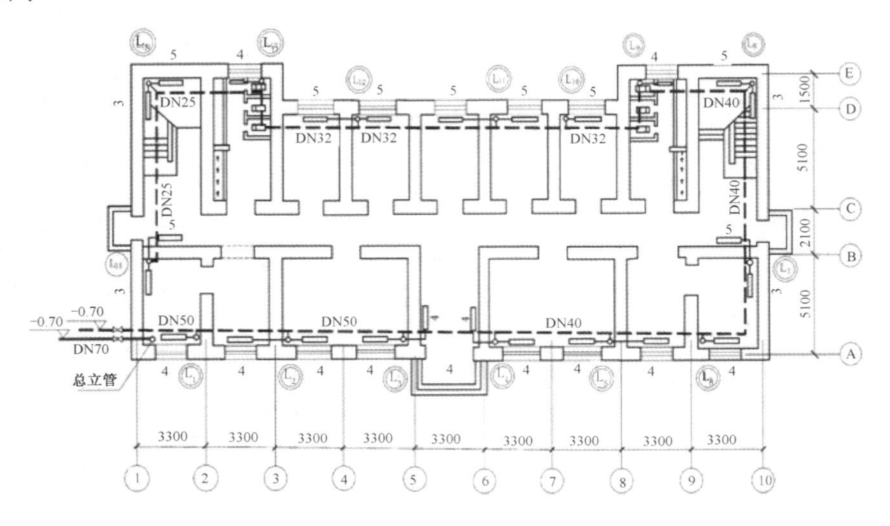

图 6-10　底层采暖平面图

（2）楼层供暖平面图（中间层平面图）表达内容如下：

- 立管的位置及编号。
- 散热器的位置及每组散热器的片数，散热器的安装与立、支管的连接方式，如图 6-11 所示。

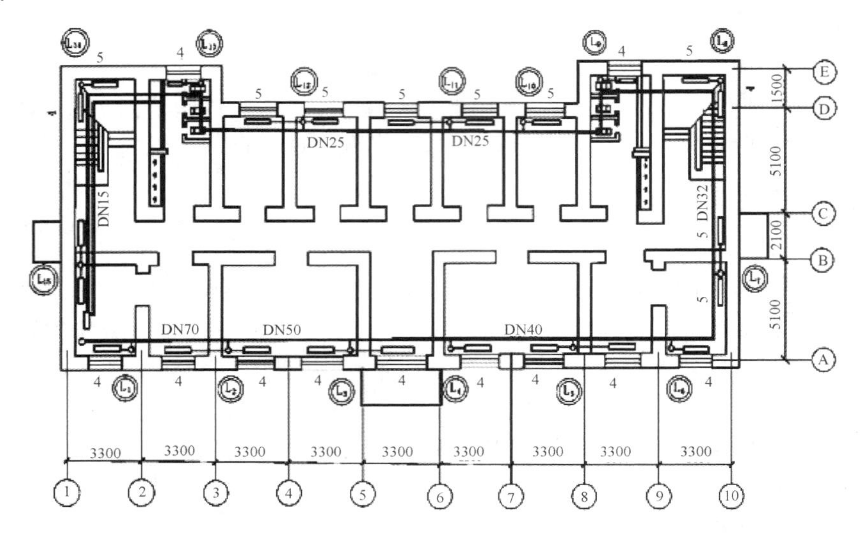

图 6-11　中间层采暖平面图

（3）顶层供暖平面图表达内容如下：

- 供热干管的位置、管径、坡度、固定支架位置等。
- 管道最高处集气罐、放风装置、膨胀水箱的位置、标高、型号等。
- 立管的位置及编号。
- 散热器的位置及每组散热器的片数，散热器的安装与立、支管的连接方式。

技巧：135　供暖系统轴测图的要求

视频：无
案例：无

技巧概述：采暖系统图主要表示采暖系统管道在空间的走向，识读采暖管道系统图时，要注意以下几点。

- 弄清采暖管道的来龙去脉，包括管道的空间走向和空间位置、管道直径及管道变径点的位置。
- 管道上阀门的位置、规格。
- 散热器与管道的连接方式。
- 和平面图对照，看哪些管道是明装，哪些管道是暗装。

采暖系统轴测图表示整个建筑内采暖管道系统的空间关系，管道的走向及其标高、坡度，立管及散热器等各种设备配件的位置等。轴测图中的比例、标注必须与平面图一一对应。图 6-12 所示是采暖系统轴测图。

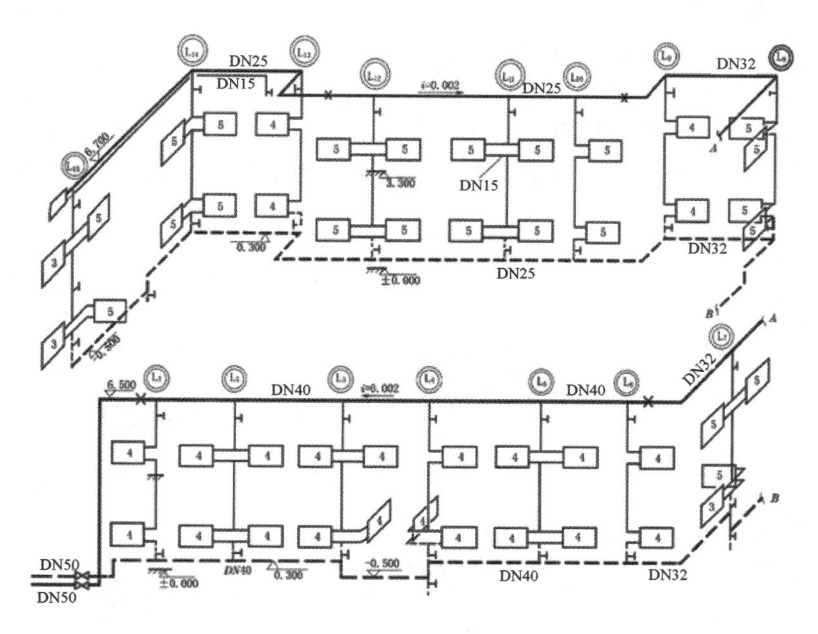

图 6-12　采暖系统轴测图

技巧：136　供暖安装详图的要求

视频：无
案例：无

技巧概述：在采暖平面图和系统图中表示不清楚又无法用文字说明的地方，一般可用详图表示。

详图主要表明供暖平面图和系统轴测图中复杂节点的详细构造及设备安装方法。采暖施工图中的详图有散热器安装详图，集气罐的构造、管道的连接详图，补偿器、疏水器的构造详图。图 6-13 所示是散热器安装详图。

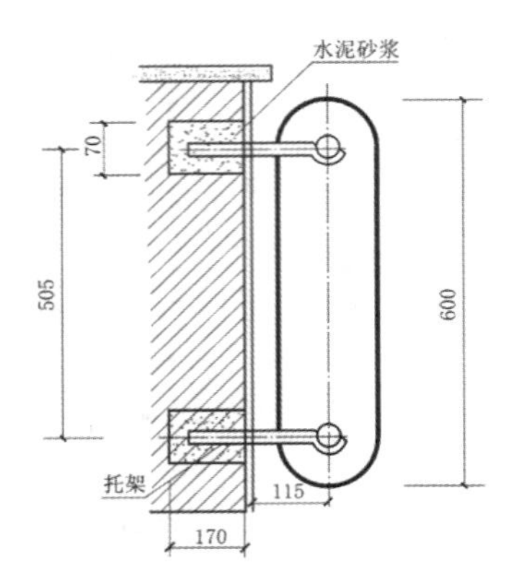

图 6-13　散热器安装详图

技巧：137　管道与散热器连接画法

视频：无
案例：无

技巧概述： 按热水循环的原动力不同热水采暖又可分为以下两种。

- 重力循环热水采暖：仅仅靠热水与低温回水的密度差使水循环。
- 机械循环热水采暖：主要靠水泵所产生的压力使水循环。

机械循环热水采暖管道系统的布置形式如下。

- 按干管和立管的分支情况分为上分式、中分式、下分式。
- 按供水和回水是否在不同立管运行分为双立管式、单立管式。

根据管道系统的布置形式，在采暖施工平面图和轴测图的绘制中，管道与散热器的画法如图 6-14 所示。

系统形式	楼层	平面图	轴测图
单管垂直式	顶层	DN50 10 10 L2	L2 DN50 10 10
	中间层	10 10 L2	10 10
	底层	DN50 10 10 L2	L2 10 10 DN50

（a）

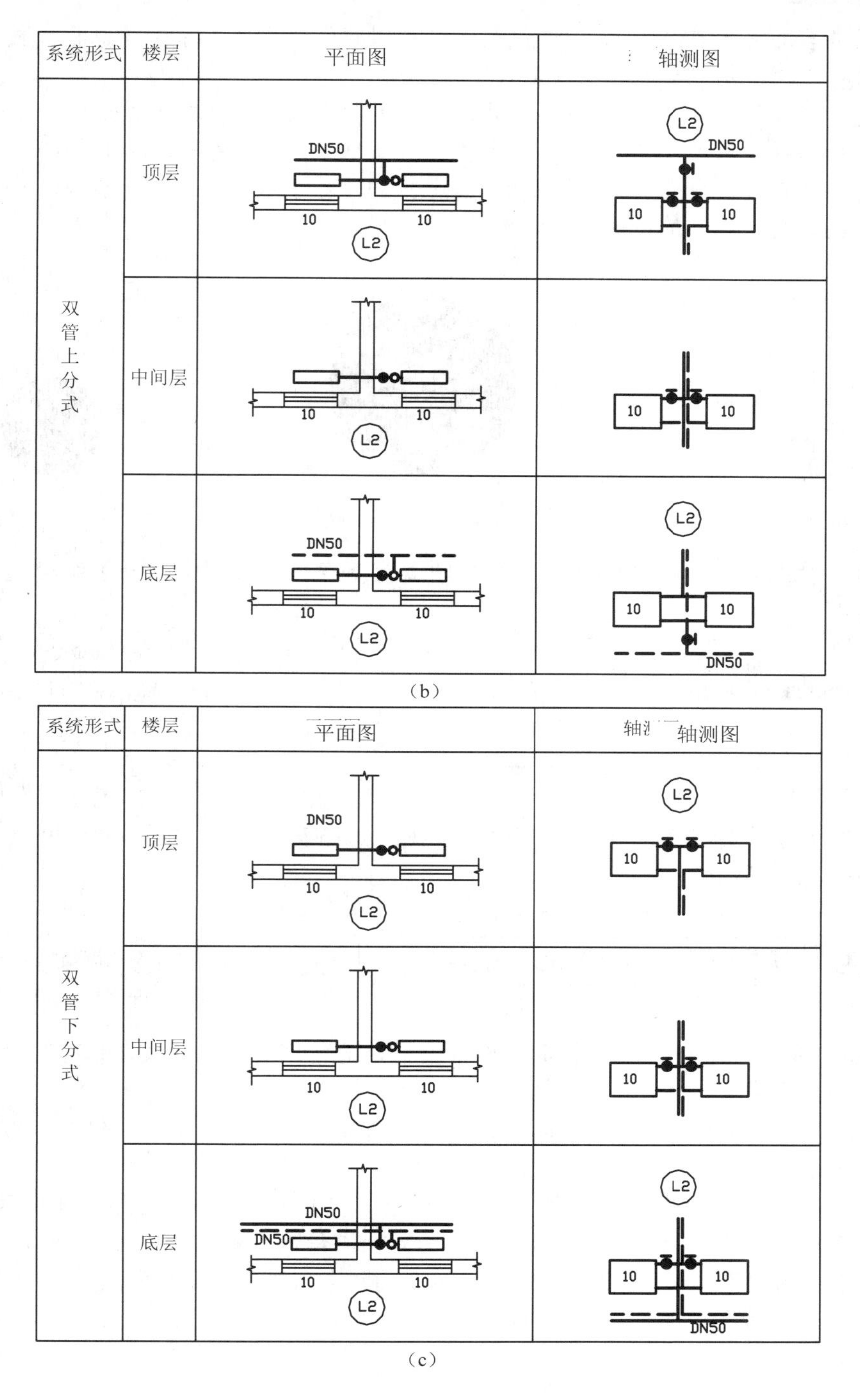

（b）

（c）

图 6-14　管道与散热器连接的画法

技巧：138　截止阀 1（DN＜50）的绘制

视频：技巧138-绘制截止阀1.avi
案例：截止阀1.dwg

技巧概述：首先新建并保存一个新的 dwg 文件，再使用圆、图案填充、直线等命令来绘制截止阀（DN<50）图例。

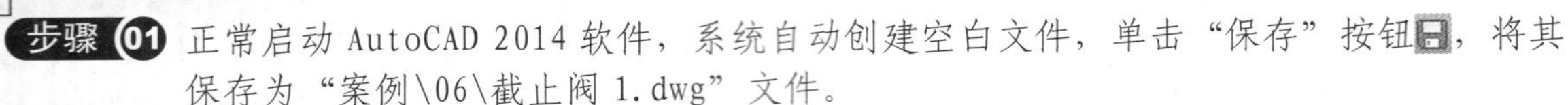

步骤 01 正常启动 AutoCAD 2014 软件，系统自动创建空白文件，单击“保存”按钮，将其保存为“案例\06\截止阀 1.dwg”文件。

步骤 02 执行“圆”命令（C），在图形区域绘制一个半径为 50 的圆，如图 6-15 所示。

步骤 03 执行“图案填充”命令（H），为圆填充“SOLTD”黑色图案，如图 6-16 所示。

步骤 04 执行“直线”命令（L），以圆上象限点向上绘制长 88 的垂直线段；再在垂直线段上端绘制长 156 的水平线段，如图 6-17 所示。

图 6-15　绘制圆

图 6-16　图案填充

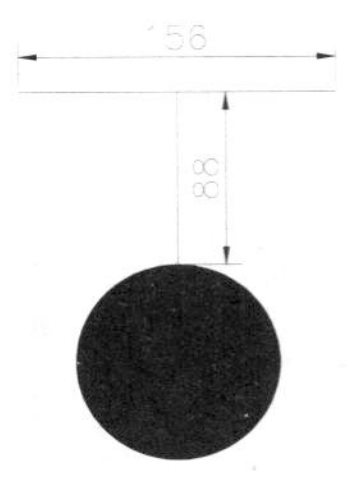

图 6-17　绘制直线

步骤 05 执行“基点”命令（BASE），单击圆心为基点；再按【Ctrl+S】组合键对文件进行保存。

```
命令: base                              \\执行“基点”命令
输入基点 <38518,15334,0>:               \\捕捉并单击圆心点
```

技巧提示　★★★☆☆

“base”命令为指定基点命令，指定了基点，后面插入该图例时，将以此点作为插入的基点，插入图形相应位置。

技巧：139　截止阀 2（DN≥50）的绘制

视频：技巧139-绘制截止阀2.avi
案例：截止阀2.dwg

技巧概述：首先新建并保存一个新的 dwg 文件，再使用矩形、直线、修剪等命令来绘制截止阀（DN≥50）图例。

步骤 01 正常启动 AutoCAD 2014 软件，系统自动创建空白文件，单击“保存”按钮，将其保存为“案例\06\截止阀 2.dwg”文件。

步骤 02 执行“矩形”命令（REC），绘制一个 250×145 的矩形，如图 6-18 所示。

步骤 03 执行“直线”命令（L），连接矩形的对角点绘制斜线，如图 6-19 所示。

步骤 04 执行“修剪”命令（TR），修剪掉多余的线条，如图 6-20 所示。

图 6-18　绘制矩形

图 6-19　绘制斜线

图 6-20　修剪效果

步骤 05 执行“基点”命令（BASE），单击斜线交点为基点；再按【Ctrl+S】组合键对文件进行保存。

专业技能　★★★☆☆

由管径小于 50 和管径大于等于 50，从而决定了安装在管道上的截止阀图例也有所不同。

技巧：140　闸阀的绘制

视频：技巧140-绘制闸阀.avi
案例：闸阀.dwg

技巧概述：闸阀图例是在截止阀图例的基础上，在中间绘制垂直线段来完成的。

步骤 01 接上例，单击“另存为”按钮，将文件另存为“案例\06\闸阀.dwg”文件。

步骤 02 执行“直线”命令（L），捕捉斜线的交点向上和向下各绘制长 62 的垂直线段，如图 6-21 所示。

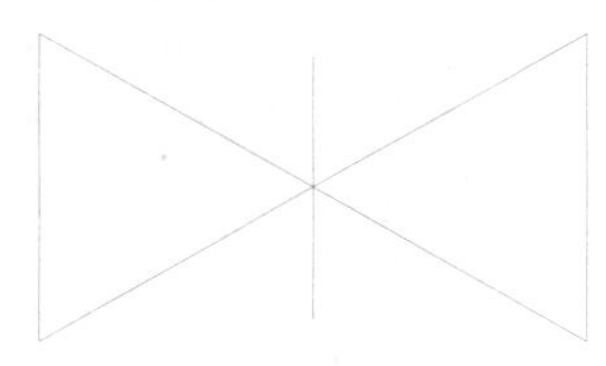

图 6-21　“闸阀”图例

步骤 03 执行“基点”命令（BASE），单击长斜线中点为基点；再按【Ctrl+S】组合键对文件进行保存。

技巧：141　平衡阀的绘制

视频：技巧141-绘制平衡阀.avi
案例：平衡阀.dwg

技巧概述：平衡阀图例同样是在截止阀图例的基础上，在下侧绘制两条垂直线段来完成的。

步骤 01 正常启动 AutoCAD 2014 软件，单击“打开”按钮，将“案例\06\截止阀 2.dwg”文件打开，如图 6-22 所示。

步骤 02 再单击“另存为”按钮，将文件另存为“案例\06\平衡阀.dwg”文件。

步骤 03 执行“直线”命令（L），捕捉斜线交点向下绘制长 116 的垂直线段，如图 6-23 所示。

图 6-22　打开的截止阀

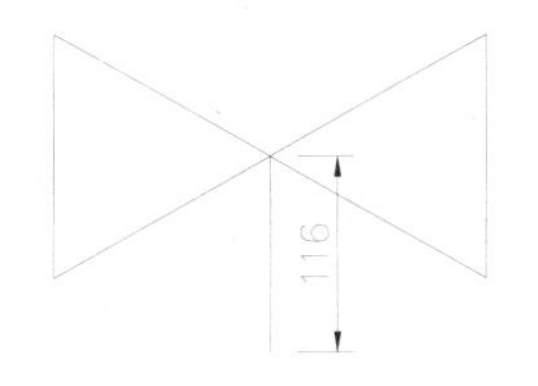

图 6-23　绘制线段

步骤 04 执行“偏移”命令（O），将垂直线段各向两边偏移 80，如图 6-24 所示。

步骤 05 执行“修剪”命令（TR）和“删除”命令（E），将多余的线条修剪删除掉，如图 6-25 所示。

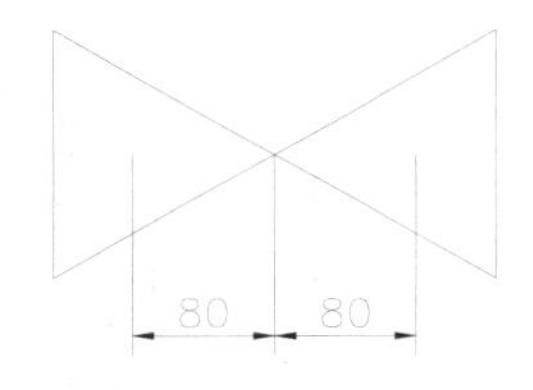

图 6-24　偏移线段

图 6-25　修剪删除效果

步骤 06 执行“基点”命令（BASE），单击长斜线中点为基点；再按【Ctrl+S】组合键对文件进行保存。

技巧：142 球阀的绘制

视频：技巧142-绘制球阀.avi
案例：球阀.dwg

技巧概述：首先新建并保存一个新的 dwg 文件，再使用矩形、直线、圆、修剪、图案填充等命令来绘制球阀图例。

步骤 01 正常启动 AutoCAD 2014 软件，系统自动创建空白文件，单击“保存”按钮，将其保存为“案例\06\球阀.dwg”文件。

步骤 02 执行“矩形”命令（REC），绘制一个 250×145 的矩形，如图 6-26 所示。

步骤 03 执行“直线”命令（L），连接矩形的对角点绘制斜线，如图 6-27 所示。

图 6-26 绘制矩形

图 6-27 绘制斜线

步骤 04 执行“圆”命令（C），以斜线交点为圆心绘制一个半径为 48 的圆，如图 6-28 所示。

步骤 05 执行“修剪”命令（TR），修剪掉多余的线条，如图 6-29 所示。

步骤 06 执行“图案填充”命令（H），对圆填充“SOLTD”黑色图案，如图 6-30 所示。

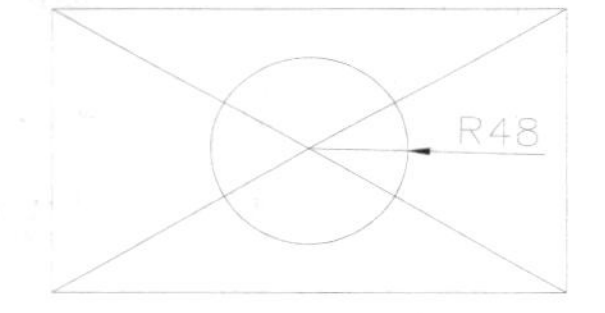

图 6-28 绘制圆

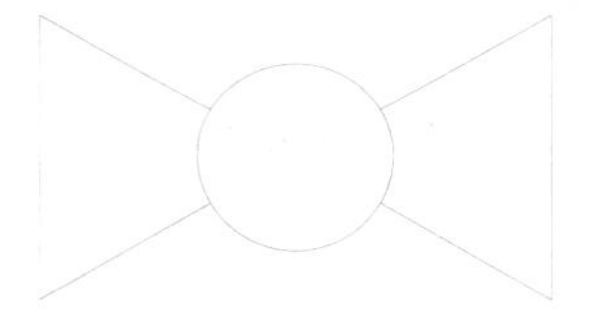

图 6-29 修剪线条

图 6-30 填充圆

步骤 07 执行“基点”命令（BASE），单击圆心为基点；再按【Ctrl+S】组合键对文件进行保存。

技巧：143 三通阀的绘制

视频：技巧143-绘制三通阀.avi
案例：三通阀.dwg

技巧概述：首先新建并保存一个新的 dwg 文件，再使用正多边形、旋转、镜像等命令来绘制三通阀图例。

步骤 01 正常启动 AutoCAD 2014 软件，系统自动创建空白文件，单击“保存”按钮，将其保存为“案例\06\三通阀.dwg”文件。

步骤 02 执行“正多边形”命令（POL），根据命令行提示，绘制出三条边长度均为 144 的等边三角形，如图 6-31 所示。

```
命令: POLYGON                              \\执行“正多边形”命令
输入侧面数 <4>: 3                          \\输入边数为 3
指定正多边形的中心点或 [边(E)]: e          \\选择“边(E)”选项
指定边的第一个端点:                        \\任意单击一点
指定边的第二个端点: <正交 开> 144          \\垂直向下拖动并输入边长 144
```

步骤 03 执行“旋转”命令（RO），根据如下命令提示选择绘制的等边三角形，指定右角点为基点，选择“复制（C）”选项，再输入旋转角度为-90，按空格键以将三角形旋转复制出一份，如图 6-32 所示。

```
命令: ROTATE                                              \\执行“旋转”命令
UCS 当前的正角方向:  ANGDIR=逆时针   ANGBASE=0
选择对象: 找到 1 个                                       \\选择三角形
选择对象:                                                 \\按空格键
指定基点:                                                 \\单击基点
指定旋转角度，或 [复制(C)/参照(R)] <0>: c                  \\选择“复制”选项
旋转一组选定对象。
指定旋转角度，或 [复制(C)/参照(R)] <0>: -90                \\输入角度值-90
```

技巧提示 ★★★☆☆

在旋转操作中，根据命令提示选择“复制（C）”选项时，可以将选择的对象进行复制性的旋转，即保持原有对象的角度，再复制生成另一具有旋转角度的对象。

步骤 04 执行“镜像”命令（MI），将左侧的三角形以基点垂直镜像到右侧，如图 6-33 所示。

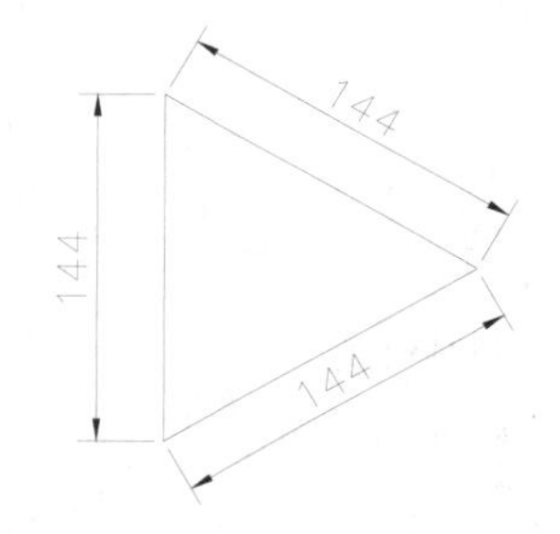

图 6-31　绘制三角形

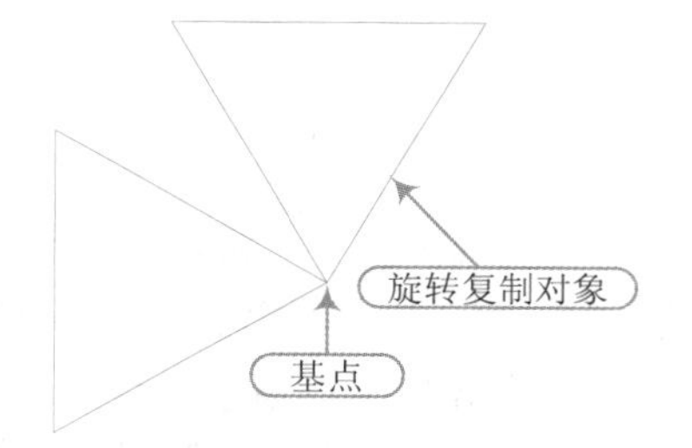

图 6-32　旋转复制

图 6-33　镜像三角形

步骤 05 执行“基点”命令（BASE），单击三角形的交点为基点；再按【Ctrl+S】组合键对文件进行保存。

技巧：144　疏水器的绘制

视频：技巧144-绘制疏水器.avi
案例：疏水器.dwg

技巧概述：首先新建并保存一个新的 dwg 文件，再使用圆、直线、图案填充等命令来绘制疏水器图例。

步骤 01 正常启动 AutoCAD 2014 软件，系统自动创建空白文件，单击“保存”按钮，将其保存为“案例\06\疏水器.dwg”文件。

步骤 02 执行“圆”命令（C），绘制一个半径为 66 的圆，如图 6-34 所示。

步骤 03 执行“直线”命令（L），连接象限点绘制过直径的水平线，如图 6-35 所示。

步骤 04 执行“图案填充”命令（H），选择样例为“SOLTD”，对下半圆填充纯黑色，如图 6-36 所示。

图 6-34 绘制圆

图 6-35 绘制直线

图 6-36 填充图案

步骤 05 执行“基点”命令（BASE），单击圆心为基点；再按【Ctrl+S】组合键对文件进行保存。

技巧：145 止回阀的绘制

视频：技巧145-绘制止回阀.avi
案例：止回阀.dwg

技巧概述：首先新建并保存一个新的 dwg 文件，再使用矩形、直线、修剪等命令来绘制止回阀图例。

步骤 01 正常启动 AutoCAD 2014 软件，系统自动创建空白文件，单击“保存”按钮，将其保存为“案例\06\止回阀.dwg”文件。

步骤 02 执行“矩形”命令（REC），绘制一个 250×144 的矩形，如图 6-37 所示。

步骤 03 执行“直线”命令（L），连接对角点绘制一条斜线，如图 6-38 所示。

图 6-37 绘制矩形

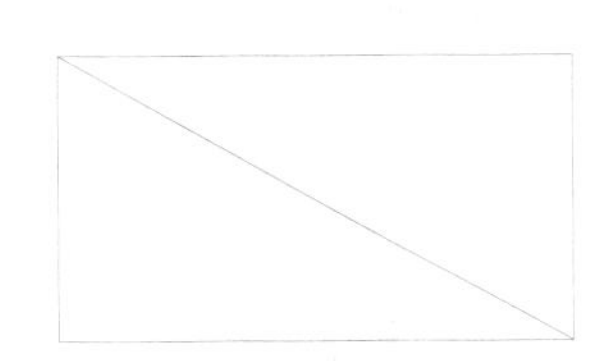

图 6-38 绘制对角线

步骤 04 执行“修剪”命令（TR），修剪掉上、下水平线段，效果如图 6-39 所示。

步骤 05 执行“多段线”命令（PL），在图形的上侧绘制出一个箭头指引符号，如图 6-40 所示。

步骤 06 执行“基点”命令（BASE），单击长斜线中点为基点；再按【Ctrl+S】组合键对文件进行保存。

技巧提示 ★★★☆☆

本章绘制的图例均为平面图例，用户可以按照平面图例的尺寸，在 45° 极轴追踪下绘制系统图例，图 6-41 所示是止回阀的系统图例。

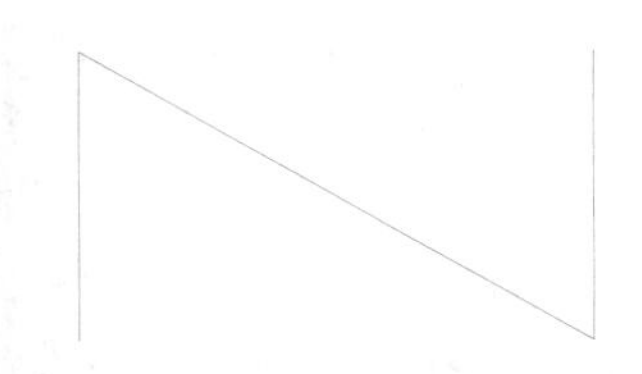

图 6-39 修剪效果

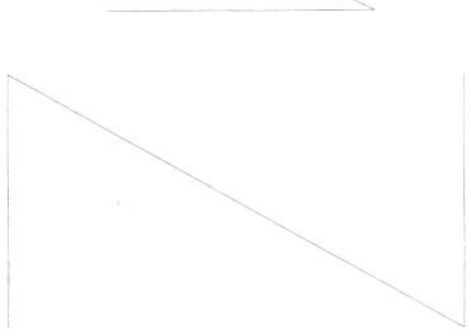

图 6-40 绘制箭头

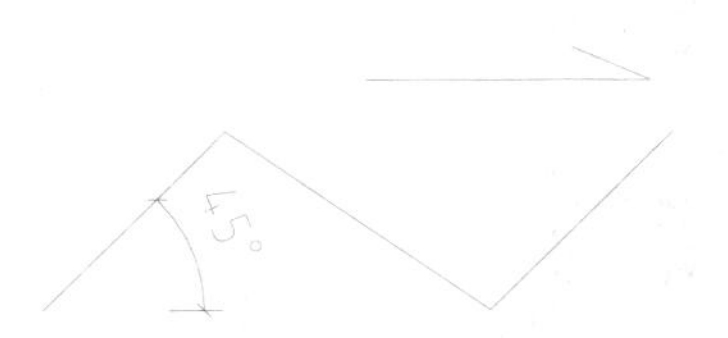

图 6-41 止回阀系统图例

技巧：146　蝶阀的绘制

视频：技巧146-绘制蝶阀.avi
案例：蝶阀.dwg

技巧概述：首先新建并保存一个新的 dwg 文件，再使用矩形、直线、圆、修剪、图案填充等命令来绘制蝶阀图例。

步骤 01 正常启动 AutoCAD 2014 软件，系统自动创建空白文件，单击“保存”按钮，将其保存为“案例\06\蝶阀.dwg”文件。

步骤 02 执行“矩形”命令（REC），绘制一个 256×148 的矩形，如图 6-42 所示。

步骤 03 执行“直线”命令（L），连接矩形对角点如图 6-43 所示。

步骤 04 执行“圆”命令（C），以斜线中点为圆心绘制一个半径为 50 的圆，如图 6-44 所示。

图 6-42　绘制矩形

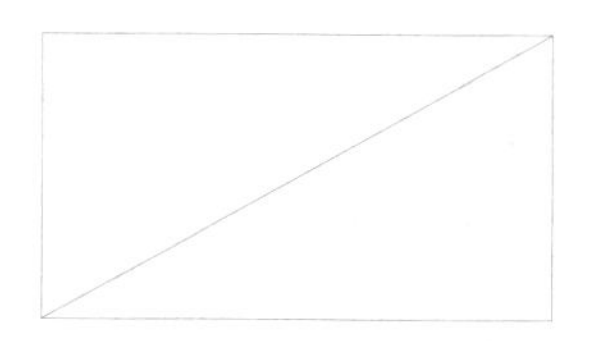

图 6-43　绘制斜线

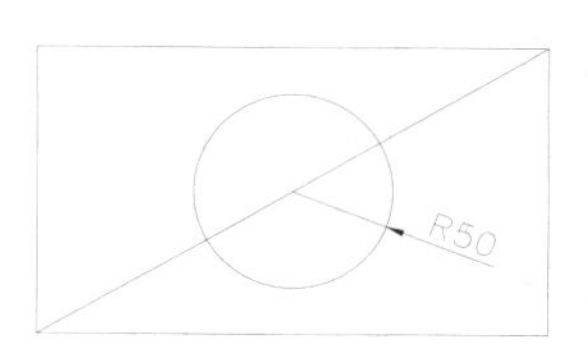

图 6-44　绘制圆

步骤 05 执行“修剪”命令（TR），修剪圆内线段，如图 6-45 所示。

步骤 06 执行“图案填充”命令（H），对圆填充纯色“SOLTD”图案，如图 6-46 所示。

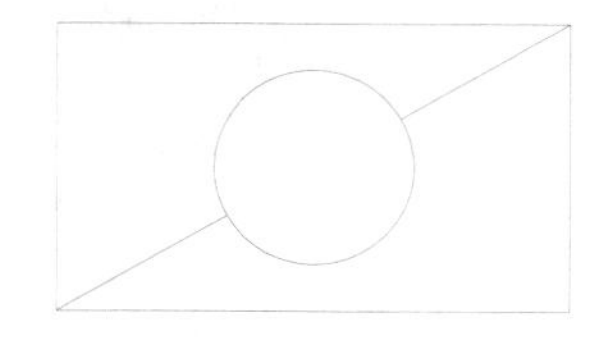

图 6-45　修剪线段

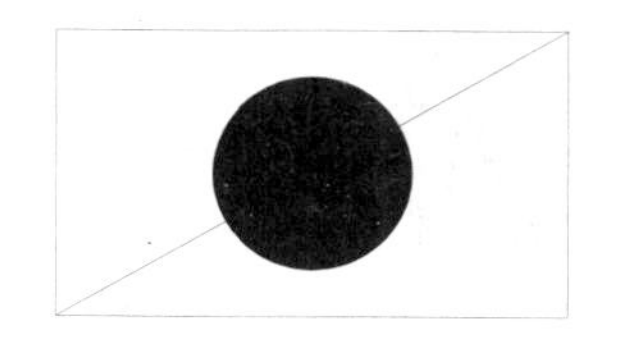

图 6-46　图案填充

步骤 07 执行“基点”命令（BASE），单击圆心为基点；再按【Ctrl+S】组合键对文件进行保存。

技巧：147　散热器的绘制

视频：技巧147-绘制散热器图例.avi
案例：散热器.dwg

技巧概述：首先新建并保存一个新的 dwg 文件，再使用矩形、编辑多段线等命令来绘制散热器图例。

步骤 01 正常启动 AutoCAD 2014 软件，系统自动创建空白文件，单击“保存”按钮，将其保存为“案例\06\散热器.dwg”文件。

步骤 02 执行“矩形”命令（REC），绘制一个 800×200 的矩形，如图 6-47 所示。

图 6-47　绘制矩形

步骤 03 双击矩形则弹出“编辑多段线”快捷菜单，选择“宽度（W）”选项，则命令行提示“指定所有线段的新宽度:”，输入新宽度 35，按空格键改变矩形的宽度，如图 6-48 所示。

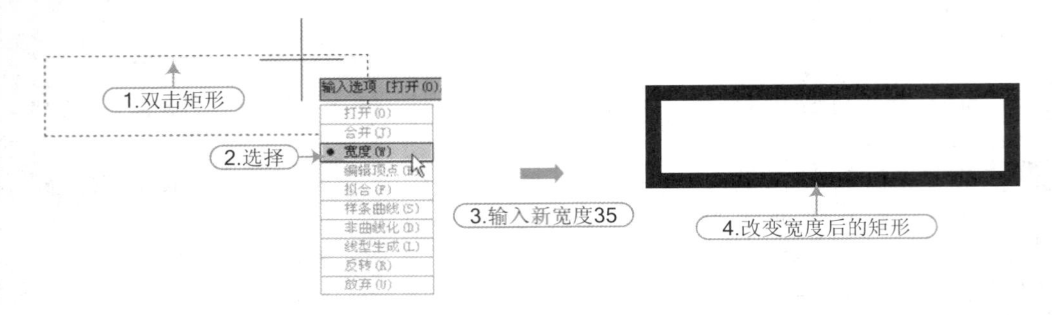

图 6-48　修改宽度

技巧提示　★★★☆☆

矩形命令绘制的多边形是一条多段线，因此双击矩形，会出现多段线编辑选项。

步骤 04 执行“基点”命令（BASE），单击矩形上水平边中点为基点；再按【Ctrl+S】组合键对文件进行保存。

技巧：148　方形散流器的绘制

视频：技巧148-绘制方形散流器.avi
案例：方形散流器.dwg

技巧概述：首先新建并保存一个新的dwg文件，再使用矩形、偏移、直线、修剪等命令来绘制方形散流器图例。

步骤 01 正常启动 AutoCAD 2014 软件，系统自动创建空白文件，单击“保存”按钮，将其保存为“案例\06\方形散流器.dwg”文件。

步骤 02 执行“矩形”命令（REC），绘制一个 200×200 的矩形，如图 6-49 所示。

步骤 03 执行“偏移”命令（O），将矩形向外依次偏移 100、100，如图 6-50 所示。

步骤 04 执行“直线”命令（L），捕捉对角点绘制斜线；捕捉角点和垂足点绘制延长线，如图 6-51 所示。

图 6-49　绘制矩形

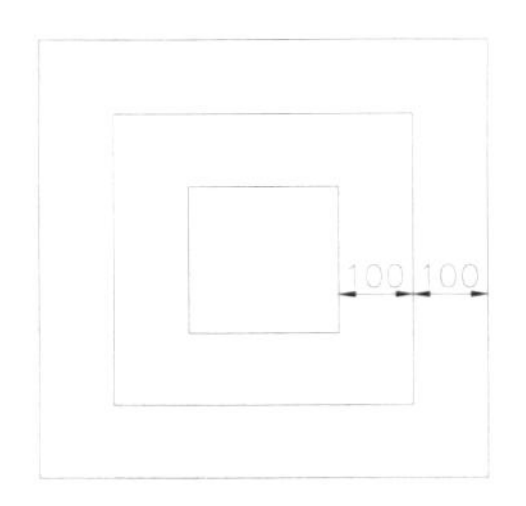

图 6-50　偏移矩形

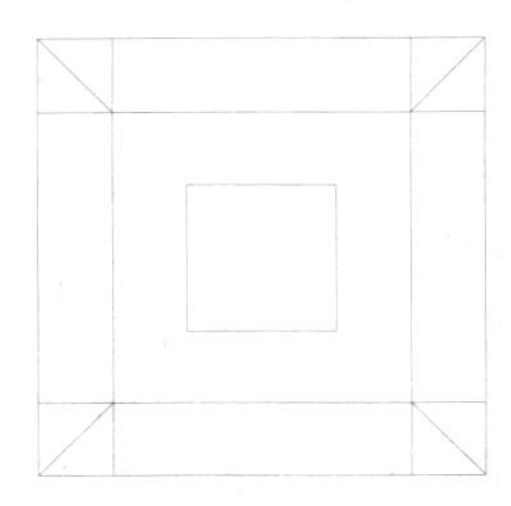

图 6-51　绘制线段

步骤 05 执行“偏移”命令（O），将外矩形向内偏移 77，如图 6-52 所示。

步骤 06 执行“修剪”命令（TR）和“删除”命令（E），修剪删除不需要的线条，效果如图 6-53 所示。

步骤 07 执行“基点”命令（BASE），单击矩形上水平边中点为基点；再按【Ctrl+S】组合键对文件进行保存。

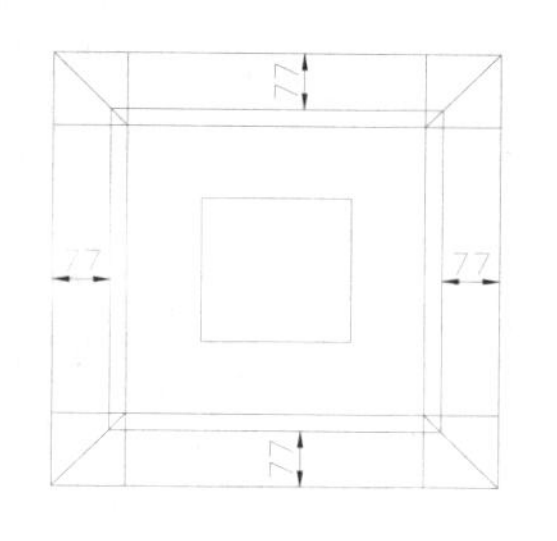

图 6-52　偏移矩形

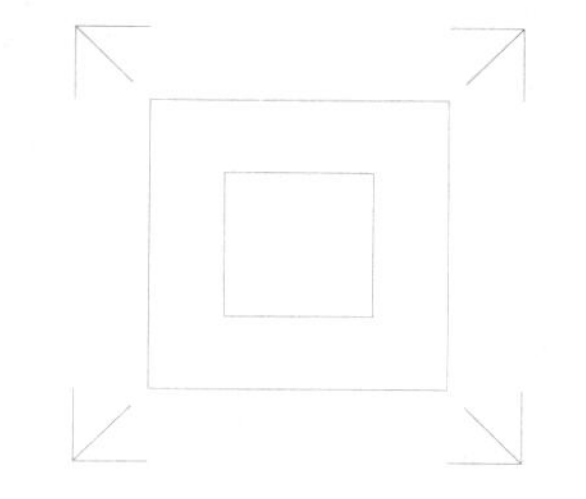

图 6-53　修剪图形效果

技巧：149　圆形散流器的绘制

视频：技巧149-绘制圆形散流器.avi
案例：圆形散流器.dwg

技巧概述： 首先新建并保存一个新的 dwg 文件，再使用矩形、偏移、直线、圆、修剪和删除等命令来绘制圆形散流器图例。

步骤 01 正常启动 AutoCAD 2014 软件，系统自动创建空白文件，单击“保存”按钮，将其保存为“案例\06\圆形散流器.dwg”文件。

步骤 02 执行“矩形”命令（REC），绘制一个 600×600 的矩形，如图 6-54 所示。

步骤 03 执行“偏移”命令（O），将矩形向内偏移 77，如图 6-55 所示。

步骤 04 执行“直线”命令（L），绘制外矩形的对角线，如图 6-56 所示。

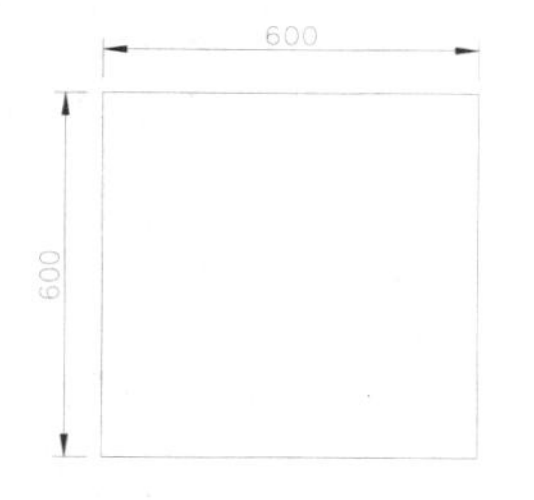

图 6-54　绘制矩形

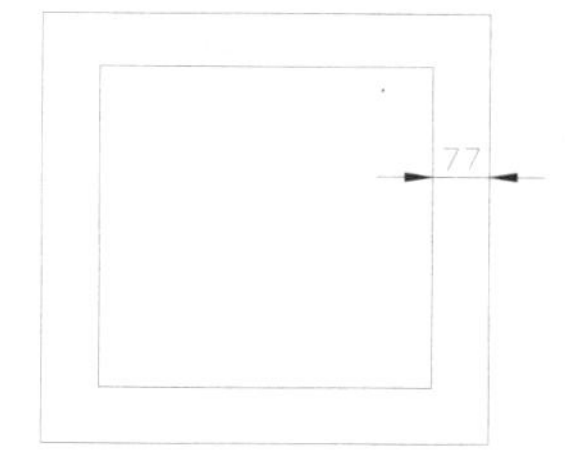

图 6-55　偏移矩形

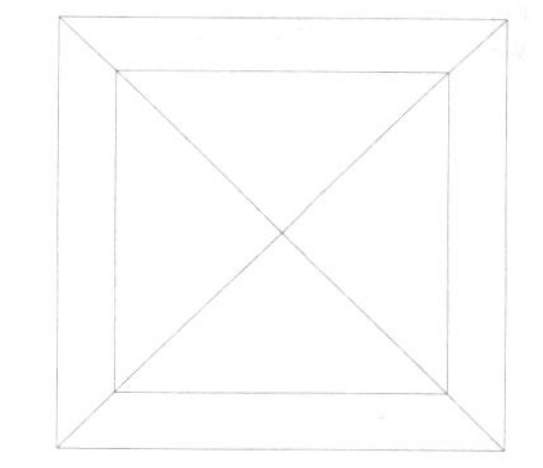

图 6-56　绘制对角线

步骤 05 执行“圆”命令（C），以对角线交叉点绘制半径为 100 和半径为 200 的同心圆，如图 6-57 所示。

步骤 06 执行“修剪”命令（TR）和“删除”命令（E），修剪删除掉多余的线条，效果如图 6-58 所示。

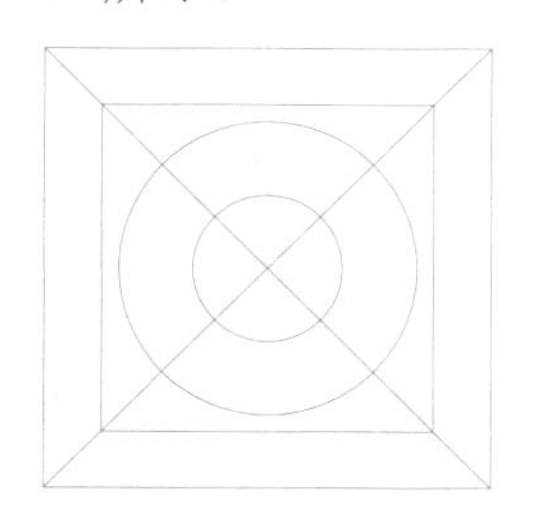

图 6-57　绘制同心圆

图 6-58　修剪删除结果 1

步骤 07 执行“分解”命令（X）和执行“偏移”命令（O），将外矩形分解掉，并将四条边各向内偏移 100，如图 6-59 所示。

步骤 08 执行“修剪”命令（TR）和“删除”命令（E），将多余的线条修剪删除掉，效果如图 6-60 所示。

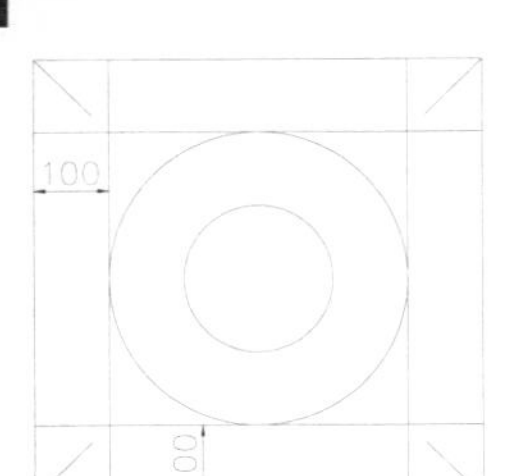

图 6-59 偏移矩形边

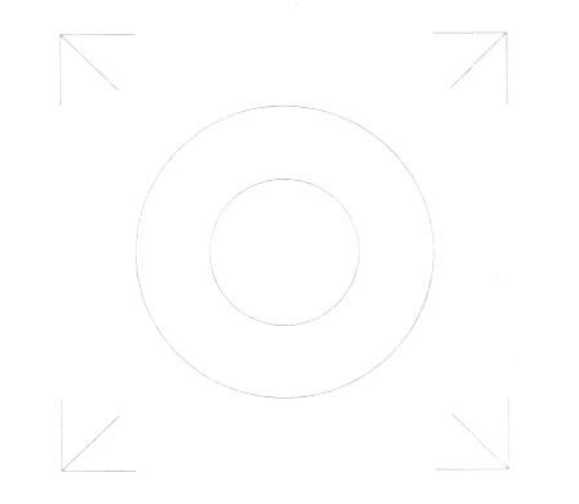
图 6-60 修剪删除结果 2

步骤 09 执行“基点”命令（BASE），单击圆心为基点；再按【Ctrl+S】组合键对文件进行保存。

技巧：150 单层百叶风口的绘制

视频：技巧150-绘制单层百叶风口.avi
案例：单层百叶风口.dwg

技巧概述：首先新建并保存一个新的 dwg 文件，再使用矩形、偏移、直线等命令来绘制单层百叶风口图例。

步骤 01 正常启动 AutoCAD 2014 软件，系统自动创建空白文件，单击“保存”按钮，将其保存为“案例\06\单层百叶风口.dwg”文件。

步骤 02 执行“矩形”命令（REC），绘制一个 500×270 的矩形，如图 6-61 所示。

步骤 03 执行“偏移”命令（O），将矩形向内偏移 60，如图 6-62 所示。

图 6-61 绘制矩形

图 6-62 偏移矩形

步骤 04 执行“直线”命令（L），连接矩形的对角点，如图 6-63 所示。

步骤 05 执行“分解”命令（X）和“偏移”命令（O），将内矩形分解掉，并将水平边以 50 的距离进行偏移，如图 6-64 所示。

图 6-63 连接对角点

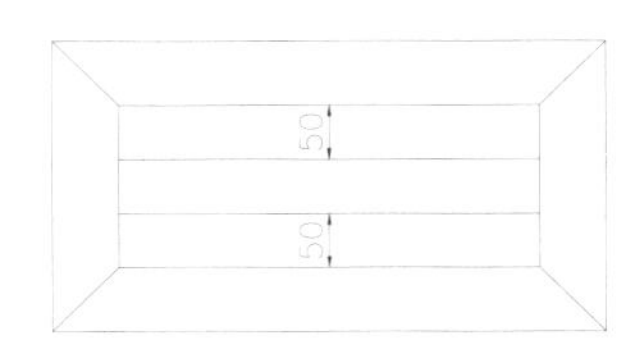

图 6-64 分解偏移

步骤 06 执行“基点”命令（BASE），单击左上角点为基点；再按【Ctrl+S】组合键对文件进行保存。

技巧：151 双层百叶风口的绘制

视频：技巧151-绘制双层百叶风口.avi
案例：双层百叶风口.dwg

技巧概述：首先新建并保存一个新的 dwg 文件，再使用矩形、偏移、直线等命令来绘制双层百叶风口图例。

步骤 01 正常启动 AutoCAD 2014 软件，系统自动创建空白文件，单击“保存”按钮，将其保存为“案例\06\双层百叶风口.dwg”文件。

步骤 02 执行“矩形”命令（REC），绘制一个 570×270 的矩形，如图 6-65 所示。

步骤 03 执行“偏移”命令（O），将矩形向内偏移 60，如图 6-66 所示。

图 6-65　绘制矩形

图 6-66　偏移矩形

步骤 04 执行“直线”命令（L），连接矩形的对角点，如图 6-67 所示。

步骤 05 执行“分解”命令（X）和“偏移”命令（O），将内矩形分解掉，并将水平边和垂直边以 50 的距离进行偏移，如图 6-68 所示。

图 6-67　连接对角点

图 6-68　分解偏移

步骤 06 执行“基点”命令（BASE），单击左上角点为基点；再按【Ctrl+S】组合键对文件进行保存。

技巧：152　条缝风口的绘制

视频：技巧152-绘制条缝风口.avi
案例：条缝风口.dwg

技巧概述：首先新建并保存一个新的 dwg 文件，再使用矩形、偏移、直线等命令来绘制条缝风口图例。

步骤 01 正常启动 AutoCAD 2014 软件，系统自动创建空白文件，单击“保存”按钮，将其保存为“案例\06\条缝风口.dwg”文件。

步骤 02 执行“矩形”命令（REC），绘制一个 280×90 的矩形，如图 6-69 所示。

步骤 03 执行“偏移”命令（O），将矩形向内偏移 15，如图 6-70 所示。

图 6-69　绘制矩形

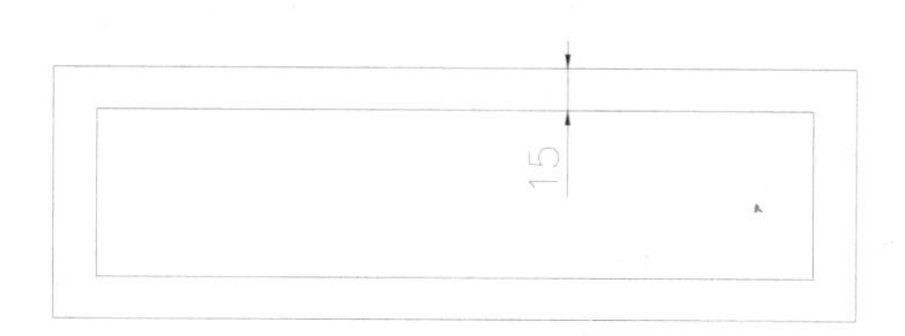

图 6-70　偏移矩形

步骤 04 执行“直线”命令（L），连接矩形的对角点，如图 6-71 所示。

步骤 05 执行“分解”命令（X）和“偏移”命令（O），将内矩形分解掉，并将下水平边依次向上偏移 10、2、10、2、10、2、10、2，如图 6-72 所示。

图 6-71　连接对角点

图 6-72　分解偏移

步骤 06 执行“基点”命令（BASE），单击左上角点为基点；再按【Ctrl+S】组合键对文件进行保存。

技巧：153 空调器的绘制

视频：技巧153-绘制空调器.avi
案例：空调器.dwg

技巧概述：首先新建并保存一个新的 dwg 文件，再使用直线、矩形、分解等命令来绘制空调器图例。

步骤 01 正常启动 AutoCAD 2014 软件，系统自动创建空白文件，单击“保存”按钮，将其保存为“案例\06\空调器.dwg”文件。

步骤 02 执行“矩形”命令（REC），绘制一个 1300×800 的矩形，如图 6-73 所示。

步骤 03 执行“分解”命令（X），将矩形分解掉；再执行“偏移”命令（O），将左垂直边向左偏移 50；使用夹点编辑功能，将线段上、下端各缩短 50，如图 6-74 所示。

图 6-73　绘制矩形

图 6-74　偏移并修改线段

步骤 04 执行“直线”命令（L），在相应位置绘制水平线，以连接矩形和偏移的线段，如图 6-75 所示。

步骤 05 再执行“直线”命令（L），在矩形的下侧绘制三条垂直线段以表示侧面送风，如图 6-76 所示。

图 6-75　绘制水平线

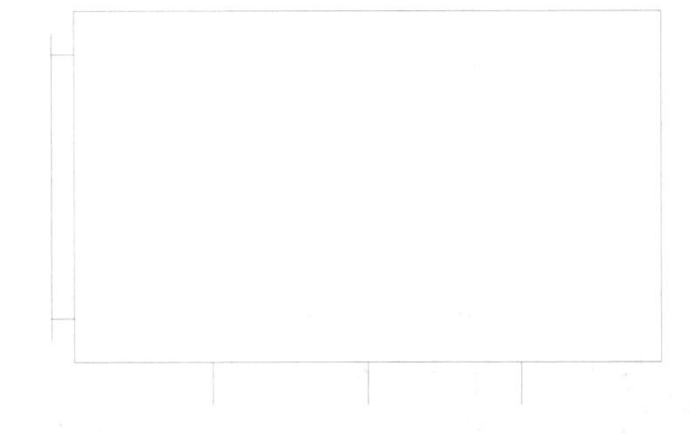
图 6-76　绘制垂直线

步骤 06 执行“基点”命令（BASE），单击空调器上水平线中点为基点；再按【Ctrl+S】组合键对文件进行保存。

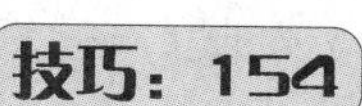

技巧：154　风机盘管的绘制

视频：技巧154-绘制风机盘管.avi
案例：风机盘管.dwg

技巧概述：首先新建并保存一个新的 dwg 文件，再使用矩形、偏移、修剪、直线等命令来绘制风机盘管图例。

步骤 01 正常启动 AutoCAD 2014 软件，系统自动创建空白文件，单击“保存”按钮，将其保存为“案例\06\风机盘管.dwg”文件。

步骤 02 执行“矩形”命令（REC），绘制一个 830×250 的矩形；再执行“分解”命令（X）和“偏移”命令（O），将矩形分解掉，并将上水平边向下偏移，如图 6-77 所示。

步骤 03 再通过执行“偏移”命令（O）和“修剪”命令（TR），在内部绘制出一个矩形，如图 6-78 所示。

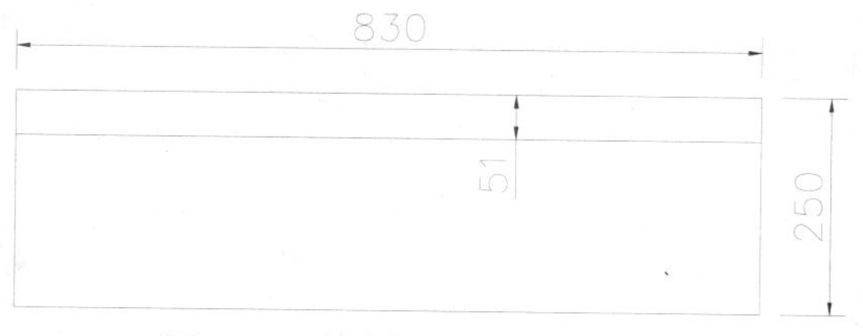

图 6-77　绘制矩形并偏移边

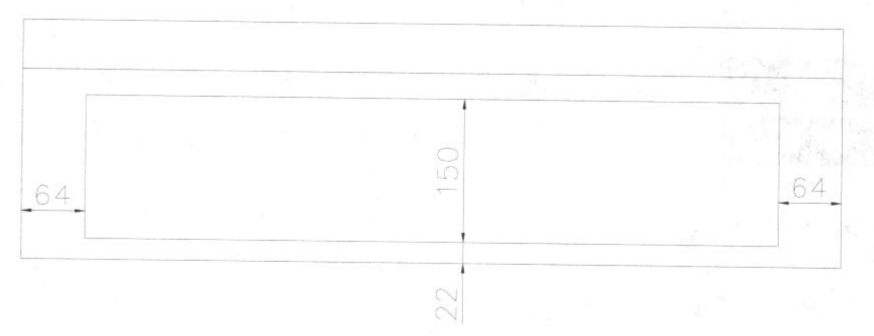

图 6-78　偏移修剪

步骤 04 执行“偏移”命令（O），继续将内矩形的线段进行偏移，如图 6-79 所示。

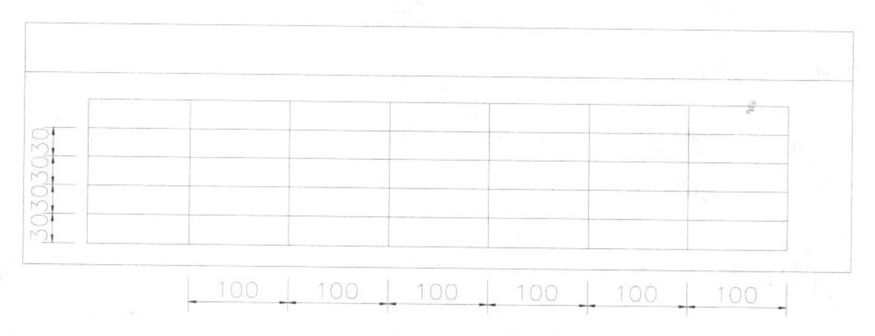

图 6-79　偏移线段

步骤 05 再执行“直线”命令（L），在左侧绘制出三条长均为 98 的水平线段以表示侧面送风，如图 6-80 所示。

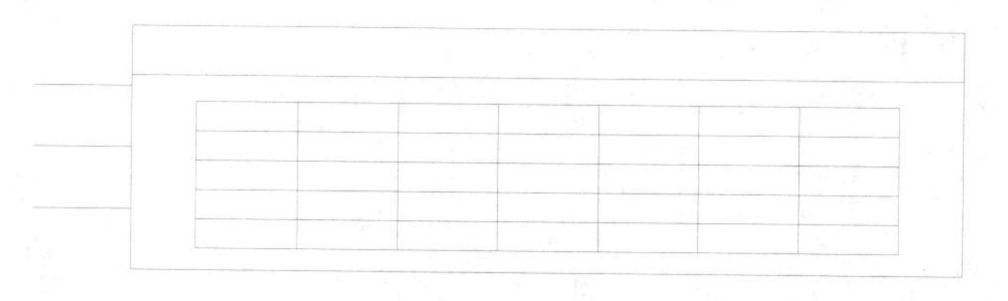

图 6-80　绘制线段

步骤 06 执行“基点”命令（BASE），单击左上角点为基点；再按【Ctrl+S】组合键对文件进行保存。

技巧：155　空调分集水器的绘制

视频：技巧155-绘制空调分集水器.avi
案例：空调分集水器.dwg

技巧概述：首先新建并保存一个新的 dwg 文件，再使用矩形、多段线、偏移、镜像等命令来绘制空调分集水器图例。

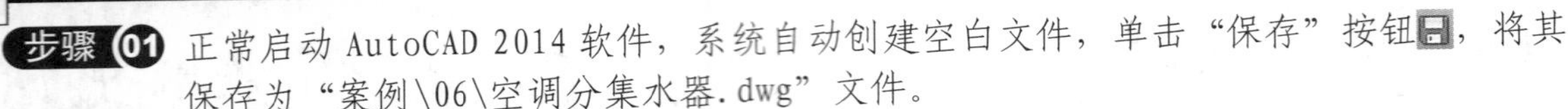

步骤01 正常启动 AutoCAD 2014 软件，系统自动创建空白文件，单击“保存”按钮，将其保存为“案例\06\空调分集水器.dwg”文件。

步骤02 执行“矩形”命令（REC），绘制一个 1500×450 的矩形，如图 6-81 所示。

步骤03 执行“多段线”命令（PL），在相应位置绘制多段线，如图 6-82 所示。

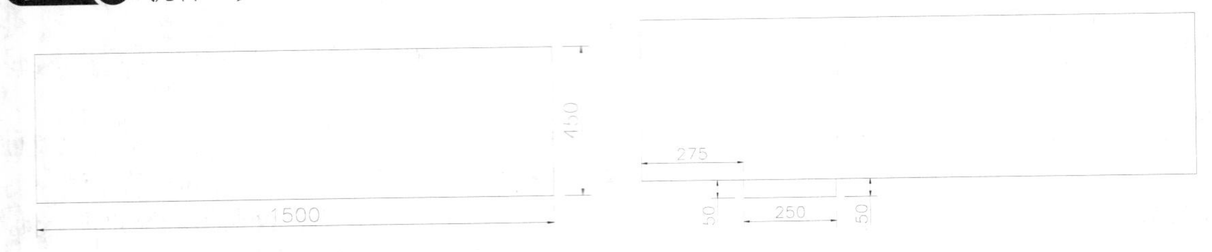

图 6-81　绘制矩形　　图 6-82　绘制多段线

步骤04 执行“偏移”命令（O），将多段线向内偏移 25，如图 6-83 所示。

步骤05 执行“镜像”命令（MI），将多段线以矩形的中线进行镜像，效果如图 6-84 所示。

图 6-83　偏移多段线　　图 6-84　镜像多段线

步骤06 执行“基点”命令（BASE），单击左上角点为基点；再按【Ctrl+S】组合键对文件进行保存。

技巧：156　冷水机组的绘制

视频：技巧156-绘制冷水机组.avi
案例：冷水机组.dwg

技巧概述： 首先新建并保存一个新的 dwg 文件，再使用矩形、直线、圆、偏移、修剪、旋转、镜像等命令来绘制冷水机组图例。

步骤01 正常启动 AutoCAD 2014 软件，系统自动创建空白文件，单击“保存”按钮，将其保存为“案例\06\冷水机组.dwg”文件。

步骤02 执行“矩形”命令（REC），根据如下命令提示选择“宽度（W）”选项，设置宽度为 20，在图形区绘制一个 1380×830 的矩形，如图 6-85 所示。

```
命令： RECTANG                                          \\ 矩形命令
指定第一个角点或 [倒角(C)/标高(E)/圆角(F)/厚度(T)/宽度(W)]: w\\ 选择“宽度”选项
指定矩形的线宽 <0.0000>: 20                              \\ 输入宽度为 20
指定第一个角点或 [倒角(C)/标高(E)/圆角(F)/厚度(T)/宽度(W)]:  \\ 任意单击指定一点
指定另一个角点或 [面积(A)/尺寸(D)/旋转(R)]: @1380,830      \\ 输入相对坐标值确定角点
```

步骤03 执行“直线”命令（L），在相应位置绘制垂直线段和矩形的水平中线，如图 6-86 所示。

步骤04 执行“圆”命令（C），以相交点绘制一个半径为 311 的圆，如图 6-87 所示。

步骤05 再执行“偏移”命令（O），将圆向内以 50 的距离进行偏移，偏移 5 次，如图 6-88 所示。

图 6-85　绘制矩形

图 6-86　绘制线段

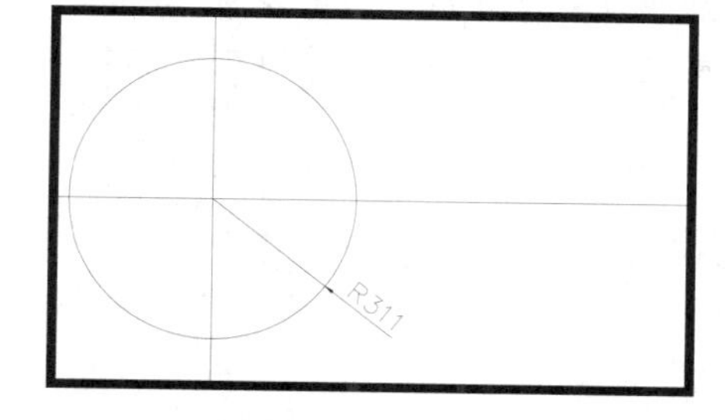

图 6-87　绘制圆

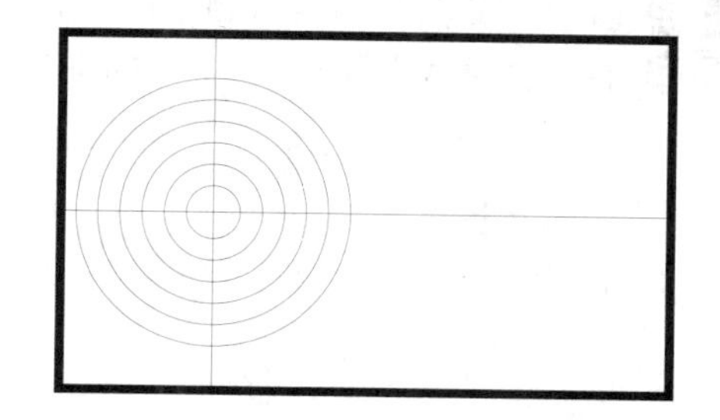

图 6-88　偏移圆

步骤 06 执行“修剪”命令（TR），修剪掉多余的线条，效果如图 6-89 所示。

步骤 07 执行“旋转”命令（RO），选择圆内十字线，指定圆心为旋转基点，再根据命令提示选择“复制（C）”选项，再输入旋转角度为 45°，按空格键以将十字线旋转复制，如图 6-90 所示。

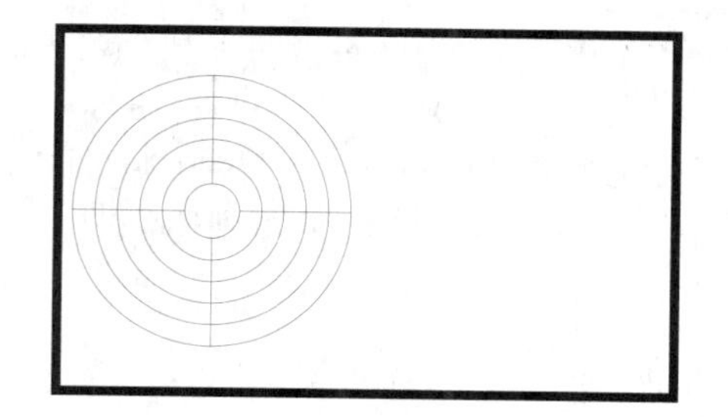

图 6-89　修剪线条

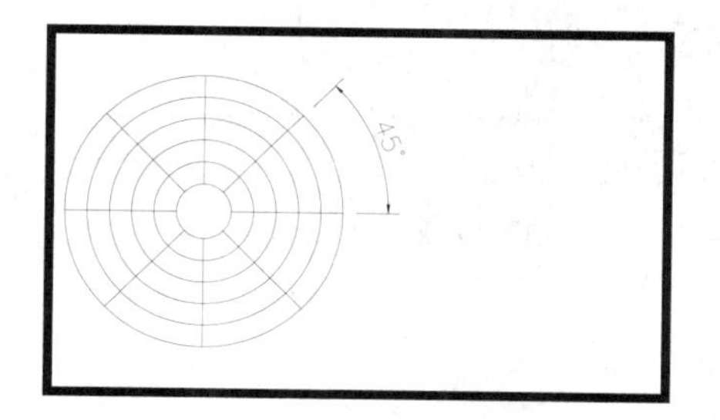

图 6-90　旋转复制

步骤 08 执行“镜像”命令（MI），将绘制的图形以矩形中线进行左右镜像，效果如图 6-91 所示。

步骤 09 再执行“直线”命令（L），在矩形左垂直边上绘制两条长均为 98 的水平线，以表示侧面送风，如图 6-92 所示。

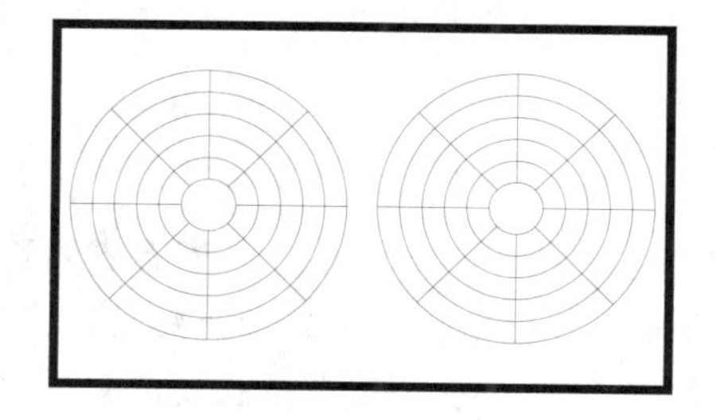

图 6-91　镜像图形

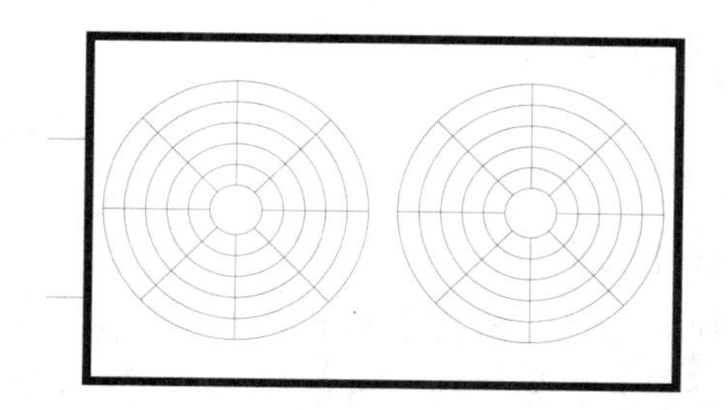

图 6-92　绘制水平线

步骤 10 执行“基点”命令（BASE），单击垂直线上端点为基点；再按【Ctrl+S】组合键对文件进行保存。

技巧：157 轴流风机的绘制

视频：技巧157-绘制轴流风机.avi
案例：轴流风机.dwg

技巧概述：首先新建并保存一个新的 dwg 文件，再使用矩形、直线、椭圆、镜像、偏移、倒角等命令来绘制轴流风机图例。

步骤 01 正常启动 AutoCAD 2014 软件，系统自动创建空白文件，单击“保存”按钮，将其保存为“案例\06\轴流风机.dwg”文件。

步骤 02 执行“矩形”命令（REC），绘制一个 427×269 的矩形，如图 6-93 所示。

步骤 03 执行“直线”命令（L），捕捉矩形右垂直边中点向右绘制长 200 的线段，如图 6-94 所示。

图 6-93　绘制矩形　　　　图 6-94　绘制水平线段

步骤 04 执行“椭圆”命令（EL），根据如下命令提示在空白处指定一个端点，正交下水平向右拖动，输入 240 以确定长轴的另一端点，再转向上输入另一半轴长度 237，以绘制一个椭圆，如图 6-95 所示。

```
命令: ELLIPSE                                  \\执行“椭圆”命令
指定椭圆的轴端点或 [圆弧(A)/中心点(C)]:        \\单击一点
指定轴的另一个端点: 240                        \\水平向右拖动输入 240 以确定轴长
指定另一条半轴长度或 [旋转(R)]: 237            \\垂直向上拖动输入半轴长度 237
```

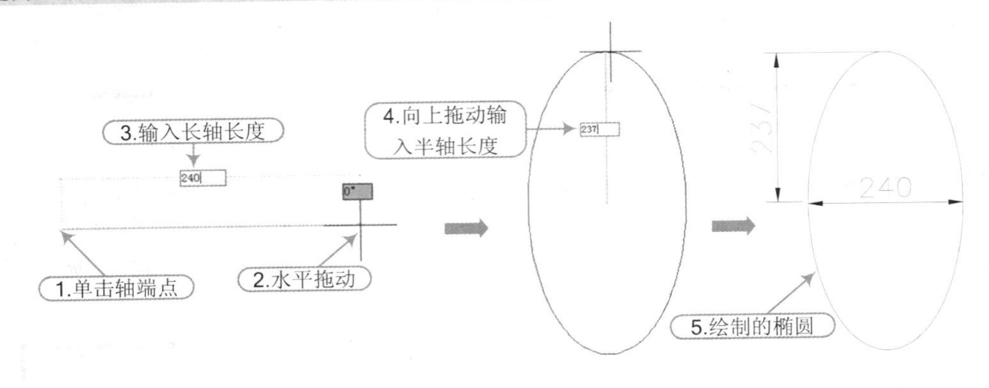

图 6-95　绘制椭圆

软件技能 ★★★★☆

椭圆由定义其长度和宽度的两条轴决定，较长的轴称为长轴，较短的称为短轴，椭圆的默认绘制方式为“轴、端点”，是指定一根轴的两个端点和另一根轴的半轴长度，如图 6-96 所示。

其命令提示栏中还提供了“中心点（C)”项，即指定中心点、X 轴半径和 Y 轴半径来绘制椭圆，如图 6-97 所示。

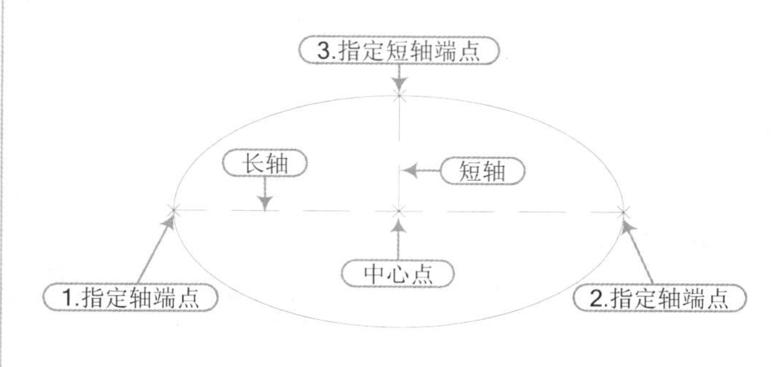

图 6-96　“轴、端点”绘制方式

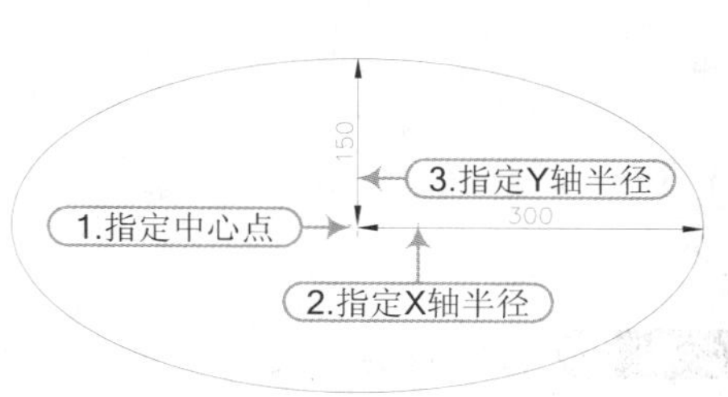

图 6-97　“中心点、半径”绘制方式

步骤 05 执行“移动”命令（M），将椭圆以下侧象限点移动到水平线的端点处，如图 6-98 所示。

步骤 06 执行“镜像”命令（MI），将椭圆以水平线为镜像轴进行上、下镜像，效果如图 6-99 所示。

步骤 07 执行“分解”命令（X），将矩形分解打散操作；再执行“偏移”命令（O），将矩形各边按照图 6-100 所示进行偏移。

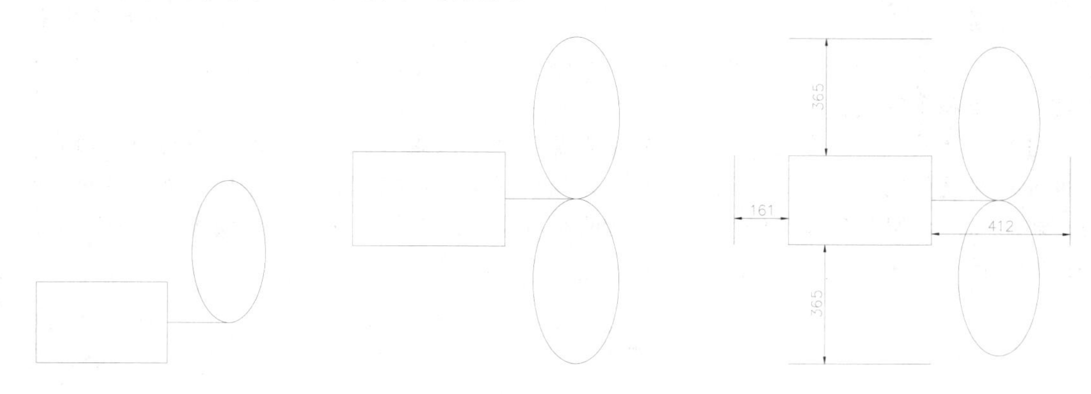

图 6-98　移动椭圆　　图 6-99　镜像椭圆　　图 6-100　偏移线段

步骤 08 执行“倒角”命令（CHA），根据命令提示，依次单击相邻的两条边，进行 0° 倒角，如图 6-101 所示。

```
命令: CHAMFER                                        \\执行“倒角”命令
（“修剪”模式）当前倒角距离 1 = 0.0000，距离 2 = 0.0000        \\默认倒角距离为 0
选择第一条直线或 [放弃(U)/多段线(P)/距离(D)/角度(A)/修剪(T)/方式(E)/多个(M)]:
                                                     \\选择边 1
选择第二条直线，或按住 Shift 键选择直线以应用角点或 [距离(D)/角度(A)/方法(M)]:
                                                     \\选择边 2
```

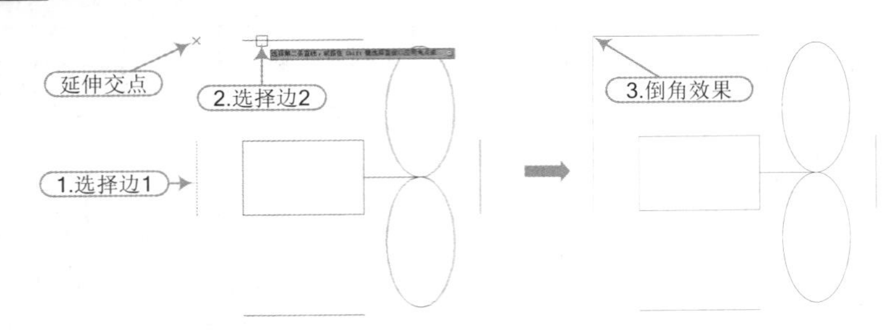

图 6-101　倒角操作

步骤 09 按空格键重复前一操作，再将其他相邻边进行 0° 倒角，效果如图 6-102 所示。

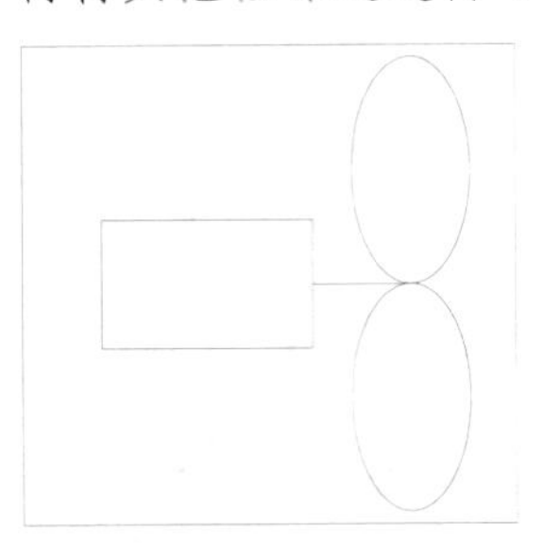

图 6-102　轴流风机效果

技巧提示 ★★★★☆

倒角命令是指用斜线连接两个不平行的线型对象，可以用斜线连接直线段、双向无限长线、射线和多段线等。

当执行“倒角”命令过后，首先显示当前的修剪模式及倒角 1、2 的距离值，用户可以根据需要设置倒角的距离值进行倒角，斜线的距离可以相同也可以不同。如果两个倒角距离都为 0，则倒角操作将修剪或延伸这两个对象直到它们相交，但不创建倒角线，如图 6-103 所示。

图 6-103　0 距离倒角

步骤 10 执行“基点”命令（BASE），单击矩形上水平边中点为基点；再按【Ctrl+S】组合键对文件进行保存。

技巧：158　自动排气阀的绘制

视频：技巧158-绘制自动排气阀.avi
案例：自动排气阀.dwg

技巧概述： 首先新建并保存一个新的 dwg 文件，再使用矩形、直线、圆角、圆、图案填充等命令来绘制自动排气阀图例。

步骤 01 正常启动 AutoCAD 2014 软件，系统自动创建空白文件，单击“保存”按钮，将其保存为“案例\06\自动排气阀.dwg”文件。

步骤 02 执行“矩形”命令（REC），绘制一个 200×440 的矩形，如图 6-104 所示。

步骤 03 再执行“直线”命令（L），在矩形相应位置绘制线段，如图 6-105 所示。

步骤 04 执行“圆角”命令（F），根据命令提示选择“半径（R）”选项，设置圆角半径为 86，依次拾取两条线段，以进行圆角处理，如图 6-106 所示。

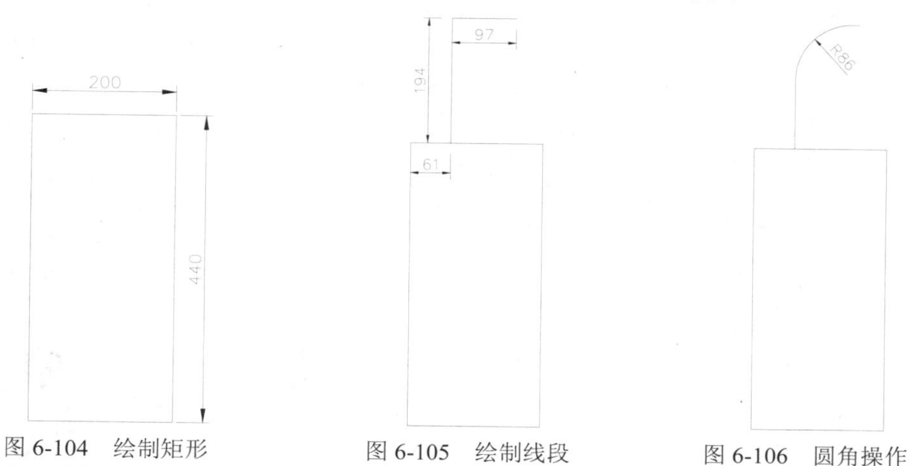

图 6-104　绘制矩形　　图 6-105　绘制线段　　图 6-106　圆角操作

技巧提示 ★★★★★

圆角命令用于将两个图形对象用指定半径的圆弧光滑连接起来。其中可以圆角的对象包括直线、多段线、样条曲线、构造线、射线等。

当执行“圆角”命令过后，首先显示当前的修剪模式及圆角的半径值，用户可以事先根据需要来进行设置，再根据提示选择第一个、第二个对象后按 Enter 键，即可按照所设置的模式和半径值进行圆角操作，如图 6-107 所示。

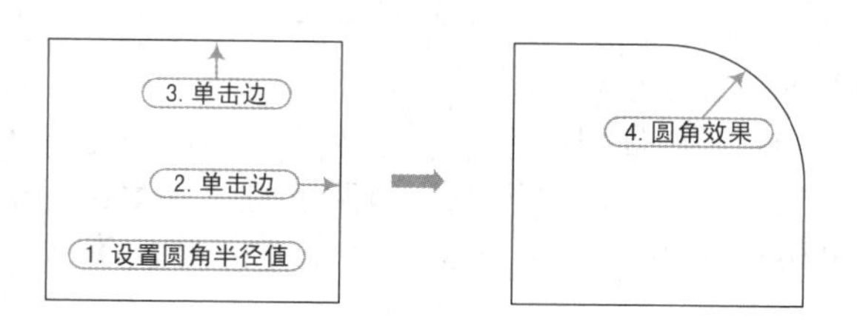

图 6-107　圆角操作

当设置半径为 0 时，可以快速创建零距离倒角或零半径圆角。通过这种方法，可以将两条相交或不相交的线段进行修剪连接操作，如图 6-108 所示。

图 6-108　0 半径圆角

步骤05 执行“直线”命令（L），捕捉矩形下边中点向下绘制长330的垂直线段，如图6-109所示。

步骤06 执行“圆”命令（C），捕捉线段中点为圆心绘制一个半径为48的圆；再执行“修剪”命令（TR），修剪掉圆内的线条，如图6-110所示。

步骤07 执行“图案填充”命令（H），为圆填充纯色“SOLTD”的图案，如图6-111所示。

步骤08 再执行“直线”命令（L），在圆右侧绘制两条线段，如图6-112所示。

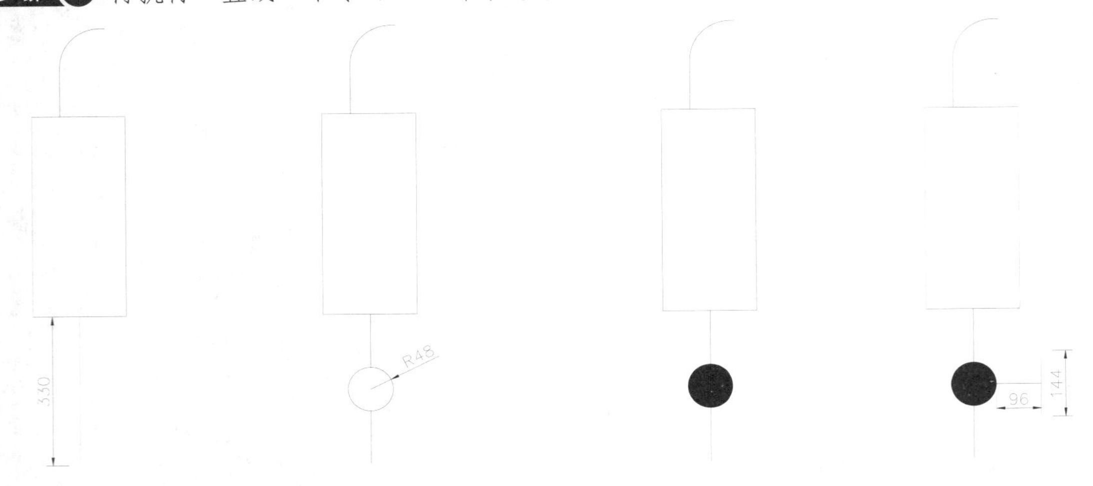

图6-109 绘制线段　图6-110 绘制圆　图6-111 填充圆　图6-112 绘制线段

步骤09 执行“基点”命令（BASE），单击下端点为基点；再按【Ctrl+S】组合键对文件进行保存。

技巧：159 水表的绘制

视频：技巧159-绘制水表.avi
案例：水表.dwg

技巧概述：首先新建并保存一个新的dwg文件，再使用圆、直线等命令来绘制水表图例。

步骤01 正常启动AutoCAD 2014软件，系统自动创建空白文件，单击“保存”按钮，将其保存为“案例\06\水表.dwg”文件。

步骤02 执行“圆”命令（C），绘制一个半径为143的圆，如图6-113所示。

步骤03 再执行“直线”命令（L），在圆内绘制两条斜线，如图6-114所示。

步骤04 执行“基点”命令（BASE），单击圆心为基点；再按【Ctrl+S】组合键对文件进行保存。

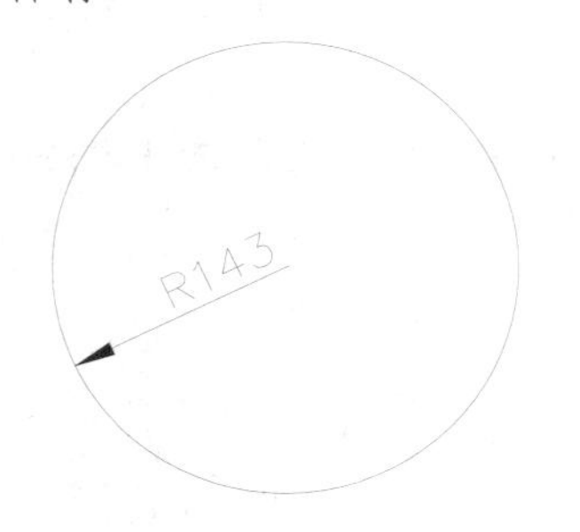

图6-113 绘制圆

图6-114 绘制斜线段

技巧：160　固定支架的绘制

视频：技巧160-绘制固定支架.avi
案例：固定支架.dwg

技巧概述：首先新建并保存一个新的 dwg 文件，再使用直线、旋转、镜像等命令来绘制固定支架图例。

步骤 01 正常启动 AutoCAD 2014 软件，系统自动创建空白文件，单击“保存”按钮，将其保存为“案例\06\固定支架.dwg”文件。

步骤 02 执行“直线”命令（L），绘制两条互相垂直且长度均为 105 的直线，如图 6-115 所示。

步骤 03 执行“旋转”命令（RO），将两条直线旋转 45°，效果如图 6-116 所示。

图 6-115　绘制线段

图 6-116　旋转线段

步骤 04 执行“直线”命令（L），过交叉点绘制一条长 270 的垂直线段，如图 6-117 所示。

步骤 05 再执行“镜像”命令（MI），将交叉线以垂直线段中点进行上、下镜像，如图 6-118 所示。

图 6-117　绘制直线

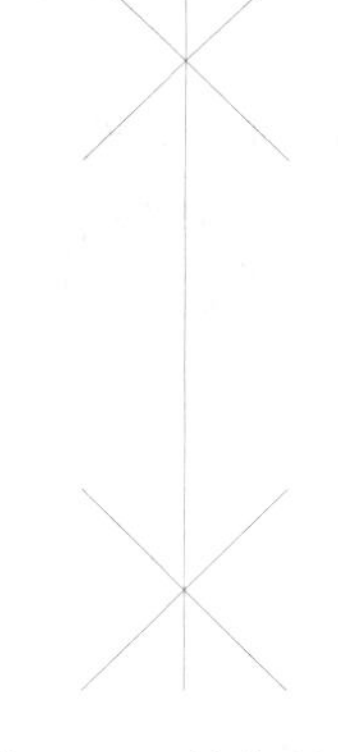

图 6-118　镜像效果

步骤 06 执行“基点”命令（BASE），单击垂直线上端点为基点；再按【Ctrl+S】组合键对文件进行保存。

技巧：161　管道泵的绘制

视频：技巧161-绘制管道泵.avi
案例：管道泵.dwg

技巧概述：首先新建并保存一个新的 dwg 文件，再使用直线、偏移、圆等命令来绘制管道泵图例。

步骤 01 正常启动 AutoCAD 2014 软件，系统自动创建空白文件，单击“保存”按钮，将其保存为“案例\06\管道泵.dwg”文件。

步骤 02 执行“直线”命令（L），绘制一条长 245 的垂直线段；再执行“偏移”命令（O），将其向右偏移 500，如图 6-119 所示。

步骤 03 执行“直线”命令（L），捕捉端点绘制对角线，如图 6-120 所示。

步骤 04 执行“圆”命令（C），以交叉点为圆心，绘制一个半径为 110 的圆，如图 6-121 所示。

图 6-119 绘制直线

图 6-120 绘制对角线

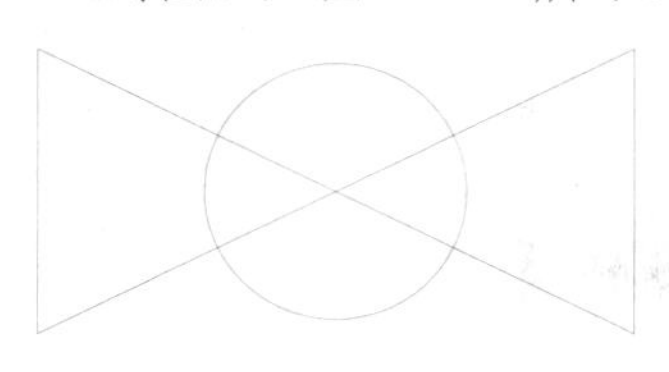

图 6-121 绘制圆

步骤 05 执行“基点”命令（BASE），单击圆心为基点；再按【Ctrl+S】组合键对文件进行保存。

技巧：162 离心水泵的绘制

视频：技巧162-离心水泵的绘制.avi
案例：离心水泵.dwg

技巧概述：首先新建并保存一个新的 dwg 文件，再使用圆、正多边形、图案填充等命令来绘制离心水泵图例。

步骤 01 正常启动 AutoCAD 2014 软件，系统自动创建空白文件，单击“保存”按钮，将其保存为“案例\06\离心水泵.dwg”文件。

步骤 02 执行“圆”命令（C），绘制一个半径为 143 的圆，如图 6-122 所示。

步骤 03 执行“正多边形”命令（POL），根据如下命令提示，以上一步圆的圆心为中心点，以圆的半径来绘制一个内接于圆的正三角形，如图 6-123 所示。

```
命令：POLYGON                                  \\执行“正多边形”命令
输入侧面数 <4>：3                              \\输入边数为 3
指定正多边形的中心点或 [边(E)]：               \\单击圆心点
输入选项 [内接于圆(I)/外切于圆(C)] <I>：I      \\选择“内接于圆(I)”选项
指定圆的半径：                                 \\ 鼠标向右拖动捕捉象限点为半径
```

步骤 04 执行“图案填充”命令（H），对正三角形填充“SOLTD”的图案，如图 6-124 所示。

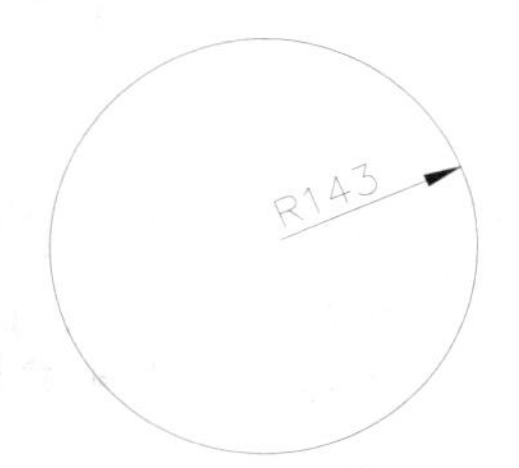

图 6-122 绘制圆

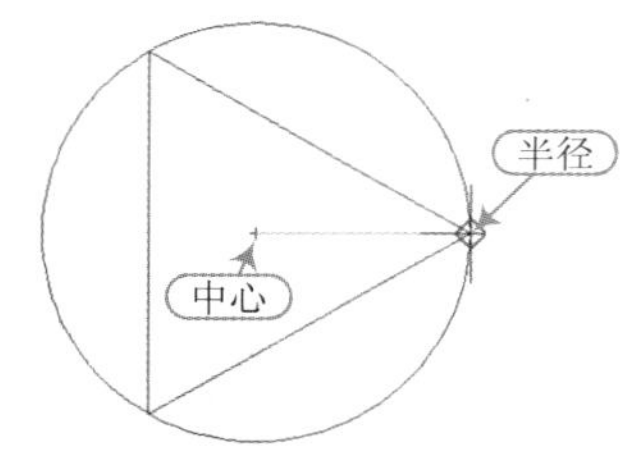

图 6-123 绘制正三角形

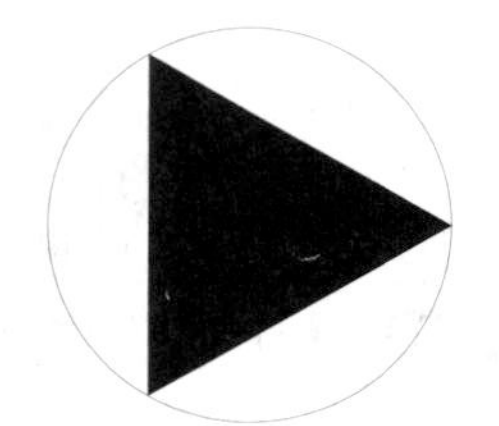

图 6-124 填充图案

步骤 05 执行“基点”命令（BASE），单击圆心为基点；再按【Ctrl+S】组合键对文件进行保存。

技巧：163 减压阀的绘制

视频：技巧163-绘制减压阀.avi
案例：减压阀.dwg

技巧概述：首先新建并保存一个新的 dwg 文件，再使用矩形、直线等命令来绘制减压阀图例。

步骤 01 正常启动 AutoCAD 2014 软件，系统自动创建空白文件，单击“保存”按钮，将其保存为“案例\06\减压阀.dwg”文件。

步骤 02 执行“矩形”命令（REC），绘制一个 400×250 的矩形，如图 6-125 所示。

步骤 03 执行“直线”命令（L），捕捉中点和角点在矩形内绘制直线，如图 6-126 所示。

图 6-125　绘制矩形

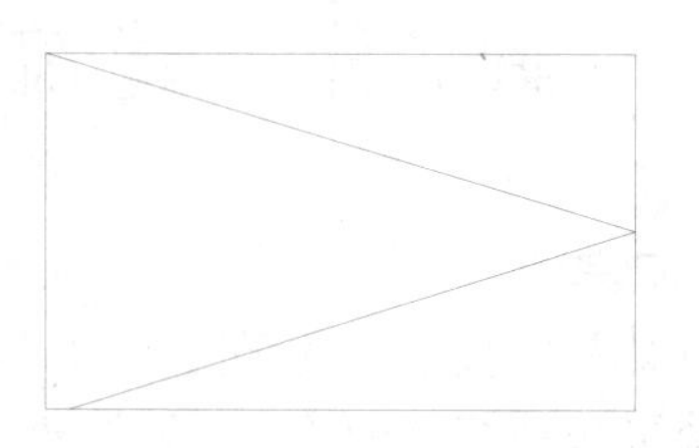

图 6-126　绘制直线

步骤 04 执行“基点”命令（BASE），单击矩形左垂直边中点为基点；再按【Ctrl+S】组合键对文件进行保存。

技巧：164 流量计的绘制

视频：技巧164-绘制流量计.avi
案例：流量计.dwg

技巧概述：本实例调用前面绘制的减压阀图例，在此基础上对相应位置进行填充来完成“流量计”的绘制。

步骤 01 接上例，单击“另存为”按钮，将文件另存为“案例\06\流量计. dwg”文件。

步骤 02 执行“图案填充”命令（H），在矩形内被划分区域填充“SOLTD”的图案，效果如图 6-127 所示。

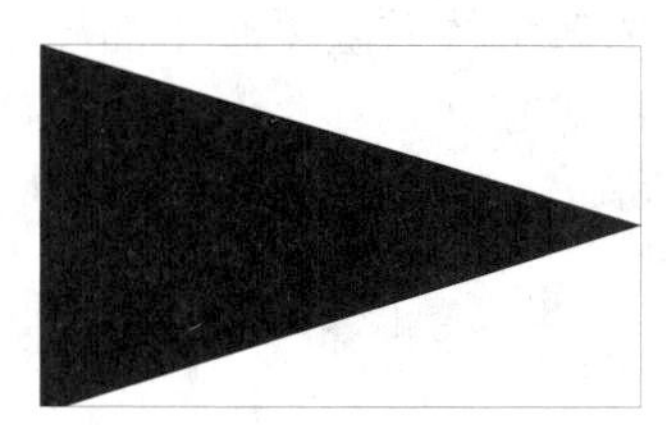

图 6-127　填充图案

步骤 03 执行“基点”命令（BASE），单击矩形左垂直边中点为基点；再按【Ctrl+S】组合键对文件进行保存。

第 7 章　建筑暖通施工图的绘制技巧

● **本章导读**

本章以某四层教学楼的采暖工程设计为例，介绍了四层教学楼的首层采暖平面图的绘制、整个教学楼采暖系统图的绘制。通过该实例的学习，使读者迅速掌握建筑采暖工程的 AutoCAD 制图方法及相关的采暖工程专业性的知识点。

● **本章内容**

教学楼首层采暖平面图的创建	教学楼标准层采暖平面图效果	绘制 N1 采暖设备系统图
首层采暖设备的布置	教学楼顶层采暖平面图效果	N1 采暖立管的标注
采暖平面图管线的绘制	教学楼采暖立管系统图的创建	其他采暖立管的绘制
采暖平面图的标注	绘制 N1 采暖立管系统图	

技巧：165　教学楼首层采暖平面图的创建

视频：技巧165-绘图环境的调用.avi
案例：教学楼首层采暖平面图.dwg

技巧概述：绘制如图 7-1 所示的教学楼首层采暖平面图之前，首先应调用建筑平面图绘图环境，然后新建相应的图层、文字样式等。

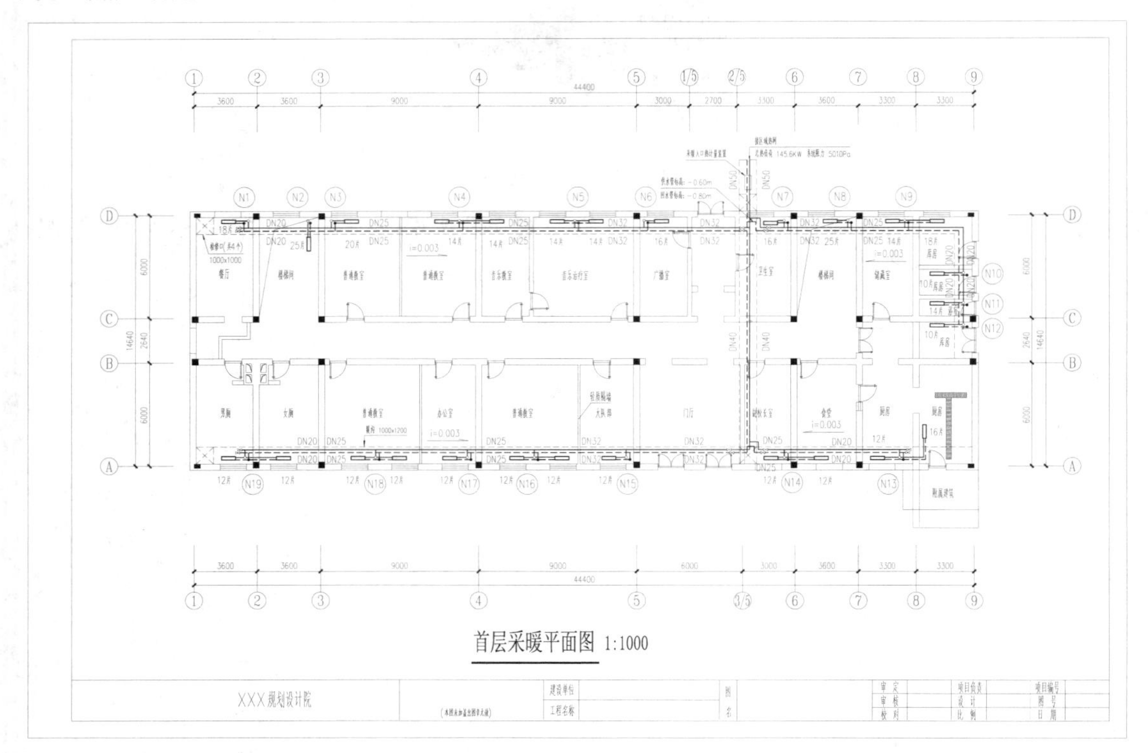

图 7-1　教学楼首层采暖平面图效果

步骤 01 正常启动 AutoCAD 2014 软件，在“快速访问”工具栏中，单击“打开”按钮，将“案例\07\教学楼首层平面图.dwg”文件打开，如图 7-2 所示。

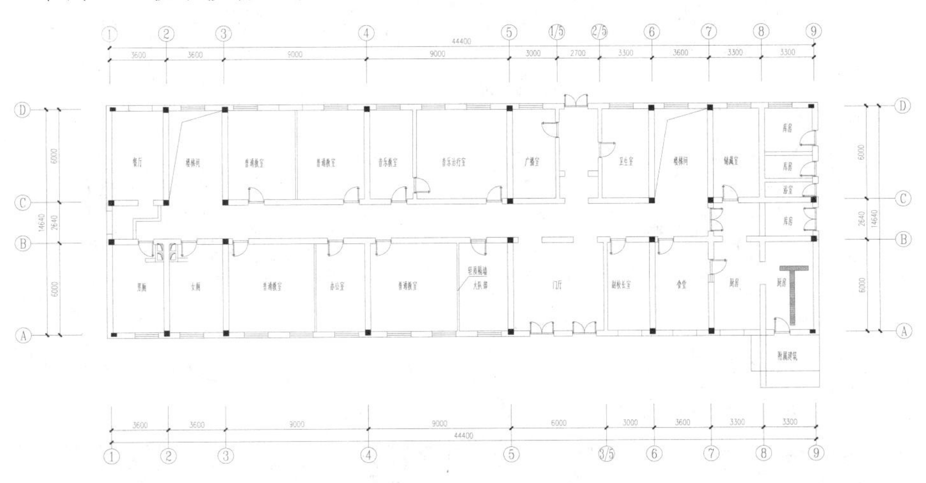

图 7-2　打开的平面图文件

步骤 02 再单击“另存为”按钮，将文件另存为“案例\07\教学楼首层采暖平面图.dwg”文件。

步骤 03 执行“图层特性管理”命令（LA），新建如图 7-3 所示的图层，并设置图层相应颜色、线型和线宽。

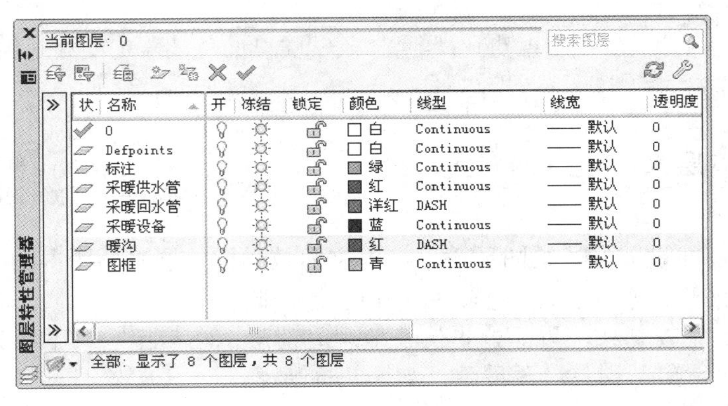

图 7-3　建立图层效果

> **技巧提示**　★★★☆☆
>
> 在打开的建筑平面图中已经有一些图层对象，那么用户只需要建立还没有的图层对象，或者修改未使用的图层对象，使之符合新建图层的要求即可。

步骤 04 执行“格式 | 线型”菜单命令，弹出“线型管理器”对话框，将“全局比例因子”大小设置为 1000，如图 7-4 所示。

图 7-4　设置线型比例

步骤 05 执行“文字样式”命令（ST），建立“图内文字”和“图名”文字样式，并设置相应的字体、高度和宽度因子等，如图 7-5 所示。

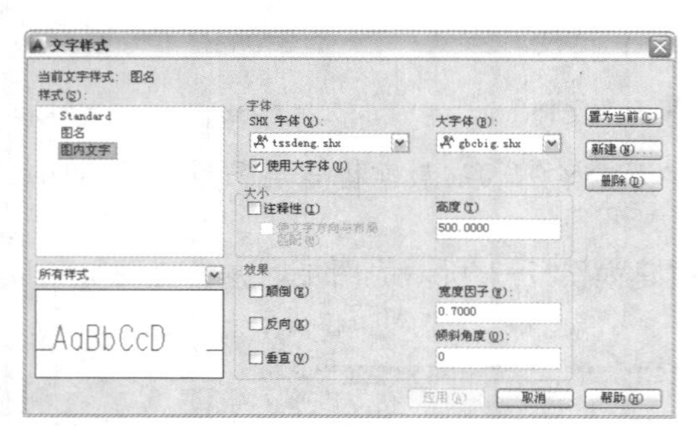

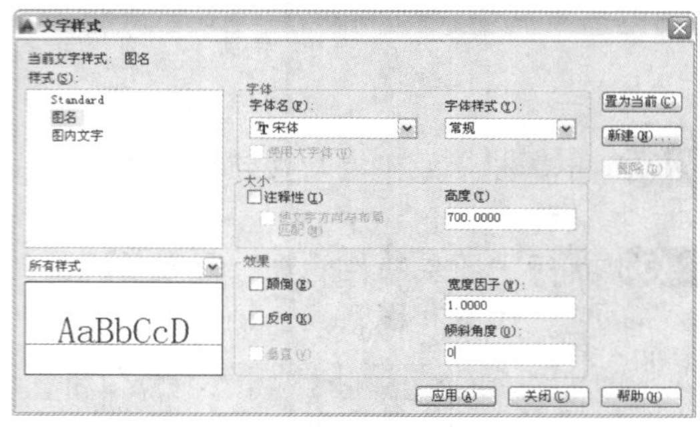

图 7-5　新建文字样式

技巧：166　首层采暖设备的布置

视频：技巧166-首层采暖设备的布置.avi
案例：首层采暖平面图.dwg

技巧概述：在前面设置好了绘图环境，接下来为教学楼首层平面图内的相应位置布置相关的采暖设备，包括采给回水管、散热器、检修口、阀门附件等。

步骤 01 由于图形比较复杂，为了能更清楚地观看图形，在“图层”下拉列表中，将“尺寸标注”、“门”图层隐藏显示，如图 7-6 所示。

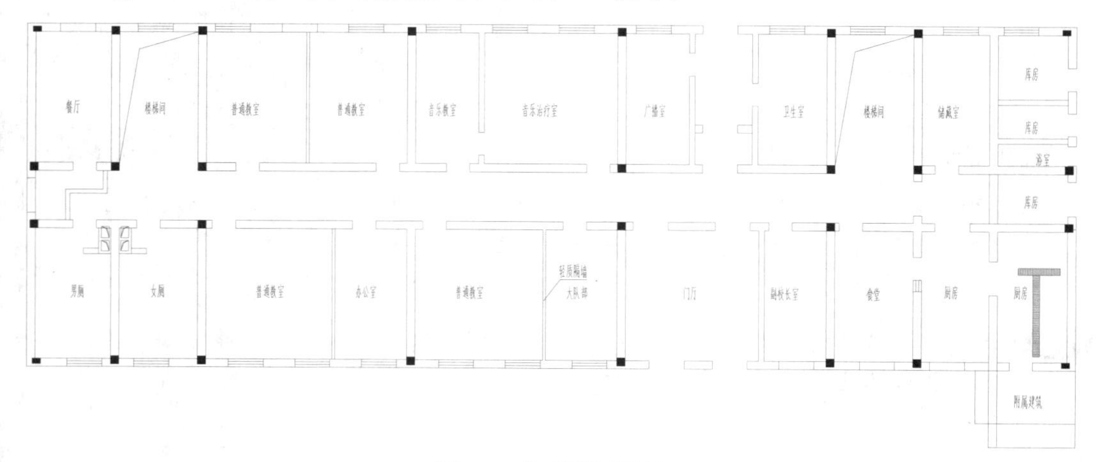

图 7-6　隐藏图层效果

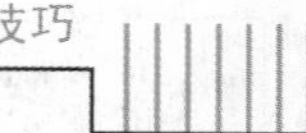

步骤 02 选择“采暖设备”图层为当前图层，执行“插入块”命令（I），将“案例\06\散热器.dwg”文件插入图形中，如图 7-7 所示。

图 7-7　插入的散热器

步骤 03 通过执行“复制”命令（CO）和“旋转”命令（RO），将散热器复制到各个房间相应的位置，如图 7-8 所示。

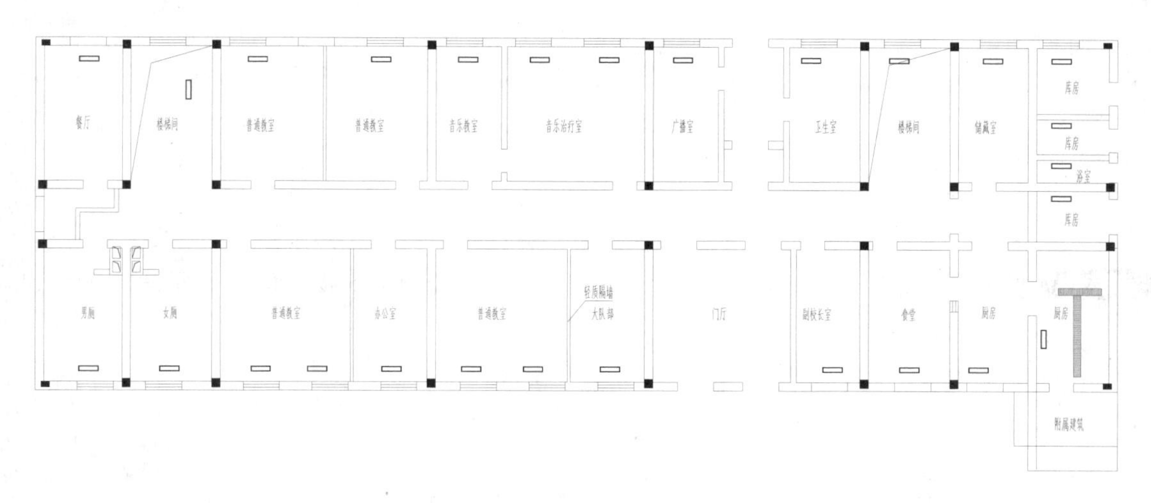

图 7-8　复制散热器

专业技能　★★★☆☆

采暖系统由三大部分组成：热源、管路及散热器。散热器是用来传导热量的一系列装置的统称。目前散热器主要有“采暖”散热器和“冷却”散热器两种。

步骤 04 绘制“立管”图例，执行“圆”命令（C），绘制两个半径为 75 的圆；再执行“图案填充”命令（H），选择样例为“SOLTD”，对其中一个圆进行填充，以区分给水立管和回水立管，如图 7-9 所示。

步骤 05 绘制“检修口”图例，切换至“暖沟”图层，执行“矩形”命令（REC），绘制一个 1000×1000 的矩形；再执行“直线”命令（L），连接矩形的对角点，如图 7-10 所示。

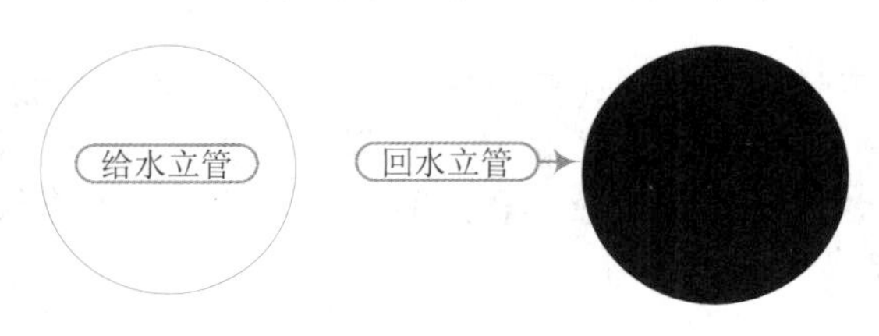

图 7-9　绘制立管

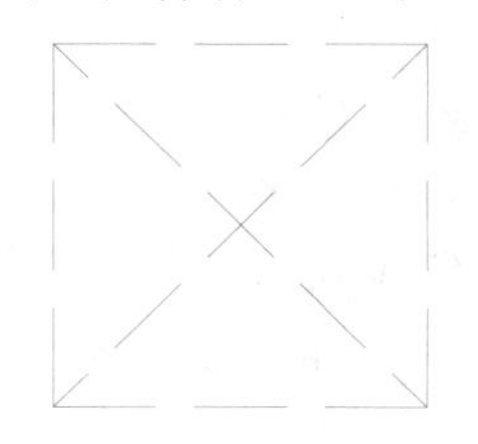

图 7-10　绘制检修口

步骤 06 执行"复制"命令（CO），将给水立管和回水立管作为一组对象，复制到相应散热器附近，再将检修口复制到相应的墙体处，如图 7-11 所示。

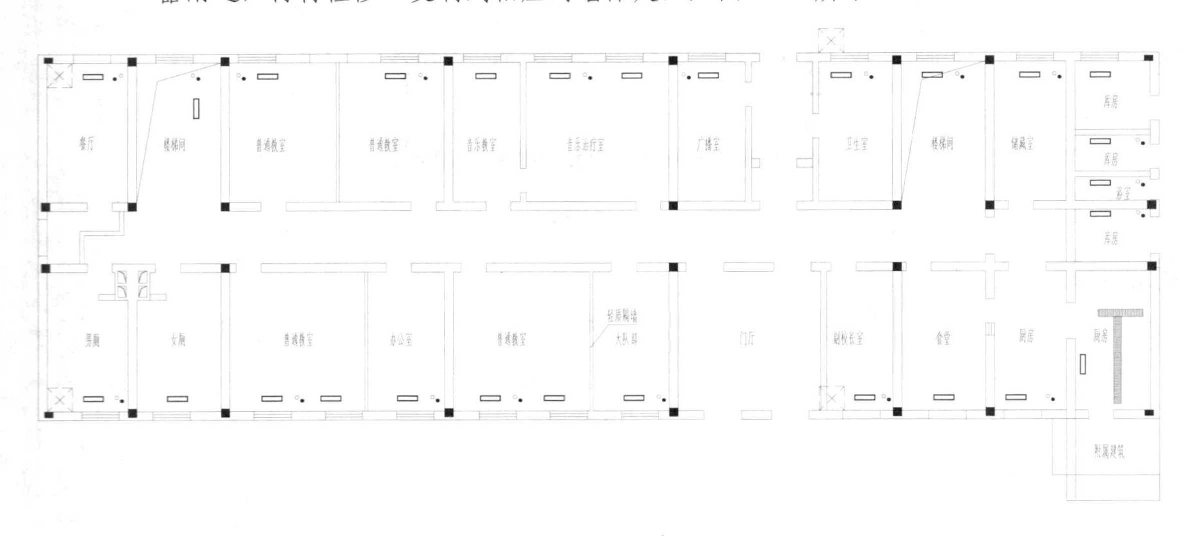

图 7-11　复制立管、检修口

步骤 07 执行"直线"命令（L），在建筑上侧检修口处绘制出采暖入口，如图 7-12 所示。

图 7-12　绘制采暖入口

技巧：167　采暖平面图管线的绘制

视频：技巧167-采暖管线的绘制.avi
案例：教学楼首层采暖平面图.dwg

技巧概述：前面布置好了相关的采暖设备，接下来绘制对应的采暖管线与采暖设备相连接。

步骤 01 在"图层"面板的"图层"下拉列表中，选择"采暖供水管"图层为当前图层。

步骤 02 执行"多段线"命令（PL），设置全局宽度为 30，根据给水立管、散热器的位置，绘制从采暖入口处引入，依次经过布置有散热器房间的供水管线；再将给水立管、散热器连接起来，如图 7-13 所示。

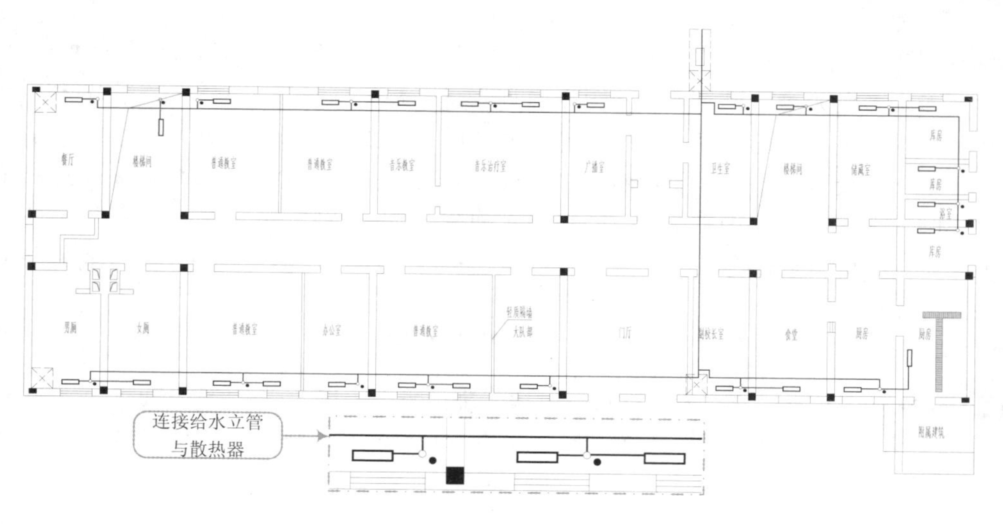

图 7-13　绘制采暖供水管线

专业技能　★★★★☆

在绘制采暖给水管线时，应按照以下原则来进行绘制：

- 给水管线一般用粗实线表示，可采用“直线”和“多段线”命令来绘制，为了便于观察，这里采用具有一定宽度的“多段线”来绘制。若采用“直线”命令来绘制管线，则需要先设置当前图层的线宽。
- 绘制管线前应注意其安装走向及方式，一般可顺时针绘制，由立管（或入口）作为起始点。

步骤 03 再选择“采暖回水管”图层为当前图层，再执行“多段线”命令（PL），设置全局宽度为 30，根据同样的方法绘制出并列的回水管线；再将散热器、回水立管连接起来，如图 7-14 所示。

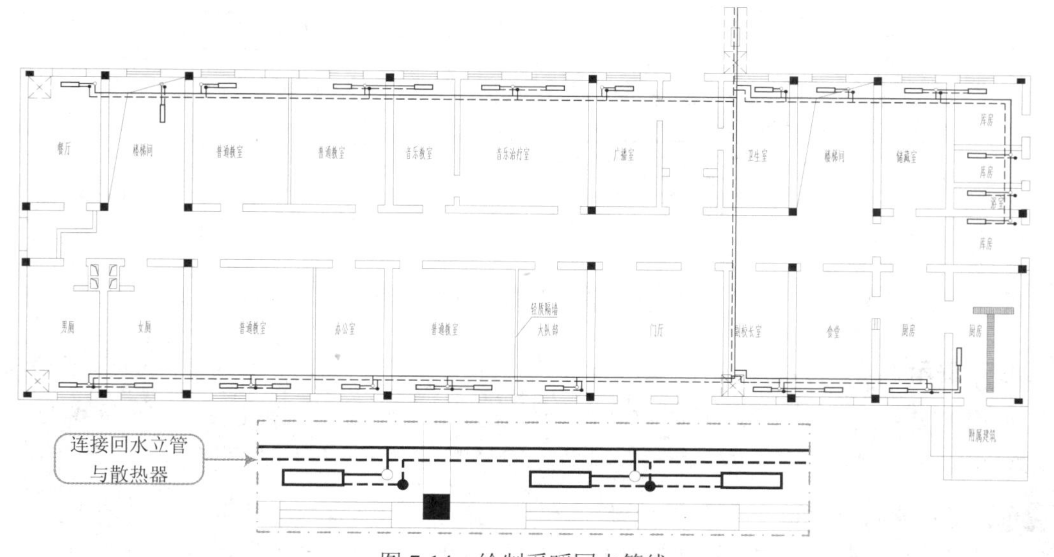

图 7-14　绘制采暖回水管线

技巧精选

技巧提示 ★★★★☆

在绘制采暖回水管线时，应按照以下原则来进行绘制：

- 给水管线一般用粗虚线表示，同样可采用“直线”和“多段线”命令来绘制，使用“多段线”命令绘制的粗线不受线宽的影响；而采用“直线”命令来绘制管线时，需要开启线宽显示+，才能显示粗线。
- 绘制管线前应注意其安装走向及方式，一般可顺时针绘制，由立管（或入口）作为起始点。

步骤 04 切换至“采暖设备”图层，执行“插入块”命令（I），将“案例\06”文件夹下面的“平衡阀”、“截止阀 2”和“闸阀”图例分别插入图形中，如图 7-157～17 所示。

图 7-15　闸阀　　图 7-16　平衡阀　　图 7-17　截止阀

技巧提示 ★★★☆☆

在前面第 5 章已经绘制了各暖通图例，在绘制采暖施工图时可调用这些图例。

步骤 05 通过执行“移动”命令（M）和“复制”命令（CO），将“平衡阀”和“截止阀 2”分别放置到卫生室和副校长室处的分叉主管线上；并通过执行“修剪”命令（TR），修剪掉阀门内的多段线，如图 7-18 所示。

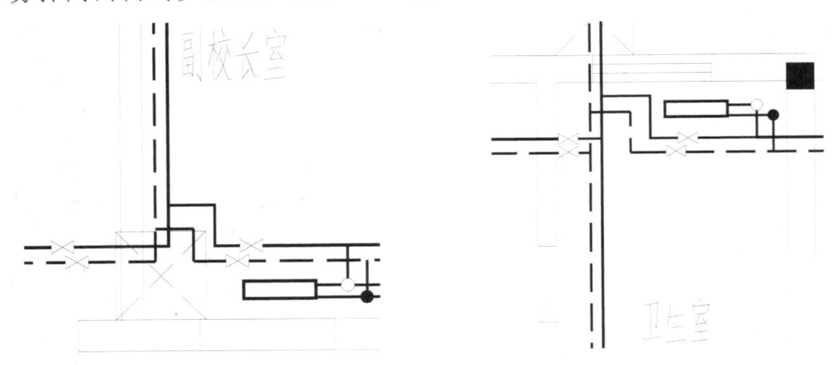

图 7-18　安装平衡阀和截止阀 2

技巧提示 ★★★☆☆

由图 F18 可见“截止阀”安装在供水管线上，而“平衡阀”则安装在回水管线上。

步骤 06 同样执行“移动”命令（M）和“复制”命令（CO），将“闸阀”复制到上、下管线的端点；并执行“多段线”命令（PL），绘制相应的管线进行连接，如图 7-19 所示。

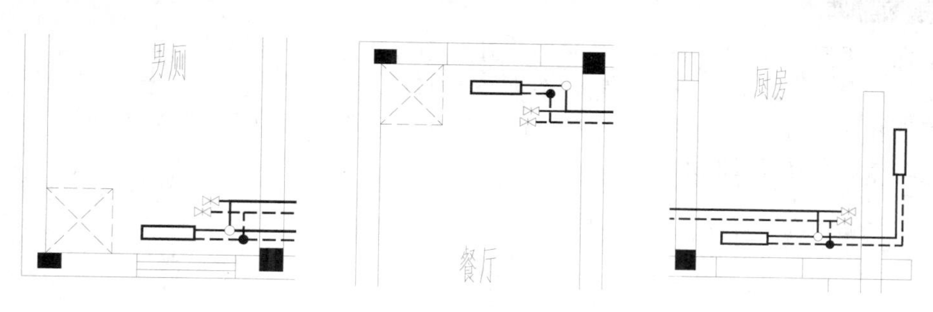

图 7-19　安装闸阀

步骤 07 选择“暖沟”图层为当前图层，执行“直线”命令（L），捕捉检修口角点绘制水平和垂直的虚线，以划分出暖沟区域，如图 7-20 所示。

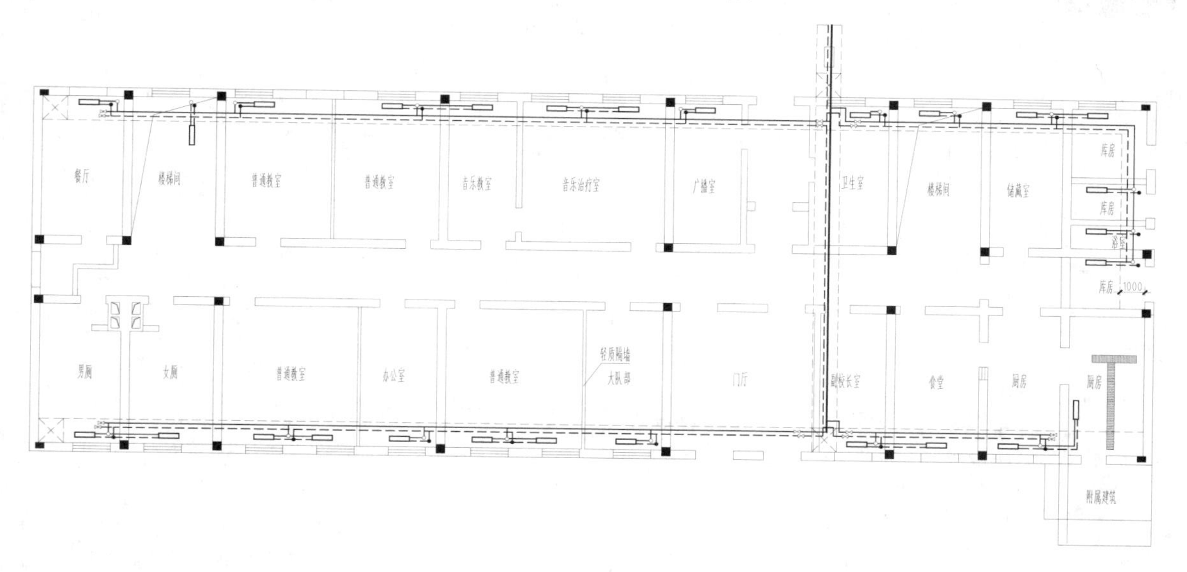

图 7-20　绘制暖沟

专业技能　★★★☆☆

平面图中散热器与供水（供汽）、回水（凝结水）管道的连接按图 7-21 所示方式绘制。

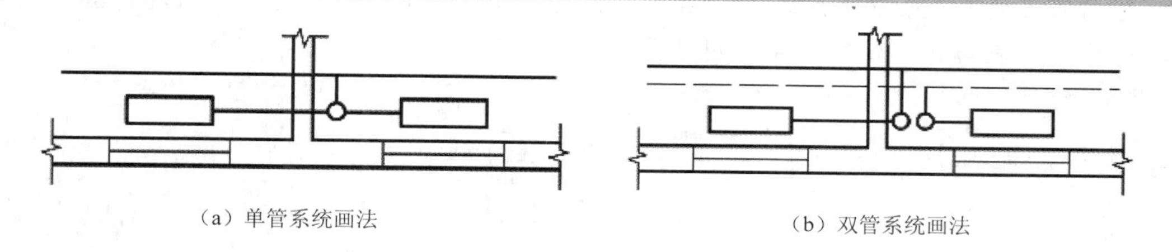

（a）单管系统画法　　（b）双管系统画法

图 7-21　平面图中散热器与管道连接画法

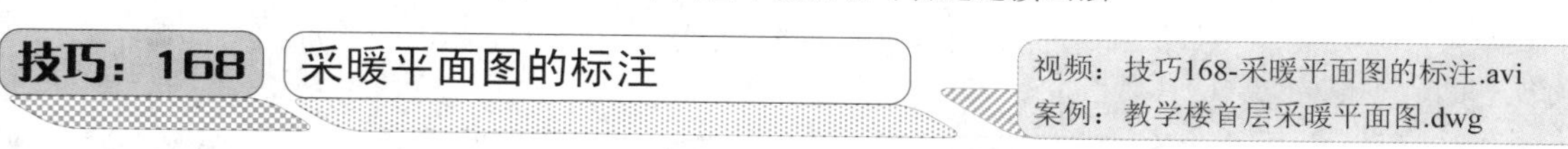

技巧：168　采暖平面图的标注

视频：技巧168-采暖平面图的标注.avi
案例：教学楼首层采暖平面图.dwg

技巧概述：在前面绘制好了教学楼首层平面图内的所有采暖管线及采暖设备，下面为采暖平面图内的相关内容进行文字标注，其中包括采暖立管名称标注、采暖管管径标注、图名标注等。

步骤01 在“图层”下拉列表中，选择“标注”图层为当前图层。

步骤02 执行“圆”命令（C），绘制一个直径为 1200 的圆；再执行“多行文字”命令（MT），选择文字样式为“图内文字”，设置字高为 600，在圆内标注名称“N1”以代表立管编号，如图 7-22 所示。

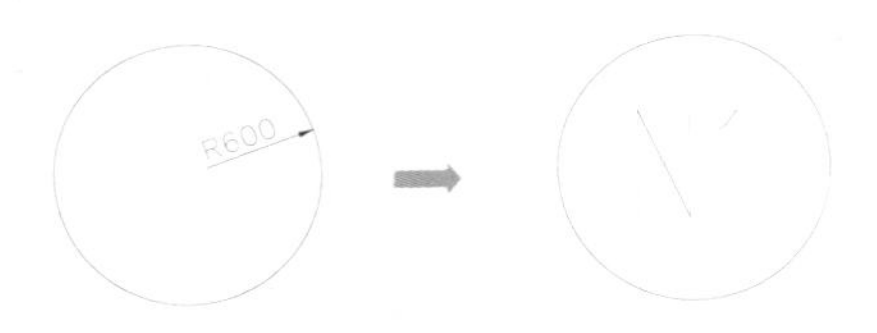

图 7-22　标注采暖立管编号

步骤03 执行“移动”命令（M）和“复制”命令（CO），将立管编号复制到各组立管附近；再双击文字修改对应的编号顺序，效果如图 7-23 所示。

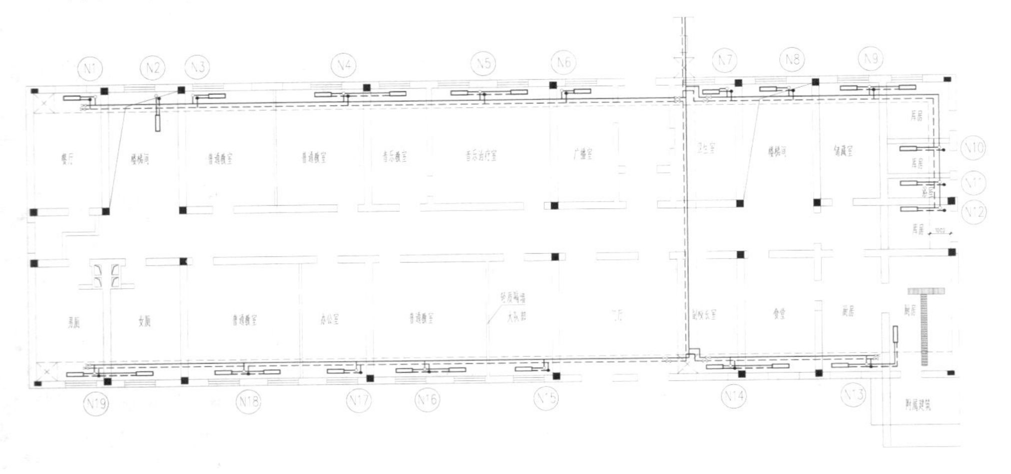

图 7-23　标注立管编号

专业技能 ★★★★☆

采暖系统编号、入口编号由系统代号和顺序号组成。室内采暖系统代号为“N”，其画法如图 7-24 所示，其中图 F24（b）为系统分支画法。

竖向布置的垂直管道系统，应标注立管号，如图 7-25 所示。为避免引起误解，可只标注序号，但应与建筑轴线编号有明显区别。

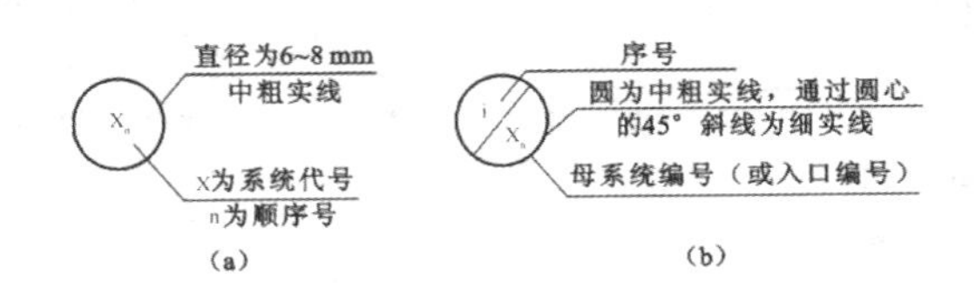

图 7-24　采暖系统代号

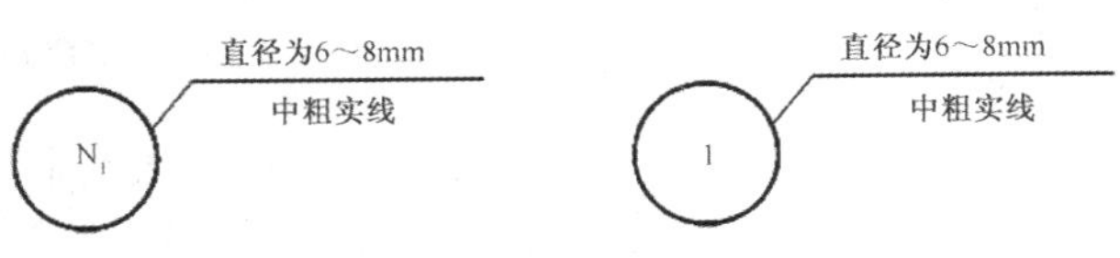

图 7-25　立管编号

步骤 04 再执行“多行文字”命令（MT）和“复制”命令（CO），选择文字样式为“图内文字”，标注出每一个散热器的散热片数，效果如图 7-26 所示。

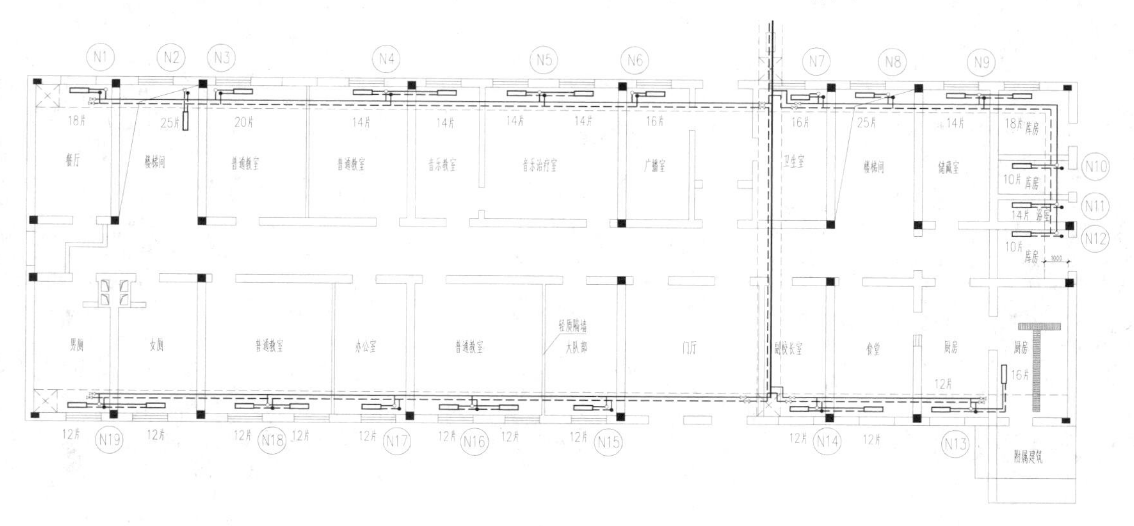

图 7-26　标注散热器片数

专业技能 ★★★★☆

散热器（一般用长方形表示）的类型、规格和数量标注方法如下：

- 柱型、长翼型散热器只标注出数量（片数）。
- 圆翼型散热器应标注根数、排数，如 3×2（每排根数×排数）。
- 光管散热器应标注管径、长度、排数，如 D108×200×4（管径×管长×排数）。
- 闭式散热器应标注长度、排数，如 1.0×2（长度×排数）。

步骤 05 同样的，通过执行“多行文字”命令（MT）、“复制”命令（CO）和“旋转”命令（RO），标注出并列的供水管和回水管管径大小，如图 7-27 所示。

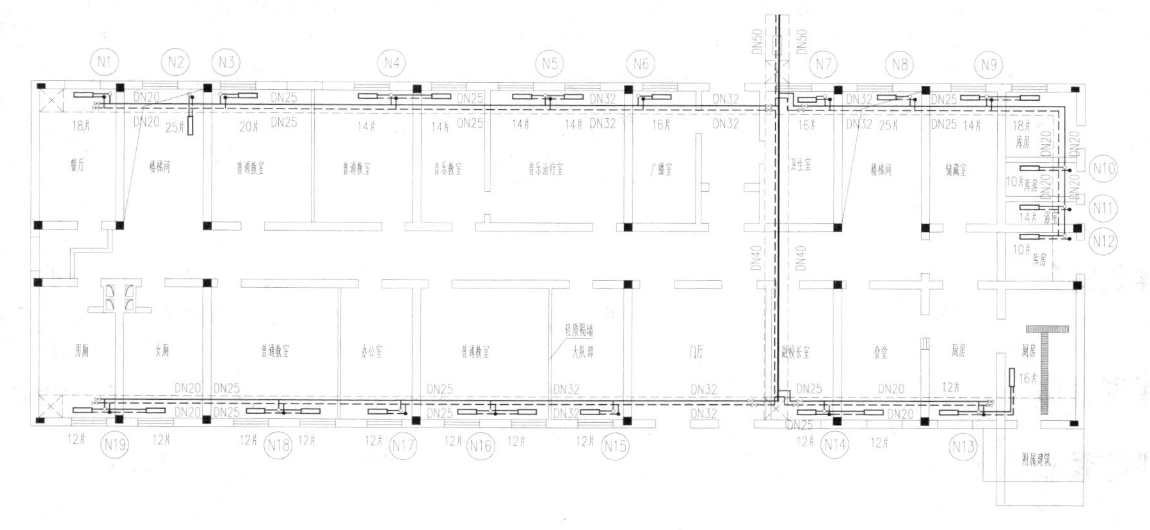

图 7-27　标注管径大小

步骤 06 通过执行“多段线”命令（PL）和“多行文字”命令（MT），标注出坡度和对应位置的文字注释，效果如图 7-28 所示。

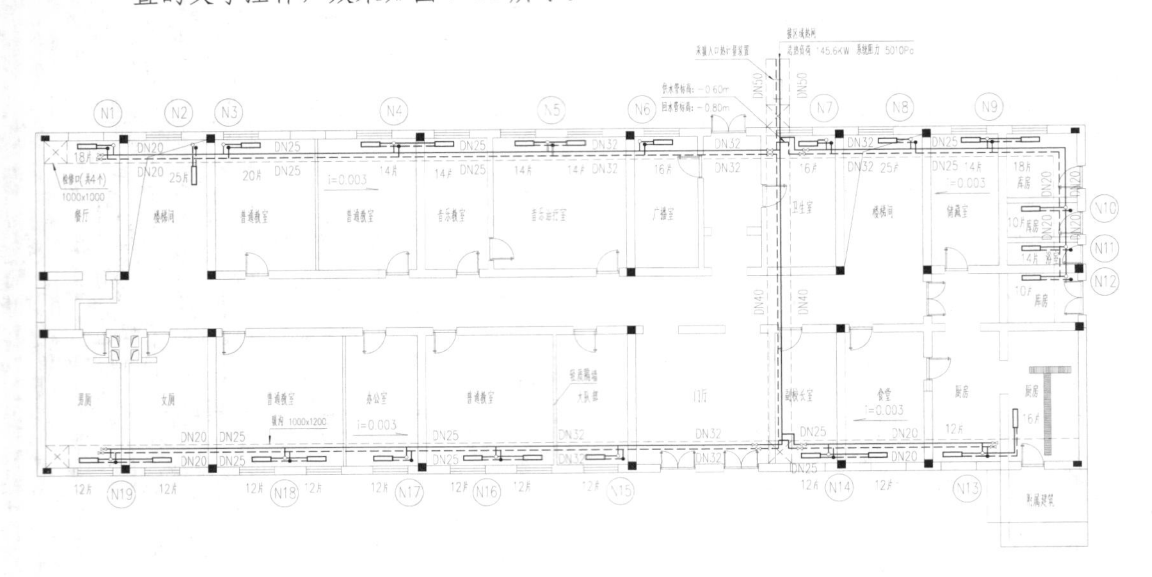

图 7-28　文字注释

专业技能 ★★★☆☆

坡度宜用单面箭头表示，数字表示坡度，箭头表示坡向下方，如图 7-29 所示。

数字

图 7-29　坡度表示方法

步骤 07 再执行“多行文字”命令（MT），选择“图名”文字样式，设置文字高度为 1000，在图形的下方标注图名“首层采暖平面图”，再设置文字高度为 850，标注比例“1：1000”；再执行“多段线”命令（PL），设置全局宽度为 100，绘制一条与图名同长的多段线，效果如图 7-30 所示。

首层采暖平面图 1:1000

图 7-30　图名标注

步骤 08 将隐藏的“标注”和“门”图层显示出来，再选择“图框”图层为当前图层，执行“插入块”命令（I），将“案例\03\A2 图框.dwg”文件按照 1：1000 的比例插入图形中。

步骤 09 由于图框长度不够，可通过执行“分解”命令（X）和“拉伸”命令（S），将图框长边拉长以框住平面图为准，效果如图 7-31 所示。

步骤 10 至此，该教学楼首层采暖平面图已经绘制完成，按【Ctrl+S】组合键进行保存。

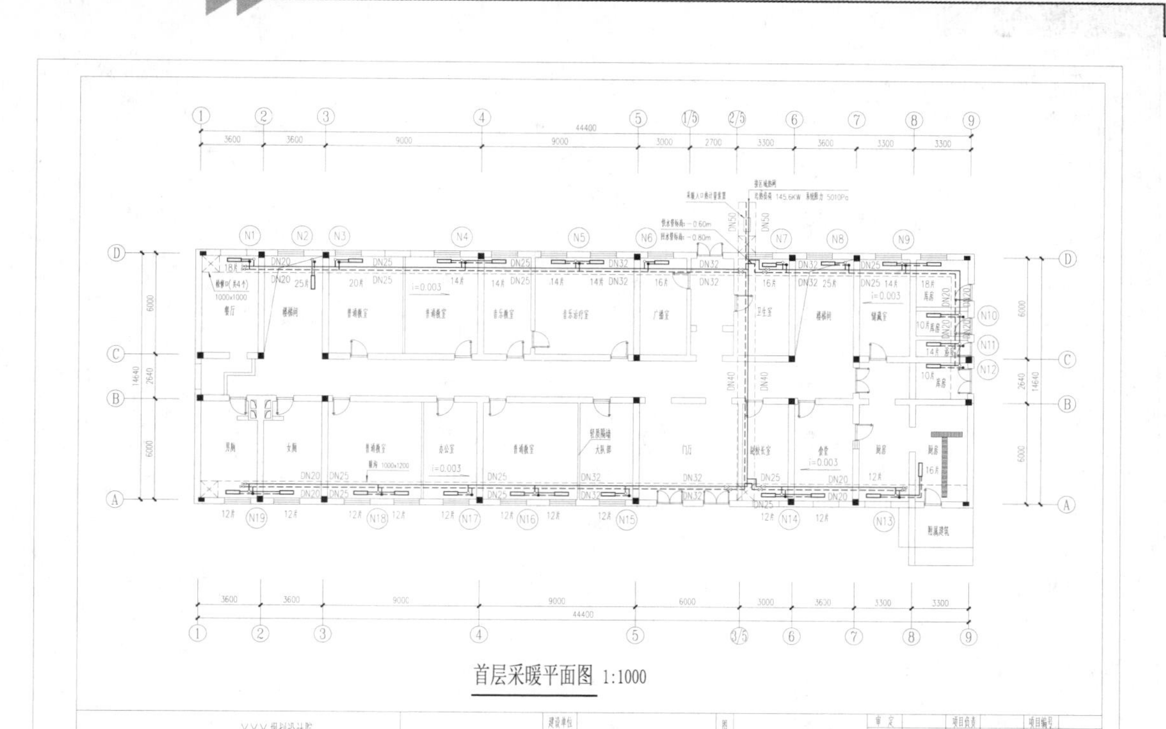

图 7-31　插入图框的效果

专业技能　★★★☆☆

根据图纸幅面有关规定，图框长边可以增长，宽边不可以增长。

技巧：169　教学楼标准层采暖平面图效果

视频：无
案例：教学楼标准层采暖平面图.dwg

技巧概述：该教学楼二～四层采暖平面图与首层采暖平面图的竖直立管是相对应的，二～三层为标准楼层，是以 18 组立管（第 19 号立管-第 10 号立管）供水和回水，这 18 组采暖立管由建筑第 1 层垂直地穿过第 4 层，在布置二～三层采暖管线时，直接从采暖立管处引出管线连接至各个采暖散热器设备，如图 7-32 所示。

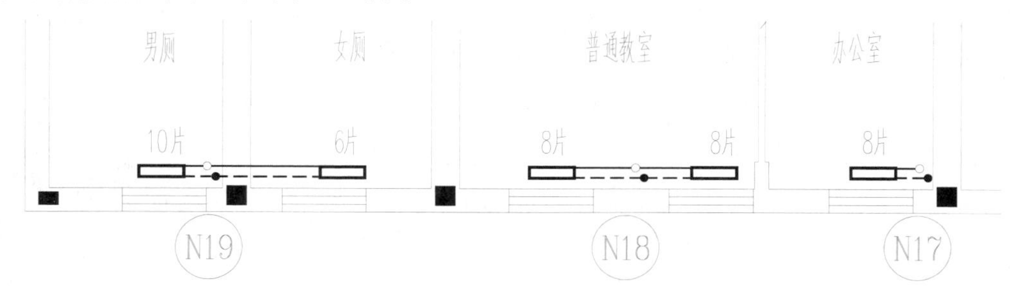

图 7-32　标准层的采暖

读者可参照前面的绘制方法和“案例\07”文件夹下面的“教学楼标准层采暖平面图.dwg”文件的图形效果进行绘制，效果如图 7-33、7-34 所示。

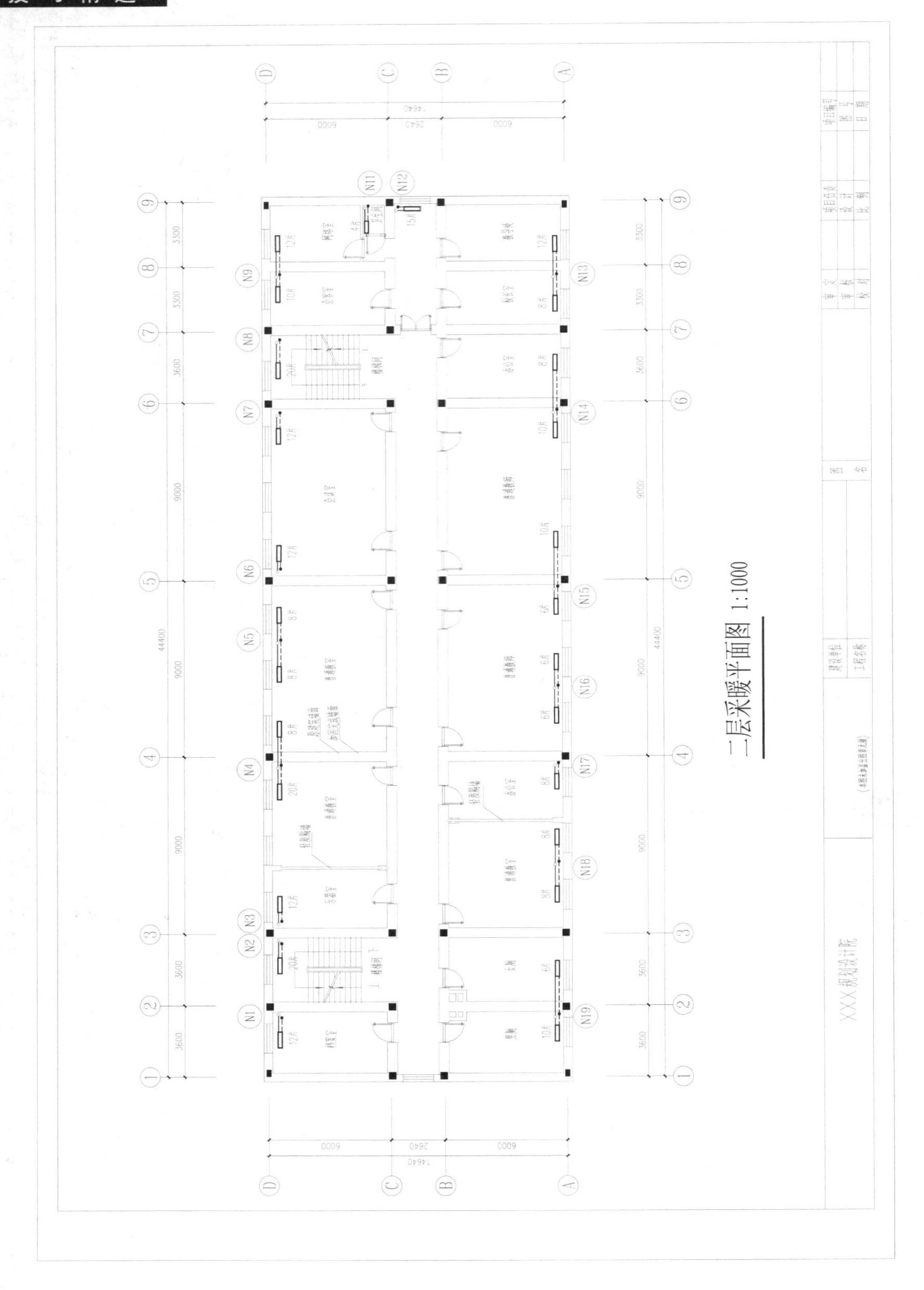

图 7-33　教学楼二层采暖平面图

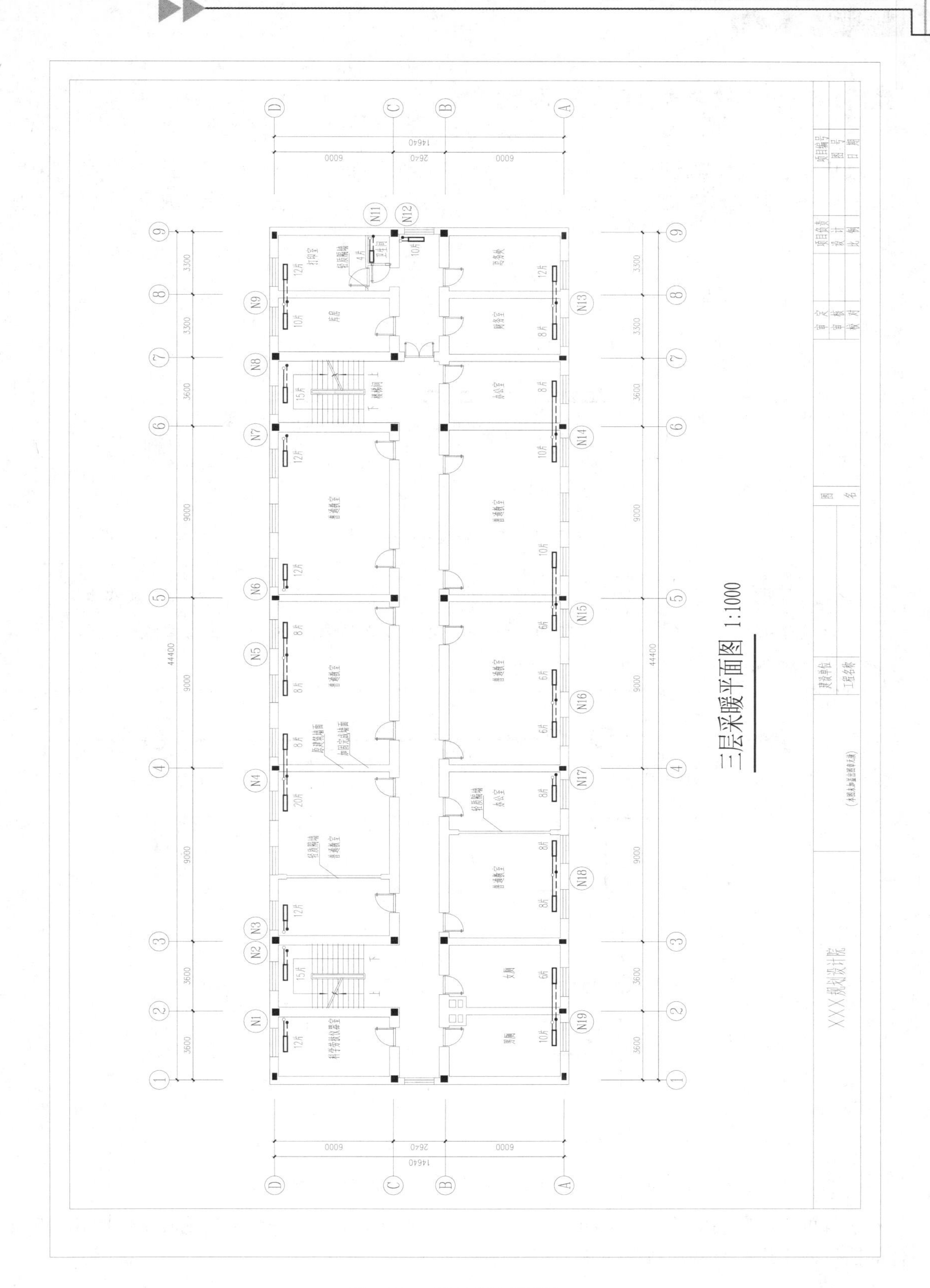

图 7-34　三层采暖平面图

技巧：170 教学楼顶层采暖平面图效果

视频：无
案例：教学楼顶层采暖平面图.dwg

技巧概述：该教学楼四层即为顶层，其采暖平面图与标准层采暖平面图同样是由 18 组立管供水和回水，但在布置采暖管线以连接散热器和立管时，水平管线在立管（圆圈）的上方，如图 7-35 所示。

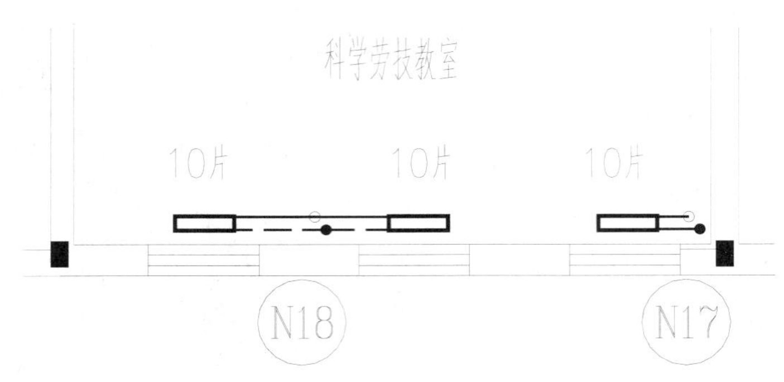

图 7-35 顶层采暖管线连接方式

专业技能 ★★★☆☆

采暖平面图中，管道的不同转向、连接、交叉方式所表示的平、立面管线位置及含义如图 7-36 所示。

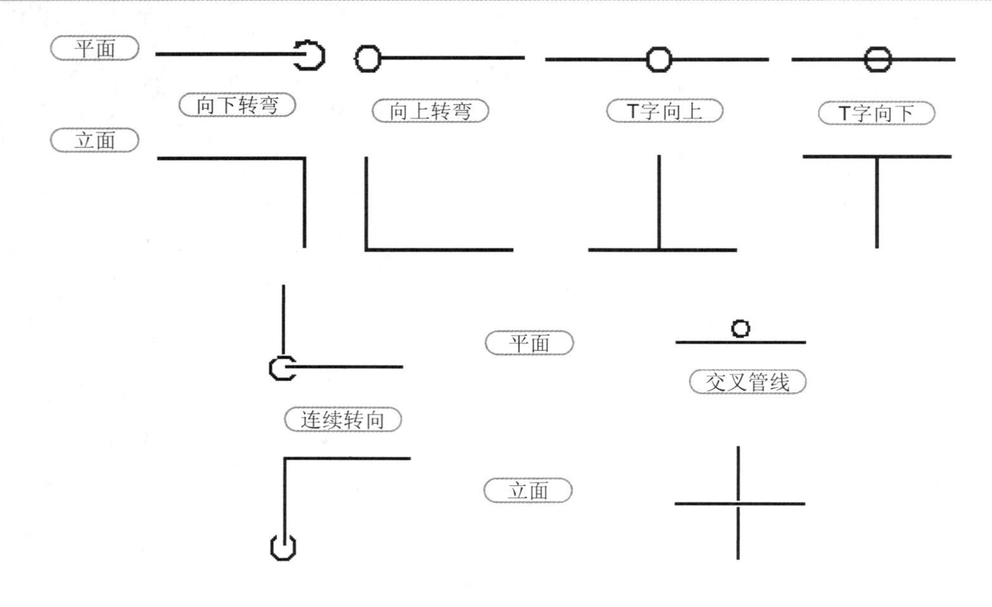

图 7-36 管道的转向、连接、交叉的平、立面含义

读者可参照前面的绘制方法和“案例\07”文件夹下面的“教学楼顶层采暖平面图.dwg”文件的图形效果进行绘制，效果如图 7-37 所示。

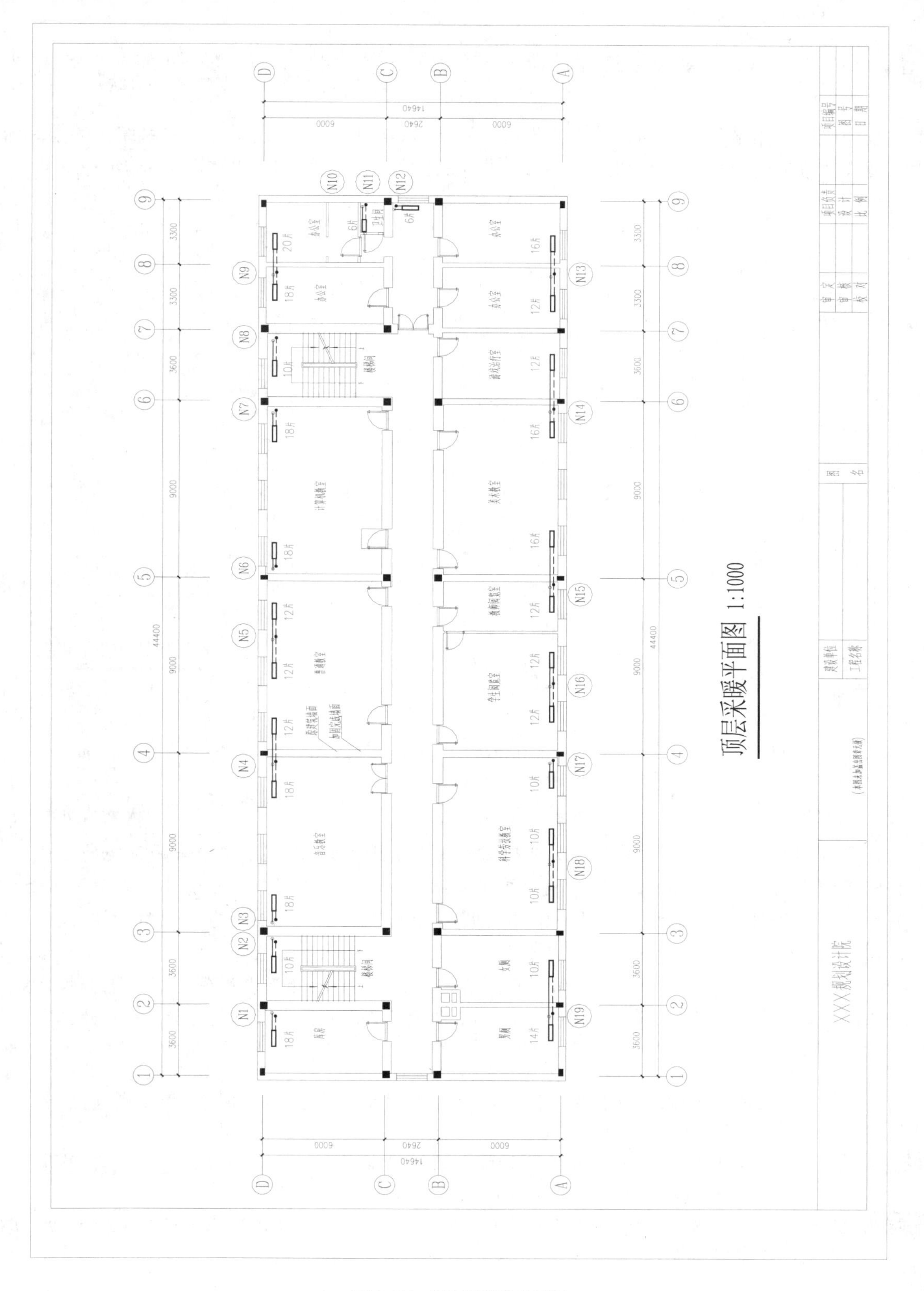

图 7-37　顶层采暖平面图

技巧：171 教学楼采暖立管系统图的创建

视频：技巧171-采暖立管系统图的创建.avi
案例：教学楼采暖立管系统图.dwg

技巧概述：本节仍然以四层教学楼为例，讲解该教学楼一～四层采暖立管系统图的绘制流程，使读者掌握建筑采暖系统图的绘制方法及相关的知识点，绘制效果如图 7-38 所示。

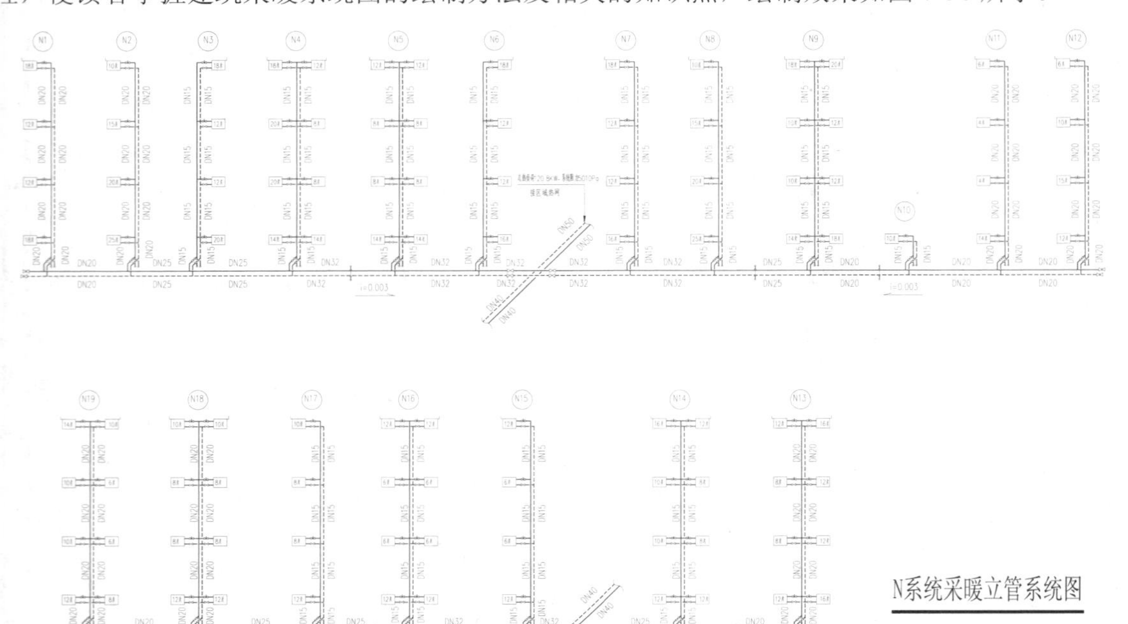

图 7-38　四层教学楼采暖立管系统图

专业技能 ★★★★☆

系统图又称为流程图，也称系统轴测图，与平面图配合，表明了整个采暖系统的全貌。供暖工程系统图应以轴测投影法绘制，并宜用正等轴测或正面斜轴测投影法。当采用正面斜轴测投影法时，Y 轴与水平线的夹角可选用 45° 或 30° 。系统图的布置方向一般应与平面图一致。

系统图包括水平方向和垂直方向的布置情况。散热器、管道及其附件（阀门、疏水器）均在图上表示出来。此外，还标注各立管编号、各段管径和坡度、散热器片数、干管的标高。

在绘制该四层教学楼采暖立管系统图之前，首先应设置其绘图的环境，包括新建图层、文字样式等。

步骤 01 正常启动 AutoCAD 2014 软件，系统自动创建空白文件，单击“另存为”按钮，将文件另存为“案例\07\教学楼采暖立管系统图.dwg”文件。

步骤 02 执行“图层特性管理”命令（LA），新建如图 7-39 所示的图层，并设置相对应的颜色、线型和线宽。

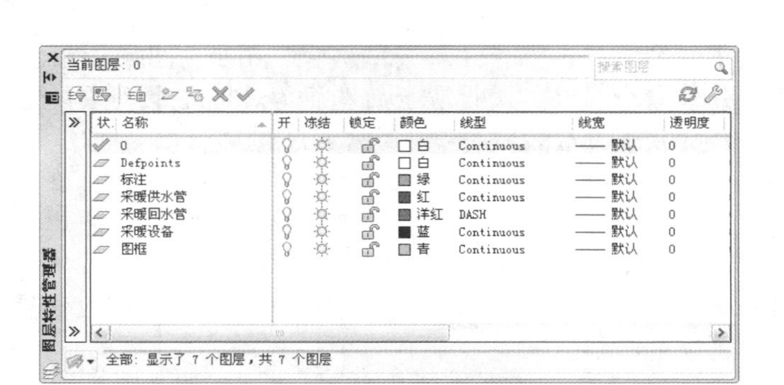

图 7-39　设置图层效果

步骤 03 执行“格式|线型”菜单命令，弹出“线型管理器”对话框，将“全局比例因子”大小设置为 1000，如图 7-40 所示。

图 7-40　设置线型比例

步骤 04 执行“文字样式”命令（ST），在打开的“文字样式”对话框中，建立“图名”和“图内文字”文字样式，并设置相应的字体、高度、宽度因子等，如图 7-41 所示。

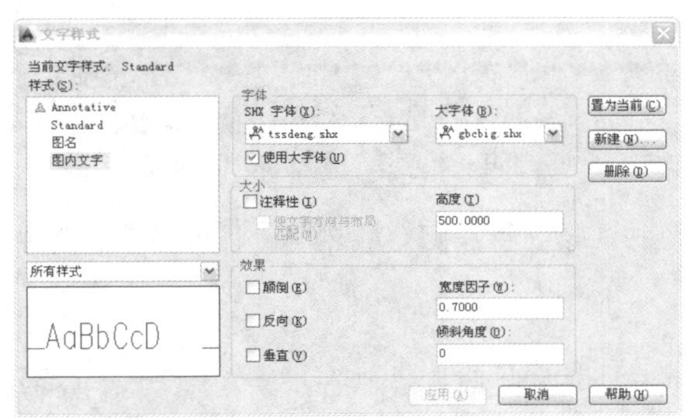

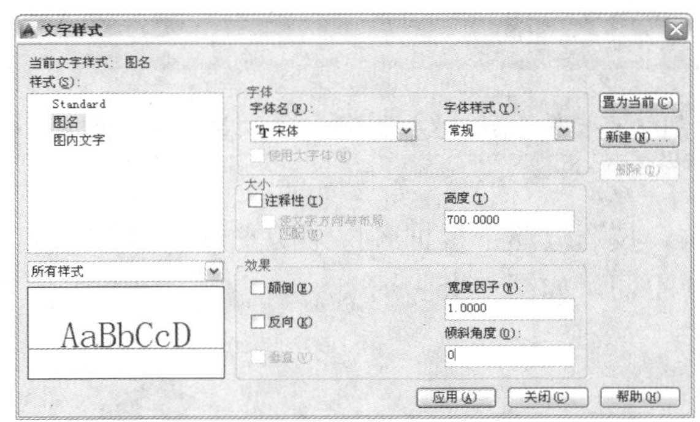

图 7-41　建立文字样式

技巧：172　绘制N1采暖立管系统图

视频：技巧172-绘制N1采暖立管系统图.avi
案例：教学楼采暖立管系统图.dwg

技巧概述： 根据前面首层、二、三层和顶层采暖平面图可知，该建筑共有 19 组立管，第 1～12 组并联、第 13～19 组并联，而每一组由一根供水立管和一根回水立管组成，那么可先绘制出一组立管，如 N1 编号立管，然后复制出多份。

步骤 01 在“图层”下拉列表中，选择“采暖供水管”图层为当前图层。

步骤 02 执行“多段线”命令（PL），设置全局宽度为 30，在图形区域绘制一条长 12500 的垂直多段线作为供水立管，如图 7-42 所示。

步骤 03 按空格键重复“多段线”命令，并继承上一步的参数设置，在多段线上端向左绘制长 877 的水平多段线作为供水支管线；再执行“偏移”命令（O），将水平多段线向下依次偏移 3600、3600、3600，如图 7-43 所示。

步骤 04 切换至“采暖回水管”图层，根据同样的方法，在右侧相应位置绘制出回水立管和支管线，如图 7-44 所示。

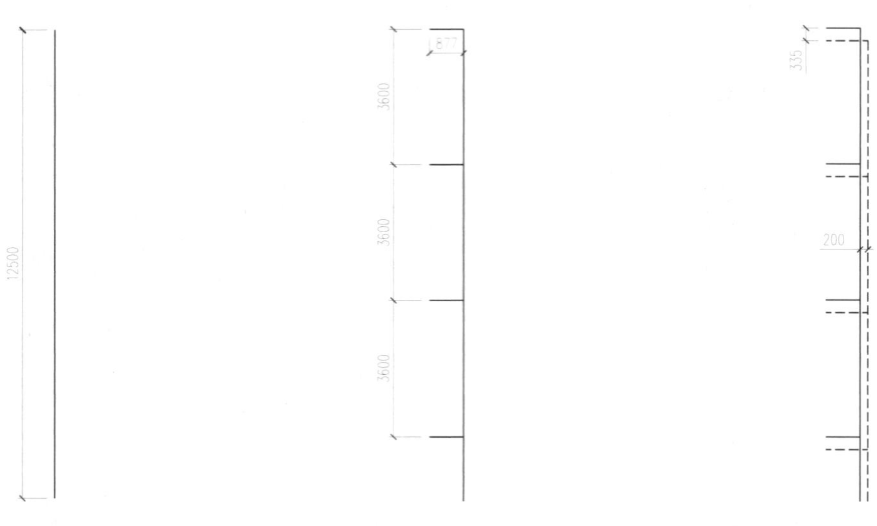

图 7-42 绘制垂直线段　　图 7-43 绘制偏移水平线　　图 7-44 绘制回水管

技巧提示 ★★★☆☆

由于“直线”会受“线宽”的影响变粗或变细，这里使用“多段线”命令绘制出带宽度的多段线。

技巧：173 绘制N1采暖设备系统图

视频：技巧173-绘制N1采暖设备系统图.avi
案例：教学楼采暖立管系统图.dwg

技巧概述：根据各层采暖平面图中 N1 立管可知，该立管左侧有散热器，且每层散热器片数不同，如图 7-45 所示。

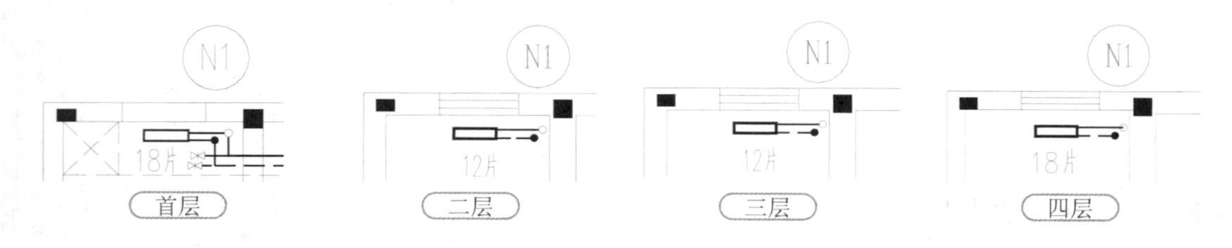

图 7-45 各层 N1 采暖立管平面图

步骤 01 执行“矩形”命令（REC），绘制一个 800×600 的矩形作为散热器；再执行“复制”命令（CO），将散热器复制到支管上，如图 7-46 所示。

步骤 02 执行“直线”命令（L），在顶层散热器左上侧向左绘制长 100，再向上绘制长 200 的两条线段作为散热器排气阀，如图 7-47 所示。

步骤 03 执行“多行文字”命令（MT），选择“图内文字”文字样式，设置字高为 350，根据图 7-45 在各层散热器内标注出对应楼层散热器的片数，如图 7-48 所示。

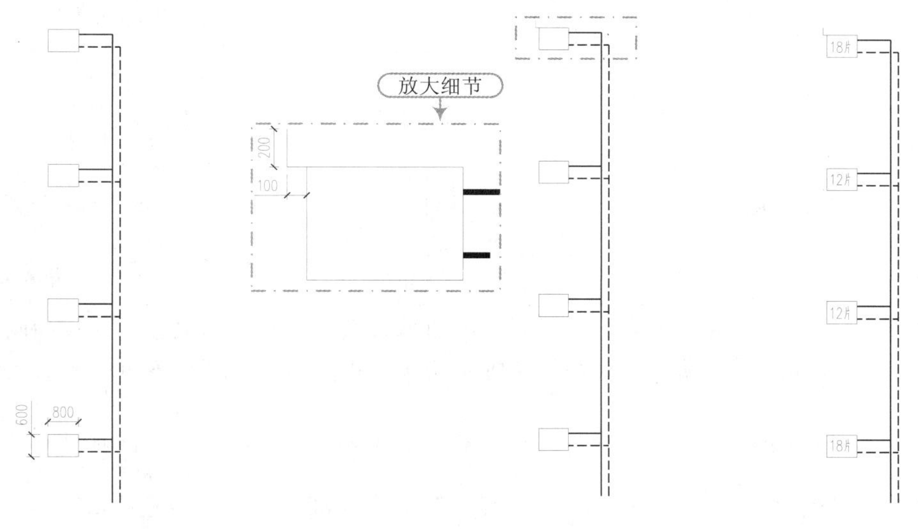

图 7-46　绘制散热器　　图 7-47　绘制散热器的排气阀　　图 7-48　标注片数

专业技能 ★★★☆☆

根据系统图有关规定，柱型、圆翼型散热器的数量应注写在散热器内，如图 7-49 所示；光管式、串片式散热器的规格及数量应注写在散热器的上方，如图 7-50 所示。

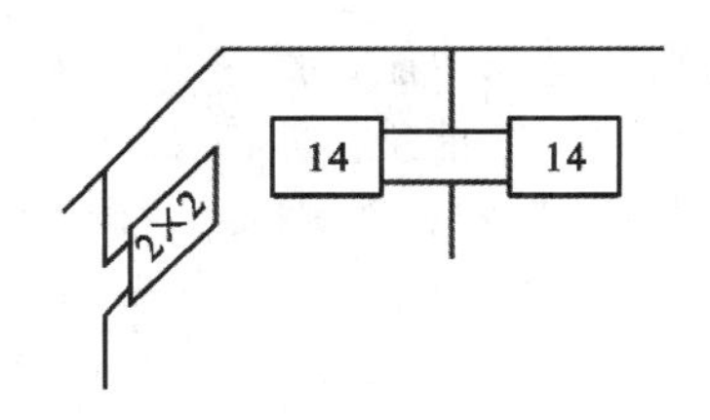

图 7-49　柱型、圆翼型散热器画法

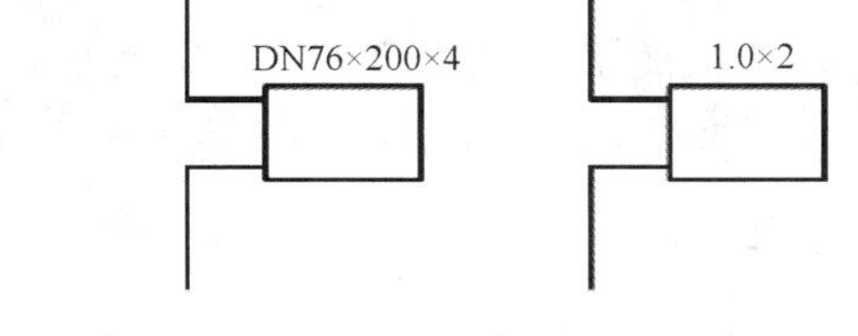

图 7-50　光管式、串片式散热器画法

步骤 04 执行“插入块”命令（I），将“案例\06\截止阀 2.dwg”文件插入图形中，如图 7-51 所示。

图 7-51　插入的截止阀

步骤 05 绘制“温度调节阀”图例，执行“复制”命令（CO），将“截止阀 2”复制出 1 份；执行“圆”命令（C），在斜线的交点处绘制半径为 50 的圆，如图 7-52 所示。

步骤 06 执行“直线”命令（L），在圆上侧绘制两条长 50 的垂直和水平线段，如图 7-53 所示。

步骤 07 再执行“圆弧”命令（A），根据命令提示选择“圆心”选项，指定水平线中点为圆心点，再依次指定水平线右端点和左端点为圆弧的两个端点，绘制圆弧效果如图 7-54 所示。

```
命令：ARC                                   \\执行“圆弧”命令
圆弧创建方向：逆时针(按住 Ctrl 键可切换方向)。
```

```
指定圆弧的起点或 [圆心(C)]: c                    \\选择“圆心”选项
指定圆弧的圆心:                                  \\单击水平线中点
指定圆弧的起点:                                  \\单击水平线的右端点
指定圆弧的端点或 [角度(A)/弦长(L)]:              \\单击水平线的左端点
```

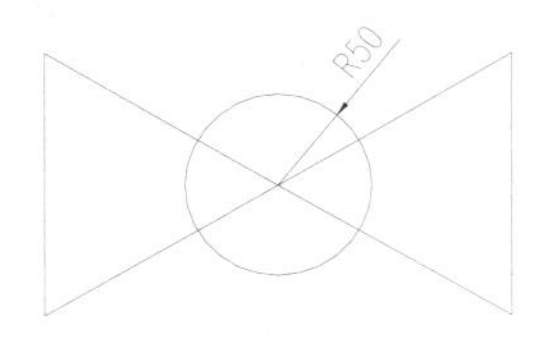

图 7-52 绘制圆

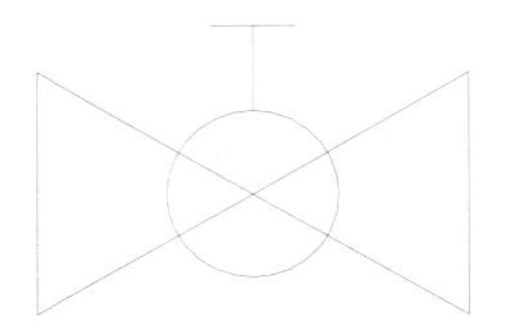
图 7-53 绘制线段

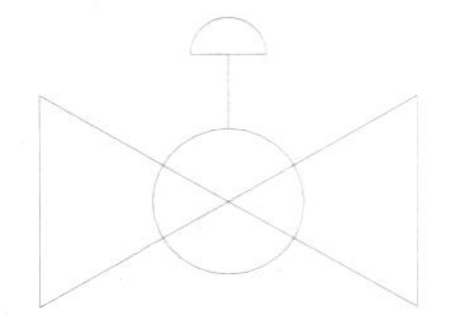
图 7-54 绘制圆弧

技巧提示 ★★★☆☆

圆弧的曲律遵循逆时针方向，要绘制上半圆弧必须由右至左依次指定圆弧的端点，若是由左至右依次指定圆弧端点，绘制的是下半圆弧。指定端点的顺序不同绘制的圆弧方向也不同。

步骤 08 通过执行“移动”命令（M）和“复制”命令（CO），将“截止阀 2”和“温度调节阀”移动复制到对应的支管上；然后执行“修剪”命令（TR），修剪阀门内的管线，效果如图 7-55 所示。

专业技能 ★★★☆☆

“截止阀 2”安装在回水支管上，“温度调节阀”安装在供水支管上。

步骤 09 在状态栏中单击“极轴追踪”按钮，以启用极轴追踪功能，然后右击该按钮，在弹出的快捷菜单中，选择“45”选项，以设置 45° 的增量角，如图 7-56 所示。

步骤 10 执行“多段线”命令（PL），在干管下侧绘制长度适当的对应支管线，如图 7-57 所示。

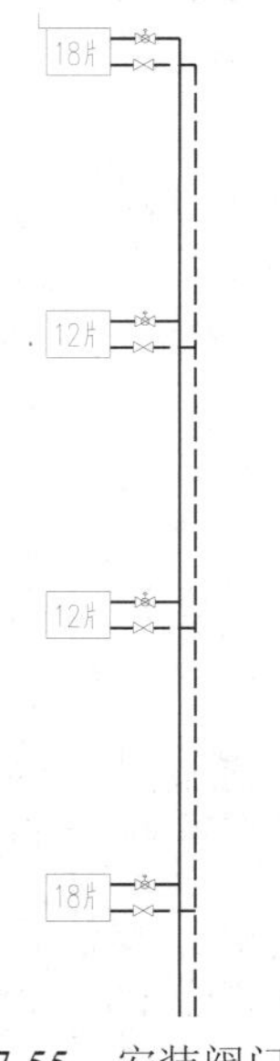

图 7-55 安装阀门

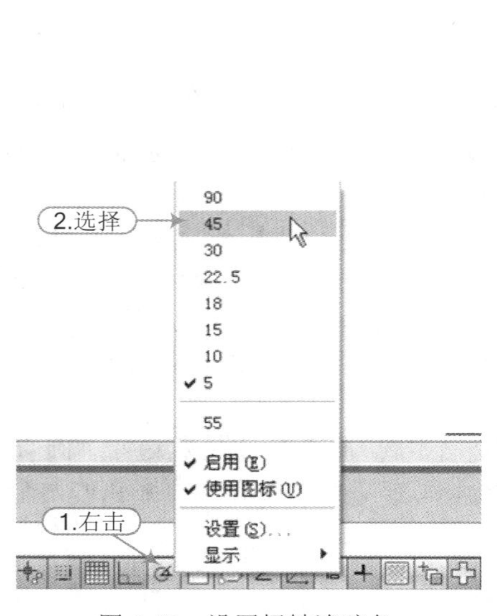

图 7-56 设置极轴追踪角

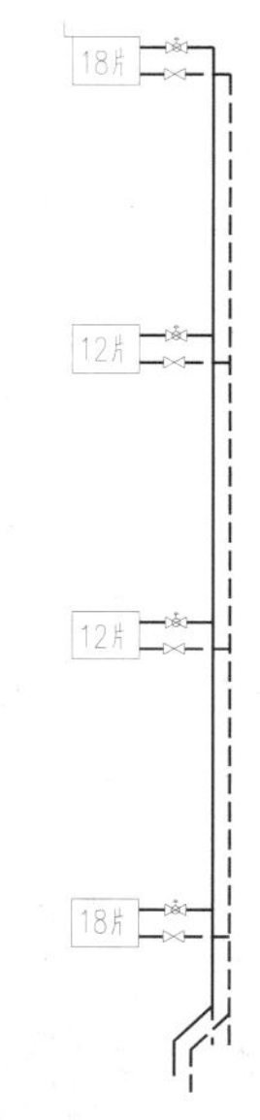

图 7-57 绘制下侧支管

专业技能 ★★★☆☆

绘制正面斜等轴测图时，其倾斜角为 45°，在进行绘制管线的 45°轴测图的时候应注意“极轴追踪”功能的应用。

步骤 11 执行“插入块”命令（I），将“案例\06\闸阀.dwg”文件插入图形中；再执行“旋转”命令（RO），将“闸阀”旋转 45°，如图 7-58 所示。

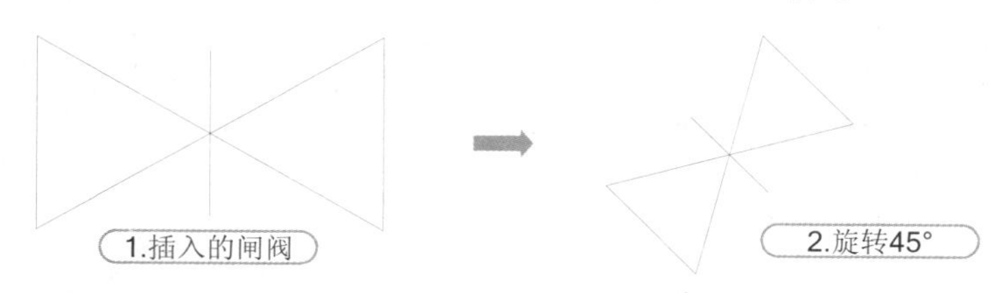

图 7-58　插入并旋转闸阀

步骤 12 再执行“移动”命令（M）和“复制”命令（CO），将旋转后的“闸阀”移动到 45°斜支管上，并修剪掉阀门内部的多段线，如图 7-59 所示。

步骤 13 绘制“泄水堵”图例，执行“多段线”命令（PL），仍然继承前面多段线的宽度（30），绘制一条长 150 的垂直多段线；再执行“直线”命令（L），在多段线下端绘制长分别为 150 和 100 的水平线段，如图 7-60 所示。

步骤 14 执行“移动”命令（M）和“复制”命令（CO），将泄水堵移动复制到两条干管线的底端，如图 7-61 所示。

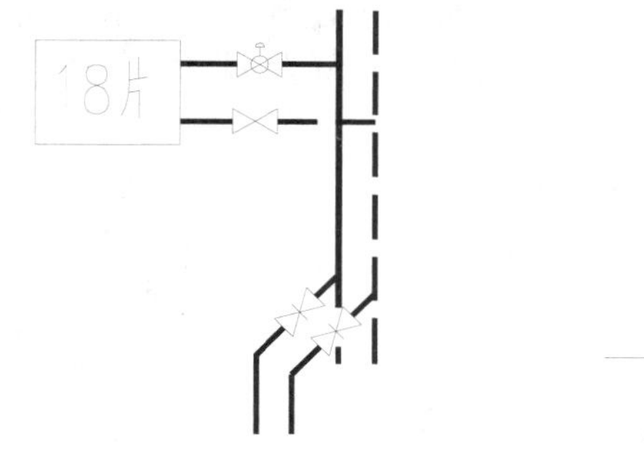

图 7-59　安装闸阀

图 7-60　“泄水堵”图例

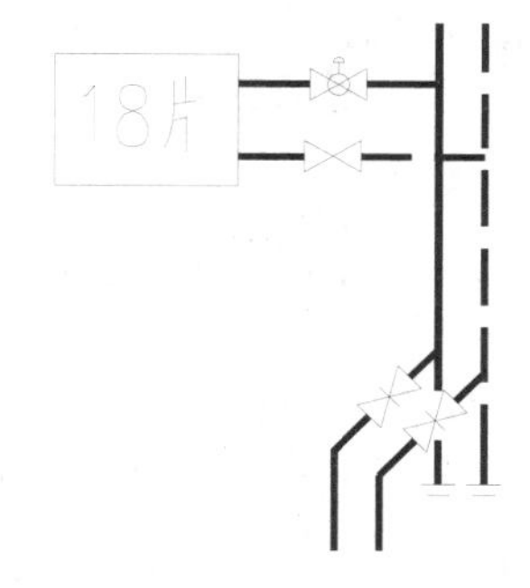

图 7-61　安装泄水堵

技巧：174　N1采暖立管的标注

视频：技巧174-标注N1采暖立管.avi
案例：教学楼采暖立管系统图.dwg

技巧概述：绘制好采暖管线与采暖设备后，接下来对 N1 立管进行管径、名称的标注。

步骤 01 将“标注”图层置为当前图层，执行“多行文字”命令（MT），选择“图内文字”文字样式，设置字高为 500，对管径进行标注；再结合“旋转”命令（RO）和“复制”命令（CO），将文字旋转 90°，并复制到各层相应位置，如图 7-62 所示。

步骤 02 执行“圆”命令（C），在图形上方绘制半径为 600 的圆；再执行“多行文字”命令（MT），选择“图内文字”文字样式，设置字高为 600，在圆内输入“N1”编号，如图 7-63 所示。

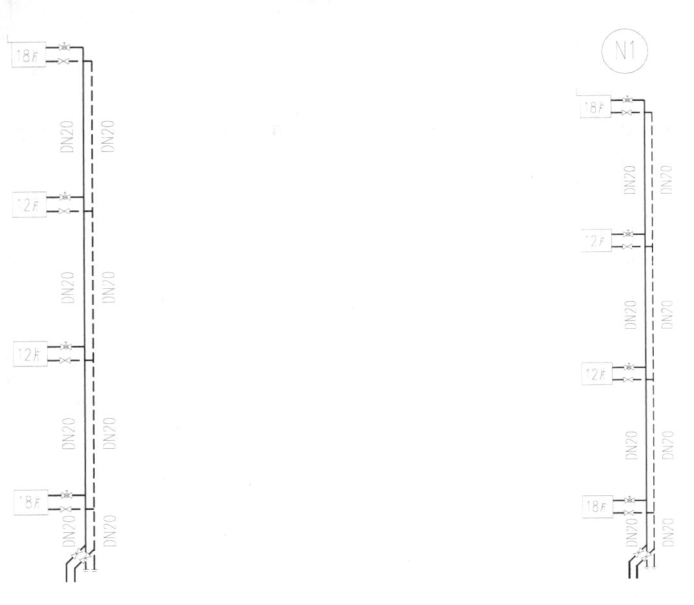

图 7-62　管径标注　　　　图 7-63　名称编号标注

技巧：175　其他采暖立管的绘制

视频：技巧175-绘制其他采暖立管.avi
案例：教学楼采暖立管系统图.dwg

技巧概述：前面已经绘制好了整个 N1 采暖立管，接下来可利用 N1 采暖立管来绘制其他的采暖立管，操作方法如下。

步骤 01 执行“复制”命令（CO），将 N1 采暖立管复制出 1 份。

步骤 02 再执行“镜像”命令（MI），选择各楼层支管与支管上的设备，以供水干线为镜像轴，进行左右镜像，得到立管两侧均有散热设备效果，如图 7-64 所示。

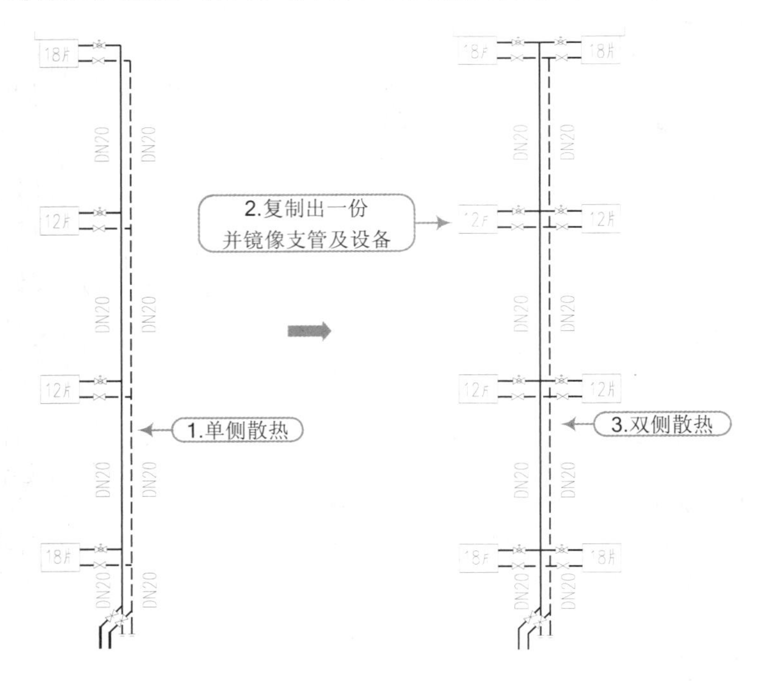

图 7-64　绘制两侧散热立管

步骤 03 执行“复制”命令（CO），再将 N1 左侧散热立管复制出一份；再通过执行“镜像”命令（MI），选择支管与支管上的设备，以供水干线为镜像轴进行左右镜像，并删除源对象，得到与原立管相对立的右侧散热对象，如图 7-65 所示。命令执行过程如下。

```
命令 : _mirror                              \\执行“镜像”命令
选择对象 :                                   \\选择各层支管与支管上的设备
选择对象 :                                   \\按 Enter 键结束选择
指定镜像线的第一点 :                          \\指定供水干线上端
指定镜像线的第二点 :                          \\指定供水干线下端
要删除源对象吗？[是(Y)/否(N)] : Y             \\输入“Y”，删除源对象留下镜像后的图形
```

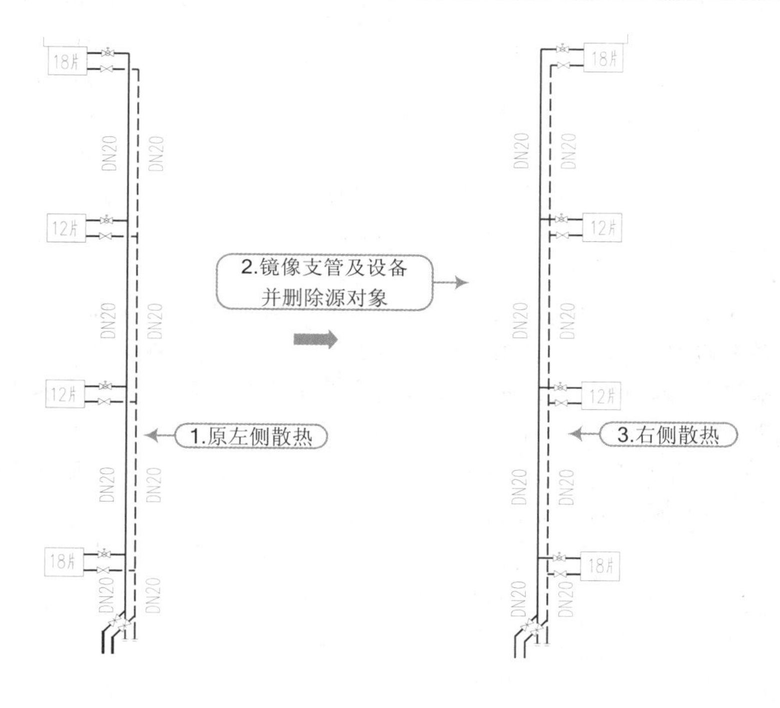

图 7-65　绘制右侧散热立管

软件技能 ★★★☆☆

在提示“要删除源对象吗？[是(Y)/否(N)]”时，选择“否(N)”选项，即保留镜像源对象则为两个图形；若选择“否(Y)”选项，即删除镜像源对象只留下一个镜像后的图形。

步骤 04 通过执行“复制”命令（CO），将左侧散热立管、右侧散热立管和双侧散热立管按照采暖各层平面图各立管的状态进行复制，并修改相对应的立管编号、各立管各层散热器片数、管径大小内容效果如图 7-66 所示。

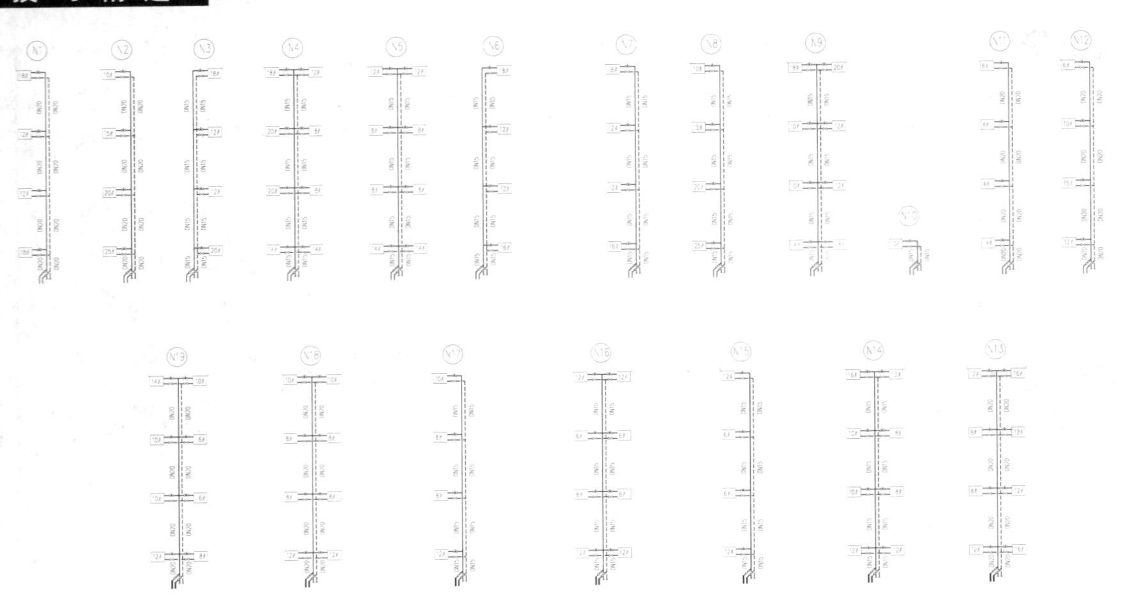

图 7-66　绘制 19 组立管

专业技能　★★★☆☆

系统图中立管的编号、管径的大小、散热器的方向、立管上各层散热器的片数都是对照前面“首层采暖平面图”、“二层采暖平面图”、“三层采暖平面图”和“顶层采暖平面图”的内容来进行修改的。这里将各层采暖平面图中的采暖设施调出来供大家参照，如图 7-67～7-70 所示。

根据各层采暖平面图可知第 10 号管线只供应了首层的采暖，那么可将 N10 立管上的二、三、四层采暖管线及设备删除。

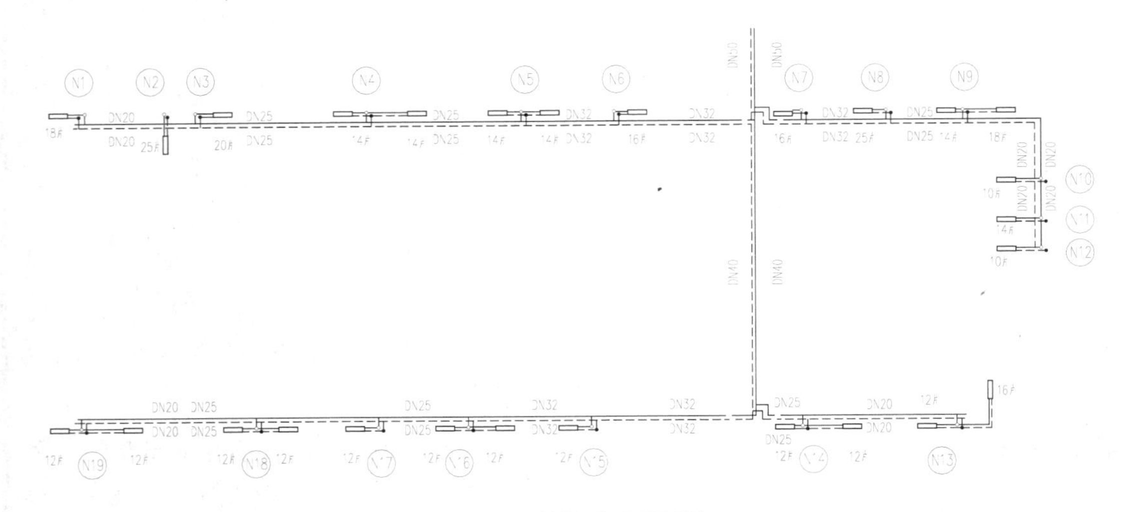

图 7-67　首层采暖平面图

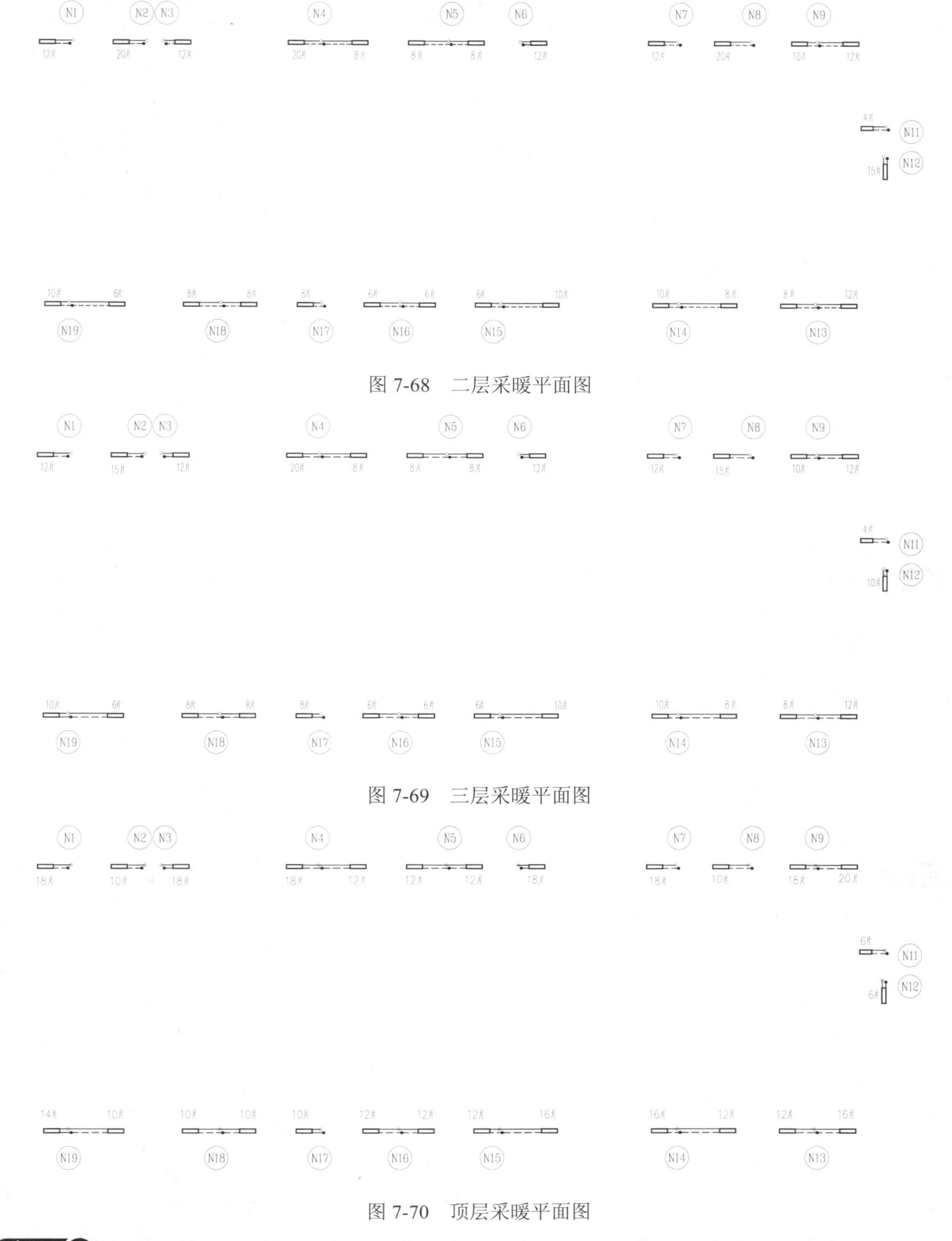

图 7-68　二层采暖平面图

图 7-69　三层采暖平面图

图 7-70　顶层采暖平面图

步骤 05 依次切换“采暖供水管”和“采暖回水管”图层，执行“多段线”命令（PL），连接立管下端绘制横向和 45° 极轴的干管；再结合“延伸”和“圆弧”命令，将管线进行延伸，并在 45° 极轴管上绘制圆弧以表示断开效果，如图 7-71 所示。

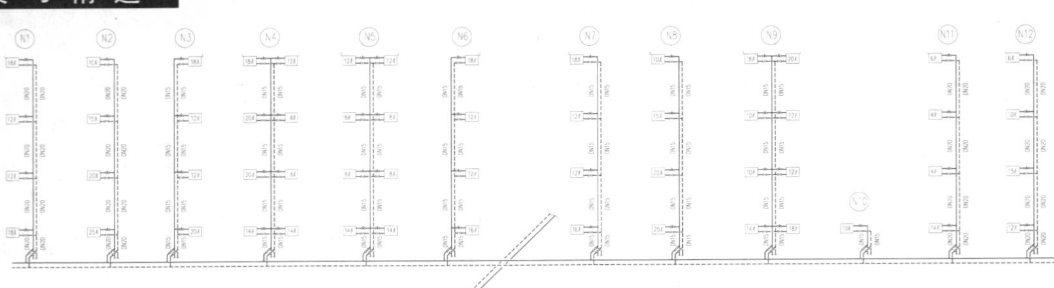

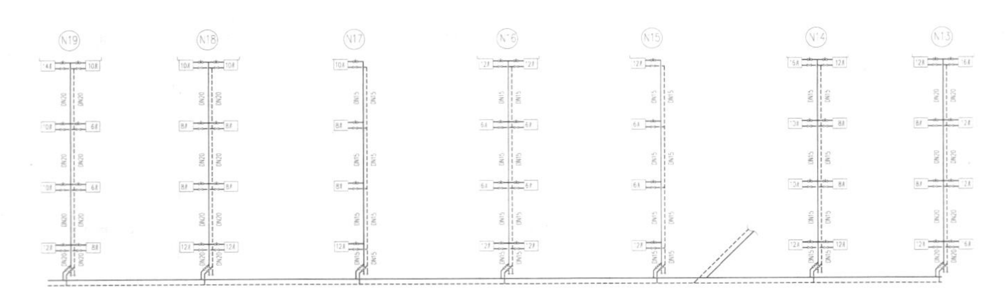

图 7-71 横向干管的绘制

步骤 06 切换至“采暖设备”图层，执行“插入块”命令（I），将“案例\06”文件夹下面的“平衡阀”、“截止阀 2”和“闸阀”图例分别插入图形中，如图 7-72～7-74 所示。

图 7-72 闸阀

图 7-73 平衡阀

图 7-74 截止阀

步骤 07 通过执行“移动”命令（M）和“复制”命令（CO），将“平衡阀”和“截止阀 2”分别放置到交叉主干管线上；并通过执行“修剪”命令（TR），修剪掉阀门内的多段线，如图 7-75 所示。

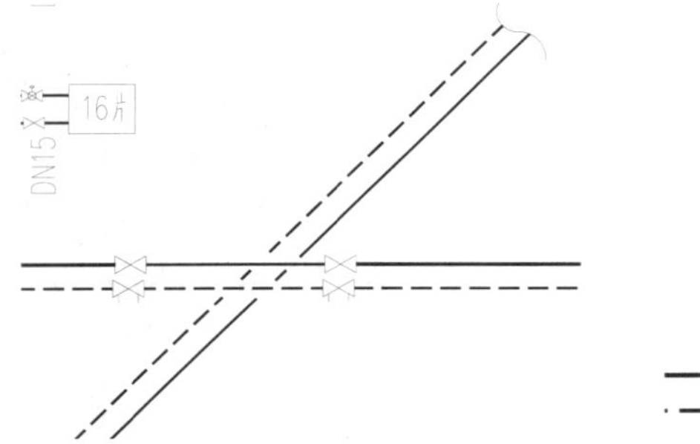

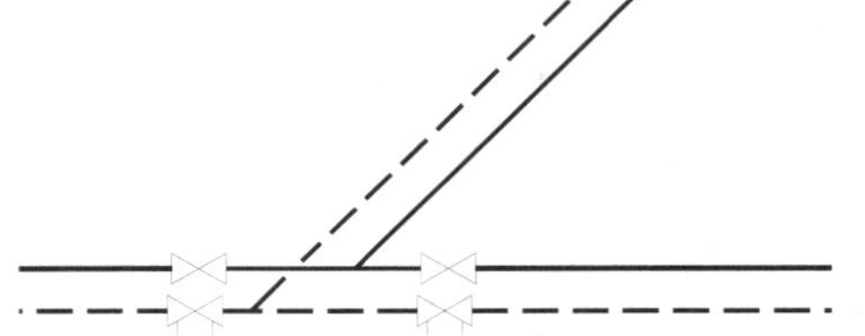

图 7-75 安装平衡阀和截止阀 2

技巧提示　★★★☆☆

注意管线相交的位置，要让其分开，不能连接在一起。

步骤 08 同样执行“移动”命令（M）和“复制”命令（CO），将“闸阀”复制到上、下横向干管的两端，如图 7-76 所示。

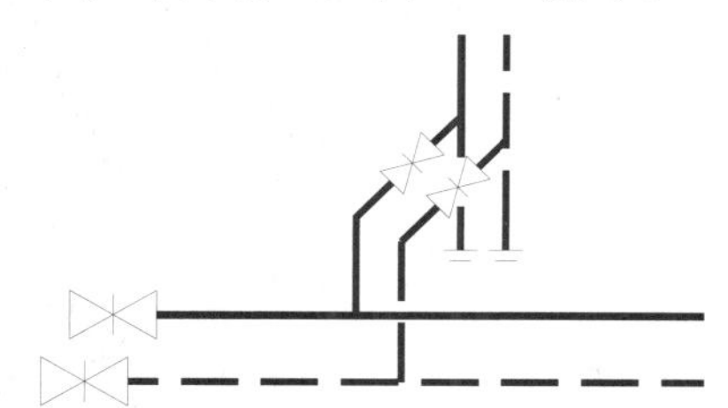

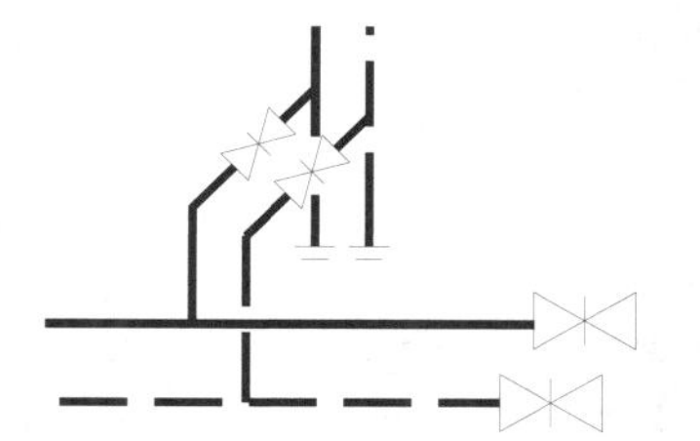

图 7-76　安装闸阀

步骤 09 绘制“固定支架”图例，执行“直线”命令（L），绘制一条长 1000 的垂直线段，然后在其上、下端绘制交叉斜线。

步骤 10 执行“移动”命令（M）和“复制”命令（CO），将固定支架复制到横向干管上，如图 7-77 所示。

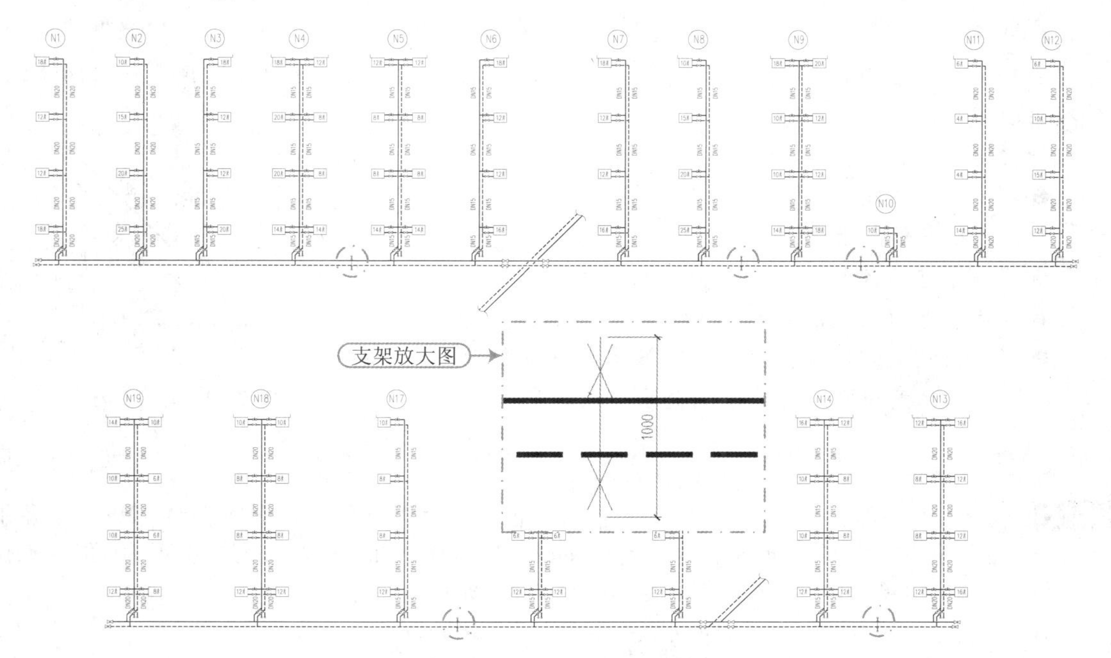

图 7-77　“固定支架”图例

步骤 11 将“标注”图层置为当前图层，通过执行“多行文字”命令（MT）、“复制”命令（CO）、“多段线”命令（PL），标注出横向管管径、坡度及文字注释，效果如图 7-78 所示。

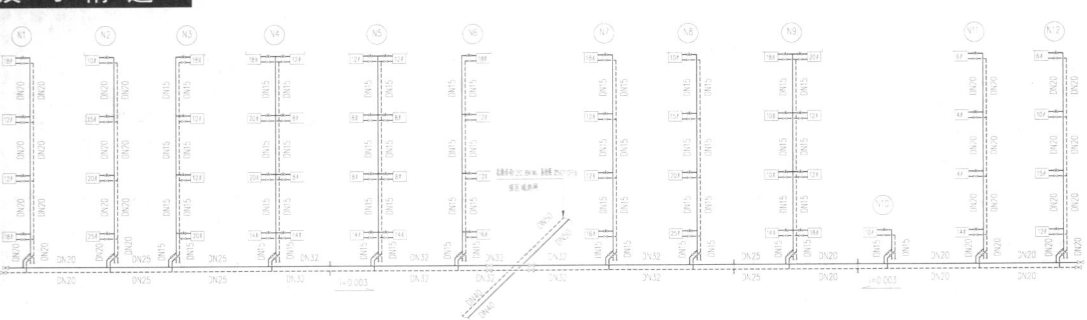

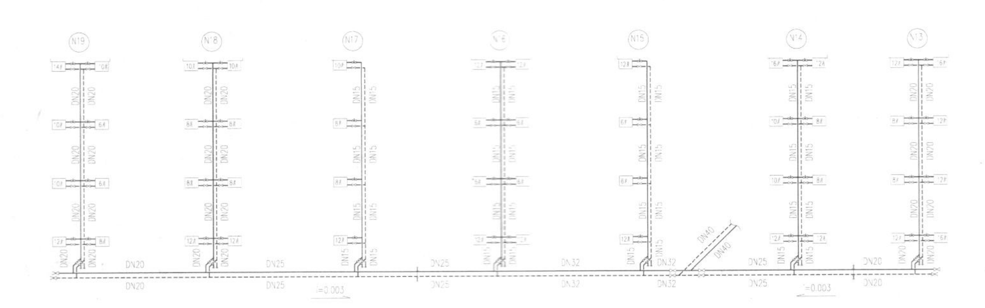

图 7-78　文字标注

专业技能 ★★★★☆

管径标注方法：焊接钢管的直径——DN40、DN32、DN15；无缝钢管直径——D114 × 5 外径乘以壁厚。

管径标注的位置：

- 管径变径处。
- 水平管道的上方。
- 斜管道的斜上方。
- 竖管道的左侧，如图 7-79 所示。
- 无法按上述位置标注时，可另找适当位置标注，应用引出线示意该尺寸与管段的关系。

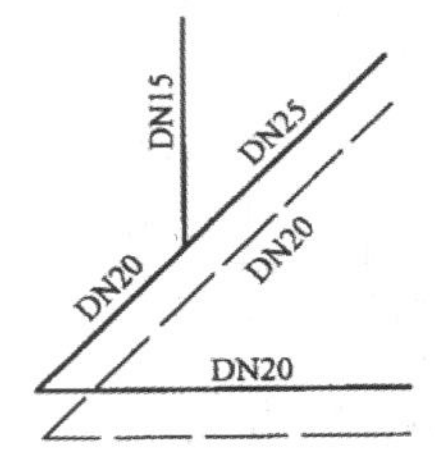

图 7-79　管径标注位置

步骤 12 执行“多行文字”命令（MT），使用“图名文字”样式，设置字高为 1200，在图形右下侧进行图名的标注；再执行“多段线”命令（PL），设置全局宽度为 200，在图名下侧绘制同长的水平多段线，如图 7-80 所示。

N系统采暖立管系统图

图 7-80　图名标注

步骤 13 切换至“图框”图层，执行“插入块”命令（I），将“案例\03\A2 图框.dwg”文件，按照 1：150 的比例插入图形中，并框住系统图，如图 7-81 所示。

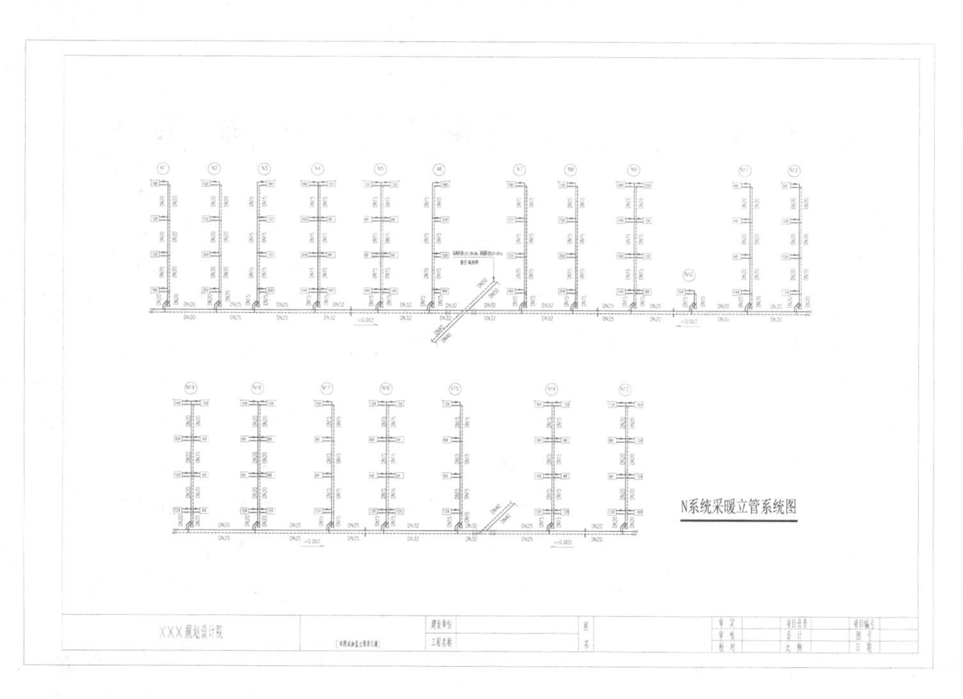

图 7-81　插入图框效果

步骤 14 至此，该教学楼采暖立管系统图已经绘制完成，按【Ctrl+S】组合键进行保存。

第 8 章　建筑空调施工图的绘制技巧

● 本章导读

本章以某宾馆的空调工程设计为例，介绍了宾馆标准层空调水管平面图、宾馆标准层空调风管平面图的绘制，以及宾馆屋顶机房平面图的绘制。通过该实例的学习，使读者迅速掌握建筑空调工程的 AutoCAD 制图方法及相关的空调工程专业性的知识点。

● 本章内容

宾馆空调水管平面图的创建	绘制主要设备材料表	宾馆屋顶机房平面图的创建
空调风机盘管及设备的绘制	宾馆空调风管平面图的创建	电机及设备的绘制
空调水管的绘制	空调风管及设备的绘制	机房供水管线的布置
空调水管平面图的标注	空调平面图的标注	机房平面图的标注

技巧：176　宾馆空调水管平面图的创建

视频：技巧176-空调平面图绘图环境设置.avi
案例：宾馆标准层空调水管平面图.dwg

技巧概述： 本节以某宾馆为实例，讲解了该宾馆标准层空调水管平面图的绘制流程，可使读者迅速掌握建筑空调平面图的绘制方法及相关知识，其绘制的宾馆标准层空调水管平面图效果如图 8-1 所示。

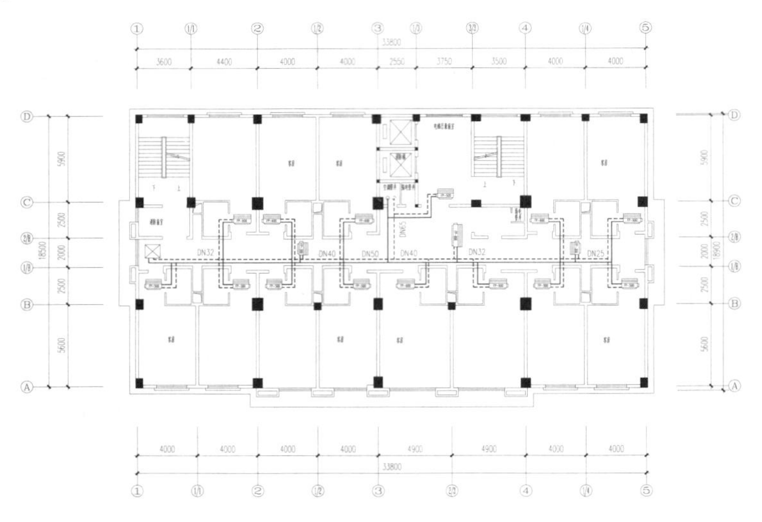

标准层空调水管平面图 1:100

序　号	名　　称	型号/规格	数　量	电　源	功率（kW）
1	新风柜	KBG020S-4X 供冷量：28kW 风量：2000m³/h 余压：200Pa	1	380V	0.55
2	风机盘管	FP—800 制冷量：7.58kW 风量：1360m³/h	1	220V	0.134
3	风机盘管	FP—600 制冷量：5.96kW 风量：1020m³/h	9	220V	0.096
4	风机盘管	FP—500 制冷量：4.77kW 风量：850m³/h	9	220V	0.076
5	风机盘管	FP—300 制冷量：3kW 风量：510m³/h	2	220V	0.052

图 8-1　宾馆标准层空调水管平面图效果

在绘制宾馆标准层空调水管平面图之前，首先应设置绘图环境，包括打开并另存文件，新建相应的图层、文字样式等。

步骤 01 正常启动 AutoCAD 2014 软件，在“快速访问”工具栏中，单击“打开”按钮，将“案例\08\宾馆标准层平面图.dwg”文件打开如图 8-2 所示。

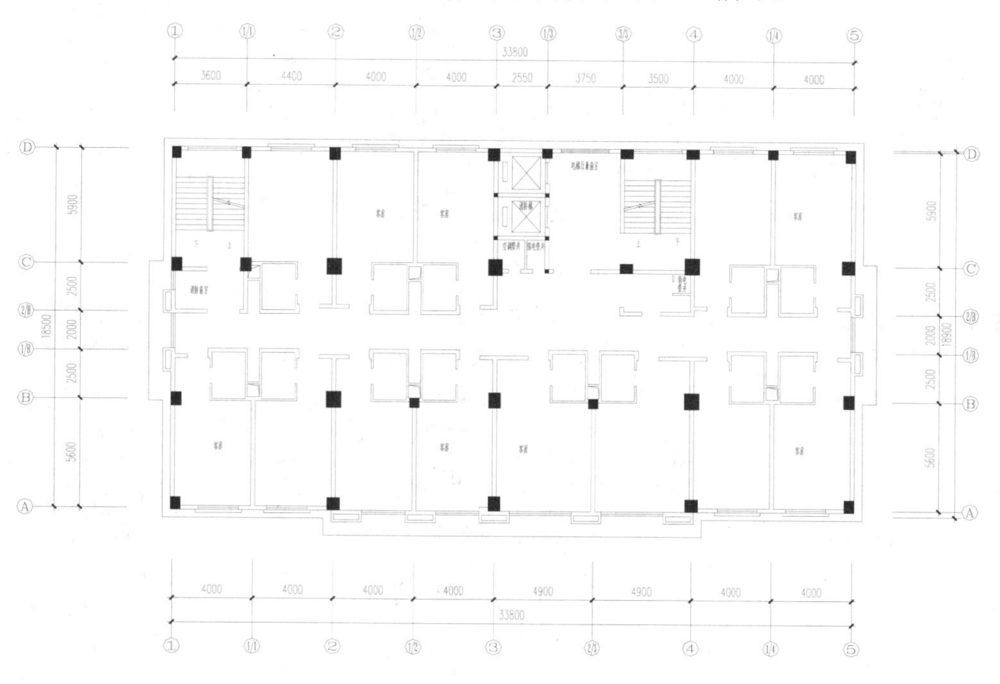

图 8-2　打开的图形

步骤 02 再单击“另存为”按钮，将文件另存为“案例\08\宾馆标准层空调水管平面图.dwg”文件。

步骤 03 执行“图层特性管理”命令（LA），建立如图 8-3 所示的图层，并设置图层颜色、线型和线宽等。

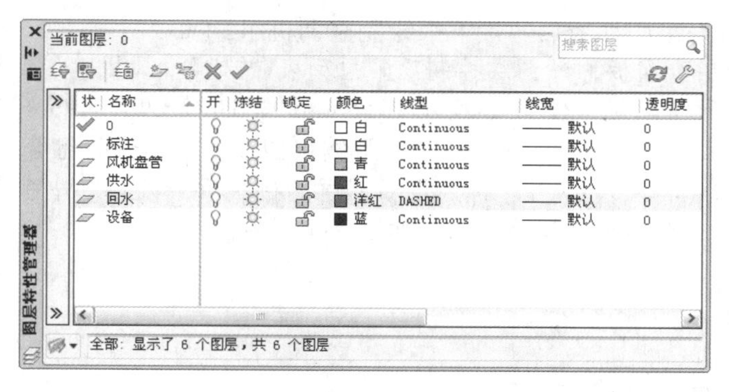

图 8-3　新建图层

步骤 04 执行“格式｜线型”菜单命令，打开“线型管理器”对话框，单击“显示细节”按钮，打开细节选项组，输入“全局比例因子”为 1000，然后单击“确定”按钮，如图 8-4 所示。

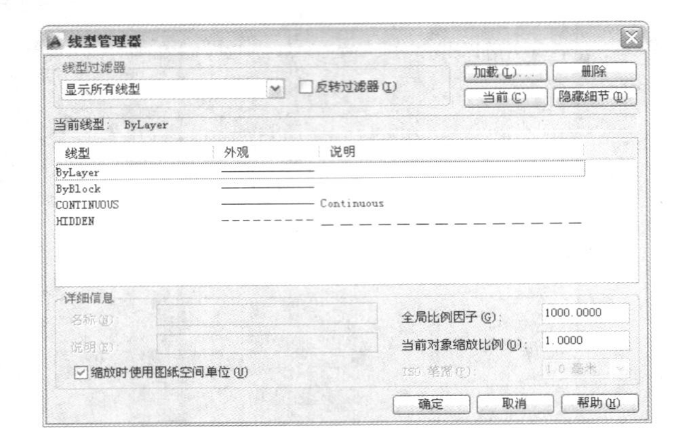

图 8-4 设置线型比例

步骤 05 执行“文字样式”命令（ST），打开“文字样式”对话框，新建“图内文字”和“图名”文字样式，并设置对应的字体、高度及宽度因子等，如图 8-5 所示。

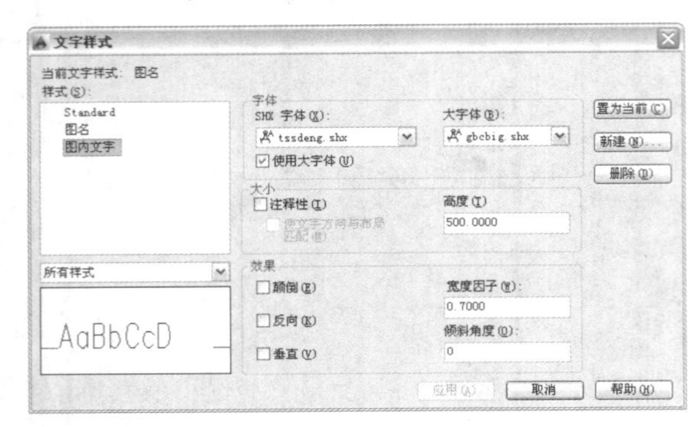

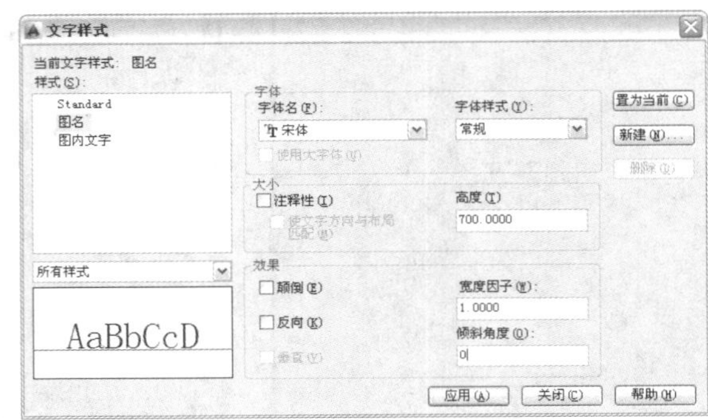

图 8-5 新建文字样式

技巧：177 空调风机盘管及设备的绘制

视频：技巧177-空调风机盘管的绘制.avi
案例：宾馆标准层空调水管平面图.dwg

技巧概述： 设置好绘图环境后，接下来绘制空调机组。

步骤 01 单击“图层”面板的“图层控制”下拉列表，选择“风机盘管”图层为当前层。

步骤 02 执行“矩形”命令（REC），绘制 1155×600、1004×90 和 95×228 的三个矩形；再执行“移动”命令（M），将三个矩形按照图 8-6 所示进行组合。

步骤 03 执行“分解”命令（X），将大矩形分解；再执行“偏移”命令（O），将上水平边向下依次偏移 100、100 和 100，如图 8-7 所示。

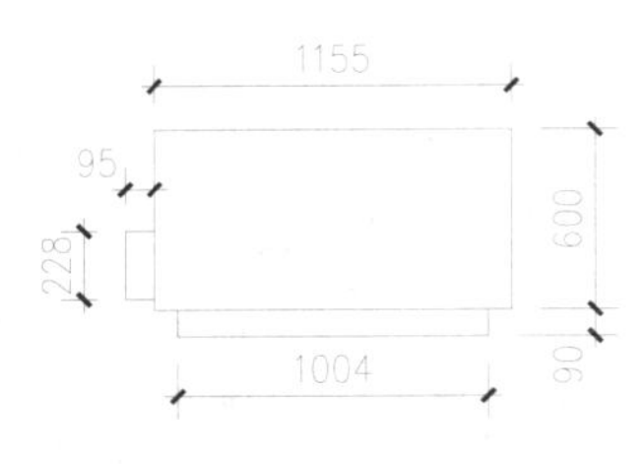

图 8-6 绘制矩形

图 8-7 分解、偏移

步骤 04 执行“多行文字”命令（MT），选择“图内文字”文字样式，设置字高为 200，对风机盘管进行文字说明，效果如图 8-8 所示。

图 8-8　绘制的 FP-600 风机盘管

步骤 05 执行“复制”命令（CO），将上一步的 FP-600 风机盘管复制出一份。

步骤 06 执行“拉伸”命令（S），由右至左框选风机盘管 A-B 右半部分，如图 8-9 所示。再指定右上角点为基点并向左拖动，输入 110，按空格键以将原长为 1155 的风机盘管缩短成为 1045；再双击文字修改成为“FP-500”的风机盘管。

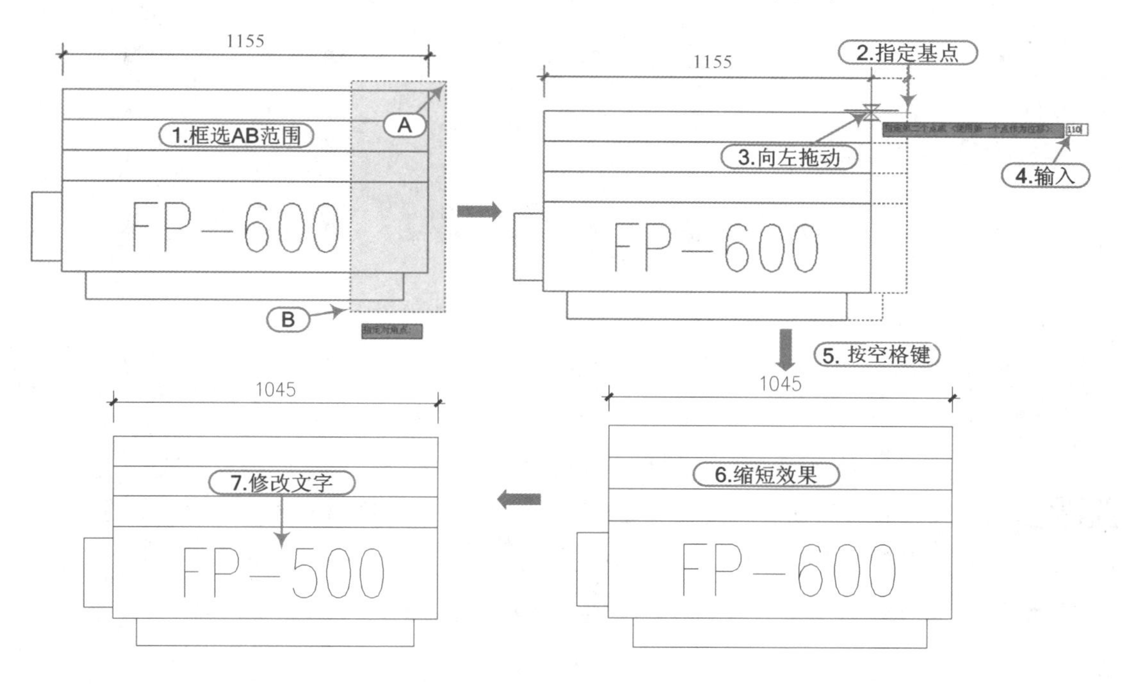

图 8-9　绘制 FP-500 风机盘管

步骤 07 根据同样的方法，通过复制、缩放等命令，绘制出“FP-300”和“FP-800”风机盘管，效果如图 8-10 所示。

图 8-10　绘制 FP-300 和 FP-800 风机盘管

专业技能 ★★★☆☆

代号“FP-300”表示室内风机盘管，出风风量为 300m³/h。

步骤 08 执行“编组”命令（G），将各个风机盘管各自编组为一个整体。

步骤 09 通过移动、复制、旋转和镜像等命令，将相应风机盘管放置到平面图相应的房间位置，如图 8-11 所示。

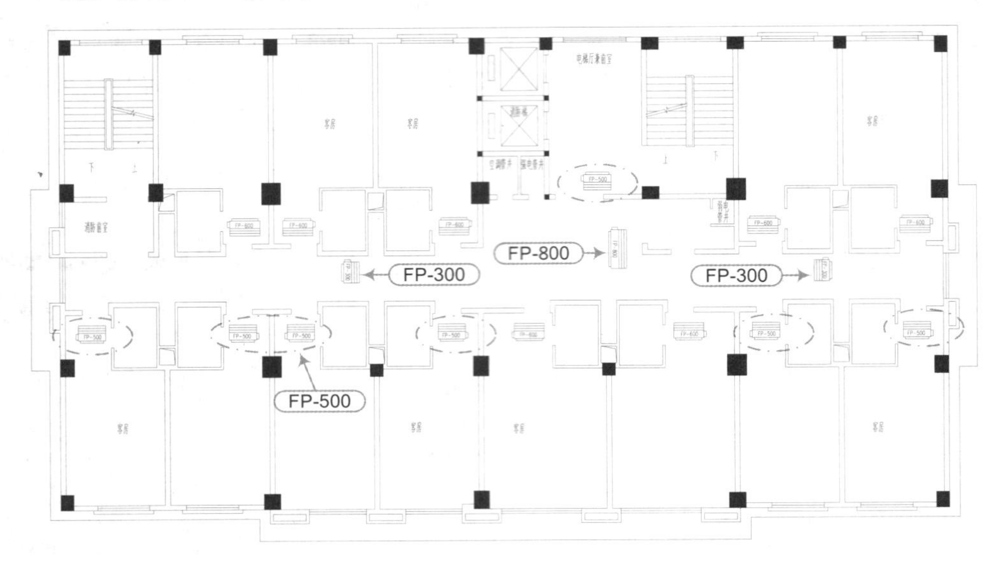

图 8-11　安装风机盘管

步骤 10 切换至“设备”图层，执行“矩形”命令（REC），绘制一个 1000×900 的矩形；再执行“直线”命令（L），连接对角点以绘制一个新风柜，如图 8-12 所示。

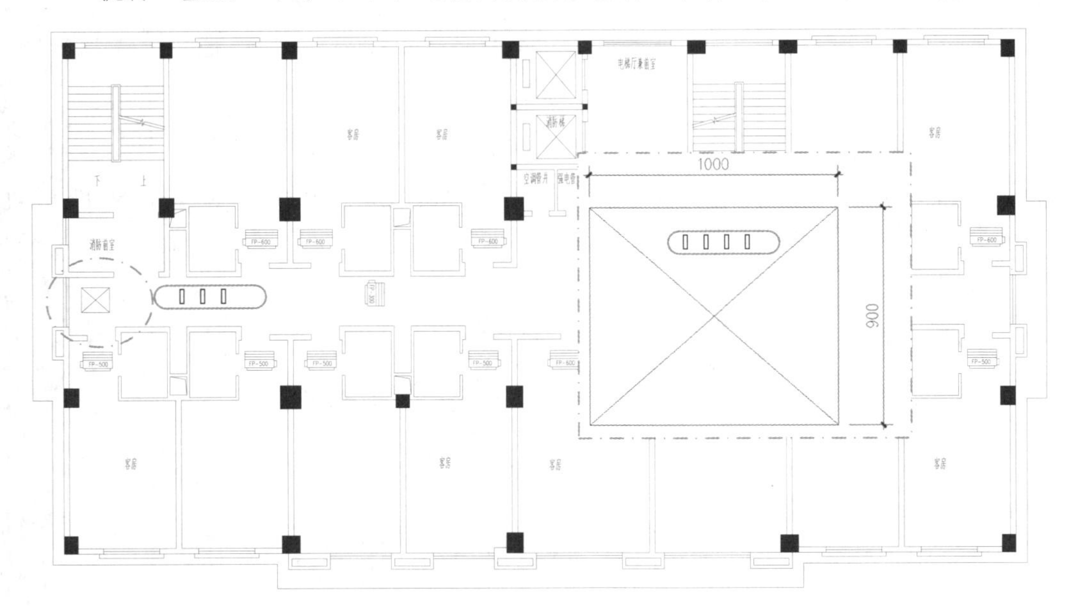

图 8-12　绘制新风柜

技巧：178　空调水管的绘制

视频：技巧178-空调水管的绘制.avi
案例：宾馆标准层空调水管平面图.dwg

技巧概述：在前面实例中已经绘制好了空调设备，接下来绘制供水及回水管将设备进行连接。

步骤 01 在“图层控制”下拉列表中，选择“供水”图层为当前图层。

步骤 02 执行“圆”命令（C），在“空调管井”房间内，绘制直径为 255 的圆作为供水立管，如图 8-13 所示。

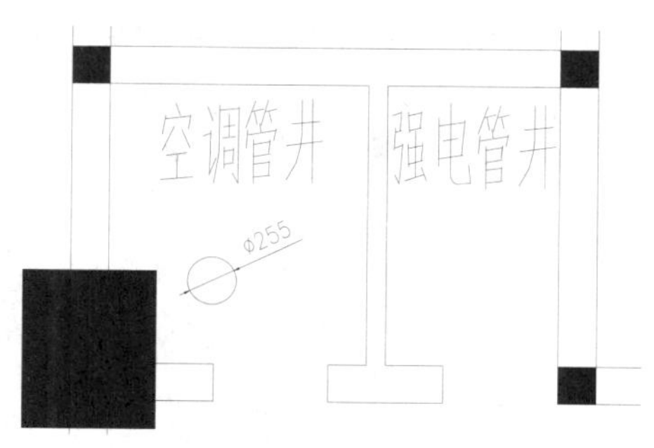

图 8-13　绘制供水立管

步骤 03 执行“多段线”命令（PL），设置全局宽度为 30，由供水立管引出连接至各个空调设备的供水管线，如图 8-14 所示。

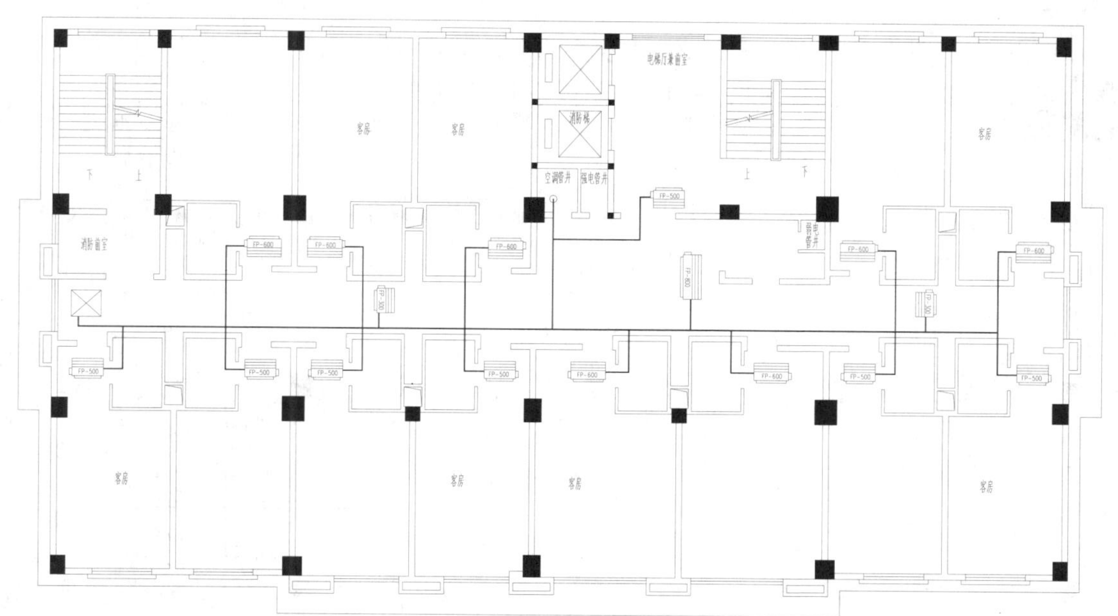

图 8-14　绘制供水管线

步骤 04 切换至“回水”图层，根据同样的方法，执行“圆”命令（C），在“空调管井”房间内，绘制直径为 255 的圆作为回水立管；再执行“多段线”命令（PL），设置宽度为 30，绘制由回水立管引出连接至各个空调设备的回水管线，如图 8-15 所示。

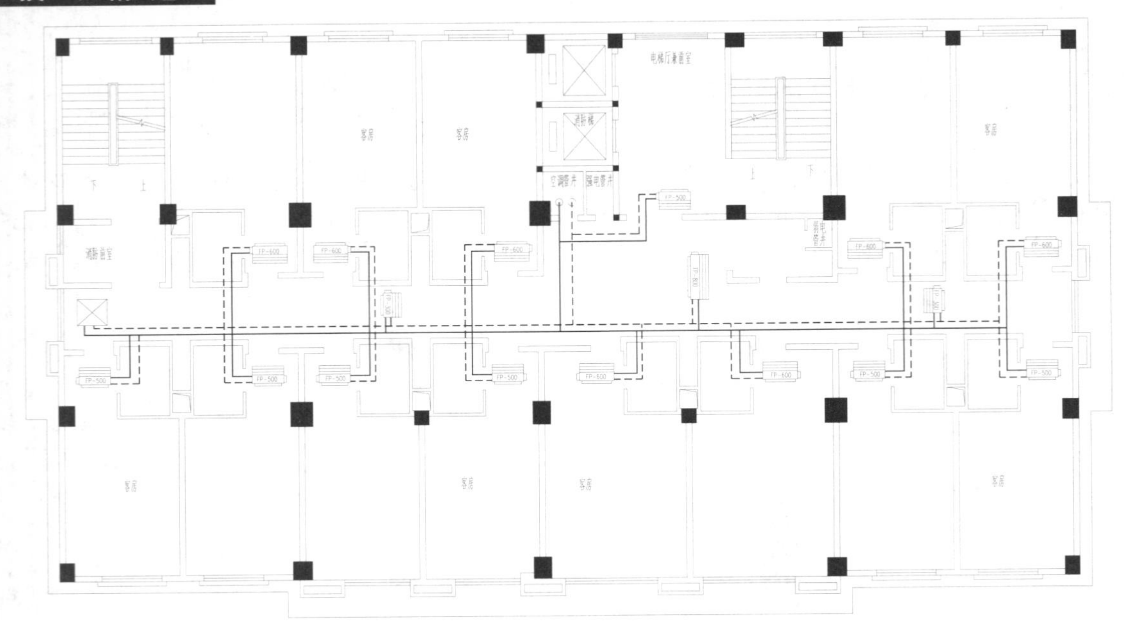

图 8-15　绘制回水管线

技巧：179　空调水管平面图的标注

视频：技巧179-空调水管平面图的标注.avi
案例：宾馆标准层空调水管平面图.dwg

技巧概述：前面已经绘制好了宾馆标准层空调水管平面图，下面为该平面图添加文字标注。

步骤 01 在“图层”下拉列表中，选择“标注”图层为当前图层。

步骤 02 执行“多行文字”命令（MT），选择“图内文字”文字样式，在管道位置进行相应的管径标注，如图 8-15 所示。

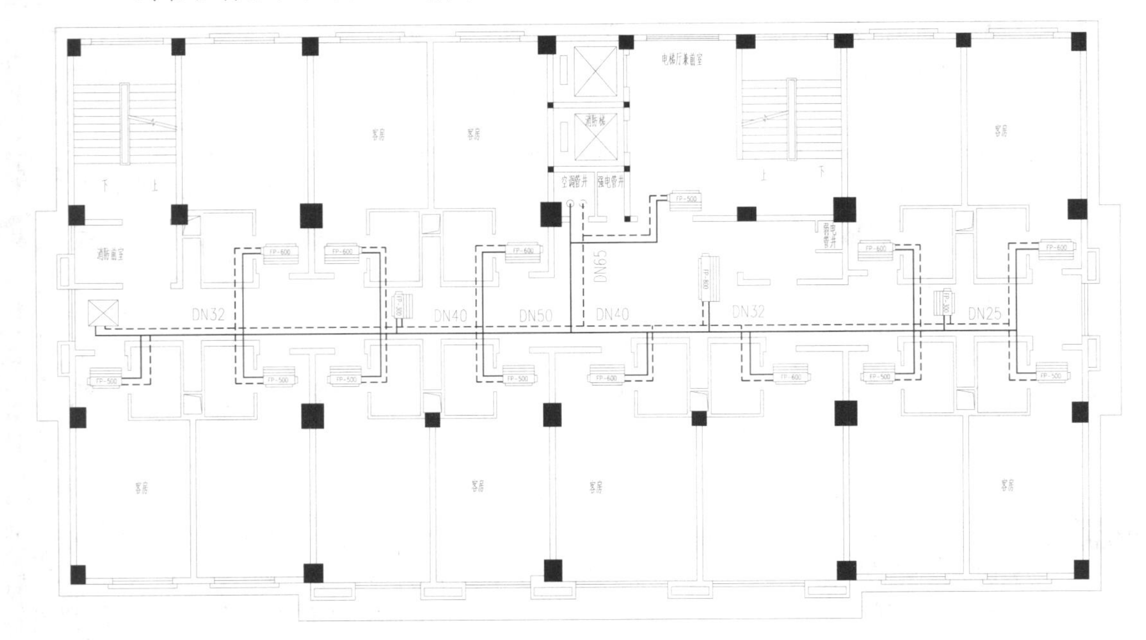

图 8-16　标注管径

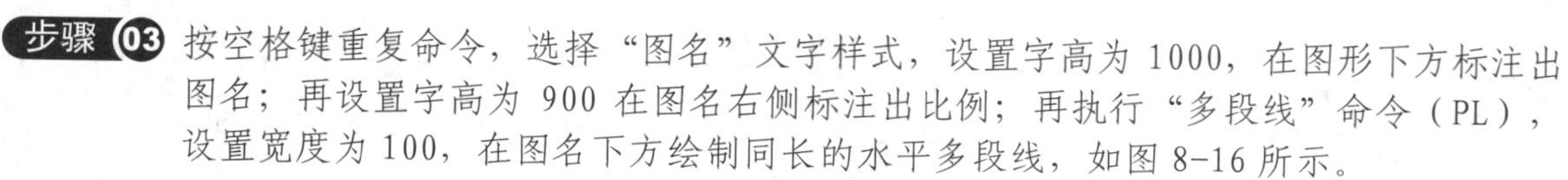

步骤 03 按空格键重复命令，选择“图名”文字样式，设置字高为 1000，在图形下方标注出图名；再设置字高为 900 在图名右侧标注出比例；再执行“多段线”命令（PL），设置宽度为 100，在图名下方绘制同长的水平多段线，如图 8-16 所示。

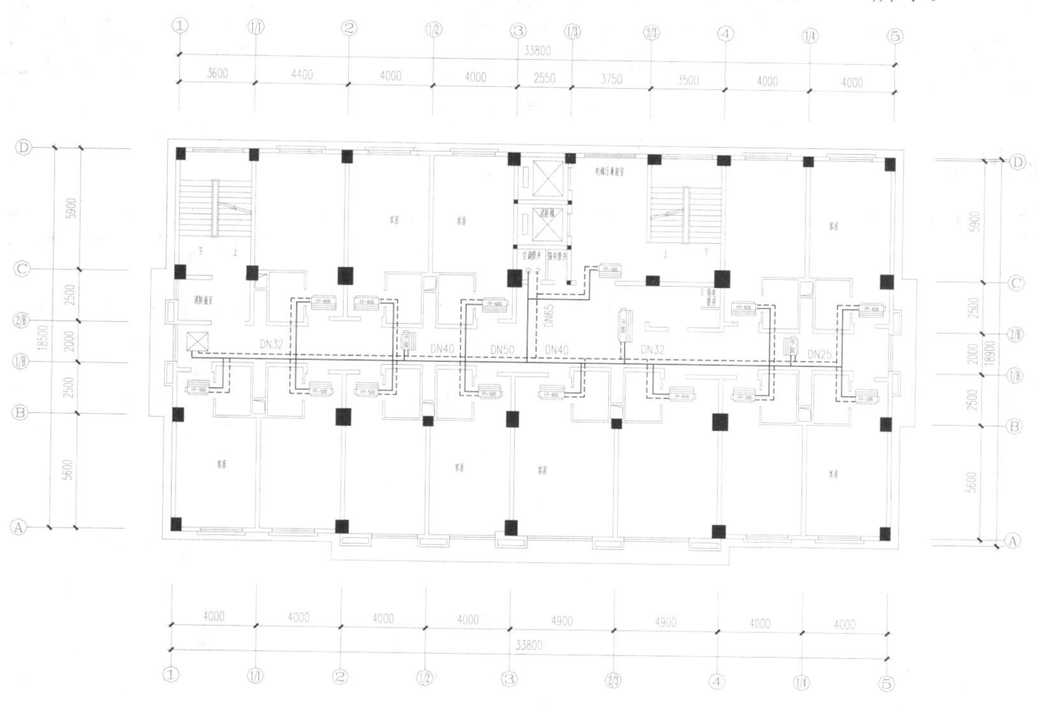

标准层空调水管平面图 1:100

图 8-17　图名注释

技巧：180　绘制主要设备材料表

视频：技巧180-主要设备材料表的绘制.avi
案例：宾馆标准层空调水管平面图.dwg

技巧概述： 在空调水管平面图中有不同类型的空调设备，在图形绘制完成以后，需将这些设备以表格的形式进行注明，包括名称、数量、型号、规格、额定电压、功率等。

步骤 01 接上例，执行“直线”命令（L）、“偏移”命令（O），在图形空白位置绘制出表格，如图 8-17 所示。

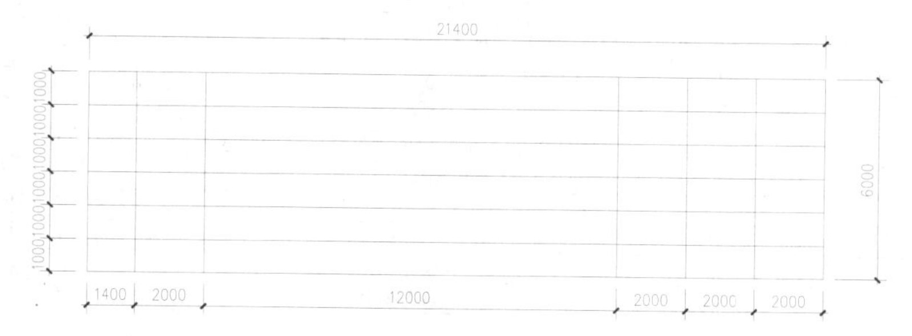

图 8-18　绘制表格

步骤 02 执行“多行文字”命令（MT），选择“图内说明”为当前文字样式，设置文字高度为 500，输入表格内容，如图 8-18 所示。

主要设备材料表

序 号	名 称	型号/规格	数 量	电 源	功率（kW）
1	新风柜	KBG020S-4X 制冷量：28kW 风量：2000m³/h 余压：200Pa	1	380V	0.55
2	风机盘管	FP—800 制冷量：7.58kW 风量：1360m³/h	1	220V	0.134
3	风机盘管	FP—600 制冷量：5.96kW 风量：1020m³/h	9	220V	0.096
4	风机盘管	FP—500 制冷量：4.77kW 风量：850m³/h	9	220V	0.076
5	风机盘管	FP—300 制冷量：3kW 风量：510m³/h	2	220V	0.052

图 8-19 输入表格文字

步骤 03 至此，该宾馆空调水管平面图绘制完成，按【Ctrl+S】组合键进行保存。

技巧：181 宾馆空调风管平面图的创建

视频：技巧 181-风管绘图环境的调用.avi
案例：宾馆标准层空调风管平面图.dwg

技巧概述：标准层空调风管平面图是在前面空调水管平面图的基础上来绘制的，因此首先应该调用标准层平面图绘图环境，然后将供水和回水管线删除掉，再来布置风管。绘制的风管平面图效果如图 8-19 所示。

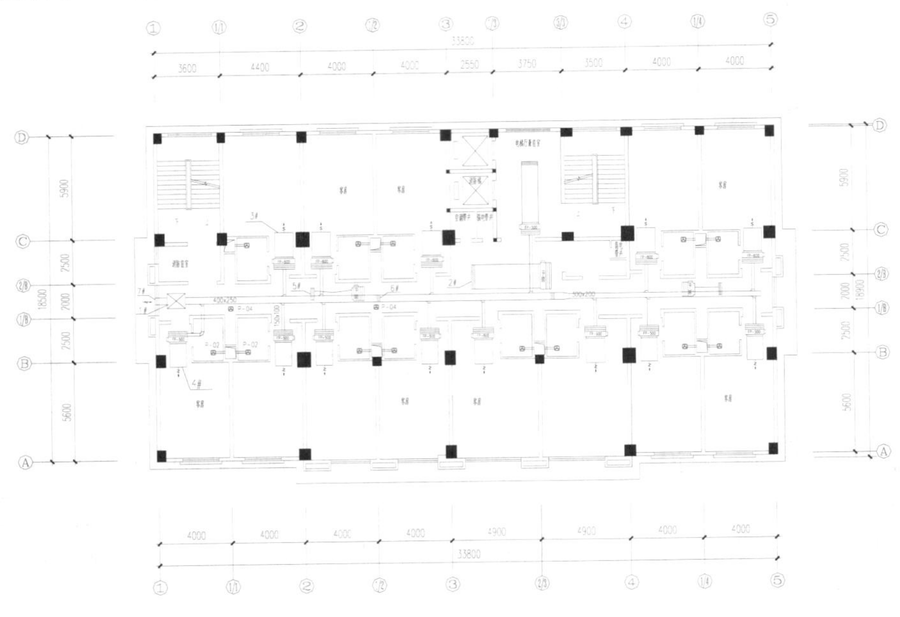

标准层空调风管平面图 1:100

主要设备材料表

序号	图纸代号	名称	型号/规格	数量	电源	功率（kW）
1	1#	新风柜	KBG020S-4X 供冷量：28kW 风量：2000m³/h 余压：200Pa	1	380V	0.55
2		风机盘管	FP—800 制冷量：7.58kW 风量：1360m³/h	1	220V	0.134
3		风机盘管	FP—600 制冷量：5.96kW 风量：1020m³/h	9	220V	0.096
4		风机盘管	FP—500 制冷量：4.77kW 风量：850m³/h	9	220V	0.076
5		风机盘管	FP—300 制冷量：3kW 风量：510m³/h	2	220V	0.052
6	P-02	天花管道排气扇	风量：150m³/h	17	220V	0.027
7	2#	双层百叶	1400×200	1		
8	3#	双层百叶	1000×200	9		
9	4#	双层百叶	900×200	9		
10	5#	双层百叶	700×200	2		
11	6#	双层百叶	400×200	2		
12	7#	防雨百叶	800×400（带过滤网）	1		

图 8-20 标准层空调风管平面图

步骤 01 接上例，单击“另存为”按钮，将文件另存为“案例\08\宾馆标准层空调风管平面图.dwg”文件。

步骤 02 执行“删除”命令（E），将图形中的供水和回水管线、管径标注文字删除；再双击修改图名为“宾馆空调风管平面图”，修改后平面图效果如图 8-20 所示。

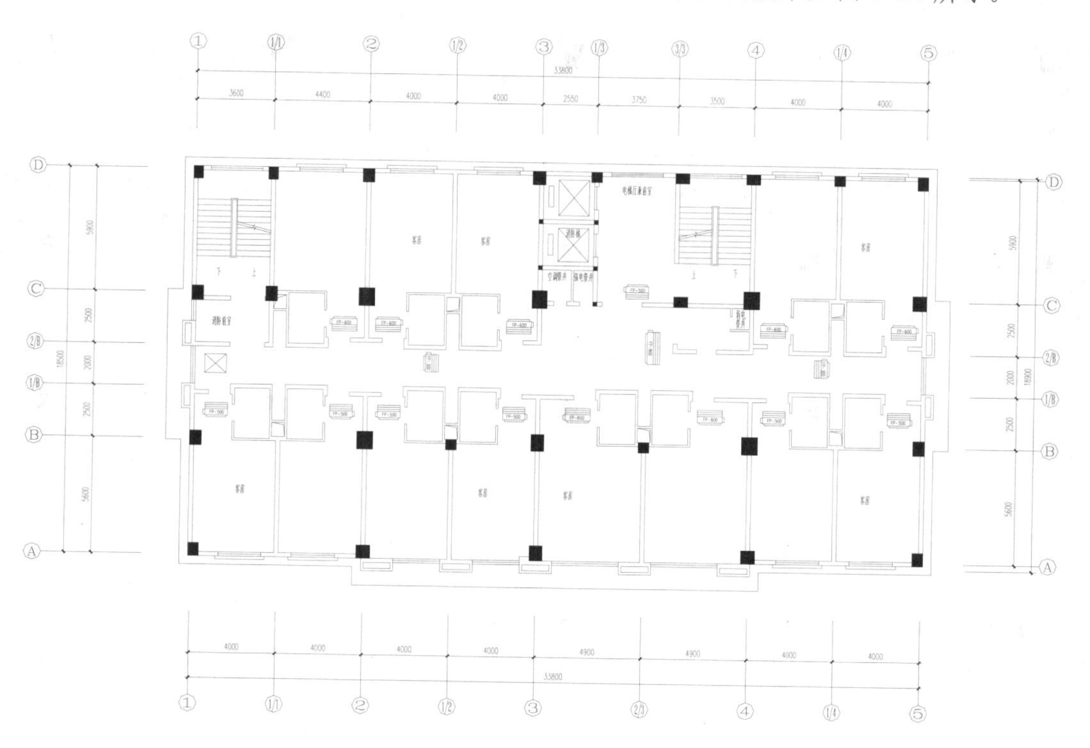

宾馆标准层空调风管平面图 1：100

图 8-21 修改图形效果

技巧：182 空调风管及设备的绘制

视频：技巧182-空调风管及设备的绘制.avi
案例：宾馆标准层空调风管平面图.dwg

技巧概述： 在平面图中已经有了空调风机盘管，接下来对风机盘管绘制风管道。

步骤 01 执行“图层特性管理”命令（LA），新建“风管”图层，并置为当前图层，如图 8-21 所示。

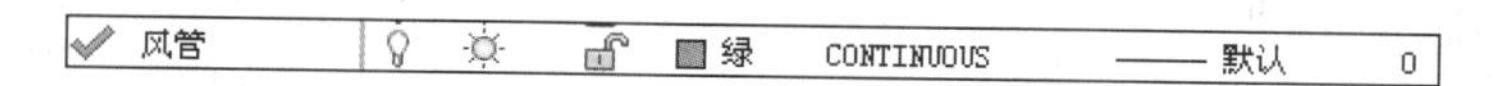

图 8-22 新建图层

步骤 02 执行“直线”命令（L），为中上侧的“FP-800”和“FP-500”的风机盘管绘制风管道，如图 8-22 所示。

步骤 03 再执行“直线”命令（L），为图中“FP-500”的风机盘管绘制风管道，长度为 1321，宽度同风机盘管平齐，如图 8-23 所示。

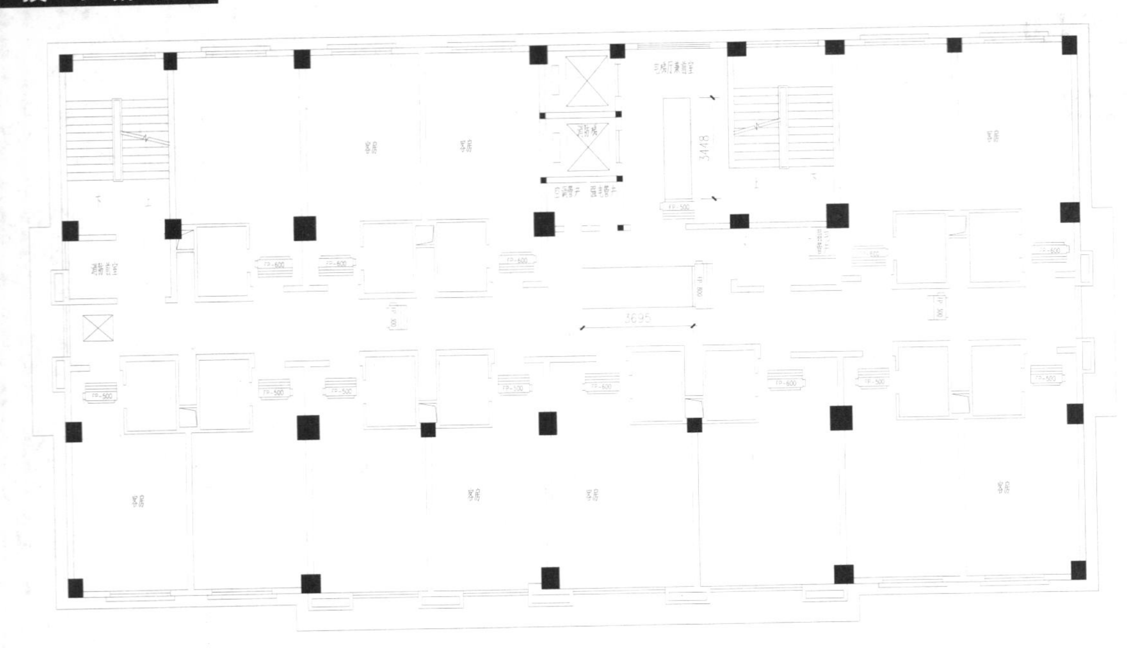

图 8-23　绘制风管 1

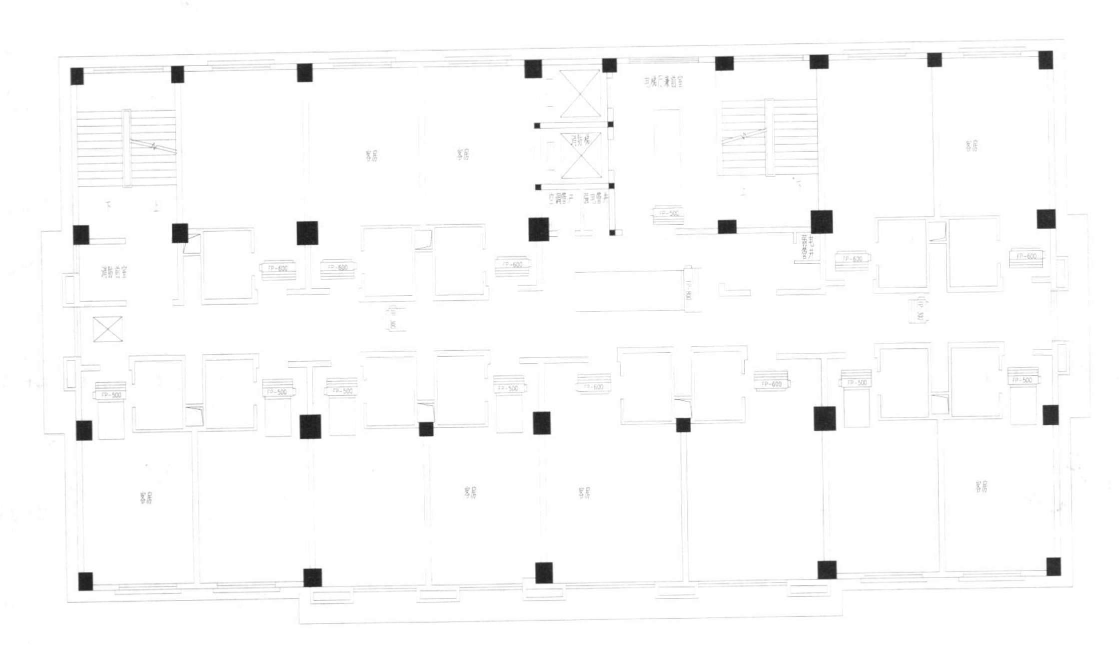

图 8-24　绘制风管 2

步骤 04 再执行“直线”命令（L），为图中“FP-600”的风机盘管绘制风管道，长度为 1365，宽度同风机盘管平齐，如图 8-24 所示。

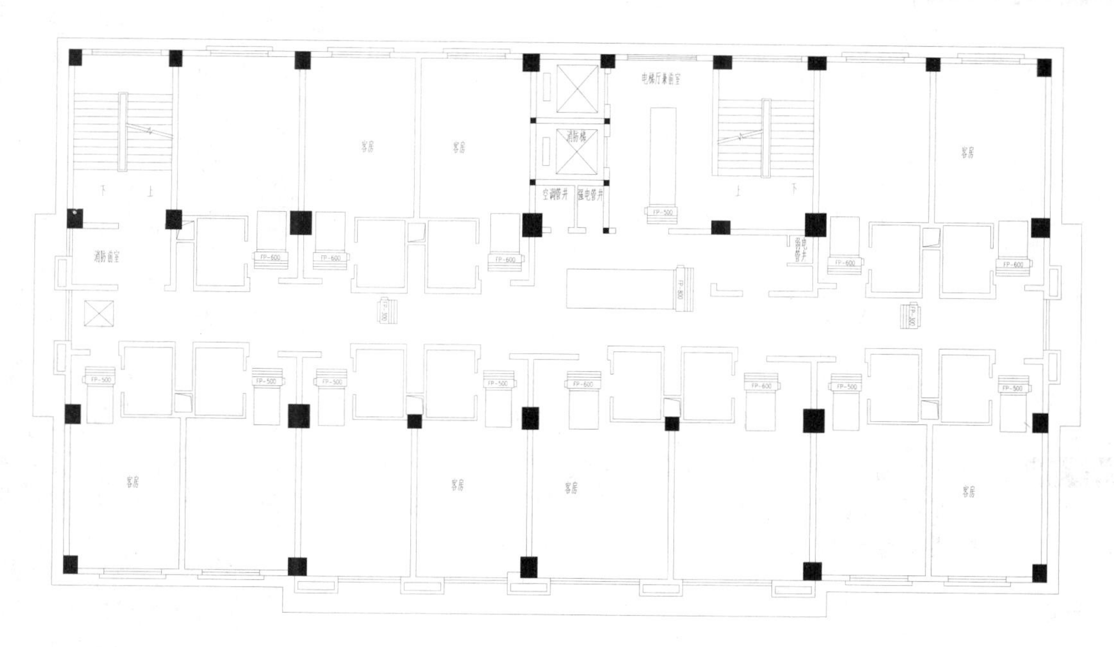

图 8-25　绘制风管 3

步骤 05 切换至“设备”图层，通过矩形、分解和偏移等命令，在“FP-800”和“FP-500”的风管道内绘制“送风口”，如图 8-25 所示。

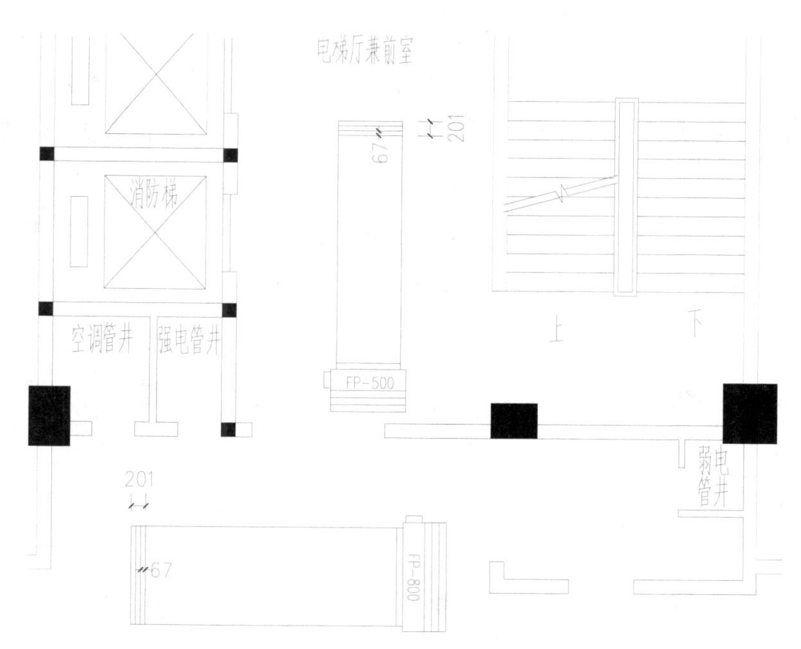

图 8-26　绘“制 FP-800”和对应“FP-500”的送风口

步骤 06 同样的，在走廊中间离两个“FP-300”风机盘管相应位置绘制出 201×700 的两个送风口，如图 8-26 所示。

图 8-27　绘制“FP-300”的送风口

步骤 07 绘制“侧面送风”图例，执行“多段线”命令（PL），绘制如图 8-27 所示的箭头符号，其箭头端起点宽度为 50，终点宽度为 0；再执行“样条曲线”命令（SPL），在多段线上绘制样条曲线。

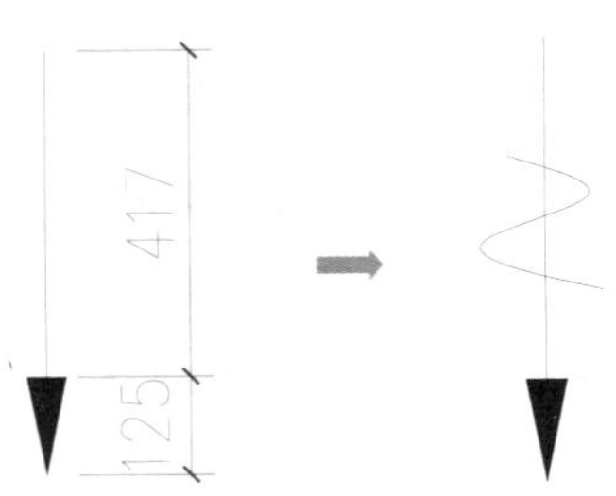

图 8-28　“侧面送风”图例

步骤 08 通过复制、移动和镜像等命令，将绘制的“侧面送风”图例放置到对应的风机盘风道管上，如图 8-28 所示。

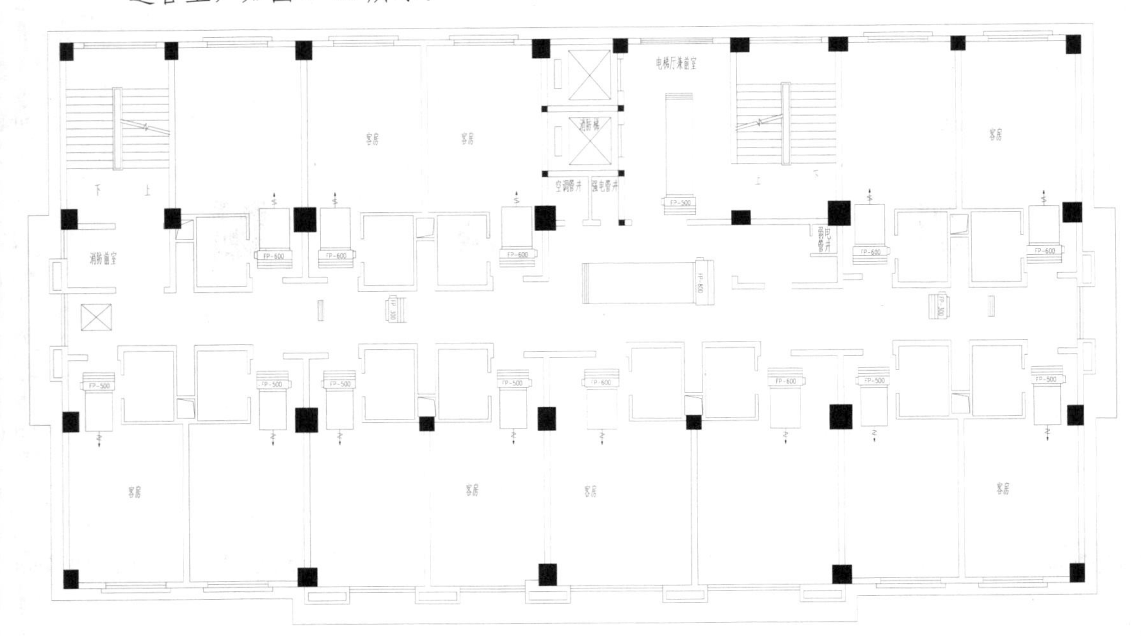

图 8-29　复制“侧面送风”图例

步骤 09 绘制“排气扇”图例；执行“矩形”命令（REC），绘制一个 270×270 的矩形。

步骤 10 执行“圆”命令（C），以矩形中心为圆心，以中心垂足于边为半径绘制一个圆；按空格键重复“圆”命令，以圆心再绘制一个半径为 8 的小同心圆。

步骤 11 再执行“椭圆”命令（EL），绘制一个椭圆；再执行“阵列”命令（AR），将椭圆进行环形阵列，项目数为 3，如图 8-29 所示。

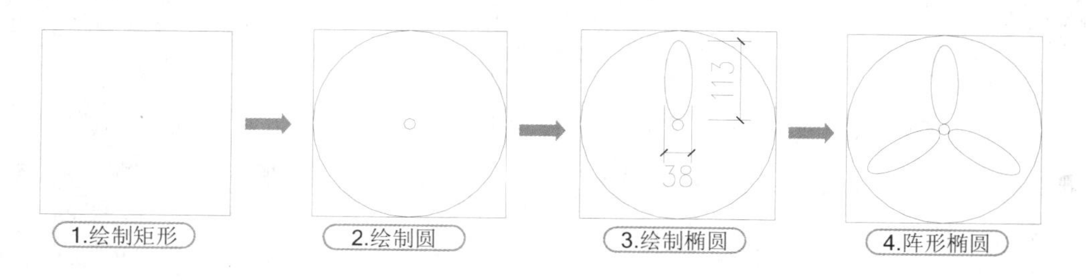

图 8-30　“排气扇”图例

步骤 12 通过移动、复制等命令，将绘制的“排气扇”图例复制到平面图各卫生间及走廊相应位置，如图 8-30 所示。

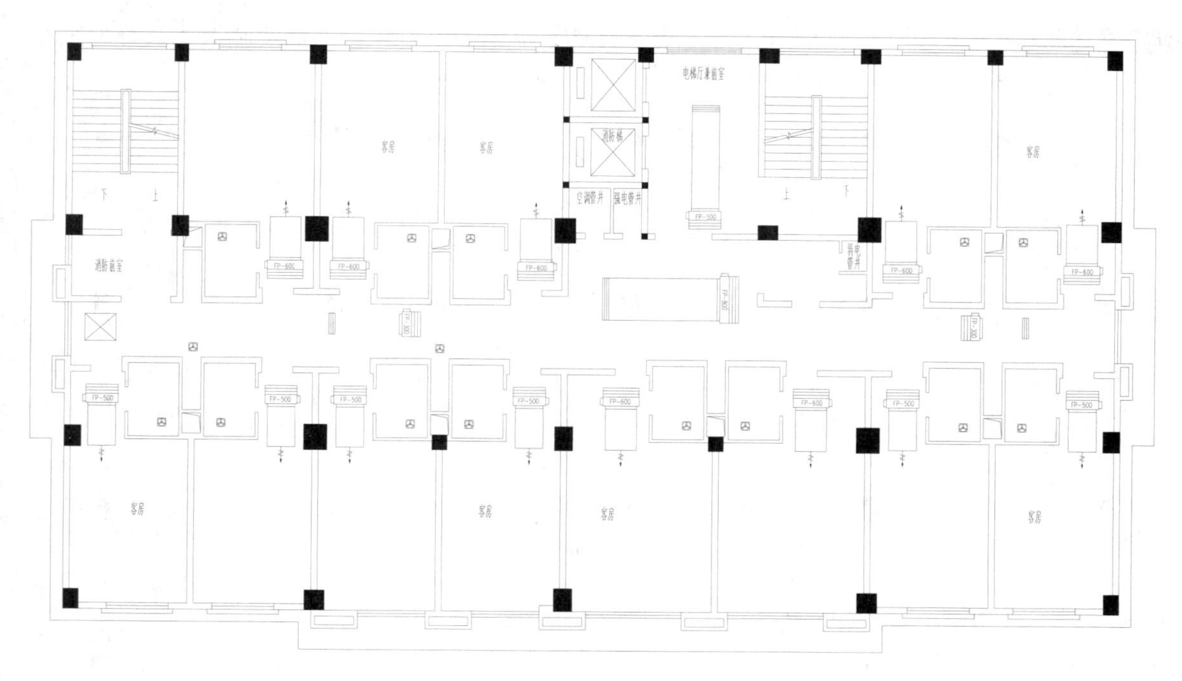

图 8-31　复制“排气扇”图例

步骤 13 切换至“风管”图层，执行“直线”命令（L）和“偏移”命令（O），在中间走廊“新风柜”处绘制宽 400 和 300 的主风道；然后在主风道上绘制两个“送风口”，并将“侧面送风”箭头图例放置到风道引入口，如图 8-31 所示。

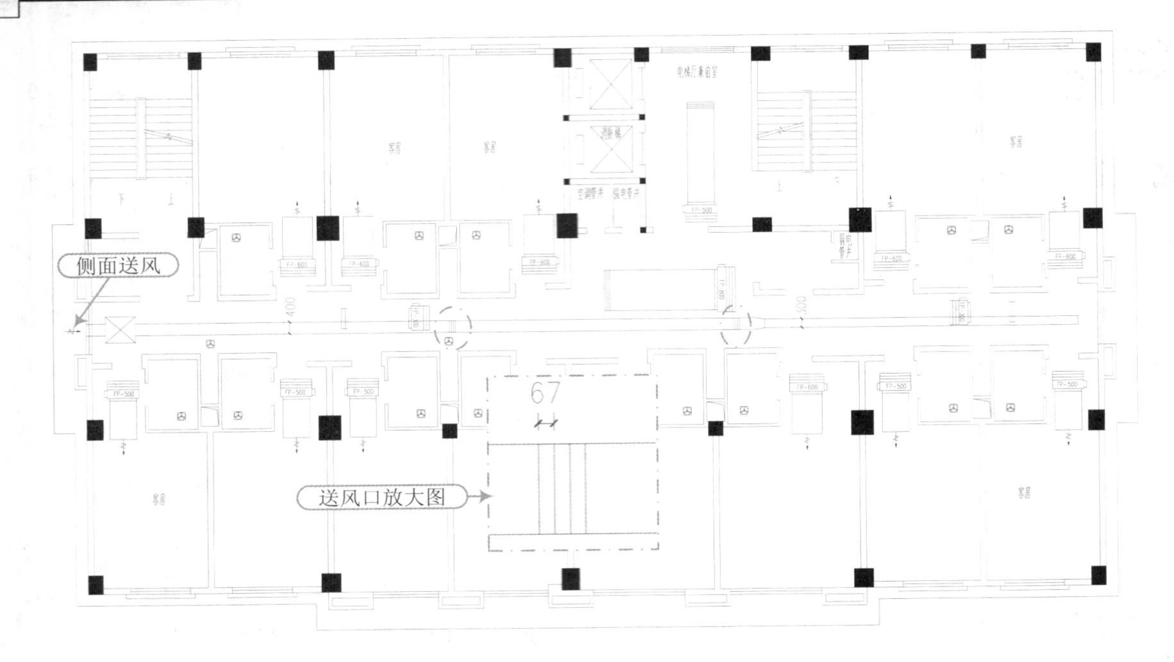

图 8-32　绘制主风管道

步骤 14 同样执行直线、偏移、圆角、样条曲线等命令，由走廊主风道绘制出连接各个空调"风机盘管"且宽度为 150 的分支风道，如图 8-32 所示。

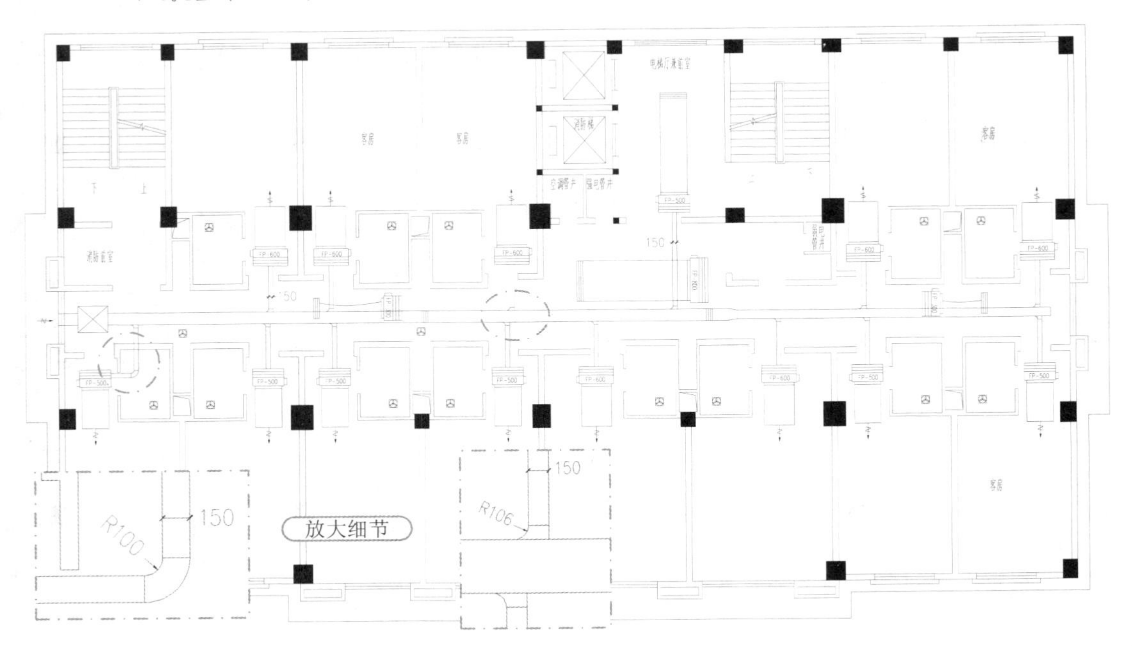

图 8-33　绘制分支风管

步骤 15 再执行"直线"命令（L），将各客房内的"排气扇"以直线连接至卫生间墙中的"通风井"，以绘制宽 100 的风管道，如图 8-33 所示。

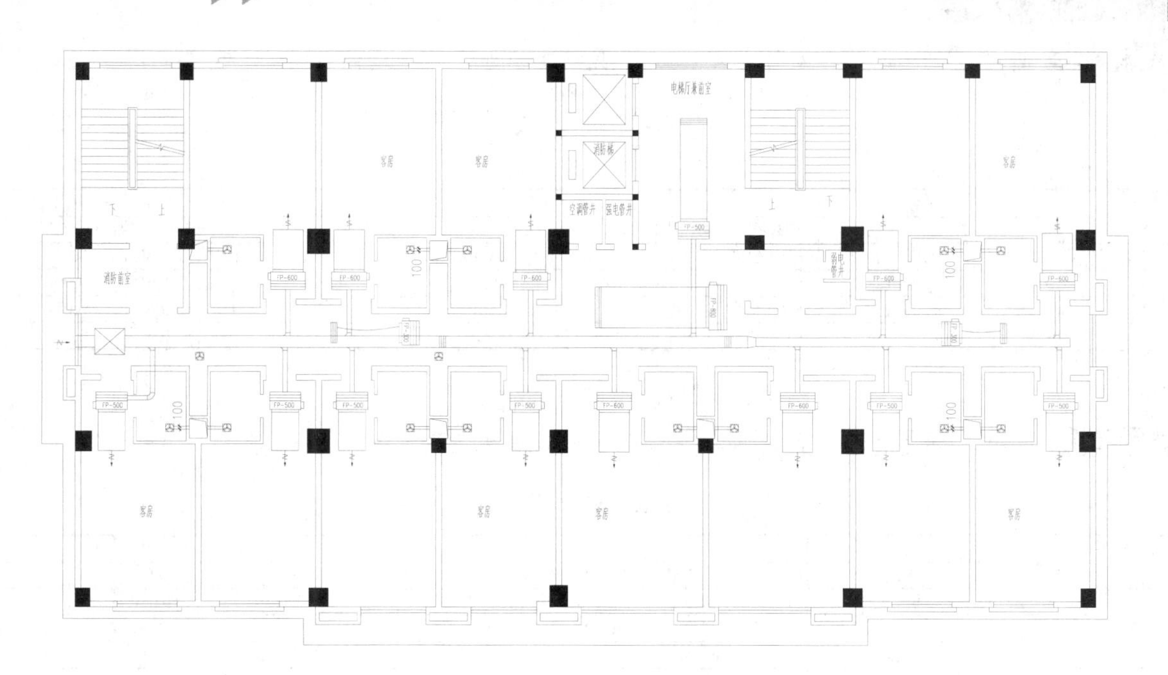

图 8-34　绘制连接“排气扇”的风管

技巧：183　空调平面图的标注

视频：技巧183-空调平面图的标注.avi
案例：宾馆标准层空调风管平面图.dwg

技巧概述：前面绘制好了空调风管平面图，本实例讲解为绘制的平面图添加相关文字说明。

步骤 01 单击“图层”下拉列表，选择“标注”图层为当前层。

步骤 02 执行“多行文字”命令（MT），选择“图内文字”文字样式，设置字高为 450，对相应设备进行代号及尺寸的标注，效果如图 8-34 所示。

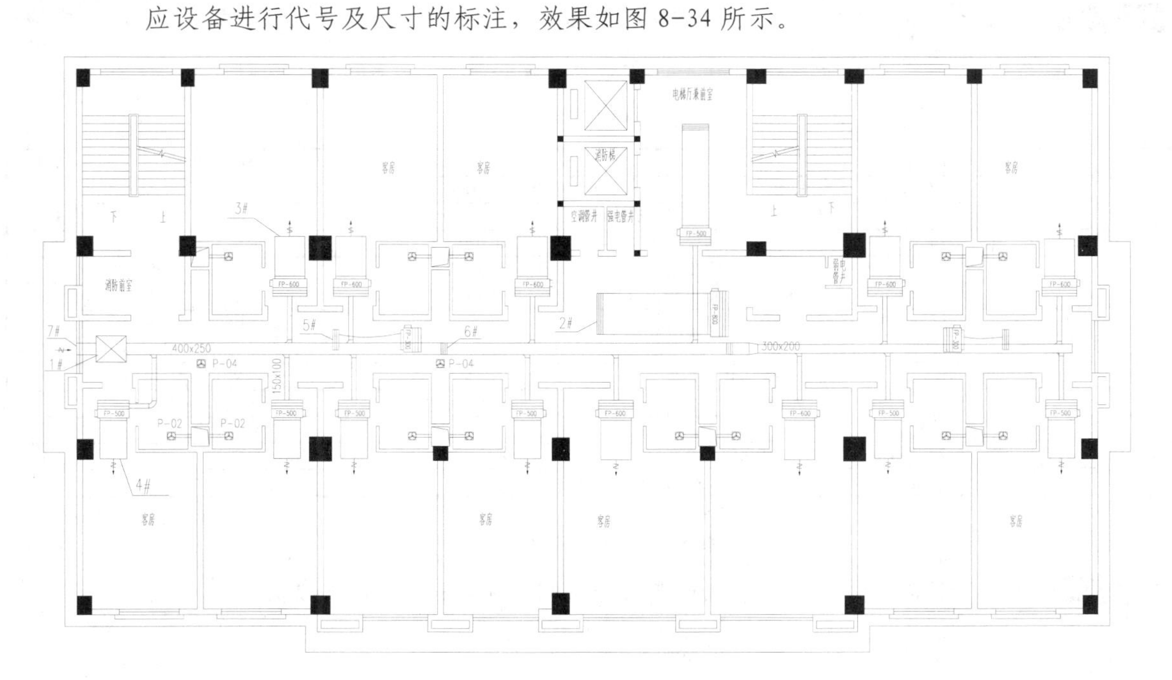

图 8-35　标注设备代号及尺寸

步骤 03 通过移动、偏移和延伸等命令，在表格处添加 1 列，如图 8-35 所示。

主要设备材料表

2000

序号		名称	型号/规格	数量	电源	功率（kW）
1		新风柜	KBG020S-4X 供冷量：28kW 风量：2000m³/h 余压：200Pa	1	380V	0.55
2		风机盘管	FP—800 制冷量：7.58kW 风量：1360m³/h	1	220V	0.134
3		风机盘管	FP—600 制冷量：5.96kW 风量：1020m³/h	9	220V	0.096
4		风机盘管	FP—500 制冷量：4.77kW 风量：850m³/h	9	220V	0.076
5		风机盘管	FP—300 制冷量：3kW 风量：510m³/h	2	220V	0.052

图 8-36 添加表格列

步骤 04 同样，再通过偏移和延伸命令，在下侧新增加 7 行，如图 8-36 所示。

主要设备材料表

序号		名称	型号/规格	数量	电源	功率（kW）
1		新风柜	KBG020S-4X 供冷量：28kW 风量：2000m³/h 余压：200Pa	1	380V	0.55
2		风机盘管	FP—800 制冷量：7.58kW 风量：1360m³/h	1	220V	0.134
3		风机盘管	FP—600 制冷量：5.96kW 风量：1020m³/h	9	220V	0.096
4		风机盘管	FP—500 制冷量：4.77kW 风量：850m³/h	9	220V	0.076
5		风机盘管	FP—300 制冷量：3kW 风量：510m³/h	2	220V	0.052
			1000			

图 8-37 添加表格行数

步骤 05 执行“复制”命令（CO），将文字复制到对应的表格内，并修改文字内容，以完成平面图中各代号的含义注释，效果如图 8-37 所示。

主要设备材料表

序号	图纸代号	名称	型号/规格	数量	电源	功率（kW）
1	1#	新风柜	KBG020S-4X 供冷量：28kW 风量：2000m³/h 余压：200Pa	1	380V	0.55
2		风机盘管	FP—800 制冷量：7.58kW 风量：1360m³/h	1	220V	0.134
3		风机盘管	FP—600 制冷量：5.96kW 风量：1020m³/h	9	220V	0.096
4		风机盘管	FP—500 制冷量：4.77kW 风量：850m³/h	9	220V	0.076
5		风机盘管	FP—300 制冷量：3kW 风量：510m³/h	2	220V	0.052
6	P-02	天花管道排气扇	风量：150m³/h	17	220V	0.027
7	2#	双层百叶	1400×200	1		
8	3#	双层百叶	1000×200	9		
9	4#	双层百叶	900×200	9		
10	5#	双层百叶	700×200	2		
11	6#	双层百叶	400×200	2		
12	7#	防雨百叶	800×400（带过滤网）	1		

图 8-38 完成表格文字内容

步骤 06 至此，该宾馆标准层空调风管平面图绘制完成，按【Ctrl+S】组合键进行保存。

技巧：184　宾馆屋顶机房平面图的创建

视频：技巧184-绘图环境的设置.avi
案例：宾馆屋顶机房平面图.dwg

技巧概述：宾馆空调的供水都是由屋顶上的“冷却塔”引出供水管，再通过制冷机房处理后输送到各层以供水，本实例讲解屋顶机房平面图的绘制技巧，效果如图 8-38 所示。

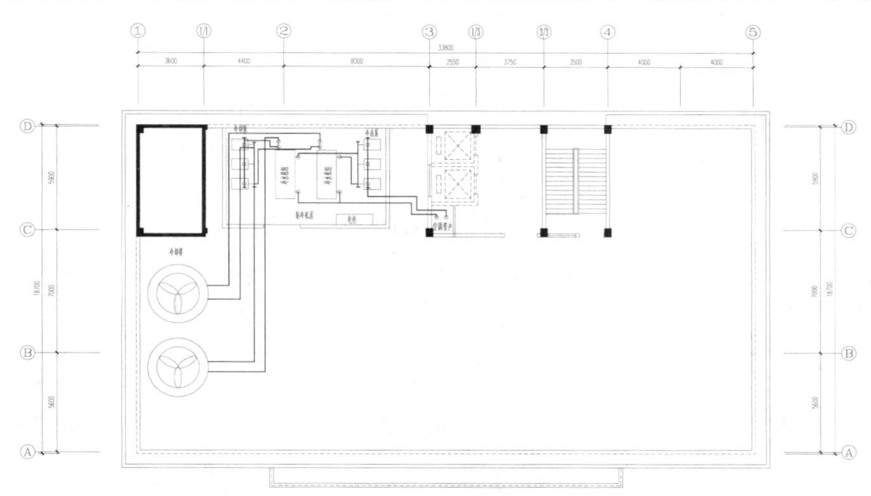

屋顶制冷机房平面图 1:100

主要设备材料表

序号	名称	型号/规格	数量	电源	功率（kW）
1	冷水机组	RCU120WHz 供冷量：425kW	2	380V	83
2	冷冻水泵	扬程：35m 流量：80m³/h	3	380V	15
3	冷却水泵	扬程：24m 流量：100m³/h	3	380V	11
4	冷却塔	流量：125m³/h	2	380V	4

图 8-39　宾馆屋顶制冷机房平面图

步骤 01 正常启动 AutoCAD 2014 软件，在“快速访问”工具栏中，单击“打开”按钮，将“案例\08\宾馆屋顶平面图.dwg”文件打开，如图 8-39 所示。

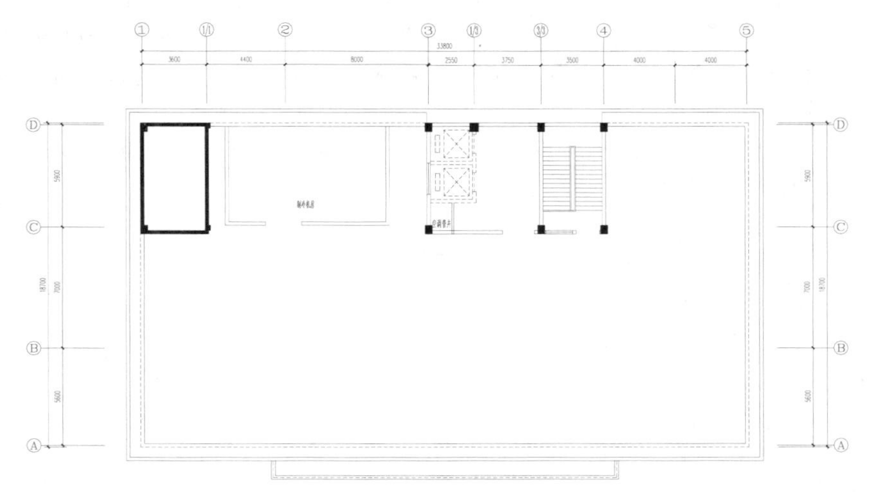

图 8-40　打开的图形

步骤 02 执行“图层特性管理”命令（LA），新建如图 8-40 所示的图层。

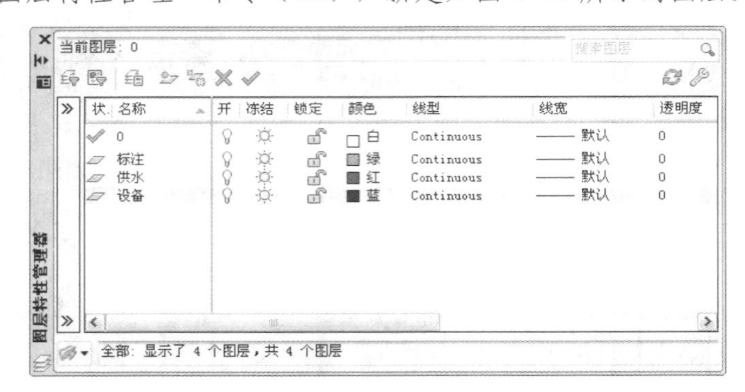

图 8-41　新建图层

步骤 03 执行“文字样式”命令（ST），打开“文字样式”对话框，然后新建“图内文字”和“图名”文字样式，并设置对应的字体、字高和宽度因子，如图 8-41 所示。

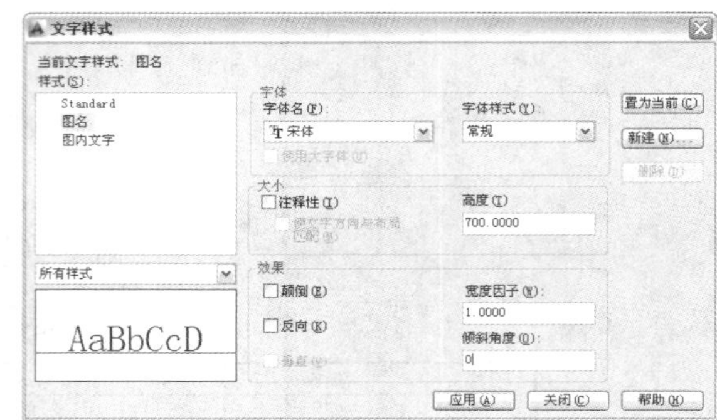

图 8-42　新建文字样式

技巧：185　电机及设备的绘制

视频：技巧185-机房平面图设备的绘制.avi
案例：宾馆屋顶机房平面图.dwg

技巧概述：在前面设置好了绘图环境，接下来绘制照明系统图中的总进户线及总配电箱。

步骤 01 在“图层”下拉列表中，选择“设备”图层为当前图层。

步骤 02 绘制“冷却塔”图例，执行“圆”命令（C），绘制半径为 1160 和 1660 的两个同心圆。

步骤 03 执行“椭圆”命令（EL），以圆心和内圆半径为椭圆的长轴，再输入短轴半径为 194.5，以绘制一个椭圆。

步骤 04 执行“阵列”命令（AR），将椭圆以圆心为阵列中心点，以项目数 3 进行环形阵列，效果如图 8-42 所示。

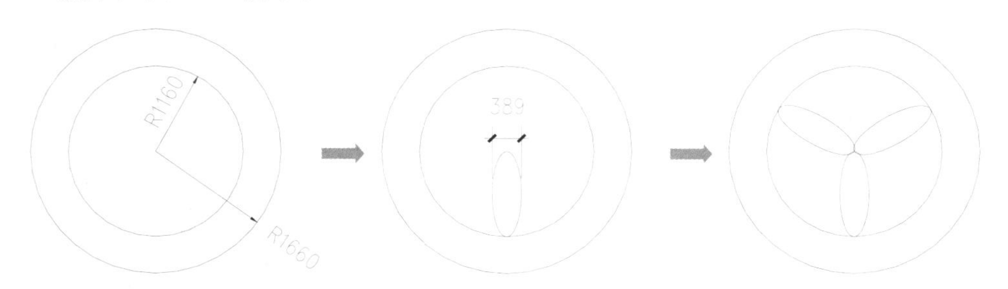

图 8-43　“冷却塔”图例

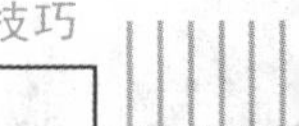

步骤 05 绘制“冷却泵”图例，执行“矩形”命令（REC），绘制一个 900×620 的矩形；再执行“直线”命令（L），在右侧绘制长 333 的水平线；再执行“圆”命令（C），在矩形内相应位置绘制半径为 100 的圆，如图 8-43 所示。

图 8-44　“冷却泵”图例

步骤 06 绘制“冷水机组”图例，执行“矩形”命令（REC），绘制一个 1070×2759 的矩形；再执行“直线”命令（L），在图 8-44 所示相应位置绘制水平线；再执行“圆”命令（C），在水平线上绘制半径为 100 的圆。

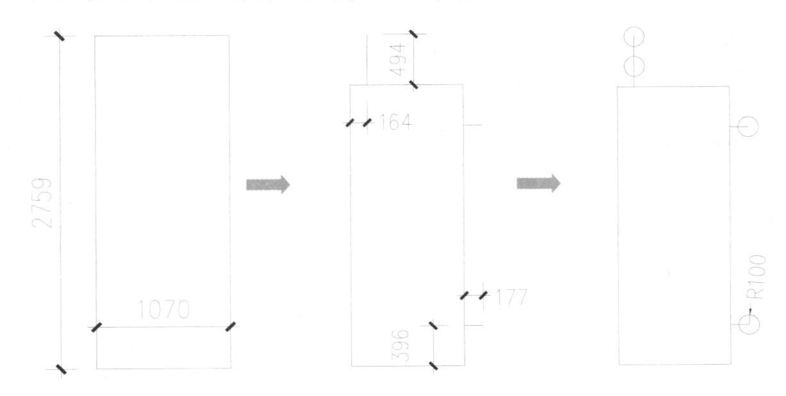

图 8-45　“冷水机组”图例

步骤 07 结合移动、复制和镜像等命令，将绘制的“冷水机组”、“冷却泵”和“冷却塔”放置到平面图相应的位置，如图 8-45 所示。

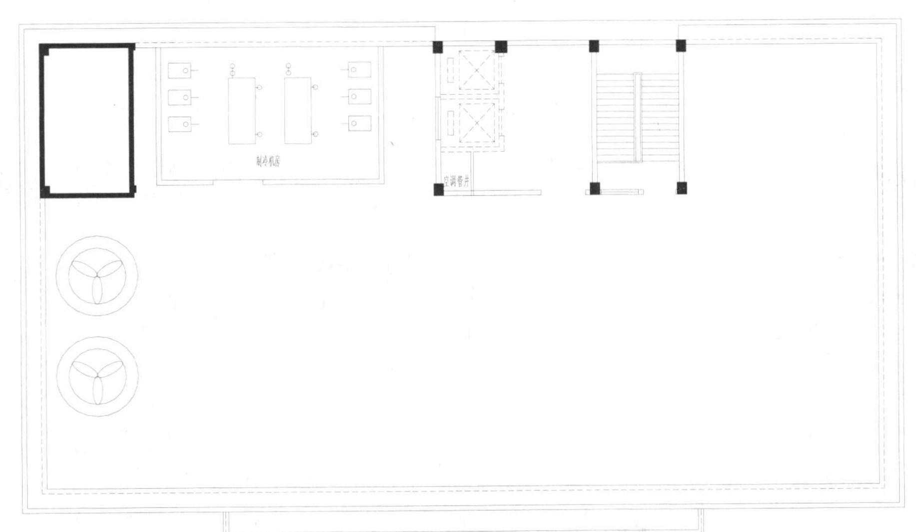

图 8-46　布置设备

步骤 08 执行“矩形”命令（REC），在“制冷机房”右下角位置绘制一个矩形，作为“电柜”，如图 8-46 所示。

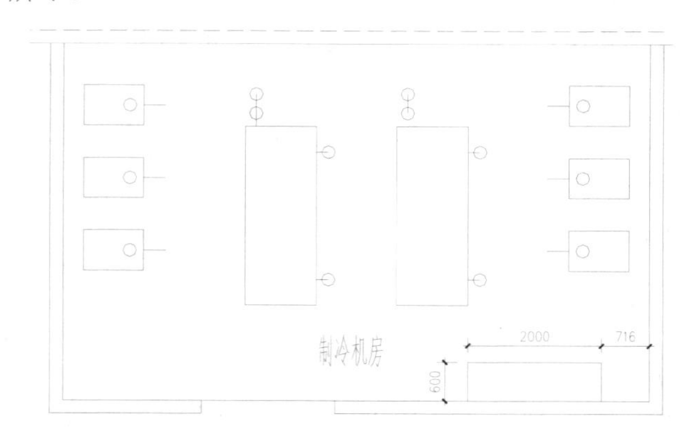

图 8-47 绘制电柜

步骤 09 执行“多行文字”命令（MT），选择“图内文字”文字样式，设置字高为 350，标注出各设备的名称，如图 8-47 所示。

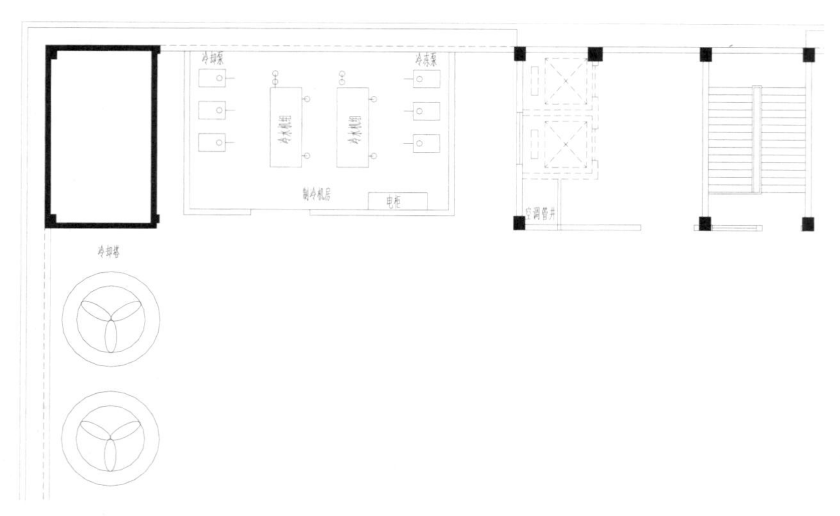

图 8-48 标注设备名

技巧：186 机房供水管线的布置

视频：技巧186-布置机房供水管线.avi
案例：宾馆屋顶机房平面图.dwg

技巧概述：绘制好了机房设备后，接下来绘制连接各设备的供水管线。

步骤 01 切换至“供水”图层，执行“圆”命令（C），在“空调管井”处，绘制半径为 100 的两个圆作为“供水立管”，如图 8-48 所示。

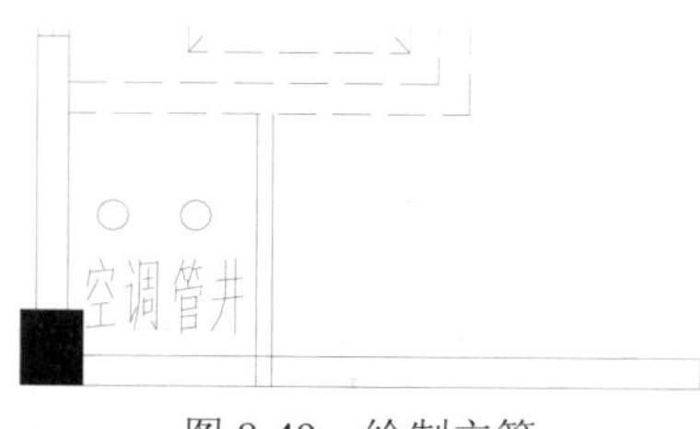

图 8-49 绘制立管

步骤 02 执行“多段线”命令（PL），设置全局宽度为 30，绘制由“供水立管”引出连接至“制冷机房”各个设备的管线，如图 8-49 所示。

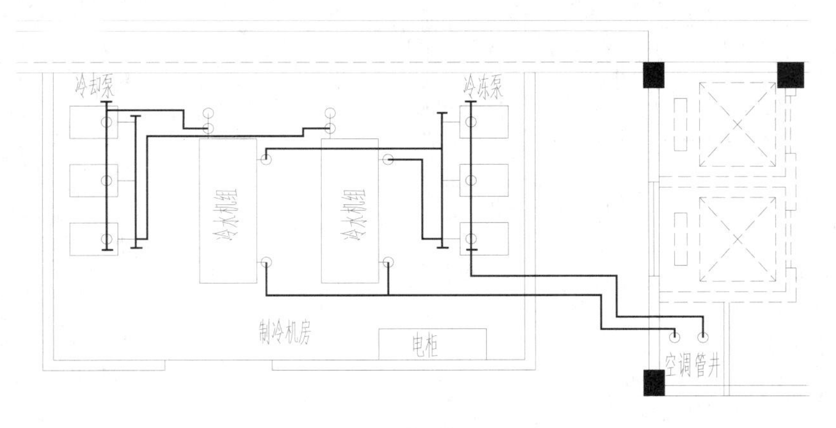

图 8-50　绘制供水管线 1

步骤 03 按空格键重复命令，继续绘制管线连接至下侧的“冷却塔”，效果如图 8-50 所示。

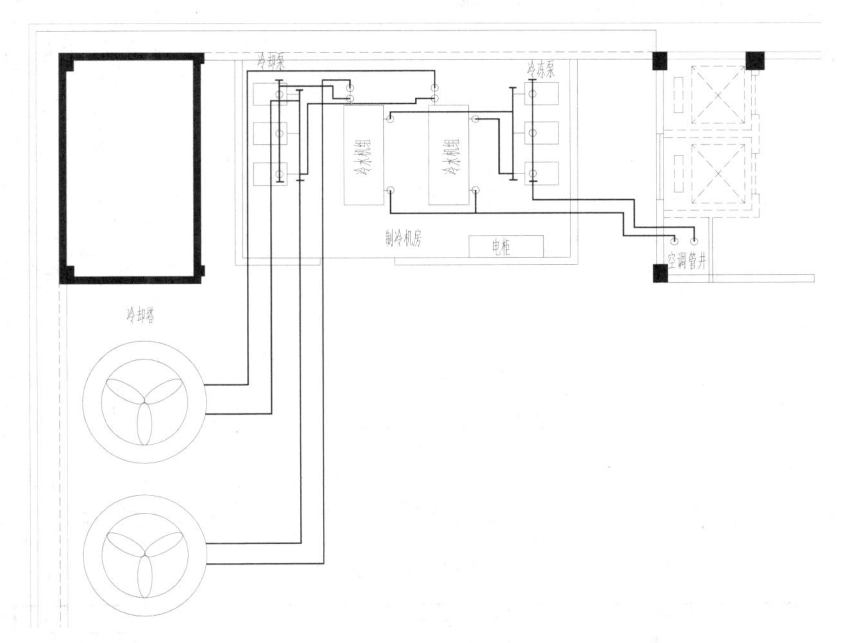

图 8-51　绘制供水管线 2

技巧：187　机房平面图的标注

视频：技巧187-机房平面图的标注.avi
案例：宾馆屋顶机房平面图.dwg

技巧概述：在前面绘制好了机房平面图后，下面来为其添加文字说明和图名标注。

步骤 01 切换至“标注”图层，执行“多行文字”命令（MT），选择“图名”文字样式，设置字高为 1000，在图形下方标注出图名；再设置字高为 900 在图名右侧标注出比例；再执行“多段线”命令（PL），设置宽度为 100，在图名下方绘制同长的水平多段线，如图 8-51 所示。

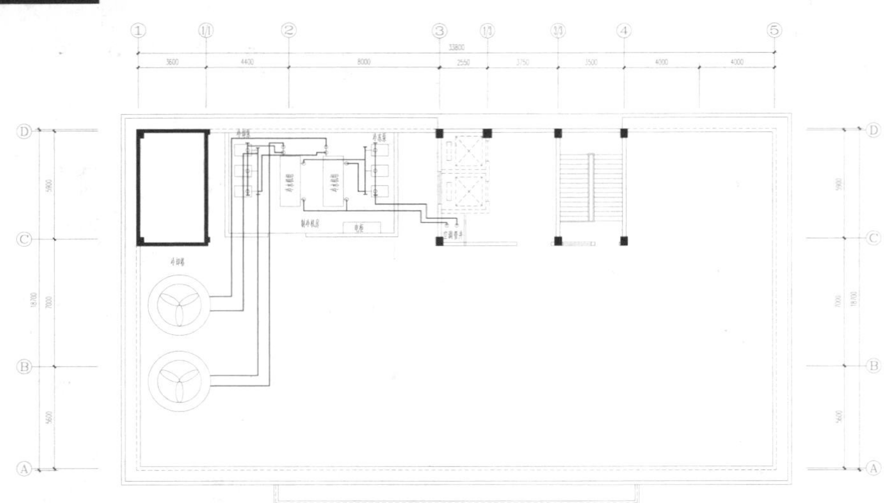

屋顶制冷机房平面图 1:100

图 8-52　图名标注

步骤 02 执行“直线”命令（L）和“偏移”命令（O），在空白位置绘制出表格，如图 8-52 所示。

图 8-53　绘制表格

步骤 03 执行“多行文字”命令（MT），选择“图内说明”文字样式，设置字高为 500，在表格内输入文字内容，以标注出各设置的材料说明，效果如图 8-53 所示。

主要设备材料表

序号	名称	型号/规格	数量	电源	功率(kW)
1	冷水机组	RCU120WHz 供冷量：425kW	2	380V	83
2	冷冻水泵	扬程：35m 流量：80m^3/h	3	380V	15
3	冷却水泵	扬程：24m 流量：100m^3/h	3	380V	11
4	冷却塔	流量：125m3/h	2	380V	4

图 8-54　输入表格文字

步骤 04 至此，该宾馆屋顶制冷机房平面图绘制完成，按【Ctrl+S】组合键进行保存。

第 9 章　建筑电气基础及图例的绘制技巧

- **本章导读**

本章主要讲解建筑电气基础知识及一些常用的建筑电气符号的绘制，包括开关符号、灯具符号、插座符号、电气符号、电视符号、消防符号、通信符号等，使读者掌握 AutoCAD 2014 建筑电气符号的绘制流程及电气图例的相关知识。

- **本章内容**

电气施工图的组成	电视插座的绘制	电度表的绘制
电气施工图的识读步骤	电话插座的绘制	插头和插座的绘制
绝缘导线与电缆的表示及含义	网络插座的绘制	电阻的绘制
照明灯具的标注	电视摄像机的绘制	可变电阻的绘制
照明配电线路的标注	放大器的绘制	滑线式电阻器的绘制
开关及熔断器的标注	干线分配放大器的绘制	电容器的绘制
照明配电箱的标注	三路分配器的绘制	可变电容的绘制
动合（常开）触点的绘制	可变均衡器的绘制	电感器的绘制
断路器的绘制	分支器的绘制	热继电器的绘制
动断（常闭）触点的绘制	前端箱的绘制	感烟探测器的绘制
隔离开关的绘制	分支分配器箱的绘制	手动报警装置的绘制
接地的绘制	终端电阻的绘制	报警电话的绘制
单极开关平面图例的绘制	引线的绘制	火灾声光警报器的绘制
单极拉线开关的绘制	普通灯的绘制	扬声器的绘制
双控开关的绘制	单管荧光灯的绘制	电源配电箱的绘制
延迟开关的绘制	半嵌式吸顶灯的绘制	直流发电机的绘制
调光器的绘制	防水防尘灯的绘制	交流发电机的绘制
钥匙开关的绘制	聚光灯的绘制	直流电动机的绘制
带保护暗装插座的绘制	天棚灯的绘制	交流电动机的绘制
双联二三级暗装插座的绘制	壁龛交接箱的绘制	火灾警铃的绘制

技巧：188　电气施工图的组成

视频：无
案例：无

技巧概述：电气施工图所涉及的内容往往根据建筑物不同的功能而有所不同，主要有建筑供配电、动力与照明、防雷与接地、建筑弱电等方面，用以表达不同的电气设计内容。

电气施工图由以下各部分组成。

1）图纸目录与设计说明

包括图纸内容、数量、工程概况、设计依据，以及图中未能表达清楚的各有关事项。例如，供电电源的来源、供电方式、电压等级、线路敷设方式、防雷接地、设备安装高度及安装方式、工程主要技术数据、施工注意事项等。

2）主要材料设备表

包括工程中所使用的各种设备和材料的名称、型号、规格、数量等，它是编制购置设备、材料计划的重要依据之一。

3）系统图

例如，变配电工程的供配电系统图、照明工程的照明系统图、电缆电视系统图等。系统图反映了系统的基本组成、主要电气设备、元件之间的连接情况，以及它们的规格、型号、参数等。

4）平面布置图

平面布置图是电气施工图中的重要图纸之一，例如，变配电所电气设备安装平面图、照明平面图、防雷接地平面图等，用来表示电气设备的编号、名称、型号及安装位置、线路的起始点、敷设部位、敷设方式及所用导线型号、规格、根数、管径大小等。通过阅读系统图，了解系统基本组成之后，就可以依据平面图编制工程预算和施工方案，然后组织施工。

5）控制原理图

包括系统中所用电气设备的电气控制原理，用以指导电气设备的安装和控制系统的调试运行工作。

6）安装接线图

包括电气设备的布置与接线，应与控制原理图对照阅读，进行系统的配线和调校。

7）安装大样图（详图）

安装大样图是详细表示电气设备安装方法的图纸，对安装部件的各部位注有具体图形和详细尺寸，是进行安装施工和编制工程材料计划时的重要参考。

技巧：189 电气施工图的识读步骤

视频：无
案例：无

（1）熟悉电气图例符号，弄清图例、符号所代表的内容。常用的电气工程图例及文字符号可参见国家颁布的《电气图形符号标准》。

（2）针对一套电气施工图，一般应先按以下顺序阅读，再对某部分内容进行重点识读。

① 看标题栏及图纸目录：了解工程名称、项目内容、设计日期及图纸内容、数量等。

② 看设计说明：了解工程概况、设计依据等，了解图纸中未能表达清楚的各有关事项。

③ 看设备材料表：了解工程中所使用的设备、材料的型号、规格和数量。

④ 看系统图：了解系统基本组成，主要电气设备、元件之间的连接关系，以及它们的规格、型号、参数等，掌握该系统的组成概况。

⑤ 看平面布置图：如照明平面图、防雷接地平面图等。了解电气设备的规格、型号、数量及线路的起始点、敷设部位、敷设方式和导线根数等。平面图的阅读可按照以下顺序进行：电源、进线、总配电箱、干线、支线、分配电箱、电气设备。

⑥ 看控制原理图：了解系统中电气设备的电气自动控制原理，以指导设备安装调试工作。

⑦ 看安装接线图：了解电气设备的布置与接线。

⑧ 看安装大样图：了解电气设备的具体安装方法、安装部件的具体尺寸等。

（3）对电气施工图要点进行识读，在识图时应抓住要点进行识读。

① 在明确负荷等级的基础上，了解供电电源的来源、引入方式及路数。

② 了解电源的进户方式是由室外低压架空引入还是电缆直埋引入。

③ 明确各配电回路的相序、路径、管线敷设部位、敷设方式，以及导线的型号和根数。

④ 明确电气设备、器件的平面安装位置。

（4）结合土建施工图进行阅读。

电气施工与土建施工结合得非常紧密，施工中常常涉及各工种之间的配合问题。电气施工平面图只反映了电气设备的平面布置情况，结合土建施工图的阅读还可以了解电气设备的立体布设情况。

（5）熟悉施工顺序，便于阅读电气施工图。例如，识读配电系统图、照明与插座平面图时，就应首先了解室内配线的施工顺序。

① 根据电气施工图确定设备安装位置、导线敷设方式、敷设路径及导线穿墙或楼板的位置。

② 结合土建施工进行各种预埋件、线管、接线盒、保护管的预埋。

③ 装设绝缘支持物、线夹等，敷设导线。

④ 安装灯具、开关、插座及电气设备。

⑤ 进行导线绝缘测试、检查及通电试验。

⑥ 工程验收。

（6）识读时，施工图中各图纸应协调配合阅读。

对于具体工程来说，说明配电关系时需要有配电系统图；说明电气设备、器件的具体安装位置时需要有平面布置图；说明设备工作原理时需要有控制原理图；表示元件连接关系时需要有安装接线图；说明设备、材料的特性、参数时需要有设备材料表等。这些图纸各自的用途不同，但相互之间是有联系并协调一致的。在识读时应根据需要，将各图纸结合起来识读，以达到对整个工程或分部项目全面了解的目的。

技巧：190　绝缘导线与电缆的表示及含义

视频：无
案例：无

技巧概述：35kV 及以下电力电缆型号及产品表示方法，主要有以下几个方面。

（1）用汉语拼音第一个字母的大写表示绝缘种类、导体材料、内护层材料和结构特点。例如，用 Z 代表纸（zhi）；L 代表铝（lv）；Q 代表铅（qian）；F 代表分相（fen）；ZR 代表阻燃（zuran）；NH 代表耐火（naihuo）。

（2）用数字表示外护层构成，有两位数字。无数字代表无铠装层，无外被层。第一位数字表示铠装，第二位数字表示外被，如粗钢丝铠装纤维外被表示为 41。

（3）电缆型号按电缆结构的排列一般依次为绝缘材料；导体材料；内护层；外护层。

（4）电缆产品用型号、额定电压和规格表示。其方法是在型号后再加上说明额定电压、芯数和标称截面积的阿拉伯数字。例如，VV42-10 3×50 表示铜芯、聚氯乙烯绝缘、粗钢线铠装、聚氯乙烯护套、额定电压 10kV、3 芯、标称截面积 50mm^2 的电力电缆。

电力电缆型号各部分的代号及其含义。

（1）绝缘种类：V 代表聚氯乙烯；X 代表橡胶；Y 代表聚乙烯；YJ 代表交联聚乙烯；Z 代表纸。

（2）导体材料：L 代表铝；T（省略）代表铜。

（3）内护层：V 代表聚氯乙烯护套；Y 代表聚乙烯护套；L 代表铝护套；Q 代表铅护套；H 代表橡胶护套；F 代表氯丁橡胶护套。

（4）特征：D 代表不滴流；F 代表分相；CY 代表充油；P 代表贫油干绝缘；P 代表屏蔽；Z 代表直流。

（5）控制层：0 代表无；2 代表双钢带；3 代表细钢丝；4 代表粗钢丝。

（6）外被层：0 代表无；1 代表纤维外被；2 代表聚氯乙烯护套；3 代表聚乙烯护套。

（7）阻燃电缆在代号前加 ZR；耐火电缆在代号前加 NH。

技巧：191 照明灯具的标注

视频：无
案例：无

技巧概述：灯具的标注是在灯具旁按灯具标注规定标注灯具数量、型号、灯具中的光源数量和容量、悬挂高度和安装方式。灯具光源按发光原理分为热辐射光源（如白炽灯和卤钨灯）和气体放电光源（荧光灯、高压汞灯、金属卤化物灯）。

照明灯具的标注格式如下。

- 一般灯具标注格式：$a\text{-}b\dfrac{c\times d\times L}{e}f$。
- 吸顶灯标注格式：$a\text{-}b\dfrac{c\times d\times L}{-}f$。

式中 a—灯具数量；

b—灯具型号（可不标注）；

c—每盏灯具的灯泡（管）数量；

d—灯泡（管）的容量（W）；

e—灯具安装高度（m）；

f—安装方式；

L—光源种类（1 种光源可不标注）。

例如，灯具标注：$12-\text{PAK-A04-236}\dfrac{2\times 36}{2.9}\text{P}$，表示 12 盏型号为 PAK-04-236 的双管荧光灯具，灯管的容量为 36W，管吊式安装，安装高度为 2.9m。

技巧：192 照明配电线路的标注

视频：无
案例：无

技巧概述：配电线路的标注用以表示线路的敷设方式及敷设部位，采用英文字母表示。

配电线路的标注格式如下。

- 一般标注格式：a-b(c×b)e-f；
- 两种芯线截面的标注：a－b(c×d＋n×h)e－f。

式中 a——线路编号（可不标注）；

b——导线或电缆型号；

c、n——线芯根数；

d、h——导线或电缆截面积 mm^2；

e——敷设方式（管径,mm）；

f——敷设部位。

例如，标注 BV(3×4)SC20-FC，WC 表示 3 根截面积为 $4mm^2$ 的塑料绝缘铜芯导线，穿管径为 20mm 的水煤气管暗敷设在地板内或墙内。

又如，标注 BV(3×50+1×25)SC50-FC 表示线路是铜芯塑料绝缘导线，三根 $50mm^2$，一根 $25mm^2$，穿管径为 50mm 的钢管沿地面暗敷。

技巧：193　开关及熔断器的标注

视频：无
案例：无

技巧概述： 开关及熔断器的表示，也为图形符号加文字标注。

- 其文字标注格式一般为 a-b-c/i 或 $a\dfrac{b}{c/i}$
- 若需要标注引入线的规格时，则标注为 $a\dfrac{b-c/i}{d(e\times f)-g}$

式中 a—设备编号（可不标注）；
　　b—设备型号；
　　c—额定电流（A）；
　　i—整定电流（可不标注）A；
　　d—导线型号；
　　e—导线根数；
　　f—导线截面积 mm^2；
　　g—敷设方式。

例如，标注 Q3DZ10-100/3-100/60 表示编号为 3 号的开关设备，其型号为 DZ10-100/3，即装置式 3 极低压空气断路器，其额定电流为 100A，脱扣器整定电流为 60A。

技巧：194　照明配电箱的标注

视频：无
案例：无

技巧概述： 照明配电箱标注格式及代号含义如图 9-1 所示。

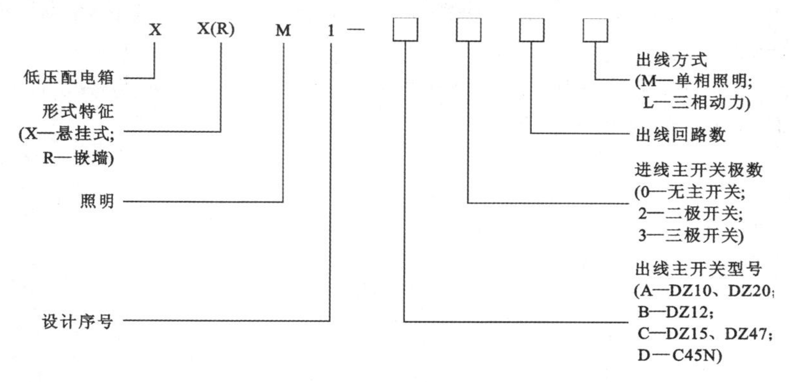

图 9-1　照明配电箱标注的含义

例如，型号为 XRM1-A312M 的配电箱，表示该照明配电箱为嵌墙安装，箱内装设一个型号为 DZ20 的进线主开关，单相照明出线开关为 12 个。

技巧：195　动合（常开）触点的绘制

视频：技巧 195-绘制动合（常开）触点.avi
案例：动合（常开）触点.dwg

技巧概述： 首先新建并保存一个新的 dwg 文件，再使用直线、旋转等命令来绘制该图例。

步骤 01 正常启动 AutoCAD 2014 软件，系统自动创建空白文件，单击“保存”按钮，将其保存为“案例\09\动合（常开）触点.dwg”文件。

步骤 02 执行“直线”命令（L），按“F8”键打开正交模式，绘制三条连续的垂直线段，如图 9-2 所示。

步骤 03 执行“旋转”命令（RO），选择中间线段，以下端点为基点，输入指定旋转角度为 25°，旋转结果如图 9-3 所示。

步骤 04 执行“基点”命令，指定垂直线段的上端点为基点。再按【Ctrl+S】组合键对文件进行保存。

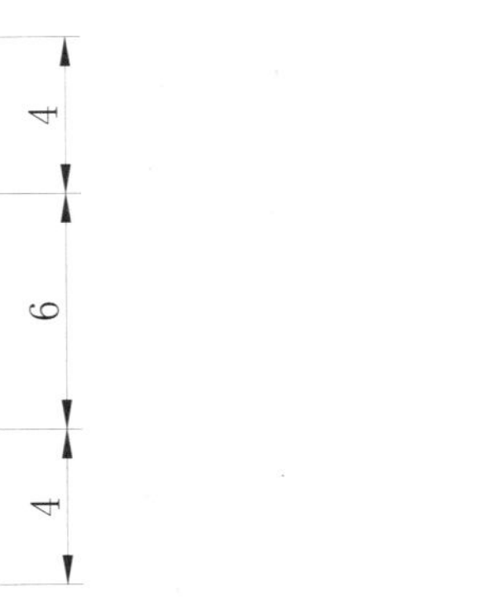

图 9-2　绘制线段

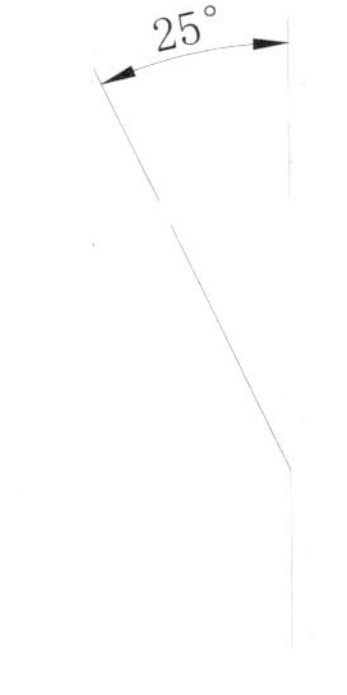

图 9-3　旋转线段

技巧：196　断路器的绘制

视频：技巧196-绘制断路器.avi
案例：断路器.dwg

技巧概述：“断路器”图例是在前面“动合触点”基础上，再使用直线、旋转、移动等命令来绘制的。

步骤 01 接上例，单击“另存为”按钮，将文件另存为“案例\09\断路器.dwg”文件。

步骤 02 执行“直线”命令（L），分别绘制长、高都为 2 且互相垂直的线段，如图 9-4 所示。

步骤 03 执行“旋转”命令（RO），将十字线段旋转 45°，如图 9-5 所示。

步骤 04 再执行“移动”命令（M），选择十字线，以十字交点为基点移动捕捉到前面垂直线段的下端点，如图 9-6 所示。

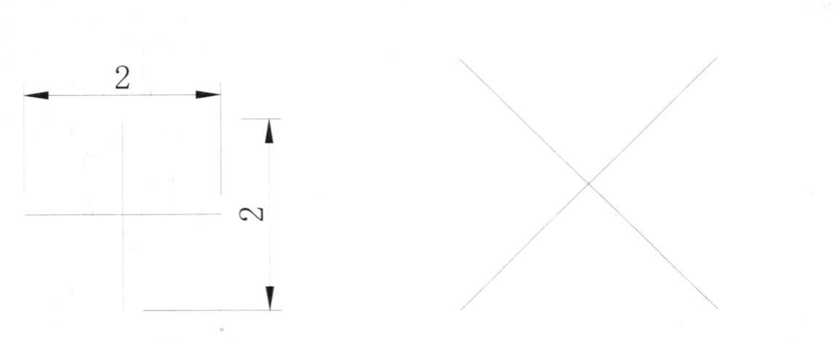

图 9-4　绘制线段　　图 9-5　旋转线段　　图 9-6　断路器

步骤 05 执行“基点”命令（BASE），单击上端点为基点；再按【Ctrl+S】组合键对文件进行保存。

技巧：197　动断（常闭）触点的绘制

视频：技巧 197-动断（常闭）触点的绘制.avi
案例：动断（常闭）触点.dwg

技巧概述：首先新建并保存一个新的 dwg 文件，再使用直线、旋转、移动等命令来绘制图例。

步骤 01 正常启动 AutoCAD 2014 软件，系统自动创建空白文件，单击“保存”按钮，将其保存为“案例\09\动断（常闭）触点.dwg”文件。

步骤 02 执行“直线”命令（L），在正交模式下绘制三条连续的垂直线段，如图 9-7 所示。

步骤 03 执行“旋转”命令（RO），选择中间线段以下端点为基点，输入指定旋转角度为-25°，如图 9-8 所示。

步骤 04 执行“直线”命令（L），在第一条垂直线段的下端向右绘制一条长为 6 的水平线段，如图 9-9 所示。

步骤 05 执行“移动”命令（M），将上、下两组线段组合在一起，效果如图 9-10 所示。

图 9-7　绘制线段　　图 9-8　旋转线段　　图 9-9　绘制线段　　图 9-10　移动图形

步骤 06 执行“基点”命令（BASE），单击上端点基点；再按【Ctrl+S】组合键对文件进行保存。

技巧：198　隔离开关的绘制

视频：技巧198-隔离开关的绘制.avi
案例：隔离开关.dwg

技巧概述：首先新建并保存一个新的 dwg 文件，再使用直线、旋转等命令来绘制图例。

步骤 01 正常启动 AutoCAD 2014 软件，系统自动创建空白文件，单击“保存”按钮，将其保存为“案例\09\隔离开关.dwg”文件。

步骤 02 执行“直线”命令（L），在正交模式下绘制三条连续的垂直线段，如图 9-11 所示。

步骤 03 执行“旋转”命令（RO），选择中间线段，以下端点为基点，输入指定旋转角度为 25°，如图 9-12 所示。

步骤 04 执行“直线”命令（L），在第一条垂直线段的下端绘制一条长为 2 的水平线段，如图 9-13 所示。

步骤 05 执行“基点”命令（BASE），单击上端点基点；再按【Ctrl+S】组合键对文件进行保存。

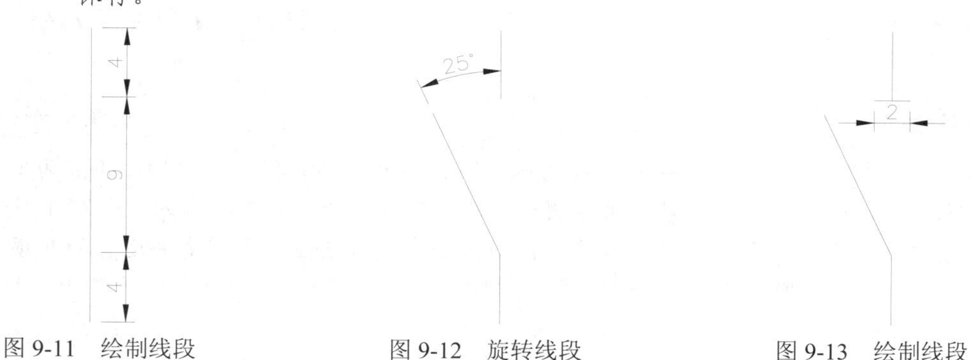

图 9-11　绘制线段　　图 9-12　旋转线段　　图 9-13　绘制线段

技巧：199 接地的绘制

视频：技巧199-接地的绘制.avi
案例：接地.dwg

技巧概述： 首先新建并保存一个新的 dwg 文件，再使用直线、缩放等命令来绘制图例。

步骤 01 正常启动 AutoCAD 2014 软件，系统自动创建空白文件，单击“保存”按钮，将其保存为“案例\09\接地.dwg”文件。

步骤 02 执行“直线”命令（L），绘制长为 8 的水平线段；再执行“偏移”命令（O），将线段向下依次偏移 2、2，如图 9-14 所示。

步骤 03 执行“缩放”命令（SC），选择中间线段，指定该中点为基点，输入比例因子为 6/8，按空格键以将中间条线段缩短成为 6，如图 9-15 所示。

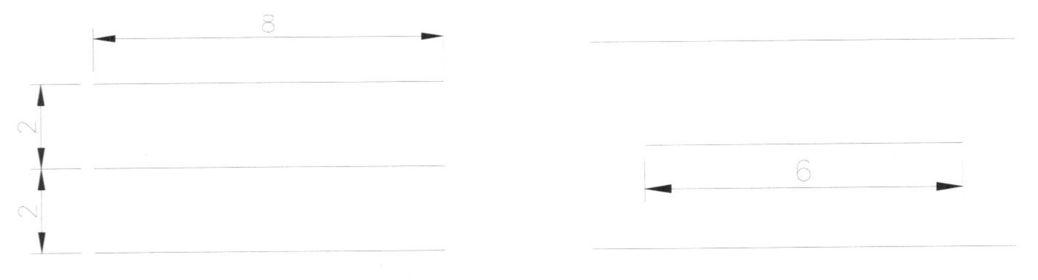

图 9-14 偏移线段　　图 9-15 缩放线段 1

步骤 04 根据同样的方法，选择最下侧线段，指定该中点为基点，输入比例因子为 2/8，按空格键以将第二条线段缩短成为 2，如图 9-16 所示。

步骤 05 执行“直线”命令（L），在水平线上端中点向上绘制长 6 的垂直线段，如图 9-17 所示。

图 9-16 缩放线段 2　　图 9-17 绘制线段展

步骤 06 执行“基点”命令（BASE），单击上端点基点；再按【Ctrl+S】组合键对文件进行保存。

专业技能 ★★★☆☆

在进行“缩放”操作中，若要将 8mm 的线段缩放为 6mm 的线段，缩放的比例应为 6÷8=0.75，而 AutoCAD 自带运算功能，可在提示“输入比例因子”时直接输入“6/8”（新值/原值），系统会自动计算并缩放成为相应的比例大小，这样绘图者即可省去运算的麻烦。

技巧：200　单极开关平面图例的绘制

视频：技巧200-绘制单极开关平面图例.avi
案例：单极开关平面图例.dwg

技巧概述：首先新建并保存一个新的 dwg 文件，再使用圆、直线、旋转等命令来绘制图例。

步骤 01 正常启动 AutoCAD 2014 软件，系统自动创建空白文件，单击“保存”按钮，将其保存为“案例\09\单极开关平面图例.dwg”文件。

步骤 02 执行“圆”命令（C），绘制一个半径为 26 的圆，如图 9-18 所示。

步骤 03 执行“直线”命令（L），捕捉圆右侧象限点为起点向右绘制一条长 84 的水平线，再转向下绘制长 25 的垂直线，如图 9-19 所示。

步骤 04 执行“旋转”命令（RO），选择两条线段，指定圆心为基点，输入角度 45°，旋转效果如图 9-20 所示。

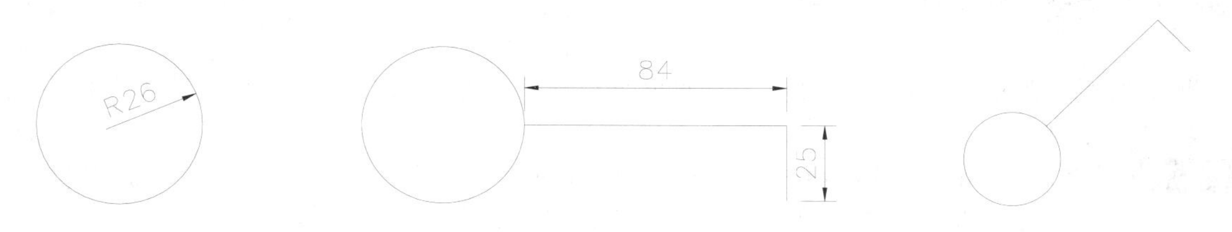

图 9-18　绘制圆　　图 9-19　绘制线段　　图 9-20　旋转线段

步骤 05 执行“基点”命令（BASE），单击圆心为基点；再按【Ctrl+S】组合键对文件进行保存。

> **专业技能**　★★★☆☆
>
> 可在“单极开关”图形上增加一条斜线即可形成“双极开关”图例如图 9-21 所示。以此类推可得到“三极开关”，如图 9-22 所示。

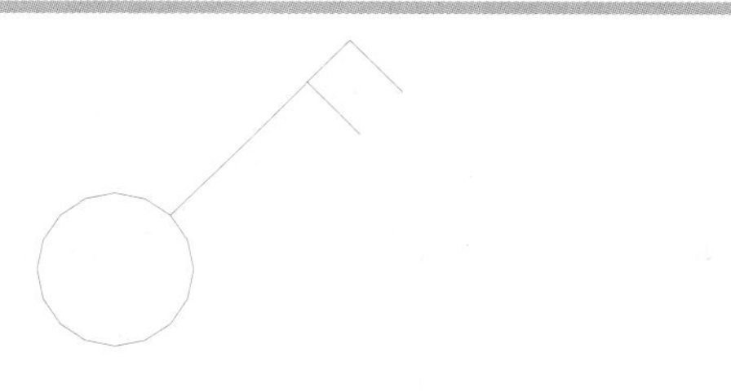

图 9-21　双极开关　　图 9-22　三极开关

技巧：201　单极拉线开关的绘制

视频：技巧201-绘制单极拉线开关.avi
案例：单极拉线开关.dwg

技巧概述：前一实例绘制了“单极开关”，本实例调用“单极开关”并另存为新的文件，然后使用多段线命令来绘制单极拉线开关图例。

步骤 01 接上例，单击“另存为”按钮，将文件另存为“案例\09\单极拉线开关.dwg”文件。

步骤 02 执行“多段线”命令（PL），以斜线垂足点为起点，向下绘制长 30 的垂直线段；再根据命令提示设置起点宽度为 7，终点宽度为 0，继续向下绘制长 20 的箭头，如图 9-23 所示。

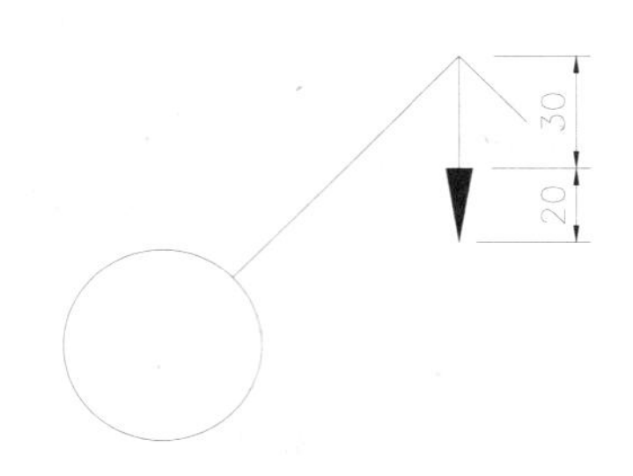

图 9-23 单极拉线开关

步骤 03 执行“基点”命令（BASE），单击圆心为基点；再按【Ctrl+S】组合键对文件进行保存。

技巧：202 双控开关的绘制

视频：技巧202-绘制双控开关.avi
案例：双控开关.dwg

技巧概述：本实例调用“单极开关”并另存为新的文件，然后使用直线、旋转等命令来绘制双控开关图例。

步骤 01 正常启动 AutoCAD 2014 软件，在“快速访问”工具栏中，单击“打开”按钮，将“案例\09\单极开关平面图例.dwg”文件打开如图 9-24 所示。

步骤 02 再单击“另存为”按钮，将文件另存为“案例\09\双控开关.dwg”文件。

步骤 03 执行“直线”命令（L），捕捉圆左侧象限点为起点向左绘制一条长 84 的水平线，再转向上绘制长 25 的垂直线，如图 9-25 所示。

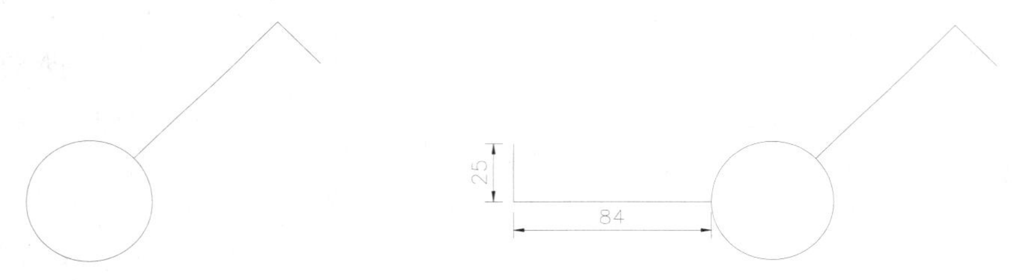

图 9-24 打开的图形　　图 9-25 绘制直线

步骤 04 执行“旋转”命令（RO），选择刚绘制的两条线段，指定圆心为基点，输入角度 45°，旋转效果如图 9-26 所示。

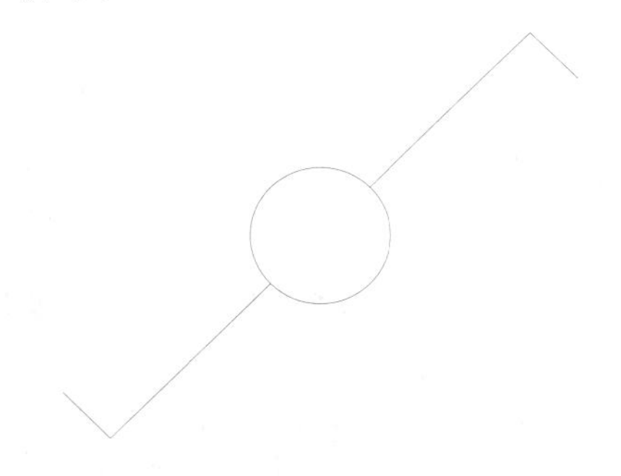

图 9-26 旋转直线

步骤 05 执行“基点”命令（BASE），单击圆心为基点；再按【Ctrl+S】组合键对文件进行保存。

技巧：203　延迟开关的绘制

视频：技巧203-绘制延迟开关.avi
案例：延迟开关.dwg

技巧概述：本实例调用“单极开关”并另存为新的文件，然后使用单行文字等命令来绘制延迟开关图例。

步骤 01 正常启动 AutoCAD 2014 软件，在“快速访问”工具栏中，单击“打开”按钮，将“案例\09\单极开关平面图例.dwg”文件打开，如图 9-27 所示。

步骤 02 再单击“另存为”按钮，将文件另存为“案例\09\延迟开关.dwg”文件。

步骤 03 执行“单行文字”命令（DT），在图形右下侧位置单击，输入文字高度为 50，输入“t”，如图 9-28 所示。

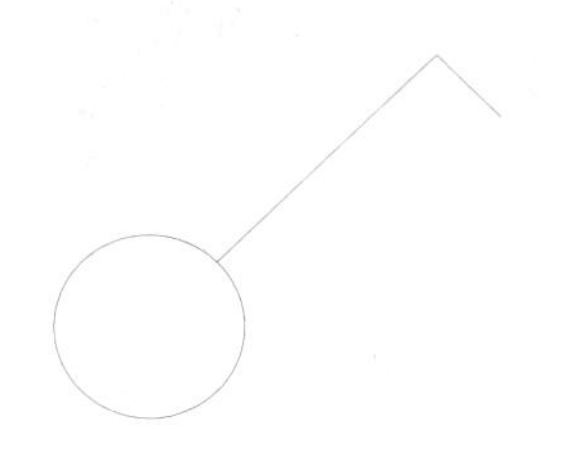

图 9-27　打开的图形

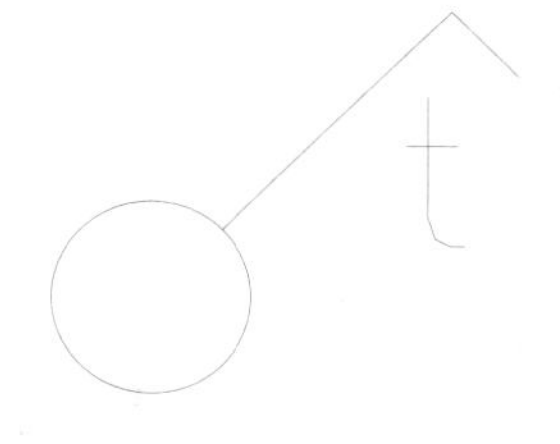

图 9-28　输入单行文字

步骤 04 执行“基点”命令（BASE），单击圆心为基点；再按【Ctrl+S】组合键对文件进行保存。

技巧：204　调光器的绘制

视频：技巧204-绘制调光器.avi
案例：调光器.dwg

技巧概述：首先新建并保存一个新的 dwg 文件，再使用圆、直线、旋转等命令来绘制调光器图例。

步骤 01 正常启动 AutoCAD 2014 软件，系统自动创建空白文件，单击“保存”按钮，将其保存为“案例\09\调光器.dwg”文件。

步骤 02 执行“圆”命令（C），绘制一个半径为 26 的圆，如图 9-29 所示。

步骤 03 再执行“直线”命令（L），在圆右侧绘制长 84 的直线，如图 9-30 所示。

图 9-29　绘制圆

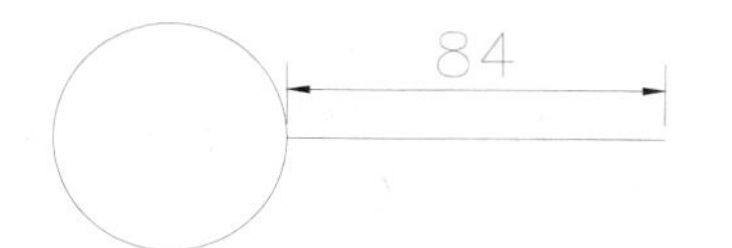

图 9-30　绘制直线

步骤 04 执行“旋转”命令（RO），将直线以圆心为基点旋转 45°，如图 9-31 所示。

步骤 05 再执行“直线”命令（L），在斜线上绘制一个三角形，如图 9-32 所示。

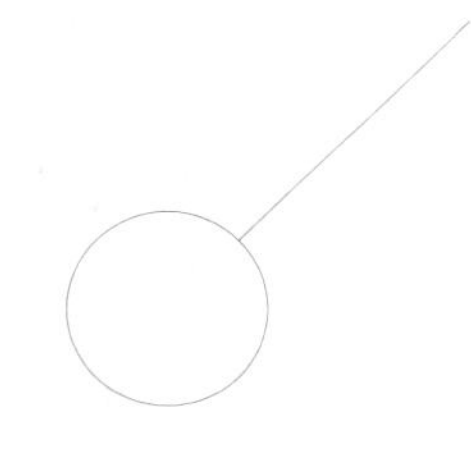

图 9-31　旋转直线

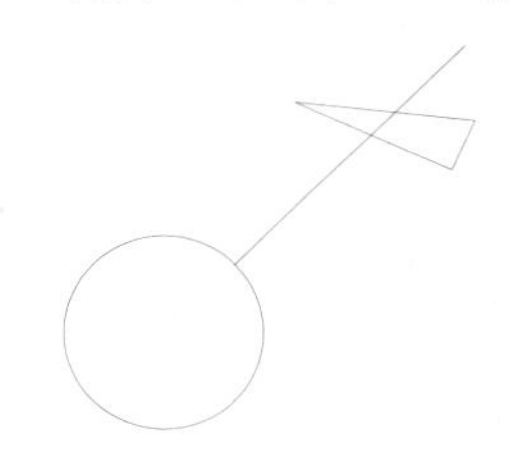

图 9-32　绘制三角形

步骤06 执行"基点"命令（BASE），单击圆心为基点；再按【Ctrl+S】组合键对文件进行保存。

技巧：205 钥匙开关的绘制

视频：技巧205-绘制钥匙开关.avi
案例：钥匙开关.dwg

技巧概述：首先新建并保存一个新的dwg文件，再使用矩形、圆、直线等命令来绘制钥匙开关图例。

步骤01 正常启动AutoCAD 2014软件，系统自动创建空白文件，单击"保存"按钮，将其保存为"案例\09\钥匙开关.dwg"文件。

步骤02 执行"矩形"命令（REC），绘制一个104×146的矩形，如图9-33所示。

步骤03 执行"圆"命令（C），在矩形内绘制一个半径为21的圆，如图9-34所示。

步骤04 再执行"直线"命令（L），在圆下侧绘制出如图9-35所示的线段。

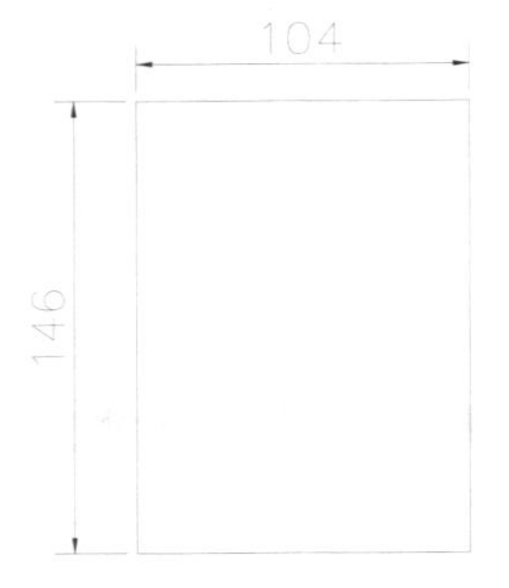

图9-33 绘制矩形

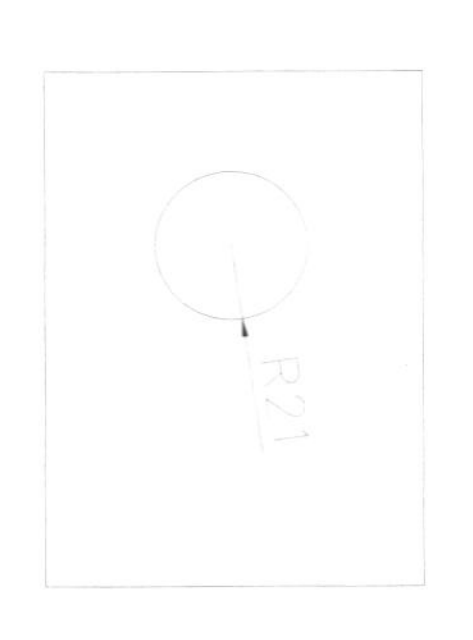

图9-34 绘制圆

图9-35 绘制线段

步骤05 执行"基点"命令（BASE），单击圆心为基点；再按【Ctrl+S】组合键对文件进行保存。

技巧：206 带保护暗装插座的绘制

视频：技巧206-绘制暗装插座.avi
案例：暗装插座.dwg

技巧概述：首先新建并保存一个新的dwg文件，再使用圆、直线、修剪、图案填充等命令来绘制该图例。

步骤01 正常启动AutoCAD 2014软件，系统自动创建空白文件，单击"保存"按钮，将其保存为"案例\09\带保护暗装插座.dwg"文件。

步骤02 执行"圆"命令（C），绘制一个半径为60的圆，如图9-36所示。

步骤03 执行"直线"命令（L），绘制圆的水平直径线；再执行"偏移"命令（O），将直径线向下偏移6，如图9-37所示。

步骤04 执行"修剪"命令（TR），修剪掉下半圆，如图9-38所示。

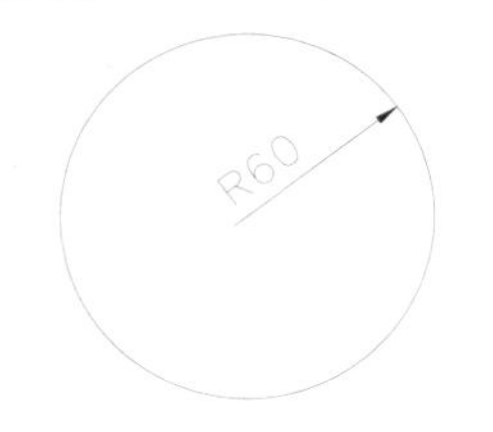

图9-36 绘制圆

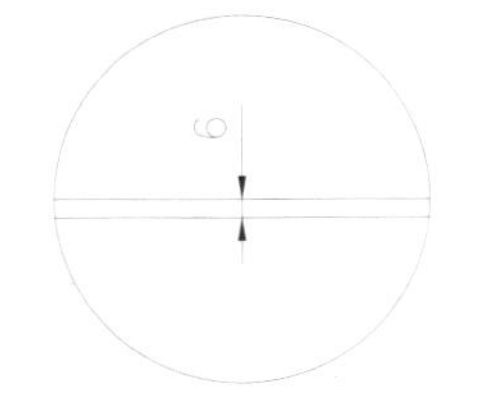

图9-37 绘制偏移线段

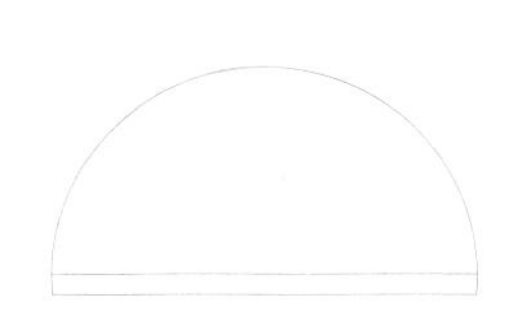
图9-38 修剪半圆

步骤05 执行"删除"命令（E），将下水平线删除，如图9-39所示。

步骤 06 执行“图案填充”命令（H），对上半圆填充“SOLTD”的图案，如图 9-40 所示。

步骤 07 再执行“直线”命令（L），在上侧绘制长 63 的垂直线段和长 125 的水平线段，如图 9-41 所示。

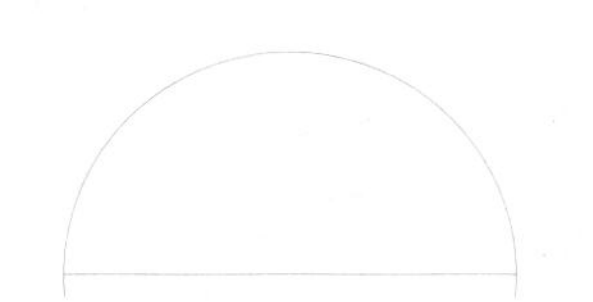

图 9-39　删除下水平边

图 9-40　填充图案

图 9-41　绘制线段

步骤 08 执行“基点”命令（BASE），单击上端点为基点；再按【Ctrl+S】组合键对文件进行保存。

技巧：207　双联二三级暗装插座的绘制

视频：技巧207-绘制双联二三级暗装插座.avi
案例：双联二三级暗装插座.dwg

技巧概述： 本实例调用前面的“带保护暗装插座”并另存为新的文件，再使用复制、删除等命令来绘制双联二三级暗装插座图例。

步骤 01 接上例，单击“另存为”按钮，将文件另存为“案例\09\双联二三级暗装插座.dwg”文件。

步骤 02 执行“复制”命令（CO），将“暗装插座”复制出一份，如图 9-42 所示。

步骤 03 执行“删除”命令（E），将其中一个插座的水平线删除，效果如图 9-43 所示。

图 9-42　复制插座

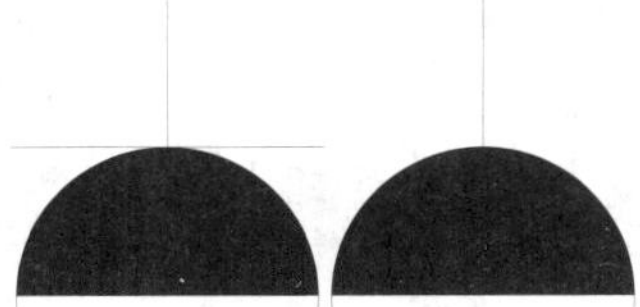

图 9-43　删除水平线

步骤 04 执行“基点”命令（BASE），单击左插座上端点为基点；再按【Ctrl+S】组合键对文件进行保存。

技巧：208　电视插座的绘制

视频：技巧208-绘制电视插座.avi
案例：电视插座.dwg

技巧概述： 首先新建并保存一个新的 dwg 文件，再使用矩形、分解、删除、直线、单行文字等命令来绘制电视插座图例。

步骤 01 正常启动 AutoCAD 2014 软件，系统自动创建空白文件，单击“保存”按钮，将其保存为“案例\09\电视插座.dwg”文件。

步骤 02 执行“矩形”命令（REC），绘制一个 500×250 的矩形，如图 9-44 所示。

步骤 03 执行“分解”命令（X），将矩形分解打散为四条边；再执行“删除”命令（E），将上水平边删除，效果如图 9-45 所示。

步骤 04 执行“直线”命令（L），在下水平线中点处向下绘制长 250 的垂直线段，如图 9-46 所示。

步骤 05 执行“单行文字”命令（DT），在矩形内单击，设置字高为 250，标注出电视代号“TV”，如图 9-47 所示。

图 9-44　绘制矩形

图 9-45　删除上边

图 9-46　绘制线段

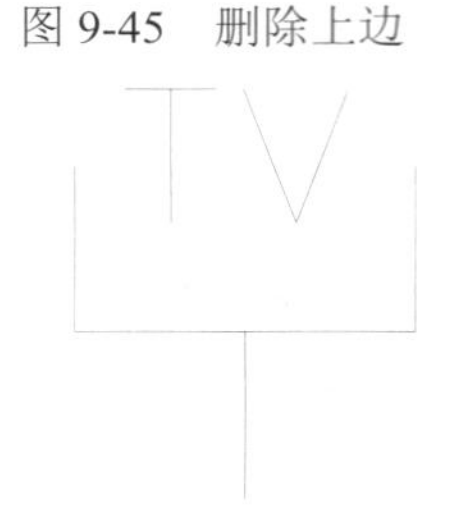

图 9-47　文字标注

步骤 06 执行“基点”命令（BASE），单击直线下端点基点；再按【Ctrl+S】组合键对文件进行保存。

技巧：209 电话插座的绘制

视频：技巧209-绘制电话插座.avi
案例：电话插座.dwg

技巧概述： 电话插座的绘制方法和电视插座绘制方法是一样的，在这里可以借用前面的电视插座图形来完成电话插座的绘制。

步骤 01 接上例，再单击“另存为”按钮，将文件另存为“案例\09\电话插座.dwg”文件。

步骤 02 双击文字“TV”，修改为“TP”，效果如图 9-48 所示。

步骤 03 执行“基点”命令（BASE），单击直线下端点基点；再按【Ctrl+S】组合键对文件进行保存。

技巧：210 网络插座的绘制

视频：技巧210-绘制网络插座.avi
案例：网络插座.dwg

技巧概述： 网络插座可以借用前面的电话插座，在此基础上来修改文字内容即可。

步骤 01 接上例，再单击“另存为”按钮，将文件另存为“案例\09\网络插座.dwg”文件。

步骤 02 双击文字“TP”，修改为“TO”，效果如图 9-49 所示。

步骤 03 执行“基点”命令（BASE），单击直线下端点基点；再按【Ctrl+S】组合键对文件进行保存。

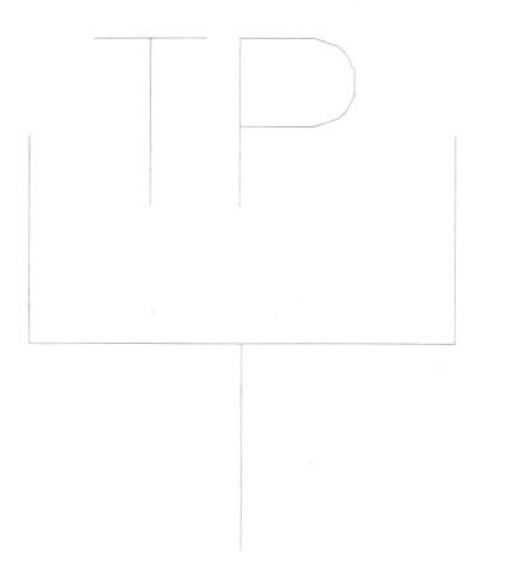

图 9-48　电话插座

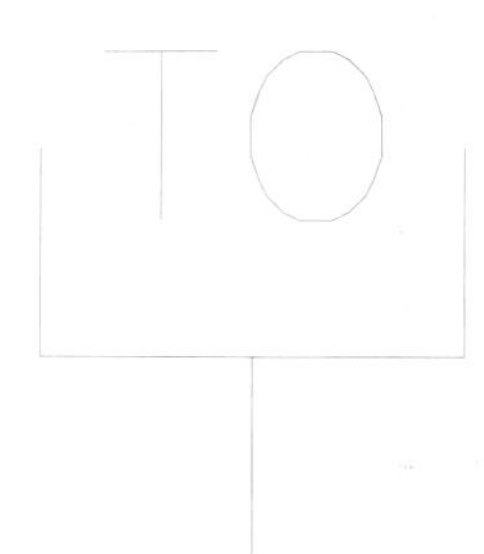

图 9-49　网络插座

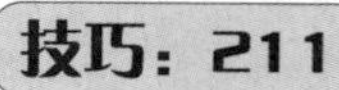

技巧：211　电视摄像机的绘制

视频：技巧211-绘制电视摄像机.avi
案例：电视摄像机.dwg

技巧概述：首先新建并保存一个新的 dwg 文件，再使用直线、偏移、修剪等命令来绘制电视摄像机图例。

步骤 01 正常启动 AutoCAD 2014 软件，系统自动创建空白文件，单击“保存”按钮，将其保存为“案例\09\电视摄像机.dwg”文件。

步骤 02 执行“直线”命令（L），根据图 9-50 所示绘制一个直角梯形。

步骤 03 再捕捉垂直边中点绘制一条长 750 的水平线，如图 9-51 所示。

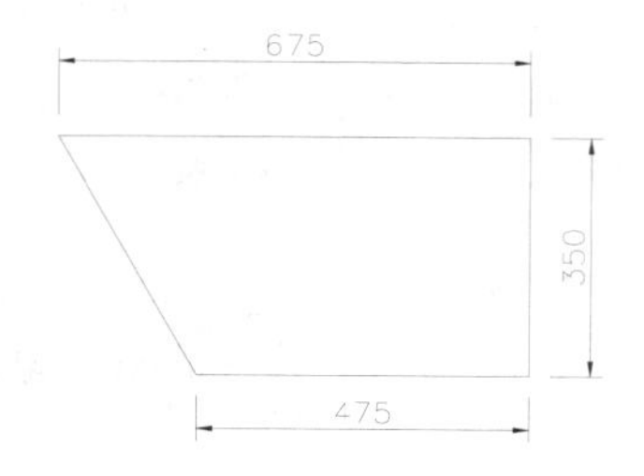

图 9-50　绘制梯形

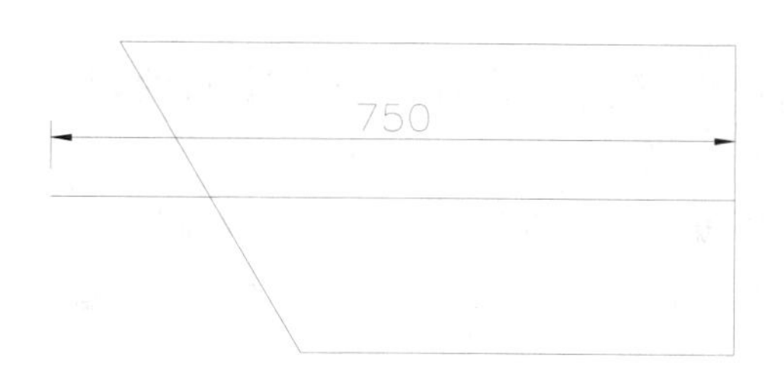

图 9-51　绘制线段

步骤 04 执行“偏移”命令（O），将水平线向上和向下各偏移 50；再执行“直线”命令（L），连接偏移线段的两端点，如图 9-52 所示。

步骤 05 执行“修剪”命令（TR）和执行“删除”命令（E），将线条多余的部分修剪删除掉，效果如图 9-53 所示。

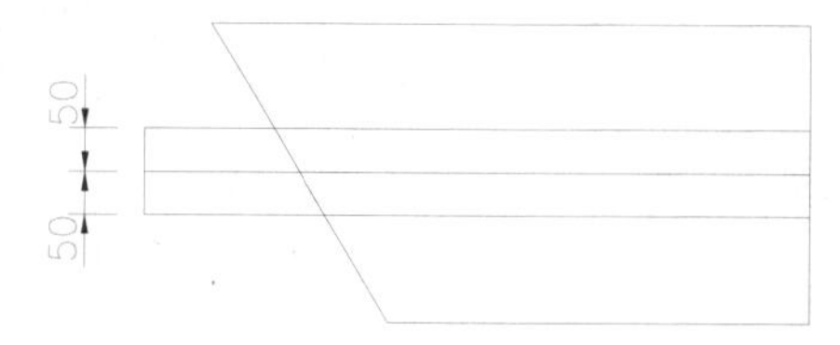

图 9-52　绘制偏移线段

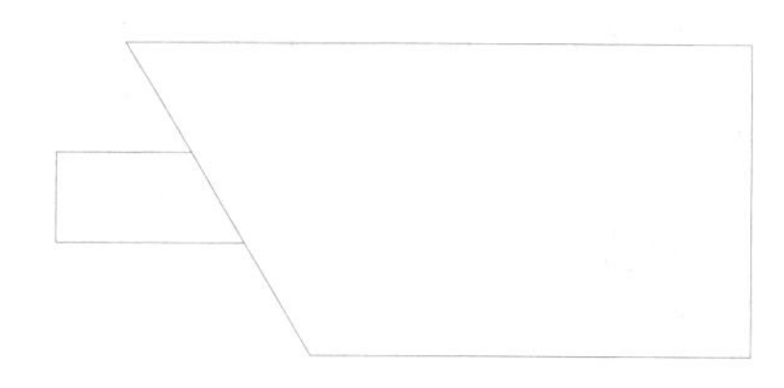

图 9-53　修剪效果

步骤 06 执行“基点”命令（BASE），单击上水平边中点基点；再按【Ctrl+S】组合键对文件进行保存。

技巧：212　放大器的绘制

视频：技巧212-绘制放大器.avi
案例：放大器.dwg

技巧概述：首先新建并保存一个新的 dwg 文件，再使用正多边形和直线等命令来绘制放大器图例。

步骤 01 正常启动 AutoCAD 2014 软件，系统自动创建空白文件，单击“保存”按钮，将其保存为“案例\09\放大器.dwg”文件。

步骤 02 执行“正多边形”命令（POL），输入侧面数为 3，再选择“边（E）”选项，单击一点并垂直向下拖动，输入边长为 280，以绘制一个等边三角形，如图 9-54 所示。

步骤 03 执行“直线”命令（L），捕捉中点和端点分别绘制长 130 的水平线段，如图 9-55 所示。

步骤 04 执行“基点”命令（BASE），单击水平线段左端点为基点；再按【Ctrl+S】组合键对文件进行保存。

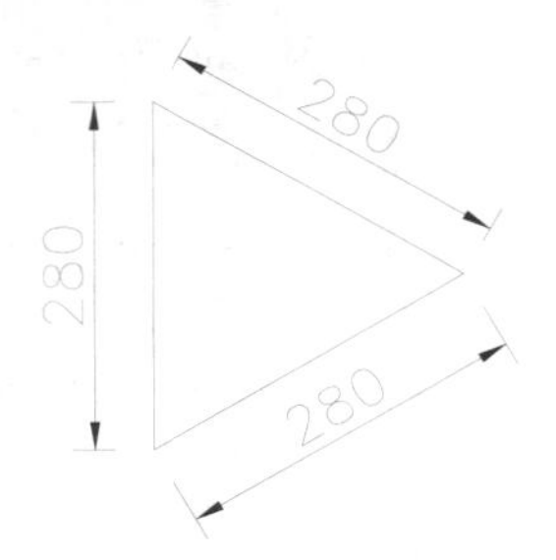

图 9-54 绘制三角形

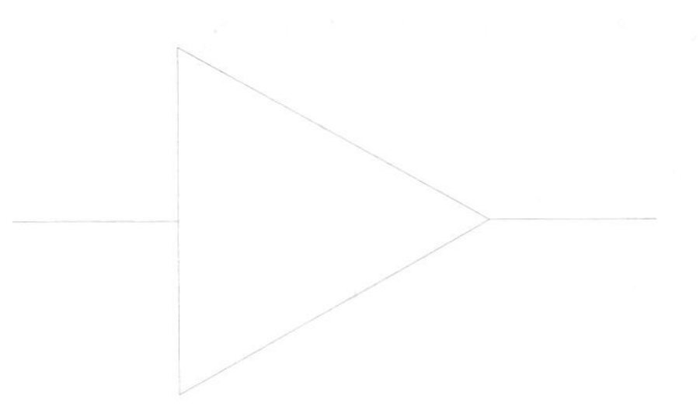

图 9-55 绘制线段

技巧：213 干线分配放大器的绘制

视频：技巧213-绘制干线分配放大器.avi
案例：干线分配放大器.dwg

技巧概述： 干线分配放大器是调用前一实例“放大器”来绘制的，其绘制方法如下。

步骤 01 接上例，再单击“另存为”按钮，将文件另存为“案例\09\干线分配放大器.dwg”文件。

步骤 02 执行“直线”命令（L），在放大器右端点绘制一条垂直线，如图 9-56 所示。

步骤 03 执行“圆弧”命令（A），选择“圆心（C）”选项，单击上一步垂直线的中点为圆心，再依次指定下端点、上端点绘制一个圆弧，如图 9-57 所示。

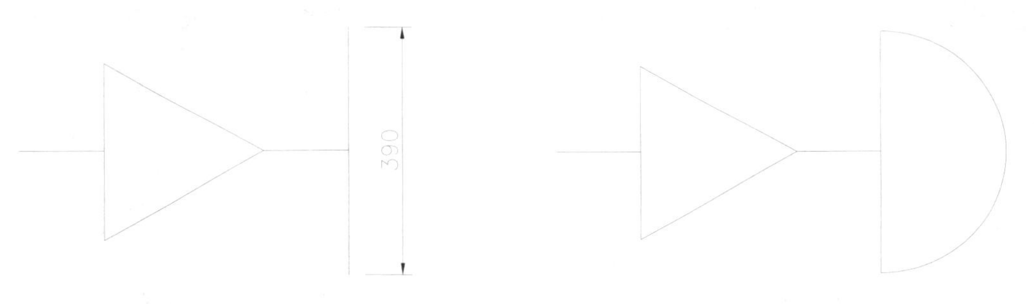

图 9-56 绘制线段　　图 9-57 绘制圆弧

步骤 04 执行“基点”命令（BASE），单击左线段的左端点为基点；再按【Ctrl+S】组合键对文件进行保存。

技巧：214 三路分配器的绘制

视频：技巧214-绘制三路分配器.avi
案例：三路分配器.dwg

技巧概述： 首先新建并保存一个新的 dwg 文件，再使用圆、直线、修剪、旋转等命令来绘制三路分配器图例。

步骤 01 正常启动 AutoCAD 2014 软件，系统自动创建空白文件，单击“保存”按钮，将其保存为“案例\09\三路分配器.dwg”文件。

步骤 02 执行“圆”命令（C），绘制一个半径为 313 的圆，如图 9-58 所示。

步骤 03 执行“直线”命令（L），绘制出圆直径和半径线，如图 9-59 所示。

步骤 04 执行“修剪”命令（TR），修剪掉左半圆弧，如图 9-60 所示。

图 9-58　绘制圆

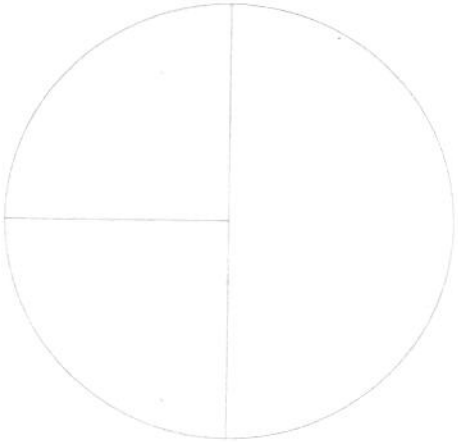

图 9-59　绘制线段 1

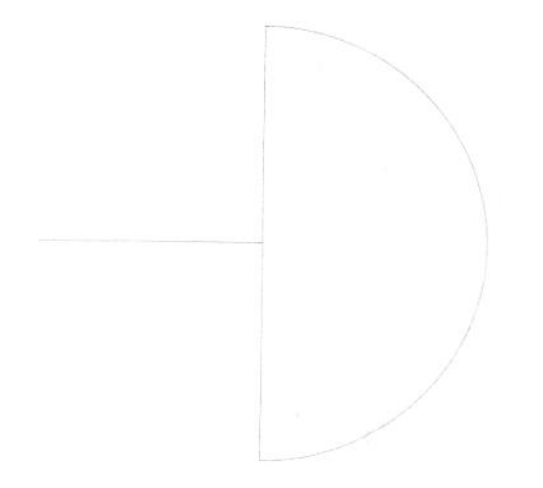

图 9-60　修剪圆弧

步骤 05 执行“直线”命令（L），在圆右侧绘制长 300 的水平线，如图 9-61 所示。

步骤 06 执行“旋转”命令（RO），将上一步的水平线段以圆心进行复制旋转，旋转的角度分别为 45° 和-45°，效果如图 9-62 所示。

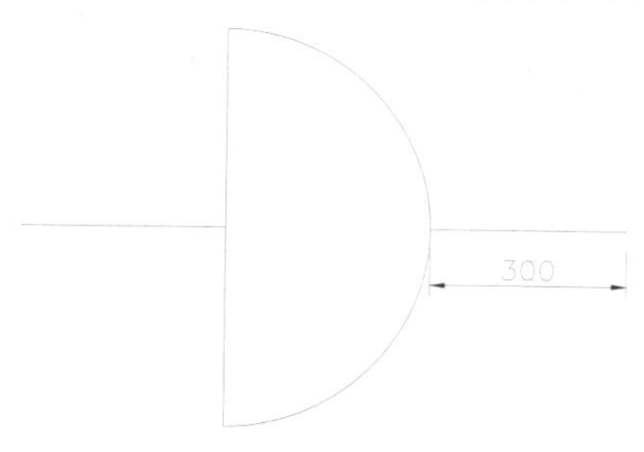

图 9-61　绘制线段 2

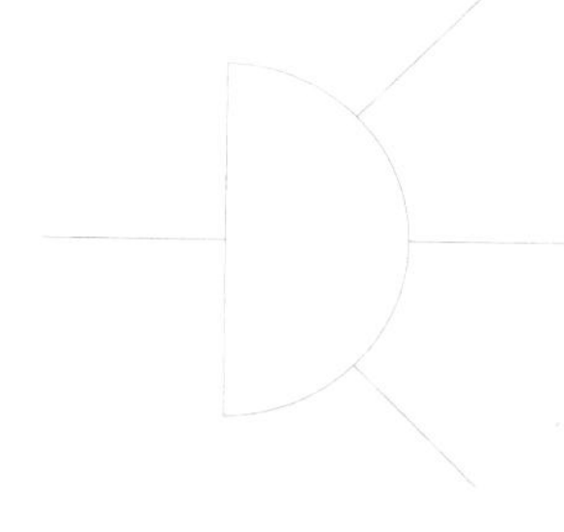

图 9-62　复制旋转线段

步骤 07 执行“基点”命令（BASE），单击左水平线左端点为基点；再按【Ctrl+S】组合键对文件进行保存。

技巧：215　可变均衡器的绘制

视频：技巧215-绘制可变均衡器.avi
案例：可变均衡器.dwg

技巧概述：首先新建并保存一个新的 dwg 文件，再使用直线、多段线、旋转和移动等命令来绘制可变均衡器图例。

步骤 01 正常启动 AutoCAD 2014 软件，系统自动创建空白文件，单击“保存”按钮，将其保存为“案例\09\可变均衡器.dwg”文件。

步骤 02 执行“直线”命令（L），绘制互相垂直的两条线段，如图 9-63 所示。

步骤 03 按空格键重复“直线”命令，连接端点以绘制一个四边形，如图 9-64 所示。

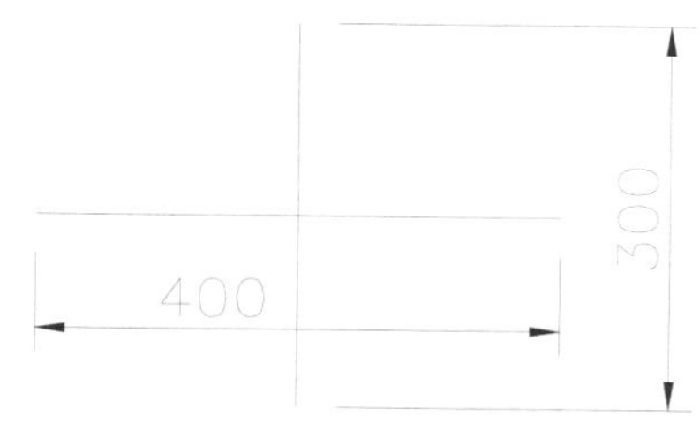

图 9-63　绘制十字线

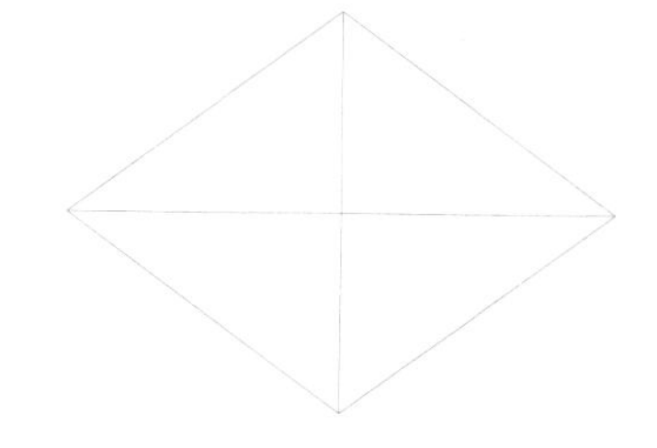

图 9-64　绘制四边形

步骤 04 执行“删除”命令（E），将十字线删除；再执行“直线”命令（L），在左、右角点处各向外绘制长 200 的水平线，如图 9-65 所示。

步骤 05 执行“多段线”命令（PL），在图形外侧首先绘制第一段长 450 的水平线；再设置起点宽度为 25，终点宽度为 0，绘制第二段长为 50 的箭头，如图 9-66 所示。

图 9-65　绘制水平线

图 9-66　绘制多段线

步骤 06 执行“旋转”命令（RO），将多段线旋转 37°；然后执行“移动”命令（M），将其移动到前面四边形位置，如图 9-67 所示。

图 9-67　旋转并移动多段线

步骤 07 执行“基点”命令（BASE），单击左线段左端点为基点；再按【Ctrl+S】组合键对文件进行保存。

技巧：216　分支器的绘制

视频：技巧216-绘制分支器.avi
案例：分支器.dwg

技巧概述：首先新建并保存一个新的 dwg 文件，再使用圆、直线、复制、镜像、阵列、删除等命令来绘制分支器图例。

步骤 01 正常启动 AutoCAD 2014 软件，系统自动创建空白文件，单击“保存”按钮，将其保存为“案例\09\分支器.dwg”文件。

步骤 02 执行“圆”命令（C），绘制一个半径为 350 的圆，如图 9-68 所示。

步骤 03 执行“直线”命令（L），过圆直径和象限点绘制适当长度的线段，如图 9-69 所示。

步骤 04 执行“圆”命令（C），在水平线右端点绘制一个半径为 100 的圆，如图 9-70 所示以完成“一分支器”的绘制。

图 9-68　绘制圆

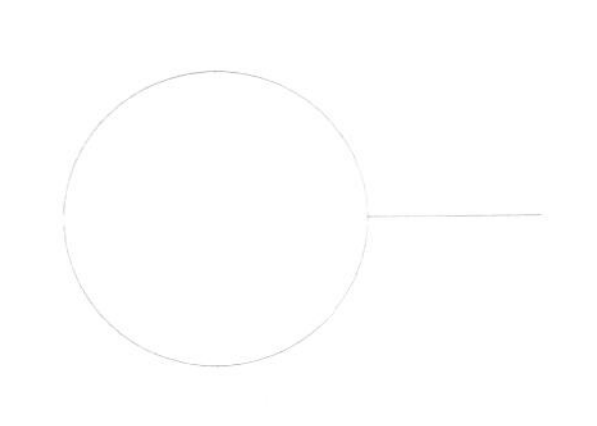

图 9-69　绘制线段

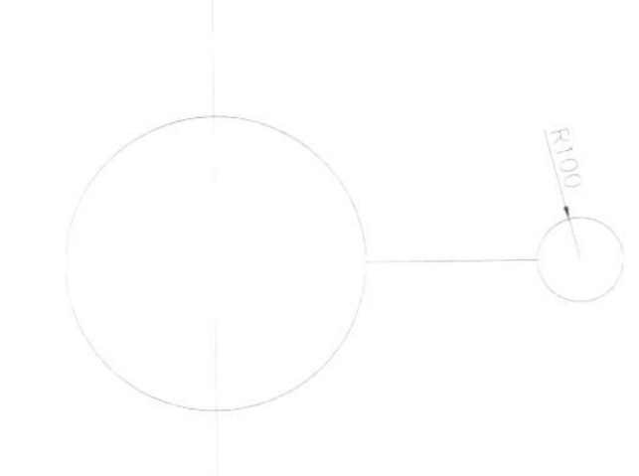

图 9-70　一分支器

步骤 05 绘制“二分支器”图例，执行“复制”命令（CO），将“一分支器”复制出一份；执行“镜像”命令（MI），将小圆和水平线段以垂直线进行左右镜像，效果如图 9-71 所示。

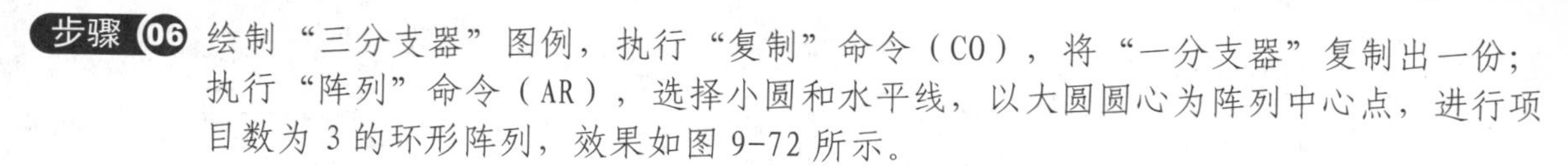

步骤 06 绘制“三分支器”图例，执行“复制”命令（CO），将“一分支器”复制出一份；执行“阵列”命令（AR），选择小圆和水平线，以大圆圆心为阵列中心点，进行项目数为 3 的环形阵列，效果如图 9-72 所示。

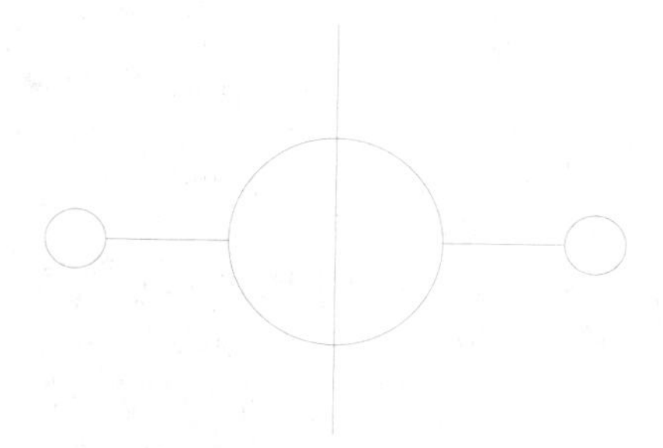

图 9-71　“二分支器”图例

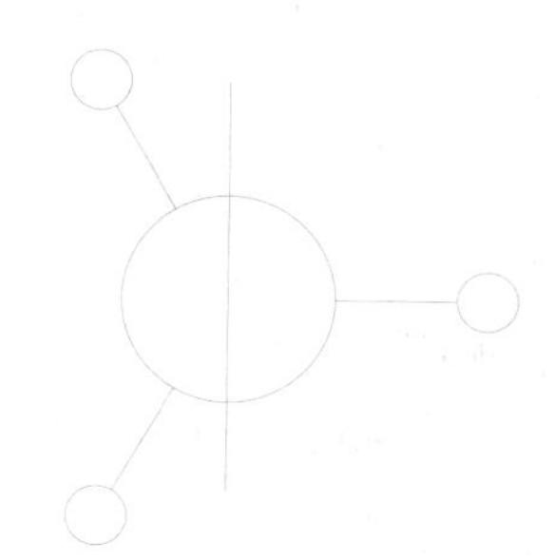

图 9-72　“三分支器”图例

步骤 07 绘制“四分支器”图例，执行“复制”命令（CO），将“三分支器”复制出一份；再执行“删除”命令（E），将右侧的分支删除掉，如图 9-73 所示。

> **专业技能**　★★★☆☆
>
> “三分支器”的三个分支是以“阵列”命令创建的，阵列后的图形为一个整体，必须先执行“分解”命令（X），将阵列的对象分解成单独的图元，然后才能删除右侧的分支。

步骤 08 执行“镜像”命令（MI），将左侧的两个分支以垂直线段进行左右镜像，效果如图 9-74 所示。

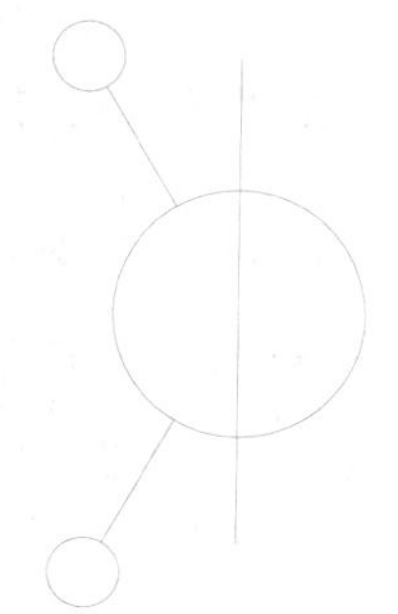

图 9-73　删除右侧的分支

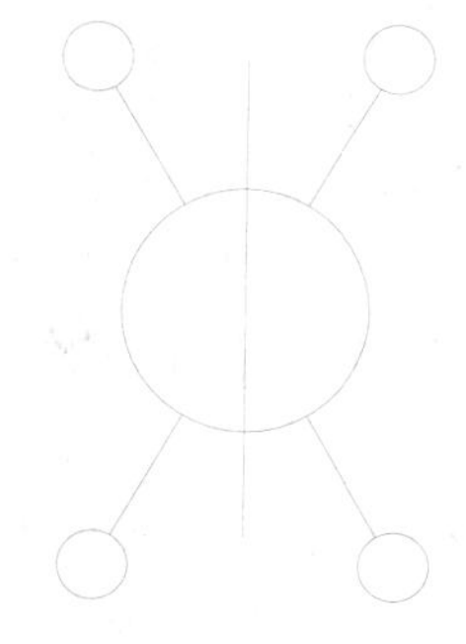

图 9-74　“四分支器”图例

步骤 09 执行“基点”命令（BASE），单击任意圆心为基点；再按【Ctrl+S】组合键对文件进行保存。

技巧：217　前端箱的绘制

视频：技巧217-绘制前端箱.avi
案例：前端箱.dwg

技巧概述：首先新建并保存一个新的 dwg 文件，再使用矩形、多行文字等命令来绘制前端箱图例。

步骤 01 正常启动 AutoCAD 2014 软件，系统自动创建空白文件，单击“保存”按钮，将其保存为“案例\09\前端箱.dwg”文件。

步骤 02 执行“矩形”命令（REC），绘制一个 1950 × 1050 的矩形，如图 9-75 所示。

图 9-75　绘制矩形

步骤 03 执行“多行文字”命令(MT)，在矩形内拖动出文本框，选择字体为“complex,gbcig”，设置字高为 600，输入文字“VH”，单击“确定”按钮，如图 9-76 所示。

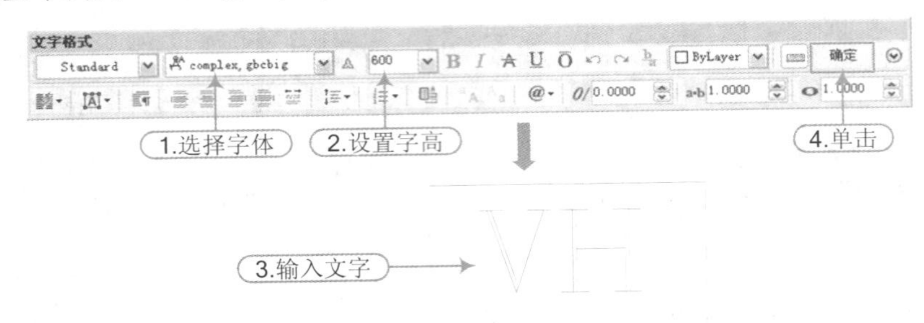

图 9-76　输入文字

步骤 04 执行“基点”命令（BASE），单击矩形上水平线中点为基点；再按【Ctrl+S】组合键对文件进行保存。

> **专业技能**　★★★☆☆
>
> 若用户的 AutoCAD 软件中没有“complex”字体，可在互联网上进行下载，然后将下载的字体放到 AutoCAD 软件的安装文件夹“Fonts”中。

技巧：218　分支分配器箱的绘制

视频：技巧218-绘制分支分配器箱.avi
案例：分支分配器箱.dwg

技巧概述：分支分配器箱和前面的“前端箱”绘制方法是一样的，只是文字内容不同，调用“前端箱”文件并另存为新的文件，再修改其文字即可。

步骤 01 接上例，单击“另存为”按钮，将文件另存为“案例\09\分支分配器箱.dwg”文件。

步骤 02 双击文字名，修改成为“VP”，效果如图 9-77 所示。

图 9-77　修改文字

步骤 03 执行“基点”命令（BASE），单击矩形上水平线中点为基点；再按【Ctrl+S】组合键对文件进行保存。

技巧：219　终端电阻的绘制

视频：技巧219-绘制终端电阻.avi
案例：终端电阻.dwg

技巧概述：首先新建并保存一个新的 dwg 文件，再使用矩形、直线等命令来绘制终端电阻图例。

步骤 01 正常启动 AutoCAD 2014 软件，系统自动创建空白文件，单击“保存”按钮，将其保存为“案例\09\终端电阻.dwg”文件。

步骤 02 执行“矩形”命令（REC），绘制一个 650×350 的矩形，如图 9-78 所示。

步骤 03 执行“直线”命令（L），在矩形左右中点位置各向外绘制长 425 的水平线，如图 9-79 所示。

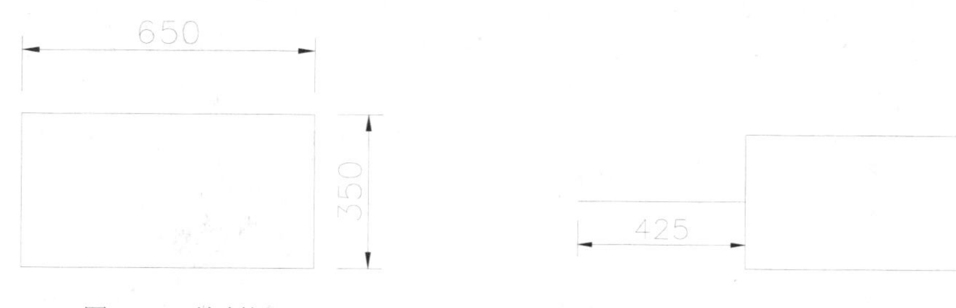

图 9-78　绘制矩形　　　图 9-79　绘制线段

步骤 04 按空格键重复命令，在左水平线处绘制一条长 150 的垂直线，如图 9-80 所示。

图 9-80　绘制垂直线

步骤 05 执行“基点”命令（BASE），单击右水平线右端点为基点；再按【Ctrl+S】组合键对文件进行保存。

技巧：220　引线的绘制

视频：技巧220-绘制引线.avi
案例：引线.dwg

技巧概述：首先新建并保存一个新的 dwg 文件，再使用圆、多段线、移动、复制、旋转和镜像等命令来绘制各种引线图例，效果如图 9-81～9-84 所示。

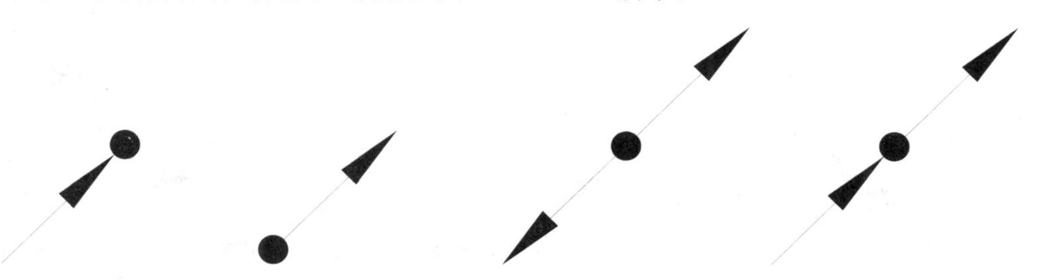

图 9-81　向下引线　　图 9-82　向上引线　　图 9-83　上下引线　　图 9-84　同侧引线

步骤 01 正常启动 AutoCAD 2014 软件，系统自动创建空白文件，单击“保存”按钮，将其保存为“案例\09\引线.dwg”文件。

步骤 02 执行“圆”命令（C），绘制一个半径为 70 的圆，如图 9-85 所示。

步骤 03 执行“图案填充”命令（H），对圆填充纯色“SOLTD”的图案，如图 9-86 所示。

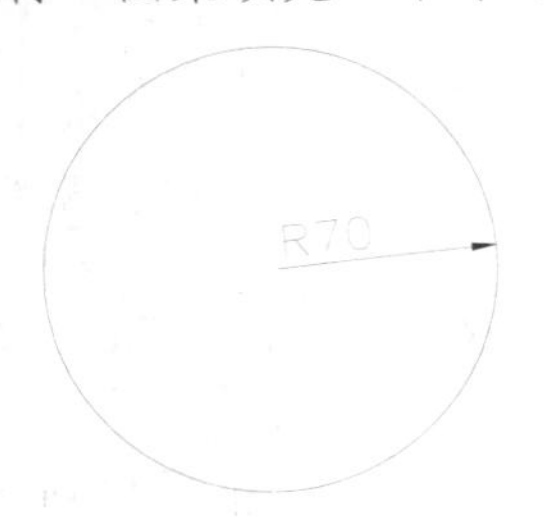

图 9-85　绘制圆

图 9-86　填充圆

步骤 04 执行“多段线”命令（PL），以左象限点为起点，设置起点宽度为 0，终点宽度为 100，向左绘制长 315 的箭头；再设置全局宽度为 0，继续向左绘制长 424 的水平线，如图 9-87 所示。

步骤 05 执行“旋转”命令（RO），选择多段线，指定圆心为旋转的基点，输入角度 45°，旋转图形效果如图 9-88 所示。从而完成“下引线”的绘制。

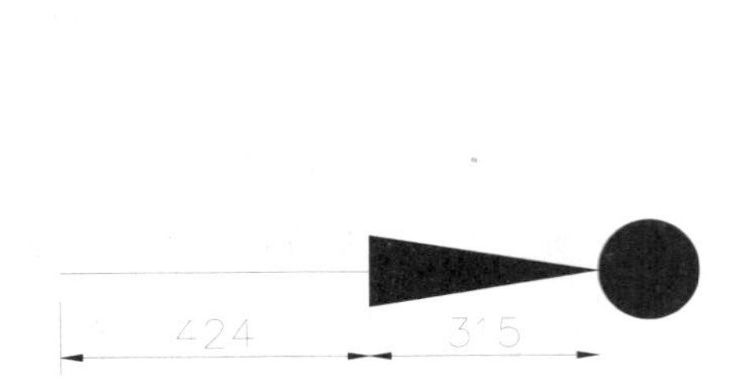

图 9-87　绘制多段线

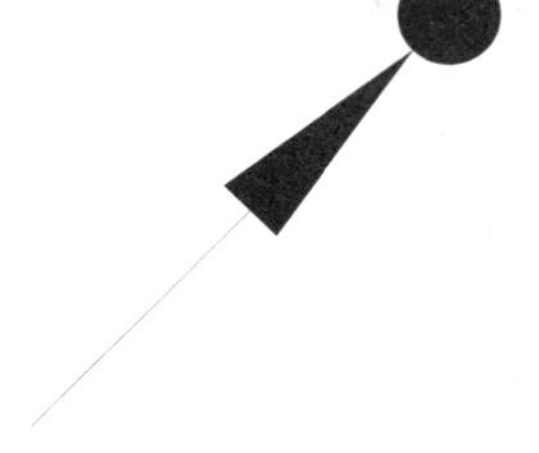

图 9-88　旋转多段线

步骤 06 绘制“上引线”图例；执行“复制”命令（CO），将绘制的“下引线”复制出一份；再执行“移动”命令（M），将多段线箭头符号以 45° 极轴移动到圆右上角，效果如图 9-89 所示。

步骤 07 绘制“上下引线”图例；执行“复制”命令（CO），将绘制的“上引线”复制出一份；执行“镜像”命令（MI），将多段线箭头以圆心和 45° 极轴进行镜像，如图 9-90 所示。

步骤 08 绘制“同侧引线”图例；执行“复制”命令（CO），将绘制的“下引线”复制出一份；再执行“复制”命令（CO），将多段线箭头以 45° 极轴复制到圆右上角，效果如图 9-91 所示。

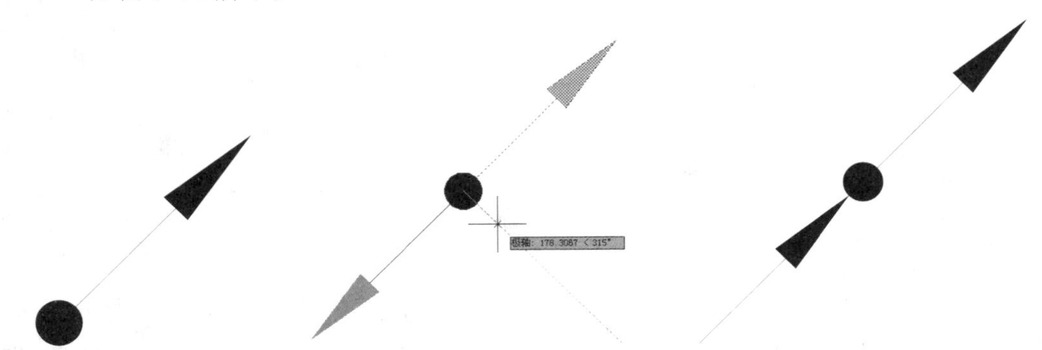

图 9-89　向上引线　　图 9-90　上下引线　　图 9-91　同侧引线

步骤 09 执行“基点”命令（BASE），单击任意符号圆心为基点；再按【Ctrl+S】组合键对文件进行保存。

技巧：221　普通灯的绘制

视频：技巧221-绘制普通灯.avi
案例：普通灯.dwg

技巧概述：首先新建并保存一个新的 dwg 文件，再使用圆、直线、旋转等命令来绘制普通灯图例。

步骤 01 正常启动 AutoCAD 2014 软件，系统自动创建空白文件，单击“保存”按钮，将其保存为“案例\09\普通灯.dwg”文件。

步骤 02 执行“圆”命令（C），绘制一个半径为 50 的圆，如图 9-92 所示。

步骤 03 执行“直线”命令（L），绘制过圆水平和直径的线，如图 9-93 所示。

步骤 04 执行“旋转”命令（RO），将直径线以圆心旋转 45°，如图 9-94 所示。

图 9-92　绘制圆

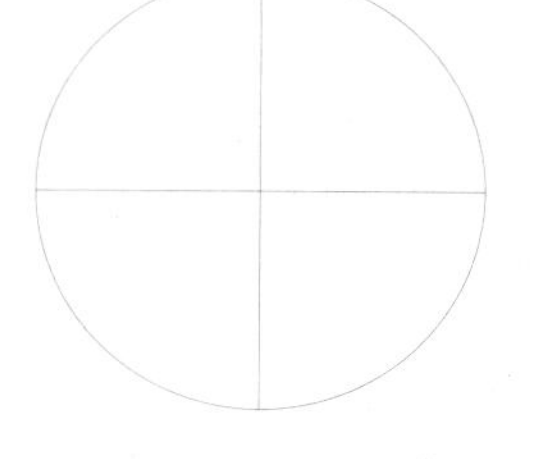
图 9-93　绘制线段

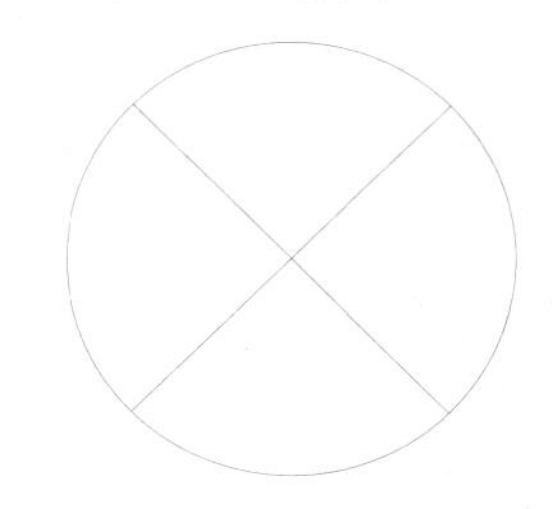
图 9-94　旋转线段

步骤 05 执行“基点”命令（BASE），单击圆心为基点；再按【Ctrl+S】组合键对文件进行保存。

技巧：222　单管荧光灯的绘制

视频：技巧222-绘制单管荧光灯.avi
案例：单管荧光灯.dwg

技巧概述：首先新建并保存一个新的 dwg 文件，再使用直线、基点等命令来绘制图例。

步骤 01 正常启动 AutoCAD 2014 软件，系统自动创建空白文件，单击“保存”按钮，将其保存为“案例\09\荧光灯.dwg”文件。

步骤 02 执行“直线”命令（L），绘制一条长为 160 的水平线段，如图 9-95 所示。

步骤 03 重复“直线”命令，在水平线的两端各绘制长 30 的垂直线段，如图 9-96 所示。

步骤 04 执行“基点”命令（BASE），单击水平中点为基点；再按【Ctrl+S】组合键对文件进行保存。

图 9-95　绘制水平线

图 9-96　绘制垂直线

专业技能　★★★☆☆

根据管数来划分荧光灯可分为单管、双管、三管、四管、五管，“双管、三管荧光灯”可将“单管荧光灯”进行复制，而“四管、五管荧光灯”可在“单管荧光灯”上绘制一斜线，再加注管数，如图 9-97 ~ 9-100 所示。

图 9-97　双管荧光灯

图 9-98　三管荧光灯

图 9-99　四管荧光灯

图 9-100　五管荧光灯

技巧：223　半嵌式吸顶灯的绘制

视频：技巧223-绘制半嵌式吸顶灯.avi
案例：吸顶灯.dwg

技巧概述：首先新建并保存一个新的 dwg 文件，再使用圆、偏移等命令来绘制图例。

步骤 01 正常启动 AutoCAD 2014 软件，系统自动创建空白文件，单击“保存”按钮，将其保存为“案例\09\吸顶灯.dwg”文件。

步骤 02 执行“圆”命令（C），绘制一个半径为 63 的圆，如图 9-101 所示。

步骤 03 执行“偏移”命令（O），将圆向内偏移 19，如图 9-102 所示。

步骤 04 执行“基点”命令（BASE），单击圆心为基点；再按【Ctrl+S】组合键对文件进行保存。

图 9-101　绘制圆

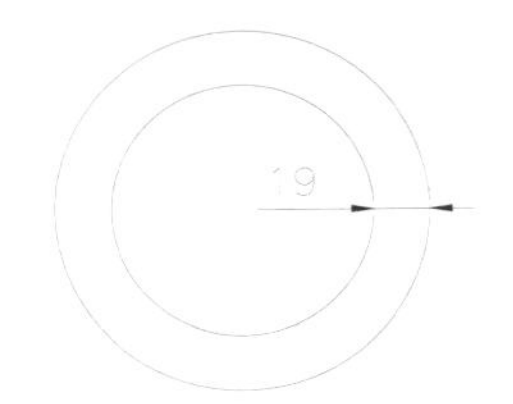

图 9-102　偏移圆

技巧：224　防水防尘灯的绘制

视频：技巧224-绘制防水防尘灯.avi
案例：防水防尘灯.dwg

技巧概述：首先新建并保存一个新的 dwg 文件，再使用圆、偏移、图案填充、直线、旋转等命令来绘制防水防尘灯图例。

步骤 01 正常启动 AutoCAD 2014 软件，系统自动创建空白文件，单击“保存”按钮，将其保存为“案例\09\防水防尘灯.dwg”文件。

步骤 02 执行“圆”命令（C），绘制一个半径为 63 的圆，如图 9-103 所示。

步骤 03 执行“偏移”命令（O），将圆向内偏移 38，如图 9-104 所示。

步骤 04 执行“图案填充”命令（H），对内圆填充“SOLTD”的图案，如图 9-105 所示。

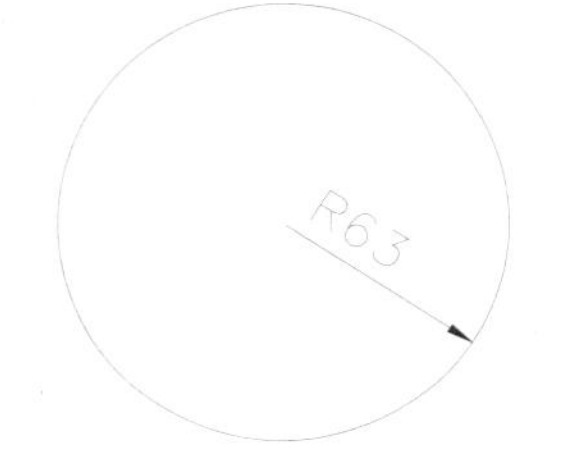

图 9-103　绘制圆

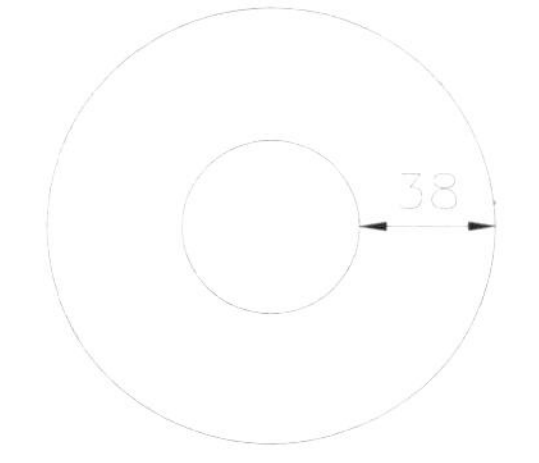

图 9-104　偏移圆

图 9-105　图案填充

步骤 05 执行“直线”命令（L），绘制圆水平和垂直直径线，如图 9-106 所示。

步骤 06 执行“旋转”命令（RO），将线段以圆心旋转 45°，效果如图 9-107 所示。

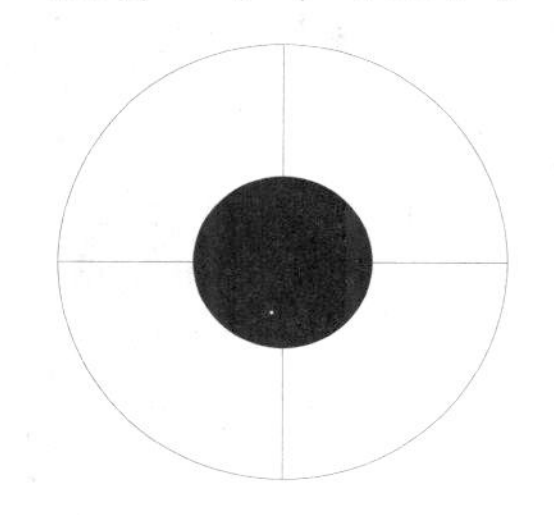

图 9-106　绘制线段

图 9-107　旋转线段

步骤 07 执行“基点”命令（BASE），单击圆心为基点；再按【Ctrl+S】组合键对文件进行保存。

技巧：225　聚光灯的绘制

视频：技巧225-绘制聚光灯.avi
案例：聚光灯.dwg

技巧概述： 首先新建并保存一个新的 dwg 文件，再使用圆、偏移、直线、修剪、旋转、多段线等命令来绘制聚光灯图例。

步骤 01 正常启动 AutoCAD 2014 软件，系统自动创建空白文件，单击“保存”按钮，将其保存为“案例\09\聚光灯.dwg”文件。

步骤 02 执行“圆”命令（C），绘制一个半径为 67 的圆，如图 9-108 所示。

步骤 03 执行“偏移”命令（O），将圆向内偏移 23，如图 9-109 所示。

步骤 04 执行“直线”命令（L），绘制大圆垂直直径线；再执行“偏移”命令（O），将线向左偏移 23，如图 9-110 所示。

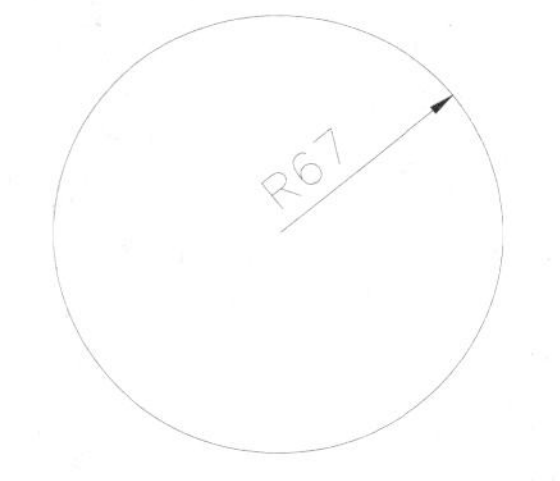

图 9-108　绘制圆

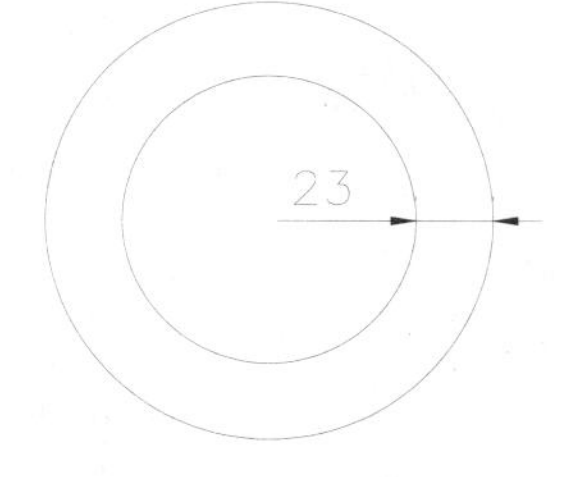

图 9-109　偏移圆

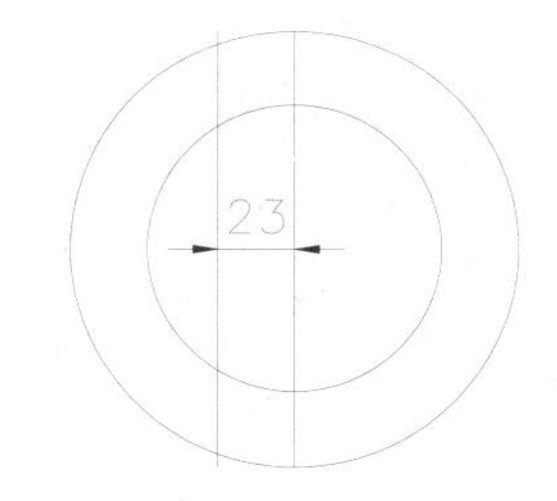

图 9-110　绘制线段 1

步骤 05 执行“修剪”命令（TR）和“删除”命令（E），修剪删除掉多余圆弧与线段，如图 9-111 所示。

步骤 06 执行“直线”命令（L），过小圆直径绘制水平和垂直线段，如图 9-112 所示。

步骤 07 执行“旋转”命令（RO），将线段以圆心旋转 45°，如图 9-113 所示。

图 9-111　修剪效果

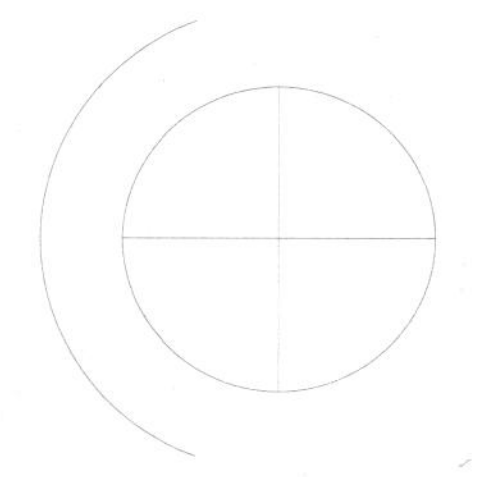

图 9-112　绘制线段 2

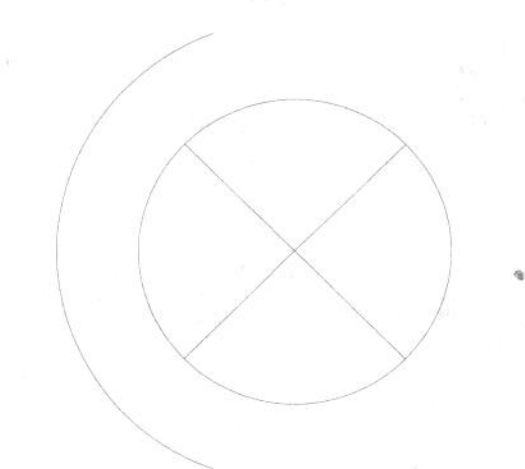

图 9-113　旋转线段

步骤 08 执行“多段线”命令（PL），在右侧绘制一段长 25 的直线，再设置起点宽度为 80，终点宽度为 0，再向右继续绘制长 25 的箭头多段线，如图 9-114 所示。

步骤 09 执行“复制”命令（CO），将多段线向上复制一份，效果如图 9-115 所示。

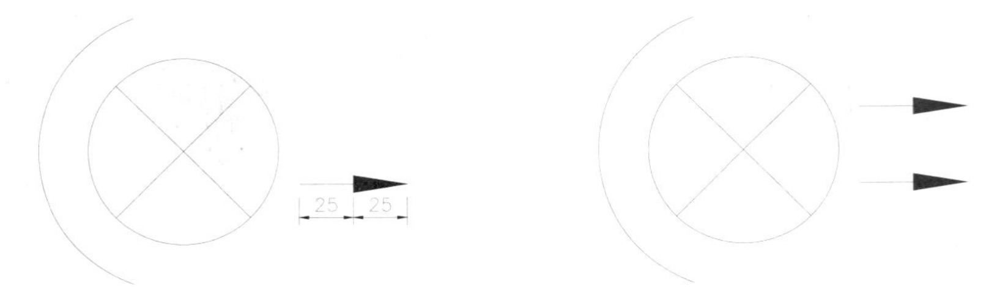

图 9-114　绘制箭头　　　　图 9-115　复制箭头

步骤 10 执行“基点”命令（BASE），单击圆心为基点；再按【Ctrl+S】组合键对文件进行保存。

技巧：226　天棚灯的绘制

视频：技巧 226-绘制天棚灯.avi
案例：天棚灯.dwg

技巧概述：首先新建并保存一个新的 dwg 文件，再使用直线、圆弧、图案填充等命令来绘制天棚灯图例。

步骤 01 正常启动 AutoCAD 2014 软件，系统自动创建空白文件，单击“保存”按钮，将其保存为“案例\09\天棚灯.dwg”文件。

步骤 02 执行“直线”命令（L），绘制长 125 的水平线段，如图 9-116 所示。

步骤 03 再执行“圆弧”命令（A），根据如下命令提示，指定水平线中点为圆心，再依次指定线段左端点和右端点以绘制一段圆弧，如图 9-117 所示。

```
命令: ARC                                   \\执行“圆弧”命令
圆弧创建方向: 逆时针(按住 Ctrl 键可切换方向)。
指定圆弧的起点或 [圆心(C)]: c               \\ 选择“圆心”选项
指定圆弧的圆心:                             \\ 单击线段中点
指定圆弧的起点:                             \\ 单击线段左端点
指定圆弧的端点或 [角度(A)/弦长(L)]:         \\ 单击线段右端点
```

步骤 04 执行“图案填充”命令（H），对半圆填充“SOLTD”的图案，效果如图 9-118 所示。

125

图 9-116　绘制线段　　　　图 9-117　绘制圆弧　　　　图 9-118　图案填充

步骤 05 执行“基点”命令（BASE），单击圆心为基点；再按【Ctrl+S】组合键对文件进行保存。

技巧：227　壁龛交接箱的绘制

视频：技巧227-绘制壁龛交接箱.avi
案例：壁龛交接箱.dwg

技巧概述：首先新建并保存一个新的 dwg 文件，再使用矩形、直线、图案填充等命令来绘制壁龛交接箱图例。

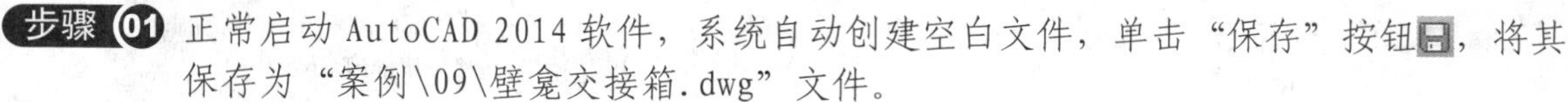

步骤 01 正常启动 AutoCAD 2014 软件，系统自动创建空白文件，单击“保存”按钮，将其保存为“案例\09\壁龛交接箱.dwg”文件。

步骤 02 执行“矩形”命令（REC），绘制一个 188×75 的矩形，如图 9-119 所示。

步骤 03 执行“直线”命令（L），连接对角点绘制斜线，如图 9-120 所示。

步骤 04 执行“图案填充”命令（H），对图形填充“SOLTD”图案，如图 9-121 所示。

图 9-119　绘制矩形

图 9-120　绘制线段

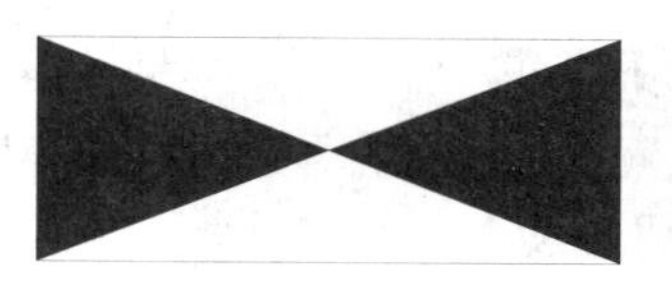

图 9-121　填充图案

步骤 05 执行“基点”命令（BASE），单击矩形中点为基点；再按【Ctrl+S】组合键对文件进行保存。

技巧：228　电度表的绘制

视频：技巧228-绘制电度表.avi
案例：电度表.dwg

技巧概述： 首先新建并保存一个新的 dwg 文件，再使用矩形、分解、单行文字等命令来绘制电度表图例。

步骤 01 正常启动 AutoCAD 2014 软件，系统自动创建空白文件，单击“保存”按钮，将其保存为“案例\09\电度表.dwg”文件。

步骤 02 执行“矩形”命令（REC），绘制一个 800×1500 的矩形，如图 9-122 所示。

步骤 03 执行“分解”命令（X）和“偏移”命令（O），将右侧边向左偏移 140，如图 9-123 所示。

步骤 04 执行“单行文字”命令（DT），在矩形内单击一点，根据如下命令提示，设置字高为 500，旋转角度为-90°，然后输入文字“KWH”，如图 9-124 所示。

```
命令: TEXT                                    \\执行“单行文字”命令
当前文字样式: “Standard”  文字高度: 2.5000  注释性: 否  对正: 左
指定文字的起点 或 [对正(J)/样式(S)]:          \\ 在矩形内单击
指定高度 <2.5000>: 500                        \\ 输入文字高度 500
指定文字的旋转角度: -90                       \\ 输入旋转角度-90
                                              \\ 输入文字
```

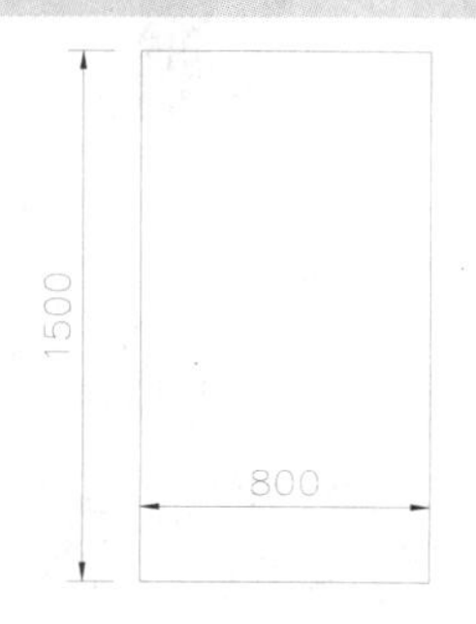

图 9-122　绘制矩形

图 9-123　偏移线段

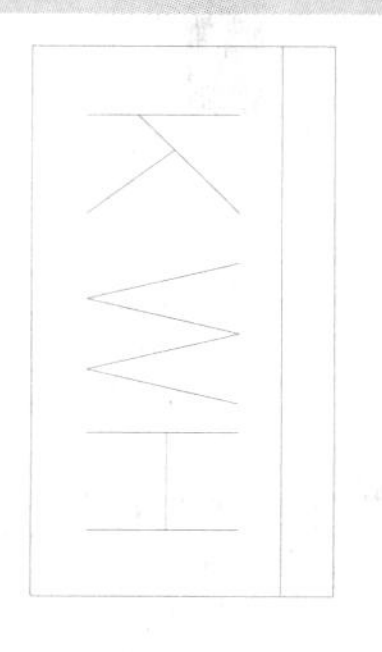

图 9-124　输入文字

步骤 05 执行“基点”命令（BASE），单击矩形上水平边中点为基点；再按【Ctrl+S】组合键对文件进行保存。

技巧：229 插头和插座的绘制

视频：技巧229-绘制插头和插座.avi
案例：插头和插座.dwg

技巧概述：首先新建并保存一个新的dwg文件，再使用矩形、图案填充、直线、删除、圆弧等命令来绘制插头和插座图例。

步骤 01 正常启动 AutoCAD 2014 软件，系统自动创建空白文件，单击“保存”按钮，将其保存为“案例\09\插头和插座.dwg”文件。

步骤 02 执行“矩形”命令（REC），绘制一个150×525的矩形，如图9-125所示。

步骤 03 再执行“图案填充”命令（H），对图形填充“SOLTD”图案，效果如图9-126所示。

步骤 04 执行“直线”命令（L），在矩形上下端绘制线段，如图9-127所示。

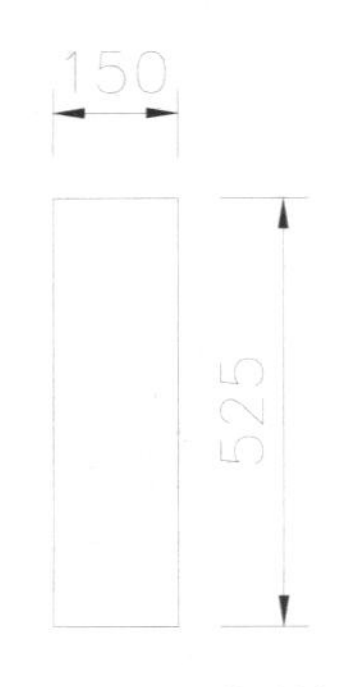

图9-125 绘制矩形

图9-126 图案填充

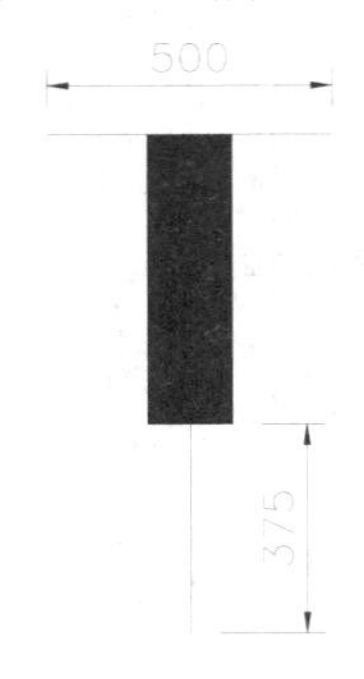

图9-127 绘制线段

步骤 05 执行“圆弧”命令（A），选择“圆心”选项，依次单击右端点和左端点以绘制圆弧，如图9-128所示。

步骤 06 执行“删除”命令（E），将水平线删除，如图9-129所示。

步骤 07 再执行“直线”命令（L），在圆弧上端点绘制长360的垂直线，如图9-130所示。

步骤 08 执行“基点”命令（BASE），单击上端点为基点；再按【Ctrl+S】组合键对文件进行保存。

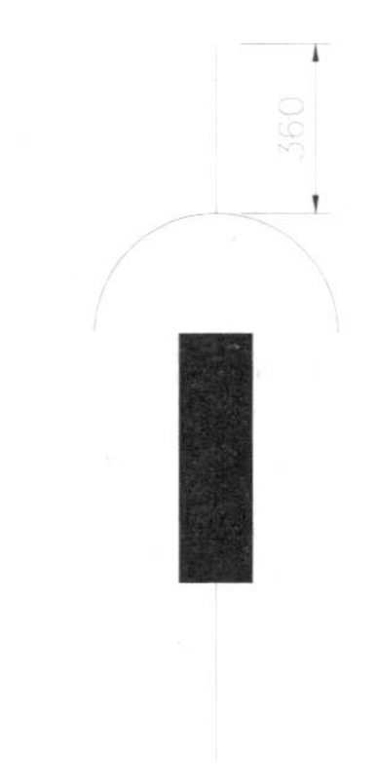

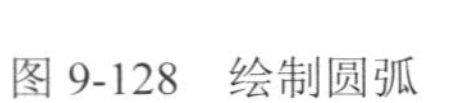
图9-128 绘制圆弧

图9-129 删除水平线

图9-130 绘制线段

技巧：230 电阻的绘制

视频：技巧230-绘制电阻.avi
案例：电阻.dwg

技巧概述：首先新建并保存一个新的dwg文件，再使用矩形、直线等命令来绘制电阻图例。

步骤 01 正常启动 AutoCAD 2014 软件，系统自动创建空白文件，单击“保存”按钮，将其保存为“案例\09\电阻.dwg”文件。

步骤 02 执行“矩形”命令（REC），绘制一个 650×300 的矩形，如图 9-131 所示。

步骤 03 再执行“直线”命令（L），在电阻的两端绘制长 425 的水平线，如图 9-132 所示。

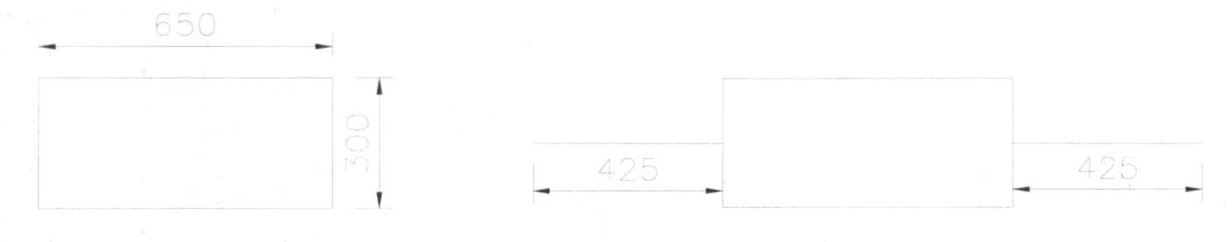

图 9-131　绘制矩形　　　　图 9-132　绘制线段

步骤 04 执行“基点”命令（BASE），单击左端点为基点；再按【Ctrl+S】组合键对文件进行保存。

技巧：231　可变电阻的绘制

视频：技巧231-绘制可变电阻.avi
案例：可变电阻.dwg

技巧概述： 可变电阻是在电阻文件的基础上来绘制的，首先调用“电阻”文件并另存为新的文件，再使用多段线、旋转等命令来绘制图例。

步骤 01 接上例，单击“另存为”按钮，将文件另存为“案例\09\可变电阻.dwg”文件。

步骤 02 执行“多段线”命令（PL），在图形中间绘制第一段长度为 670 的垂直线，再设置起点宽度为 50，终点宽度为 0，向上继续绘制 230 的箭头，如图 9-133 所示。

步骤 03 执行“旋转”命令（RO），将多段线以矩形的中点进行旋转-45°，效果如图 9-134 所示。

图 9-133　绘制多段线　　　　图 9-134　旋转多段线

步骤 04 执行“基点”命令（BASE），单击左端点为基点；再按【Ctrl+S】组合键对文件进行保存。

技巧：232　滑线式电阻器的绘制

视频：技巧232-绘制滑线式电阻器.avi
案例：滑线式电阻器.dwg

技巧概述： 首先打开“电阻”文件并另存为新的文件，再使用多段线、基点等命令来绘制图例。

步骤 01 正常启动 AutoCAD 2014 软件，在“快速访问”工具栏中，单击“打开”按钮，将“案例\09\电阻.dwg”文件打开，如图 9-135 所示。

步骤 02 再单击“另存为”按钮，将文件另存为“案例\09\滑线式电阻器.dwg”文件。

步骤 03 执行“多段线”命令（PL），设置起点宽度为 0，端点宽度为 50，在上方绘制第一段长度为 195 的箭头；再设置全局宽度为 0，继续向上绘制长 100 的垂直线；再转向右绘制长 320 的水平线，如图 9-136 所示。

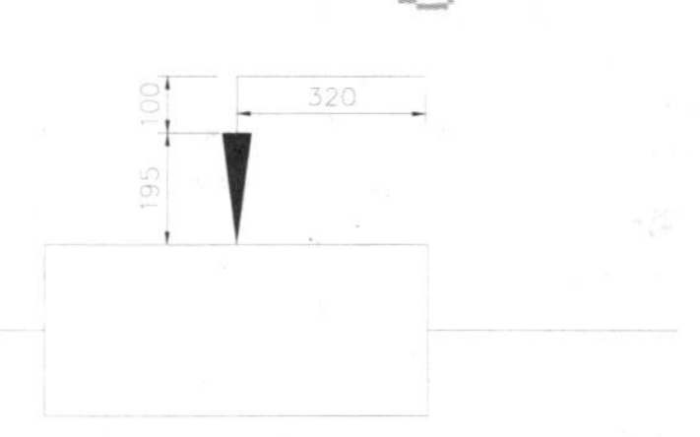

图 9-135 打开的电阻　　图 9-136 绘制多段线

步骤 04 执行“基点”命令（BASE），单击左端点为基点；再按【Ctrl+S】组合键对文件进行保存。

技巧：233 电容器的绘制

视频：技巧233-绘制电容器.avi
案例：电容器.dwg

技巧概述： 首先新建并保存一个新的 dwg 文件，再使用直线、偏移等命令来绘制图例。

步骤 01 正常启动 AutoCAD 2014 软件，系统自动创建空白文件，单击“保存”按钮，将其保存为“案例\09\电容器.dwg”文件。

步骤 02 执行“直线”命令（L），绘制一条长 800 的垂直线段；再执行“偏移”命令（O），将线段向右偏移出 300，如图 9-137 所示。

步骤 03 再执行“直线”命令（L），在线段的两侧分别绘制长 600 的水平线，如图 9-138 所示。

图 9-137 绘制垂直线段　　图 9-138 绘制水平线段

步骤 04 执行“基点”命令（BASE），单击左端点为基点；再按【Ctrl+S】组合键对文件进行保存。

技巧：234 可变电容的绘制

视频：技巧234-绘制可变电容.avi
案例：可变电容.dwg

技巧概述： 首先调用“电容器”文件并另存为新的文件，再使用多段线、旋转、移动等命令来绘制图例。

步骤 01 接上例，单击“另存为”按钮，将文件另存为“案例\09\可变电容.dwg”文件。

步骤 02 执行“多段线”命令（PL），首先向右绘制第一段长为 670 的水平线；再设置起点宽度为 50，端点宽度为 0，继续向右绘制一段长 230 的箭头，如图 9-139 所示。

步骤 03 执行“旋转”命令（RO），将箭头图形旋转 45°；再执行“移动”命令（M），将旋转后的箭头移动到电容相应位置，如图 9-140 所示。

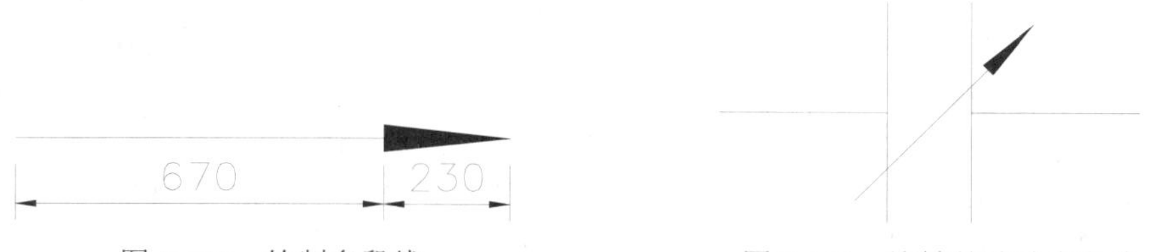

图 9-139 绘制多段线　　图 9-140 旋转并移动多段线

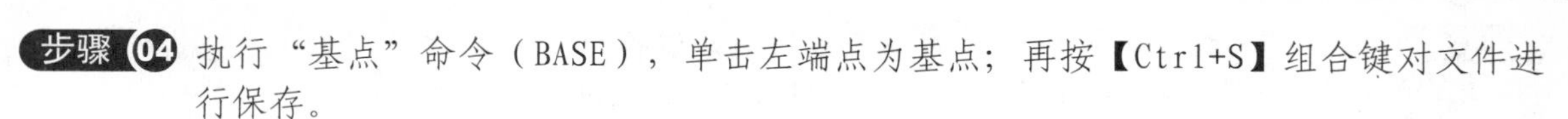

步骤 04 执行“基点”命令（BASE），单击左端点为基点；再按【Ctrl+S】组合键对文件进行保存。

技巧：235　电感器的绘制

视频：技巧235-绘制电感器.avi
案例：电感器.dwg

技巧概述：首先新建并保存一个新的 dwg 文件，再使用圆、直线等命令来绘制图例。

步骤 01 正常启动 AutoCAD 2014 软件，系统自动创建空白文件，单击“保存”按钮，将其保存为“案例\09\电感器.dwg”文件。

步骤 02 执行“圆”命令（C），绘制一个半径为 2 的圆，如图 9-141 所示。

步骤 03 再执行“直线”命令（L），绘制圆水平直径线，如图 9-142 所示。

步骤 04 执行“修剪”命令（TR），修剪掉下半圆弧；再执行“删除”命令（E），将水平线删除掉，如图 9-143 所示。

图 9-141　绘制圆　　图 9-142　绘制线段　　图 9-143　修剪删除效果

步骤 05 执行“复制”命令（CO），将圆弧水平向右复制 3 个，如图 9-144 所示。

图 9-144　复制圆弧

步骤 06 执行“基点”命令（BASE），单击左端点为基点；再按【Ctrl+S】组合键对文件进行保存。

技巧：236　热继电器的绘制

视频：技巧236-绘制热继电器.avi
案例：热继电器.dwg

技巧概述：首先新建并保存一个新的 dwg 文件，再使用矩形、分解、直线等命令来绘制图例。

步骤 01 正常启动 AutoCAD 2014 软件，系统自动创建空白文件，单击“保存”按钮，将其保存为“案例\09\热继电器.dwg”文件。

步骤 02 执行“矩形”命令（REC），绘制一个 2×2 的矩形，如图 9-145 所示。

步骤 03 执行“分解”命令（X），将矩形打散操作；再执行“删除”命令（E），将右垂直线段删除，如图 9-146 所示。

步骤 04 执行“直线”命令（L），捕捉两条水平线右端点各绘制长 6 的垂直线段，如图 9-147 所示。

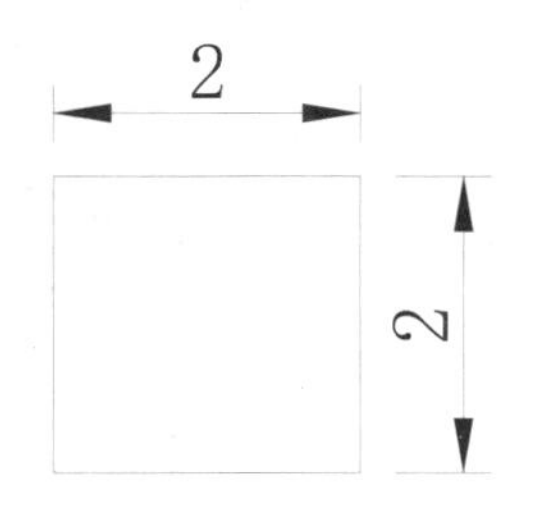

图 9-145　绘制矩形

图 9-146　删除右侧边

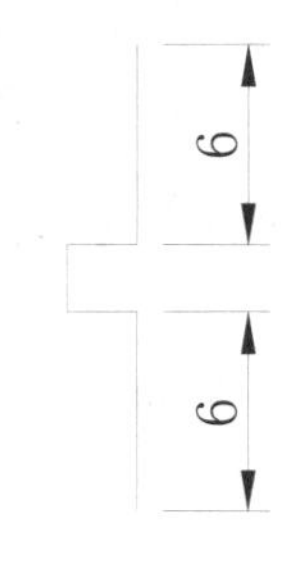

图 9-147　绘制垂直线

步骤 05 执行“偏移”命令（O），将垂直线段向两边各偏移 4.5，如图 9-148 所示。

步骤 06 重复偏移命令，将水平线段各向外偏移 1，如图 9-149 所示。

步骤 07 执行“倒角”命令（CHA），将上两步偏移得到的四条线段，进行倒直角处理，如图 9-150 所示。

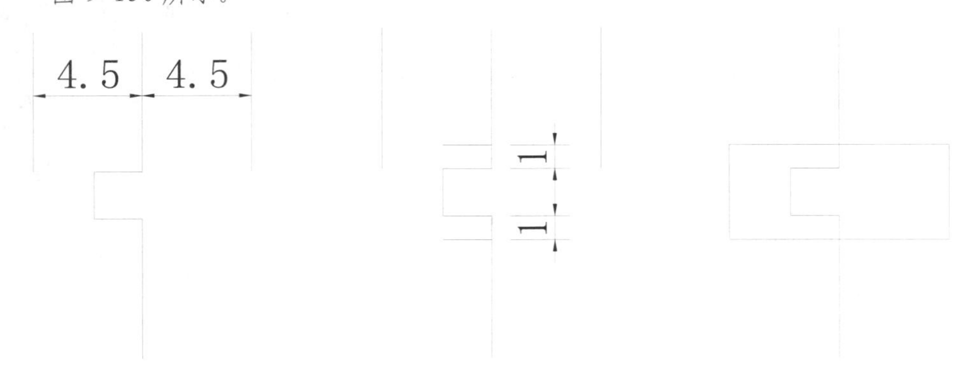

图 9-148 偏移垂直线　　图 9-149 偏移水平线　　图 9-150 倒直角处理

步骤 08 执行“基点”命令（BASE），单击上端点为基点；再按【Ctrl+S】组合键对文件进行保存。

技巧：237 感烟探测器的绘制

视频：技巧237-绘制感烟探测器.avi
案例：感烟探测器.dwg

技巧概述：首先新建并保存一个新的 dwg 文件，再使用矩形、直线等命令来绘制感烟探测器图例。

步骤 01 正常启动 AutoCAD 2014 软件，系统自动创建空白文件，单击“保存”按钮，将其保存为“案例\09\感烟探测器.dwg”文件。

步骤 02 执行“矩形”命令（REC），绘制一个 125×125 的矩形，如图 9-151 所示。

步骤 03 再执行“直线”命令（L），在矩形内绘制转折线，如图 9-152 所示。

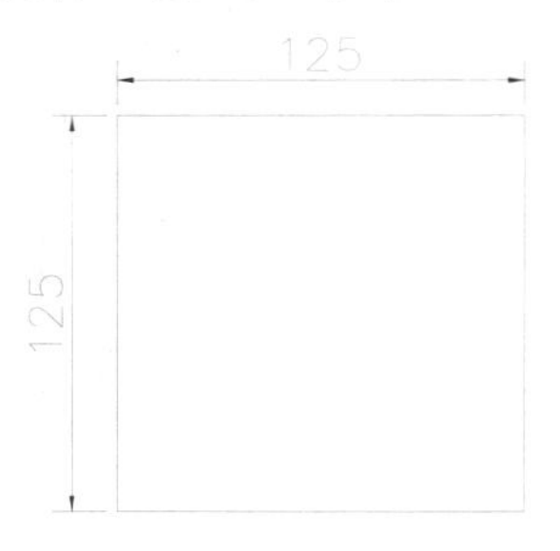

图 9-151 绘制矩形

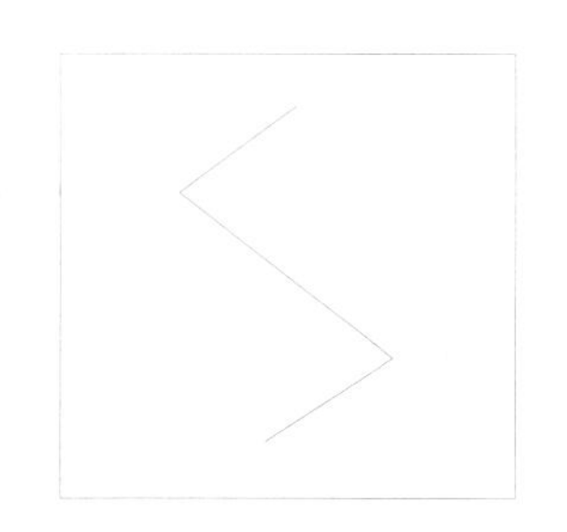

图 9-152 绘制直线

步骤 04 执行“基点”命令（BASE），单击矩形上水平边中点为基点；再按【Ctrl+S】组合键对文件进行保存。

技巧：238 手动报警装置的绘制

视频：技巧238-绘制手动报警装置.avi
案例：手动报警装置.dwg

技巧概述：首先新建并保存一个新的 dwg 文件，再使用矩形、圆弧、直线等命令来绘制手动报警装置图例。

步骤01 正常启动 AutoCAD 2014 软件，系统自动创建空白文件，单击“保存”按钮，将其保存为“案例\09\手动报警装置.dwg”文件。

步骤02 执行“矩形”命令（REC），绘制一个 125×125 的矩形，如图 9-153 所示。

步骤03 执行“圆弧”命令（A），在矩形内绘制一个半径为 38 的圆弧，如图 9-154 所示。

步骤04 再执行“直线”命令（L），在圆弧下侧绘制长 44 的垂直线段，如图 9-155 所示。

图 9-153　绘制矩形

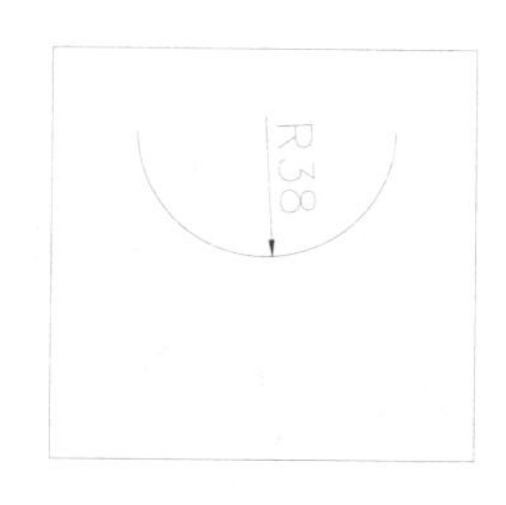

图 9-154　绘制圆弧

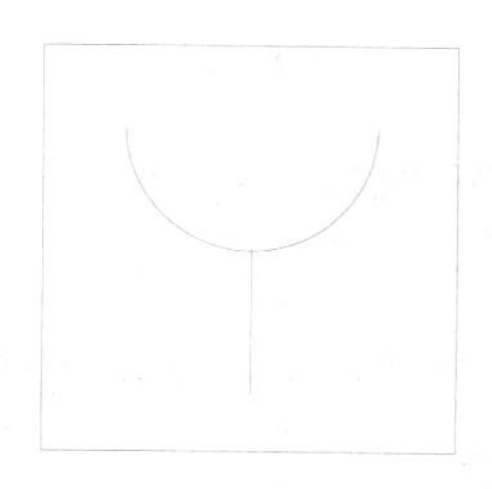
图 9-155　绘制线段

步骤05 执行“基点”命令（BASE），单击矩形上水平边中点为基点；再按【Ctrl+S】组合键对文件进行保存。

技巧：239　报警电话的绘制

视频：技巧239-绘制报警电话.avi
案例：报警电话.dwg

技巧概述：首先新建并保存一个新的 dwg 文件，再使用矩形、圆、直线、修剪等命令来绘制报警电话图例。

步骤01 正常启动 AutoCAD 2014 软件，系统自动创建空白文件，单击“保存”按钮，将其保存为“案例\09\报警电话.dwg”文件。

步骤02 执行“矩形”命令（REC），绘制一个 125×125 的矩形，如图 9-156 所示。

步骤03 执行“圆”命令（C），在矩形中心位置绘制一个半径为 50 的圆，如图 9-157 所示。

步骤04 执行“直线”命令（L），绘制圆的水平直径线，如图 9-158 所示。

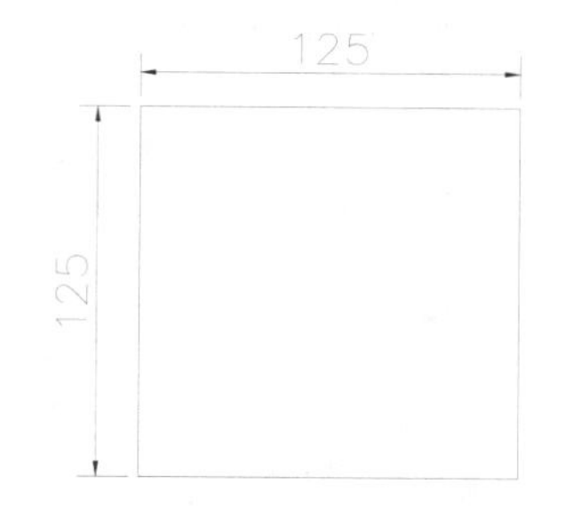

图 9-156　绘制矩形

图 9-157　绘制圆

图 9-158　绘制线段

步骤05 再执行“修剪”命令（TR），修剪掉下半圆弧，效果如图 9-159 所示。

步骤06 执行“直线”命令（L），在如图 9-160 所示位置绘制一个梯形。

步骤07 执行“修剪”命令（TR），修剪掉多余的线条，效果如图 9-161 所示。

步骤08 执行“基点”命令（BASE），单击矩形上水平边中点为基点；再按【Ctrl+S】组合键对文件进行保存。

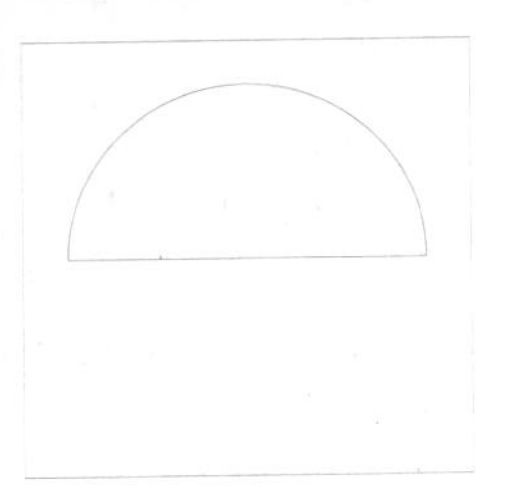
图 9-159 修剪圆弧

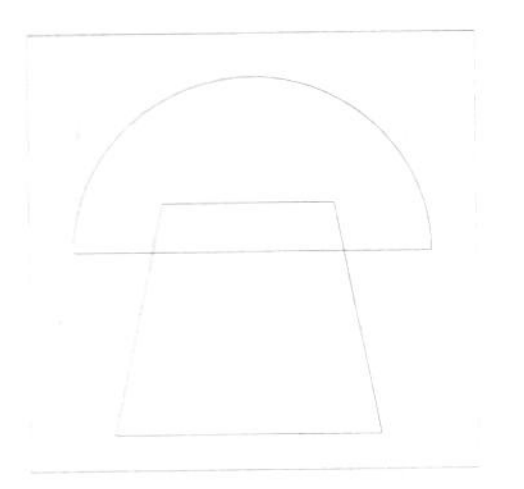
图 9-160 绘制梯形

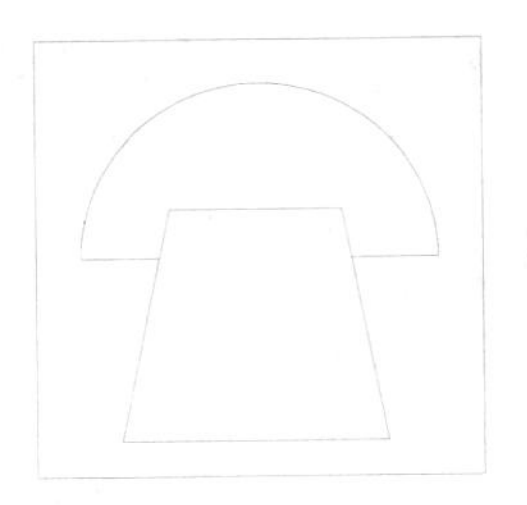
图 9-161 修剪线条

技巧：240 火灾声光警报器的绘制

视频：技巧240-绘制火灾声光警报器.avi
案例：火灾声光警报器.dwg

技巧概述：首先新建并保存一个新的 dwg 文件，再使用直线、矩形、圆等命令来绘制火灾声光警报器图例。

步骤 01 正常启动 AutoCAD 2014 软件，系统自动创建空白文件，单击“保存”按钮，将其保存为“案例\09\火灾声光警极器.dwg”文件。

步骤 02 执行“直线”命令（L），按照图 9-162 所示绘制梯形。

步骤 03 再执行“直线”命令（L），绘制中线以将梯形分成两半，如图 9-163 所示。

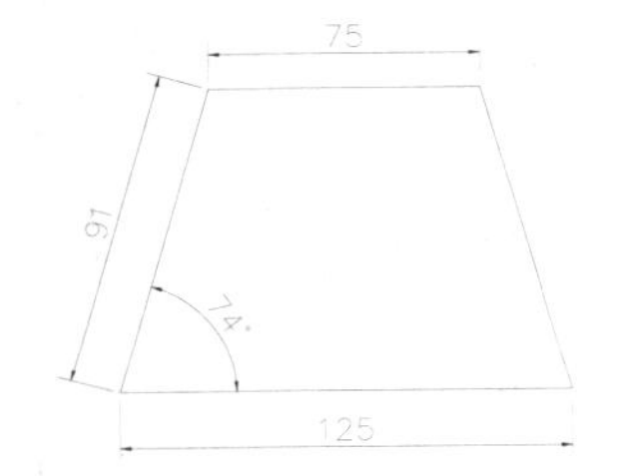

图 9-162 绘制梯形

图 9-163 绘制中线

步骤 04 执行“矩形”命令（REC）和“圆”命令（C），在左右部分各绘制适当大小的矩形和圆，如图 9-164 所示。

步骤 05 执行“直线”命令（L），分别在相应位置绘制如图 9-165 所示的线段。

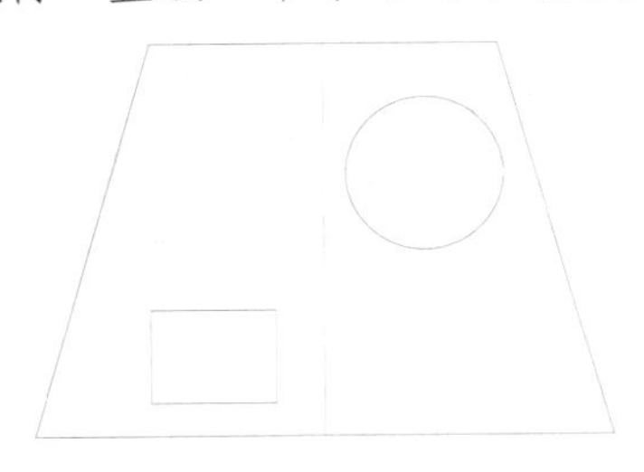
图 9-164 绘制矩形和圆

图 9-165 绘制直线

步骤 06 执行“基点”命令（BASE），单击垂直线上端点为基点；再按【Ctrl+S】组合键对文件进行保存。

技巧：241 扬声器的绘制

视频：技巧241-绘制扬声器.avi
案例：扬声器.dwg

技巧概述：首先新建并保存一个新的 dwg 文件，再使用矩形、分解、偏移、直线等命令来绘制扬声器图例。

步骤 01 正常启动 AutoCAD 2014 软件，系统自动创建空白文件，单击“保存”按钮，将其保存为“案例\09\扬声器.dwg”文件。

步骤 02 执行“矩形”命令（REC），绘制一个 44×88 的矩形，如图 9-166 所示。

步骤 03 执行“分解”命令（X）和“偏移”命令（O），将矩形右侧边向右偏移 81；再通过夹点编辑功能将偏移的线段两端各拉长 31，以达到长度为 150，如图 9-167 所示。

步骤 04 执行“直线”命令（L），连接端点绘制斜线，如图 9-168 所示。

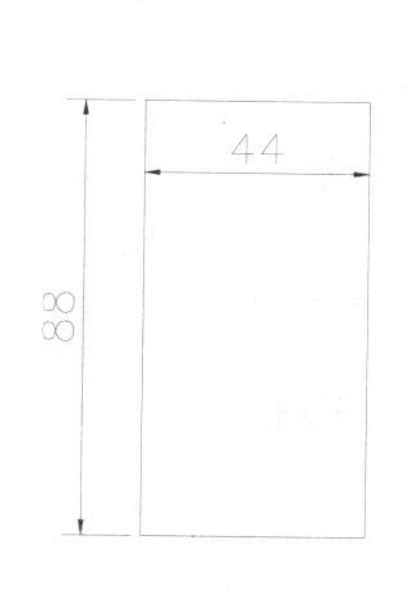

图 9-166　绘制矩形

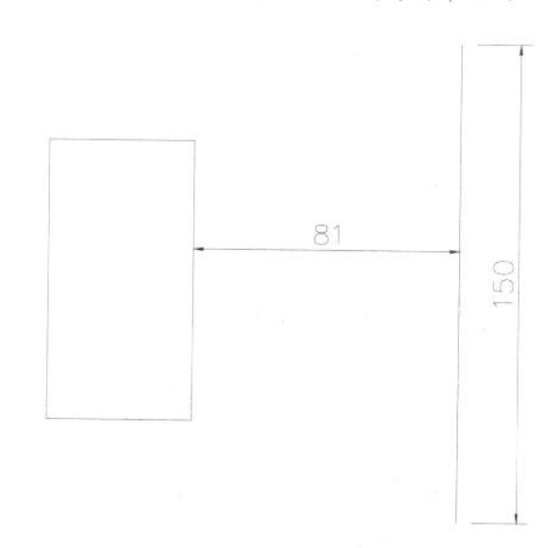

图 9-167　偏移线段

图 9-168　绘制连线

步骤 05 执行“基点”命令（BASE），单击左垂直线段中点为基点；再按【Ctrl+S】组合键对文件进行保存。

技巧：242　电源配电箱的绘制

视频：技巧241-绘制电源配电箱.avi
案例：电源配电箱.dwg

技巧概述：首先新建并保存一个新的 dwg 文件，再使用矩形、直线、旋转等命令来绘制图例。

步骤 01 正常启动 AutoCAD 2014 软件，系统自动创建空白文件，单击“保存”按钮，将其保存为“案例\09\电源配电箱.dwg”文件。

步骤 02 执行“矩形”命令（REC），绘制一个 188×75 的矩形，如图 9-169 所示。

步骤 03 执行“直线”命令（L），绘制矩形的对角线，如图 9-170 所示。

步骤 04 执行“图案填充”命令（H），对右下三角形进行填充“SOLTD”的图案，如图 9-171 所示。

图 9-169　绘制矩形

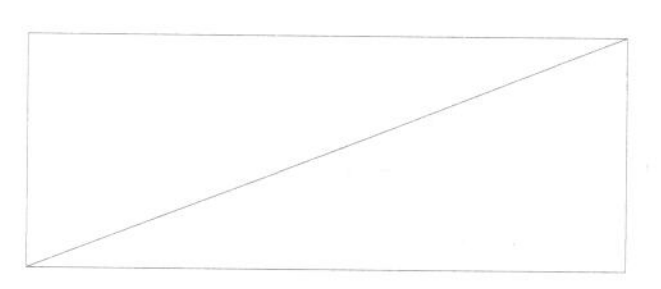

图 9-170　绘制线段

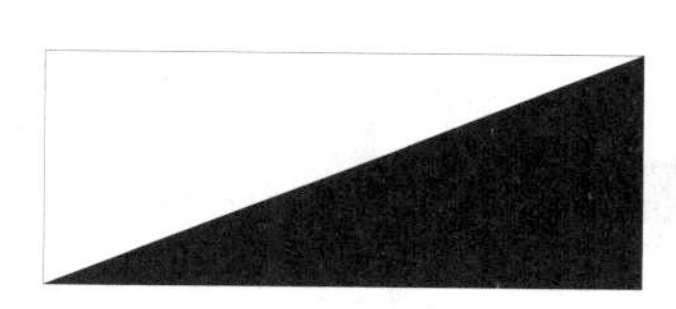

图 9-171　填充图案

步骤 05 执行“基点”命令（BASE），单击矩形上水平边中点为基点；再按【Ctrl+S】组合键对文件进行保存。

技巧：243　直流发电机的绘制

视频：技巧242-绘制直流发电机.avi
案例：直流发电机.dwg

技巧概述：首先新建并保存一个新的 dwg 文件，再使用圆、单行文字、直线等命令来绘制直流发电机图例。

步骤 01 正常启动 AutoCAD 2014 软件，系统自动创建空白文件，单击“保存”按钮，将其保存为“案例\09\直流发电机.dwg”文件。

步骤 02 执行“圆”命令（C），绘制一个半径为 63 的圆，如图 9-172 所示。

步骤 03 执行“单行文字”命令（DT），在圆内单击起点，设置文字高度为 50，输入文字“G”，如图 9-173 所示。

步骤 04 再执行“直线”命令（L），在文字下侧绘制一条短横线，如图 9-174 所示。

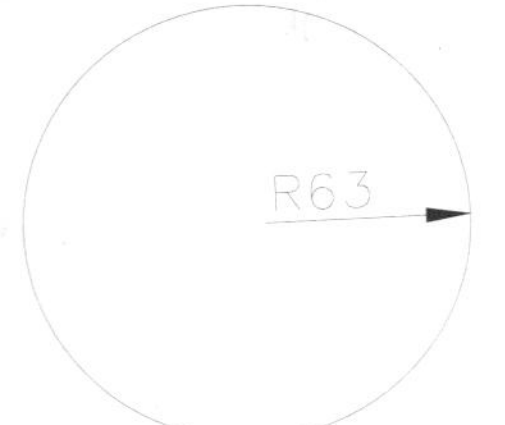

图 9-172　绘制圆

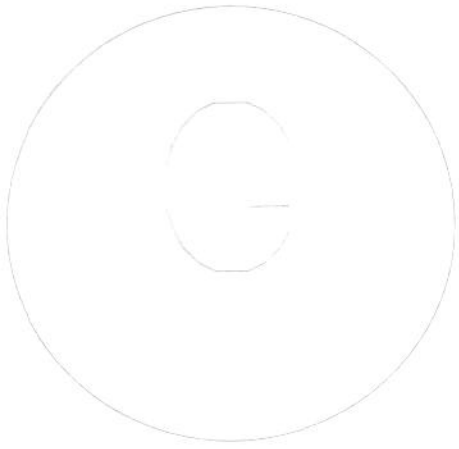

图 9-173　输写文字

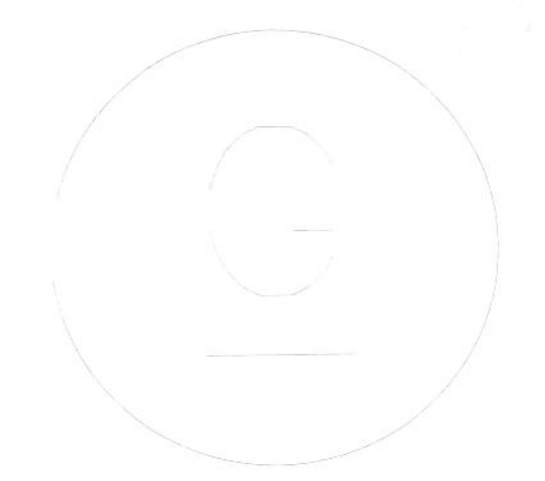

图 9-174　绘制横线

步骤 05 执行“基点”命令（BASE），单击圆心为基点；再按【Ctrl+S】组合键对文件进行保存。

技巧：244　交流发电机的绘制

视频：技巧243-绘制交流发电机.avi
案例：交流发电机.dwg

技巧概述： 本实例调用前面的“直流发电机”文件并另存为新的文件，再使用删除、圆弧等命令来绘制交流发电机图例。

步骤 01 接上例，单击“另存为”按钮，将文件另存为“案例\09\交流发电机.dwg”文件。

步骤 02 执行“删除”命令（E），将短横线删除，如图 9-175 所示。

步骤 03 执行“圆弧”命令（A），在文字下方绘制两个半径为 10 的半圆弧，如图 9-176 所示。

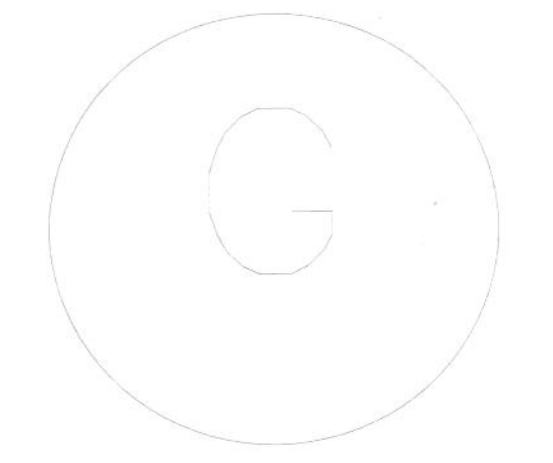

图 9-175　删除横线

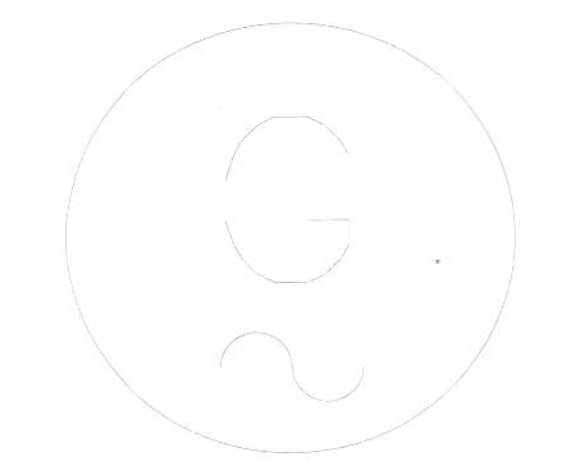

图 9-176　绘制半圆弧

步骤 04 执行“基点”命令（BASE），单击圆心为基点；再按【Ctrl+S】组合键对文件进行保存。

技巧：245　直流电动机的绘制

视频：技巧244-绘制直流电动机.avi
案例：直流电动机.dwg

技巧概述： 首先新建并保存一个新的 dwg 文件，再使用圆、单行文字、直线等命令来绘制直流电动机图例。

步骤 01 正常启动 AutoCAD 2014 软件，系统自动创建空白文件，单击“保存”按钮，将其保存为“案例\09\直流电动机.dwg”文件。

步骤 02 执行“圆”命令（C），绘制一个半径为 63 的圆，如图 9-177 所示。

步骤 03 执行“单行文字”命令（DT），在圆内单击起点，设置文字高度为 50，输入文字“M”，如图 9-178 所示。

步骤 04 再执行“直线”命令（L），在文字下侧绘制一条短横线，如图 9-179 所示。

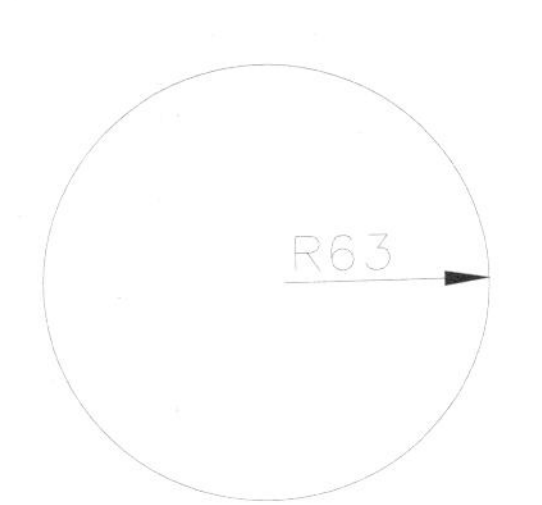

图 9-177　绘制圆

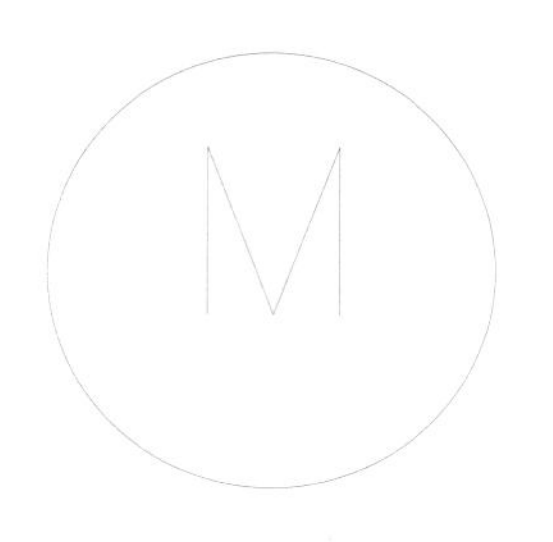

图 9-178　输写文字

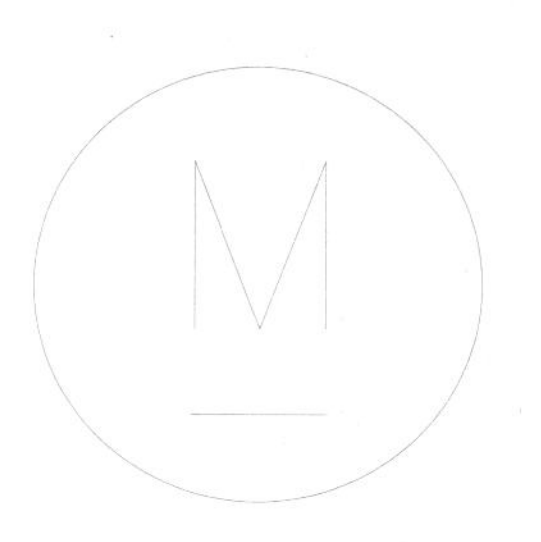

图 9-179　绘制横线

步骤 05 执行“基点”命令（BASE），单击圆心为基点；再按【Ctrl+S】组合键对文件进行保存。

技巧：246　交流电动机的绘制

视频：技巧245-绘制交流电动机.avi
案例：交流电动机.dwg

技巧概述： 本实例调用前面的“直流电动机”文件并另存为新的文件，再使用删除、圆弧等命令来绘制交流电动机图例。

步骤 01 接上例，单击“另存为”按钮，将文件另存为“案例\09\交流电动机.dwg”文件。
步骤 02 执行“删除”命令（E），将短横线删除，如图 9-180 所示。
步骤 03 执行“圆弧”命令（A），在文字下方绘制两个半径为 10 的半圆弧，如图 9-181 所示。

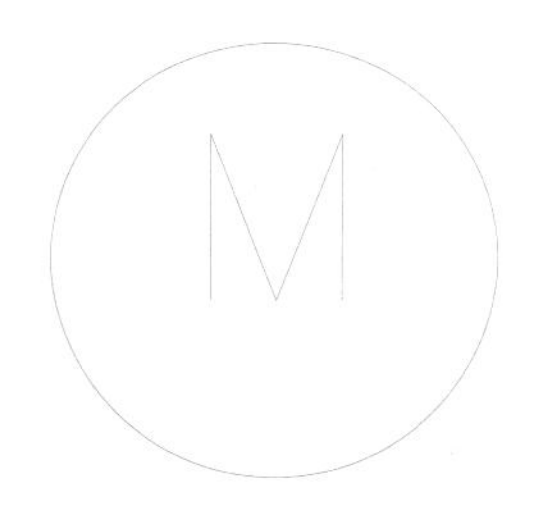

图 9-180　删除横线

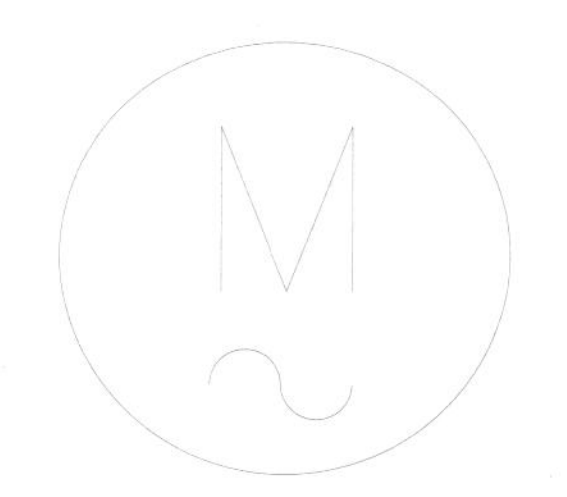

图 9-181　绘制半圆弧

步骤 04 执行“基点”命令（BASE），单击圆心为基点；再按【Ctrl+S】组合键对文件进行保存。

技巧：247　火灾警铃的绘制

视频：技巧247-绘制火灾警铃.avi
案例：火灾警铃.dwg

技巧概述： 首先新建并保存一个新的 dwg 文件，再使用直线、圆弧等命令来绘制火灾警铃图例。

步骤 01 正常启动 AutoCAD 2014 软件，系统自动创建空白文件，单击“保存”按钮，将其保存为“案例\09\火灾警铃.dwg”文件。
步骤 02 执行“直线”命令（L），按照图 9-182 所示绘制梯形。
步骤 03 执行“圆弧”命令（A），在梯形内绘制一个半径为 44 的半圆弧，如图 9-183 所示。
步骤 04 执行“直线”命令（L），连接圆弧的左右端点绘制圆弧直径线；再在直径线下侧绘制长均为 31 的四条线段，如图 9-184 所示。

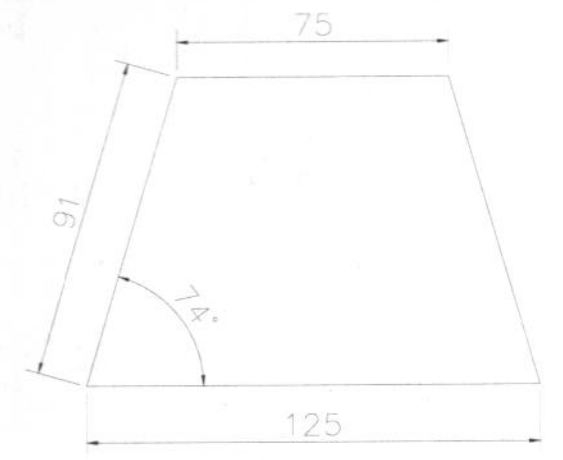

图 9-182 绘制梯形

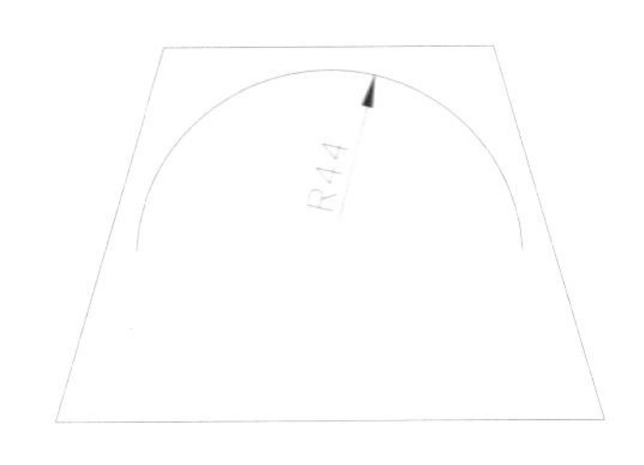

图 9-183 绘制半圆弧

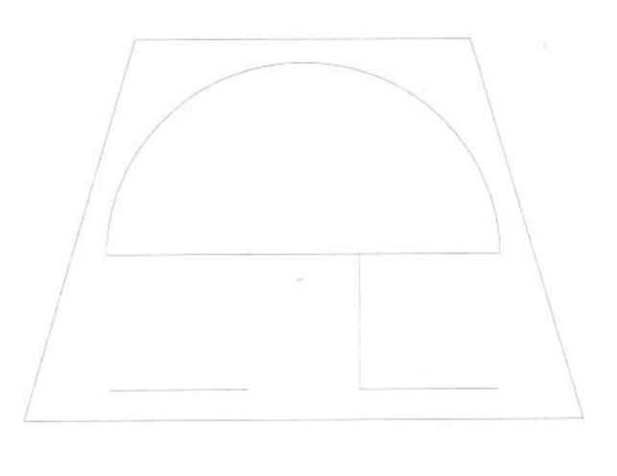

图 9-184 绘制直线

步骤 05 执行“基点”命令（BASE），单击上水平线中点为基点；再按【Ctrl+S】组合键对文件进行保存。

第 10 章　建筑电气照明施工图的绘制技巧

● 本章导读

建筑电气照明施工图是以统一规定的图形和文字符号，辅以简单扼要的文字说明，把建筑中电气设备安装位置、配管配线方式、安装规格和型号，以及其他一些特征和它们相互之间的联系表示出来的一种图样。

在本章中，首先讲解了某别墅首层建筑平面图的绘制方法，以让读者掌握建筑平面图中轴线、墙体、柱子、门窗、楼梯、尺寸与文字标注等的相关绘制方法，然后讲解了该首层电气设备的布置、连接线路的绘制、照明平面图的标注、供电系统图的绘制、各层支干线的绘制、供电系统图的标注等，从而让读者掌握建筑电气照明施工图的绘制技巧。

● 本章内容

别墅首层平面图的创建	定位轴号和图名的标注	供电系统图的创建
首层平面图轴线的绘制	照明平面图绘图环境的调用	总进户线及总配电箱的绘制
首层墙体和柱子的绘制	首层电气设备的布置	各层支干线的绘制
首层平面图门窗的创建	绘制连接线路	供电系统图的标注
首层平面图楼梯的绘制	照明平面图的标注	
平面图文字和尺寸标注	其他照明平面图效果	

技巧：248　别墅首层平面图的创建

视频：技巧248-绘图环境设置.avi
案例：别墅首层平面图.dwg

技巧概述：在绘制如图 10-1 所示的别墅首层平面图前，应根据要求设置绘图环境，包括设置图形单位与界限、图层规划、文字和尺寸标注样式。

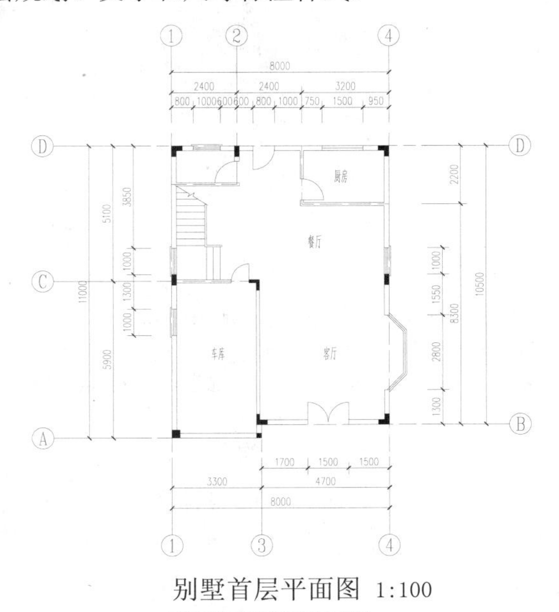

图 10-1　别墅首层平面图效果

步骤 01 正常启动 AutoCAD 2014 软件，系统自动创建一个空白的.dwg 文件。

步骤 02 在“快速访问”工具栏中，单击“保存”按钮，将其保存为“案例\10\别墅首层平面图.dwg”文件。

步骤 03 执行“格式丨图形界限”菜单命令，依照提示，设定图形界限的左下角为（0，0），右上角为（420000，297000）。

步骤 04 在命令行输入命令 Z／按空格键／A，使输入的图形界限区域全部显示在图形窗口内。

步骤 05 执行“图层特性管理”命令（LA），建立如图 10-2 所示的图层，并设置图层颜色、线型和线宽等。

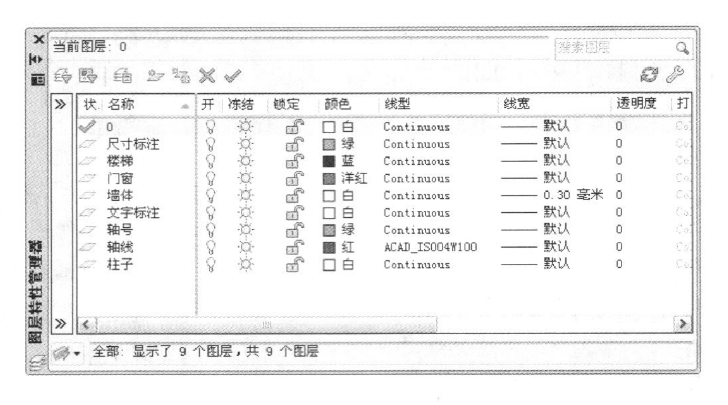

图 10-2　新建图层

步骤 06 执行“格式丨线型”菜单命令，打开“线型管理器”对话框，单击“显示细节”按钮，打开细节选项组，输入“全局比例因子”为 100，然后单击“确定”按钮，如图 10-3 所示。

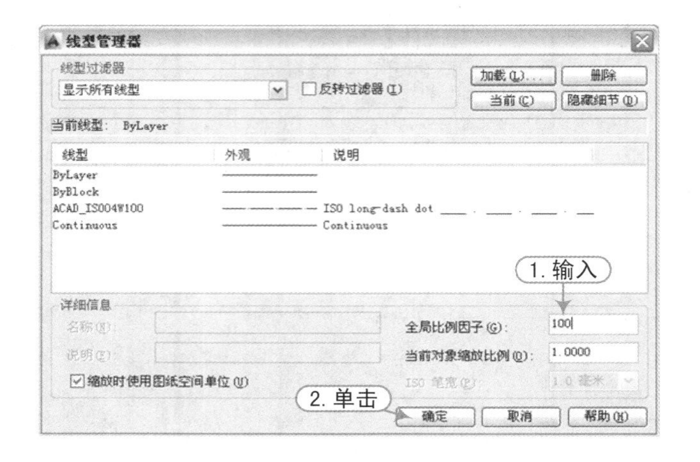

图 10-3　设置线型比例

步骤 07 执行“文字样式”命令（ST），打开“文字样式”对话框，新建“图内说明”、“图名”、“尺寸文字”和“轴号文字”文字样式，并设置对应的字体、高度及宽度因子等，如图 10-4 所示。

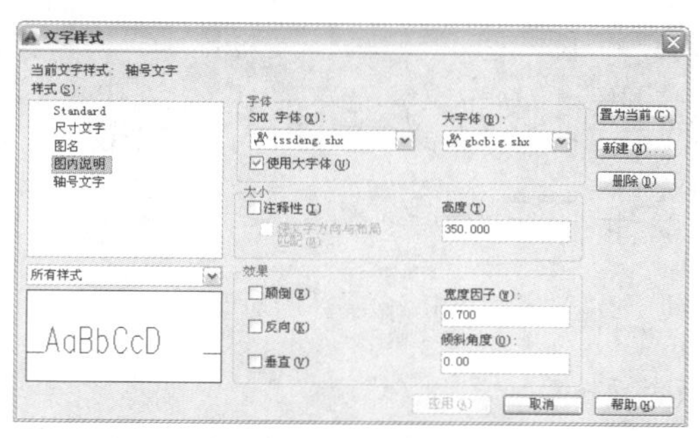

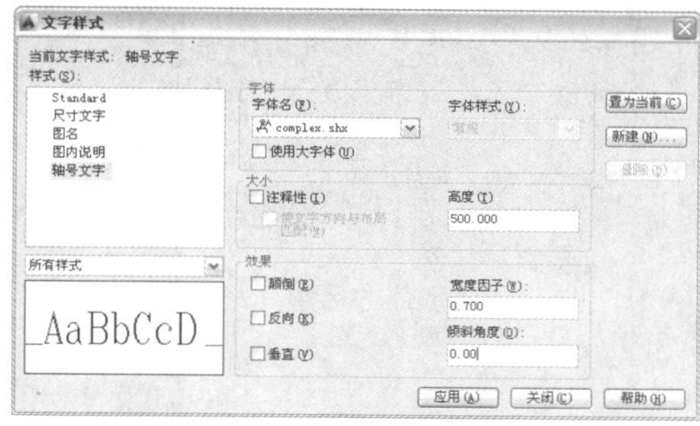

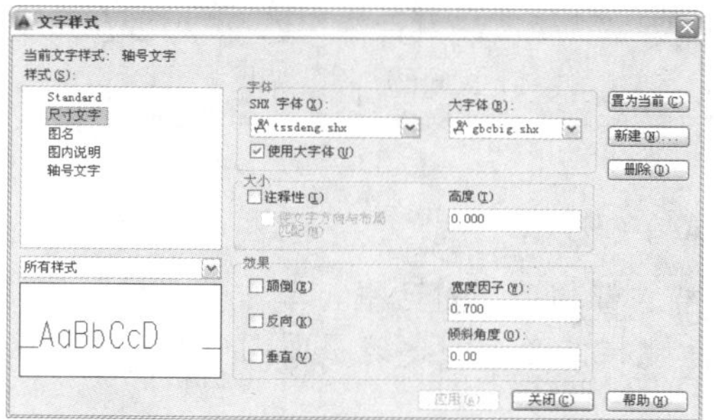

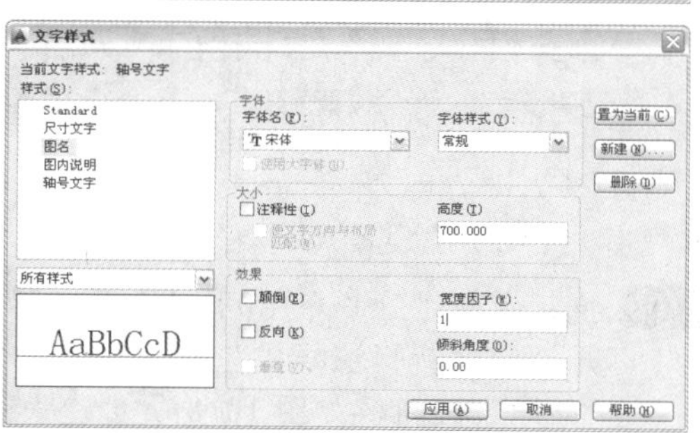

图 10-4　建立文字样式

软件技能　★★★★☆

在“文字样式”对话框中，其选项的含义介绍如下。

- “样式”栏：显示图形中的样式列表，单击列表中的样式，即可以在后面的“字体”、“大小”和“效果”中对各样式进行编辑。
- “字体”栏：用于设置文字样式使用的字体和字高等属性。其中，“字体名”下拉列表用于选择字体；“字体样式”下拉列表用于选择字体格式，如斜体、粗体和常规字体等。在“字体”选择“.shx”字体后，激活并勾选“使用大字体”复选框，“字体样式”下拉列表变为“大字体”下拉列表，用于选择大字体文件，如图 10-5 所示。在“字体名”下拉列表中，有的字体名称前面有@符号，表示此类文字的方向将与正常情况下的文字方向垂直，如图 10-6 所示。
- “大小”栏：可以设置文字的高度。如果将文字的高度设为 0，在使用 TEXT 命令标注文字时，命令行将显示“指定高度：”提示，要求指定文字的高度。如果在“文字样式”对话框的“高度”文本框中输入了文字高度，AutoCAD 将按此高度标注文字，而不再提示指定高度。
- “效果”栏：可以设置文字的颠倒、反向、垂直等显示效果，如图 10-7 所示。在“宽度因子”文本框中可以设置文字字符的高度和宽度之比；在“倾斜角度”文本框中可以设置文字的倾斜角度，角度为 0° 时不倾斜，角度为正值时向右倾斜，为负值时向左倾斜。

“字体名（F）”下拉列表：列出 AutoCAD“Fonts”文件夹中的所有注册的 Truetype 字体和所有编辑的形（SHX）字体的字体名称。用户如果要添加 AutoCAD 字体，可以在互联网上下载字体压缩包，然后进行解压，再将其解压后的字体文件复制到“\Program Files\Autodesk\AutoCAD 2014\Fonts”文件夹中，然后在 AutoCAD 中即会生成该字体。

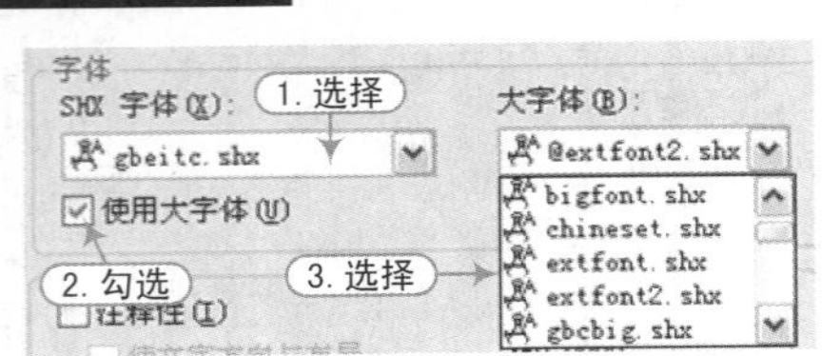

图 10-5　字体的选用

图 10-6　@字体的对比

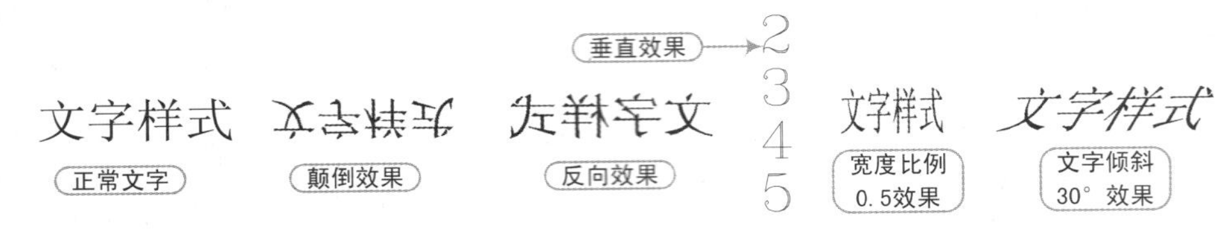

图 10-7　文字样式的各种效果

步骤 08 执行“标注”命令（D），打开“标注样式管理器”对话框，单击“新建”按钮，打开“创建新标注样式”对话框，定义新建样式名为“建筑平面图-100”，然后单击“继续”按钮，如图 10-8 所示。

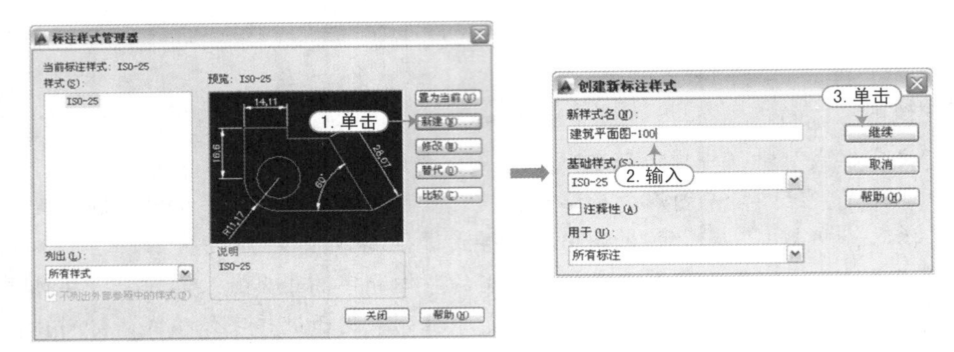

图 10-8　新建标注样式

步骤 09 进入“新建标注样式：建筑平面图-100”对话框，然后分别在各选项卡中设置相应的参数，其设置后的效果如表 10-4 所示。

表 10-4　“建筑平面标注-100”标注样式的设置

“线”选项卡	“符号和箭头”选项卡	“文字”选项卡	“调整”选项卡
尺寸线 颜色(C): ByBlock 线型(L): ByBlock 线宽(G): ByBlock 超出标记(N): 0 基线间距(A): 3.75 隐藏: 尺寸线 1(M) 尺寸线 2(D) 超出尺寸线(X): 2.5 起点偏移量(F): 3 固定长度的尺寸界线(O) 长度(E): 10	箭头 第一个(T): 建筑标记 第二个(D): 建筑标记 引线(L): 实心闭合 箭头大小(I): 2	文字外观 文字样式(Y): 尺寸文字 文字颜色(C): ByBlock 填充颜色(L): 无 文字高度(T): 3.5 分数高度比例(H): 1 绘制文字边框(F) 文字位置 垂直(V): 上 水平(Z): 居中 观察方向(D): 从左到右 从尺寸线偏移(O): 1 文字对齐(A) 水平 与尺寸线对齐 ISO 标准	标注特征比例 注释性(A) 将标注缩放到布局 使用全局比例(S): 100

技巧提示　★★★★☆

建筑平面图的常用比例是 1∶50、1∶100、1∶150、1∶200、1∶300。该建筑平面图是以 1∶100 的比例进行创建的，因此这里将标注的全局比例因子调整为 100。

尺寸界线应用细实线绘制，一般应与被注长度垂直，其一端应离开图样轮廓线不小于 2，另一端宜超出尺寸线 2～3。

尺寸起止符号一般用中粗（0.5b）斜短线绘制，其斜度方向与尺寸界线成顺时针 45°，长度宜为 2～3。半径、直径、角度与弧长的尺寸起止符号，宜用箭头表示。

互相平行的尺寸线，应从被注写的图样轮廓线由近向远整齐排列，应将大尺寸标在外侧，小尺寸标在内侧。尺寸线距图样最外轮廓之间的距离不宜小于 10。平行排列的尺寸线的间距宜为 7～10，并应保持一致。其所有注写的尺寸数字应离开尺寸线约为 1。

技巧：249　首层平面图轴线的绘制

视频：技巧249-首层轴线的绘制.avi
案例：别墅首层平面图.dwg

技巧概述：根据建筑平面图的绘制步骤，在设置好绘图环境后，首先绘制轴网线。

步骤 01 单击“图层”面板的“图层控制”下拉列表，选择“轴线”图层为当前层。

步骤 02 执行“构造线”命令（XL），在图形区域绘制互相垂直的构造线；再执行“偏移”命令（O），将垂直构造线依次向右偏移 3300、4700；将水平构造线向上依次偏移 500、5400、5100，如图 10-9 所示。

步骤 03 执行“修剪”命令（TR），修剪掉相应位置段的构造线，如图 10-10 所示。

图 10-9　绘制偏移构造线　　图 10-10　修剪效果

步骤 04 同样再执行“偏移”命令（O）和“修剪”命令（TR），按照图 10-11 所示将相应轴线进行偏移且修剪掉多余的线条。

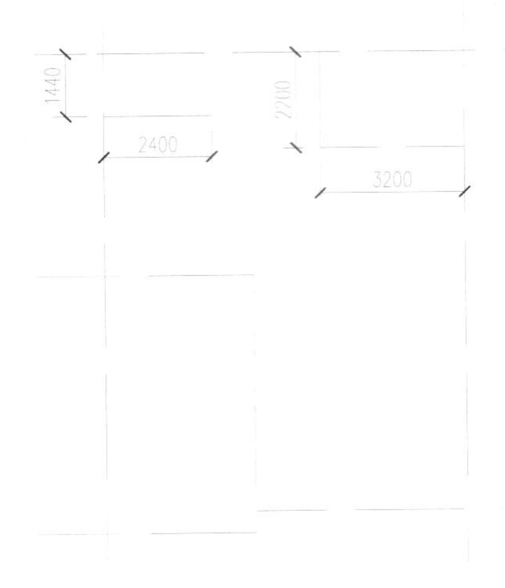

图 10-11 绘制内部轴线

技巧：250 首层墙体和柱子的绘制

视频：技巧250-绘制墙体和柱子.avi
案例：别墅首层平面图.dwg

技巧概述：本建筑平面图墙体有两种，即 180 墙和 120 墙，为了能够快速地绘制墙体结构，应建立“多线样式”，以“多线”来绘制墙体对象。

步骤 01 单击“图层”面板的“图层控制”下拉列表，选择“墙体”图层为当前层。

步骤 02 执行“格式 | 多线样式”菜单命令，打开“多线样式”对话框，其默认样式为“Standard”；单击“新建”按钮，将打开“创建新的多线样式”对话框，在名称栏输入多线名称“Q180”，再单击“继续”按钮。

步骤 03 随后打开“新建多线样式：Q180”对话框，勾选“直线封口”栏中的“起点”和“端点”复选框，然后设置图元的偏移量分别为 90 和-90，再单击“确定”按钮，如图 10-12 所示。

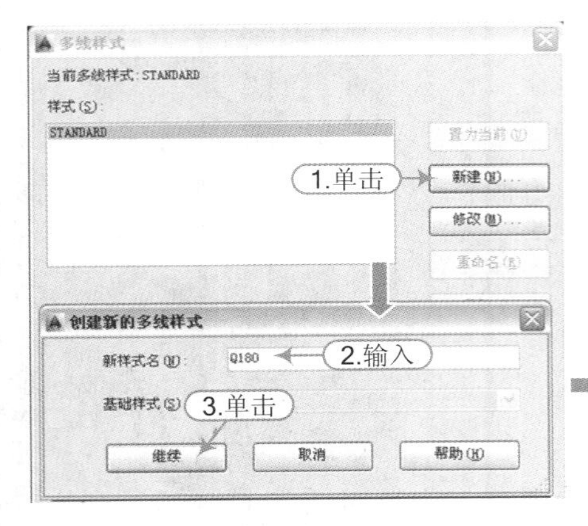

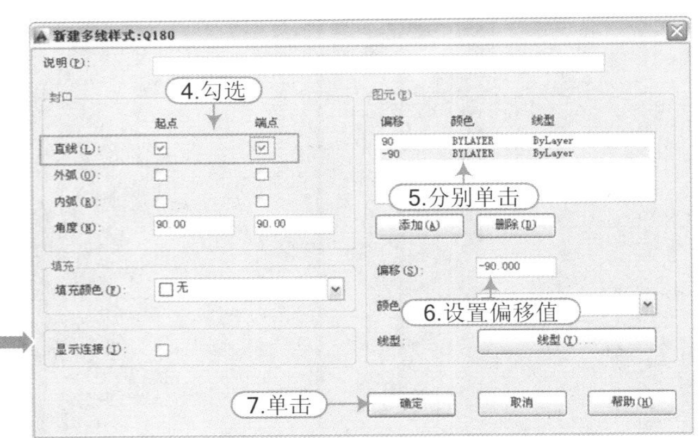

图 10-12 新建多线样式“Q180”

步骤 04 根据这样的方法，再创建“Q120”多线样式，并设置图元偏移量为 60 和-60，如图 10-13 所示。

图 10-13　新建多线样式“Q120”

软件技能　★★★☆☆

“多线”是一种组合图形，由许多条平行线组合而成，各条平行线之间的距离和数目可以随意调整。多线与直线绘制都是指定一个起点和端点；与直线不同点是一条多线可以一次性绘制多条平行线。在绘制多线之前，首先应当设置所需的多线样式，根据实际需求的不同，用户可随意设置当前的多线样式。

在“新建多线样式”对话框中，用户可以在“说明”文本框中输入对多线样式的说明，如用途、创建者、创建时间等；在“封口”栏中选择起点和终点的闭合形式，有直线、外弧和内弧 3 种形式，它们的区别如图 10-14 所示，其中内弧封口必须由 4 条及 4 条以上的直线组成。

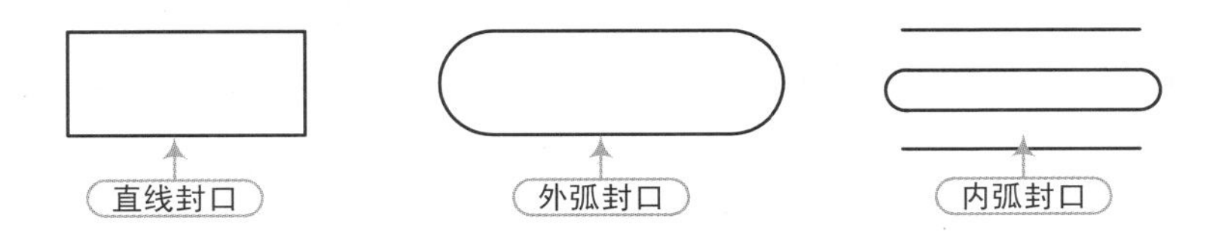

图 10-14　封口的形式

步骤 05 执行“多线”命令（ML），根据如下命令提示，选择“样式（ST）”选项，再输入样式名“Q180”，再设置对正方式为“上（T）”，设置比例为 1，捕捉轴线外相交轮廓绘制一段墙体，如图 10-15 所示。

```
命令: MLINE                                        \\执行“多线”命令
当前设置: 对正 = 无, 比例 = 20.00, 样式 = STANDARD      \\当前多线模式
指定起点或 [对正(J)/比例(S)/样式(ST)]:  st             \\选择“样式（ST)”选项
输入多线样式名或 [?]:  q180                           \\输入前面创建的“Q180”名称
当前设置: 对正 = 无, 比例 = 20.00, 样式 = Q180
指定起点或 [对正(J)/比例(S)/样式(ST)]:  s              \\选择“比例（S)”选项
输入多线比例 <20.00>:  1                              \\输入比例值为 1
当前设置: 对正 = 无, 比例 = 1.00, 样式 = Q180
指定起点或 [对正(J)/比例(S)/样式(ST)]:  j              \\选择“对正（是)”选项
```

```
输入对正类型 [上(T)/无(Z)/下(B)] <无>: t                  \\选择"上(T)"选项
当前设置: 对正 = 上, 比例 = 1.00, 样式 = Q180             \\设置完成多线模式
指定起点或 [对正(J)/比例(S)/样式(ST)]:                    \\单击左上角轴交点
指定下一点:                                               \\依次单击其他的轴交点
指定下一点或 [放弃(U)]:
指定下一点或 [闭合(C)/放弃(U)]:
指定下一点或 [闭合(C)/放弃(U)]:
指定下一点或 [闭合(C)/放弃(U)]:
指定下一点或 [闭合(C)/放弃(U)]: c                         \\ 输入C, 闭合多段线
```

步骤 06 按空格键重复命令，系统自动继承上一多段线参数设置，根据命令提示修改对正方式为“无（Z）”，在上侧短轴线处绘制一段垂直的墙体，如图 10-16 所示。

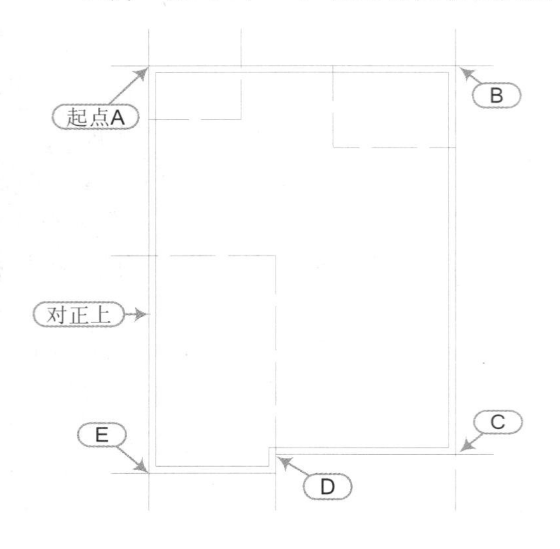

图 10-15　绘制外轮廓墙体

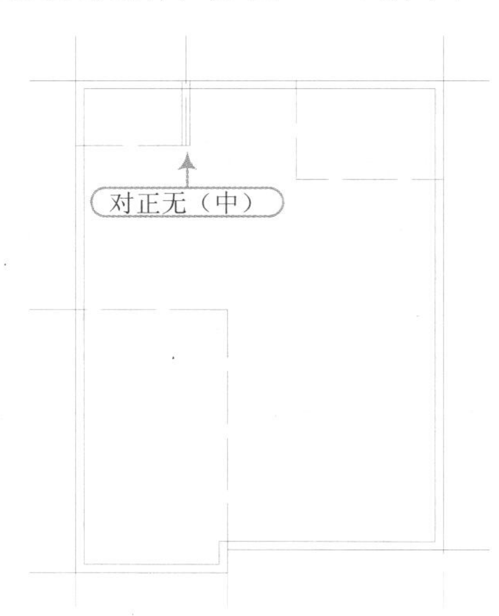

图 10-16　绘制 180 内墙

软件技能　★★★★★

在多线命令提示行中，各选项的具体说明如下。

- 对正(J)：用于指定绘制多线时的对正方式，“上（T）”是指以 A 点从左向右绘制多线时，多线上最上端的线会随着鼠标移动；“无（Z）”是指多线的中心将随着鼠标移动；“下（B）”是指以 A 点从左向右绘制多线时，多线上最下端的线会随着鼠标移动。其三种对正方式的效果比较，如图 10-17 所示。

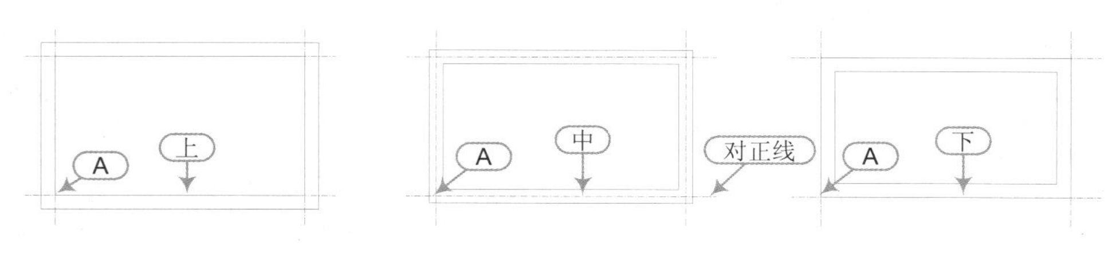

图 10-17　多线不同的对正方式

- 比例（S）：此选项用于设置多线的平行线之间的距离。可输入 0、正值或负值，输入 0 时各平行线就重合，输入负值时平行线的排列将倒置。其不同比例的多线效果比较，如图 10-18 所示。

图 10-18　不同比例的多线

- 样式（ST）：此选项用于设置多线的绘制样式。默认的样式为标准型（STANDARD），用户可根据提示输入所需多线样式名。例如，“Q180”或“q180”，不区分大小写。

除了新建多线样式以设置多线的偏移量外，在绘图过程中还可以使用默认的样式，由于其偏移值为 0.5 和-0.5，多线的间距为 1，在使用该样式时根据需要来设置多线比例值。若要绘制 120 的墙体对象，可以设置多线的比例为 1∶120，绘制出来的多线间距则为 120。但使用 STANDARD 样式绘制的多线只能是两条，而且多线两端未封口。

步骤 07 再执行“多线”命令（ML），根据命令提示选择“样式（ST）”选项，输入样式名“Q120”，设置对正方式为“无（Z）”，设置比例为 1，捕捉中间轴线绘制内墙体，如图 10-19 所示。

步骤 08 执行“移动”命令（M），将下侧 120 墙体与 180 墙体平齐，如图 10-20 所示。

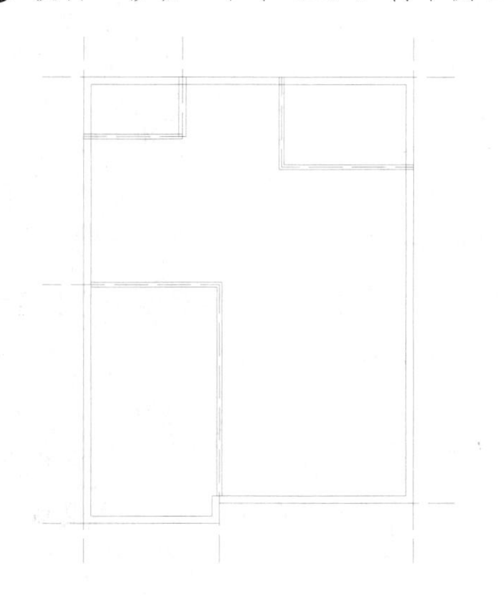

图 10-19　绘制 120 墙体

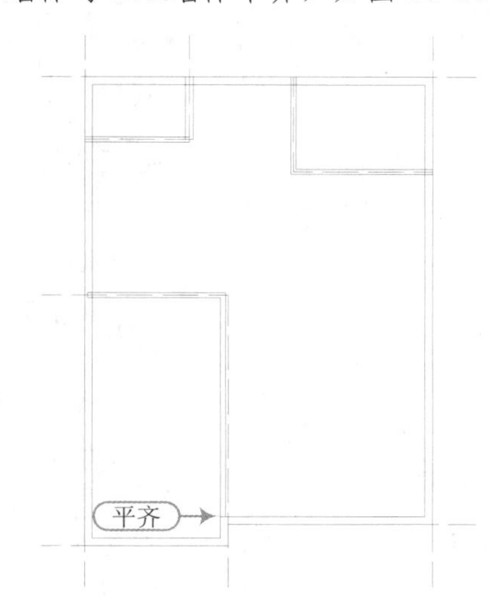

图 10-20　移动对齐墙体

步骤 09 使用鼠标双击任意一条多线，则弹出“多线编辑工具”对话框，单击“T 形打开”按钮，然后根据命令提示选择第一条多线，再选择第二条多线，以将两多线进行 T 形打开，如图 10-21 所示。

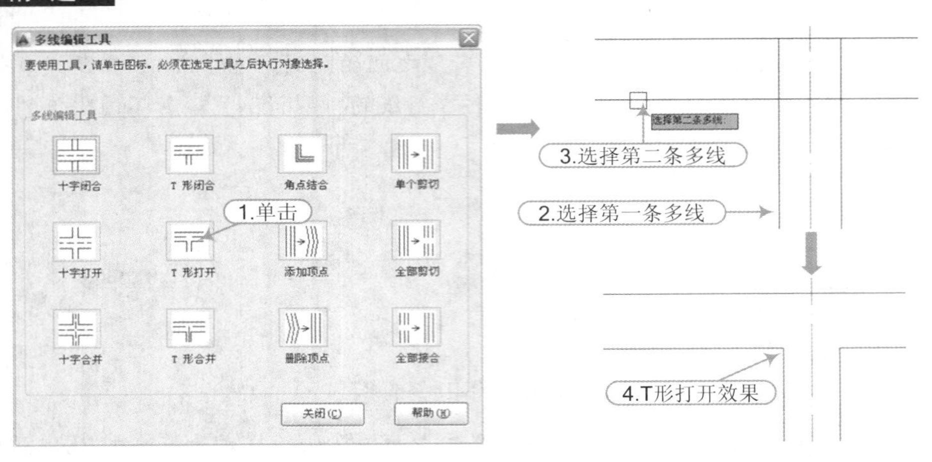

图 10-21　T 形打开墙体

步骤 10 同样双击多线，弹出“多线编辑工具”对话框，单击“角点结合”按钮，然后根据命令提示选择第一条多线，再选择第二条多线，以将两多线进行角点结合，如图 10-22 所示。

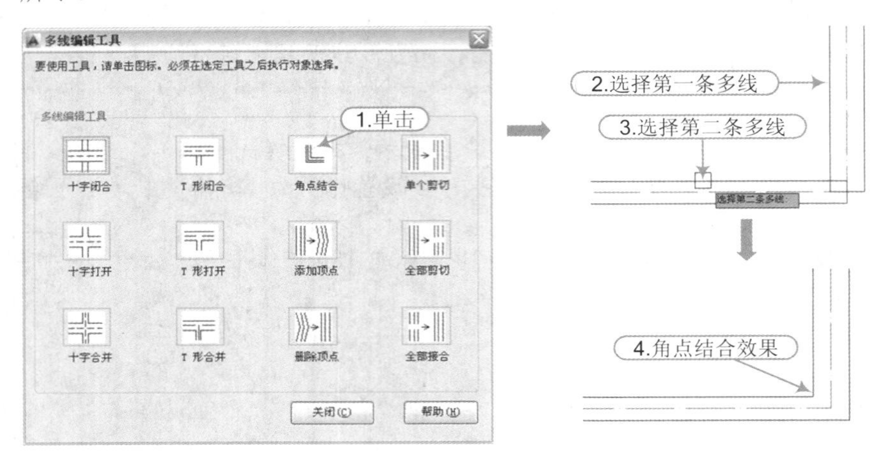

图 10-22　角点结合墙体

步骤 11 根据这样的方法，将相应墙体进行编辑，图 10-23 所示是将“轴线”图层关闭后的墙体效果。

技巧提示 ★★★☆☆

隐藏或关闭“轴线”图层，只需要在该图层上单击前面的黄色按钮，使之变成灰色。

步骤 12 切换至“柱子”图层，通过执行“直线”命令（L）、“矩形”命令（REC），在相应位置绘制柱子轮廓；再执行“图案填充”命令（H），对柱子填充纯色“SOLTD”图案，效果如图 10-24 所示。

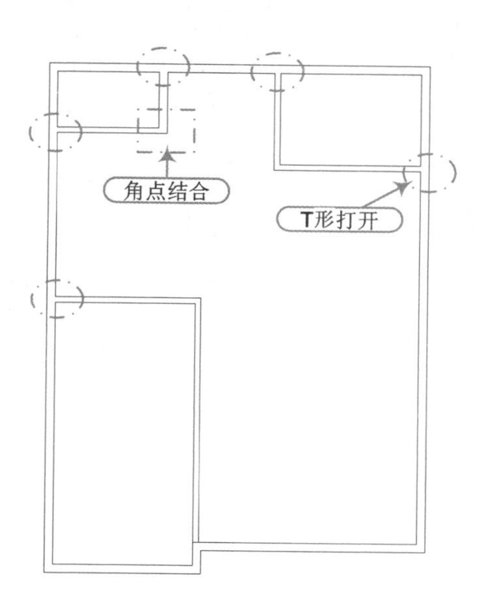

图 10-23　编辑后的墙体效果

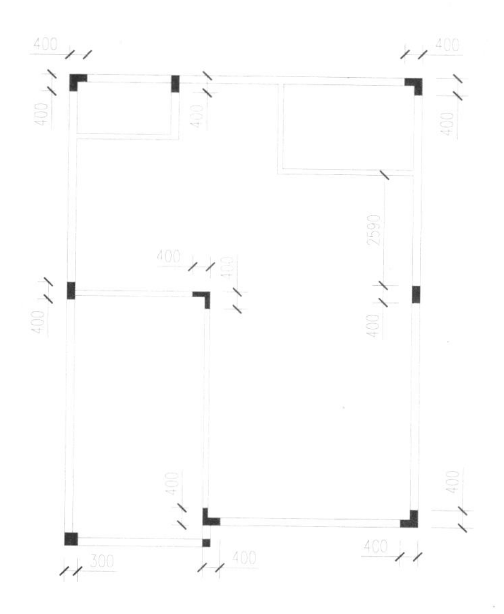

图 10-24　绘制柱子

软件技能 ★★★★★

在 AutoCAD 中绘制多线后，可以通过编辑多线的方式来设置多线的不同交点方式，以完成各种绘制的需要。在“多线编辑工具”对话框中，第一列是十字交叉形式的，第二列是 T 形形式的，第三列是拐角结合点的节点，第四列是多线被剪切和被连接的形式。选择所需要的示例图形按钮，然后在图中选择要编辑的多线即可。

- 十字闭合：用于两条多线相交为闭合的十字交点。选择的第一条多线被修剪，选择的第二条多线保存原状。
- 十字打开：用于两条多线相交为打开的十字交点。选择的第一条多线的内部和外部元素都被打断，选择的第二条多线的外部元素被打断。
- 十字合并：用于两条多线相交为合并的十字交点。选择的第一条多线和第二条多线的外部元素都被修剪，示例效果如图 10-25 所示。

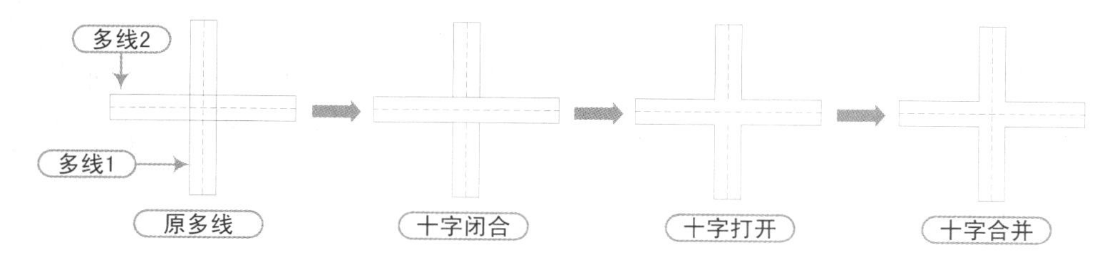

图 10-25　编辑十字多线

- T 形闭合：用于两条多线相交为闭合的 T 形交点。选择的第一条多线被修剪，第二条多线保持原状。
- T 形打开：用于两条多线相交为打开的 T 形交点。选择的第一条多线被修剪，第二条多线与第一条相交的外部元素被打断。

- T 形合并：用于两条多线相交为合并的 T 形交点。选择的第一条多线的内部元素被打断，第二条多线与第一条相交的外部元素被打断，示例效果如图 10-26 所示。

图 10-26 编辑 T 形多线

- 角点结合：用于将两条多线合成一个顶点，示例效果如图 10-27 所示。
- 添加顶点：用于在多线上添加一个顶点，示例效果如图 10-28 所示。

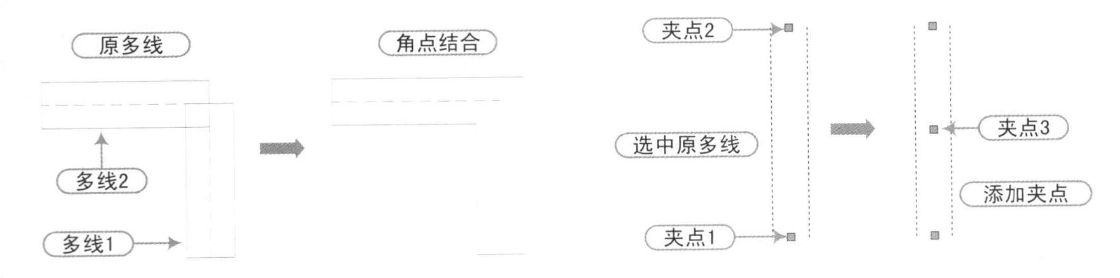

图 10-27 角点结合　　　　图 10-28 添加顶点

- 删除顶点：用于将多线上的一个顶点删除，示例效果如图 10-29 所示。
- 单个剪切：通过指定两个点使多线的一条线打断。
- 全部剪切：用于通过指定两个点使多线的所有线打断，示例效果如图 10-30 所示。
- 全部接合：用于被全部剪切的多线全部连接，示例效果如图 10-31 所示。

图 10-29 删除顶点　　　　图 10-30 剪切多线　　　　图 10-31 全部接合

在处理十字相交和 T 形相交的多线时，用户应当注意选择多线时的顺序，如果选择顺序不恰当，可能会得不到想要的结果。

技巧：251 首层平面图门窗的绘制

视频：技巧251-首层门窗的绘制.avi
案例：别墅首层平面图.dwg

技巧概述： 在绘制门窗之前，首先偏移轴线，修剪掉多余的墙体，从而形成门、窗洞口，再来绘制对应的门和窗对象。

步骤 01 在“图层控制”下拉列表中，单击“轴线”图层前面的💡按钮，以将轴线显示出来。

步骤 02 执行“偏移”命令（O）和“修剪”命令（TR），将轴线和柱子线按照图 10-32 所示尺寸进行偏移，然后修剪出门窗洞口。

步骤 03 将“轴线”图层隐藏显示，将“门窗”图层置为当前图层；执行“直线”命令（L）和“偏移”命令（O），在相应洞口绘制窗，如图 10-33 所示。

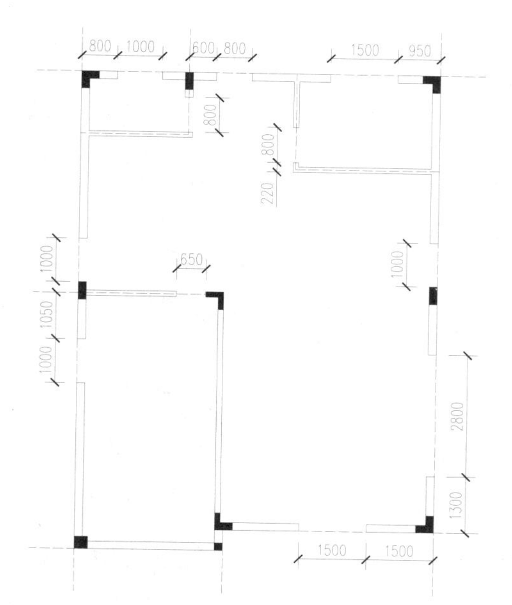

图 10-32　开启门窗洞口

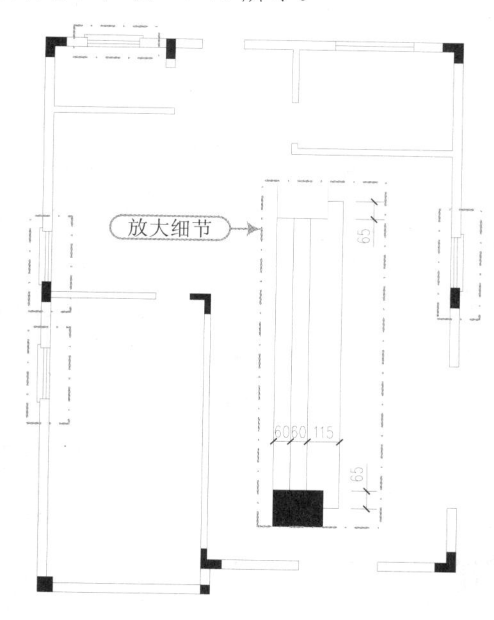

图 10-33　绘制窗

步骤 04 同样执行“直线”命令（L）和“偏移”命令（O），按图 10-34 所示在右下侧绘制飘窗。

图 10-34　绘制飘窗

步骤 05 绘制“单开门”，执行“圆”命令（C），绘制半径为 800 的圆；执行“直线”命令（L），过圆心和象限点绘制半径线；再执行“修剪”命令（TR）和“删除”命令（E），修剪删除多余圆弧与线条，效果如图 10-35 所示。

步骤 06 执行“创建块”命令（B），将绘制的 800 单开门保存为内部图块，如图 10-36 所示。

图 10-35　绘制 800 门

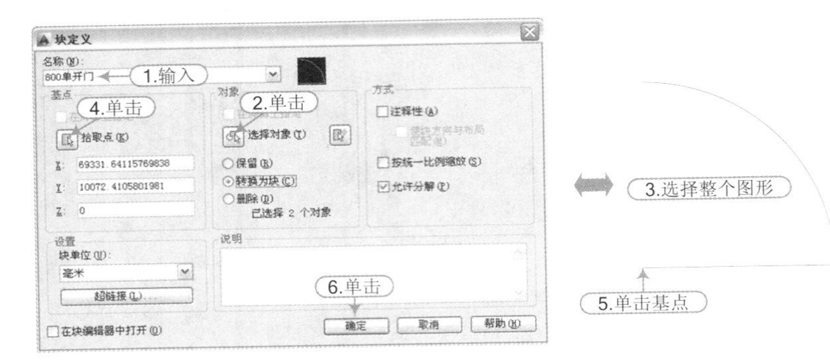

图 10-36　保存门图块

步骤 07 通过执行"移动"命令（M）、"复制"命令（CO）和"镜像"命令（MI）等操作将800门放置到800的门洞口，如图10-37所示。

步骤 08 执行"复制"命令（CO），将800的门复制出一份；通过执行"缩放"命令（SC），输入缩放比例因子为"750/800"，以将800的门缩小为750的门；然后执行"镜像"命令（MI），将750的门镜像得到1500的门，并放置到下侧门洞形成入户门。

步骤 09 同样通过执行"复制"命令（CO）、"缩放"命令（SC）和"旋转"命令（RO），将800的门复制出一份并缩放成为650的门，然后放置到中间650的门洞处，如图10-38所示。

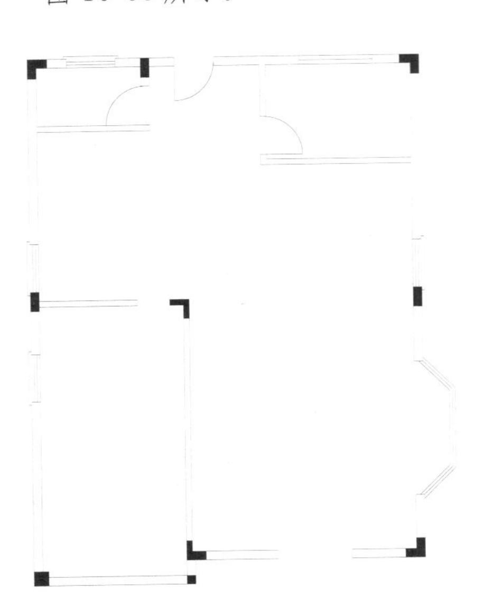

图 10-37　安装 800 的门

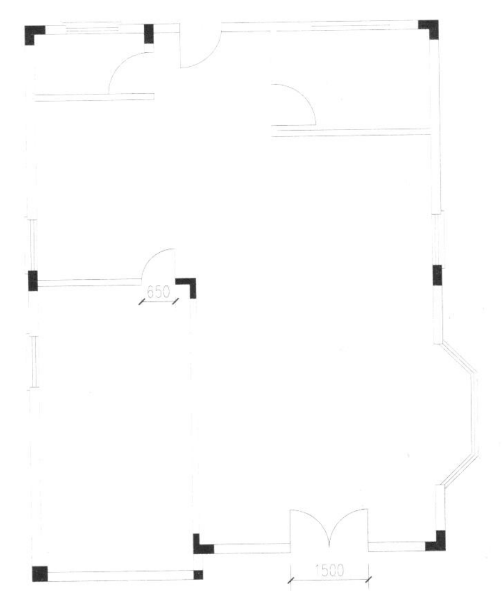

图 10-38　安装其他门

技巧提示　★★★☆☆

在进行“缩放”操作中，若要将 800 的门缩放为 750 的门，缩放的比例应为 750÷800=0.9375，而 AutoCAD 自带运算功能，可在提示“输入比例因子”时直接输入“750/800”，系统会自动计算并缩放成为相应的比例大小，这样绘图者可省去运算的麻烦。

技巧：252　首层平面图楼梯的绘制

视频：技巧252-绘制首层平面图楼梯.avi
案例：别墅首层平面图.dwg

技巧概述：在墙体、门、窗绘制好以后，接下来绘制楼梯对象，操作步骤如下。

步骤 01 在“图层”下拉列表中，选择“楼梯”图层为当前图层。

步骤 02 执行“偏移”命令（O），将墙线按照图 10-39 所示尺寸进行偏移；再通过执行“修剪”命令（TR），修剪出楼梯扶手轮廓。

步骤 03 再执行“直线”命令（L）和“偏移”命令（O），绘制出踏步和折断线，如图 10-40 所示。

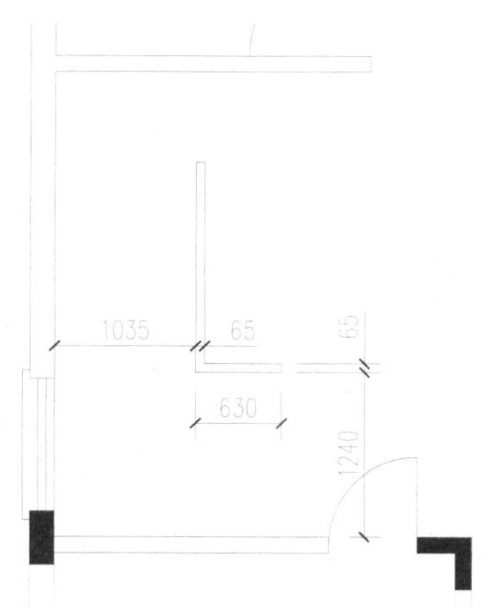

图 10-39　绘制楼梯扶手

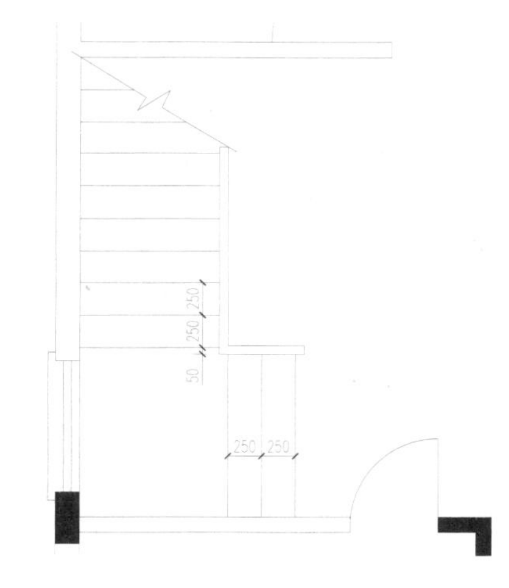

图 10-40　绘制踏步

技巧提示　★★★☆☆

由于墙线是以“多线”方式绘制的，在偏移墙体前，需要执行“分解”命令（X），先将多线墙体分解打散。

技巧：253　平面图文字说明和尺寸标注

视频：技巧253-文字和尺寸的标注.avi
案例：别墅首层平面图.dwg

技巧概述：前面已经完成平面图的绘制，接下来进行文字说明及尺寸的标注。

步骤 01 单击“图层控制”下拉列表，选择“文字标注”图层为当前层。

步骤 02 执行“多行文字”命令（MT），选择“图内说明”为当前文字样式，设置文字高度为 500，对图形进行图内文字说明，如图 10-41 所示。

步骤 03 单击“图层控制”下拉列表，选择“尺寸标注”图层为当前层，将“轴线”图层显示。

步骤 04 在“标注样式控制”下拉列表，选择“建筑平面图-100”样式为当前标注样式；执

行“线性标注”命令（DLI）和“连续标注”命令（DCO），对建筑进行尺寸的标注，效果如图 10-42 所示。

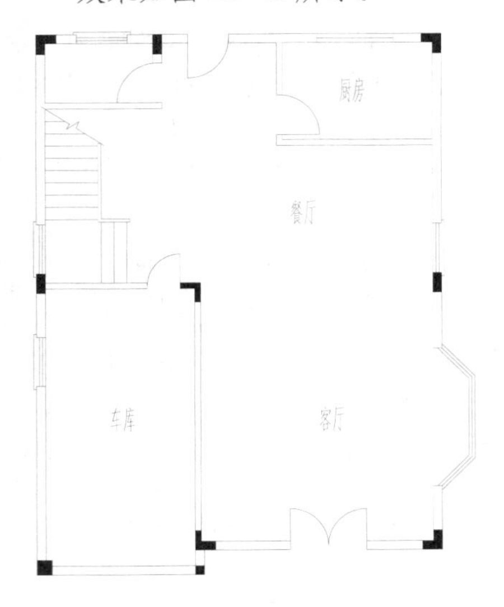

图 10-41　图内文字说明

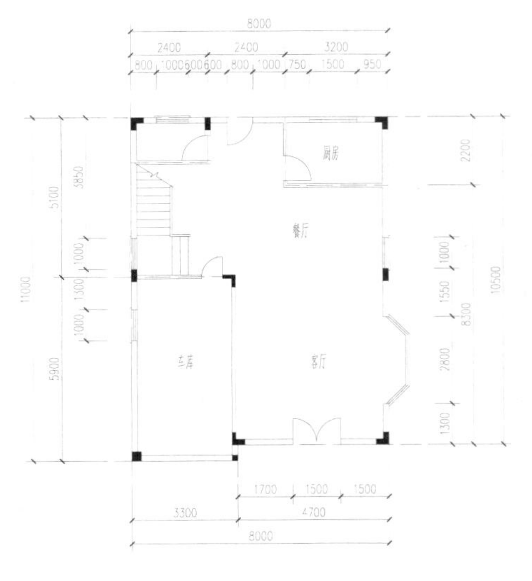

图 10-42　尺寸标注效果

软件技能 ★★★☆☆

建筑标注的尺寸一般分为三道标注：最外面一道是外包尺寸，表明了建筑物的总长度和总宽度；中间一道是轴线尺寸，表明开间和进深的尺寸；最里一道表示的是门窗洞口、墙垛、墙厚等详细尺寸。内墙须注明与轴线的关系、墙厚、门窗洞口尺寸等。

技巧：254　定位轴号和图名的标注

视频：技巧254-标注定位轴号和图名.avi
案例：别墅首层平面图.dwg

技巧概述：有轴线必定有轴号标注，下面介绍轴号的绘制及编辑方法。

步骤 01 选择“轴号”图层为当前图层，执行“圆”命令（C），绘制直径为 800 的圆，如图 10-43 所示。

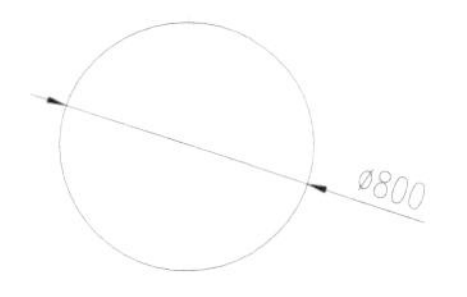

图 10-43　绘制圆

步骤 02 执行“绘图 | 块 | 定义属性”菜单命令，打开“属性定义”对话框，按照如图 10-44 所示设置其参数，然后单击圆心以将定义的属性块插入圆正中心。

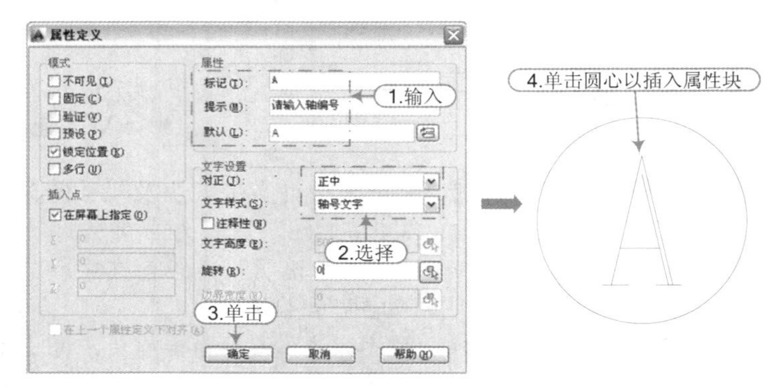

图 10-44　定义属性块

步骤 03 执行“创建块”命令（B），打开“块定义”对话框，将圆和属性块对象保存为内部图块，如图 10-45 所示。

步骤 04 通过上一步操作后，打开如图 10-46 所示的“编辑属性”对话框，提示用户“请输入轴编号”，默认编号为 A，单击“确定”按钮确定编号 A。

图 10-45 保存“轴号”图块

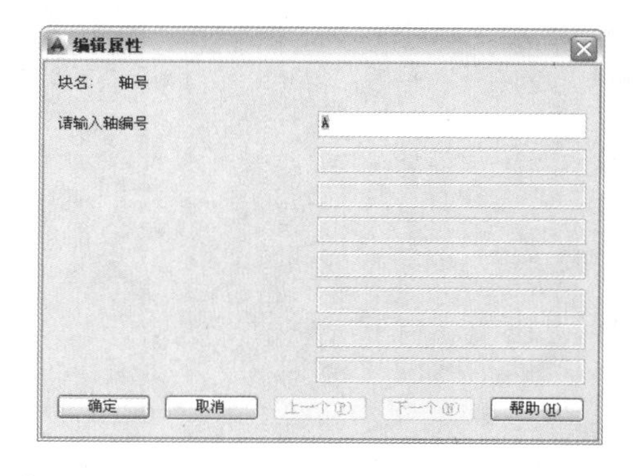

图 10-46 定义编号

步骤 05 执行“直线”命令（L），在第二道轴线标注的尺寸界限上绘制引出线；再执行“复制”命令（CO），将创建的轴号图块复制到引出线末端位置，如图 10-47 所示。

步骤 06 双击左侧中间轴号，则打开“增强属性编辑器”对话框，将默认编号“A”修改为“C”，如图 10-48 所示。

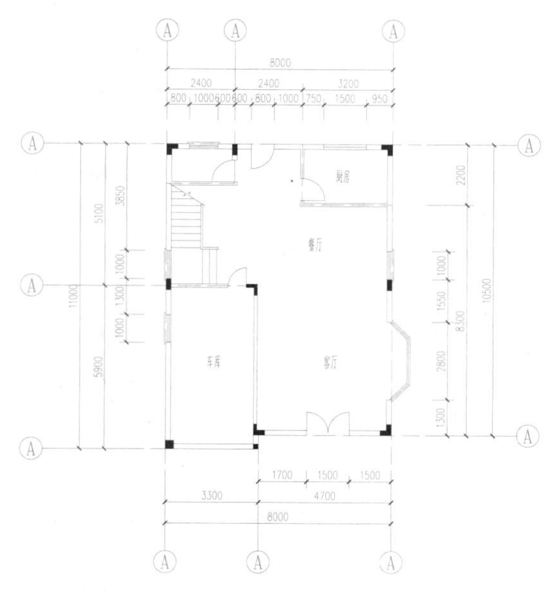

图 10-47 复制轴号

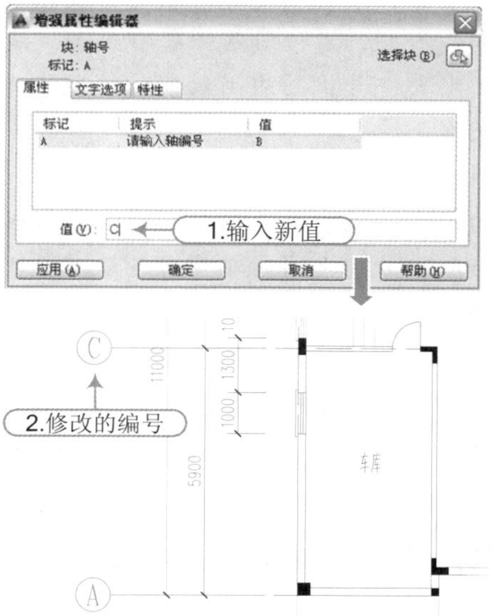

图 10-48 修改轴编号

步骤 07 根据同样的方法，双击其他轴号并修改对应的轴编号，效果如图 10-49 所示。

步骤 08 执行“多行文字”命令（MT），选择“图名”文字样式，输入图名“别墅首层平面图”；再设置字高为 600，输入比例“1：100”。

步骤 09 执行“多段线”命令（PL），在图名下侧绘制一条宽度为 100，与文字大约等长的水平多段线，如图 10-50 所示。

步骤 10 至此，该别墅首层平面图绘制完成，按【Ctrl+S】组合键进行保存。

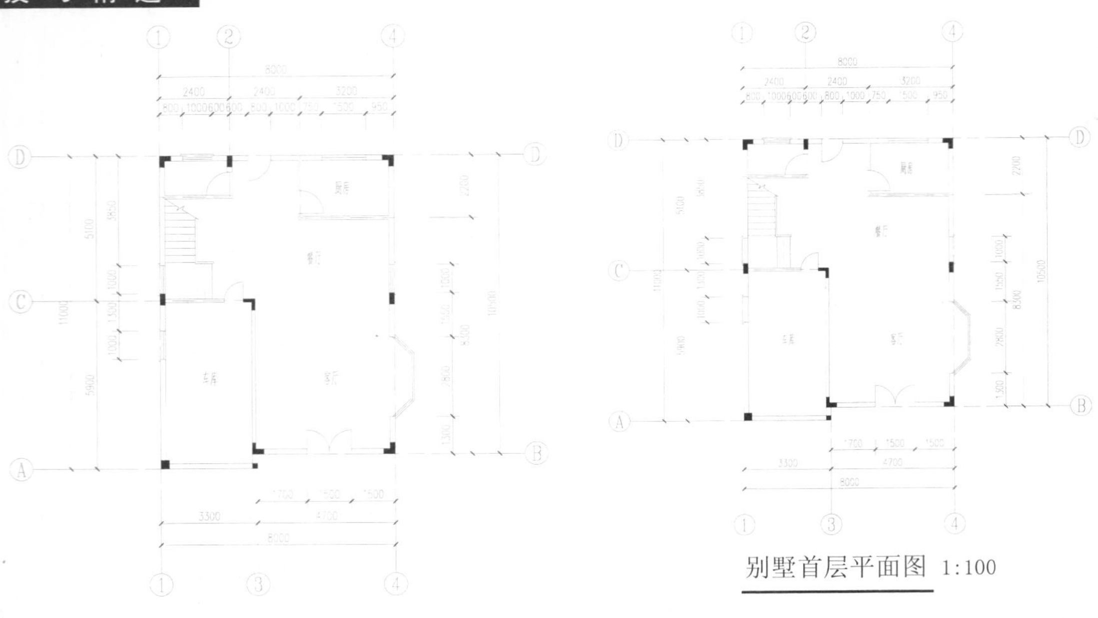

图 10-49 轴编号完成效果

图 10-50 图名标注

专业技能 ★★★★☆

定位轴线是确定建筑物的主要结构或构件的位置及其尺寸的线，定位轴线应用细单点长划线绘制，定位轴线一般有编号，编号应注写在轴线端部的圆圈内，字高大概比尺寸标注文字大一号。圆应用细实线绘制，直径为 8～10，定位轴线圆的圆心，应在定位轴线的延长线上。

在平面图上根据方向不同，定位轴线分为横向和纵向定位轴线，一般将建筑物的短向称为纵向，长向称为横向。横向定位轴线编号用阿拉伯数字，从左至右顺序编写；纵向定位轴线编号用大写拉丁字母，从下至上顺序编写。但 I、O、Z 字母不得用做轴线编号，以免与数字 1、0、2 混淆。

当建筑物的局部有主要结构时，常采用附加轴线号来表示。两根轴线间的附加轴线，应以分母表示前一轴线编号，分子表示附加轴线的编号，编号宜用阿拉伯数字顺序编写，例如，1/A表示 A 号轴线之后附加的第一根轴线；3/A表示 A 号轴线之后附加的第三根轴线。

技巧：255 照明平面图绘图环境的调用

视频：技巧255-照明绘图环境的调用.avi
案例：首层照明平面图.dwg

技巧概述： 首层照明平面图是在一层平面图的基础上来绘制的，因此首先应该调用一层平面图绘图环境。绘制的照明平面图效果如图 10-51 所示。

步骤 01 接上例，单击“另存为”按钮，将首层平面图文件另存为“案例\10\首层照明平面图.dwg”文件。

步骤 02 双击图名将其修改为“首层照明平面图”，如图 10-52 所示。

步骤 03 执行“图层特性管理”命令（LA），新建如图 10-53 所示的图层，并设置对应的颜色。

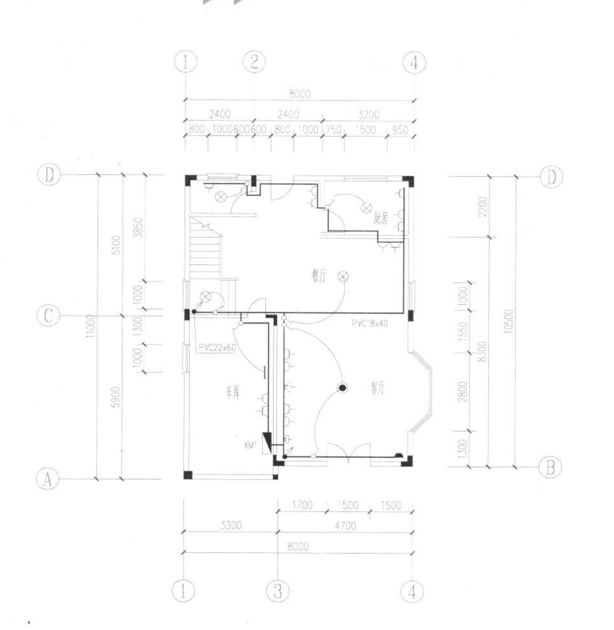

图 10-51　照明平面图效果

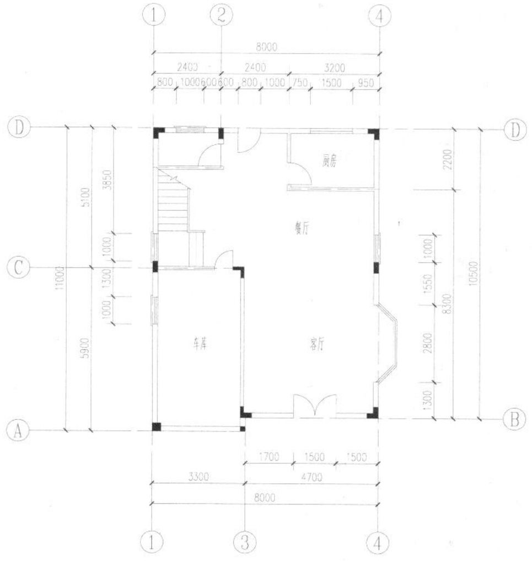

首层照明平面图 1:100

图 10-52　修改图名效果

状.	名称	开	冻结	锁定	颜色	线型	线宽	透明度
✓	0				白	Continuous	—— 默认	0
	电气设备				洋红	Continuous	—— 默认	0
	连接线路				红	Continuous	—— 默认	0

图 10-53　新建图层

技巧：256　首层电气设备的布置

视频：技巧256-首层电气设备的布置.avi
案例：首层照明平面图.dwg

技巧概述：在前面设置好了绘图环境，接下来为教学楼首层照明平面图内的相应位置布置相关的电气设备。

步骤 01 单击“图层控制”下拉列表，选择“电气设备”图层为当前层。

步骤 02 执行“插入块”命令（I），将“案例\09\电气设备图例.dwg”文件插入图形中，如图 10-54 所示。

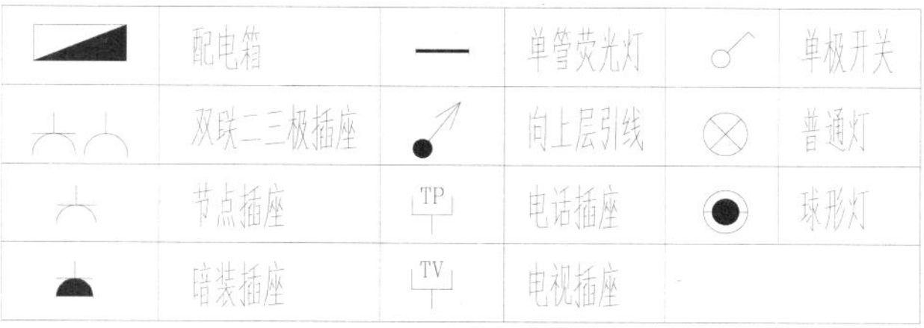

	配电箱		单管荧光灯		单极开关
	双联二三极插座		向上层引线		普通灯
	节点插座	TP	电话插座		球形灯
	暗装插座	TV	电视插座		

图 10-54　插入的电气符号

步骤 03 切换至“0”图层，执行“直线”命令（L），连接对应房间对角点以绘制辅助线，如图 10-55 所示。

步骤 04 执行“复制”命令（CO），将“普通灯”和“球形灯”复制到辅助线中点位置上，如图 10-56 所示。

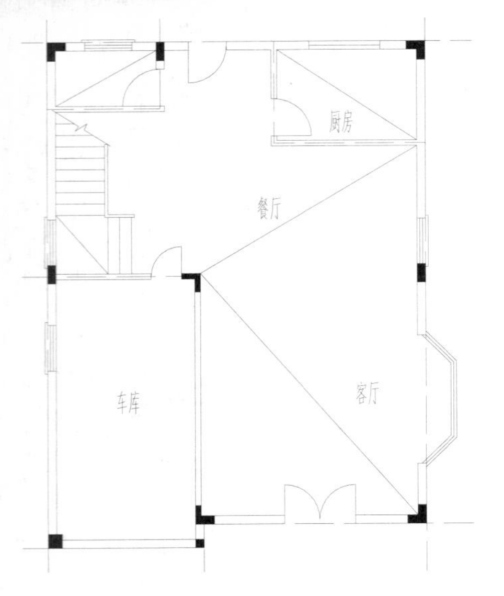

图 10-55　绘制辅助线

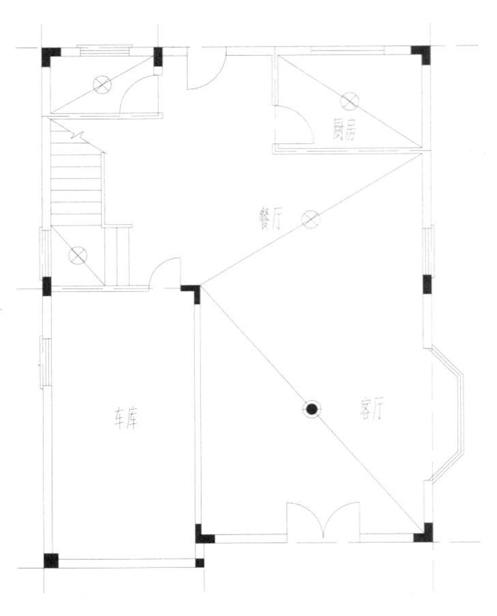

图 10-56　放置灯具

专业技能 ★★★☆☆

灯具都是安装在该房间的正中位置，为了找准房间的正中位置，可绘制房间对角进深的辅助线，然后将灯具放置到辅助线中点上，这样灯具就会准确的布置到各个房间的正中间位置了。

步骤 05 执行“删除”命令（E），将辅助线删除掉；结合移动、复制、旋转等命令，将“单极开关”和“荧光灯”元件复制到相应位置，如图 10-57 所示。

步骤 06 同样的结合移动、复制、旋转等命令，将各插座元件和“向上层引线”、“配电箱”放置到指定的位置，如图 10-58 所示。

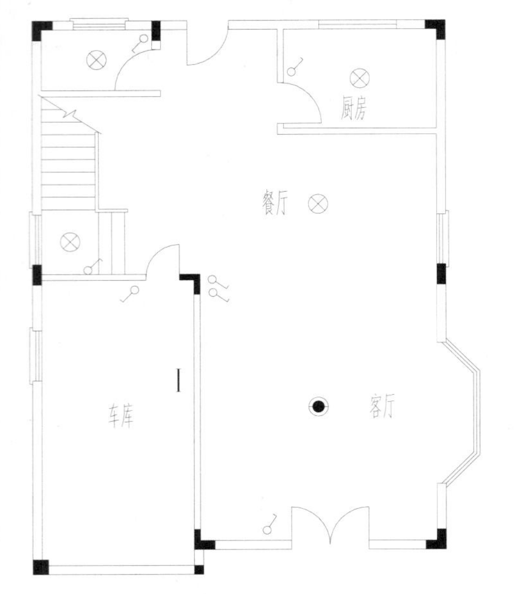

图 10-57　布置灯具与开关

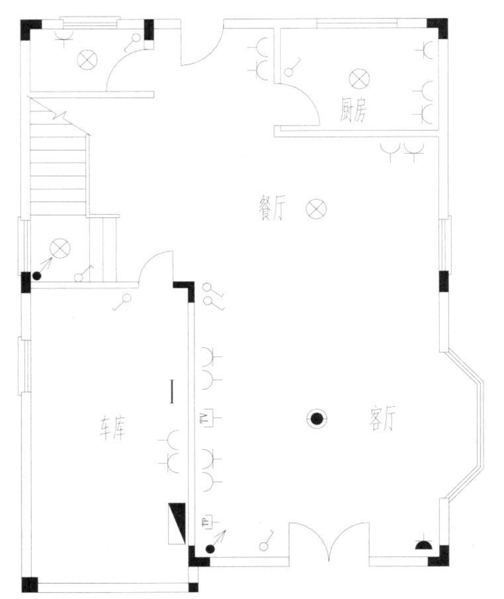

图 10-58　布置插座

技巧：257　绘制连接线路

视频：技巧257-绘制连接线路.avi
案例：首层照明平面图.dwg

技巧概述：布置好照明电气元件后，接下来讲解怎么绘制照明连接线路，将布置的各个电气元件连接起来。

步骤 01 单击“图层控制”下拉列表，选择“连接线路”图层为当前层。

步骤 02 执行“圆弧”命令（A），将开关与对应的灯以弧线连接起来，如图 10-59 所示。

步骤 03 执行“多段线”命令（PL），设置全局宽度为 30，绘制由配电箱引出连接至各个房间电气设备的连接线路，如图 10-60 所示。

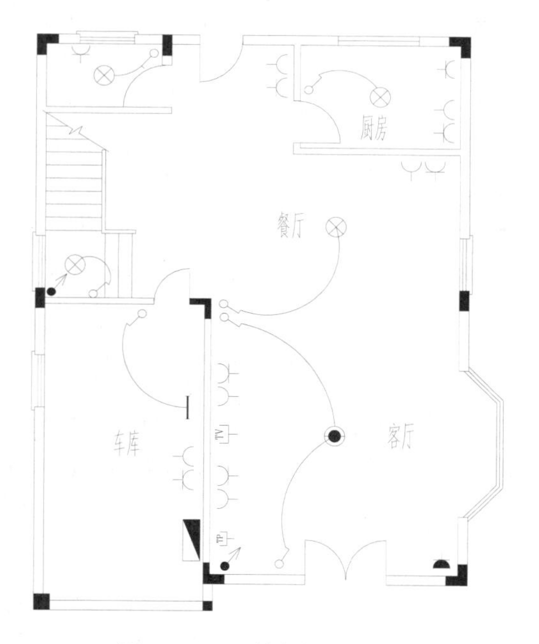

图 10-59　开关与灯具连接线路

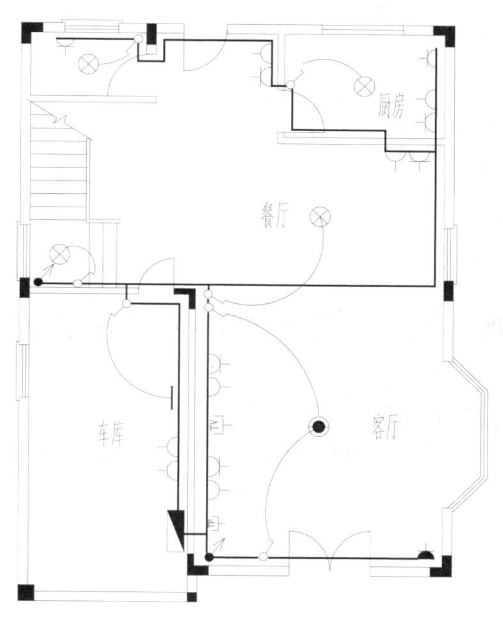

图 10-60　绘制插座连接线路

技巧：258　照明平面图的标注

视频：技巧258-照明平面图的标注.avi
案例：首层照明平面图.dwg

技巧概述：前面绘制好了首层照明平面图，最后将对线路进行文字的标注。

步骤 01 单击“图层控制”下拉列表，选择“文字标注”图层为当前层。

步骤 02 执行“直线”命令（L），在图中需要对灯具标注的位置绘制引出线。

步骤 03 执行“多行文字”命令（MT），选择“图内文字”文字样式，设置字高为 350，在引出线位置进行相应的文字标注说明，效果如图 10-61 所示。

步骤 04 至此，该别墅首层照明平面图绘制完成，按【Ctrl+S】组合键进行保存。

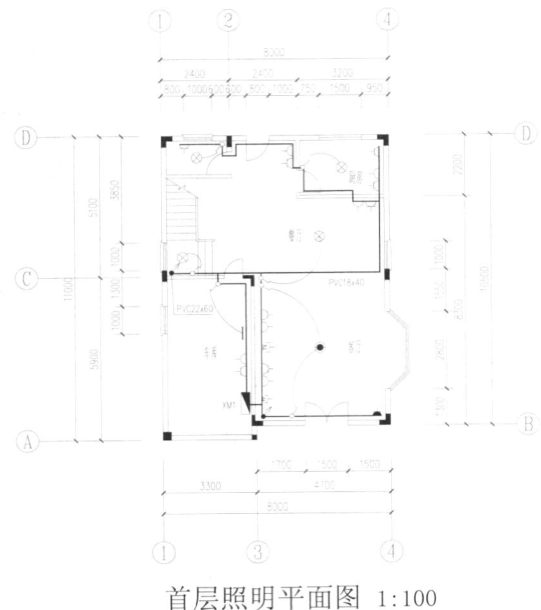

图 10-61　别墅首层照明平面图

技巧：259　其他层照明平面图效果

视频：无
案例：别墅其他层照明平面图.dwg

技巧概述：根据别墅首层平面图、首层照明平面图的绘制方法，读者可参照本书配套光盘“案例\10\别墅其他层照明平面图”效果来自行绘制其他层的照明平面图，效果如图 10-62～10-64 所示。

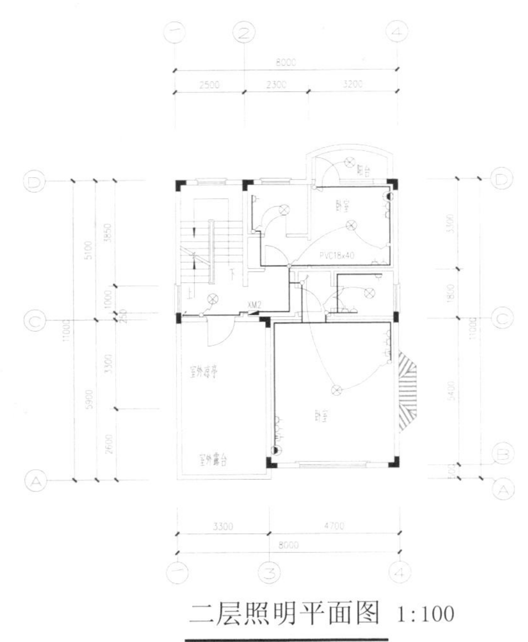

图 10-62　别墅二层照明平面图

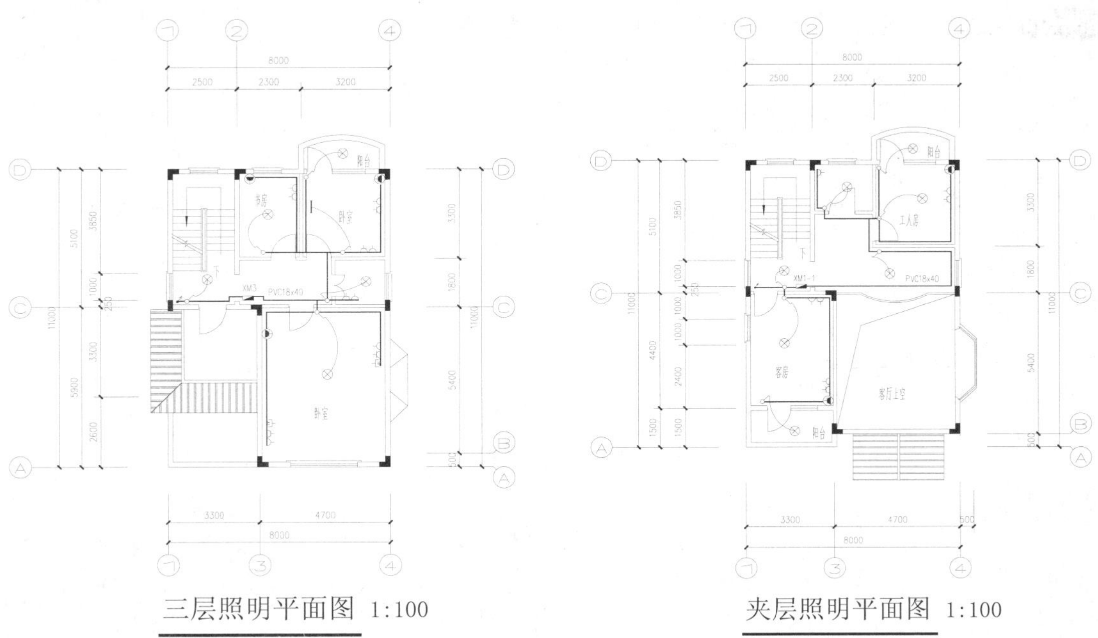

图 10-63 别墅三层照明平面图

图 10-64 别墅夹层照明平面图

技巧：260 供电系统图的创建

视频：技巧260-系统图绘图环境的设置.avi
案例：别墅供电系统图.dwg

技巧概述： 本节仍以某别墅为例，介绍该别墅供电照明系统图的绘制流程，以使读者掌握建筑照明系统图的绘制方法及相关知识点，其绘制的别墅照明系统图效果如图 10-65 所示。

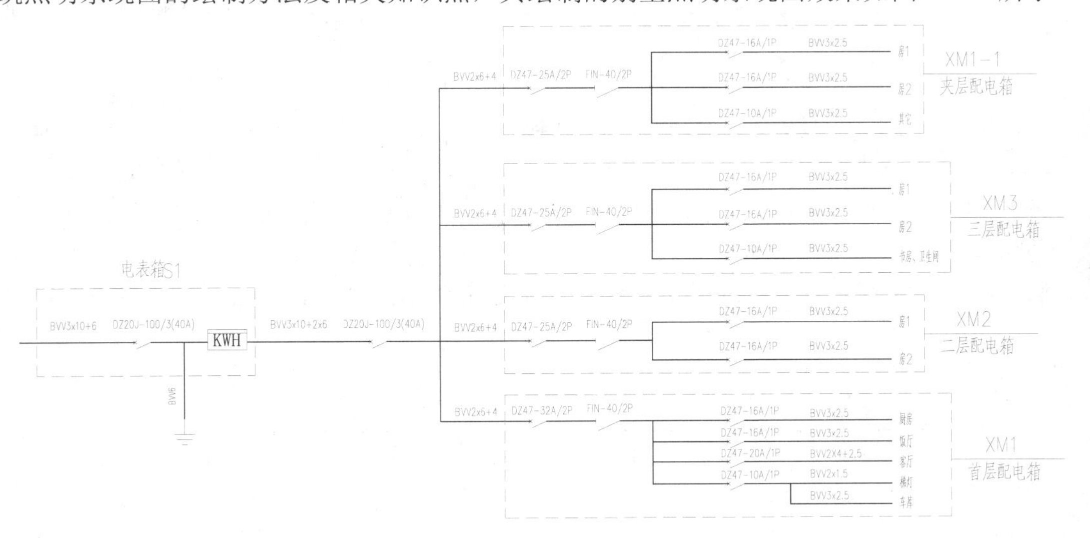

图 10-65 别墅供电系统图效果

步骤 01 正常启动 AutoCAD 2014 软件，系统自动创建一个空白文件，在“快速访问”工具栏上单击“保存”按钮，将其保存为“案例\10\别墅供电系统图.dwg”文件。

步骤 02 执行“图层特性管理”命令（LA），新建如图 10-66 所示的图层。

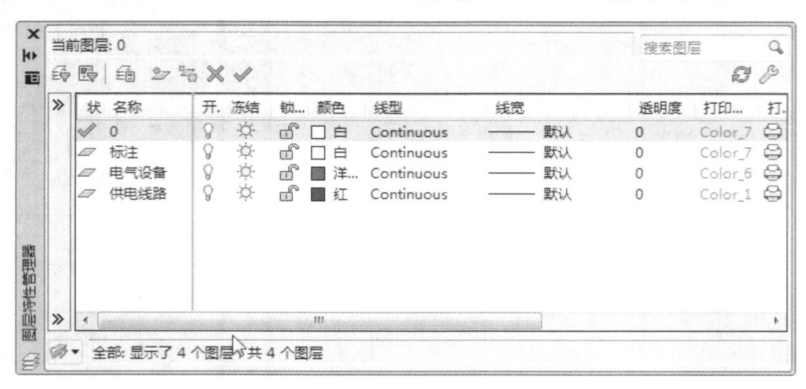

图 10-66　新建图层

步骤 03 执行“文字样式”命令（ST），打开“文字样式”对话框，然后新建“图内文字”和“图名”文字样式，并设置对应的字体、字高和宽度因子，如图 10-67 所示。

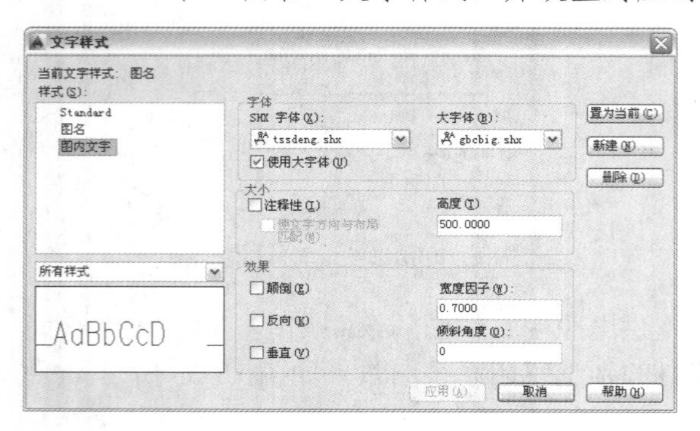

图 10-67　新建文字样式

技巧：261　总进户线及总配电箱的绘制

视频：技巧261-绘制总进户线及总配电箱.avi
案例：别墅供电系统图.dwg

技巧概述： 在前面设置好了绘图环境，接下来绘制照明系统图总进户线及总配电箱。

步骤 01 在“图层”下拉列表中，选择“供电线路”图层为当前图层。

步骤 02 执行“多段线”命令（PL），设置全局宽度为 30，在绘图区绘制如图 10-68 所示的多段线。

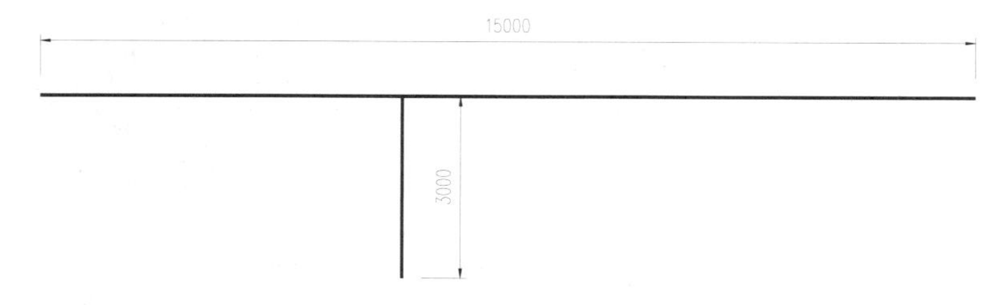

图 10-68　绘制线段

步骤 03 切换至“电气设备”图层，执行“插入块”命令（I），将“案例\09”文件夹下面的“接地”、“断路器”和“电表箱”插入图形中，如图 10-69～10-71 所示。

图 10-69　电表箱

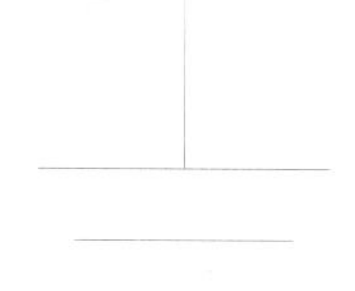
图 10-70　接地符号

图 10-71　断路器

步骤 04 通过缩放、移动、复制和修剪等命令，将元件缩放成适当大小，放置到多段线上，并修剪掉元件内部的多段线，效果如图 10-72 所示。

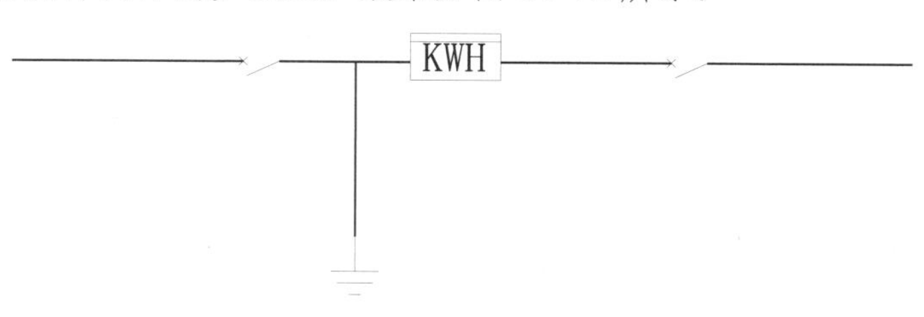

图 10-72　安装电气设备

步骤 05 切换至“标注”图层，执行“多行文字”命令（MT），选择“图内说明”文字样式，设置字高为 300，在总进户线上标注出相关电气文字说明，如图 10-73 所示。

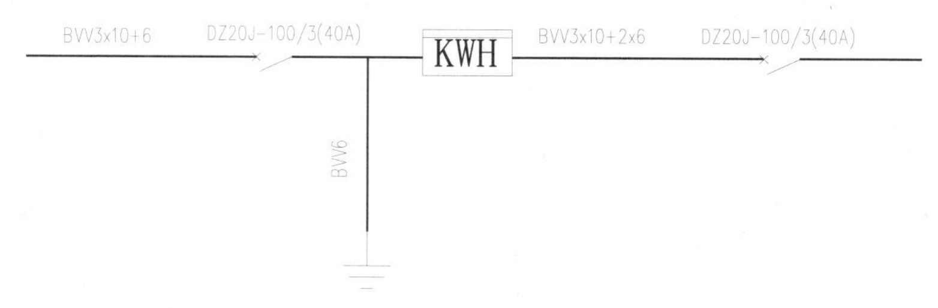

图 10-73　文字说明

技巧：262　各层支干线的绘制

视频：技巧262-各层支干线的绘制.avi
案例：别墅供电系统图.dwg

技巧概述：前一实例中讲解了照明系统图总进户线及总配电箱的绘制，接下来讲解绘制各层线路支干线的方法。

步骤 01 切换至“供电线路”图层，执行“多段线”命令（PL），设置全局宽度为 30，在进户线右侧绘制出各层的主干线，如图 10-74 所示。

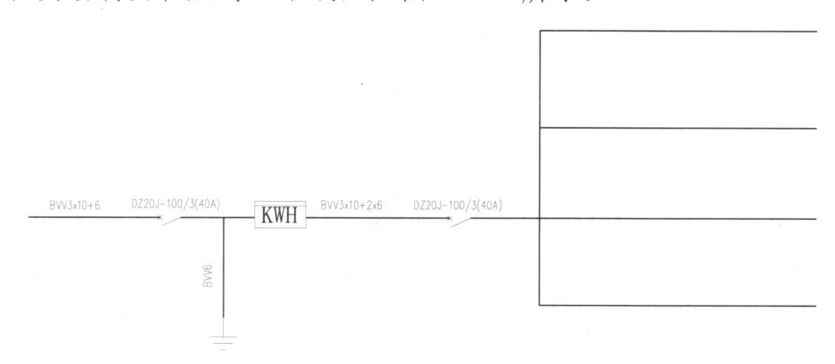

图 10-74　绘制各层主干线

步骤 02 按空格键重复命令，在每层主干线右侧分别绘制出对应层的供电分支线路，如图 10-75 所示。

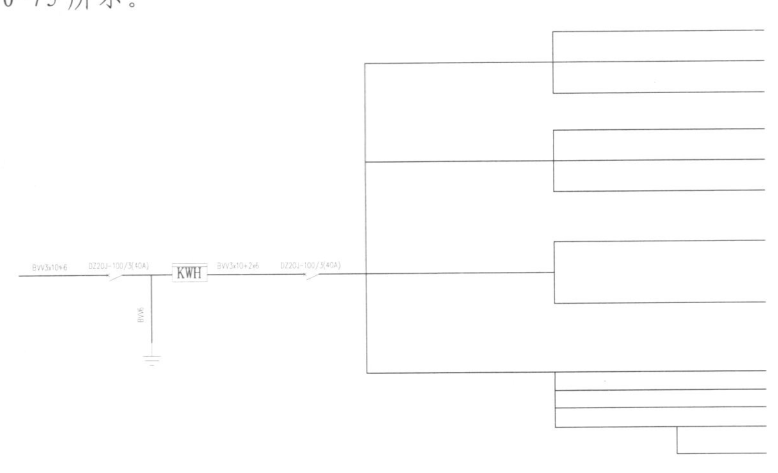

图 10-75 绘制支线

步骤 03 执行"复制"命令（CO），将主干线上的"断路器"元件复制到各层线路上；再执行"修剪"命令（TR），修剪掉元件内的多段线，效果如图 10-76 所示。

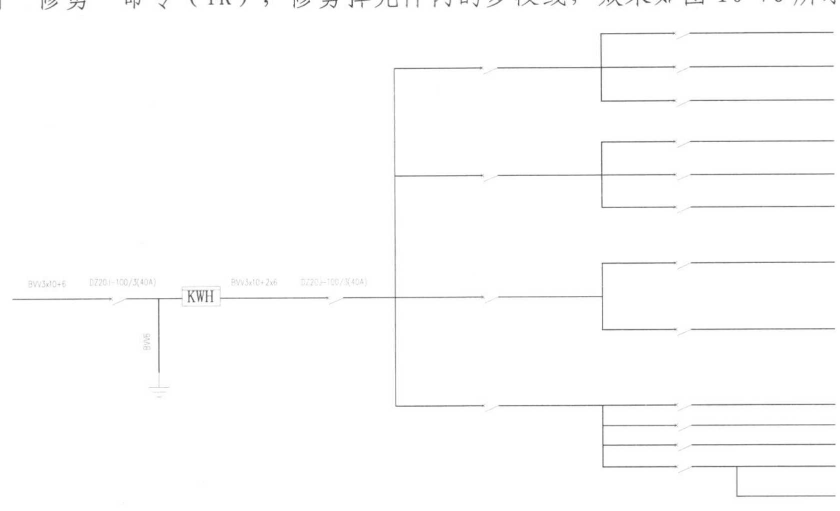

图 10-76 安装断路器

步骤 04 执行"插入块"命令（I），将"案例\09\隔离开关.dwg"文件插入图形中，如图 10-77 所示。

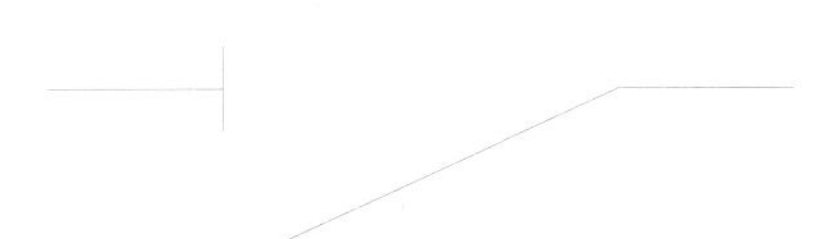

图 10-77 插入的隔离开关

步骤 05 结合移动、复制命令，将"隔离开关"复制到各层线路上；并修剪掉元件内的多段线，如图 10-78 所示。

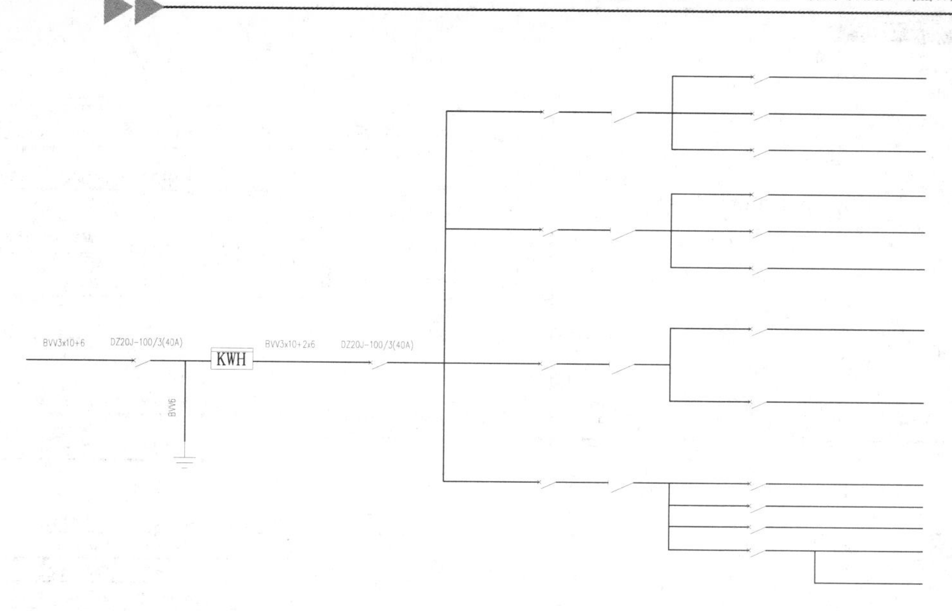

图 10-78　安装隔离开关

技巧：263　供电系统图的标注

视频：技巧 263-供电系统图的标注.avi
案例：别墅供电系统图.dwg

技巧概述：在前面绘制好了别墅供电系统线路后，下面来为绘制的供电系统图添加文字说明和图名标注。

步骤 01 切换至“标注”图层，执行“多行文字”命令（MT），选择“图内说明”文字样式，设置字高为 300，在各层线路上方输入相关的电气文字说明，效果如图 10-79 所示。

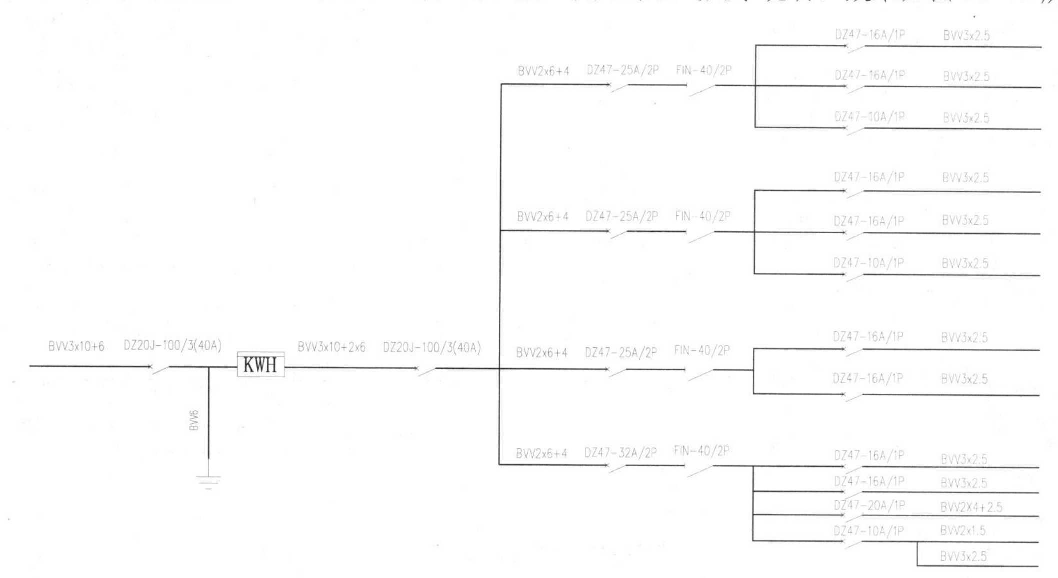

图 10-79　标注线路

步骤 02 重复执行“多行文字”命令（MT），选择“图内说明”文字样式，设置字高为 500，在分支线末端标注出各线路引至各层的房间位置，效果如图 10-80 所示。

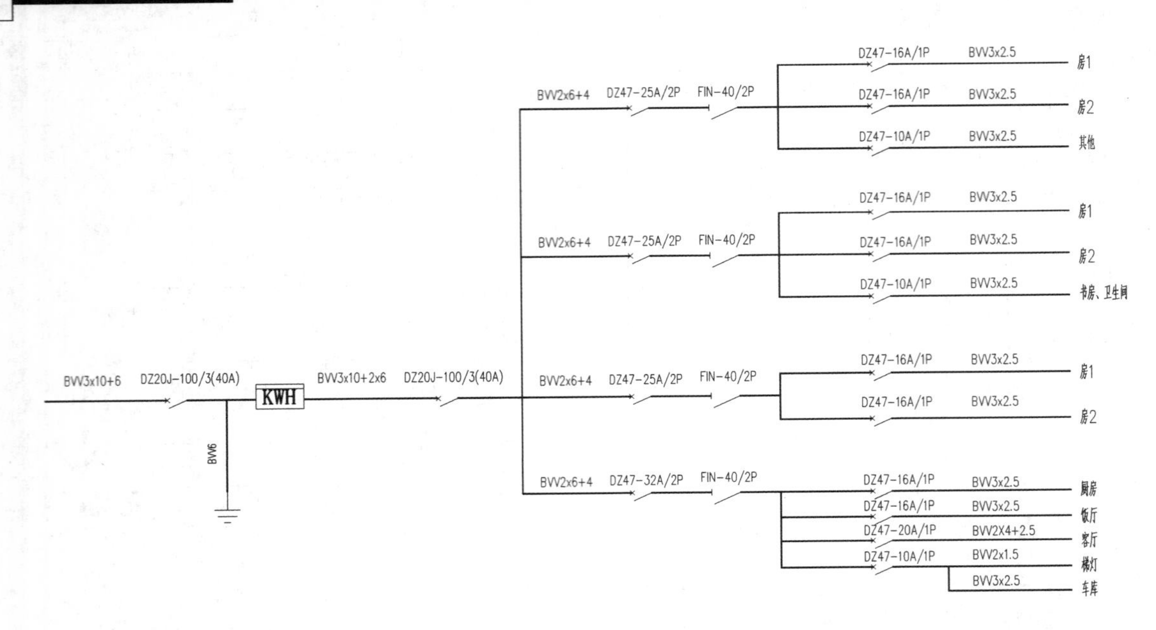

图 10-80　标注供电的位置

步骤 03 执行“矩形”命令(REC)，在图 10-81 所示相应位置绘制虚线矩形，其线型为“DASHED”。

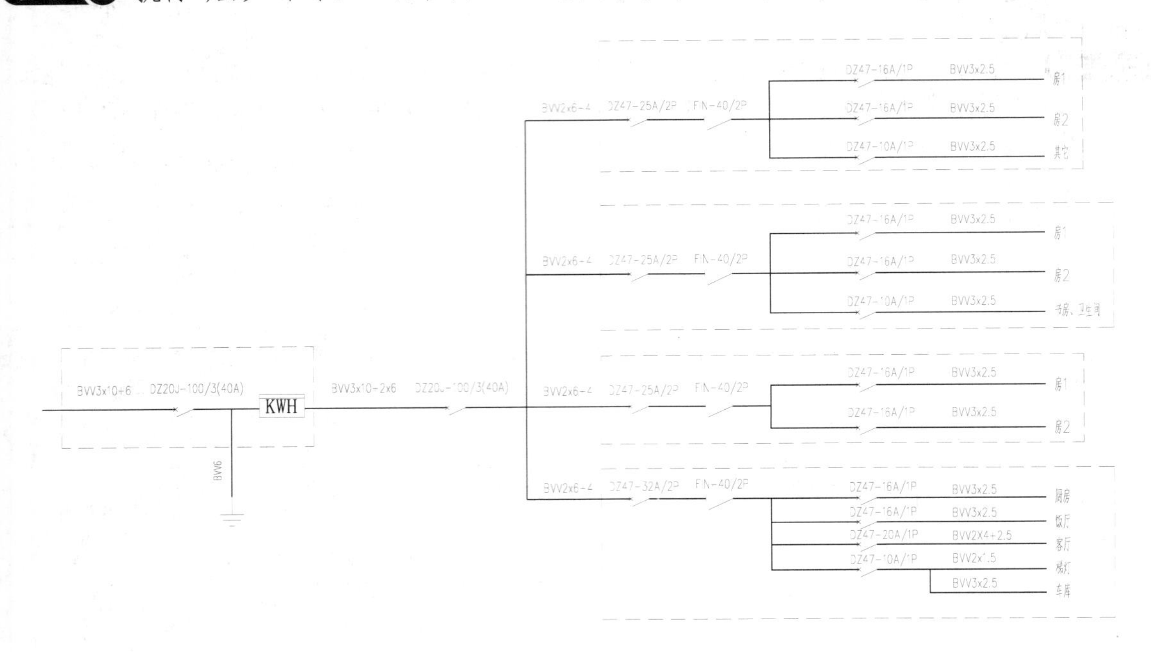

图 10-81　绘制虚线矩形

步骤 04 执行“多行文字”命令（MT），选择“图内说明”文字样式，设置字高为 700，对虚线框范围进行文字标注；再执行“直线”命令（L），由文字绘制一条引出线引至虚线框，如图 10-82 所示。

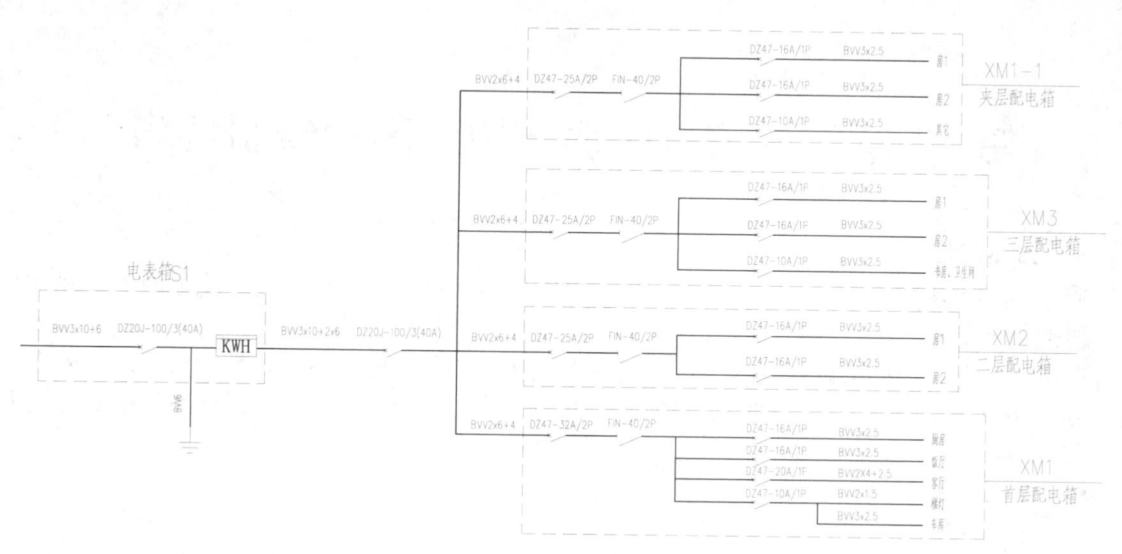

图 10-82　标注电箱

步骤 05 再继续执行“多行文字”命令，选择“图名”文字样式，设置字高为 850，在图形下侧标注出图名，效果如图 10-83 所示。

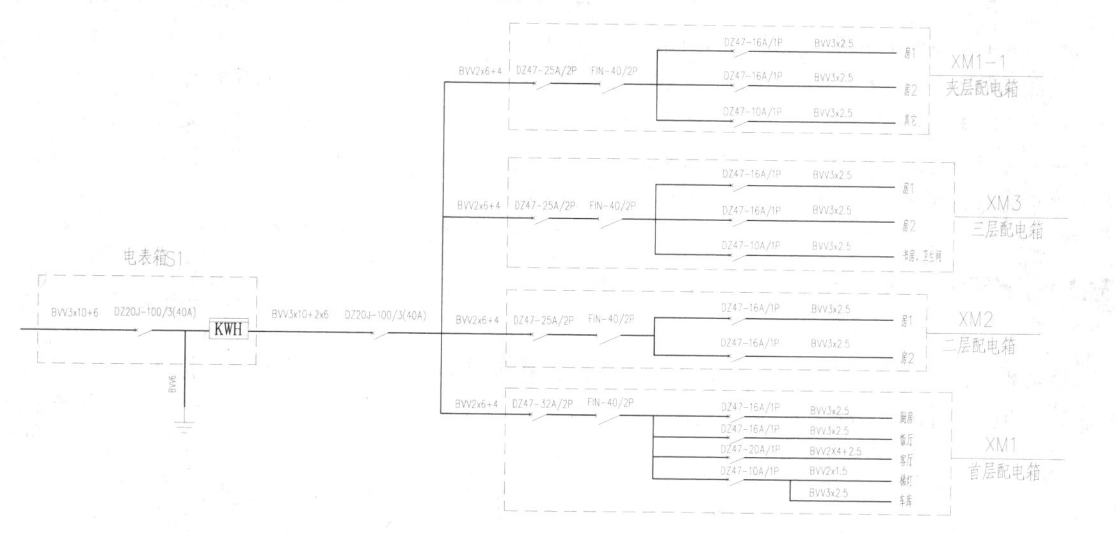

图 10-83　图名标注效果

第 11 章　建筑电气弱电施工图的绘制技巧

- **本章导读**

弱电是针对建筑物的动力、照明用电而言的。一般把动力、照明等输送能量的电力称为强电；而把传播信号、进行信息交换的电能称为弱电。

在本章中，以不同的建筑楼为实例，讲解了教学楼首层弱电平面图、教学楼有线电视系统图、办公楼电话系统图、加油棚防雷平面图、配电室接地平面图、公寓楼网络系统图的绘制方法和技巧等。

- **本章内容**

首层弱电平面图的创建
布置弱电电气设备
连接线路的绘制
弱电平面图的标注
教学楼其他层弱电平面图
有线电视系统图的创建
电视系统图主线路的绘制
电视系统图分支线路的绘制
电视系统图的标注
办公楼电话系统图的创建
电话系统图线路的绘制
电气设备的绘制
电话系统图的标注
加油棚防雷平面图的创建
避雷带的绘制
避雷设备的绘制
防雷平面图的标注
配电室接地平面图的创建
接地线的绘制
绘制接地装置
接地平面图的标注
设备材料表的绘制
公寓楼网络系统图的创建
主线路及设备的绘制
绘制各层网络支线及设备
网络系统图的标注

技巧：264　首层弱电平面图的创建

视频：技巧264-首层绘图环境的调用.avi
案例：教学楼首层弱电平面图.dwg

技巧概述：本节以某教学楼为实例，讲解了该教学楼首层弱电平面图的绘制流程，以使读者掌握建筑弱电平面图的绘制方法及相关知识，其绘制的教学楼首层弱电平面图效果如图 11-1 所示。

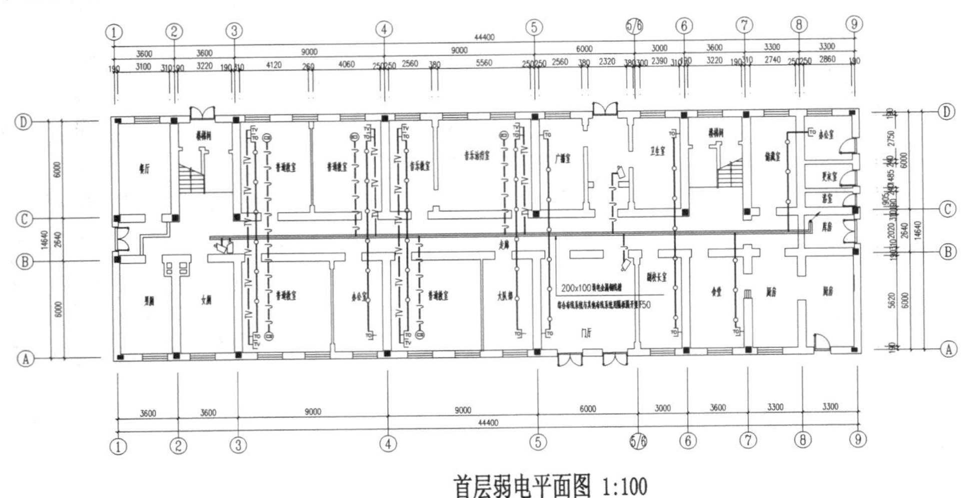

图 11-1　教学楼首层弱电平面图效果

在绘制教学楼首层弱电平面图之前，首先应设置绘图环境，包括打开并另存文件，新建相应的图层、文字样式等。

步骤 01 正常启动 AutoCAD 2014 软件，在“快速访问”工具栏中，单击“打开”按钮，将“案例\10\教学楼首层平面图.dwg”文件打开，如图 11-2 所示。

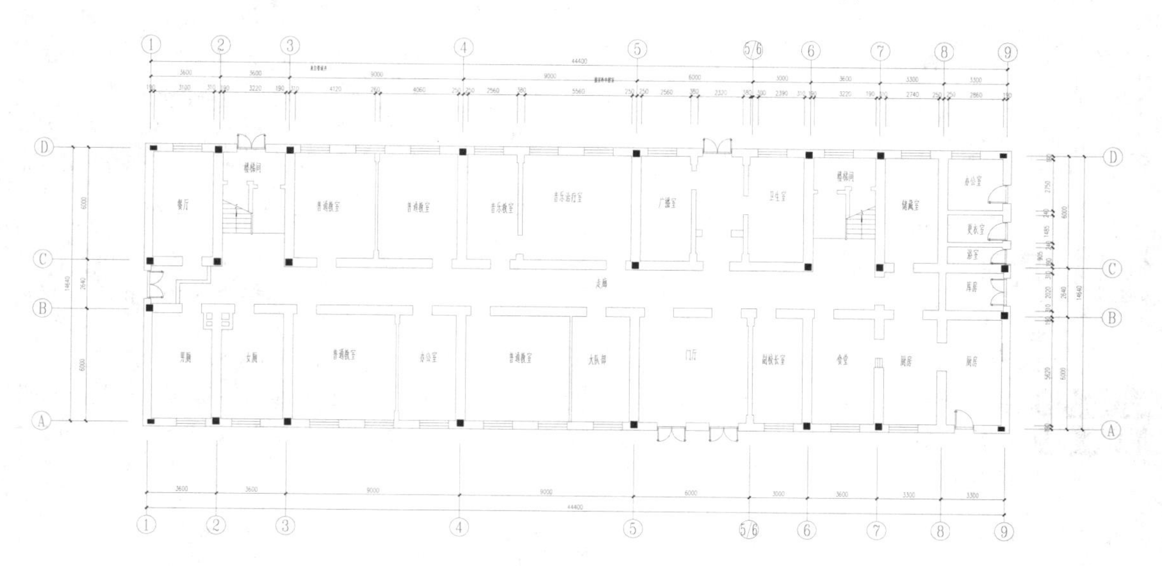

图 11-2　打开的图形

步骤 02 再单击“另存为”按钮，将文件另存为“案例\10\教学楼首层弱电平面图.dwg”文件。

步骤 03 执行“图层特性管理”命令（LA），建立如图 11-3 所示的图层，并设置图层颜色、线型和线宽等。

步骤 04 执行“格式|线型”菜单命令，打开“线型管理器”对话框，单击“显示细节”按钮，打开细节选项组，输入“全局比例因子”为 50，然后单击“确定”按钮，如图 11-4 所示。

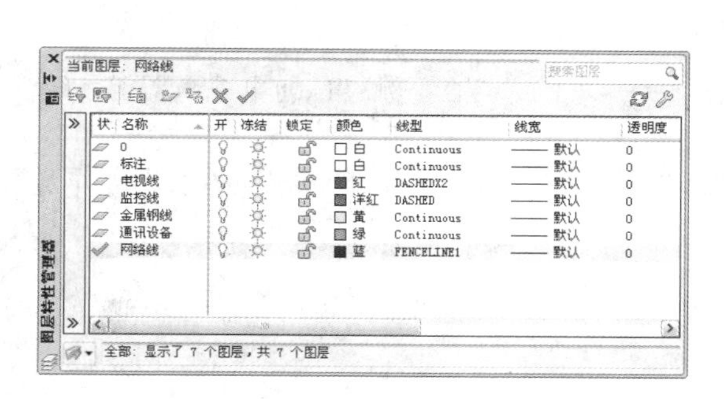

图 11-3　新建图层

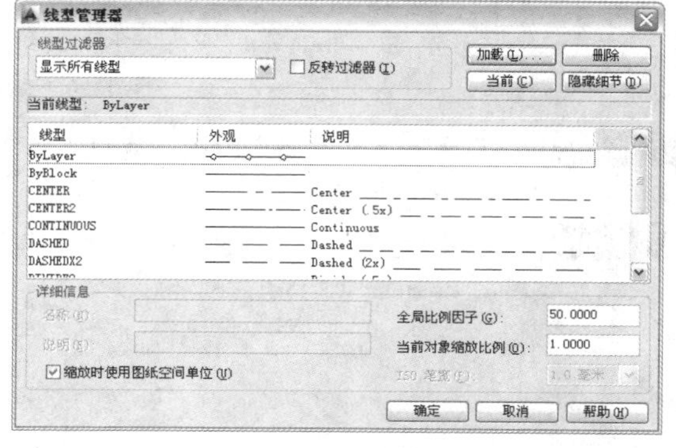

图 11-4　设置线型比例

步骤 05 执行“文字样式”命令（ST），打开“文字样式”对话框，新建“图内文字”和“图名”文字样式，并设置对应的字体、高度及宽度因子等，如图 11-5 所示。

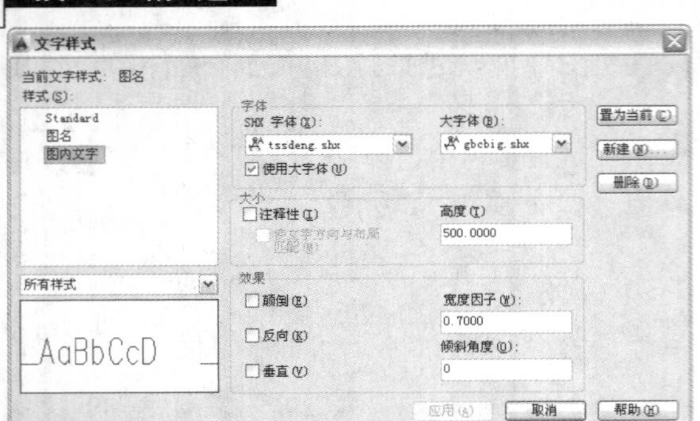

图 11-5 新建文字样式

技巧：265 布置弱电电气设备

视频：技巧265-弱电电气设备的布置.avi
案例：教学楼首层弱电平面图.dwg

技巧概述： 设置好绘图环境后，接下来为教学楼各个房间布置相应的弱电电气元件。

步骤 01 单击“图层”面板的“图层控制”下拉列表，选择“金属钢线”图层为当前层。

步骤 02 执行“直线”命令（L）和“偏移”命令（O），在中间“走廊”处绘制出宽 200 的弱电钢线槽，如图 11-6 所示。

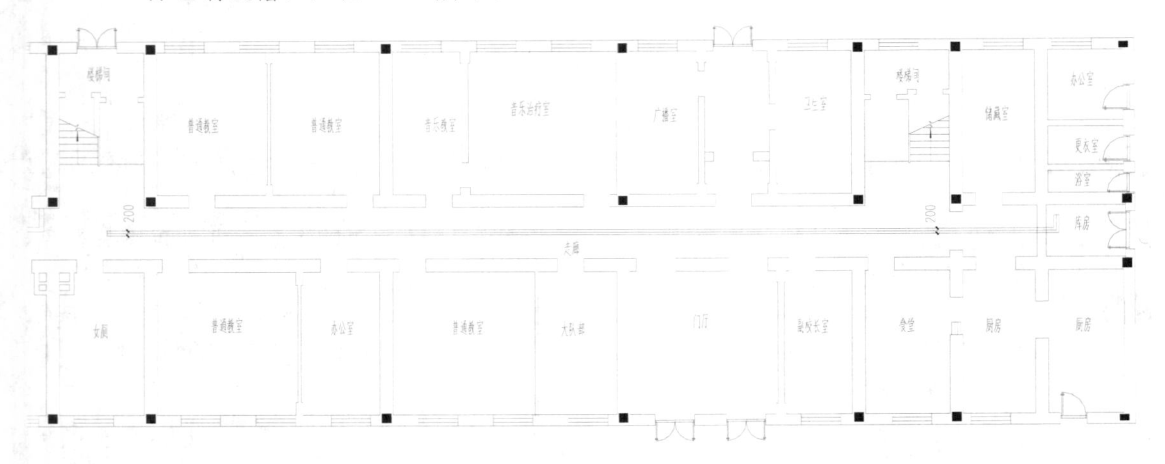

图 11-6 绘制弱电钢线槽

步骤 03 切换至“电气设备”图层，执行“插入块”命令（I），将“案例\11\弱电电气设备.dwg”文件插入图形中，如图 11-7 所示。

步骤 04 执行“移动”命令（M），将“向上引线”符号移动到“弱电钢线槽”的右端“库房”位置，如图 11-8 所示。

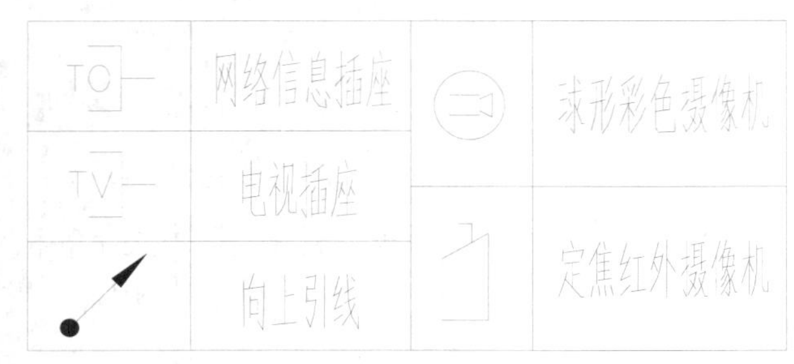

图 11-7 插入的电气设备

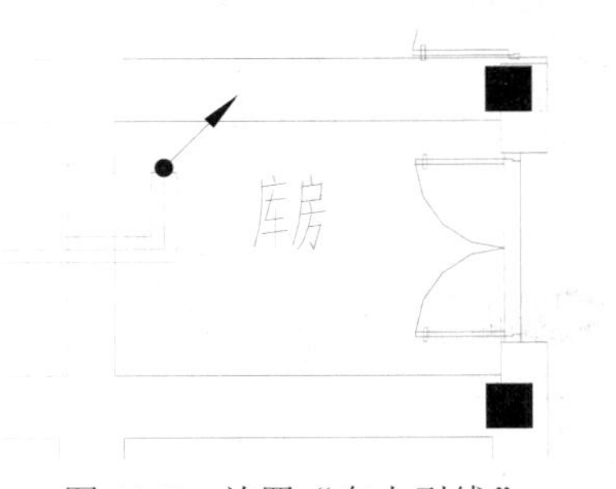

图 11-8 放置“向上引线”

步骤 05 通过执行“移动”命令（M）、“复制”命令（CO）和“旋转”命令（RO），将“电视插座”、“网络插座”、“球形彩色摄像机”和“定焦红外摄像机”各电气元件分别布置到建筑平面图中相应房间位置，如图 11-9 所示。

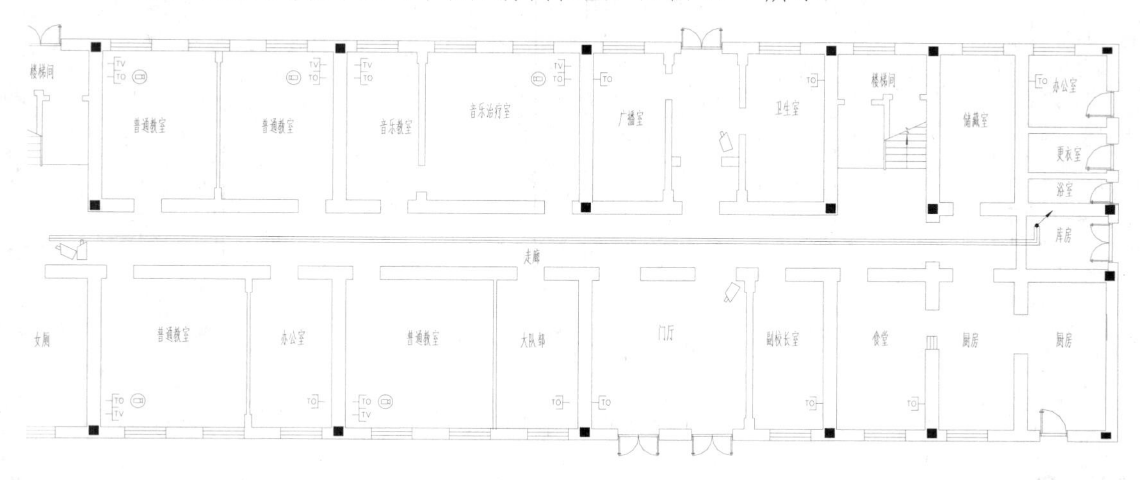

图 11-9　安装其他弱电设备

技巧：266　连接线路的绘制

视频：技巧266-连接线路的绘制.avi
案例：教学楼首层弱电平面图.dwg

技巧概述：在前面实例中已经为教学楼各房间布置好了弱电电气元件，接下来绘制各设备的连接线路。

步骤 01 在“图层控制”下拉列表中，选择“网络线”图层为当前图层。

步骤 02 执行“多段线”命令（PL），设置全局宽度为 50，绘制由“弱电钢线槽”引出，连接至各个“网络信息插座”的网络线，如图 11-10 所示。

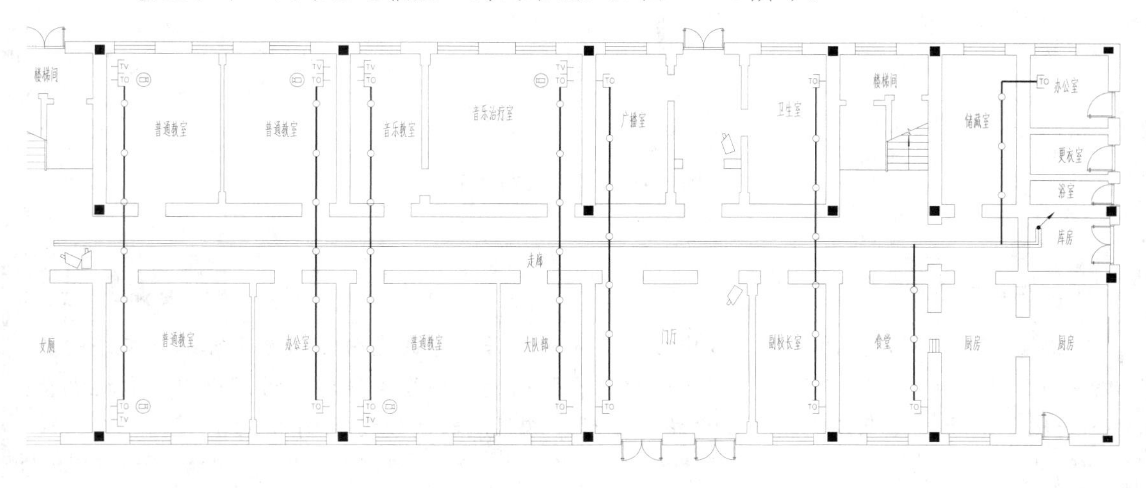

图 11-10　绘制网络线

步骤 03 切换至“监控线”图层，执行“多段线”命令（PL），系统自动继承上一多段线设置的全局宽度参数 50，绘制由“弱电钢线槽”引出，连接至各个“摄像机”的监控线，如图 11-11 所示。

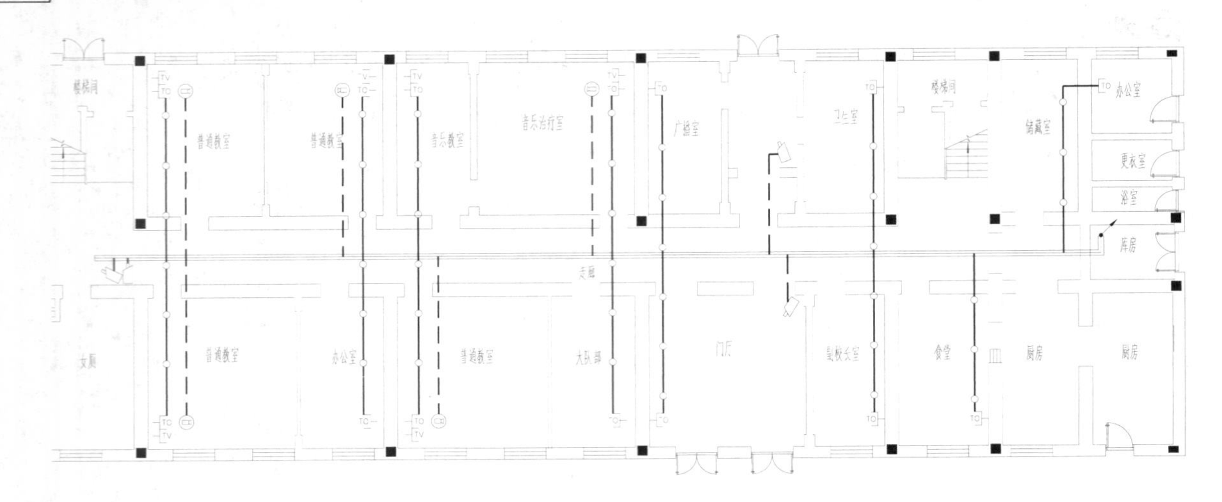

图 11-11　绘制监控线

步骤 04 选择“图内文字”文字样式，执行“单行文字”命令（DT），在上一步绘制的“监控线”虚线空白位置单击，再输入旋转角度为 90°，输入文字“J”，对虚线进行注释，如图 11-12 所示。

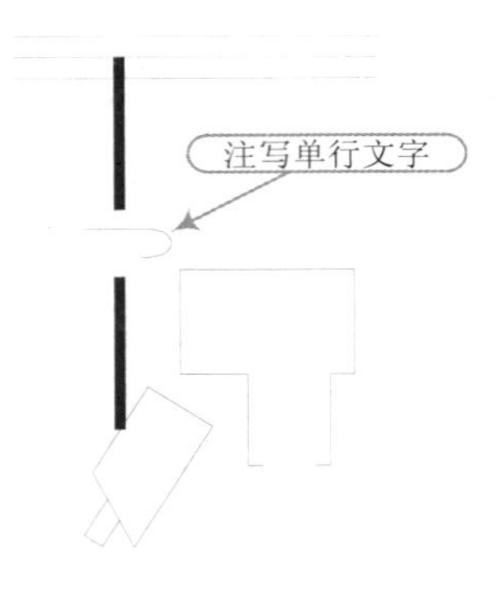

图 11-12　注写线路文字

> **技巧提示**　★★★☆☆
>
> 如图 11-12 所示，用户在虚线中注写文字时，若是虚线空白之间无法容纳下文字的宽度，那么可执行“格式｜线型”菜单命令，在弹出的“线型管理器”对话框中，通过调整“全局比例因子”值来改变虚线空白格的宽度。这里虚线的线型比例为 50。

步骤 05 执行“复制”命令（CO），将文字“J”复制到所有“监控线”虚线空白位置，效果如图 11-13 所示。

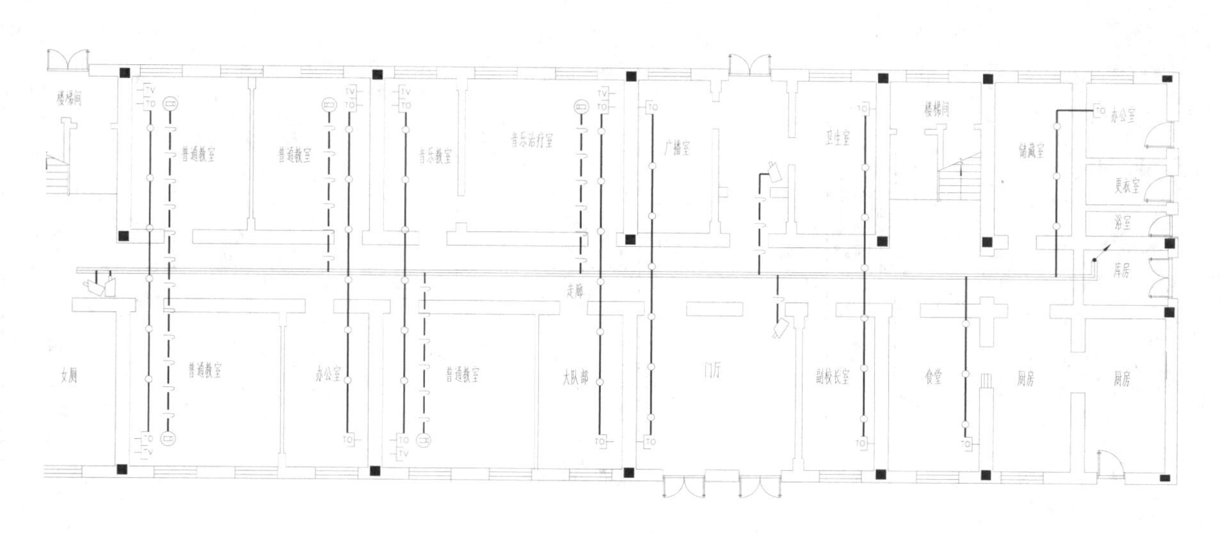

图 11-13　标注线路文字

专业技能 ★★★☆☆

标注的文字“J”是“监控线路”首字“监”的拼音声母。

步骤 06 切换至“电视线”图层，执行“多段线”命令（PL），继承多段线宽度参数 50，绘制由“弱电钢线槽”引出，连接至各个“电视插座”的电视线，如图 11-14 所示。

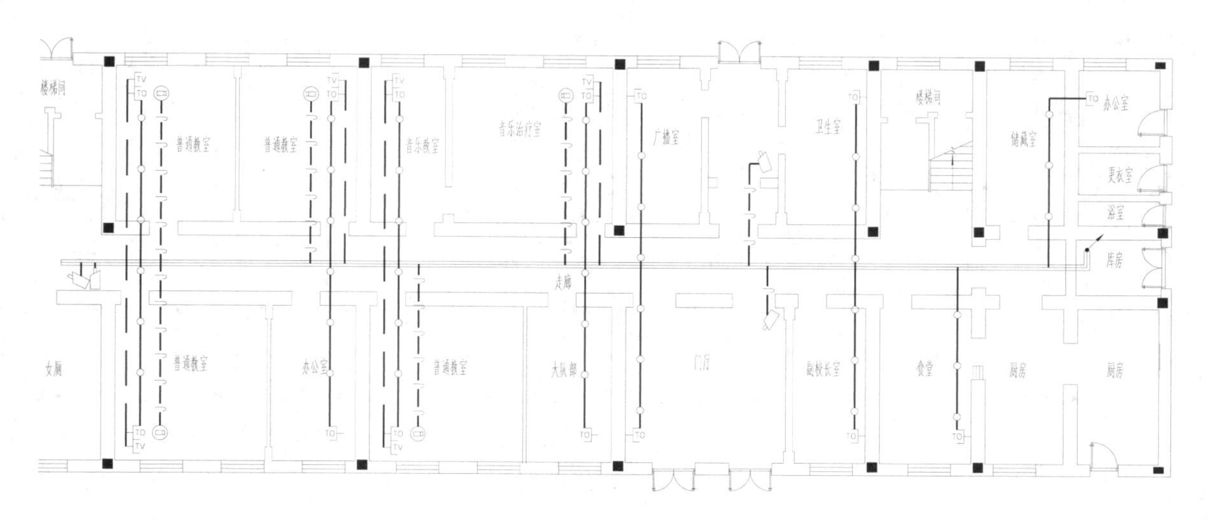

图 11-14　绘制电视线

步骤 07 同样执行“单行文字”命令（DT）和“复制”命令（CO），在“电视线”虚线空白位置标注文字“TV”，并复制到相应的“电视线”虚线上，如图 11-15 所示。

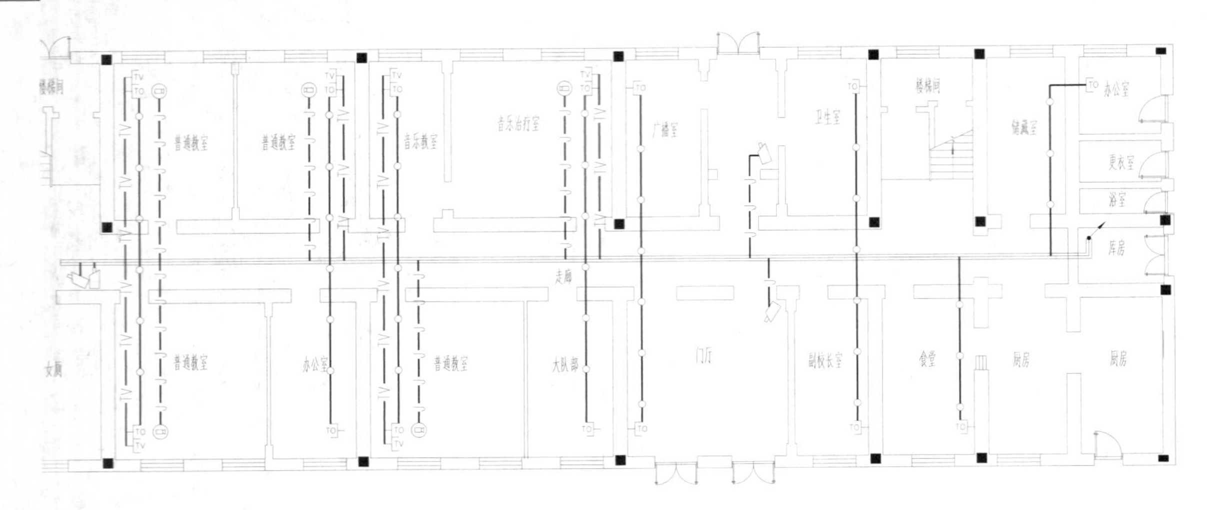

图 11-15　标注线路文字

技巧：267　弱电平面图的标注

视频：技巧267-弱电平面图的标注.avi
案例：教学楼首层弱电平面图.dwg

技巧概述： 在前面已经绘制好了教学楼首层弱电平面图，接下来为该平面图添加文字说明及图名等。

步骤 01 切换至“标注”图层，执行“多行文字”命令（MT），选择“图内说明”为当前文字样式，对线槽进行文字说明，如图 11-16 所示。

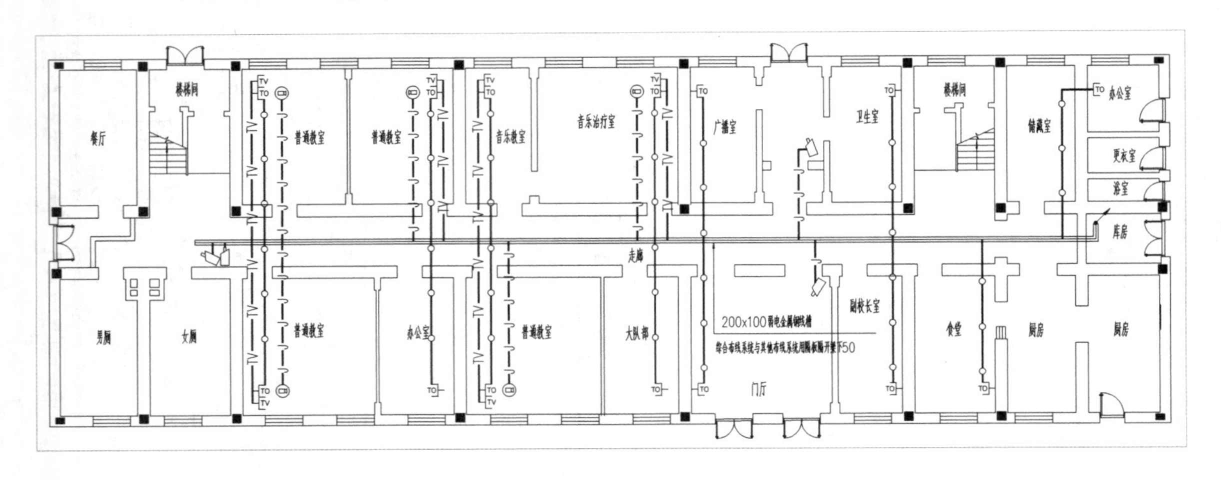

图 11-16　文字注释

步骤 02 再执行“多行文字”命令（MT），选择“图名”文字样式，设置字高为 1200，在图形下方标注出图名；再设置字高为 1100，在图名右侧标注出比例；再执行“多段线”命令（PL），设置宽度为 100，在图名下方绘制同长的水平多段线，如图 11-17 所示。

步骤 03 至此，该教学楼首层弱电平面图绘制完成，按【Ctrl+S】组合键进行保存。

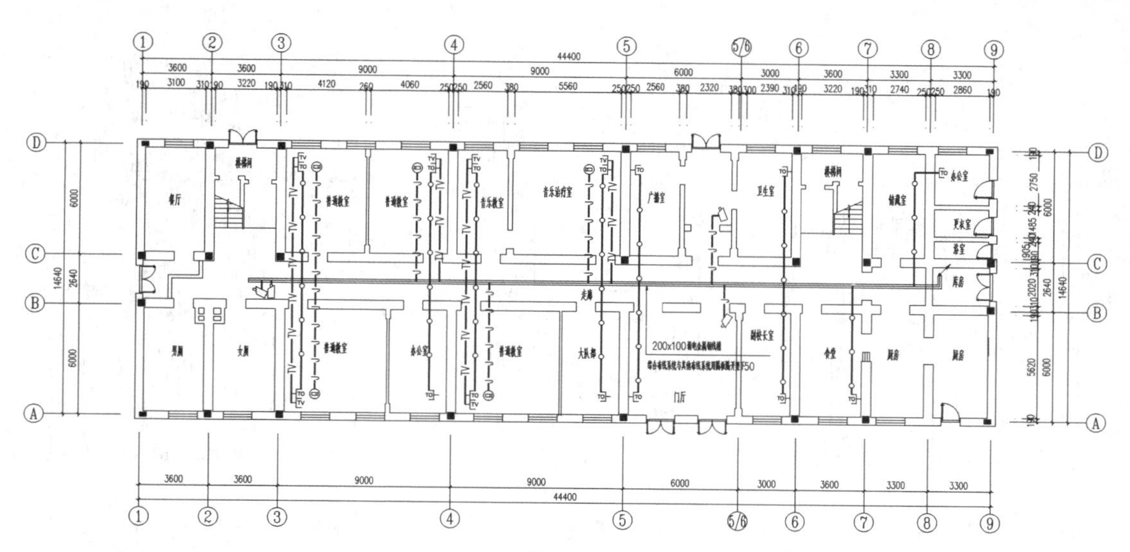

首层弱电平面图 1:100

图 11-17　图名注释

技巧：268　教学楼其他层弱电平面图

视频：无

案例：教学楼其他层弱电平面图.dwg

技巧概述：根据前面绘制教学楼首层弱电平面图的方法，读者可参照本书配套光盘“案例\11\教学楼其他层弱电平面图”图形效果来自行绘制，如图 11-18 所示。

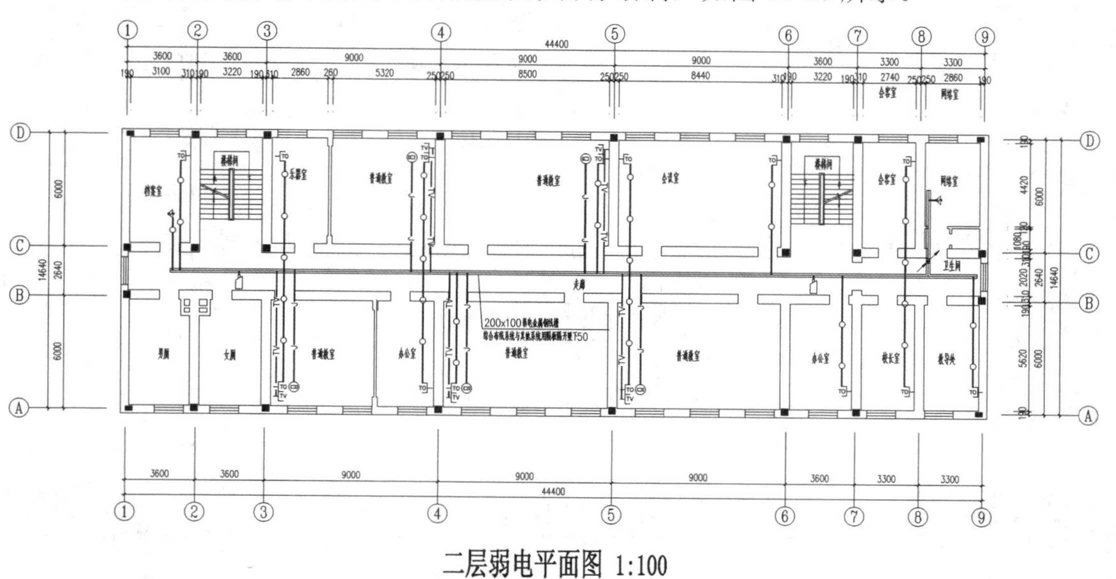

二层弱电平面图 1:100

图 11-18　教学楼其他层弱电平面图

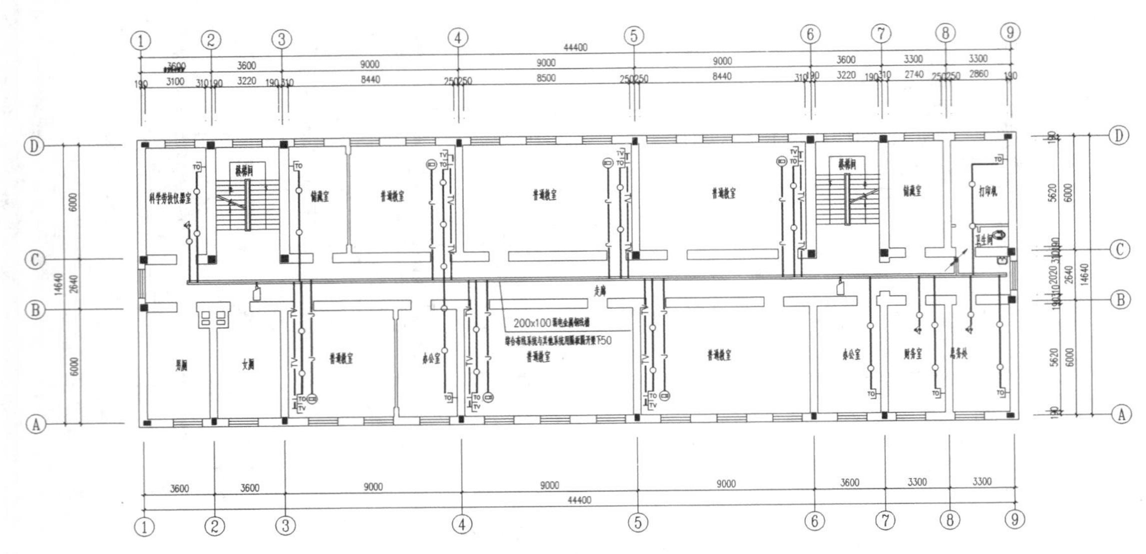

三层弱电平面图 1:100

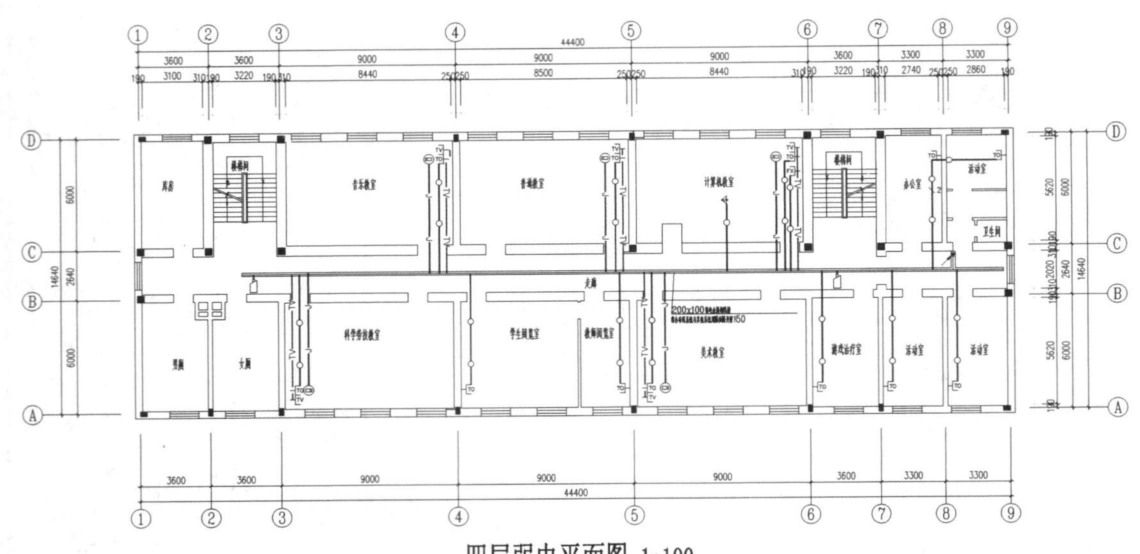

四层弱电平面图 1:100

图 11-18　教学楼其他层弱电平面图（续）

技巧：269　教学楼有线电视系统图的创建

视频：技巧269-系统图绘图环境的调用.avi
案例：教学楼有线电视系统图.dwg

技巧概述：本节仍以某教学楼为例，介绍该教学楼有线电视系统图的绘制流程，以使读者掌握建筑有线电视系统图的绘制方法及相关知识点，其绘制的教学楼有线电视系统图效果如图 11-19 所示。

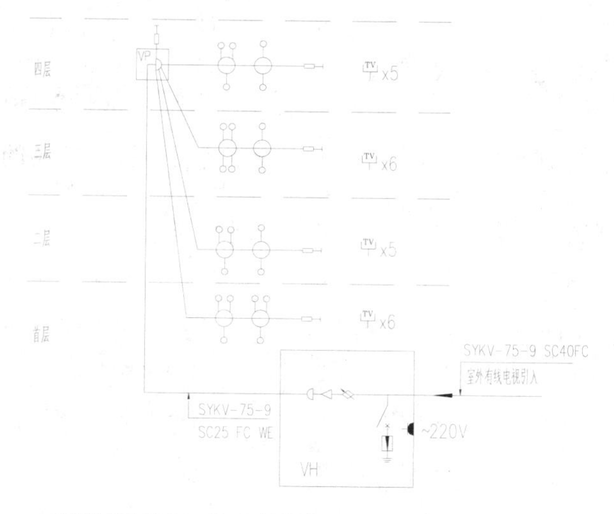

图 11-19　教学楼有线电视系统图效果

步骤 01 正常启动 AutoCAD 2014 软件，系统自动创建一个空白文件，在“快速访问”工具栏上单击“保存”按钮，将其保存为“案例\11\教学楼有线电视系统图.dwg”文件。

步骤 02 执行“图层特性管理”命令（LA），新建如图 11-20 所示的图层。

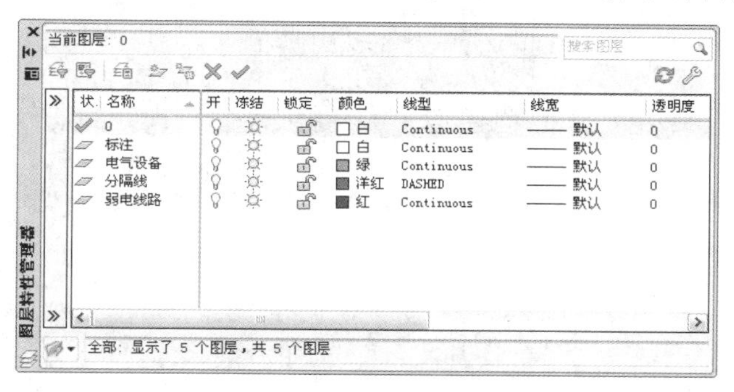

图 11-20　新建图层

步骤 03 执行“文字样式”命令（ST），打开“文字样式”对话框，然后新建“图内文字”和“图名”文字样式，并设置对应的字体、字高和宽度因子，如图 11-21 所示。

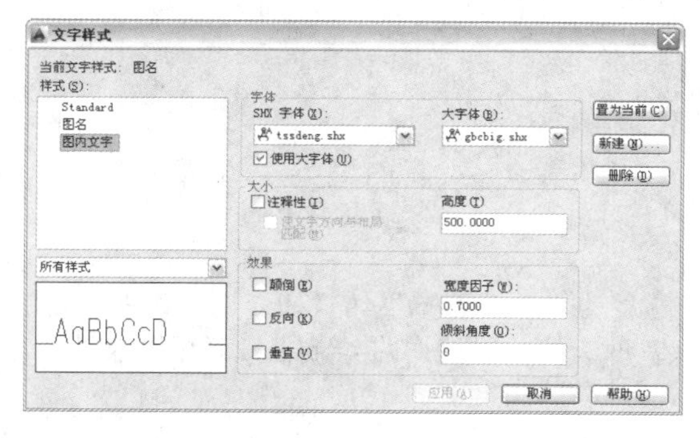

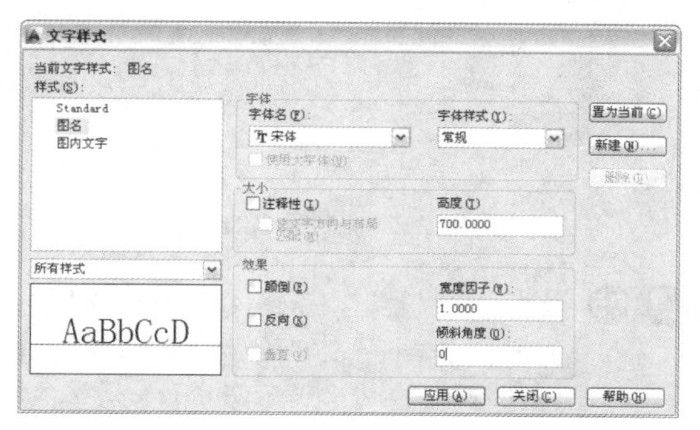

图 11-21　新建文字样式

技巧：270 电视系统图主线路的绘制

视频：技巧270-电视系统图主线路的绘制.avi
案例：教学楼有线电视系统图.dwg

技巧概述：在前面设置好了绘图环境，接下来绘制有线电视系统图的主线路。

步骤 01 在“图层”下拉列表中，选择“分隔线”图层为当前图层。

步骤 02 执行“格式 | 线型”菜单命令，弹出“线型管理器”对话框，设置全局比例因子值为 100，如图 11-22 所示。

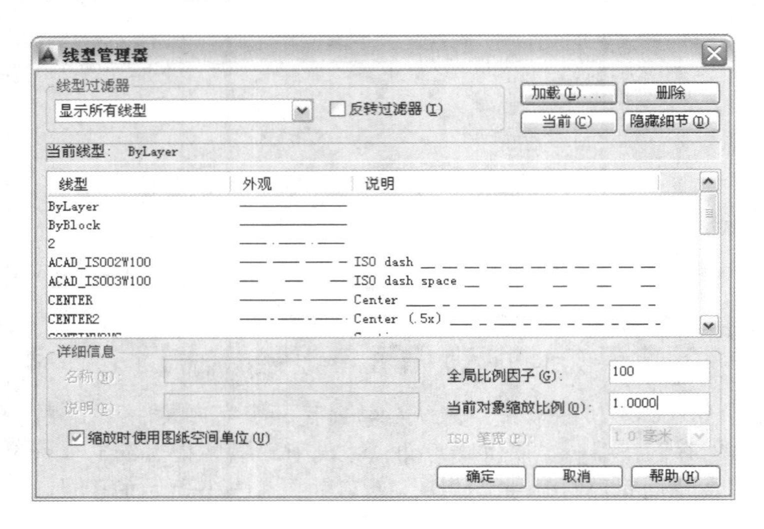

图 11-22　设置线型比例因子

步骤 03 执行“直线”命令（L），在图形区域绘制一条长 11000 的分隔线；再执行“偏移”命令（O），将其以 2500 的距离向下偏移出 3 次，如图 11-23 所示。

步骤 04 切换至“弱电线路”图层，执行“多段线”命令（PL），过屋面分隔线绘制主线缆，如图 11-24 所示。

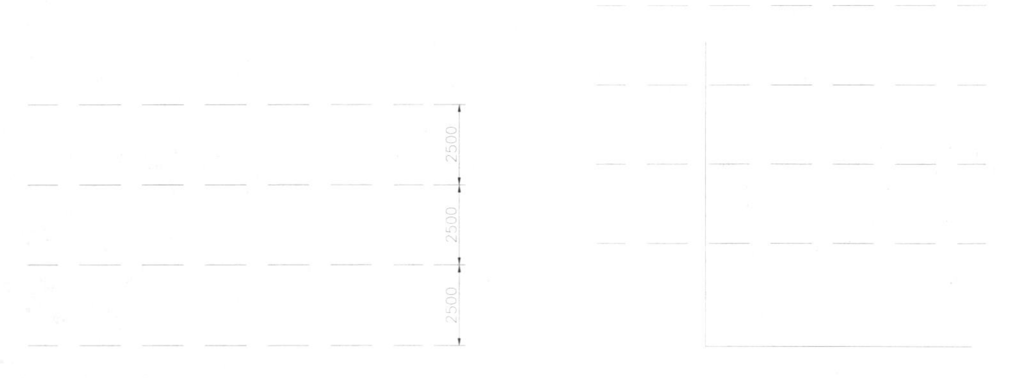

图 11-23　绘制分隔线　　　　图 11-24　绘制主干线

步骤 05 执行“多段线”命令（PL），设置起点宽度为 0，终点宽度为 120，以主线缆右端点为起点绘制长 550 的箭头，再设置全局宽度为 0，继续向右绘制长 2550 的水平多段线，如图 11-25 所示。

图 11-25　绘制箭头

步骤 06 切换至“电气设备”图层，执行“矩形”命令（REC），在下侧进户线上绘制一个 3800×4000 的矩形作为“校园前端箱”；同样在主线上端绘制一个 910×910 的矩形作为“分支分配箱”，如图 11-26 所示。

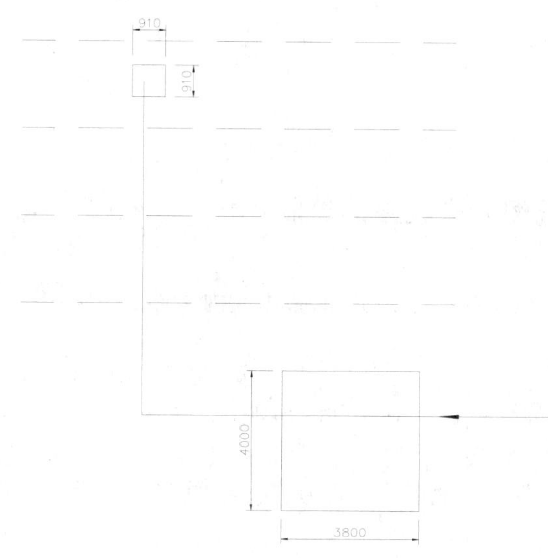

图 11-26　绘制电箱

步骤 07 执行“插入块”命令（I），将“案例\11\电视设备.dwg”文件作为图块插入图形中，如图 11-27 所示。

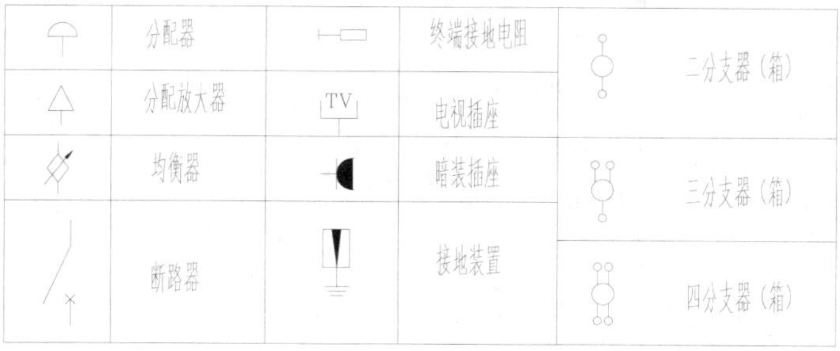

符号	名称	符号	名称	符号	名称
	分配器		终端接地电阻		二分支器（箱）
	分配放大器	TV	电视插座		
	均衡器		暗装插座		三分支器（箱）
	断路器		接地装置		四分支器（箱）

图 11-27　插入的电视设备

步骤 08 通过复制、旋转、移动、修剪等命令将“分配放大器”、“分配器”、“均衡器”、“断路器”、“接地装置”和“暗装插座”等符号各自复制到对应的主线上，并修剪掉符号内的线缆，如图 11-28 所示。

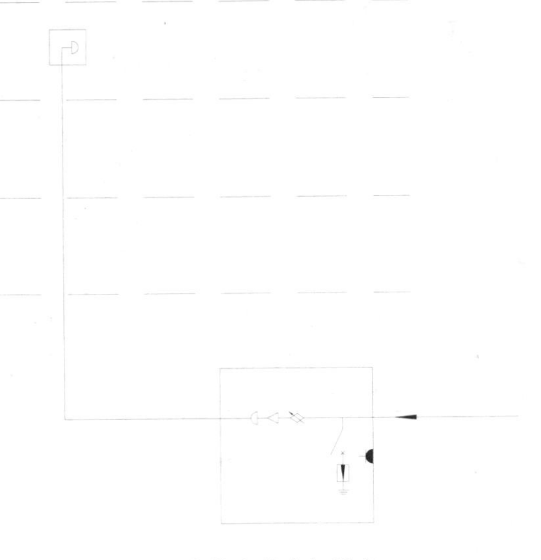

图 11-28　安装主线电气设备

技巧：271　电视系统图分支线路的绘制

视频：技巧271-系统图分支线路的绘制.avi
案例：教学楼有线电视系统图.dwg

技巧概述：前一实例已经绘制好了进户线路和室内主线路，接下来绘制各层的分支线路及布置对应的电视设备。

步骤 01 切换至“弱电线路”图层，执行“多段线”命令（PL），在上端的“分配器”处，分别引出各层的分支线路，如图 11-29 所示。

步骤 02 通过复制、缩放、旋转等操作，将“二分支器”、“三分支器”、“四分支器”、“电视插座”和“终端接地电阻”符号，按照图 11-30 所示效果复制到各层分支线上。

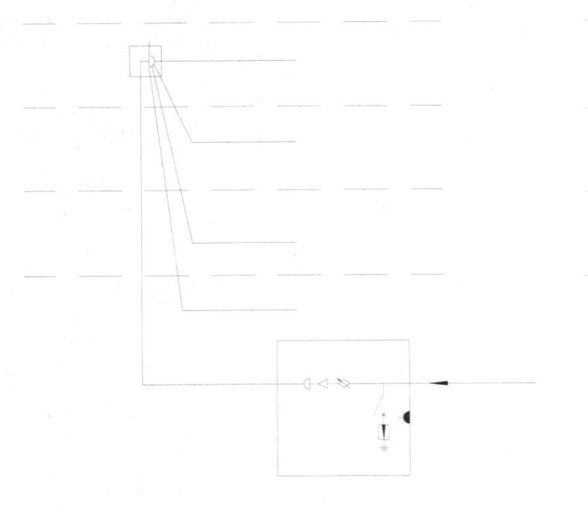

图 11-29　绘制分支线路

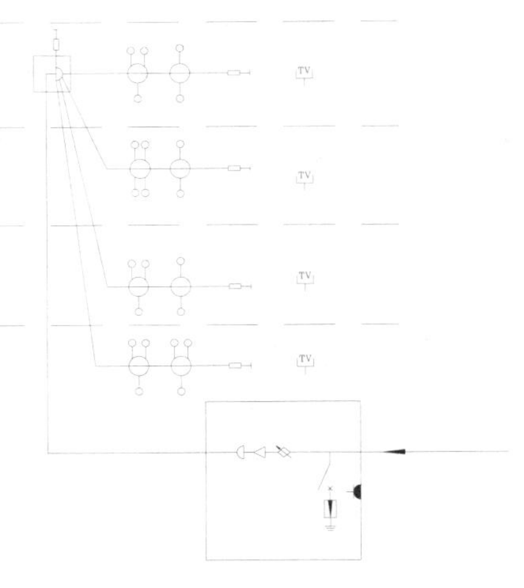

图 11-30　放置分支电气设备

技巧提示　★★★☆☆

此步骤中分支线上的“二分支器”、“三分支器”和“四分支器”为放大 2 倍的效果。

技巧：272　电视系统图的标注

视频：技巧272-电视系统图的标注.avi
案例：教学楼有线电视系统图.dwg

技巧概述：在前面实例中已经绘制好了该教学楼有线电视系统图，本实例讲解为绘制的有线系统图添加说明文字及标注图名。

步骤 01 切换至“标注”图层，选择“图内文字”为当前文字样式。

步骤 02 执行“多行文字”命令（MT），在相应位置进行文字注释，效果如图 11-31 所示。

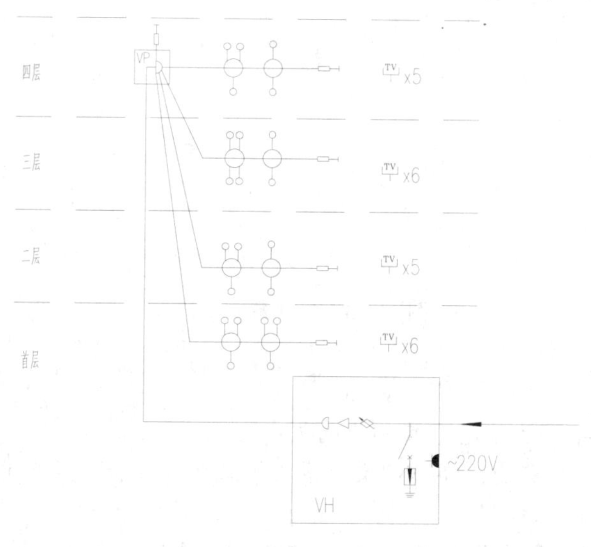

图 11-31　文字注释效果

步骤 03 再执行“引线”命令（LE），对干线管规格进行文字标注，效果如图 11-32 所示。

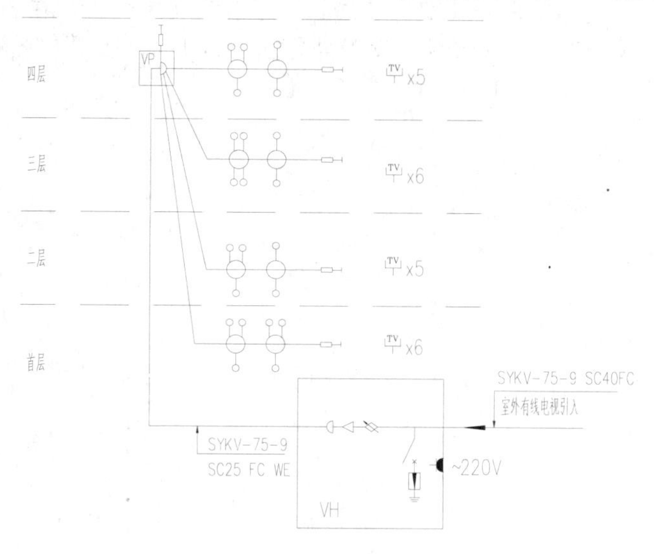

图 11-32　引线标注干线

步骤 04 再执行“多行文字”命令（MT），在图形的下侧标注出备注管线内容，效果如图 11-33 所示。

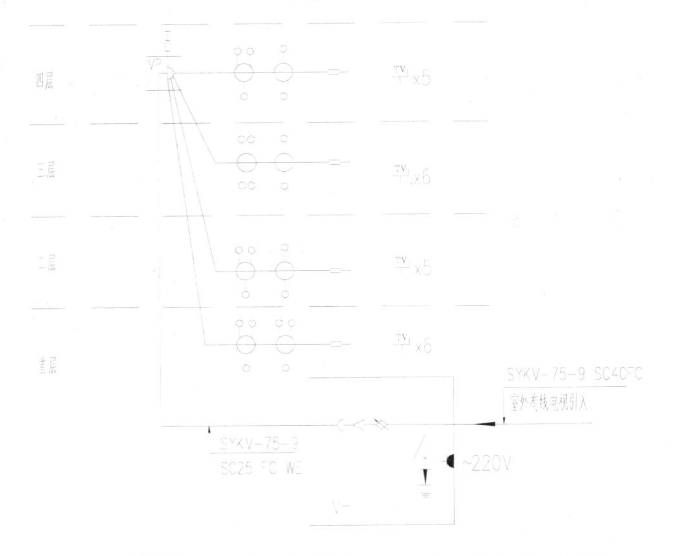

注：有线系统图中所有干线采用SYKV-75-9；所有支线采用SYKV-75-5；所有未注明的支线穿管为SC15

图 11-33　标注备注内容

专业技能　★★★★☆

图 11-33 中的文字标注信息，其相应的文字含义如下。

标注文字“SYKV-75-9”中：“SYKV”表示聚乙烯藕状介质射频同轴电缆，“75”表示特性阻抗为 75，“9”表示绝缘外径。

标注文字中，“VH”表示放大器前端箱，“VP”表示分支分配器箱。

步骤 05 再执行“多行文字”命令（MT），选择“图名”文字样式，在图形下侧标注出图名；再执行“多段线”命令（PL），设置全局宽度为 100，在图名下侧绘制同长的水平多段线，完成效果如图 11-34 所示。

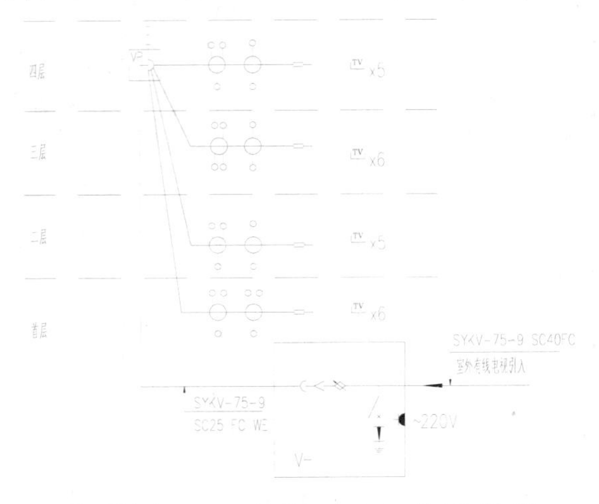

注：有线系统图中所有干线采用SYKV-75-9；所有支线采用SYKV-75-5；所有未注明的支线穿管为SC15

教学楼有线电视系统图

图 11-34　图名标注

步骤 06 至此，该教学楼有线电视系统图已绘制完成，按【Ctrl+S】组合键进行保存。

技巧：273　办公楼电话系统图的创建

视频：技巧273-电话系统图的创建.avi
案例：办公楼电话系统图.dwg

技巧概述： 本节以某办公楼为例，介绍该办公楼电话系统图的绘制流程，以使读者掌握建筑电话系统图的绘制方法与技巧，其绘制的电话系统图如图 11-35 所示。

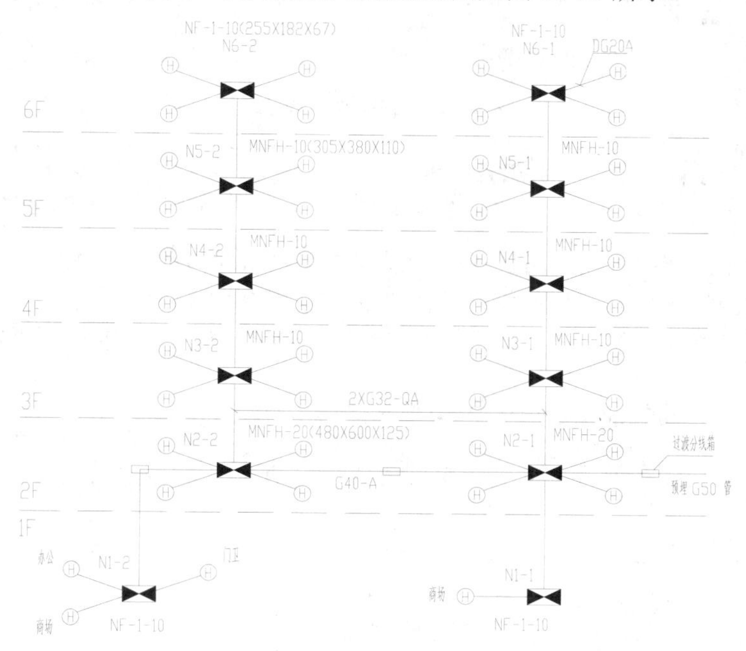

办公楼电话系统图

图 11-35　电话系统图

步骤 01 正常启动 AutoCAD 2014 软件，系统自动创建一个空白文件，在“快速访问”工具栏上单击“保存”按钮，将其保存为“案例\11\办公楼电话系统图.dwg”文件。

步骤 02 执行“图层特性管理”命令（LA），新建如图 11-36 所示的图层。

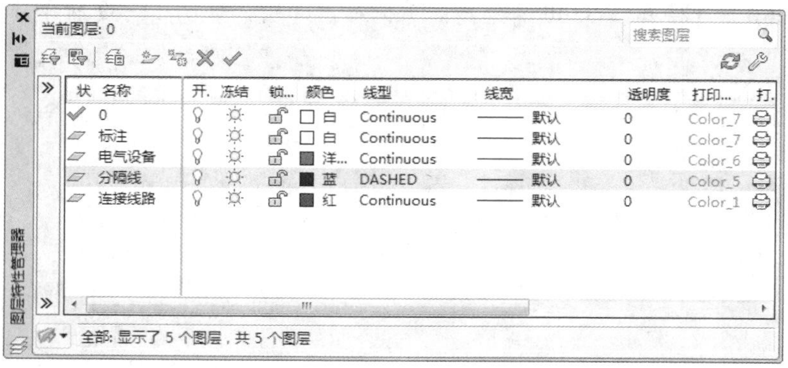

当前图层：0　　搜索图层

状	名称	开	冻结	锁...	颜色	线型	线宽	透明度	打印...
✓	0				白	Continuous	默认	0	Color_7
	标注				白	Continuous	默认	0	Color_7
	电气设备				洋...	Continuous	默认	0	Color_6
	分隔线				蓝	DASHED	默认	0	Color_5
	连接线路				红	Continuous	默认	0	Color_1

全部：显示了 5 个图层，共 5 个图层

图层特性管理器

图 11-36　新建图层

步骤 03 执行“文字样式”命令（ST），打开“文字样式”对话框，然后新建“图内文字”和“图名”文字样式，并设置对应的字体、字高和宽度因子，如图 11-37 所示。

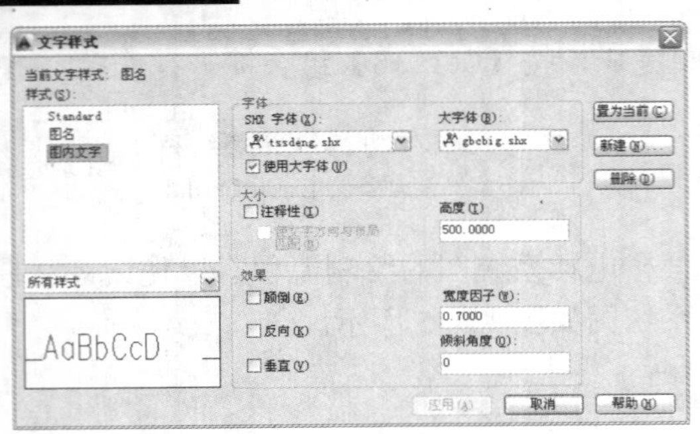

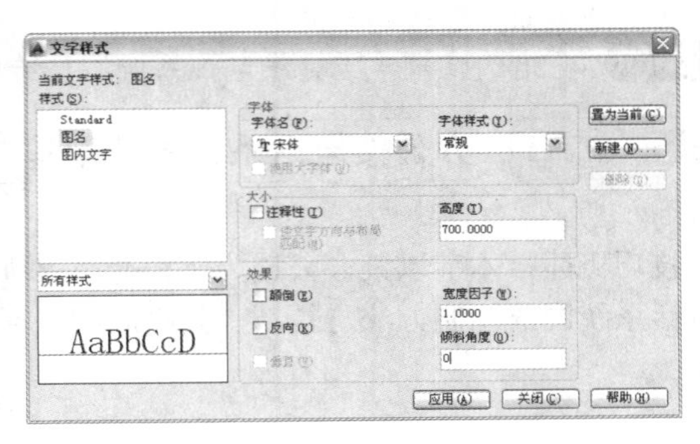

图 11-37　新建文字样式

技巧：274　电话系统图线路的绘制

视频：技巧274-电话系统图线路的绘制.avi
案例：办公楼电话系统图.dwg

技巧概述：在前面设置好了绘图环境，接下来绘制电话系统图的线路。

步骤 01 在“图层”下拉列表中，选择“分隔线”图层为当前图层。

步骤 02 执行“格式｜线型”菜单命令，弹出“线型管理器”对话框，设置全局比例因子值为 100，如图 11-38 所示。

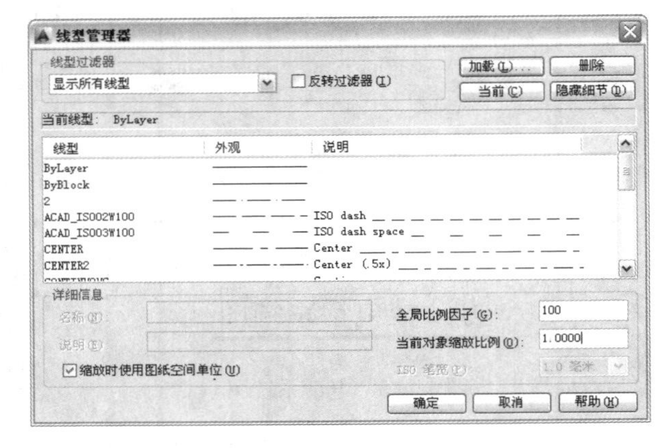

图 11-38　设置线型比例

步骤 03 执行“直线”命令（L），在图形区域绘制一条长 24500 的分隔线；再执行“偏移”命令（O），将其以 3500 的距离向下偏移出 4 次，如图 11-39 所示。

图 11-39　绘制分隔线

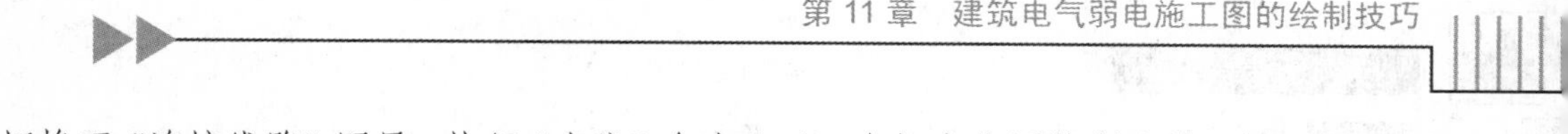

步骤 04　切换至“连接线路”图层，执行“直线”命令（L），在相应位置绘制线缆，如图 11-40 所示。

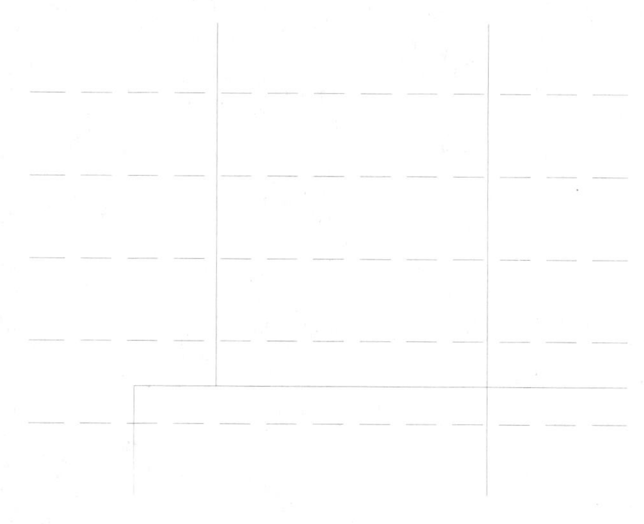

图 11-40　绘制线路

技巧：275　电气设备的绘制

视频：技巧275-电气设备的绘制.avi
案例：办公楼电话系统图.dwg

技巧概述：前一实例已经绘制好了电话线路，本实例讲解电话系统图中的电气设备。

步骤 01　在“图层”下拉列表中，选择“电气设备”图层为当前图层。

步骤 02　绘制“电话接线箱”图例，执行“矩形”命令（REC），绘制一个 1200×600 的矩形。

步骤 03　再执行“直线”命令（L），在矩形内绘制对角斜线。

步骤 04　执行“填充”命令（H），在相应位置填充“SOLTD”的图案，如图 11-41 所示。

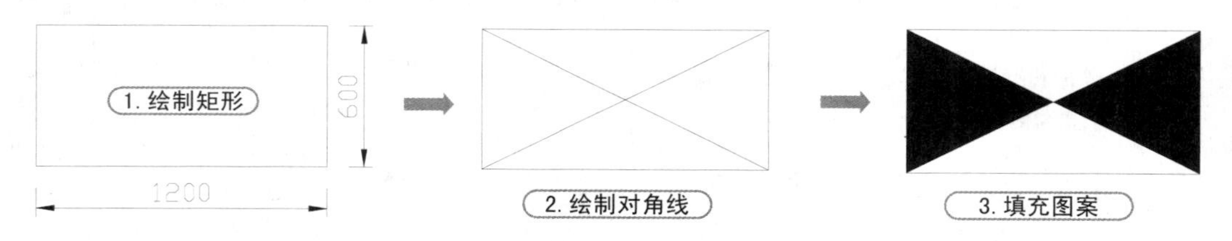

图 11-41　绘制电话接线箱

步骤 05　绘制“电话接线盒”图例，执行“圆”命令（C），绘制一个半径为 300 的圆。

步骤 06　执行“多行文字”命令（MT），选择“图内文字”文字样式，设置字高为 500，在圆内输入文字“H”，如图 11-42 所示。

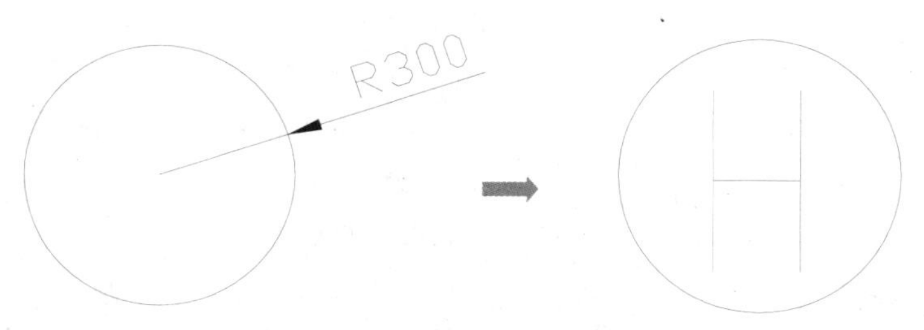

图 11-42　绘制电话接线盒

步骤 07 执行“移动”命令（M）和“复制”命令（CO），将“电话接线盒”和“电话接线箱”分别复制到相应位置，如图 11-43 所示。

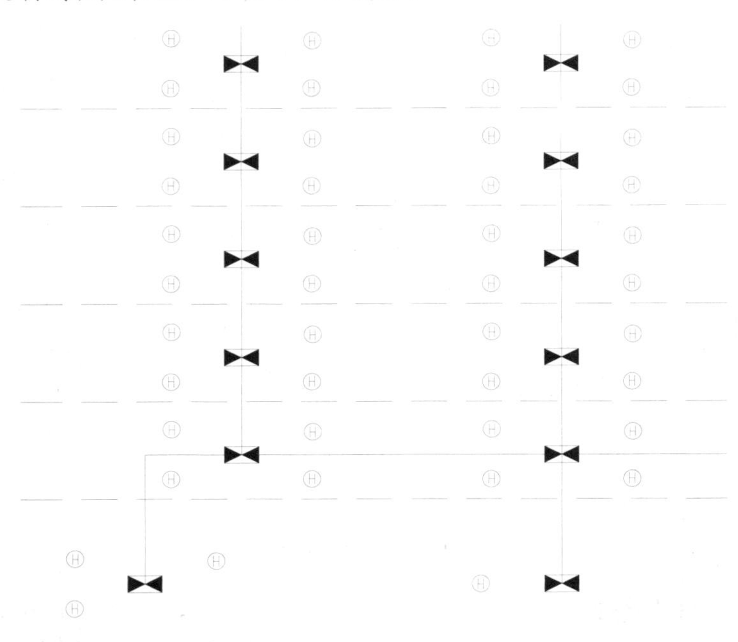

图 11-43 放置电气设备

步骤 08 切换至“连接线路”图层，执行“直线”命令（L），绘制连接线缆；并将设备中的线缆修剪掉，效果如图 11-44 所示。

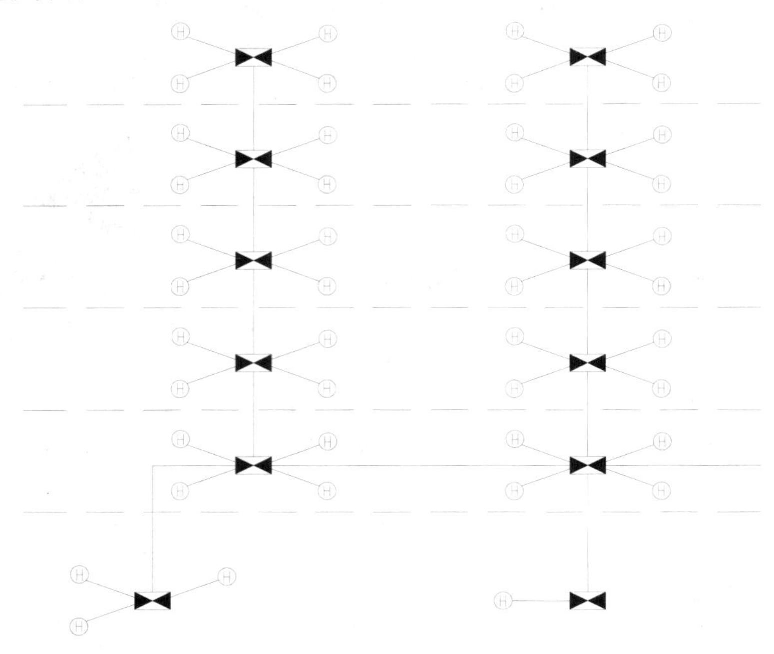

图 11-44 绘制连接线缆

步骤 09 切换至“电气设备”图层，执行“矩形”命令（REC），绘制一个 600×300 的矩形作为“过渡分线箱”；并通过移动、复制命令放置相应位置，如图 11-45 所示。

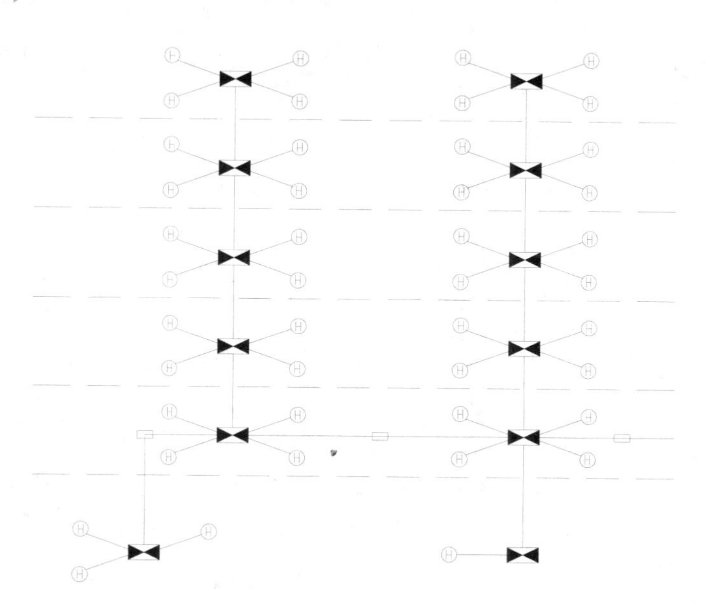

图 11-45　绘制矩形

技巧：276　电话系统图的标注

视频：技巧276-电话系统图的标注.avi
案例：办公楼电话系统图.dwg

技巧概述：前面电话系统图已经绘制完成，接下来对电话系统图进行文字的标注。

步骤 01 选择“标注”图层为当前图层，执行“多行文字”命令（MT）和“直线”命令（L），选择“图内文字”文字样式，设置字高为 600，在相应位置进行文字注释，如图 11-46 所示。

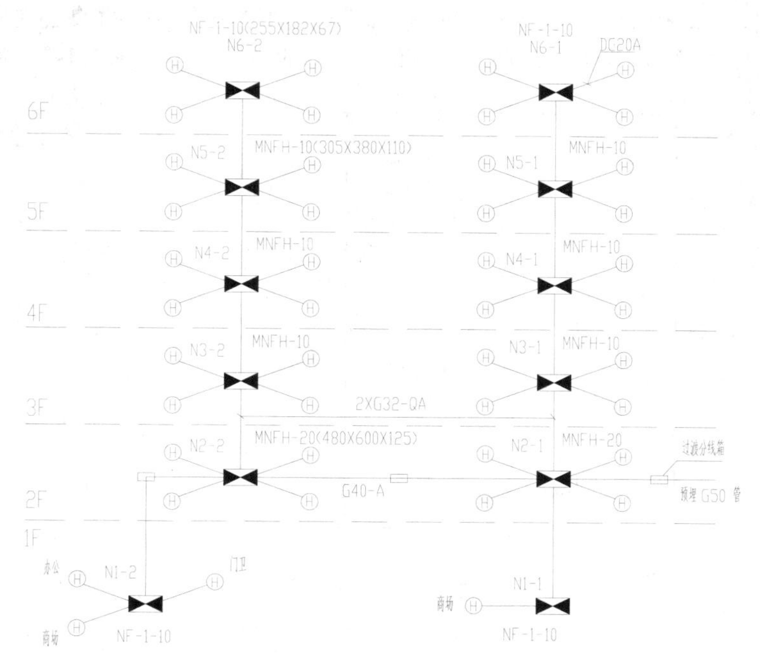

图 11-46　文字标注

步骤 02 执行“多行文字”命令（MT），选择“图名”文字样式，设置字高为 800，在图形下

侧标注图名；再执行“多段线”命令（PL），设置宽度为100，在图名下侧绘制水平多段线，效果如图11-47所示。

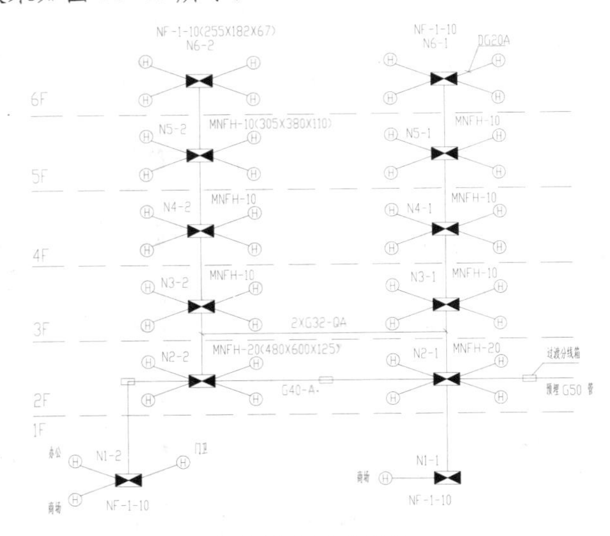

办公楼电话系统图

图 11-47　图名标注

步骤 03 至此，办公楼电话系统图已经绘制完成，按【Ctrl+S】组合键进行保存。

技巧：277　加油棚防雷平面图的创建

视频：技巧277-防雷平面图的创建.avi
案例：加油棚防雷平面图.dwg

技巧概述： 本节以某加油站为例，介绍该加油站加油棚防雷平面图的绘制流程，以使读者掌握建筑防雷工程图的绘制方法与技巧，绘制的加油棚防雷平面图如图11-48所示。

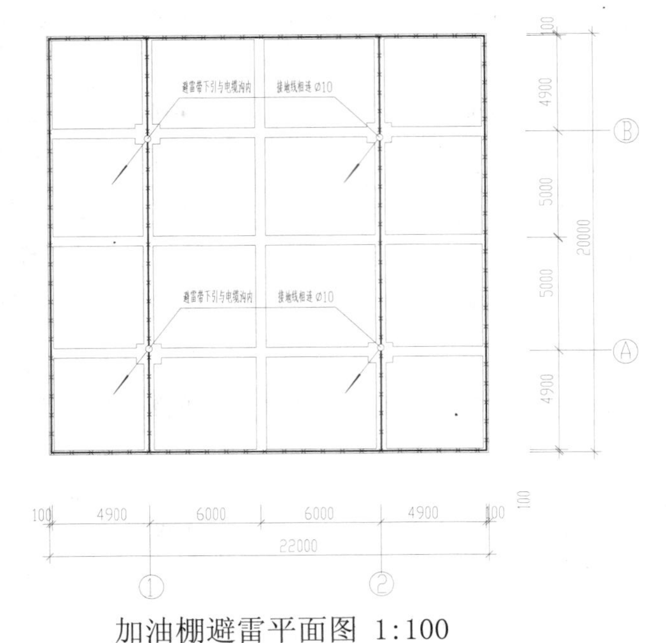

加油棚避雷平面图 1:100

图 11-48　加油棚避雷平面图效果

步骤 01 正常启动 AutoCAD 2014 软件，在“快速访问”工具栏中单击“打开”按钮，打开“案例\11\加油棚屋面平面图.dwg”文件，如图 11-49 所示。

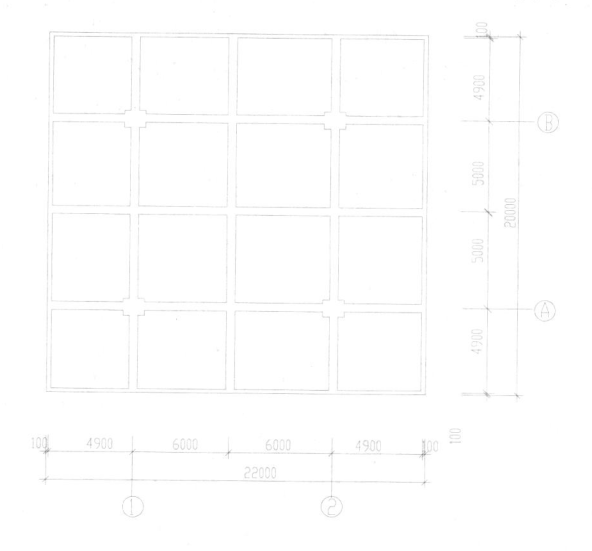

图 11-49　打开的加油棚屋面图

步骤 02 再单击“另存为”按钮，将文件另存为“案例\11\加油棚防雷平面图.dwg”文件。

步骤 03 执行“图层特性管理”命令（LA），建立如图 11-50 所示的图层。

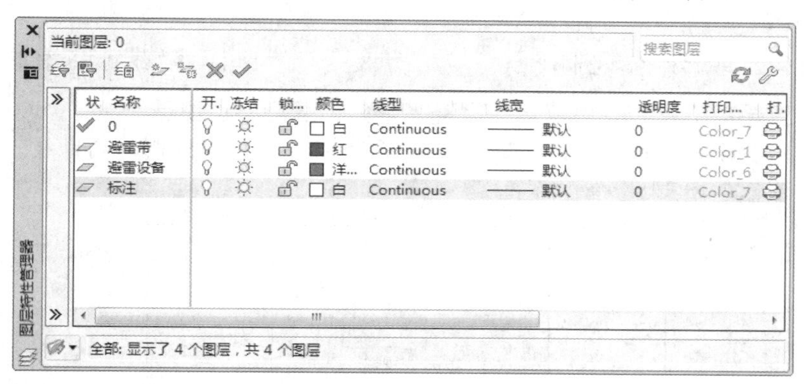

图 11-50　新建图层

步骤 04 执行“文字样式”命令（ST），打开“文字样式”对话框，然后新建“图内文字”和“图名”文字样式，并设置对应的字体、字高和宽度因子，如图 11-51 所示。

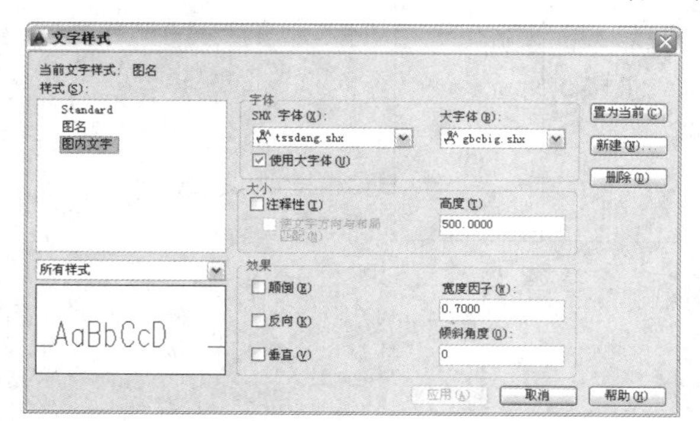

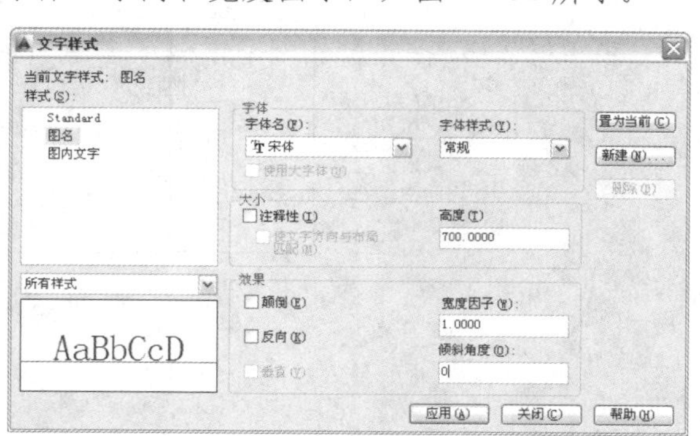

图 11-51　新建文字样式

技巧：278 避雷带的绘制

视频：技巧278-避雷带的绘制.avi
案例：加油棚防雷平面图.dwg

技巧概述：前面已经设置好了绘图环境，接下来在加油棚屋顶平面上绘制出避雷带。

步骤 01 执行“偏移”命令（O），将建筑外轮廓线向内偏移73，作为绘制避雷带的辅助线，如图11-52所示。

步骤 02 同样的在中间竖向屋面分隔线处绘制中线，作为避雷带的辅助线，如图11-53所示。

图 11-52　偏移外轮廓绘制辅助线　　图 11-53　绘制中间辅助线

步骤 03 在“图层”下拉列表中，选择“避雷带”图层为当前图层。

步骤 04 执行“多段线”命令（PL），设置宽度为40，以前面绘制的辅助线轮廓绘制出避雷带，效果如图11-54所示。

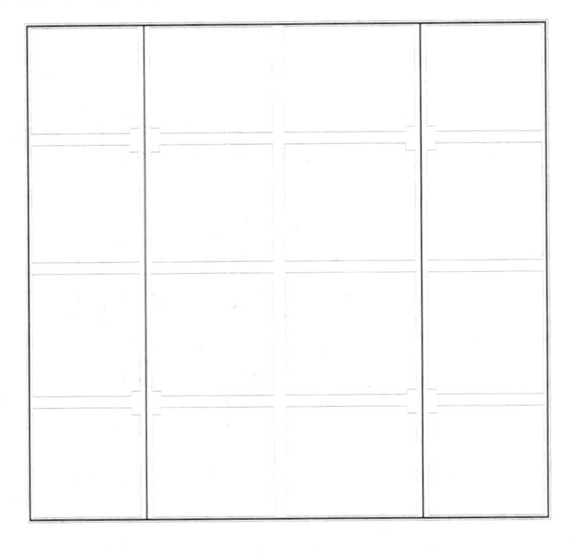

图 11-54　绘制避雷带

专业技能 ★★★☆☆

避雷带是沿着建筑物的屋脊、檐帽、屋角及女儿墙等突出部位和易受雷击的部件暗敷的带状金属线，一般采用截面积 48mm²，厚度不小于 8 的镀锌圆钢制成。

技巧：279 避雷设备的绘制

视频：技巧279-避雷设备的绘制.avi
案例：加油棚防雷平面图.dwg

技巧概述：前面已经设置好了避雷带，本实例讲解避雷设备的绘制，其中包括避雷针及引下线设备。

步骤 01 在“图层”下拉列表中，选择“避雷设备”图层为当前图层。

步骤 02 绘制“支架”符号，执行“直线”命令（L），绘制长度为 200 且互相垂直的线段；再执行“旋转”命令（RO），将两线段以交点进行旋转 45°，如图 11-55 所示。

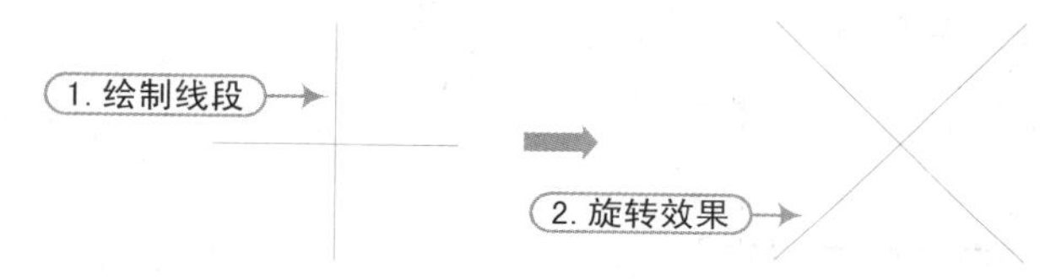

图 11-55　绘制避雷针

步骤 03 执行“保存块”命令（B），弹出“块定义”对话框，按照图 11-56 所示步骤进行操作，将绘制的“支架”图形保存为内部图层。

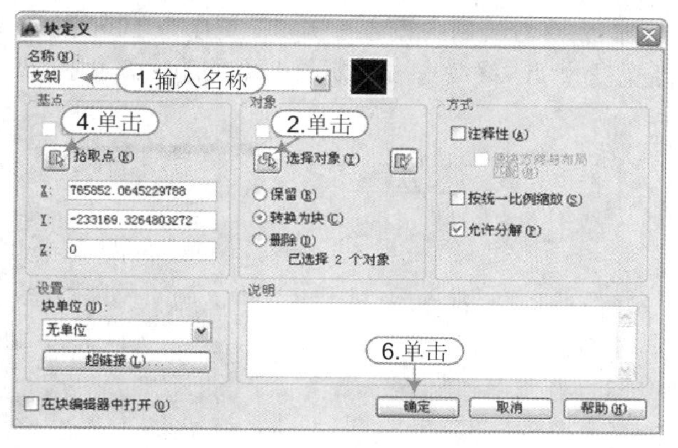

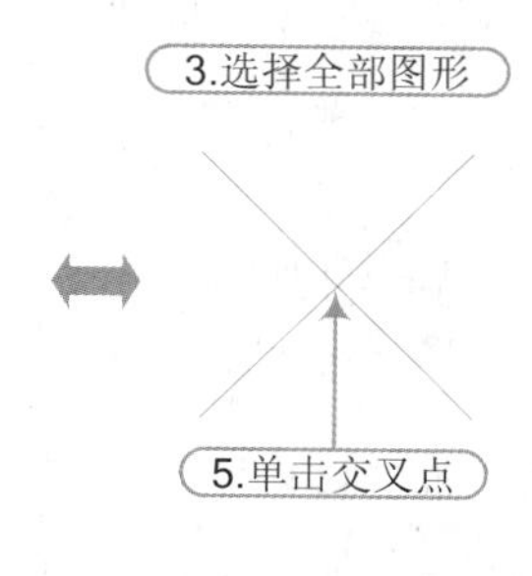

图 11-56　定义内部图块

专业技能 ★★★☆☆

避雷针是附设在建筑物顶部或独立装设在地面上的针状金属杆，避雷针在地面上的保护半径约为避雷针高度的 1.5 倍，其保护范围一般可根据滚球法来确定，此法是根据反复的实验及长期的雷害经验总结而成的，有一定的局限性。

步骤 04 执行“定距等分”命令（ME），根据如下命令提示将上一步创建的“支架”图层沿着前面绘制的避雷带进行定距等分，等分的距离为 630，如图 11-57 所示。

命令: MEASURE	\\执行“定距等分”命令
选择要定距等分的对象:	\\选择多段线
指定线段长度或 [块(B)]: b	\\选择“块”选项
输入要插入的块名: 支架	\\输入块名“支架”
是否对齐块和对象? [是(Y)/否(N)] <Y>:	\\选择“是”选项
指定线段长度: 630	\\输入等分距离为 630

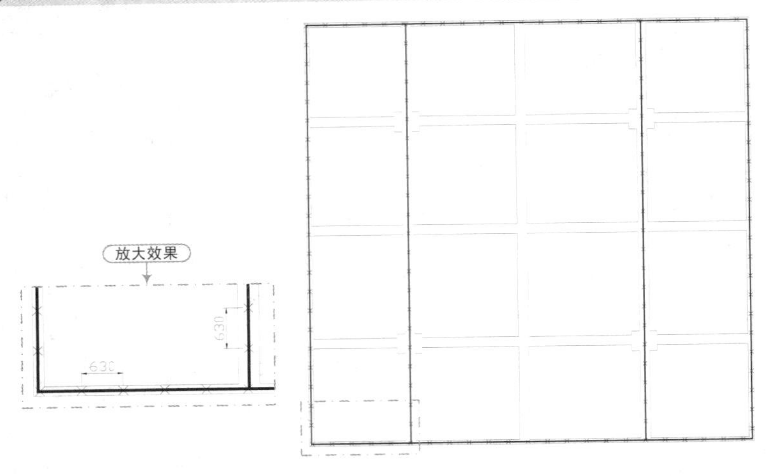

图 11-57　定距等分

步骤 05 绘制“引下线”设备，执行“圆”命令（C），绘制一个半径为 110 的圆。

步骤 06 执行“多段线”命令（PL），先向右绘制一段宽度为 0、长度为 1000 的水平线；然后设置起点宽度为 50，终点宽度为 0，继续向右绘制长 800 的箭头，如图 11-58 所示。

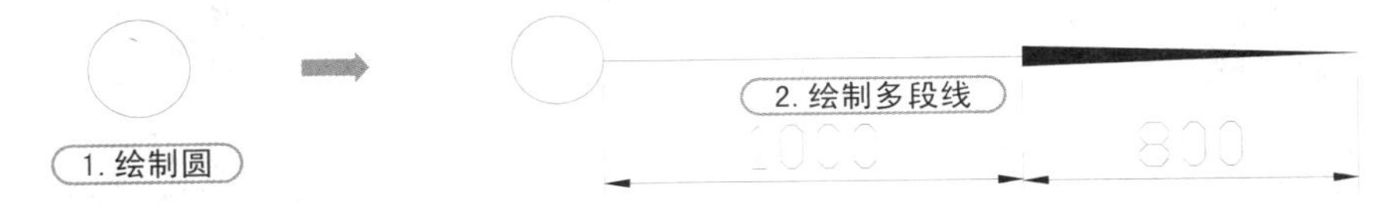

图 11-58　绘制引下线

专业技能 ★★★☆☆

引下线是连接接闪器与接地装置的金属导体，引下线的作用是把接闪器上的雷电流连接到接地装置并引入大地，引下线有明敷和暗敷两种。

- 引下线明敷指用镀锌圆钢制件，沿建筑物墙面敷设。
- 引下线暗敷是利用建筑物结构混凝土柱内的钢筋，或在柱内敷设铜导体做防雷引下线。

步骤 07 执行“旋转”命令（RO）、“移动”命令（M）和“复制”命令（CO），将绘制的“引下线”设备放置在避雷带四个相应位置；再执行“修剪”命令（TR），修剪掉圆内多段线，如图 11-59 所示。

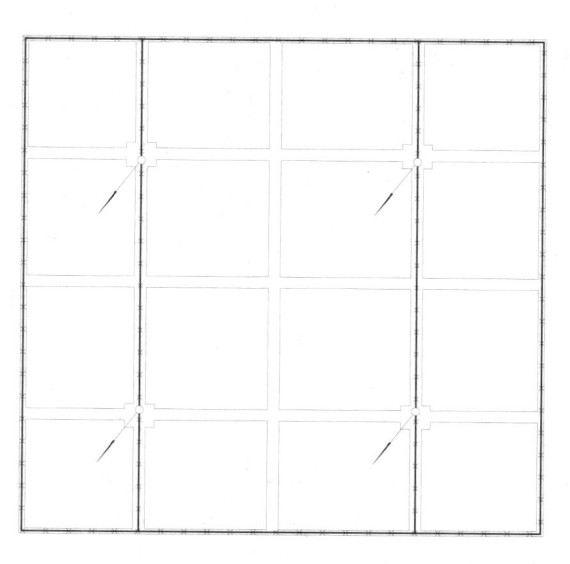

图 11-59　放置引下线设备

技巧：280　防雷平面图的标注

视频：技巧280-防雷平面图的标注.avi
案例：加油棚防雷平面图.dwg

技巧概述：在绘制完成加油棚防雷平面图后，应对图中相应的内容进行文字标注，然后对绘制的防雷平面图进行图名标注。

步骤 01 在“图层”下拉列表中，选择“标注”图层为当前图层。

步骤 02 执行“多行文字”命令（MT），选择“图内文字”文字样式，设置字高为 400，在相应位置进行文字注释；再执行“直线”命令（L），绘制文字引出线至相应的设备，效果如图 11-60 所示。

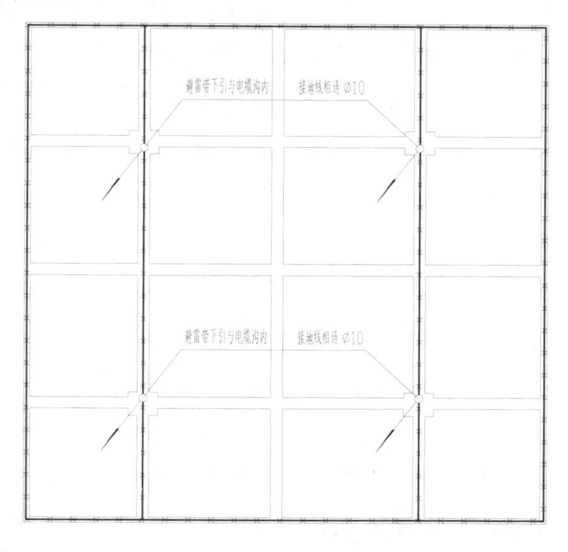

图 11-60　文字说明

步骤 03 再执行“多行文字”命令（MT），选择“图名”文字样式，设置字高分别为 700 和 600，在图形下侧标注出图名和比例；再执行“多段线”命令（PL），设置宽度为 70，在图名下侧绘制一条宽度多段线，如图 11-61 所示。

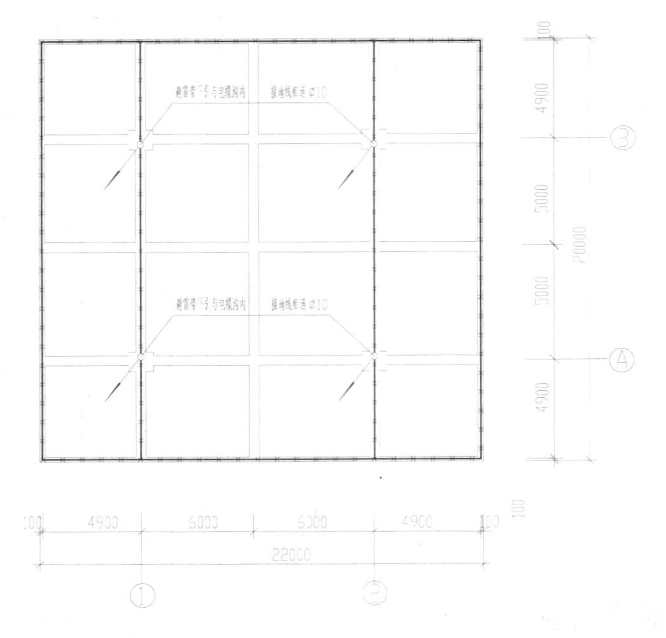

加油棚避雷平面图 1:100

图 11-61　加油棚避雷平面图效果

步骤 04 至此，加油棚防雷平面图已经绘制完成，按【Ctrl+S】组合键进行保存。

> **技巧提示** ★★★☆☆
>
> 读者可根据绘制“加油棚避雷平面图”的方法去绘制“加油站营业室避雷平面图”，其效果如图 11-62 所示。案例文件为“案例\11\加油站营业室避雷平面图.dwg”。

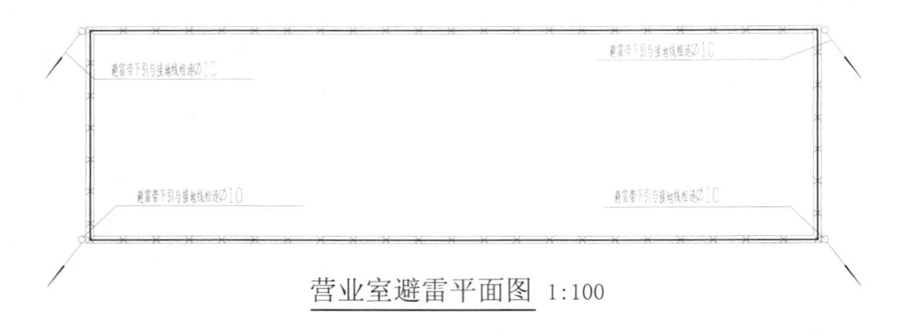

图 11-62　加油站营业室避雷平面图效果

技巧：281　配电室接地平面图的创建

视频：技巧281-接地平面图环境的设置.avi
案例：配电室接地平面图.dwg

技巧概述： 本实例以某配电室为例，介绍该配电室接地平面图的绘制流程，以使读者掌握建筑接地平面图的绘制方法及相关技巧，其绘制的配电室接地平面图效果如图 11-63 所示。

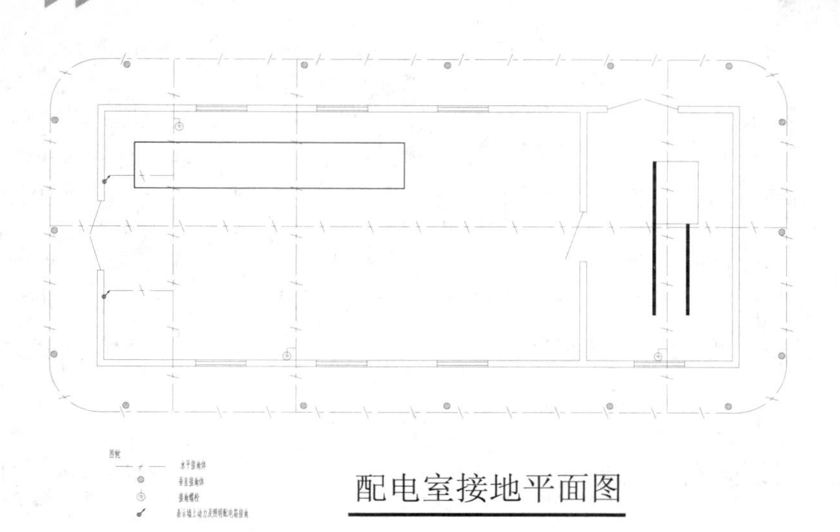

图 11-63　配电室接地平面图效果

步骤 01 正常启动 AutoCAD 2014 软件，在“快速访问”工具栏中单击“打开”按钮，打开“案例\11\配电室底层平面图.dwg”文件，如图 11-64 所示。

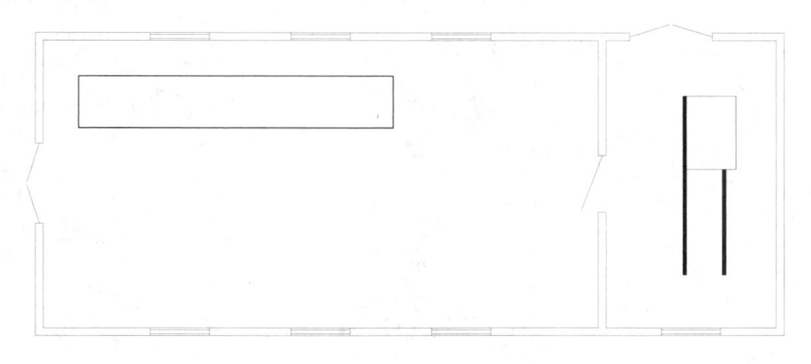

图 11-64　打开的图形

步骤 02 再单击“另存为”按钮，将文件另存为“案例\11\配电室接地平面图.dwg”文件。

步骤 03 执行“图层特性管理”命令（LA），建立如图 11-65 所示的图层，并设置对应图层的颜色、线型及线宽等。

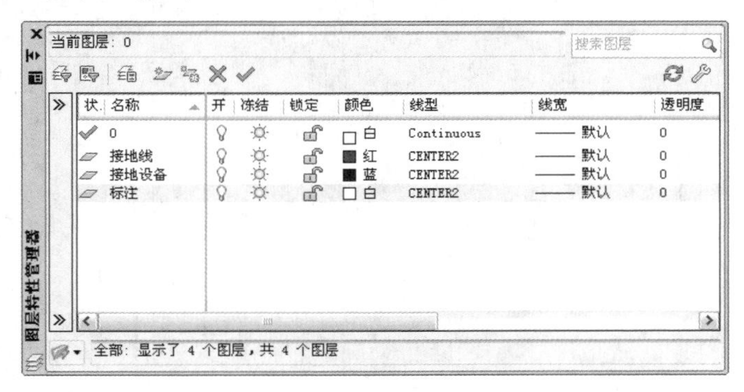

图 11-65　新建图层

步骤 04 执行“文字样式”命令（ST），打开“文字样式”对话框，然后新建“图内文字”和“图名”文字样式，并设置对应的字体、字高和宽度因子，如图 11-66 所示。

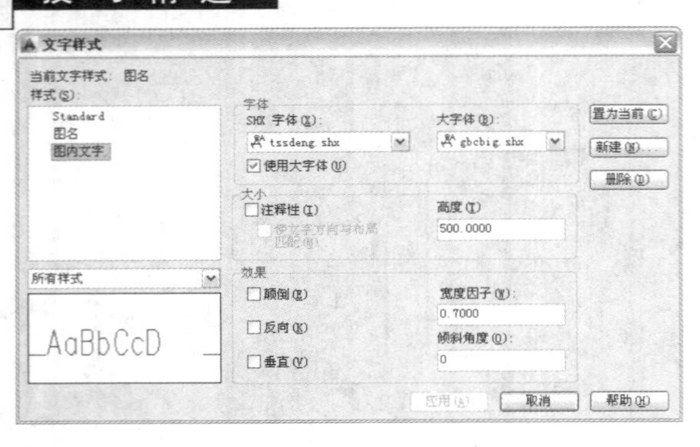

图 11-66　新建文字样式

技巧：282　接地线的绘制

视频：技巧282-接地线的绘制.avi
案例：配电室接地平面图.dwg

技巧概述： 前面设置好绘图环境后，下面讲解绘制配电室接地平面图内的接地线。

步骤 01 执行“格式|线型”菜单命令，打开“线型管理器”对话框，单击“显示细节”按钮，打开细节选项组，输入“全局比例因子”为 50，然后单击“确定”按钮，如图 11-67 所示。

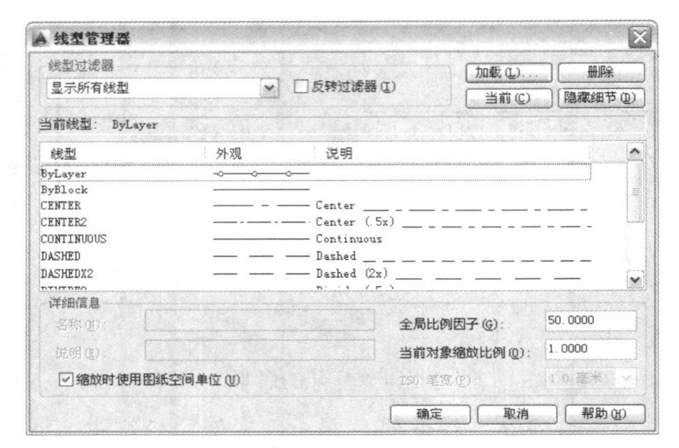

图 11-67　设置全局比例

步骤 02 执行“偏移”命令（O），将建筑外墙线向外偏移 1400，且转换为“接地线”图层，效果如图 11-68 所示。

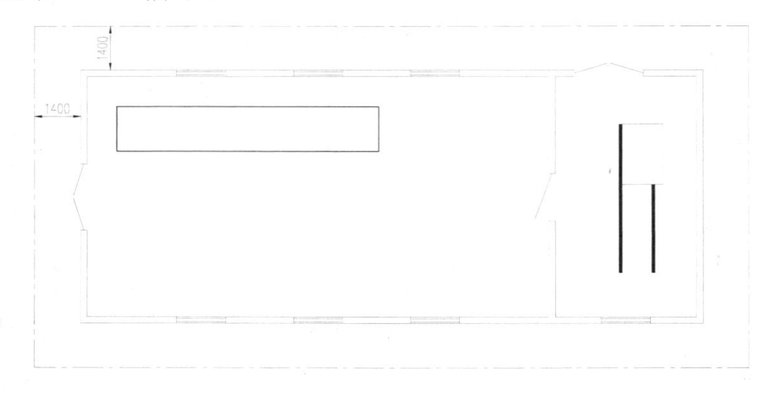

图 11-68　偏移出接地线

步骤 03 执行“偏移”命令（O），继续将接地线进行偏移，如图 11-69 所示。

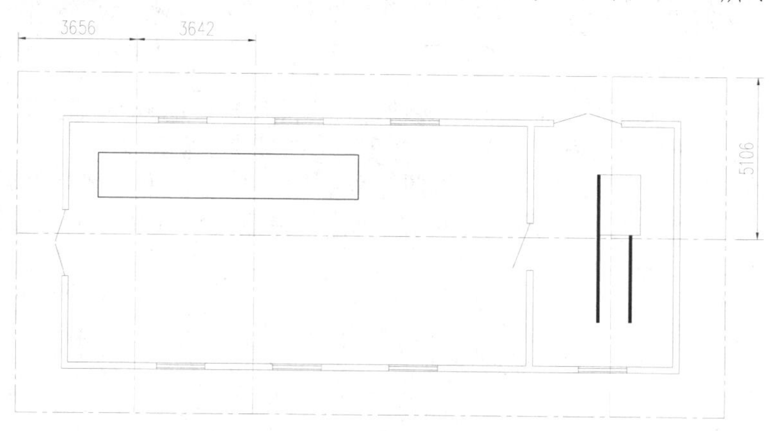

图 11-69　偏移线段

步骤 04 再执行“圆角”命令（F），设置圆角半径为 1500，对四个直角进行圆角操作，如图 11-70 所示。

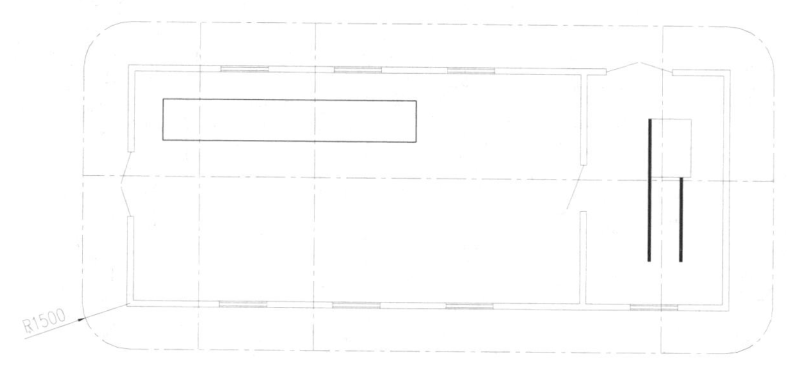

图 11-70　圆角处理

步骤 05 通过直线、复制等命令，在“接地线”上绘制一些连续均匀的短斜线，如图 11-71 所示。

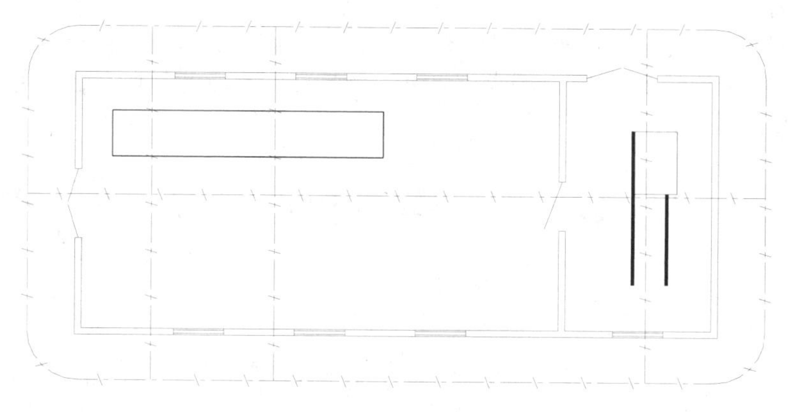

图 11-71　绘制斜线

技巧：283 绘制接地装置

视频：技巧283-接地装置的绘制.avi
案例：配电室接地平面图.dwg

技巧概述：本实例主要讲解绘制相应的接地装置，然后与接地线连接起来。

步骤 01 在“图层”下拉列表中，选择“接地设备”图层为当前图层。

步骤 02 绘制“垂直接地体”图例。执行“圆”命令（C），绘制半径为 95 的圆；再执行“图案填充”命令（H），对圆填充“ANSI31”的样例，比例为 300，如图 11-72 所示。

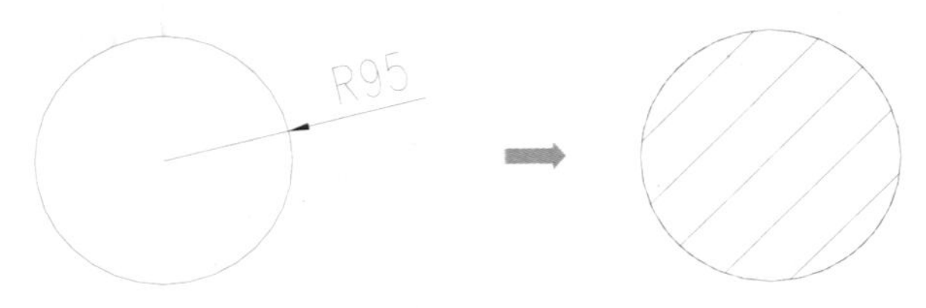

图 11-72 “垂直接地体”图例

步骤 03 通过“复制”命令，将绘制的“垂直接地体”复制到外围接地线处，如图 11-73 所示。

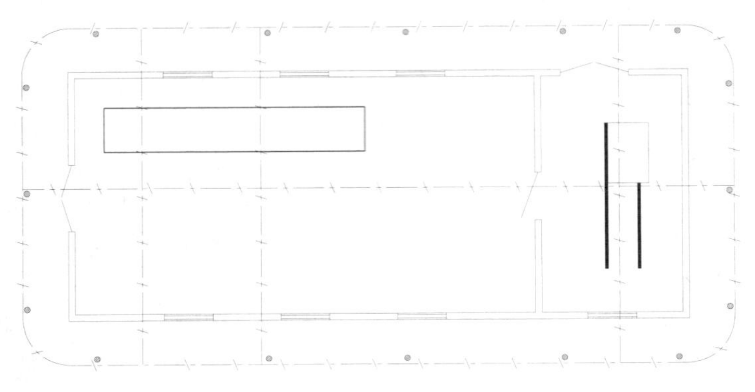

图 11-73 安装“接地设备”

步骤 04 绘制“墙上动力及照明配电箱接地”图例。根据同样的方法，通过圆和图案填充命令，绘制半径为 63 的圆，同样填充“ANSI31”的样例，比例为 150。

步骤 05 再执行“多段线”命令（PL），设置全局宽度为 15，捕捉圆右象限点向右绘制长 120 的水平多段线；再设置起点宽度为 50，端点宽度为 0，继续向右绘制出长 85 的箭头。

步骤 06 执行“旋转”命令（RO），选择多段线，指定圆心为旋转基点，输入旋转角度为 45°，旋转图形效果如图 11-74 所示。

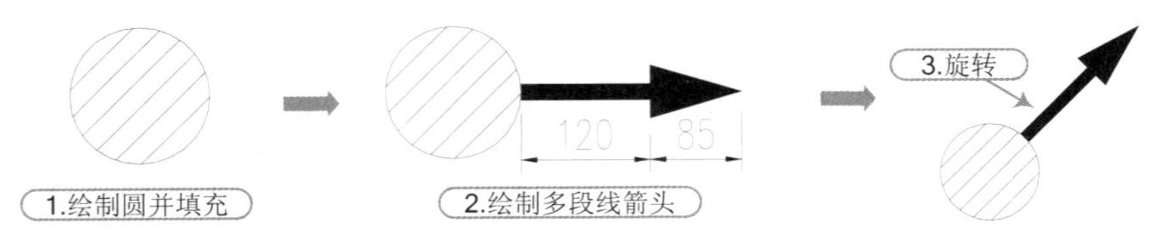

图 11-74 “墙上动力及照明配电箱接地”图例

步骤 07 通过移动、复制命令，将上一步绘制的“墙上动力及照明配电箱接地”设备安装到左侧墙体的内壁，如图 11-75 所示。

步骤 08 切换至“接地线”图层，执行“直线”命令（L），由“墙上动力及照明配电箱接地”设备绘制接地线，如图 11-76 所示。

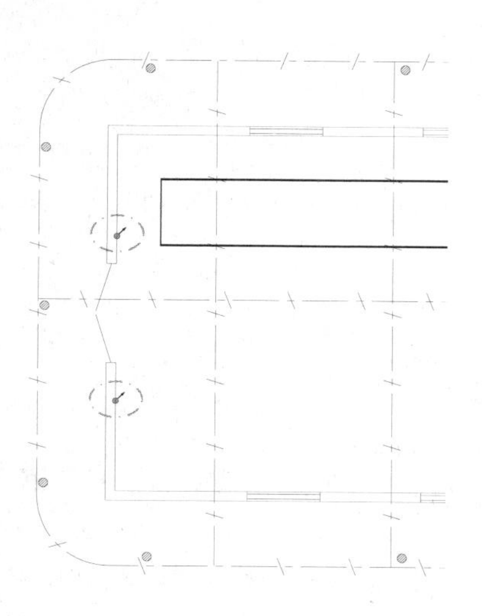

图 11-75　安装图例

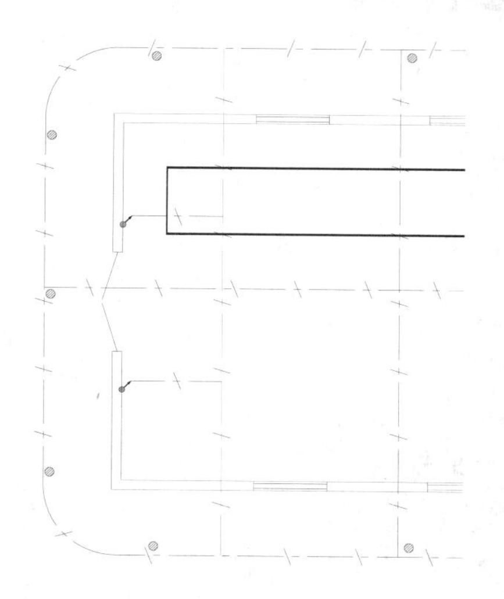

图 11-76　绘制接地线

步骤 09 绘制“接地螺栓”图例，再切换至“接地设备”图层，执行“圆”命令（C），绘制半径为 120 的圆；再执行“直线”命令（L），在圆相应位置绘制出相应直线以表示接地符号，如图 11-77 所示。

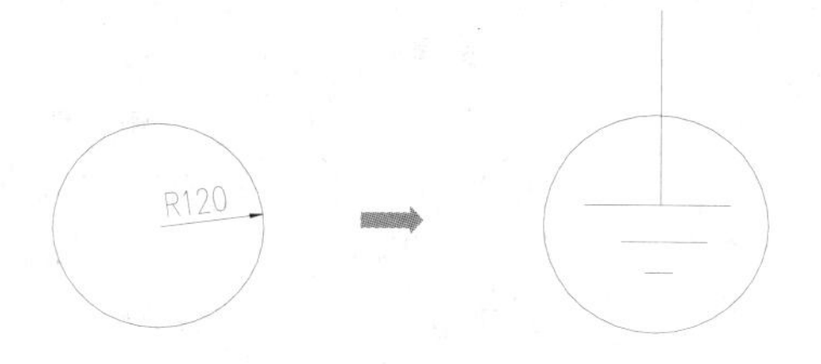

图 11-77　“接地螺栓”图例

步骤 10 通过复制命令，将绘制的“接地螺栓”复制到图形相应位置，并以直线连接至接地线上，如图 11-78 所示。

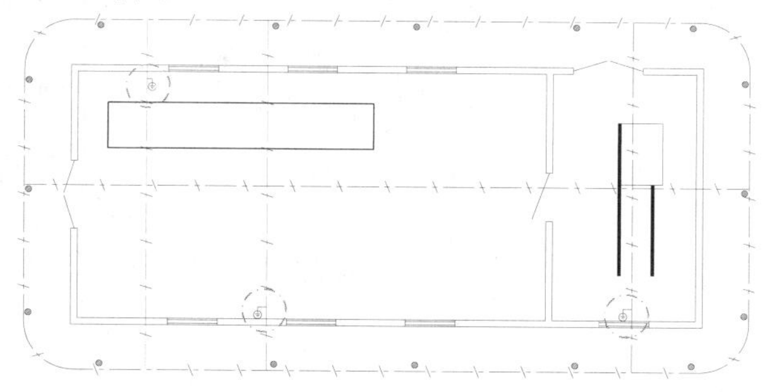

图 11-78　复制“接地螺栓”图例

技巧：284　接地平面图的标注

视频：技巧284-接地平面图的标注.avi
案例：配电室接地平面图.dwg

技巧概述： 前面已经绘制好了接地平面图，接下来进行文字及图名注释。

步骤 01 切换至“标注”图层，执行“复制”命令（CO），将绘制的图例复制到平面图形的下方；再执行“多行文字”命令（MT），选择“图内文字”文字样式，设置字高为 300，在对应图例的右侧标注出各图例的含义，如图 11-79 所示。

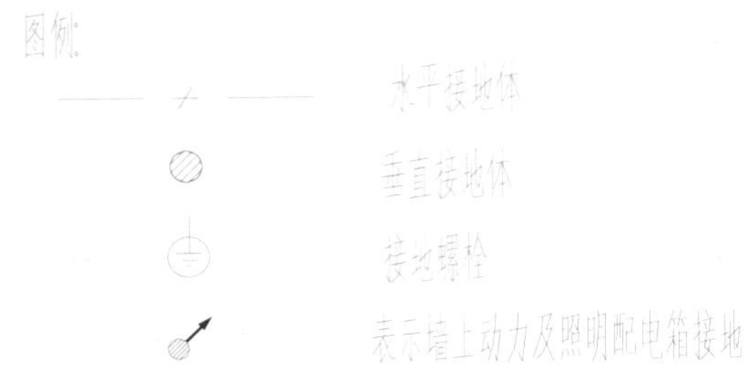

图 11-79 标注图例内容

专业技能 ★★★★★

接地装置包括接地体和接地线两部分。

- 接地体：进入地中并直接与大地接触的金属导体称为接地体，可以把电流导入大地。在建筑物中，可选用钢筋混凝土基础内的钢筋作为自然接地体。为达到接地的目的，人为地埋入地中的金属件，如钢管、角管、圆钢等成为人工接地体。
- 接地线：电力设备或线杠等接地螺栓与接地体或零线连接用的金属导体，称为接地线。接地线应尽量采用钢质材料，如建筑物的金属结构，结构内的钢筋和钢构件等，有时接地线应连接多台设备，而被分为两段，与接地体直接连接的称为接地母线，与设备连接的一段称为接地线。

步骤 02 重复执行“多行文字”命令（MT），选择“图名”文字样式，在平面图形的下侧标注出图名；再执行“多段线”命令（PL），设置全局宽度为 100，在图名下侧绘制同长的水平多段线，如图 11-80 所示。

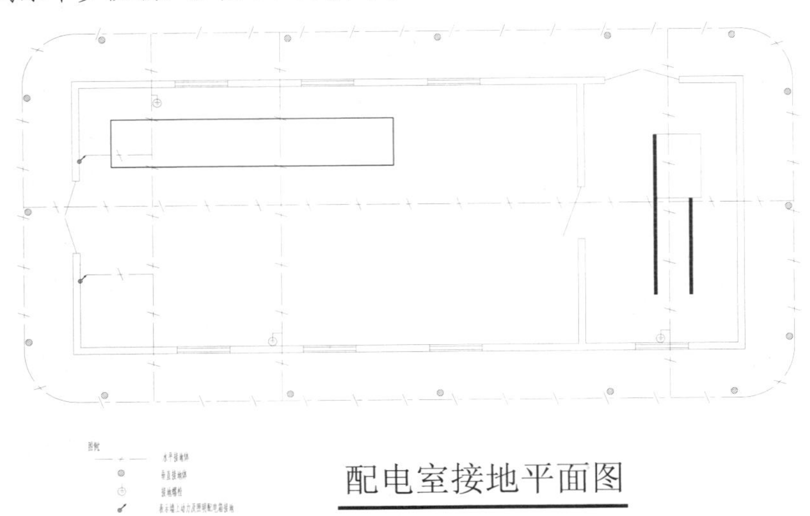

图 11-80 图名注释效果

技巧：285 设备材料表的绘制

视频：技巧285-设备材料表的绘制.avi
案例：配电室接地平面图.dwg

技巧概述： 本实例以表格的形式列出了接地平面图中各设备的型号、规格、用量等具体内容。

步骤 01 通过矩形、分解、偏移等命令，按照图 11-81 所示绘制出表格。

步骤 02 执行“多行文字”命令（MT），选择“图内文字”文字样式，设置字高为 300，注写表格文字；再执行“复制”命令（CO），将图例设备复制到表格内，效果如图 11-82 所示。

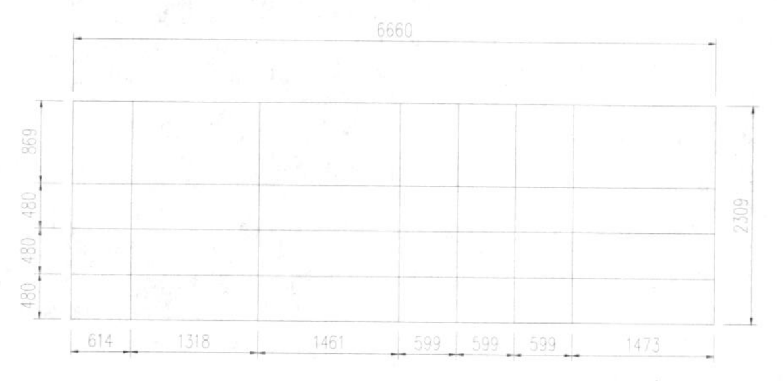

图 11-81　绘制表格

接地平面图主要设备材料表

序号	名　　称	型号及规范	单位	数量	符号	备　注
1	水平接地体	-50×5	米	200	—/—	需热镀锌
2	垂直接地体	Φ25×2500	根	16	◎	需热镀锌
3	接地螺栓	M16×60	个	3	⏚	六角头螺栓

图 11-82　注写表格内容

步骤 03 至此，配电室接地平面图已经绘制完成，按【Ctrl+S】组合键进行保存。

技巧：286　公寓楼网络系统图的创建

视频：技巧286-网络系统图的创建.avi
案例：公寓楼网络系统图.dwg

技巧概述：本节以某公寓住宅楼为例，介绍该公寓楼网络系统图的绘制流程，以使读者掌握建筑网络系统图的绘制方法与技巧，其绘制的网络系统图如图 11-83 所示。其具体绘制步骤如下.

步骤 01 正常启动 AutoCAD 2014 软件，系统自动创建一个空白文件，在“快速访问”工具栏上单击“保存”按钮，将其保存为“案例\11\公寓楼网络系统图.dwg”文件。

步骤 02 执行“图层特性管理”命令（LA），新建如图 11-84 所示的图层。

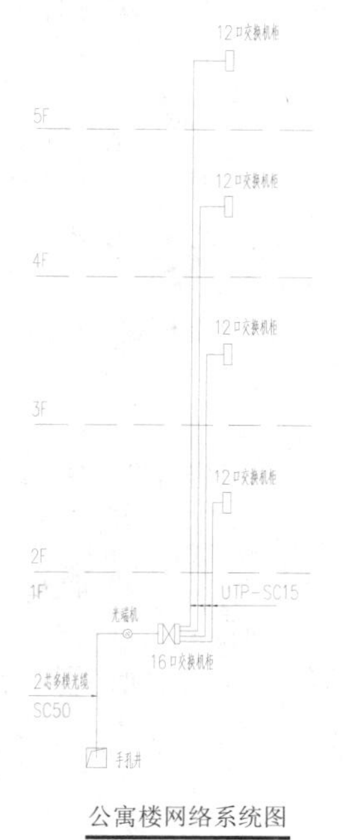

图 11-83　公寓楼网络系统图效果

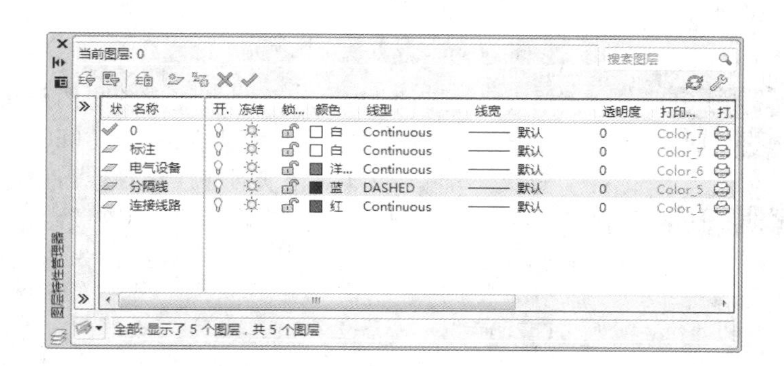

图 11-84　新建图层

步骤 03 执行“文字样式”命令（ST），打开“文字样式”对话框，然后新建“图内文字”和“图名”文字样式，并设置对应的字体、字高和宽度因子，如图 11-85 所示。

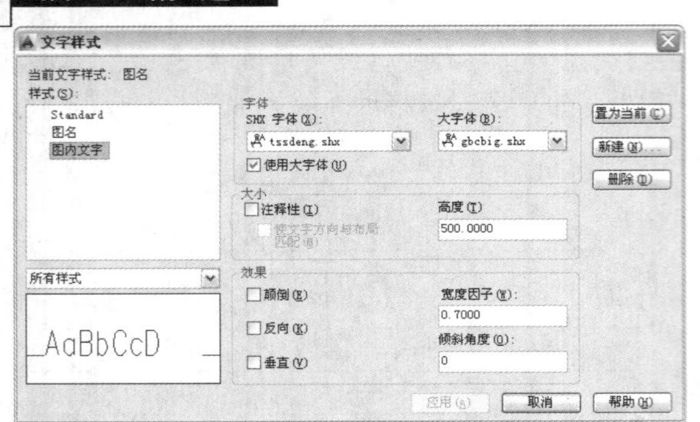

图 11-85　新建文字样式

技巧：287　主线路及设备的绘制

视频：技巧287-绘制主线路及设备.avi
案例：公寓楼网络系统图.dwg

技巧概述：前面已经设置好了绘图环境，本实例来讲解网络主线路及设备的绘制技巧。

步骤 01 在“图层”下拉列表中，选择“分隔线”图层为当前图层。

步骤 02 执行“格式丨线型”菜单命令，弹出“线型管理器”对话框，设置全局比例因子值为 100，如图 11-86 所示。

步骤 03 执行“直线”命令（L），在图形区域绘制一条长 11000 的水平线；再执行“偏移”命令（O），将其以 6000 的距离向下偏移出 3 次，如图 11-87 所示。

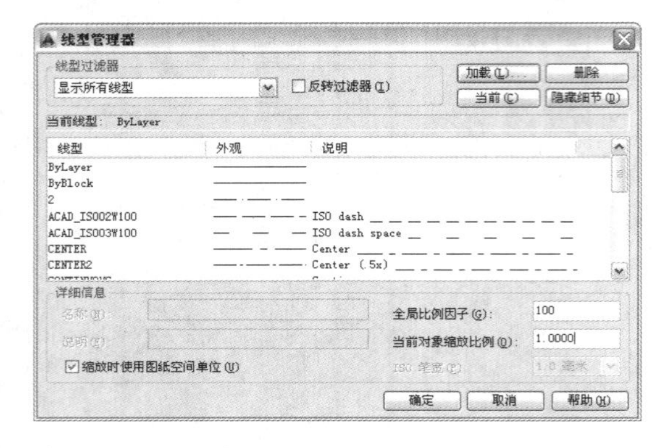

图 11-86　设置线型比例

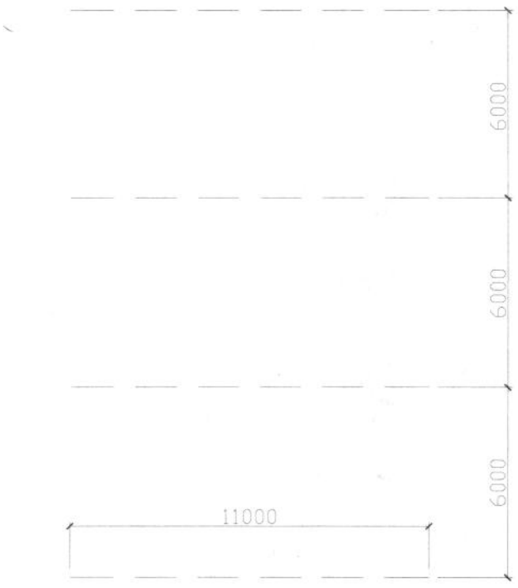

图 11-87　绘制楼层分隔线

步骤 01 在“图层”下拉列表中，选择“电气设备”图层为当前图层。

步骤 02 绘制“手孔井”图例。执行“矩形”命令（REC），绘制一个 800×800 的矩形；再执行“直线”命令（L），在矩形内绘制斜线，如图 11-88 所示。

步骤 03 绘制“光端机”图例。执行“圆”命令（C），绘制一个半径为 177 的圆；再执行“直线”命令（L），在圆内绘制三条短斜线，如图 11-89 所示。

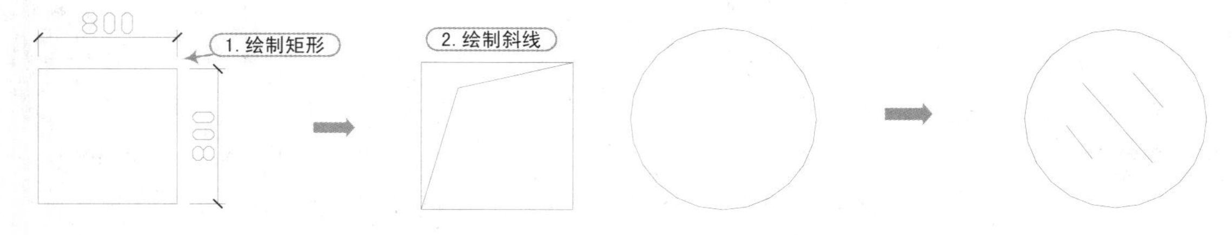

图 11-88　“手孔井”图例

图 11-89　“光端机”图例

步骤 04 绘制“16 口交换机柜”图例，执行“矩形”命令（REC），绘制一个 200×800 的矩形；再执行“复制”命令（CO），将矩形以间距 465 的距离进行复制；再执行“直线”命令（L），连接两矩形对角点，如图 11-90 所示。

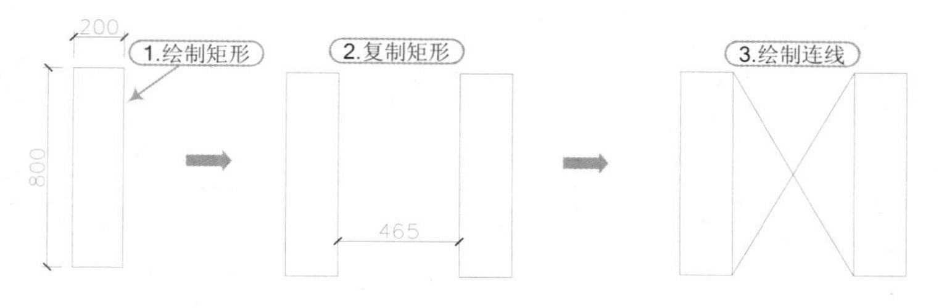

图 11-90　“16 口交换机柜”图例

步骤 05 执行“移动”命令（M），将绘制的“手孔井”、“光端机”和“16 口交换机柜”图例移动到图 11-91 所示相应的位置。

步骤 06 切换至“连接线路”图层，执行“直线”命令（L），绘制由“手孔井”引出连接至设备的主干线路，如图 11-92 所示。

图 11-91　移动图形　　　图 11-92　绘制线路

技巧：288　绘制各层网络支线及设备

视频：技巧288-绘制网络支线及设备.avi
案例：公寓楼网络系统图.dwg

技巧概述： 前面已经设置好了网络主线路及设备，接下来讲解各层网络支线及设备的绘制技巧。

步骤 01 在“图层”下拉列表中，选择“电气设备”图层为当前图层。

步骤 02 绘制“12 口交换机柜”图例。执行“矩形”命令（REC），绘制一个 317×845 的矩形；并通过移动和复制命令，将矩形分别复制到各楼层中，如图 11-93 所示。

步骤 03 切换至“连接线路”图层，执行“直线”命令（L），将各层的“12 口交换机柜”设备分别以直线连接至主线上的“16 口交换机柜”设备上，效果如图 11-94 所示。

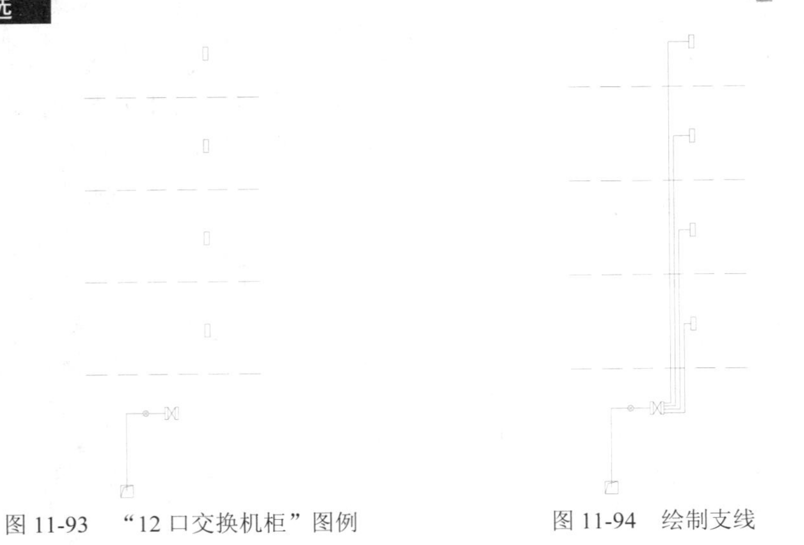

图 11-93 “12 口交换机柜”图例　　图 11-94 绘制支线

技巧：289 网络系统图的标注

视频：技巧289-网络系统图的标注.avi
案例：公寓楼网络系统图.dwg

技巧概述： 绘制好网络系统图以后，接下来进行文字注释与图名标注。

步骤 01 切换至“标注”图层，执行“多行文字”命令（MT），选择“图内文字”文字样式，设置字高为 700，在图形相应位置进行文字注释，效果如图 11-95 所示。

步骤 02 选择“图内文字”为当前文字样式，执行“引线”命令（LE），标注线缆内容，如图 11-96 所示。

步骤 03 执行“多行文字”命令（MT），选择“图名”文字样式，在图形下侧标注出图名；再执行“多段线”命令（PL），设置全局宽度为 100，在图名下侧绘制同长的水平多段线，效果如图 11-97 所示。

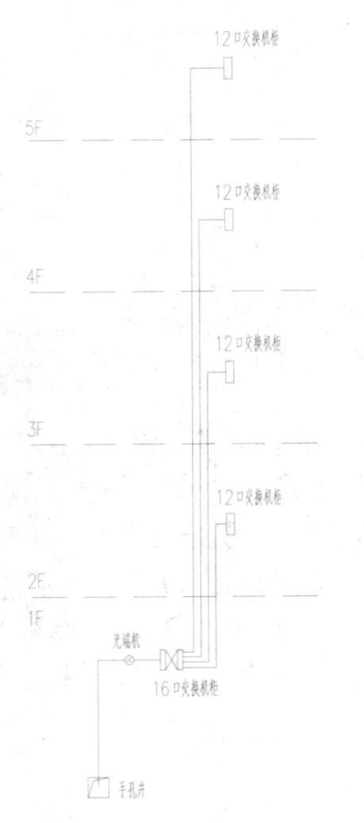

图 11-95 标注文字内容

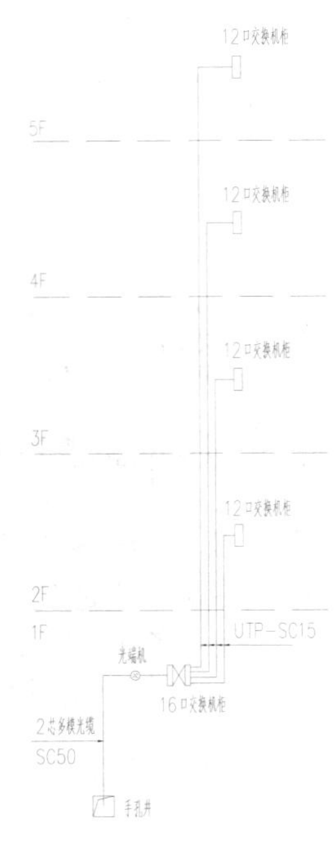

图 11-96 引线标注线缆

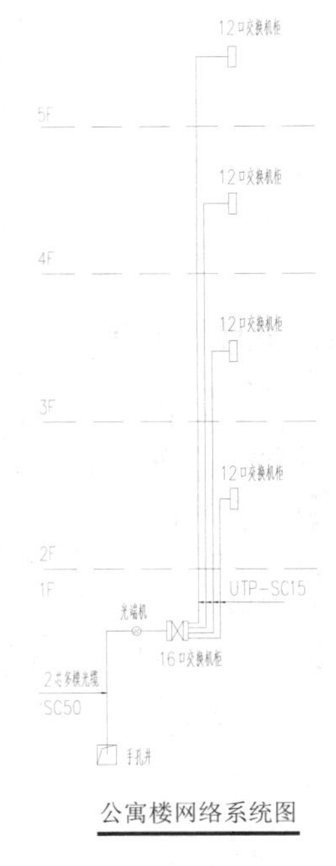

图 11-97 图名标注效果